D1732291

Wolfgang Frede (Hrsg.)

Taschenbuch für
Lebensmittelchemiker und -technologen

Band 1

Mit 34 Abbildungen

Springer-Verlag

Berlin Heidelberg New York
London Paris Tokyo
Hong Kong Barcelona
Budapest

Dr. rer. nat. Wolfgang Frede

Chemische und Lebensmitteluntersuchungsanstalt
im Hygienischen Institut
Marckmannstraße 129 a
2000 Hamburg 26

ISBN 3-540-53087-8 Springer-Verlag Berlin Heidelberg New York

ISBN 3-540-53523-3 Bände 1 und 2

CIP-Kurztitelaufnahme der Deutschen Bibliothek

Taschenbuch für Lebensmittelchemiker und -technologen. –
Berlin ; Heidelberg ; New York ; London ; Paris ; Tokyo ;
Hong Kong ; Barcelona ; Budapest : Springer.
NE: Lebensmittelchemiker und -technologen
Bd. 1. Wolfgang Frede (Hrsg.). – 1991
    ISBN 3-540-53087-8 (Berlin . . .)
    ISBN 0-387-53087-8 (New York . . .)
NE: Frede, Wolfgang [Hrsg.]

Satzarbeiten: Fotosatz-Service Köhler, Würzburg
Druck: O. Zach, Berlin
Bindearbeiten: Lüderitz & Bauer, Berlin
2152/3020-543210 – Gedruckt auf säurefreiem Papier

Geleitwort

Durch Veränderungen im Bewußtsein der Verbraucher ist das Bedürfnis nach zusammenhängenden Informationen über das komplexe Gebiet der Lebensmittel gewachsen. Daneben hat die stürmische Entwicklung auf dem Gebiet der Lebensmittelchemie, insbesondere durch Fortschritte der modernen Analytik, zu neuen Erkenntnissen über die Zusammensetzung von Lebensmitteln geführt. Im Hinblick auf den gemeinsamen Europäischen Markt müssen neue Beurteilungsgrundsätze durch lebensmittelrechtliche Änderungen beachtet werden. So ist durch die „EG-Richtlinie über die Amtliche Lebensmittelüberwachung" der Lebensmittelchemiker als Sachverständiger – von der Probenahme bis zur lebensmittlrechtlichen Beurteilung – sowohl in der Überwachung, als auch in der Industrie und in freiberuflichen Laboratorien noch stärker gefordert.

Es ist wichtig, als Sachverständiger, sei es in der amtlichen Überwachung oder als Qualitätssicherungsbeauftragter in der Ernährungsindustrie („Controller"), die gültigen lebensmittelrechtlichen Bestimmungen sowie die wichtigsten Methoden der Lebensmittelanalytik und -technologie zu kennen und ernährungsbezogene sowie toxikologische Aspekte in die Gesamtbeurteilung mit einzubeziehen.

Daher ist es zu begrüßen, daß mit diesem Taschenbuch die notwendigen Grundkenntnisse über lebensmittelchemische, lebensmittelrechtliche und lebensmitteltechnologische Zusammenhänge erworben werden können. Neben vielen Hinweisen auf spezifische analytische Verfahren führt das Taschenbuch auch in Fachgebiete ein, die eine umfassende Begutachtung eines Lebensmittels erst ermöglichen, wie z. B. sensorische Prüfung, Statistik, Mikrobiologie, Ernährungslehre und Toxikologie. Dieses Taschenbuch hilft sicher auch den Sachverständigen und Vertretern anderer Disziplinen, die zusammen mit den Lebensmittelchemikern und -technologen dem Verbraucherschutz dienen. Es gibt ihnen die Möglichkeit, die notwendigen Grundkenntnisse zu erwerben, die Zusammenhänge zu erkennen.

Das zu jedem Kapitel gehörende Literaturverzeichnis und viele Hinweise auf weiterführende Literatur ermöglichen dem Leser, sich vertieft mit der komplexen Materie vertraut zu machen.

Dieses Taschenbuch erhebt nicht den Anspruch, Ersatz für Lehr- oder Handbücher zu sein. Wenn es jedoch dazu verhilft, die Beurteilung von Lebensmitteln unter Beachtung der neuesten wissenschaftlichen und rechtlichen Kenntnisse zu erleichtern, hat es seinen Zweck erfüllt und dient damit dem Verbraucherschutz.

Erreicht wird dieses durch die knappe und leicht verständliche Darstellung der wesentlichen Fakten.

März 1991   Dr. Hans Lange

Vorwort

Lebensmittelchemiker haben die Aufgabe, den Verbraucher vor gesundheitlichen Risiken und Schäden durch Lebensmittel, Bedarfsgegenstände und kosmetische Mittel zu bewahren und ihn vor irreführenden Angaben zu schützen. Sie üben diese Tätigkeiten in der amtlichen Lebensmittelüberwachung auf kommunaler, Landes- oder Bundesebene, in Forschungseinrichtungen, freiberuflich und in der Lebensmittelindustrie aus. Um diesem hohen Anspruch gerecht werden zu können, müssen sie als praktische Naturwissenschaftler Kenntnisse entsprechender nationaler und zunehmend internationaler Gesetze, Verordnungen und Richtlinien besitzen. Diese Kenntnisse zusammen mit einer guten analytischen Ausbildung, umfassendem Warenkundewissen, Wissen über umweltrelevante, ernährungsphysiologische und toxikologische Zusammenhänge befähigen sie, Lebensmittel in ihrer komplexen Zusammensetzung zu untersuchen und die Untersuchungsergebnisse zu begutachten.

Aufgabe dieses Taschenbuches soll es sein, dem Benutzer Möglichkeiten zur Beurteilung eines Lebensmittels, sowie Hilfestellung bei der Suche nach Analysenverfahren und weiterführender Literatur zu geben. Informationen über kosmetische Mittel, Bedarfsgegenstände und Tabakerzeugnisse wurden absichtlich auf die Kapitel 9 (*Probenahme*), 11 (*Regelungen im Verkehr mit Lebensmitteln*) und 12 (*Abgrenzungen*) beschränkt, da warenkundliche Hinweise aus diesen Gebieten den Rahmen des Taschenbuches gesprengt hätten. Das Taschenbuch kann und soll keine Lehrbücher und keine lebensmittelrechtlichen Textsammlungen ersetzen, es soll den Studenten der Lebensmittelchemie, aber auch den Lebensmittelchemikern, die sich schnell in ein weniger vertrautes Gebiet einarbeitet wollen, die entsprechenden Grundlagen anbieten.

Durch dieses Taschenbuch können aber auch andere an der Überwachung von Lebensmitteln mitarbeitende Sachverständige, Veterinäre, Apotheker, Mediziner, Ernährungswissenschaftler ihre Kenntnisse für die Beurteilung und Beratung erweitern. Auch interessierten Laien wird dieses Buch wertvolle Informationen über die Zusammensetzung und Beurteilung von Lebensmitteln geben.

Namhafte und erfahrene Autoren aus Forschung, Überwachung, Industrie und von freiberuflicher Seite, von denen die meisten auch mit der Ausbildung von Lebensmittelchemikern befaßt sind, fanden sich bereit, mit ihrem Wissen und ihrem Sachverstand an diesem Buch mitzuwirken.

Das Taschenbuch setzt sich aus allgemeinen warengruppenübergreifenden und speziellen warenkundlichen Kapiteln zusammen.

Die allgemeinen Kapitel 1–14 enthalten Informationen über Zusammensetzung, Rückstände und Verunreinigungen, über rechtliche, statistische und ernährungsbezogene Zusammenhänge, sowie über Sensorik, Gute Laborpraxis und Toxikologie.

Die speziellen Kapitel 15–32 sind einheitlich aufgebaut:
In den jeweils ersten Abschnitten werden die behandelten *Lebensmittelwarengruppen* benannt. In den Abschnitten *Beurteilungsgrundlagen* werden die relevanten Bestimmungen aufgeführt. Im Interesse einer straffen Gestaltung der in sich abgeschlossenen Kapitel wurde darauf verzichtet, wiederholt auf die horizontalen lebensmittelrechtlichen Bestimmungen (z. B. Lebensmittel- und Bedarfsgegenständegesetz ⟨LMBG⟩, Lebensmittelkennzeichnungs-VO, Zusatzstoff- und Höchstmengenregelungen) hinzuweisen. Die Abschnitte *Warenkunde* enthalten Angaben über stoffliche Zusammensetzung, besondere Inhaltsstoffe und Angebotsformen. Angaben zur Lebensmitteltechnologie wurden auf das Notwendigste beschränkt (→ Taschenbuch Band 2). Begriffsbestimmungen, die sich aus Gesetzen, Verordnungen oder der Verkehrsauffassung ergeben, sind in einem dieser beiden Abschnitte untergebracht.

In den Abschnitten *Analytische Verfahren* wird auf relevante produktspezifische Analysenverfahren hingewiesen. Es soll an dieser Stelle allgemein auf die sich auf das LMBG stützende amtliche Sammlung von Untersuchungsverfahren (AS35) verwiesen werden, die zahlreiche übergreifende und spezielle in Ringversuchen geprüfte und statistisch bewertete Analysenmethoden enthält. Es wird nicht in jedem Kapitel darauf verwiesen.

Das zu jedem Kapitel gehörende *Literatur*-Verzeichnis und das im Anhang befindliche Verzeichnis der Standardliteratur geben dem Leser weiterführende Hinweise.

Den Autoren danke ich für ihre Geduld und ihre Bereitschaft zur Mitarbeit, vielen anderen Kollegen für wertvolle Hinweise. Dem Verlag danke ich für die gute Zusammenarbeit, meiner Familie für ihr großes Verständnis.

Hamburg, im März 1991   Wolfgang Frede

Inhaltsverzeichnis

Autoren

	Kapitel
Frau Prof. Dr. I. Bitsch Institut für Ernährungswissenschaft, Justus-Liebig-Universität Wilhelmstraße 20, 6300 Gießen	13
Dr. H. G. Burkhardt Lebensmittelchem. Institut d. Bundesverbandes d. Dt. Süßwarenindustrie e. V. Adamstraße 52–54, 5000 Köln 80	27
Dr. N. Christoph Landesuntersuchungsamt für das Gesundheitswesen Nordbayern Theaterstraße 23, 8700 Würzburg 11	25
Frau Dr. U. Coors Chemische und Lebensmitteluntersuchungsanstalt Marckmannstraße 129 a, 2000 Hamburg 26	15
Dr. U. H. Engelhardt Institut für Lebensmittelchemie TU Braunschweig Fasanenstraße 3, 3300 Braunschweig	28
Dr. D. Führling Landesuntersuchungsinstitut für Lebensmittel, Arzneimittel und Tierseuchen Invalidenstraße 60, 1000 Berlin 21	19
F. Grundhöfer Chemische Landesuntersuchungsanstalt Bissierstraße 5, 7800 Freiburg	17
Frau B. Hambrecht Chemische und Lebensmitteluntersuchungsanstalt Marckmannstraße 129 a, 2000 Hamburg 26	12
Prof. Dr. K. Herrmann Universität Hannover, Institut für Lebensmittelchemie Wunstorfer Straße 14, 3000 Hannover 91	22
Dr. H. Hey Lebensmittel- und Veterinäruntersuchungsamt Max-Eyth-Str. 5, 2350 Neumünster	10
Dr. B. Hohmann Institut für Angewandte Botanik der Universität Hamburg Marseiller Straße 7, 2000 Hamburg 36	26

Prof. Dr. L. Huber   1
Fachhochschule Hamburg, Fachbereich Ernährung und Hauswirtschaft
Lohbrügger Kirchstraße 65, 2000 Hamburg 80

Prof. Dr. J. Krämer   6
Rheinische Friedrich-Wilhelms-Universität, Abt. f. Lebensmittelmikrobiologie
Meckenheimer Allee 168, 5300 Bonn 1

Dr. Th. Kühn   5
Chemische und Lebensmitteluntersuchungsanstalt
Marckmannstraße 129 a, 2000 Hamburg 26

Dr. E. Lück   2
c/o Fa. Hoechst AG, Abt. Forschung, Entwicklung, Lebensmitteltechnik
Postfach 80 03 20, 6230 Frankfurt a. M. 80

Prof. Dr. R. Macholz   14
Otto-Hahn-Ring 37, 1597 Potsdam

Prof. Dr. H. G. Maier   28
Institut für Lebensmittelchemie, TU Braunschweig
Fasanenstraße 3, 3300 Braunschweig

Dr. R. Malisch   4
Chemische Landesuntersuchungsanstalt Freiburg
Bissierstraße 5, 7800 Freiburg

Prof. Dr. R. Matissek   27
Lebensmittelchem. Institut d. Bundesverbandes d. Dt. Süßwarenindustrie e.V.
Adamstraße 52–54, 5000 Köln 80

Prof. Dr. A. Montag   8
Chemische und Lebensmitteluntersuchungsanstalt
Marckmannstraße 129 a, 2000 Hamburg 26

Dr. K. Neumann   20
SGS Controll-Co.m.b.H.
Behringstraße 154, 2000 Hamburg 50

Frau Dr. P. Noble   11
Mettlacher Straße 15, 5090 Leverkusen 1

Frau W. Nonnweiler   31
Chemische Landesuntersuchungsanstalt
Breitscheidstraße 4, 7000 Stuttgart 1

R. Oberdieck   26
i. Fa. Raps & Co, Gewürzwerk
Adalbert-Raps-Straße 1, 8650 Kulmbach

Dr. J. Oehlenschläger   18
Institut für Biochemie und Technologie der Bundesforschungsanstalt für Fischerei
Wüstland 2, 2000 Hamburg 50

Dr. G.-W. v. Rymon Lipinski   2
c/o Fa. Hoechst AG, Abt. Forschung, Entwicklung, Lebensmitteltechnik
Postfach 80 03 20, 6230 Frankfurt a. M. 80

Frau E. Scherbaum
Chemische Landesuntersuchungsanstalt
Breitscheidstraße 4, 7000 Stuttgart 1

16

Dr. K. O. Schnabel
Hamburger Wasserwerke GmbH, Zentrallabor
Billhorner Deich 2, 2000 Hamburg 26

32

Prof. Dr. W. Seibel
Bundesforschungsanstalt für Getreide und Kartoffelverarbeitung,
Institut für Bäckereitechnologie
Schützenberg 12, 4930 Detmold

21

Dr. W. Silberzahn
c/o Fa. Haarmann u. Reimer
Ruhmohertal Straße 1, 3450 Holzminden

29

Frau Dr. C. Sondermann
Maizena Gesellschaft mbH
Knorrstraße 1, 7100 Heilbronn

7

Frau H. Stemmer
Gemeinschaftl. Chemisches Untersuchungsinstitut für die Städte
Wuppertal und Solingen
Sanderstraße 161, 5600 Wuppertal-Barmen

30

Dr. W. Sturm
Chemisches und Lebensmitteluntersuchungsamt der Stadt Duisburg
Wörthstraße 120, 4100 Duisburg 1

9

Prof. Dr. H.-P. Thier
Institut für Lebensmittelchemie
Piusallee 7, 4400 Münster

3

R. Uhlig
Landesuntersuchungsamt für das Gesundheitswesen Südbayern
Fritz-Hintermayer-Straße 3, 8900 Augsburg

23

Dr. K. Wagner
Landesuntersuchungsamt für das Gesundheitswesen Nordbayern
Theaterstraße 23, 8700 Würzburg 11

24

1 Lebensmittelinhaltsstoffe

L. Huber, Hamburg

Lebensmittel sind komplex zusammengesetzte Stoffgemische. Zu ihren Hauptbestandteilen (Majorbestandteilen) zählen Proteine, Fette, Kohlenhydrate – sie sind verantwortlich für den Brennwert der Lebensmittel – sowie Wasser und Mineralstoffe. Zusätzlich spielen auch viele Minorbestandteile eine große Rolle, vor allem für den ernährungsphysiologischen und den sensorischen Wert unserer Lebensmittel. Zu den Minorbestandteilen werden u.a. die Vitamine, Spurenelemente und Aromastoffe gezählt.

Neben diesen von Natur aus in Lebensmitteln vorkommenden Stoffen können noch zahlreiche Zusatzstoffe und aus vielfältigen Quellen stammende Rückstände und Verunreinigungen in Lebensmitteln vorkommen (s. dazu Kap. 2 bis 5).

Zunehmende Bedeutung erlangen die sog. „alternativen" Lebensmittel oder Lebensmittel aus „alternativer Erzeugung". Bei ihrer Erzeugung werden im Vergleich zu der konventionellen Lebensmittelerzeugung keine oder weniger Mineraldünger, synthetische Pestizide und Tierarzneimittel eingesetzt. Im Zentrum der Betrachtung steht der Boden, seine Beschaffenheit und Bearbeitung. Die Erzeuger befolgen die Regeln der Fruchtfolge und der biologischen Schädlingsbekämpfung. Die Methoden verbrauchen in der Regel weniger Primärenergie sind aber arbeitsaufwendiger als konventionelle Erzeugung. Zu diesen Anbaumethoden gehören die biologisch-dynamische (Demeter), biologisch-organische Anbauweise u.a.m. (s. auch Kap. 31.2.4).

Ziel ist die Erzeugung schadstoffärmerer und inhaltsstoffreicherer Lebensmittel im Vergleich zur konventionellen Erzeugung. Die äußere Qualität spielt eine untergeordnete Rolle.

In zahlreichen Untersuchungen wurden Qualitätsvergleiche zwischen „konventionellen" und „alternativen" Lebensmitteln angestellt, die zu sehr widersprüchlichen Ergebnissen führten.

Zur Zeit gibt es keine verläßlichen Analysenmethoden für eine einwandfreie Unterscheidung zwischen konventionellen und alternativen Lebensmitteln.

Ziel dieses Kapitels ist es, die Hauptinhaltsstoffe und ausgewählte Minorbestandteile kurz vorzustellen und Hinweise auf allgemeine Bestimmungsverfahren zu geben.

1.1 Wasser

Der Wasserbedarf erwachsener Menschen beträgt 2–2,5 L/Tag, er wird durch gebundenes Wasser in Lebensmitteln (0,7–1 L) und durch Getränke gedeckt.

1.1.1 Physikalisches Verhalten

Das Wassermolekül ist ein Dipol. Es ist daher in der Lage sowohl in flüssigem wie auch in festem Zustand über H-Brücken Molekülcluster mit der Koordinationszahl 4–5 zu bilden. Damit zusammenhängend zeigt das Wasser folgende physikalische Anomalien: überhöhter Siedepunkt im Vergleich zu den Hydriden der 6. Gruppe; Dichtemaximum bei 4 °C, nicht beim Gefrierpunkt; hohe spezifische Wärme; hohe Dielektrizitätskonstante.
Durch diese Anomalien eignet sich Wasser als Lösungs-, Quell- und Wärmeübertragungsmittel.

1.1.2 Chemische Reaktionen

Reaktion	Bedeutung in Lebensmitteln
Radiolyse	Entstehung von Radikalen bei hohen Energiedosen, Oxidationsgefahr vor allem durch $\cdot$ OH
Hydrolyse	Spaltung von Makromolekülen, Estern u. a. führt zu Struktur- und Flavoränderungen

1.1.3 Sorptionsisotherme wasserarmer Lebensmittel

Die Isotherme (Abb. 1) gibt den Zusammenhang zwischen Wasseraktivität (a_w) der Umgebung und Wassergehalt des Lebensmittels an. Sie zeigt, in welcher Form und damit Verfügbarkeit das Wasser vorliegt. Die Kenntnis der Isotherme erlaubt Voraussagen über den mutmaßlichen Verderb und über die erforderlichen Gegenmaßnahmen, z. B. Salzen (s. Kap. 17.3.2.1).

1.1.4 Wasserhärte

Der Gesamtgehalt gelöster Salze (vorwiegend Ca- und Mg-Salze) wird als Calcium berechnet und als Härte des Wassers angegeben. $1° \text{H} = 1 \text{ mmol } Ca^{2+}/\text{L}$.
Eine noch gebräuchliche ältere Einheit ist der Grad deutscher Härte (°dH). $1° \text{dH} = 10 \text{ mg } CaO/\text{L}$. $1° \text{H}$ entspricht $5.6°$ dH.
Unterscheidung zwischen vorübergehender (Karbonat-) und bleibender (Nichtkarbonat-) Härte (s. auch Kap. 32.3.2).
Der Härtegrad des Wassers ist bei der Qualität von Getränken (Tee, Bier, Kaffee usw.), bei Zubereitung von Speisen (Hülsenfrüchte, Fleisch) und geringfügig beim Einsatz als Lösungsmittel bedeutend.

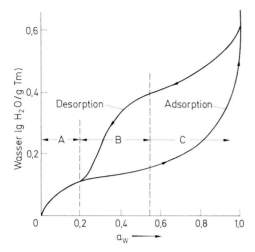

Abb. 1. Sorptionsisotherme (Nach T. P. Labuza et al. 1970)

Abschnitt A: fest gebundenes, nicht gefrierbares Wasser. Oxidationsgefahr, keine Hydrolyse
Abschnitt B: Wasser mit eingeschränkter Verfügbarkeit. Kein Wachstum von Mikroorganismen, geringe Oxidationsgefahr, zunehmende Hydrolyse
Abschnitt C: freies Wasser in den Kapillaren. Wachstum von Mikroorganismen (s. auch Tabelle 1 im Kap. 6). Hydrolyse, keine Oxidation.

p   = Wasserdampfpartialdruck im Lebensmittel bei Temperatur T
p_0 = Sättigungsdampfdruck des reinen Wassers bei Temperatur T
RGF = relative Gleichgewichtsfeuchtigkeit bei Temperatur T

$$a_w = \frac{p}{p_0} = \frac{RGF}{100}$$

1.2 Mineralstoffe

Mineralstoffe sind Bestandteile in Lebensmitteln die bei der Verbrennung als Asche zurückbleiben. Die Asche besteht aus Oxiden von Metallen und Nichtmetallen sowie aus nichtflüchtigen Salzen. Es wird zwischen Mengenelementen (Gehalt im %-Bereich) und Spurenelementen (ppm-Bereich, mg/kg) unterschieden.

1.2.1 Physikalisches Verhalten

Die Wasserlöslichkeit und damit i. a. die Verfügbarkeit der Mineralstoffe ist nach Bindungsart sehr verschieden. Von Bedeutung ist auch die Bindungsart bei den Schwermetallspuren in Lebensmitteln. So zeigen z. B. organische Quecksilberverbindungen ein anderes Resorptionsverhalten als anorganische Verbindungen.
Chloride und Nitrate sind in der Regel gut wasserlöslich. Auch andere, schwerlösliche Salze gehen, je nach Löslichkeitsprodukt in das Medium und können in Lebensmitteln in verfügbarer Form vorliegen.

1.2.2 Chemische Reaktionen

Vor allem freie zweiwertige Metallionen können mit Lebensmittelinhaltsstoffen Reaktionen eingehen.

Reaktion	Bedeutung in Lebensmitteln
Salz- oder Komplexbildung mit organischen Verbindungen (z.B. Di- und Polyphenolen)	Verfärbungen
Fällungsreaktionen mit Anionen (Oxalat, Tartrat, Proteinen u.a.m.)	Trübungen, Niederschläge
Wirkung als Katalysator vor allem für Oxidationen und u.U. für Polymerisationen	Flavoränderung, u.U. Strukturänderung

1.3 Vitamine

Vitamine sind essentielle organische Nahrungsbestandteile, die für die biologische Funktion des Organismus erforderlich sind. Sie werden in geringen Mengen (µg bis mg/Tag) benötigt (Vitamin- und Mineralstoffbedarf s. Kap. 13.6).

1.3.1 Physikalisches Verhalten

Vitamine werden nach ihrer Löslichkeit in zwei Gruppen eingeteilt:
1. fettlösliche (lipophile) Vitamine: Retinol, Calciferole, Tocopherole und Phytomenadione.
2. wasserlösliche (hydrophile) Vitamine: Ascorbinsäure und der B-Komplex mit Thiamin, Riboflavin, Pyridoxin, Niacin, Cobalamine, Biotin, Folsäure und Panthotensäure.

1.3.2 Chemische Reaktionen

Vitamine sind chemisch uneinheitlich. Sie reagieren in Lebensmitteln vielfältig. Das Verarbeiten und Behandeln von Lebensmitteln führt in der Regel zu Vitaminverlusten. Die Reaktionsarten der einzelnen Vitamine zeigt Tabelle 1. Hydrierung von Speisefetten führt zu Verlusten von β-Carotin, Retinol und Tocopherol, der Umfang ist verfahrensbedingt verschieden.

1.4 Proteine und ihre Abbauprodukte

Sie enthalten Stickstoff im Molekül. Aminosäuren sind Bausteine für die Proteinbiosynthese. Sie tragen gemeinsam mit den Peptiden zum Geschmack

Tabelle 1. Verhalten der Vitamine mit verschiedenen Agenzien

Vitamin	Säure	Alkali	O^2	Licht	Hitze	Verluste in %
Retinol	−	−	+	+	−	5−40
Calciferole	−	+	+	+	−	gering
Tocopherole	−	−	+	+	−	0−52
Phytomenadione	−	+	−	+	+	keine Angaben
Ascorbinsäure	−	+	+	+	+	20−90
Thiamin	−	+	+	−	+	10−70
Riboflavin	−	+	−	+	+	5−50
Pyridoxin	−	−	−	+	+	20−45
Niacin	−	−	−	−	−	0−30
Cobalamine	−	−	+	+	−	keine Angaben
Biotin	−	−	−	−	−	0−70
Folsäure	+	−	−	−	+	0−90
Panthotensäure	+	+	−	−	+	0−45

+ empfindlich   − beständig

Quelle: nach Bäßler, Fekl, Lang: Grundbegriffe der Ernährungslehre, ergänzt durch BG.
(über Vitaminverluste beim Blanchieren von Gemüse s. Kap. 22.3.2)

der Lebensmittel bei. Freie Aminosäuren und Peptide kommen in Lebensmitteln in geringen Mengen vor. Sie können auch als Zusatzstoffe eingesetzt werden (s. Kap. 2.3.1). Biogene Amine entstehen bei Reifungs- und Verderbsvorgängen. Der Hauptanteil an N-Substanz in Lebensmitteln besteht aus Proteinen. Über den Bedarf an Proteinen und essentiellen Aminosäuren s. Kap. 13.3 und Kap. 18 Tabelle 2.

Proteinstrukturen und ihre Bedeutung.

Primärstruktur: Die Aminosäuresequenz ist für die biologische Wertigkeit eines Proteins maßgeblich.

Sekundärstruktur: Die Konformation (Helix, Faltblatt) ist für die physikalischen Eigenschaften verantwortlich.

Tertiärstruktur: Die Anordnung der Sekundärstruktur im Raum ist für die biologische Funktion der Proteine verantwortlich.

1.4.1 Physikalisches Verhalten

Aminosäuren und Peptide sind in polaren Lösungsmitteln meist gut, in organischen Lösungsmitteln wenig löslich. Proteine sind je nach Tertiärstruktur in polaren Lösungsmitteln gut bis fast unlöslich. Die Löslichkeit wird durch die Ionenstärke der Lösung (gelöste Salze) stark beeinflußt.

Als stark polare Verbindungen sind gelöste Proteine hydratisiert (0.1−0.3 g Wasser/g). Unlösliche Proteine quellen stark (2−4 g Wasser/g).

Aminosäuren, Peptide und Proteine sind amphotere Verbindungen, d. h. sie liegen in Abhängigkeit vom pH-Wert des Mediums als Kationen, Anionen oder als Zwitterionen vor. Der Isoelektrische Punkt (IP) gibt den pH-Wert an, bei dem das Zwitterion vorliegt. Die Löslichkeit, Viskosität von Proteinlösungen und die Quellbarkeit unlöslicher Proteine sind beim IP minimal. Denaturierung (reversibel oder irreversibel) bewirkt die Veränderung der Sekundär- und/oder Tertiärstruktur. Sie kann durch extreme pH-Werte (1–2 bzw. 12–14), hohe Temperaturen, hohe Ionenstärken, organische Lösungsmittel, Schwermetallionen und starke mechanische Beeinträchtigung erfolgen.

1.4.2 Chemische Reaktionen

Aminosäuren, Peptide und Proteine enthalten die funktionellen Gruppen $-NH_2$ und $-COOH$, Peptide und Proteine auch die Peptidbindung ($-CO-NH-$). Außerdem gibt es eine Reihe funktioneller Gruppen je nach Seitenkette der beteiligten Aminosäuren ($-SH$, $-OH$, Phenyl- usw.).

Reaktion	Bedeutung in Lebensmitteln
1. Derivatisierung der Seitenkette (Acylierung, Alkylierung, Veresterung)	Veränderung der technologischen und sensorischen Eigenschaften
2. Hydrolyse	Veränderung der Hydratation und Löslichkeit
3. Redox-Vorgänge	Veränderung der Textur
4. Maillard-Reaktion s. Kohlenhydrate	Farbveränderungen, Aromabildung Verlust an essentiellen Aminosäuren (v. a. Lysin)
5. Decarboxilierung zu sog. biogenen Aminen	Verderbsindikatoren, Allergene Aromastoffe durch Reifung

1.4.3 Sensorische Eigenschaften

Der Geschmack freier Aminosäuren ist von der Konfiguration abhängig; D-Aminosäuren schmecken in der Regel süß, L-Aminosäuren bitter. Ausnahme z.B. die L-Glutaminsäure ist ein Geschmacksverstärker. Die meisten Peptide schmecken bitter (Ausnahme s. z.B. Aspartam, Kap. 31.2.4.4).

1.5 Lipide

Chemisch vielfältige Verbindungen mit der gemeinsamen Eigenschaft der Löslichkeit in unpolaren Lösungsmitteln. Quantitativ wichtigste Vertreter in Lebensmitteln sind die Fettsäureester des Glycerols, die Neutralfette. Sie unterscheiden sich in der Fettsäurezusammensetzung (gesättigt, ungesättigt, sowie Kettenlänge). Essentiell für Menschen sind die n-6 bzw. n-3 (auch ω-6 bzw. ω-3) Fettsäuren, z.B. die Linol- bzw. α-Linolensäure.

ω-3-Familie z. B.		ω-6-Familie z. B.	
α-Linolensäure	(18:3n3)	Linolsäure	(18:2n6)
Eicosapentaensäure EPA	(20:5n3)	ψ-Linolensäure	(18:3n6)
Docosahexaensäure DHA	(22:6n3)	Arachidonsäure	(20:4n6)
(s. auch Kap. 13.4 und 19.3)			

Fette sind die energiereichsten Lebensmittelinhaltsstoffe (38 kJ/g). Brennwert-tabellen s. im Kap. 13, Tabellen 1a u. 1b. Im weiteren werden nur die Neutral-fette behandelt.

1.5.1 Physikalisches Verhalten

Neutralfette sind in unpolaren Lösungsmitteln gut in Wasser wenig oder gar nicht löslich. Sie bilden mit Wasser instabile Emulsionen. Der Schmelzpunkt von Glyceriden wird beeinflußt durch die Fettsäurezusammensetzung (Ketten-länge und Zahl der Doppelbindungen der Fettsäuren) und durch die Position der Fettsäuren im Glyceridmolekül (am C1 oder C2-Atom des Glycerols). Die Glyceride sind dadurch polymorph, d.h. sie kristallisieren in verschiedenen Modifikationen mit unterschiedlichen Schmelzpunkten [2].

1.5.2 Chemische Reaktionen

Nachstehende Reaktionen können von Tri-, Di-, Monoglyceriden und von freien Fettsäuren analog erfolgen. Beim Erhitzen von Fetten (z. B. Fritieren bei 180 °C) können die vielfältigsten Reaktionen eintreten z. B. Autoxidation, Polymerisation, Hydrolyse, Isomerisierung (s. auch Kap. 19.3.6).

Reaktion	Bedeutung in Lebensmitteln
1. Hydrierung	Konsistenzänderung einseitig zu höherschmelzenden Fetten, Verlust essentieller Fettsäuren und lipo-philer Vitamine. Bildung von trans-Fettsäuren als Nebenreaktion
2. Autoxidation	Fettverderb (sensorisch und u.U. auch gesundheitlich bedenklich) durch Abbauprodukte und Polymere.
3. Di-, Oligo- und Polymerisierung und Cyclisierung ungesättigter Fettsäuren beim Erhitzen	Konsistenzänderung, Verharzung
4. Hydrolyse (Verseifung)	Geschmacksveränderung (Seifigkeit) vor allem beim Freiwerden kurz-kettiger (C4–C10) Fettsäuren

Reaktion	Bedeutung in Lebensmitteln
5. Umesterung (intra- und inter- molekular) Austausch der Acylreste zwischen mehreren Triglyceriden statistisch verteilt oder gelenkt	Konsistenzänderung in beliebige Richtung ohne Veränderung der essentiellen Fettsäuren

1.6 Kohlenhydrate (Saccharide)

Kohlenhydrate stellen wichtige Energieträger (17 kJ/g) in Lebensmitteln dar. Sie beeinflussen die Textur und Struktur vieler – vor allem pflanzlicher – Lebensmittel. Sie können in vier Gruppen eingeteilt werden:
1. Monosaccharide – Polyhydroxialdehyde und -ketone mit 3–7 C-Atomen. Sie liegen zu über 90 % in der Lactonform vor.
2. Disaccharide – enthalten zwei O-glykosidisch verknüpfte Monosaccharid-einheiten.
3. Oligosaccharide – bestehen aus drei bis zehn Monosaccharideinheiten.
4. Polysaccharide – die Zahl der Monomere beträgt bis zu mehreren Hundert Monosaccharideinheiten.

In Lebensmitteln überwiegen mengenmäßig die Polysaccharide.

1.6.1 Mono-, Di- und Oligosaccharide

Sie haben vergleichbare physikalische und chemische Eigenschaften und werden im folgenden zusammen behandelt.

1.6.1.1 Physikalisches Verhalten

Die Wasserlöslichkeit ist meist gut (bis zu 50%ige Lösungen). Anomere unterscheiden sich u. U. erheblich in ihrer Löslichkeit. In organischen Lösungs-mitteln sind diese Saccharide wenig (Ethanol) oder unlöslich.

1.6.1.2 Chemische Reaktionen

Reaktion	Bedeutung in Lebensmitteln
1. Pyrolyse	Verfärbungen bei trockenem Erhitzen
2. Reduktion zu Polyalkoholen (Zuckeralkoholen)	Herstellung von Zuckeraustausch-stoffen, Feuchthaltemitteln und Kristallisationsverzögerern

Reaktion	Bedeutung in Lebensmitteln
3. Reversion Bildung von Di- und Oligosacchariden in Gegenwart von Säuren	Entstehung von Isomeren mit neuen Eigenschaften
4. β-Eliminierung von Wasser in Gegenwart von Säuren unter Bildung von Furanderivaten	Nachweismöglichkeit von Hitze- behandlung saurer Lebensmittel
5. Glykosylaminbildung (Maillard-Reaktion) mit Aminen und Proteinen	Aromabildung und Bräunungsreaktionen durch Folgereaktionen
6. Hydrolyse von Di- und Oligosacchariden	Veränderung der Süßkraft und der Löslichkeit in Wasser

1.6.1.3 Sensorische Eigenschaften

Mit wenigen Ausnahmen schmecken Mono-, Di- und Oligosaccharide süß. Voraussetzung ist ein Protonendonator/-acceptor-System im Molekül. Der sogenannte „Süßwert" der einzelnen Verbindungen ist sehr unterschiedlich (s. Tabelle 2).

1.6.2 Polysaccharide (Glykane)

Sie bestehen aus O-glykosidisch verknüpften Monosaccharideinheiten. Die Zahl der Monomere beträgt mehrere Hundert. Nach Art und Verknüpfung der Monosaccharideinheiten gibt es eine große Zahl von Polysacchariden. Sie dienen als Reservekohlenhydrat von Pflanze (Stärke) und Tier (Glykogen), als strukturgebende Stoffe (Pektin, Cellulose), in Lebensmitteln als Stabilisatoren,

Tabelle 2. Süßwert von Zuckern und Zuckeralkoholen bezogen auf Saccharose

Verbindung	Relative Süßwerte	Verbindung	Relative Süßwerte
Saccharose	100	D-Mannit	69
Dulcit	41	D-Mannose	59
D-Fructose	114	Raffinose	22
D-Galactose	63	D-Rhamnose	33
D-Glucose	69	D-Glucit	51
Invertzucker	95	Xylit	102
Lactose	39	D-Xylose	67
Maltose	46		

[a] 10%ige Lösungen in Wasser.
Quelle: BG

Dickungsmittel u.a.m. Sie werden vielfältig in der Lebensmittelindustrie eingesetzt. Die wichtigsten Polysaccharide sind Stärke (mengenmäßig vorherrschend), Cellulose, Pektin sowie die Dickungsmittel Alginat, Carrageen, Guar, Gummi arabicum, Johannisbrotkernmehl, Traganth und Xanthan.

1.6.2.1 Physikalisches Verhalten

Polysaccharide sind im Wasser z.T. kolloid löslich bis völlig unlöslich. Sie können mit Wasser quellbar sein und/oder bilden mit Wasser stabile Gele.

1.6.2.2 Chemische Reaktionen

Reaktion	Bedeutung in Lebensmitteln
1. Hydrolyse über die Zwischenstufen Oligo- und Disaccharide	Veränderung der Löslichkeit, der Quellbarkeit, des Geschmacks und der Struktur. Wichtiger technischer Prozeß
2. Modifizierung durch Alkylierung, Acylierung u.a.m.	Veränderung der Löslichkeit und der Quellbarkeit. Beeinflussung der Viskosität der Lösungen

1.7 Aroma- und Geschmacksstoffe

Chemisch sehr inhomogene Inhaltsstoffgruppe (s. auch Kap. 7 Tabelle 4 und Kap. 29 Tabelle 3). Die Geometrie und die funktionellen Gruppen des Moleküls sind für den Aroma- bzw. Geschmackseindruck verantwortlich. Die Verbindungen kommen in geringen Konzentrationen (mg/kg bis g/kg) in Lebensmitteln vor (s. auch Kap. 29 Tabelle 2). Für die sensorische Qualität von Lebensmitteln sind sie von großer Bedeutung.
Die Wahrnehmung von Aromen erfolgt im Nasen- und Rachenraum. Geschmacksstoffe werden auf der Zunge wahrgenommen.

1.7.1 Physikalisches Verhalten

Aromastoffe sind in der Regel gut wasser- und fettlöslich, Geschmacksstoffe gut wasserlöslich. Aromastoffe sind bereits bei Zimmertemperatur leicht flüchtig auf Grund des hohen Dampfdruckes. Diese Eigenschaft führt u.U. zu Verlusten bei Herstellung und Lagerung von Lebensmitteln.

1.7.2 Chemische Reaktionen

Durch die Vielfalt der beteiligten Verbindungen (Alkohole, Aldehyde, Ketone, Ester, Mercaptane, Säuren, Amine, Heterocyklen u.a.m.) in Aromen und bei den Geschmacksstoffen können nur allgemeine Angaben gemacht werden.

Viele der Verbindungen sind oxidationsempfindlich, dabei entstehen Fehlaromen.

1.8 Pflanzenphenole (Polyphenole)

Bestandteile vieler pflanzlicher Lebensmittel, wie Gemüse, Obst und Tee. Sie enthalten neben phenolischen Gruppen Carboxylgruppen. Zu ihnen gehören die Hydroxibenzoe- und Zimtsäuren sowie die Flavonoide. (s. Kap. 22.3.1)

1.8.1 Chemische Reaktionen

Reaktion	Bedeutung in Lebensmitteln
1. Oxidation, enzymkatalysiert, zu Chinonen Folgeprodukte durch Polykondensation und Polymerisation	Verfärbung pflanzlicher Lebensmittel nach Zerstörung der Zellwände und -membranen
2. Komplexbildung mit zweiwertigen Metallionen (Fe, Cu, Zn, u.a.m.)	Verfärbungen
3. Salzbildung mit Metallionen	Bildung schwerlöslicher Salze, Trübungen in Getränken

1.9 Enzyme

Enzyme sind in den meisten Rohstoffen von Lebensmitteln enthalten. Sie sind Proteine und erfüllen im Stoffwechsel von Pflanze und Tier katalytische Funktionen, häufig mit Hilfe von Cofaktoren. Ihre Konzentration in Lebensmitteln ist in der Regel gering. Sie spielen jedoch eine große Rolle bei der Beeinflussung der Qualität von Lebensmitteln, da sie hohe Aktivitäten und Spezifität besitzen.

1.9.1 Physikalisches Verhalten

Enzyme sind wasserlöslich. Die Löslichkeit ist abhängig vom pH-Wert des Mediums, weil Enzyme amphotere Verbindungen sind und Zwitterionen bilden. Sie sind hitzelabil, verlieren ihre Aktivität ab 60 °C (einige ab 90 – 100 °C). Durch diese Eigenschaft sind Enzyme gute Indikatoren für Hitzebehandlung von Lebensmitteln. So sind z.B. die Saccharasezahl und die Diastasezahl bei Honig bedeutend für die Beschaffenheit und Qualität (s. Honig V in LMR und Leitsätze im DLB). Enzymaktivitäten in Milch s. auch Kap. 15.2.2.1.

1.9.2 Chemische Reaktionen

Enzyme werden in ihrer Aktivität von Effektoren (Aktivatoren und Inhibitoren), vom pH-Wert, von der Wasseraktivität und von der Temperatur mehr oder weniger beeinträchtigt. Die von Enzymen katalysierten Reaktionen werden häufig zur Herstellung von Produkten eingesetzt. Auf die Spezialliteratur wird verwiesen (z. B. 5.).

1.10 Analytische Verfahren

Die Bestimmung einzelner Inhaltsstoffe aus der komplexen Matrix Lebensmittel erfordert häufig spezielle Verfahren. Auf die Abschnitte „Analytische Verfahren" der warenkundlichen Kapitel wird deshalb hingewiesen. Die Probeentnahme (s. Kap. 9) und Probenvorbereitung spielen ebenfalls eine wichtige Rolle. Im folgenden werden daher nur die gängigen allgemeinen Analysenverfahren und -methoden kurz aufgeführt.

Wasser (6). Trocknung bei vermindertem bzw. Normaldruck und Temperaturen von 70 bzw. $103 + 2\,°C$. Iodometrische Bestimmung nach K. Fischer.

Mineralstoffe (4, 6, 10). Glührückstand- bzw. Aschebestimmung nach Veraschung bei bestimmten Temperaturen zwischen $525-900\,°C$. Bei trockener Veraschung über $600\,°C$ treten Verluste an Alkalichloriden auf. Einzelne Elemente mit AAS oder Flammenfotometrie. Für die Bioverfügbarkeit ist eine Speziesanalytik (d. h. Bestimmung der Bindungsform neben dem Gehalt) erforderlich.

Vitamine [3, 10]. Bevorzugt mit HPLC oder mikrobiologische Methoden. Ascorbinsäure auch enzymatisch.

Proteine [4, 6]. Über den N-Gehalt, der in allen Proteinen 15–18% beträgt. Umrechnung als sog. Rohprotein mit dem Faktor 6.25 (z. B. AS 35: L 01.00 – 10 und L 17.00 – 15). Für einzelne Proteinarten gibt es spezielle Faktoren (5.4 – 6.38).

Lipide [4, 6]. Extraktion mit unpolaren Lösungsmitteln ohne oder mit vorherigem Aufschluß durch Säure (z. B. AS 35 L 01.00 – 20) oder Alkali (z. B. AS 35 L 01.00 – 9). Die Fettsäurenzusammensetzung wird mittels GC z. B. über die Bestimmung der Methylester festgestellt.

Kohlenhydrate [4, 6]. Bevorzugt enzymatische Bestimmung, vor allem in Gemischen. Polarimetrie bei reinen Lösungen. Oxidation der Aldehyd-/ Ketogruppe und Bestimmung des Oxidationsmittelverbrauchs, HPLC.

Aroma- und Geschmacksstoffe. HPLC und GC/MS, s. auch Kap. 29.4.

Phenole. HPLC, s. auch Kap. 22.4.

Enzyme [6]. Aktivitätsbestimmung über die jeweils katalysierte Reaktion durch Bestimmung der Substrat- oder Produktkonzentration (9). Häufig werden Cofaktorkonzentrationen (vor allem $NAD^+/NADH + H^+$) als Meßgröße eingesetzt. Enzyme dienen auch zur Bestimmung von Lebensmittelinhaltsstoffen, z. B. Kohlenhydraten, organischen Säuren u. a. m.

1.11 Literatur

1. Bäßler KH, Fekl W, Lang K (1987) Grundbegriffe der Ernährungslehre. 4. Aufl. Springer, Berlin Heidelberg New York
2. BG
3. Brubacher G, Müller-Mulot W, Southgate DAT (1985) Methods for the determination of vitamins in food: recommended by COST 91. Elsevier, London
4. AS35
5. Fachgruppe Lebensmittelchemie und Gerichtliche Chemie (Hrsg) (Red. Beutler HO) (1983) Enzympräparate: Standards für die Verwendung in Lebensmitteln. Behr's Verlag, Hamburg
6. MSS
7. Pfannhauser W (1989) Essentielle Spurenelemente in der Nahrung. Springer, Berlin Heidelberg New York London Paris Tokyo
8. SFK
9. Stellmack B (1988) Bestimmungsmethoden für Enzyme. Steinkopff, Darmstadt
10. SLMB

2 Zusatzstoffe

G.-W. von Rymon Lipinski und E. Lück, Frankfurt/Main 80

2.1 Einleitung

Bis etwa zum 18. Jahrhundert war die Zahl der verwendeten Zusatzstoffe gering. Sie beschränkte sich auf Salz, Räucherrauch, Essig, Gewürze, Zucker, Hefe und schweflige Säure. Eine Wende zeichnete sich mit dem Beginn der Industrialisierung ab. Die Menschheit wohnte mehr und mehr in Städten, wo es nicht mehr möglich ist, in größerem Umfang selbst Nahrungsmittel anzubauen oder zu gewinnen. Die fabrikmäßige Herstellung von haltbaren Lebensmitteln machte den verstärkten Gebrauch von Zusatzstoffen notwendig. Einige der im 19. Jahrhundert aufgekommenen Zusatzstoffe haben bis heute ihre Bedeutung behalten, z. B. Backpulver, Benzoesäure und Saccharin. Das 20. Jahrhundert ist durch eine weitere Entwicklung und Verfeinerung der Lebensmittelproduktion gekennzeichnet und führte zur Entwicklung von Schmelzsalzen, Emulgatoren, Verdickungs- und Geliermitteln. Durch die Möglichkeit, Vitamine großtechnisch herzustellen, eröffnete sich in unserem Jahrhundert die Möglichkeit, den Nährwert von Lebensmitteln gezielt aufzubessern. In neuester Zeit hat die Aromaforschung große Fortschritte gemacht; dadurch ist es möglich geworden, durch Verwendung von Zusätzen Lebensmittel zu aromatisieren und dadurch in ihrem Geruchs- und Geschmackswert zu verbessern. Lebensmittelzusatzstoffe sind unentbehrliche Helfer für weite Bereiche der Lebensmittelverarbeitung. Manche machen eine rationale Lebensmittelproduktion überhaupt erst möglich, andere dienen dazu, die vom Verbraucher gewünschte Haltbarkeit der Lebensmittel zu garantieren, andere steigern die Attraktivität von Lebensmitteln und verbessern dadurch unsere Lebensqualität. Allerdings liegen nach wie vor die Informationen über die Zweckmäßigkeit und Notwendigkeit von Zusatzstoffen im argen. Ein großer Teil der Bevölkerung lehnt Lebensmittelzusatzstoffe trotz ihrer Vorteile ab.

2.2 Rechtliche Regelungen

Wegen der Definition des Zusatzstoffbegriffes sei auf Kapitel 11.2.2 verwiesen. Zusatzstoffe werden grundsätzlich nur zugelassen, wenn sie gesundheitlich unbedenklich sind und ihre technologische Notwendigkeit gegeben ist. Darüber hinaus darf die Verwendung eines Zusatzstoffes nicht zu einer Täuschung des Verbrauchers führen.

Gesundheitliche Unbedenklichkeit bedeutet, daß ein Lebensmittelzusatzstoff nach dem jeweiligen Stand der Erkenntnis keinerlei Anhalt für eine irgendwie geartete Schädlichkeit zeigen darf. Die Prüfung eines Zusatzstoffes auf toxikologische Unbedenklichkeit ist aus Abb. 1 ersichtlich. Technologische Notwendigkeit bedeutet, daß der Zusatzstoff den gewünschten technischen Effekt tatsächlich im Einzelfall erbringen muß und daß dieser Zweck nicht durch andere, z. B. physikalische Methoden erreicht werden kann; diese Ersatzmaßnahmen müssen allerdings ökonomisch und technisch praktikabel sein. Außerdem muß der Zusatzstoff einen Vorteil für den Verbraucher mit sich bringen. Beispielsweise muß er die Qualität von Lebensmitteln über einen längeren Zeitraum aufrechterhalten oder qualitätsverbessernd wirken.

Auf EG-Ebene bemüht man sich derzeit um eine übergreifende Regelung der Rechtsvorschriften über Zusatzstoffe. Eine Anzahl von Lebensmittelzusatzstoffen haben bereits EG-weit einheitliche E-Nummern, die teilweise sogar über die EG hinaus verwendet werden.

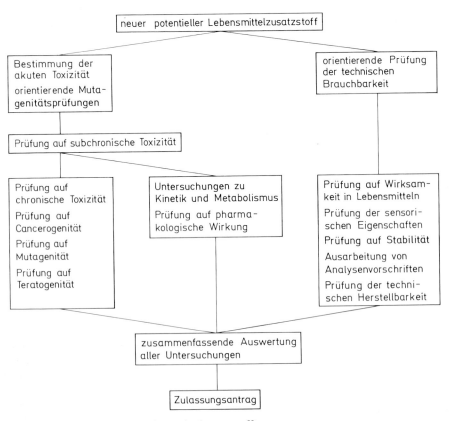

Abb. 1. Entwicklung neuer Lebensmittelzusatzstoffe

2.3 Zusatzstoffgruppen

2.3.1 Stoffe mit Nähr- und diätetischer Funktion

Zusatzstoffe mit Nähr- und diätetischen Funktionen verwendet man, um den ernährungsphysiologischen Wert von Lebensmitteln zu steigern oder – in selteneren Fällen – zu verringern. Meist setzt man diese Stoffe zu, weil sie bei der Verarbeitung oder der Lagerung der Lebensmittel verlorengehen oder zerstört werden.

Vitamine und Provitamine

Vitamine und Provitamine werden Lebensmitteln wegen ihrer ernährungsphysiologischen Wirkung aber auch aus technologischen Gründen z.B. als Antioxidantien (s. dazu 2.3.2) oder Farbstoffe zugesetzt.

Als Vitaminzusatz zu Lebensmitteln spielen die Vitamine A, B, C und D die Hauptrolle. Man setzt sie zu, um Verarbeitungsverluste auszugleichen, einen Vorgang, den man als Revitaminierung bezeichnet. Beispiele hierfür sind der Zusatz der fettlöslichen Vitamine A und D zu Margarine oder der Zusatz von Vitamin B zu Getreideerzeugnissen. Beispiele für den Ausgleich naturbedingter Schwankungen, Standardisierung genannt, oder auch eine Anreicherung über den natürlichen Gehalt hinaus sind der Zusatz von Vitamin C zu Getränken und Obsterzeugnissen und der Zusatz von Vitamin D zur Säuglingsmilch. Einigen Lebensmitteln, die von Natur aus keine oder nur wenig Vitamine enthalten, setzt man Vitamine manchmal auch deshalb zu, weil sie ein besonders guter Träger für ein bestimmtes Vitamin sind.

Hypervitaminosen sind nur bei den Vitaminen A und D bekannt; deshalb sind sie im Gegensatz zu den anderen Vitaminen zusammen mit ihren Derivaten den Zusatzstoffen gleichgestellt. Höchst- und Mindestmengenvorschriften für Vitamine gibt es in der DiätV und der Verordnung über vitaminisierte Lebensmittel.

Aminosäuren

Die Gründe für den Zusatz von Aminosäuren zu Lebensmitteln sind im wesentlichen die gleichen wie die Gründe für den Zusatz von Vitaminen. Einige essentielle Aminosäuren können Maillard-Reaktionen mit Kohlenhydraten eingehen, wodurch die Aminosäure nicht mehr physiologisch verfügbar ist. Hiervon ist besonders das Lysin betroffen. Es ist in der Getreidenahrung nur in relativ geringen Mengen vorhanden, so daß ein Grund besteht, manche Lebensmittel mit Lysin anzureichern. Bei bilanzierten Diäten werden Mischungen von Aminosäuren verabreicht. Der Zusatz von Aminosäuren zu Lebensmitteln hat bei weitem nicht die Bedeutung wie der Zusatz von Aminosäuren zu Futtermitteln, denn bei Lebensmitteln des allgemeinen Verzehrs sind in der BR Deutschland Aminosäuren nur als geschmacksbeeinflussende Zusatzstoffe erlaubt.

Mineralstoffe und Spurenelemente

Die meisten Mineralstoffe und Spurenelemente sind in der Nahrung in ausreichendem Maße vorhanden. Ein Zusatz dieser Stoffe zu Lebensmitteln ist deshalb nur in besonderen Fällen bei bestimmten diätetischen Lebensmitteln erforderlich und sinnvoll. Neuere Erkenntnisse der Ernährungsphysiologie des Magnesiums führen zu einem verstärkten Anreiz, Lebensmittel mit Magnesiumsalzen anzureichern. In Gegenden, in denen wenig Fische gegessen werden und in denen das Trinkwasser arm ist an Iod, hat sich der Zusatz von Iodiden und Iodaten zum Kochsalz bewährt. Auch die in der BR Deutschland nicht übliche Fluoridierung von Trinkwasser gehört hierher.

Füllstoffe

Unter Füllstoffen versteht man inerte Substanzen ohne Nährwert, die man bei brennwertverminderten Lebensmitteln einsetzt, vor allem um die übermäßige Zufuhr von Fetten und Kohlenhydraten zu kompensieren. Ein weiterer Zweck der Füllstoffe liegt auch darin, ein gewisses Sättigungsgefühl hervorzurufen. Praktische Bedeutung als Füllstoffe haben neben Wasser und Luft Cellulose und manche Verdickungsmittel sowie Kohlenhydratderivate, die im Verdauungstrakt nur teilweise oder gar nicht resorbiert werden.

2.3.2 Stoffe mit stabilisierender Wirkung

Die zunehmende Verlagerung der Lebensmittelproduktion in den industriellen Bereich, die heutigen Verzehrsgewohnheiten, die erhöhten Anforderungen an den Geschmackswert der Nahrung, der Wunsch, auch Lebensmittel aus fernen Ländern zu konsumieren und manche gesundheitlichen Gründe verlangen Lebensmittel mit erhöhter Haltbarkeit. Man erreicht diese entweder durch physikalische Verfahren oder durch Zusatzstoffe, die aus praktischen, wirtschaftlichen oder anderen Gründen in vielen Fällen auch gemeinsam Anwendung finden. Der Verderb von Lebensmitteln kann mikrobiologischer, chemischer, biochemischer oder physikalischer Natur sein, so daß es eine ganze Anzahl von Stoffgruppen gibt, die in einem Lebensmittel stabilisierende Funktionen ausüben.

Konservierungsstoffe

Konservierungsstoffe verhindern den mikrobiologischen Verderb von Lebensmitteln durch Hefen, Schimmelpilze und Bakterien. Sie beugen gleichzeitig der Entstehung von Toxinen vor, Aflatoxinen ebenso wie Bakterientoxinen.
Man unterscheidet bei den Konservierungsstoffen vielfach zwischen Konservierungsstoffen im weiteren und Konservierungsstoffen im engeren Sinne. Beispiele für die zuerst genannte Stoffgruppe sind Kochsalz, Zucker und Essig, Beispiele für die zweite Sorbinsäure, Benzoesäure und schweflige Säure. Das wesentliche Unterscheidungsmerkmal liegt in der Anwendungskonzentration. Während die Konservierungsstoffe im weiteren Sinne in Konzentrationen oberhalb von etwa $0,5-1\%$ angewendet werden, liegt der Anwendungsbereich

der Konservierungsstoffe im engeren Sinne bei 0,5% und darunter. Die Konservierungsstoffe im weiteren Sinne werden Lebensmitteln oft aus anderen Gründen zugesetzt als denen der Konservierung. Sie dienen vielfach auch dazu, die Wirkung der Konservierungsstoffe im engeren Sinne zu unterstützen. So wirken die Konservierungssäuren um so besser, je nieriger der pH-Wert des Konservierungsgutes liegt.

Antioxidantien

Antioxidantien verhindern den chemischen Verderb von Lebensmitteln durch oxidative Reaktionen. Sie greifen frühzeitig in die Oxidationsprozesse ein und unterbinden die Bildung unerwünschter Reaktionsprodukte. Im weiteren Sinne lassen sich zu den Antioxidantien auch Verbindungen rechnen, die schnell mit Sauerstoff reagieren, also den Sauerstoff abfangen, ehe er für andere, unerwünschte Reaktionen mit Lebensmittelinhaltsstoffen zur Verfügung steht. Antioxidantien setzt man Fetten und fetthaltigen Lebensmitteln zu mit dem Ziel, das bekannte Ranzigwerden oder andere Geruchs- oder Geschmacksfehler zu verhindern oder zumindest stark hinauszuzögern. Manche Antioxidantien wirken nur in einem ganz bestimmten, eng umrissenen Konzentrationsbereich, in überhöhten Anwendungskonzentrationen können sie eine gegenteilige Wirkung entfalten, d. h. prooxidativ sein.
Die wichtigsten im Lebensmittelgebiet benutzten Antioxidantien sind L-Ascorbinsäure, Tocopherole, Gallate, gewisse Phenolderivate, schweflige Säure und Sulfite. Bei Verwendung von L-Ascorbinsäure als Antioxidans darf jedoch nicht mit einem Hinweis auf einen Gehalt an Vitamin C geworben werden.

Synergisten und Komplexbildner

Metallionen wirken in Lebensmitteln vielfach prooxidativ. Man setzt deshalb manchen Lebensmitteln zusammen mit Antioxidantien Komplexbildner zu, welche den unerwünschten Einfluß der Metallionen kompensieren. Für Komplexbildner, die mit dieser Zweckbestimmung zusammen mit Antioxidantien verwendet werden, hat sich die Bezeichnung Synergisten eingeführt.
Wichtige Synergisten sind Lecithine, Citronensäure, Milchsäure, Weinsäure, Orthophosphorsäure und deren Salze.

Schutzgase

Schutzgase haben die Funktion, den Sauerstoff von lagernden Lebensmitteln fernzuhalten. Sie schützen dadurch indirekt vor oxidativen Veränderungen. Weiterhin verdrängen sie den für obligat aerobe Organismen lebensnotwendigen Sauerstoff und wirken dadurch indirekt auch antimikrobiell. Schutzgase setzen gasdichte Verpackungen der Lebensmittel voraus und eine aufwendige Verpackungstechnik.
Als Schutzgase für Lebensmittel kommen in erster Linie Stickstoff und Kohlendioxid in Frage. Kohlendioxid hat in höheren Konzentrationen auf manche Mikroorganismen eine direkte Hemmwirkung, kann also auch als Konservierungsstoff angesehen werden.

Emulgatoren

Emulgatoren sind grenzflächenaktive Verbindungen, welche die Herstellung von Emulsionen ermöglichen. Auf dem Lebensmittelgebiet haben allein nichtionische und anionische Verbindungen eine Bedeutung. Die Emulgatoren bilden an der Grenzfläche zwischen Fett- und Wasserphase eine Schicht aus, in der sich die hydrophilen Gruppen der Moleküle zur Wasserphase und die hydrophoben zur Fettphase hin ausrichten. Durch die Ausbildung dieser Grenzschicht wird die Grenzflächenspannung zwischen beiden Phasen herabgesetzt.

Die wichtigsten im Lebensmittelbereich verwendeten Emulgatoren sind Polyphosphate, Lecithine, Alginsäureester, Glyceride von Speisefettsäuren einschließlich deren Ester mit Genußsäuren, Saccharoseester, Natrium- und Calciumstearoyllactyl-2-lactat.

Verdickungs- und Geliermittel

Verdickungs- und Geliermittel sind Hydrokolloide, die in Wasser löslich oder stark quell- und dispergierbar sind. Sie ergeben viskose Lösungen, Pseudogele oder Gele. Mit Ausnahme der Gelatine sind die Verdickungs- und Geliermittel Polysaccharide pflanzlichen oder mikrobiellen Ursprungs. Ihre Anwendung dient dem Zweck, die Struktur und die Konsistenz von Lebensmitteln, ihre Viskosität, ihr Fließverhalten oder ihre Elastizität zu erhalten oder zu verbessern.

Die Verdickungs- und Geliermittel zeichnen sich durch zahlreiche polare Gruppen aus, insbesondere Hydroxylgruppen. Diese polaren Gruppen sind in der Lage, mit dem Wasser des Lebensmittels in Wechselwirkung zu treten und dadurch die Viskosität zu erhöhen. Bei der Entstehung von Gelen ist die Ausbildung von Netzwerken mit intermolekularen Assoziationen und geordneten Strukturbereichen erforderlich. Oft ist die Ausbildung solcher Gele an das Vorhandensein bestimmter Kationen gebunden, z.B. Calciumionen. Manche Verdickungsmittel wirken auch dadurch, daß sie Ausflockungen und andere unerwünschte Erscheinungen in kolloiden oder nicht-kolloiden Systemen verhindern.

Wichtige Verdickungs- und Geliermittel sind Alginate, Gummi arabicum, Agar-Agar, Carrageen, Johannisbrotkernmehl, Guarmehl, Traganth, Pektine, verschiedene Celluloseester, Stärkeester, Stärkeether und Gelatine.

Sonstige Stabilisatoren

Andere im Lebensmittelbereich eingesetzte Zusatzstoffe, welche die physikalische Struktur von Lebensmitteln verbessern oder erhalten, sind Schaumstabilisatoren für schaumförmige Back- und Süßwaren, Trubstabilisatoren, die das Absetzen der feinen Trubpartikel in Getränken verzögern. Feuchthaltemittel werden eingesetzt, um den Feuchtegehalt von Lebensmitteln auf gleicher Höhe zu erhalten und das Austrocknen zu verhindern. Überzugsmittel sind Stoffe, die im Gegensatz zu den echten Verpackungsmaterialien zum Verzehr bestimmt sind oder deren Verzehr voraussehbar ist. Sie haben eine gewisse Bedeutung bei Süßwaren und Obst.

2.3.3 Stoffe mit sensorischer Wirkung

Stoffe mit sensorischen Funktionen beeinflussen den Geruchssinn, den Geschmackssinn und das Auge vor, während und nach dem Genuß eines Lebensmittels positiv. Gut schmeckende, gut riechende und gut aussehende Lebensmittel sind schon immer mit größerem Appetit verzehrt worden als solche mit mäßigen oder gar ungünstigen sensorischen Eigenschaften.
Viele natürlicherweise in Lebensmitteln enthaltene Geruchs-, Geschmacks- und Farbstoffe sind flüchtig oder instabil. Sie können bei der Verarbeitung und Lagerung der Lebensmittel verlorengehen. Sie zu erhalten und den Ausgangszustand möglichst originalgetreu wieder herzustellen, ist eine Aufgabe des Zusatzes von Farb-, Geruchs- und Geschmackskomponenten zu Lebensmitteln.

Farbstoffe

Lebensmittelfarbstoffe sind farbige Verbindungen, die Lebensmitteln eine ansprechende Farbe verleihen. Man unterscheidet zwischen färbenden Lebensmitteln, fett- und wasserlöslichen Farbstoffen sowie unlöslichen Pigmenten.
Beispiele für färbende Lebensmittel sind Extrakte aus Roten Beten und Fruchtsaftkonzentrate aus Kirschen und Heidelbeeren.
Angewendet werden Farbstoffe vorzugsweise bei süßen Nährmitteln, Kunstspeiseeis, Fischerzeugnissen, Obstprodukten, Süßwaren, Konditoreiprodukten und Käserinden. Frischprodukte dürfen nicht gefärbt werden. Farbstoffe dürfen auch nicht dazu verwendet werden, den Konsumenten zu täuschen.
Zu den Farbstoffen hinzuzurechnen sind die Farbstabilisatoren. Sie haben die Aufgabe, die natürliche Färbung von Lebensmitteln während der Verarbeitung und Lagerung zu stabilisieren und unerwünschte Verfärbungen zu verhindern. Eine besondere Bedeutung hat der Farbstabilisator Nitrit bei Fleischwaren. Nitrit wandelt den roten Fleischfarbstoff Myoglobin in Nitrosomyoglobin um, das lager- und kochstabil ist.

Geschmacksstoffe

Zu den Geschmacksstoffen gehören Zusatzstoffe, die Lebensmitteln einen süßen, sauren, alkalischen oder bitteren Geschmack verleihen sowie im weiteren Sinne die Geschmacksverstärker.
Zum Süßen benutzt man Zucker verschiedenster Art, die nicht zu den Zusatzstoffen zählen. Da die meisten Zucker für Diabetiker unverträglich sind, wurden sogenannte Zuckeraustauschstoffe entwickelt, die größte Bedeutung haben Sorbit und Xylit. Sie sind für Diabetiker verträglich, haben aber den gleichen Brennwert wie die Zucker. Eine Sonderstellung nimmt Fructose ein, die wegen ihrer Diabetikerverträglichkeit zu den Zuckeraustauschstoffen zu zählen ist, chemisch aber einen Zucker darstellt. Einige Zuckeraustauschstoffe, z. B. Sorbit und Xylit, wirken im Gegensatz zu den Zuckern kaum oder gar

nicht kariogen. Allerdings können bei der Aufnahme größerer Mengen an Zuckeraustauschstoffen laxierende Wirkungen eintreten. Lebensmittel mit Zuckeraustauschstoffen müssen deshalb entsprechende Hinweise tragen, obwohl die Aufnahme größerer Zuckermengen ebenfalls eine laxierende Wirkung hat.

Neben den Zuckern und Zuckeraustauschstoffen gibt es Süßstoffe, auch Intensivsüßstoffe genannt. Sie zeichnen sich gegenüber den Zuckern und Zuckeraustauschstoffen dadurch aus, daß sie praktisch kalorienfrei und um ein vielfaches süßer sind als Zucker und Zuckeraustauschstoffe. Die Süßkraft von Süßstoffen wird in Kapitel 31 dargestellt. Die wichtigsten Süßstoffe waren Saccharin und Cyclamat, deren Verwendung aus toxikologischer Sicht nicht unumstritten ist. Sie werden mehr und mehr durch Aspartam und Acesulfam ersetzt, die in Mischungen untereinander ein besonders günstiges Geschmacksprofil zeigen.

Als sauer schmeckende Verbindungen, im Lebensmittelbereich Genußsäuren genannt, sind im Lebensmittelbereich vor allem Citronensäure, Weinsäure, Essigsäure, Milchsäure und Phosphorsäure von Bedeutung. Die natürlich vorkommenden Genußsäuren sind keine Zusatzstoffe im Sinne des LMBG. Säuren sind bei der Herstellung von alkoholfreien Erfrischungsgetränken, manchen Obsterzeugnissen, Süßwaren, Sauerkonserven und Feinkosterzeugnissen unentbehrlich.

Alkalisch schmeckende Stoffe spielen in der Praxis nur eine geringe Rolle, außer Natronlauge, die man zur Herstellung von Laugenbrezeln benutzt.

Der wichtigste Stoff mit Salzgeschmack im Lebensmittelbereich ist das Kochsalz. Es ist für weite Gebiete der Lebensmitteltechnik unentbehrlich, weil viele Lebensmittel ohne Kochsalz fade schmecken oder gar ungenießbar wären. Wegen seiner jahrtausende alten Anwendung wird Kochsalz nicht mehr als Lebensmittelzusatzstoff angesehen. Für Menschen, die aus gesundheitlichen Gründen ihren Kochsalzkonsum einschränken müssen, gibt es Kochsalzersatz, das sind Cholin-, Kalium-, Calcium- und Magnesiumsalze verschiedener organischer Säuren.

Unter den Bitterstoffen, die Lebensmitteln eine erwünschte bittere Note verleihen, spielt in der Praxis das Chinin zur Herstellung von Tonic-Getränken eine Rolle.

Neben den erwähnten Geschmacksstoffen benutzt man seit alters her weitere, meist dem Pflanzenreich entstammende Zubereitungen, um Speisen zu würzen oder geschmacklich zu verbessern. Dazu gehören Gewürze und andere pflanzliche Rohstoffe, Auszüge und Essenzen daraus. Neuerdings werden gezielt durch Maillard-Reaktion Geschmackskomponenten für bestimmte Zwecke hergestellt.

Geschmacksverstärker sind Verbindungen, die selbst nur einen schwachen oder überhaupt keinen Eigengeschmack haben, bestimmte Geschmacksrichtungen aber besonders hervorheben. Eingesetzt werden Glutaminsäure und deren Salze, andere Aminosäuren, Guanylat und Inosinat zur Verbesserung von Fleisch-, Suppen- und Soßenerzeugnissen sowie Maltol und Ethylmaltol bei anderen Lebensmitteln.

Aromastoffe

Unter dem Begriff Aromastoffe faßt man Substanzen zusammen, die man Lebensmitteln zur Geruchs- und Aromaverbesserung beigibt. Man benutzt dazu sowohl chemisch einheitliche Stoffe als auch Teile von Pflanzen, Stoffwechselprodukte von Mikroorganismen und deren Extrakte. Eine besondere Bedeutung haben etherische Öle und daraus hergestellte Zubereitungen. Wegen weiterer Informationen sei auf Kapitel 29 verwiesen.

Es wird unterschieden zwischen natürlichen, naturidentischen und künstlichen Aromastoffen. Als natürlich gelten solche, die durch rein physikalische Verfahren oder durch die Tätigkeit von Mikroorganismen aus rohen oder verarbeiteten, meist pflanzlichen Materialien erhalten werden. Naturidentische Aromastoffe werden synthetisch hergestellt, sind den natürlichen aber chemisch gleich. Künstliche Aromastoffe sind Substanzen, die in natürlichen, für den menschlichen Verzehr geeigneten Produkten noch nicht nachgewiesen worden sind und synthetisch gewonnen werden. In der Bundesrepublik Deutschland sind natürliche und naturidentische Aromastoffe keine Zusatzstoffe im Sinne des LMBG.

Kaumassen

Kaumassen bilden die Grundlage für Kaugummi. Sie müssen bei Körpertemperatur eine gute Plastizität aufweisen, andererseits aber dem Biß einen merklichen Widerstand entgegensetzen. Verwendet werden im wesentlichen Gummen und Harze natürlicher Herkunft, Polymere, Paraffine und Wachse in Mischungen untereinander.

2.3.4 Verarbeitungs- und Handhabungshilfen

Unter dem Begriff Verarbeitungs- und Handhabungshilfen versteht man Stoffe, die nur während der Herstellungsphase eines Lebensmittels von Bedeutung sind. Einige von Ihnen bleiben zwar im fertigen Lebensmittel vorhanden, haben dort aber keine Funktion mehr. Andere gehen gar nicht erst in das Lebensmittel über, allenfalls in zu vernachlässigenden Spuren. Wieder andere werden durch chemische Reaktionen im Lebensmittel umgewandelt oder zerfallen von selbst.

pH-Regulatoren

pH-Regulatoren haben die Aufgabe, den pH-Wert eines Lebensmittels auf einen bestimmten Wert einzustellen oder ihn durch Pufferung in einen bestimmten Bereich zu halten. Eine solche Maßnahme kann für die Quellung oder das Gelbildungsvermögen, die rheologischen Eigenschaften oder die Textur von Lebensmitteln von Bedeutung sein. Besondere Bedeutung haben pH-Regulatoren für die Aufbereitung von Trinkwasser, das zur Vermeidung von Ablagerungen und Korrosionsschäden in Leitungen im Kalk-Kohlensäuregleichgewicht sein muß. Auch Brauwasser für die Herstellung von Bier sollte einen bestimmten pH-Wert aufweisen, den man durch entsprechende Zusätze erreicht.

Enzyme

Enzyme werden manchmal Lebensmitteln zugesetzt, um durch biokatalytische Wirkung gezielt Inhaltsstoffe von Lebensmitteln umzuwandeln und/oder besonders erwünschte Endprodukte zu erhalten. Oft sind durch die Anwendung von Enzymen technische Prozesse möglich, die auf andere Weise nur unter tiefgreifenden und meist nachteiligen Veränderungen des Lebensmittels erreicht werden können. Von größerer Bedeutung sind Proteine, Kohlenhydrate und Pektine spaltende Enzyme. Auch die Verwendung von Käselab gehört hierher.

Enzyme sind zwar Zusatzstoffe, gemäß § 11 (3) LMBG benötigen sie aber keine besondere Zulassung.

Kulturen von Mikroorganismen

In enger Beziehung zu der Anwendung von Enzymen gehört die Verwendung von Reinkulturen bestimmter Mikroorganismen bei der Herstellung von Rohwurst, Schimmelkäse und Wein. Auch die Verwendung von Backhefe ist eine Anwendung einer Mikroorganismen-Kultur.

Lösemittel

Lösemittel dienen entweder der Einarbeitung anderer Zusätze in ein Lebensmittel (Trägerlösemittel) oder einer gezielten Extraktion bestimmter Inhaltsstoffe aus einem Lebensmittel (Extraktionslösemittel). Extraktionslösemittel benutzt man u. a. zur Extraktion von Fetten und Ölen oder zur Extraktion von Koffein aus Kaffee. Neuerdings ist die Verwendung von überkritischem Kohlendioxid als Lösemittel für verschiedene Zwecke üblich geworden.

Treibgase

Treibgase dienen zur Herstellung von Lebensmittelschäumen. Die größte Bedeutung hat Distickstoffoxid zur Herstellung von Schlagsahne.

Klärhilfsmittel

Klärhilfsmittel erleichtern die Abscheidung unerwünschter Komponenten aus Getränken mit kolloidalen oder gröberen Trübungen. Diese werden von Klärhilfsmitteln absorbiert und dadurch leichter aus dem Getränk entfernbar. Die größte Bedeutung als Klärhilfsmittel haben unlösliche anorganische Produkte, wie Bentonite, Kieselsol, Aktivkohle sowie Gelatine, Tannin und Casein. Ein Klärhilfsmittel, das unerwünschte Metallspuren durch eine chemische Reaktion in einen filtrierbaren Niederschlag verwandelt, ist die Verwendung von gelbem Blutlaugensalz zur Entfernung von Eisen und Kupfer aus Wein (Blauschönung genannt).

Filterhilfsmittel

Filterhilfsmittel, wie Kieselgur, Cellulose und Aktivkohle wirken ähnlich wie Klärhilfsmittel. Sie erleichtern das Filtrieren von Flüssigkeiten, die der Konsument glanzhell wünscht, wie Wein und Bier. Der Asbest hat hier aufgrund seiner gesundheitlichen Bedenklichkeit seine früher große Bedeutung vollständig verloren.

Schaumhemmende Stoffe

Schaumhemmende Stoffe verhindern bei der Lebensmittelverarbeitung auftretende unerwünschte Schäume. Benutzt werden zu diesem Zweck Silikonverbindungen und bestimmte Emulgatoren.

Trennmittel

Trennmittel haben die Aufgabe, das Ablösen von Lebensmitteln aus Formen zu erleichtern und das Verkleben von Lebensmitteln oder Lebensmittelpartikeln untereinander zu verhindern. Angewendet werden sie hauptsächlich bei Süß- und Backwaren. Zu den Trennmitteln gehören auch Stoffe, welche die Rieselfähigkeit von Kochsalz gewährleisten, wie Kieselsäure und Silikate.

Schmelzsalze

Schmelzsalze inaktivieren das für die Stabilität des Käsegels wichtige Calcium und unterstützen dadurch den Übergang vom Paracasein-Gel zum Sol. Durch ihre Anwendung wird die Herstellung von Schmelzkäse überhaupt erst möglich. Als Schmelzsalze dienen besonders Citrate und Phosphate.

Backtriebmittel

Die wichtigsten Backtriebmittel sind Hefe und Sauerteig, die allerdings nicht zu den Lebensmittelzusatzstoffen zählen. In ähnlicher Weise, nämlich durch Freisetzen von Kohlendioxid wirken Backpulver, Mischungen aus Natriumhydrogencarbonat mit festen organischen Säuren oder sauren Salzen.

Teigkonditioniermittel

Teigkonditioniermittel haben die Aufgabe, die Verarbeitung und Backeigenschaften von Teigen zu verbessern, indem sie natürliche Schwankungen der Mehlqualität regulieren. Man verwendet hauptsächlich verschiedene oxidierende oder reduzierend wirkende Verbindungen, wie Ascorbinsäure und Cysteinhydrochlorid.

Bleichmittel

Bleichmittel beseitigen unerwünschte Verfärbungen von Lebensmitteln oder beugen dem Entstehen solcher Verfärbungen vor. Benutzt werden hauptsächlich Wasserstoffperoxid und Chlor. Nur wenige Lebensmittel dürfen gebleicht werden, wie z. B. Heringspräserven, bei denen die Bleichung zur Verbesserung des Aussehens beiträgt.

2.4 Literatur

Fülgraff G (1989) Lebensmitteltoxikologie. Ulmer, Stuttgart

Lück E (1986) Chemische Lebensmittelkonservierung. 2. Aufl. Springer, Berlin Heidelberg
NewYork Tokyo

Branen AL, Davidson PM (1983) Antimicrobials in Foods. Marcel Dekker, New York Basel

Burchard W (1985) Polysaccharide. Springer, Berlin Heidelberg New York Tokyo

Neukom H, Pilnik W (1980) Gelier- und Verdickungsmittel in Lebensmitteln. Forster, Basel

Schuster G (1985) Emulgatoren für Lebensmittel. Springer, Berlin Heidelberg New York
Tokyo

Otterstätter G (1987) Die Färbung von Lebensmitteln, Arzneimitteln, Kosmetika. Behr,
Hamburg

Deutsche Forschungsgemeinschaft, Farbstoff-Kommission (1988) Farbstoffe für Lebensmittel. VCH, Weinheim

Nabors LO, Gelardi RC (1986) Alternative Sweeteners. Marcel Dekker, New York Basel

Ney KH (1987) Lebensmittelaromen. Behr, Hamburg

3 Pflanzenschutzmittel

H.-P. Thier, Münster

3.1 Wirkstoffgruppen

Pflanzenschutzmittel (Pestizide) werden in der Landwirtschaft in großem Umfang angewendet, um die Kulturpflanzen und Erntegüter vor Schädlingen, Krankheiten oder anderen negativen Einflüssen zu bewahren. Die wichtigsten Wirkstoffgruppen sind Insektizide gegen Insekten, Fungizide gegen Pilze und Herbizide gegen Unkräuter (s. Abschn. 3.3.1).

3.2 Beurteilungsgrundlagen

3.2.1 Pflanzenschutzgesetz und -Anwendungsverordnung [8]

Nach dem Pflanzenschutzgesetz benötigt jedes Pflanzenschutzmittel-Präparat eine Zulassung durch die Biologische Bundesanstalt für Land- und Forstwirtschaft (BBA), der das Bundesgesundheitsamt und das Umweltbundesamt zustimmen müssen. Die Herstellerfirma muß dazu umfangreiche Unterlagen und Versuchsberichte über Eigenschaften und Verhalten des Mittels, Abbau- und Umwandlungsprodukte, Wirkungsumfang, Analytik und Rückstände vorlegen. Die Zulassung ist befristet und wird nur dann erteilt, wenn das Präparat genügend wirksam ist und bei sachgerechter Anwendung keine schädlichen Auswirkungen auf die Gesundheit von Mensch und Tier, auf Grundwasser und auf den Naturhaushalt hat. Nach dem Pflanzenschutzmittel-verzeichnis der BBA [1], das laufend aktualisiert wird, sind etwa 950 Präparate auf der Basis von knapp 220 Wirkstoffen zugelassen. Bestimmte Wirkstoffe mit unerwünschten Eigenschaften sind dagegen durch die Pflanzen-schutz-Anwendungsverordnung völlig oder in bestimmten Bereichen (z. B. Wasserschutzgebiete) von der Verwendung ausgeschlossen. Schwer abbaubare Organochlor-Pestizide sind seit langem verboten, zum Teil auch durch das DDT-Gesetz.

Der Anwender eines Pflanzenschutzmittels muß nach den Grundsätzen der „Guten Landwirtschaftlichen Praxis" arbeiten und die Anwendungsvorschriften (Dosierung, Aufwandmenge, Sicherheitsvorkehrungen) genau befolgen. Er muß vor allem die jeweils vorgeschriebene Wartezeit einhalten, die zwischen der letzten Behandlung und der Ernte verstreichen muß, damit der Wirkstoff und relevante Metaboliten bis zur zulässigen Höchstmenge abgebaut werden können.

3.2.2 Lebensmittelrechtliche Regelungen [8]

Der Schutz des Verbrauchers vor überhöhten Rückständen ist vor allem durch das Lebensmittel- und Bedarfsgegenständegesetz (LMBG) und darauf basierende Verordnungen geregelt. Wenn ein Erntegut oder ein Lebensmittel tierischer Herkunft in den Verkehr kommt, dürfen die vorhandenen Rückstände die zulässigen Konzentrationen nicht übersteigen, die jeweils in der Pflanzenschutzmittel-Höchstmengenverordnung (PHmV) aufgeführt sind. Die PHmV nennt Zahlenwerte für etwa 400 Wirkstoffe; sie liegen je nach Wirkstoff und Erntegut meist im Bereich zwischen 0,01 und 1 mg kg^{-1}. Wenn erforderlich, sind relevante Metaboliten in die Höchstmengen einbezogen. Viele der aufgeführten Stoffe sind in der Bundesrepublik nicht zugelassen, können aber in importierten Lebensmitteln auftreten. Bei weiterverarbeiteten Lebensmitteln muß der Verlust bei der Verarbeitung berücksichtigt werden; weil dazu nur wenig Daten vorliegen, ist die Beurteilung oft schwierig. Besonders strenge Anforderungen gelten bei diätetischen Lebensmitteln für Säuglinge und Kleinkinder: Sie dürfen nach der Diätverordnung generell nicht mehr als 0,01 mg kg^{-1} an Pflanzenschutzmitteln enthalten. Das LMBG schreibt außerdem vor, daß Lebensmittel, die als „naturrein" oder ähnlich bezeichnet werden, keine Rückstände an Pflanzenschutzmitteln enthalten dürfen.

Die Trinkwasserverordnung hat für Trinkwasser und Wasser für Lebensmittelbetriebe einen Grenzwert für Pflanzenschutzmittel einschließlich toxischer Hauptabbauprodukte von 0,1 µg l^{-1} Einzelstoff festgelegt (Summe höchstens 0,5 µg l^{-1}). Dieser pauschale Grenzwert ist besonders niedrig angesetzt und soll als Vorsorgemaßnahme jede Kontamination des Trinkwassers verhindern, selbst wenn dadurch kein Risiko für die Gesundheit zu befürchten ist. Auf diese Weise ist ein Konflikt zwischen den Interessen der Landwirtschaft an intensiver Bodennutzung und der Wasserwirtschaft an möglichst reinem Wasser für die Versorgung der Bevölkerung entstanden. Im Einzelfall kann bei Überschreitung des Grenzwertes eine befristete Ausnahmegenehmigung erteilt werden, um die Wasserversorgung aufrecht zu erhalten. Schließlich sind auch Höchstmengen für Futtermittel festgelegt, um die Belastung der Nutztiere und der daraus gewonnenen Lebensmittel möglichst gering zu halten.

3.3 Warenkunde

3.3.1 Pestizide

Die einzelnen Wirkstoffgruppen der Pflanzenschutzmittel (Pestizide) [2, 3] sichern die Erträge im Acker-, Gemüse-, Obst- und Weinbau und verbessern die Qualität der pflanzlichen Rohstoffe und Lebensmittel. Dazu kommen zahlreiche spezielle Anwendungen, z. B. als Wachstumsregler (z. B. Halmfestiger bei Getreide), als Keimhemmungsmittel (z. B. bei Kartoffeln), als Vorratsschutzmittel (z. B. bei Getreide) oder als Begasungsmittel zur Bekämpfung von

CH₃O S
   \ ‖
    P—S—CH—CO—OC₂H₅
   / |
CH₃O   CH₂—CO—OC₂H₅

Malathion (Organophosphor-Insektizid)

O—CO—NH—CH₃
         CH₃
      /
  O—CH
         \
          CH₃

Propoxur (Methylcarbamat-Insektizid)

H₃C   CH₃   CN
   \ / |
    C |
Br₂C=CH—CH—CH—CO—O—CH──◯──O──◯

Deltamethrin (Pyrethroid-Insektizid)

$$\left[-S-\overset{\overset{\text{S}}{\|}}{C}-NH-CH_2-CH_2-NH-\overset{\overset{\text{S}}{\|}}{C}-S-Zn- \right]_n$$

Zineb (Dithiocarbamat-Fungizid)

Cl
Cl—◯—O—CH₂—COOH

2,4-D (Phenoxycarbonsäure-Herbizid)

Cl
CH₃   N⎯⎯N
 | ‖   ‖
HC—HN—   N   NH—C₂H₅
 | N
CH₃

Atrazin (Triazin-Herbizid)

Strukturformeln einiger wichtiger
Pflanzenschutzmittel

Schädlingen in Lagerräumen oder in lebensmittelverarbeitenden Betrieben. Gegen tierische Schädlinge richten sich auch Akarizide gegen Milben, Molluskizide gegen Schnecken, Nematizide gegen Fadenwürmer oder Rodentizide gegen Nagetiere. Jährlich werden in der Bundesrepublik Deutschland etwa 30 000 t solcher Wirkstoffe verbraucht.

Insektizide

Nur etwa 5 % der Wirkstoffe sind Insektizide, die Schäden durch Insektenbefall als Fraß-, Atem- oder Kontaktgifte verhindern sollen. Die wichtigsten

Wirkstoffgruppen sind Organophosphorsäureester (z. B. Parathion, Malathion) und N-Methylcarbamate (z. B. Propoxur, Methomyl), die das Nervensystem der Insekten durch Hemmung der Acetylcholinesterase lähmen. Sie sind deshalb auch für den Menschen toxisch und erfordern besondere Vorsichtsmaßnahmen bei der Anwendung. An Bedeutung gewinnen die Pyrethroide (z. B. Deltamethrin, Fenvalerat), die nur sehr geringe Aufwandmengen benötigen.

Fungizide

Fungizide machen etwa ein Drittel des Pflanzenschutzmittel-Einsatzes aus. Sie werden oft vorbeugend ausgebracht, um die Pflanzen vor Pilzkrankheiten (z. B. Mehltau, Rost, Schorf, Fäule) zu schützen, die große wirtschaftliche Schäden verursachen. Häufig verwendet werden die praktisch unlöslichen Dithiocarbamate (z. B. Maneb, Zineb) sowie zahlreiche „systemisch" wirkende Stoffe. Sie können sich mit dem Saftstrom innerhalb der Pflanze verteilen und wirken deshalb auch gegen Erreger, die bereits in das Gewebe eingedrungen sind. Fungizide dienen auch zur Beizung von Saatgut.

Herbizide

Die Herbizide (etwa die Hälfte des Pflanzenschutzmittel-Einsatzes) werden vor allem im Ackerbau (Getreide einschl. Mais, Hackfrüchte wie Kartoffeln und Rüben), aber auch im Gemüsebau angewendet. Sie sollen möglichst selektiv das Wachstum von Unkräutern eindämmen, die mit den Kulturpflanzen um Nährstoffe und Lebensraum konkurrieren und dadurch den Ertrag mindern. Außerdem erleichtern sie den Einsatz von landwirtschaftlichen Maschinen zur Bodenbearbeitung und zur Ernte. Die wichtigsten Wirkstoffe gehören zu den Chlorphenoxycarbonsäuren (z. B. 2,4-D, Mecoprop), Phenylharnstoffen (z. B. Diuron, Linuron) und 1,3,5-Triazinen (z. B. Atrazin, Simazin). Sog. Totalherbizide dienen zum Vernichten der gesamten Vegetation auf Wegen, Sportplätzen oder Bahngleisen.

Formulierungen

Bei allen Pflanzenschutzmitteln wird nicht der reine Wirkstoff angewendet, sondern eine Zubereitungsform (Formulierung), die man mit entsprechenden Geräten und Verfahren ausbringt. Zur Anwendung in fester Form dienen Stäubemittel, Streumittel oder Granulate. Spritzmittel sind feste oder flüssige Konzentrate, die zur Anwendung mit Wasser verdünnt und als Lösungen, Emulsionen oder Suspensionen gespritzt, versprüht oder vernebelt werden. Die Formulierungshilfsstoffe (Emulgatoren, Dispergier- oder Netzmittel, Haftstoffe, Stabilisatoren usw.) können die Wirkung erheblich beeinflussen. In Gewächshäusern oder Silos kommt auch das Räuchern oder Begasen in Frage.

Abbau

Bald nach dem Ausbringen eines Pflanzenschutzmittels geht ein beträchtlicher Anteil des Wirkstoffes von der Oberfläche der behandelten Pflanzen verloren. Daran beteiligt sind Witterungseinflüsse (Verdampfen durch Wind, Abspülen durch Regen, Einwirkung von Sonnenlicht) sowie hydrolytische und oxidative Abbaureaktionen. Die Konzentration des Wirkstoffes wird außerdem durch den Zuwachs an Pflanzenmasse geringer. Der Anteil, der in das Innere der Pflanze gelangt, wird dort in die Stoffwechselvorgänge einbezogen und durch die pflanzeneigenen Enzyme umgewandelt und abgebaut. Wie rasch diese Reaktionen ablaufen und welche Umwandlungsprodukte (Metaboliten) gebildet werden, hängt maßgeblich von der chemischen Struktur des Wirkstoffes und der Physiologie der Pflanze ab. Ester werden im allgemeinen relativ rasch durch Hydrolyse gespalten. Besonders stabil waren die früher verwendeten Organochlor-Insektizide (s. Abschn. 3.3.3), die sich sogar in der Umwelt anreichern und deshalb nicht mehr verwendet werden dürfen. Aber auch manche Herbizide (z.B. Atrazin) werden nur langsam abgebaut und können deshalb in das Grundwasser gelangen (s. Abschn. 3.3.5).

Manche Metaboliten können toxischer sein als der ausgebrachte Wirkstoff und müssen dann sowohl in die zulässigen Höchstmengen als auch in die Rückstandskontrollen einbezogen werden (z.B. Oxidationsprodukte von Thiophosphorsäureestern). Gelegentlich kann ein bedenkliches Abbauprodukt erst bei der späteren Verarbeitung eines Erntegutes entstehen, z.B. Ethylenthioharnstoff beim Erhitzen aus Dithiocarbamat-Fungiziden. In den meisten Fällen haben jedoch die Metaboliten keine physiologische Wirkung mehr. Eine vollständige Bilanz des Abbaus läßt sich oft nur schwer aufstellen, weil Metaboliten zum Teil in den normalen Zellstoffwechsel integriert oder an Zellstrukturen gebunden werden.

3.3.2 Pflanzliche Lebensmittel

Bei pflanzlichen Lebensmitteln stammen Rückstände von Pflanzenschutzmitteln in der Regel direkt aus Pflanzenschutzmaßnahmen beim Anbau der Kulturpflanzen oder aus einer Behandlung des Erntegutes im Rahmen des Vorratsschutzes [4]. Rückstände können aber auch auf indirektem Wege entstehen. Beispielsweise kann ein Wirkstoff, der noch aus einer früheren Maßnahme im Boden vorhanden ist, von einer Folgekultur aufgenommen werden. Weitere Sekundäreffekte sind die Abtrift bei Behandlung eines Nachbarfeldes oder beim Ausbringen aus dem Flugzeug (Weinbau), Abtropfen von behandelten Obstbäumen in darunter angebaute Kulturen oder ungenügende Reinigung eines Silos vor einer Neueinlagerung.

Wie die regelmäßigen Untersuchungen der amtlichen Lebensmittelüberwachung zeigen, enthält nur etwa ein Drittel aller untersuchten Proben nachweisbare Rückstände von einem, manchmal auch zwei Wirkstoffen. Die vorgeschriebenen Höchstmengen werden im Durchschnitt bei etwa 3% der Proben überschritten. Eine solche Überschreitung bedeutet jedoch kein Risiko für die Gesundheit, denn die Höchstmengen liegen meist weit unter dem ADI-Wert (s. Kap. 14.6). In der Regel findet man Rückstände von Fungiziden oder Insektiziden. Herbizide werden meist in einem so frühen Wachstumsstadium angewendet, daß sie bei der Ernte nicht mehr nachweisbar sind. In Lebensmitteln aus konventionellem und alternativem („biologischem") Anbau ist die

Rückstandssituation oft so ähnlich, daß sich daraus kein Hinweis auf die Herkunft ableiten läßt. Die Gehalte in den Erntegütern werden bei der küchenmäßigen Zubereitung oder bei der Verarbeitung durch Handwerk und Industrie noch erheblich reduziert, so daß die Gehalte in der tischfertigen Nahrung wesentlich geringer sind.

3.3.3 Tierische Lebensmittel

Im Fettanteil fast aller Lebensmittel tierischer Herkunft (Fleisch, Milch, Eier und daraus hergestellte Produkte) sind sehr geringe Gehalte der schwer abbaubaren (persistenten) und lipophilen Organochlor-Pestizide nachweisbar [5]. Beispiele sind DDT, DDD und DDE, Hexachlorbenzol, Dieldrin sowie α- und β-Hexachlorcyclohexan. Sie stammen hauptsächlich von Futtermitteln, die Rohstoffe aus Ländern enthalten, in denen diese Verbindungen noch im Pflanzenschutz angewendet werden. Selbst wenn die Gehalte in diesen Rohstoffen so niedrig sind, daß sie die Höchstmengen für Futtermittel nicht übersteigen, werden die Wirkstoffe und ihre Metaboliten im Körperfett der Nutztiere gespeichert. Sie reichern sich langsam zu meßbaren Konzentrationen an, die allerdings weit unter den zulässigen Höchstmengen liegen. In Einzelfällen kann ein tierisches Lebensmittel auch Rückstände eines Wirkstoffes enthalten, der kurz zuvor bei einer Hygienemaßnahme (z. B. Insektenbekämpfung im Stall) verwendet worden ist.

Auch in Fischen sind regelmäßig geringe Gehalte an Organochlor-Pestiziden (OC) nachweisbar, begleitet von polychlorierten Biphenylen (PCB, s. Kap. 5.1.2), die ebenso persistent und lipophil sind. Beide Stoffgruppen sind als Verunreinigungen in geringsten Konzentrationen weltweit verbreitet und werden im Verlauf der marinen Nahrungskette von den Fischen in ihrem Fettanteil angereichert.

3.3.4 Muttermilch

Der menschliche Organismus speichert all diese Organochlor-Verbindungen ebenfalls im Fettgewebe. Da der Mensch am Ende der Nahrungskette steht, sind die Gehalte jedoch wesentlich höher als bei den Nutztieren oder Fischen. Aus diesem Fettdepot gibt die stillende Mutter einen Teil der OC und PCB mit dem Fettanteil der Muttermilch an den Säugling ab. Trotzdem werden die Vorteile des Stillens für den Säugling während der ersten vier bis sechs Lebensmonate höher eingeschätzt als ein mögliches Risiko für die Gesundheit durch derartige Rückstände [6]. Die Gehalte an OC in der Muttermilch nehmen seit deren Anwendungsverbot in der Bundesrepublik Deutschland deutlich ab; bei den PCB ist allerdings noch kein entsprechender Rückgang erkennbar, s. hierzu Tabelle 1.

3.3.5 Trinkwasser

In Trinkwasser, dem wichtigsten und nicht ersetzbaren Lebensmittel, sind Pflanzenschutzmittel-Rückstände besonders unerwünscht. Wirkstoffe mit

Tabelle 1. Rückstände von persistenten Organochlor-Verbindungen in Muttermilch (Werte in mg/kg, bezogen auf den Fettanteil)

Jahr	DDT	HCB	β-HCH	PCB
1975	3,5	2,6	0,6	3,9
1980	2,0	1,5	0,3	2,4
1986	0,8	0,4	0,1	2,4

ausreichender Stabilität und hoher Versickerungsneigung können aus leicht durchlässigen Böden in tiefere Schichten gewaschen werden und schließlich in das Grundwasser gelangen. Etwa 70 % des Trinkwassers in der Bundesrepublik werden aus Grundwasser gewonnen. Es ist meist sehr schwer, die Ursachen einer Verunreinigung zu ermitteln und geeignete Sanierungsmaßnahmen durchzuführen. Bei intensivem Einsatz von Pflanzenschutzmitteln können auch Anteile der Wirkstoffe von den behandelten Flächen in Oberflächengewässer (Entwässerungsgräben, Bäche, Flüsse, Talsperren) gespült werden. Sie gehen in daraus gewonnenes Trinkwasser über, wenn sie nicht bei der üblichen Bodenpassage durch Uferfiltration oder Grundwasseranreicherung zurückgehalten werden. Häufig handelt es sich um Herbizide (z. B. Atrazin, Bentazon, Metazachlor), die im Ackerbau in großem Umfang eingesetzt werden. Wenn der zulässige Grenzwert von 0,1 µg l^{-1} überschritten wird, müssen sie durch zusätzliche Aufbereitung des Wassers entfernt werden, bei Atrazin z. B. mittels einer Filtration durch Aktivkohle (s. auch Kap. 32).

3.3.6 Monitoring

Über die durchschnittliche Belastung des Verbrauchers durch Rückstände gibt es in der Bundesrepublik Deutschland (im Gegensatz zu manchen anderen Ländern) noch keine ausreichenden Unterlagen. Die Lebensmittelüberwachung erarbeitet zwar im Rahmen eines bundesweiten Monitoring-Programms statistisch abgesicherte Daten über die wichtigsten Pflanzenschutzmittel in ausgewählten Erntegütern und tierischen Lebensmitteln. Die tatsächliche Belastung ergibt sich jedoch erst aus Untersuchungen der tischfertigen Nahrung (sog. total diet studies), denn dort sind die Rückstände nach der Zubereitung und Verarbeitung der Rohstoffe wesentlich geringer.

3.4 Analytische Verfahren

Bei Rückstandsanalysen kommt es darauf an, äußerst geringe Mengen der gesuchten Stoffe neben einem enormen Überschuß natürlicher Bestandteile des Untersuchungsmaterials zu identifizieren und quantitativ zu bestimmen. Die Art des Analysenverfahrens richtet sich in erster Linie nach der Fragestellung der Untersuchung. In manchen Fällen ist der gesuchte Wirkstoff bekannt, z. B. bei der Ermittlung von Abbauraten in Pflanzenkulturen oder bei der Kontrolle

von Rohstoffen aus einem Vertragsanbau, bei dem die Pflanzenschutzmaßnahmen genau festgelegt waren. Hier ist nur eine quantitative Bestimmung
erforderlich, die sich optimal nach den Eigenschaften des betreffenden
Wirkstoffes richten kann (sog. Einzelmethoden). Bei der Kontrolle aus dem
Handel weiß man dagegen nicht, welche Pflanzen- oder Vorratsschutzmittel eingesetzt worden sind. Die hier verwendeten Multimethoden
(„Sammelmethoden") sollen möglichst viele Wirkstoffe gleichzeitig erfassen
und müssen sowohl die Identifizierung als auch die quantitative Bestimmung
der vorhandenen Rückstände erlauben. Jeder Rückstandsanalyse muß eine
sachgerechte Entnahme und Vorbereitung der Proben vorausgehen, damit
man von dem Meßergebnis an den untersuchten Analysenproben auf die
Gehalte einer größeren Partie zurückschließen kann.

Die eigentliche Analyse [7] gliedert sich in zwei Schritte. Sie beginnt mit der
Extraktion des Untersuchungsmaterials durch Homogenisieren mit einem
geeigneten Lösungsmittel, bei Wasser auch durch sog. Festphasenextraktion.
Darauf folgt die Reinigung des Extraktes („Clean-up"), um mitextrahierte
Begleitstoffe abzutrennen und die Rückstände so weit wie möglich anzureichern. Dafür eignen sich u. a. die Verteilung zwischen zwei Lösungsmitteln
(z. B. Acetonitril/Petroläther), die Gel-Permeationschromatographie an Poly-
styrol-Gelen und die Adsorptionschromatographie an Kieselgel, Florisil,
Aktivkohle oder speziellen Mischungen. Eine solche Aufarbeitung erfordert
große Erfahrungen mit Spurenanalysen, damit keine Verluste auftreten und
keine störenden Substanzen während der Analyse eingeschleppt werden, z. B.
durch Verunreinigungen der Lösungsmittel und Reagenzien. Der gereinigte
Extrakt wird dann in den meisten Fällen durch Gaschromatographie (vorteilhaft an Kapillarsäulen) untersucht und zwar mit spezifischen Detektoren, die
einzelne Heteroatome oder funktionelle Gruppen im Molekül selektiv und
besonders empfindlich anzeigen. Beispiele sind der Elektroneneinfangdetektor
für halogenreiche Stoffe (z. B. OC einschl. PCB), der thermionische Detektor
für N- und P-haltige Stoffe oder der Flammenphotometer-Detektor für P- und
S-Verbindungen. Für nicht flüchtige Stoffe kommt auch die HPLC in Frage.
Etliche Pflanzenschutzmittel lassen sich nicht durch die üblichen Verfahren
erfassen und erfordern spezielle Arbeitstechniken (z. B. Spaltung von Dithiocarbamat-Fungiziden und photometrische Messung des entstandenen CS_2).
Angesichts der vielfältigen Störungsmöglichkeiten im Spurenbereich ist es sehr
wichtig, die Befunde durch ein zweites Verfahren abzusichern, z. B. durch ein
Massenspektrum aus der GC/MS-Kopplung, durch Dünnschichtchromatographie oder durch Herstellung eines geeigneten Derivates. Große Bedeutung
hat auch die Qualitätssicherung des Labors im Rahmen der „Guten Laborato-
riumspraxis" (GLP, s. Kap. 10) und die regelmäßige Kontrolle der Arbeitswei-
se durch Teilnahme an Ringversuchen. Die Meßwerte aus zwei verschiedenen
Laboratorien können bei solchen Spurenanalysen beträchtlich voneinander
abweichen: Wie die Erfahrung gezeigt hat, muß man im Bereich von
0,01 mg/kg mit einer Streuung um 100% rechnen, bei etwa 0,1 mg/kg mit 50%.
Dies muß bei der Beurteilung von Analysenergebnissen im Hinblick auf die
Einhaltung der zulässigen Höchstmengen in Betracht gezogen werden.

3.5 Literatur

1. Biologische Bundesanstalt für Land- und Forstwirtschaft (Hrsg) Pflanzenschutzmittel-Verzeichnis. Pigge Lettershop, Braunschweig
2. Büchel KH (Hrsg) (1977) Pflanzenschutz und Schädlingsbekämpfung. Thieme, Stuttgart
3. Hassal KA (1982) The chemistry of pesticides. Verlag Chemie, Weinheim, Deerfield Beach Basel
4. Thier HP (1988) in: Rat von Sachverständigen für Umweltfragen (Hrsg) Derzeitige Situation und Trends der Belastung der Lebensmittel durch Fremdstoffe. Kohlhammer, Mainz
5. Deutsche Forschungsgemeinschaft (1983) Rückstände in Lebensmitteln tierischer Herkunft. Verlag Chemie, Weinheim
6. Deutsche Forschungsgemeinschaft (1984) Rückstände und Verunreinigungen in Frauenmilch. Verlag Chemie, Weinheim
7. Thier HP, Frehse H (1986) Rückstandsanalytik von Pflanzenschutzmitteln. Thieme, Stuttgart New York
8. Rechtliche Bestimmungen s. LMR oder 33.2 Anhang

4 Tierbehandlungsmittel

R. Malisch, Freiburg

4.1 Wirkstoffgruppen

In diesem Kapitel werden folgende Wirkstoffgruppen behandelt:
– Antibiotika und Chemotherapeutika,
– Anabolika,
– Beruhigungsmittel,
– Beta-Agonisten,
– Thyreostatika,
– Somatotropin.

4.2 Beurteilungsgrundlagen

Tierbehandlungsmittel sind „Stoffe mit pharmakologischer Wirkung". Unter diesen Begriff fallen nach den Bestimmungen des § 15 LMBG sowohl Tierarzneimittel, die nach Arzneimittelrecht zugelassen sind, als auch bestimmte Futtermittelzusatzstoffe, die nach Futtermittelrecht zugelassen sind. Insgesamt wird der rechtliche Rahmen durch das Arzneimittel-, Futtermittel-, Lebensmittel- und Fleischhygienegesetz sowie die sich jeweils darauf stützenden Verordnungen festgelegt. Dabei bestimmen wegen der Harmonisierung der Rechtsvorschriften innerhalb der EG zunehmend Verordnungen, Richtlinien oder Entscheidungen der Organe der Europäischen Gemeinschaften das nationale Recht (s. auch Kap. 11.4).

4.2.1 Arzneimittelrechtliche Vorschriften

Tierarzneimittel unterliegen wie humanmedizinische Präparate dem Arzneimittelgesetz (AMG). Nach der Definition des Arzneimittelbegriffs in § 2 AMG sind sie rechtlich gleichgestellt. Über die allgemeinen Bestimmungen hinaus – insbesondere für die Zulassung und Abgabe von Präparaten – werden im 9. Abschn. des AMG „Sondervorschriften für Arzneimittel, die zur Anwendung bei Tieren bestimmt sind" festgesetzt. Für Arzneimittel zur Anwendung bei Tieren, die der Lebensmittelgewinnung dienen, gelten somit weitergehende Anforderungen.
Tierarzneimittel bedürfen der Zulassung durch das Bundesgesundheitsamt. Dazu ist insbesondere der Nachweis der Wirksamkeit zu erbringen; Ergebnisse

der pharmakologischen und toxikologischen Prüfung sind vorzulegen (§§ 21 und 22 AMG). Bei Arzneimitteln, die zur Anwendung bei Tieren bestimmt sind, die der Lebensmittelgewinnung dienen, ist darüber hinausgehend die Wartezeit anzugeben (und durch Untersuchungen zu begründen), die nach der letzten Anwendung eines Präparates vor der Gewinnung eines Lebensmittels einzuhalten ist (§ 23 AMG). § 23 AMG fordert zusätzlich die Beschreibung eines routinemäßig durchführbaren Verfahrens, mit dem Rückstände von „nach Art und Menge gesundheitlich nicht unbedenklichen Stoffen" zuverlässig nachgewiesen werden können. Diese Rückstandsnachweisverfahren sollen nach Prüfung durch das Bundesgesundheitsamt der Überwachung zur Verfügung gestellt werden.

In der Praxis von Verschreibenden, Anwendern und Überwachung besteht bisweilen Unsicherheit, ob ein bestimmter Wirkstoff überhaupt und ggf. mit welchen Beschränkungen zugelassen ist. Von den für die Zulassung zuständigen Behörden sollte daher ein amtliches Verzeichnis erstellt oder zugänglich gemacht werden, aus dem hervorgeht, welche Wirkstoffe für Arzneimittel zur Anwendung bei Tieren, die der Lebensmittelgewinnung dienen, zugelassen sind. Darüber hinaus wären Angaben zu eventuellen Anwendungsbeschränkungen erforderlich, z. B. im Falle der Zulassung nur für bestimmte Tiergruppen oder der Zulassung einer Anwendung nur bis zu einem bestimmten Alter. Durch ein solches Verzeichnis würde die erforderliche Transparenz hergestellt.

Der weitaus größte Teil der Tierarzneimittel ist verschreibungspflichtig, mindestens aber apothekenpflichtig (§ 43, 48, 49 AMG). Das AMG schreibt eine Überwachung von Betrieben, Verschreibenden und Anwendern vor (§ 64 AMG). Regelungen über Nachweispflichten bei der Abgabe von Tierarzneimitteln finden sich in der „VO über tierärztliche Hausapotheken".

4.2.2 Futtermittelrechtliche Vorschriften

Futtermittelzusatzstoffe werden entsprechend futtermittelrechtlichen Vorschriften nach Überprüfung durch das Bundesgesundheitsamt vom Bundesminister für Ernährung, Landwirtschaft und Forsten zugelassen. In der Futtermittelverordnung werden die Zusatzstoffe, die zur Verbesserung der Futterverwertung (sog. Leistungsförderer), zur Verhütung der Coccidiose oder zur Bekämpfung der Schwarzkopfkrankheit dienen, unter Angabe des zugelassenen Verwendungszweckes (Tierart; Höchstalter der Tiere), des vorgeschriebenen Gehaltes in Futtermittel und der festgesetzten Wartezeit einzeln und vollständig aufgelistet (Anlage 3 zu §§ 16 bis 18, 21, 22 und 26) (s. z. B. auch Tabelle 1).

Von den pharmakologisch wirksamen Futtermittelzusatzstoffen sind die Fütterungsarzneimittel abzugrenzen: Fütterungsarzneimittel sind nach § 4 AMG Arzneimittel, für die nach § 56 und 56a AMG besondere Anforderungen an Herstellung, Verschreibung, Abgabe und Anwendung gestellt werden.

4.2.3 Lebensmittelrechtliche Vorschriften

Das Lebensmittel- und Bedarfsgegenständegesetz (LMBG) enthält neben den allgemeinen Normen des § 8 (Verbote zum Schutz der Gesundheit) und § 17 Abs. 1 Nr. 1 (Ausschluß zum Verzehr nicht geeigneter Lebensmittel) Spezialnormen für Rückstände pharmakologisch wirksamer Stoffe: Zum einen müssen nach § 15 Abs. 2 nach Anwendung von Arzneimitteln oder Futtermittelzusatzstoffen bei lebensmittelliefernden Tieren die festgesetzten Wartezeiten eingehalten werden. Zum anderen dürfen nach § 15 Abs. 1 Rückstände festgesetzte Höchstmengen nicht überschreiten.

In der Verordnung über Stoffe mit pharmakologischer Wirkung wurden bisher Höchstmengen für Rückstände von Chloramphenicol in Milch und Milcherzeugnissen, in Eiern und Eiprodukten und in Fischen und Fischerzeugnissen sowie für Malachitgrün in Fischen und Fischerzeugnissen festgesetzt. Weitere auf § 15 LMBG gestützte Höchstmengen sind in der Pflanzenschutzmittel-HöchstmengenVO verankert, z. B. für die Akarizide Brompropylat und Chlordimeform in Honig oder einige als Ektoparasitika eingesetzte chlorierte Kohlenwasserstoffe und Phosphorsäureester. Somit sind Höchstmengen für Rückstände pharmakologisch wirksamer Stoffe nur in wenigen Ausnahmefällen festgesetzt.

Solange keine rechtsverbindlichen Grenzwerte für Rückstände in Lebensmitteln festgesetzt sind, basiert der Schutz des Verbrauchers vor überhöhten Rückständen überwiegend auf der Beachtung der festgesetzten Wartezeit. Der entscheidende Nachteil ist dabei jedoch, daß es kein amtliches Überwachungssystem zur Kontrolle der Einhaltung der Wartezeit gibt, da der tatsächliche Zeitpunkt einer Behandlung im Regelfall nicht zweifelsfrei feststellbar ist. Entscheidend für die Verbesserung des Verbraucherschutzes wird somit, daß Lebensmittel Rückstände nur in Konzentrationen enthalten, die nach wissenschaftlichen Erkenntnissen gesundheitlich unbedenklich sind. In Ergänzung zur Festsetzung von Wartezeiten müssen daher rechtsverbindliche Grenzwerte festgesetzt werden, über die sich – unabhängig von der Wartezeitenfrage – eine Aussage treffen läßt, ob ein Lebensmittel verkehrsfähig ist oder nicht [1].

4.2.4 Fleischhygienerechtliche Vorschriften

Für die Beurteilung der Tauglichkeit von Fleisch im Rahmen der Fleischbeschau wurden in der FleischhygieneVO Beurteilungswerte für Rückstände pharmakologisch wirksamer Stoffe festgelegt (Anlage 6 der FleischhygieneVO). Ein statistisch gesichertes Überschreiten dieser Werte führt zur Untauglichkeitserklärung im Rahmen der Fleischuntersuchung.

4.2.5 EG-rechtliche Vorschriften

Die Richtlinie 81/851/EWG regelt die analytischen, toxikologisch-pharmakologischen und tierärztlichen oder klinischen Vorschriften und Nachweise über Versuche mit Tierarzneimitteln. Ein Vorschlag für eine Verordnung des Rates zur Änderung dieser Richtlinie (89/C61/08) soll insbesondere die Anforderun-

gen an die Zulassung, die Wartezeiten und Rückstandsgrenzwerte harmoni-
sieren.

Gemäß den Vorschriften der Richtlinie 81/851/EWG muß gewährleistet sein,
daß die Wartezeit zwischen der letzten Verabreichung des Tierarzneimittels
und der Gewinnung des Lebensmittels so lang ist, daß keine die Gesundheit
gefährdenden Rückstände auftreten. Der Vorschlag für eine Richtlinie des
Rates (89/C61/08) zur Änderung der Richtlinie 81/851/EWG sieht vor, daß der
Antragsteller einen mit Gründen versehenen Vorschlag über den Toleranzwert
für Rückstände unterbreitet. Die dann EG-einheitlich bindenden Toleranzen
(akzeptablen Grenzwerte) sollen zukünftig durch ein zentralisiertes Gemein-
schaftsverfahren festgelegt werden, wie ein „Vorschlag für eine Verordnung
(EWG) des Rates zur Schaffung eines Gemeinschaftsverfahrens für die
Festsetzung von Toleranzen für Tierarzneimittelrückstände (89/C61/07)"
vorsieht. Diese Verordnung soll am 01.01.1992 in Kraft treten. In Anbetracht
der etwa 150 prüfungsbedürftigen Stoffe wird von der Bundesregierung für die
Bewältigung dieser Aufgabe auf transnationaler Ebene ein Zeitraum von 8
Jahren als angemessen angesehen.

Die Europäische Gemeinschaft regelt in der Richtlinie 85/649/EWG vom 31.
Dezember 1985 die Anwendung von Anabolika. So verbietet diese Richtlinie
generell die Verwendung von Stoffen mit hormoneller Wirkung zu Mast-
zwecken. Zur therapeutischen Behandlung darf in den Mitgliedstaaten der
Einsatz von 17β-Östradiol, Testosteron und Progesteron sowie deren Derivate
zugelassen werden. Die Bundesrepublik Deutschland setzte die Bestimmungen
1988 in der „Verordnung über Stoffe mit pharmakologischer Wirkung" um
und verbot dabei auch die Therapie mit den natürlich vorkommenden
Hormonen bei Masttieren. Dieses erweiterte Verbot dient dem Schutz vor einer
mißbräuchlichen Auslegung des Begriffes „Therapie", wie er auch in der
Bundesrepublik in der Vergangenheit bekannt geworden ist.

Nach der Richtlinie des Rates über die Untersuchung von Tieren und frischem
Fleisch auf Rückstände (86/469/EWG) sollen die Einzelheiten der Kontrolle
u. a. auf Rückstände pharmakologisch wirksamer Stoffe geregelt werden. So
wurde die Probenahmehäufigkeit detailliert festgeschrieben. Auf die Festlegung analytischer Anforderungen an Rückstandsnachweisverfahren wird in
Kap. 4.4 eingegangen.

4.3 Warenkunde

4.3.1 Wirkstoffe

In der modernen Tierzucht hat sich aus wirtschaftlichen Gründen die
Intensivhaltung durchgesetzt. Neben der Bekämpfung von Krankheiten
(Therapie) dient der Einsatz einer Vielzahl von Wirkstoffen vor allem
krankheitsvorbeugenden Maßnahmen (Prophylaxe). Insbesondere die Fütterungsarzneimittel spielen wegen der Möglichkeit der Behandlung des Gesamt-
bestandes eine herausragende Rolle. Darüber hinausgehend ist der Einsatz

eines Teiles von Tierbehandlungsmitteln von rein wirtschaftlichem Nutzen, ohne daß eine therapeutische Notwendigkeit besteht.

Zur Zeit stehen auf dem deutschen Markt etwa 250–300 Wirkstoffe zur Verfügung. Einen guten Überblick über die Vielzahl der Wirkstoffe geben Lexika [2, 3] und Bücher [4–6].

Antibiotika und Chemotherapeutika

Infektionskrankheiten können durch die verschiedensten Viren, Bakterien, Protozoen, Pilze oder sonstige Parasiten ausgelöst werden. Gegen diese Krankheitserreger wurden zahlreiche Antibiotika und Chemotherapeutika entwickelt, die sich in ihrer molekularen Struktur, ihrem chemischen Verhalten und somit ihrer Wirkung stark unterscheiden.

Unter dem Begriff „Chemotherapeutika" verstand man ursprünglich chemische Syntheseprodukte, die gegen bakterielle Infektionen eingesetzt werden konnten. Heute können unter diesem Begriff synthetische (z. B. Sulfonamide), biosynthetische (z. B. Antibiotika) und halbsynthetische (z. B. Derivate von Antibiotika) Substanzen zusammengefaßt werden, die gegen Bakterien, Protozoen, Pilze, Würmer oder andere Parasiten wirksam sind.

Tabelle 1 führt Beispiele verschiedener Wirkstoffgruppen auf. Um Resistenzbildung zu verhindern, werden – wenn möglich – unterschiedliche Wirkstoffe im Wechsel eingesetzt.

Tabelle 1. Beispiele von Antibiotika und Chemotherapeutika, die als Tierarzneimittel oder Futtermittelzusatzstoffe zugelassen sind

Tierarzneimittel	Futtermittelzusatzstoffe
1. Bei mikrobiellen Erkrankungen: Beta-Lactam-Antibiotika (Penicilline, Cephalosporine) Aminoglykosid-Antibiotika (Streptomycin, Neomycin) Tetracycline Makrolid-Antibiotika (Erythromycin, Oleandomycin) Polypeptid-Antibiotika (Bacitracin, Polymyxin) Chloramphenicol Sulfonamide Nitrofurane	1. Als Leistungsförderer zur Verbesserung der Futterverwertung: Monensin, Salinomycin, Virginiamycin, Tylosin, Zink-Bacitracin 2. Zur Verhütung der Coccidiose: Amprolium, Meticlorpindol, Nicarbazin, Monensin, Salinomycin 3. Zur Verhütung der Schwarzkopfkrankheit: Dimetridazol, Ipronidazol, Ronidazol
2. Bei Erkrankungen durch Würmer (Anthelmintika): Benzimidazole, Levamisol, Pyrantel	
3. Bei Befall durch Milben (Akarizide): Brompropylat, Coumaphos	

Bestimmte Antibiotika werden als Futtermittelzusatzstoffe zur Verbesserung der Futterverwertung eingesetzt (sog. Leistungsförderer). Leistungsförderer sind Stoffe, die bei sachgerechter Versorgung der Tiere mit essentiellen Nährstoffen den Futteraufwand verringern.

Einen Sonderfall stellt die Anwendung des nicht als Arzneimittel zugelassenen Malachitgrüns zur Bekämpfung von Ektoparasiten in der Teichwirtschaft dar, die wegen mangels an zugelassenen wirksamen Substanzen weitverbreitet war.

Anabolika

Anabolika fördern beim Masttier die Synthese der (Muskel-) Eiweißsynthese. Dazu werden u. a. Stoffe mit Sexualhormoncharakter – also östrogener, androgener oder gestagener Wirkung – eingesetzt. Da die anabole Wirkung nur einen Teilaspekt der gesamten Hormonwirkung darstellt und die Geschlechtsorgane bei der Mast nicht durch Nebenwirkungen beeinflußt werden sollen, wurden Stoffe hergestellt und angewendet, bei denen die anabole Wirkung im Vergleich zur sexualwirksamen Komponente verstärkt ist (z. B. Stilbene, Trenbolon, Nortestosteron oder Zeranol). Tabelle 2 gibt einen Überblick.

Bei einem Einsatz als Masthilfsmittel weisen hormonell wirksame Stoffe keinen therapeutischen Nutzen auf.

Beruhigungsmittel

Neuroleptika wie die Phenothiazin-Derivate Chlorpromazin und Acepromacin oder wie das Butyrophenon-Derivat Azaperon wirken zentral dämpfend auf psychische und motorische Funktionen. Tranquilizer aus der Benzodiazepin-Gruppe wirken ähnlich. Beta-Blocker wie Carazol setzen die Herzaktivität

Tabelle 2. Stoffe mit anaboler Wirkung

I Körpereigene Hormone mit Steroidstruktur
   17β-Östradiol
   Progesteron
   Testosteron

II Körperfremde Hormone mit Steroidstruktur
   Ester von 17β-Östradiol, Progesteron und Testosteron (Acetate, Benzoate, Propionate, Palmitate usw.)
   Trenbolon
   Boldenon
   Nortestosteron
   Methyltestosteron
   Ethinylöstradiol
   Melengestrol

III Körperfremde Hormone ohne Steroid-Grundgerüst
   Diethylstilbestrol (DES)
   Dienöstrol
   Hexöstrol
   Zeranol

herab. Diese Präparategruppen sind daher zur Beruhigung von Tieren einsetzbar, z. B. bei Operationsvorbereitungen und zur Vermeidung von Transportverlusten.

Beta-Agonisten

Beta-Agonisten (β-Sympathomimetika) erregen die Beta-Rezeptoren am Herzen ($\beta1$) und an der glatten Muskulatur ($\beta2$). Sie werden in der Therapie zur Bekämpfung von Atemwegserkrankungen eingesetzt. Bei Verabreichung von erhöhten Dosen kann das Fleisch-/Fettverhältnis von Masttieren verbessert werden. Bei genauer Einhaltung von Dosierungen soll auch das Wachstum beschleunigt werden. Daher wurden Clenbuterol und Salbutamol mißbräuchlich als Leistungsförderer in der Kälbermast eingesetzt.

Thyreostatika

Thyreostatika wie die Thioharnstoff-Derivate Thiouracil (TU), Methylthiouracil (MTU) und Propylthiouracil (PTU) oder wie das Mercaptoimidazol-Analoge Tapazol (TAP) hemmen den Einbau von Jod bei der Synthese von Schilddrüsenhormonen (Thyroxin). Durch die Hemmung der Tätigkeit der Schilddrüse wird eine Senkung des Grundumsatzes, d. h. des Energieverbrauches der ruhenden Tiere, bewirkt. Hierdurch werden z. T. recht beachtliche Steigerungen der Gewichtszunahme von Masttieren bewirkt. Diese beruhen allerdings in erster Linie auf einer vermehrten Füllung des Gastro-Intestinal-Traktes und vermehrter Wasseranlagerung. Ein echter Masteffekt, d. h. der Ansatz von Fleisch und Fett, findet dabei nur in untergeordnetem Maße statt.

Somatotropin

Somatotropin ist ein Wachstumshormon, das von der Hirnanhangdrüse ausgeschüttet wird. Rinder-Somatotropin (bovine somatotropin, abgekürzt BST) kann Wachstum und Laktation beeinflussen und somit bei der Mast und insbesondere bei der Milchgewinnung erhebliche wirtschaftliche Bedeutung erlangen: Die Milchleistung kann um bis zu 25% gesteigert werden. Eine breite Anwendung hätte erhebliche agrarpolitische Auswirkungen.

Als Proteohormon soll Somatotropin bei oraler Gabe durch proteolytische Enzyme abgebaut werden können. Da dieses Hormon i. a. nur artenspezifisch wirkt, hat BST beim Menschen keinen Einfluß auf das Wachstum. Zur Zeit sind noch nicht alle erforderlichen Studien und Bewertungen abgeschlossen. So sind die Auswirkungen auf die Ausschüttung anderer Hormone oder die Rückstandssituation an der Injektionsstelle noch ungeklärt. Daher konnte über eine Zulassung auf EG-Ebene noch nicht entschieden werden.

4.3.2 Rückstände in Lebensmitteln

Statistische Daten zur Rückstandssituation stammen aus der Lebensmittelüberwachung sowie der Schlachttier- und Fleischuntersuchung. Den veröffentlichten Daten liegen dabei unterschiedliche Nachweismethoden zugrunde, so daß jeweils verschiedenartige Wirkstoffe erfaßt wurden (siehe Abschn. 4.4).

Tabelle 3. Ergebnisse der Untersuchungen auf Antibiotika- und Antiparasitika-Rückstände in Lebensmitteln; Chemische Untersuchungsämter Baden-Württembergs, 1987 (aus [8])

Lebensmittel	Anzahl unter- suchter Proben	davon mit Rück- ständen	gefundener Wirkstoff	niedrigster Wert µg/kg	höchster Wert µg/kg
Milch und Milch- erzeugnisse:	324	7	Chloramphenicol	0,2	1
Eier und Eiprodukte:	670	40	Chloramphenicol	0,5	37
		5	Nicarbazin	5	10
		68	Clopidol	2	92
		3	Amprolium	26	210
Geflügel und Geflügel- erzeugnisse:	208	10	Nicarbazin	3	67
		42	Clopidol	2	440
		1	Dimetridazol		8
Fleisch und Fleisch- erzeugnisse:	529	9	Chloramphenicol	1	2
		2	Sulfadiazin	60	190
		3	Sulfadimidin	40	120
		1	Sulfamerazin		150
Fisch und Fisch- erzeugnisse:	208	20	Malachitgrün	1	440
		1	Sulfadimidin		120
		1	N4-Acetylsulfadimidin		80
Honig:	82	12	Brompropylat	3	52
		14	Chlordimeform	17	173
Summe	2021	219			

In der Bundesrepublik Deutschland wurden 1987 nahezu 45 Mill. Stück Vieh (ohne Geflügel) geschlachtet. Im Rahmen der amtlichen Fleischuntersuchung wurden 230767 Rückstandsuntersuchungen durchgeführt. Davon waren 25792 bzw. 11 % positiv. In der weit überwiegenden Zahl aller Fälle handelte es sich hierbei um Antibiotikarückstände. So wurden bei den 3232 wegen Rückständen als untauglich beurteilten Schlachttierkörper in 3016 Fällen (93,3 %) Antibiotikarückstände festgestellt. Der Rest verteilte sich auf Hormone (3 %) und sonstige Rückstände wie Schwermetalle, Arzneimittel, Pflanzenschutzmittel usw. [7].

Einen Überblick über Rückstände pharmakologisch wirksamer Stoffe in Lebensmitteln gibt z. B. eine Zusammenstellung der Ergebnisse von mehr als 9000 Untersuchungen durch die chemischen Untersuchungsämter Baden-Württembergs in den Jahren 1984 bis 1987 [8]. Dabei ist zwar zu berücksichtigen, daß die Proben nicht repräsentativ sind; die veröffentlichten Zahlen geben aber dennoch nützliche Hinweise. Danach wurden 1987 in etwa 10% der auf Rückstände von Chemotherapeutika untersuchten Proben Sulfonamide, Chloramphenicol und einige Antiparasitika nachgewiesen (Tabelle 3, aus [8]). Diese Relation war in etwa auch in den Jahren zuvor anzutreffen.

Als Überblick für Rückstände von Beruhigungsmittel in Lebensmittel sei wiederum auf das Zahlenmaterial der Chemischen Untersuchungsämter Baden-Württembergs verwiesen: 1986 wurden in 9 von 300, 1987 in 7 von 500 Proben Rückstände von Neuroleptika nachgewiesen [8].

Der verbotene Einsatz von Anabolika in der Kälbermast durch wenige skrupellose Erzeuger ist in den vergangenen Jahren wiederholt in der Öffentlichkeit bekannt geworden. Bis 1980 wurden dabei vor allem die synthetischen, billig zu erzeugenden Stilben-Derivate (insbesondere DES) illegal in der Kälbermast angewendet. 1985 wurde in Niedersachsen ein „Kälbermastskandal" aufgedeckt, bei dem verschiedene Wirkstoffe als „Hormon-Cocktail" verabreicht worden waren. Diese Gemische waren außer in Norddeutschland auch in Belgien, den Niederlanden und Luxemburg verbreitet. In Hormon-Cocktails wurden Nortestosteron, 17β-Östradiol, Ethinylöstradiol, Progesteron, Medroxyprogesteron und Testosteron (teilweise als Acetate, Benzoate, Propionate oder Cypionate) in wechselnder Kombination nachgewiesen.

In Frankreich waren bis 1988 Trenbolonacetat und Zeranol zugelassen; Rückstände dieser Wirkstoffe – in wiederholten Fällen sogar noch fast vollständig erhaltene Reste von Implantaten – wurden in Baden-Württemberg in importiertem Fleisch aus Frankreich festgestellt.

Neu war 1988 die Aufklärung des Einsatzes des Beta-Agonisten Clenbuterol, dem 1989 die Aufdeckung des Einsatzes von Salbutamol (ebenfalls ein Beta-Agonist) folgte. Daß auch alt-bekannte Wirkstoffe 1989 noch angewendet wurden, belegten Nachweise von Dienöstrol in Rindfleisch und Warnungen des Bundesministeriums für Jugend, Frauen, Familie und Gesundheit vor dem Verzehr bestimmter italienischer Tortellini- und Ravioli-Produkte wegen Nortestosteron-Gehalten.

4.3.3 Bewertung der Rückstände

Eine toxikologische Bewertung der Rückstände muß für jeden einzelnen Wirkstoff differenziert vorgenommen werden und gestaltet sich im Einzelfall sehr schwierig. Potentielle Gesundheitsrisiken können auf pharmakologisch-toxikologische, genotoxische, mikrobiologische (Begünstigung resistenter Bakterien in der Darmflora) bzw. immunpathologische Eigenschaften (Allergien) zurückzuführen sein (6, 9, 10).

Bei einer gesundheitlichen Bewertung von Rückständen hormonell wirksamer Stoffe müssen insbesondere folgende Gesichtspunkte unterschieden werden (10–12):

– Hormonale Wirkung: Dafür ist eine Mindestdosis, die der Verbraucher in wirksamer Form aufnimmt, Voraussetzung. Solche Dosierungen werden ausschließlich im Bereich der Injektionsstellen gefunden (illegale intramuskuläre Anwendung). Dabei sind die an der Injektionsstelle vorliegenden Ester besser resorbierbar.

– Orale Wirksamkeit: Während 17β-Östradiol, Progesteron und Testosteron sowie Trenbolon und Zeranol nur gering oral wirksam sind, weisen

insbesondere die Stilbenderivate DES, Dienöstrol und Hexöstrol, aber auch
Ethinylöstradial, Medroxyprogesteron und Methyltestosteron eine höhere
orale Wirksamkeit auf.
- Genotoxische Eigenschaften: DES weist genotoxische Eigenschaften auf.
- Endogene Produktion von Hormonen: Bereits ein Kind produziert täglich
  erheblich mehr Östrogene in seinem Körper als mit 250 g Fleisch aufgenommen werden, das Rückstände in physiologischen Konzentrationen (nach
  „sachgerechter Behandlung") aufweist. Sachgerechte Anwendung bedeutet
  dabei das Setzen eines Depots z. B. am Ohr-Grund, einer Stelle also, die bei
  der Schlachtung mit Sicherheit verworfen wird.

Wegen seines genotoxischen Potentials ist DES inzwischen weltweit disqualifi-
ziert worden. Für die Verbindungen Trenbolon und Zeranol sind abschließen-
de Stellungnahmen noch nicht möglich. Dafür, daß die Rückstände von
Östradiol und Testosteron sowie ihrer einfachen Ester nach „korrekter"
Anwendung als harmlos eingestuft werden, setzen sich zahlreiche Wissen-
schaftler und interessierte Verbände ein. Demgegenüber bleibt neben den
Aspekten des Tierschutzes (entzündliche Reaktionen bei mehrmaliger Appli-
kation) und des agrarpolitischen Bereiches insbesondere der Schutz des
Verbrauchers vor unerwünschten Rückständen und vor Täuschung durch
Anwendung unerwünschter Praktiken in der Tiermast abzuwägen.

4.4 Analytik

Die von verschiedenen Laboratorien bisher veröffentlichten Ergebnisse können kein umfassendes und repräsentatives Bild über alle potentiell in Frage
kommenden Stoffe wiedergeben: „Rückstandsfrei" bedeutet immer nur „nach
dem Umfang und der Art der durchgeführten Analysen". Bei Verbesserung der
analytischen Nachweismöglichkeiten ist mit der Aufdeckung weiterer Rückstände zu rechnen.
Eine gute Übersicht über die Analytik von Rückständen pharmakologisch
wirksamer Stoffe gibt Lit. [13].
Die amtliche Lebensmittelüberwachung stützte sich in den vergangenen Jahren
weitaus überwiegend auf physikalisch-chemische Nachweisverfahren, und
zwar insbesondere auf verschiedene Multimethoden. Dabei wird durch ein
einheitliches Extraktions- und Aufreinigungsverfahren eine Vielzahl von
Wirkstoffen erfaßt, die idealerweise auch durch ein einheitliches Detektionss-
ystem nachgewiesen werden können. In der Praxis sind häufig im Detail
abweichende Parameter für die Detektion zu wählen (z. B. Programmierung
verschiedener Wellenlängen bei HPLC-Detektion durch einen Diodenarray-
Detektor oder verschiedener Fragmente bei der GC/MS-Bestimmung (MID-
Technik: multiple ion detection). Wenn Spezifität oder Nachweisgrenzen es
erfordern, ist auch die Anwendung verschiedener Detektionstechniken zum
Nachweis unterschiedlicher Einzelkomponenten in einem Extrakt von Vorteil,
z. B. Fluoreszenzdetektion zusätzlich zur UV-Detektion oder Kapillar-GC
zusätzlich zur HPLC. Entscheidendes Kriterium ist der Zeitgewinn durch

Multimethoden gegenüber der Prüfung auf die gleichen Wirkstoffe durch Anwendung entsprechend vieler Einzelmethoden. Darüber hinausgehend können Multimethoden unter bestimmten Voraussetzungen auch die Erfassung weiterer Wirkstoffe erlauben, die aus bestimmten Gründen interessant werden.

Zur fleischbeschaurechtlichen Rückstandsuntersuchung waren bis 1986 entsprechend den Ausführungsbestimmungen A (AB.A) folgende Methoden vorgeschrieben:

– zur Prüfung auf Antibiotika-Rückstände: Hemmstofftest;
– zur Prüfung auf hormonell wirksame Stilbenderivate und Ethinylöstradiol: Dünnschichtchromatographie bei Urinproben sowie bei Untersuchung in besonders bestimmten Laboratorien eine radioimmunologische Bestimmung in Muskelgewebe;
– zur Prüfung auf Thyreostatika: histologische Untersuchung.

Mit Inkrafttreten der FleischhygieneVO wurden die vorgeschriebenen Nachweisverfahren in einer „Allgemeinen Verwaltungsvorschrift über die Durchführung der amtlichen Untersuchungen nach dem Fleischhygienegesetz" vom 11. Dezember 1986 aktualisiert und erweitert. Neben der Bestimmung von Organochlorpestiziden und PCB-Einzelkomponenten sowie Blei und Cadmium sind jetzt folgende Nachweisverfahren für pharmakologisch wirksame Stoffe auch im Detail festgeschrieben:

– Thyreostatika in Fleisch, Blutserum und Futtermitteln (DC),
– Hemmstoffe in Muskulatur und Niere (Dreiplattentest),
– Nachweis und Bestimmung von Chemotherapeutika-Rückständen,
– Bestimmung von Chloramphenicol-Rückständen (RIA),
– Nachweis von Stilbenderivaten in Geweben von Mastkälbern und Bullen (RIA),
– Stilbenderivate in Fäzes von Milchmastkälbern (2 DC-Methoden).

Mit Hilfe des Hemmstofftests oder (radio-)immunologischer Verfahren können wegen der rasch durchführbaren Probenvorbereitung große Probenzahlen untersucht werden. Diese Verfahren haben daher als Screening-Verfahren erhebliche Bedeutung. Wichtig ist jedoch stets die Absicherung positiver Befunde.

Um die analytische Qualität EG-weit auf einem einheitlichen Stand sicherzustellen, hat die Kommission 1987 in der Entscheidung 87/410/EWG eine Vielzahl von Anforderungen an Routineverfahren festgeschrieben [14]. Diese zunächst nur für den Nachweis von Stoffen mit hormonaler oder thyreostatischer Wirkung festgesetzten Kriterien sollen auf pharmakologisch wirksame Stoffe allgemein übertragen werden:

– Beschreibung der Spezifität einer Methode;
– Abweichung der Genauigkeit einer Methode:
   Bei wiederholter Analyse der Referenzprobe darf die Abweichung des Mittelwertes vom wahren Wert, ausgedrückt in Prozent des wahren Wertes, nicht außerhalb folgender Grenzen liegen:

- wahrer Wert bis 1 μg/kg: −50% bis +20%,
- wahrer Wert über 1 μg/kg bis 10 μg/kg: −30% bis +10%,
- wahrer Wert über 10 μg/kg: −20% bis +10%;
- Wiederholbarkeit:
  Bei wiederholter Analyse der Referenzprobe darf der Variationskoeffizient des Mittelwertes nicht über folgenden Werten liegen:
  - Mittelwert bis 1 μg/kg: 0,30,
  - Mittelwert über 1 μg/kg bis zu 10 μg/kg: 0,20,
  - Mittelwert über 10 μg/kg: 0,15;
- Nachweisgrenze:
  entspricht dem Mittelwert des gemessenen Gehalts repräsentativer Blindproben (n ≥ 20) plus der dreifachen Standardabweichung des Mittelwertes;
- Entscheidungsgrenze:
  entspricht dem Mittelwert des gemessenen Gehalts repräsentativer Blindproben plus der sechsfachen Standardabweichung des Mittelwertes.

Darüber hinausgehend werden im Detail Kriterien für den Nachweis eines Analyten durch die verschiedensten Bestimmungsverfahren festgelegt.

Diese Anforderungen werden weitgehend auch auf die Rückstandsuntersuchungen nach Fleischhygienerecht übertragen: In der „Entscheidung der Kommission vom 14. November 1989 zur Festlegung der Referenzmethoden und des Verzeichnisses der einzelstaatlichen Referenzlaboratorien für Rückstandsuntersuchungen" (89/610/EWG) finden sich vergleichbare Anforderungen. Von Bedeutung ist, daß hier auf einzelstaatlicher Ebene zukünftig nationale Referenzlaboratorien, auf EG-Ebene Gemeinschaftsreferenzlaboratorien die analytische Qualität der zugelassenen Laboratorien sicherstellen sollen.

4.5 Literatur

1. GDCh, Fachgruppe „Lebensmittelchemie und gerichtliche Chemie", Arbeitsgruppe „Pharmakologisch wirksame Stoffe", Obmann: M. Petz (1989) Fleischwirtschaft 69:528−536
2. Delta-Index, zusammengestellt von R. Petrausch, Delta medizinische Verlagsgesellschaft, Berlin, 3. Auflage, 1986
3. Das Lexikon der Tierarzneimittel, zusammengestellt von R. Petrausch, Delta medizinische Verlagsgesellschaft, Berlin, 8. Auflage, 1990
4. Hapke HJ (1980) Arzneimitteltherapie in der tierärztlichen Klinik und Praxis, Ferdinand-Enke-Verlag, Stuttgart
5. Bentz H (1982) Veterinärmedizinische Pharmakologie, VEB Gustav Fischer Verlag, Jena, FRG
6. Großklaus D (1989) Rückstände in von Tieren stammenden Lebensmitteln, Verlag Paul Parey, Berlin und Hamburg
7. Borowka J (1989) Fleischwirtschaft 69:560
8. Bergner-Lang B, Edelhäuser M, Klein E, Maixner S, Malisch R, Pletscher D (1989) Fleischwirtschaft 69:524−528
9. Fink-Gremmels J, Leistner L (1986) Fleischwirtschaft 66:1590−1595
10. Schulze K (1981) Fleischwirtschaft 61:1654−1666

11. Karg H (1988) Rundschau für Fleischhygiene und Lebensmittelüberwachung 40:175–177
12. Kroker R (1988) Bundesgesundheitsblatt 10:401–402
13. „Analytik von Rückständen pharmakologisch wirksamer Stoffe", Band 13 der Schriftenreihe „Lebensmittelchemie und gerichtliche Chemie", Hrsg. Fachgruppe „Lebensmittelchemie und gerichtliche Chemie in der GDCh", Behr's Verlag, 1989
14. Entscheidung der Kommission vom 14. Juli 1987 zur Festlegung der Analyseverfahren zum Nachweis von Rückständen mit hormonaler Wirkung und von Stoffen mit thyreostatischer Wirkung (87/410/EWG), ABl., Nr. L 223/18 vom 11.8.87

5 Umweltrelevante Rückstände

Th. Kühn, Hamburg

5.1 Organische Umweltkontaminanten

5.1.1 Leichtflüchtige organische Verbindungen

5.1.1.1 Verbindungsgruppe

Bei Lebensmittelbelastungen durch leichtflüchtige organische Verbindungen handelt es sich überwiegend um Lösungsmittelkontamination. Abgesehen von der Umgebungsbelastung ist hier auch die Rückstandsbildung von zur Lebensmittelbehandlung zugelassenen Lösungsmitteln zu beachten. Auch der Übergang von Lösungsmitteln (und Monomeren) aus Verpackungsmaterialien, Etiketten- und Stempelfarbe ist ein häufiger Kontaminationsweg. Die Abluft technischer Anlagen (Chemische Reinigungen) kann zu Kontaminationen auch nicht unmittelbar benachbarter Auslagen insbesondere unverpackter Lebensmittel führen.

Wichtigste Verbindungsgruppen:
- Kurzkettige halogenierte Kohlenwasserstoffe
  (Technische Löse- und Reinigungsmittel)
- Aromatische und aliphatische Kohlenwasserstoffe
  (Treibstoffzusätze, Lösungsmittel wie Benzol, Hexan)
- Ether, Ester, Ketone, niedere Alkohole
  (Extraktionsmittel)
- Wirkstoffrückstände von Begasungsmitteln
  (1,2 Dibromethan, Ethylenoxid, Bromethan).

5.1.1.2 Beurteilungsgrundlagen

Lösungsmittel-Höchstmengenverordnung [1]: Verkehrsverbot für Lebensmittel, deren Gehalte an Tetrachlorethen (Perchlorethylen), Trichlorethen (Trichlorethylen) oder Trichlormethan (Chloroform) für einen dieser Stoffe $0,1 \text{ mg} \times \text{kg}^{-1}$ oder insgesamt $0,2 \text{ mg} \times \text{kg}^{-1}$ überschreiten; gleiche Höchstmenge für Perchlorethylen in Olivenöl nach VO (EWG) Nr. 1860/88 [2]. Zur Herstellung von Lebensmitteln zugelassene Extraktionslösungsmittel sind EG-weit geregelt [3]; s. Tabellen 1–3.

Grundlegende Daten zur Beurteilung lassen sich auch den Mitteilungen der Senatskommission zur Prüfung gesundheitsschädlicher Arbeitsstoffe (MAK-, BAT-Listen [4]) entnehmen.

Tabelle 1. Extraktionslösungsmittel, die unter Einhaltung der nach redlichem Hersteller-
brauch für sämtliche Verwendungszwecke üblichen Verfahren verwendet werden dürfen

Propan	Butan	Butylacetat	Ethylacetat
Ethanol	Kohlendioxid	Aceton	Distickstoffmonoxid

Tabelle 2. Extraktionslösungsmittel mit festgelegten Verwendungsbedingungen [3]

Bezeichnung	Höchstgehalte an Rückständen im Lebensmittel aufgrund der Verwendung von Extraktionslösungsmitteln bei der Herstellung der Aromen aus natürlichen Aromaträgern
Diethylether	2 mg/kg
Isobutan	1 mg/kg
Hexan	1 mg/kg
Cyclohexan	1 mg/kg
Methylacetat	1 mg/kg
Butan-1-ol	1 mg/kg
Butan-2-ol	1 mg/kg
Ethylmethylketon	1 mg/kg
Dichlormethan	0,1 mg/kg [a]
Methyl-Propan-1-ol	1 mg/kg

[a] Ausnahme: 1 mg/kg in Süß- und Backwaren mit Aromen, die für das Lebensmittel
charakteristisch sind, extrahiert aus alkoholischen Getränken mit einem Alkoholgehalt von
mehr als 35°

5.1.1.3 Warenkunde

Leichtflüchtigkeit und Lipophilie der Verbindungsgruppe können nur bei
fetthaltigen Lebensmitteln (auch Schokolade, Softeis, Buttergebäck) zu beach-
tenswerten Kontaminationen führen. Verursacht durch die Abluft chemischer
Reinigungen wurden häufig Gehalte von mehreren Milligramm pro Kilogramm
Lebensmittel festgestellt, z. B. können noch Belastungen von 5 mg Tetrachlorethen pro Kubikmeter Raumluft bei stark fetthaltigen Produkten zu Kontaminationen von mehr als 1 mg/kg führen [5]. Hierbei hat die Abluftführung
entscheidenden Einfluß (Supermärkte). In Ballungsräumen werden Gehalte
bis zu 50 µg/kg Lebensmittel in der Regel noch als Hintergrundbelastung betrachtet.
Nach Untersuchungen des BGA [5] sind Kontaminationen über den Luftweg
abhängig von der Stoffkonzentration in der Luft und damit partiell reversibel.
Messungen der Umgebungsluft sind daher zur Belastungsabschätzung aussa-
gekräftiger als die Untersuchung einzelner Lebensmittelproben.

5.1.1.4 Analytische Verfahren

Wegen der Leichtflüchtigkeit werden gaschromatographische Methoden [6]
angewendet, denen Extraktions- oder Anreicherungsschritte (purge and trap,
Adsorption/Desorption) vorgeschaltet sind. Auch durch Übertreiben der

Tabelle 3. Extraktionslösungsmittel mit festgelegten Verwendungsbedingungen und Rückstandshöchstwerten [3]

Bezeichnung	Verwendungsbedingungen (zusammenfassende Extraktionsbeschreibung)	Rückstandshöchstwerte in extrahierten Lebensmitteln oder Lebensmittelzutaten
Hexan [a]	Herstellung oder Fraktionierung von Fetten und Ölen und Herstellung von Kakaobutter	5 mg/kg im Fett, Öl oder in der Kakaobutter
	Herstellung von Proteinerzeugnissen und entfettetem Mehl	10 mg/kg im Lebensmittel, das das Proteinerzeugnis oder das entfettete Mehl enthält
	Herstellung von entfetteten Getreidekeimen	5 mg/kg in entfetteten Getreidekeimen
	Entfettete Sojaerzeugnisse	30 mg/kg im Sojaerzeugnis, wie es dem Endverbraucher verkauft wird
Methylacetat	Extraktion von Koffein, Reizstoffen und Bitterstoffen aus Kaffee und Tee	20 mg/kg im Kaffee oder Tee
	Herstellung von Zucker aus Melasse	1 mg/kg im Zucker
Ethylmethylketon	Fraktionierung von Fetten und Ölen	5 mg/kg im Fett oder Öl
	Extraktion von Koffein, Reizstoffen und Bitterstoffen aus Kaffee und Tee	20 mg/kg im Kaffee oder Tee
Dichlormethan	Extraktion von Koffein, Reizstoffen und Bitterstoffen aus Kaffee und Tee	10 [b] mg/kg in geröstetem Kaffee und 5 mg/kg im Tee

[a] Hexan ist ein Handelserzeugnis, das in der Hauptsache aus azyklischen gesättigten Kohlenwasserstoffen mit 6 Kohlenstoffatomen besteht, die zwischen 64 °C und 70 °C destillieren.

[b] Dieser Gehalt wird drei Jahre nach Erlaß dieser Richtlinie auf 5 mg/kg gesenkt

flüchtigen Kontaminanten mit Schlepper (z. B. i-Oktan) in einer Clevenger-Destillation mit anschließender GC/ECD-Analyse können nebeneinander auch gemischthalogenierte Verbindungen bestimmt werden. Bei homogenen Lebensmitteln (Pflanzenöle) bietet sich Headspace-GC an [7].

5.1.2 Polychlorbiphenyle PCB

5.1.2.1 Verbindungsgruppe

Durch Chlorierung von Biphenyl ist theoretisch die Entstehung von maximal 209 homologen oder strukturisomeren PCB-Komponenten möglich, für die sich der Begriff Kongenere eingebürgert hat. Ihre systematische Bezeichnung

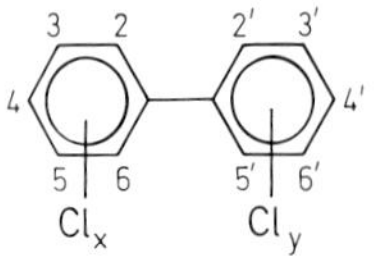

$$C_{12}H_{10-n}Cl_n$$
$$(n = x + y)$$

Abb. 1. Allgemeine Struktur- und Summenformel

und Numerierung (PCB-, IUPAC-, Ballschmitter-, BZ-Nummern) nach Ballschmitter und Zech [8] hat sich international durchgesetzt. Technische Gemische, die wegen ihrer Langzeitstabilität und dielektrischen Eigenschaften seit 40 Jahren breite Anwendung gefunden haben, enthalten ca. 120 Komponenten (detaillierte Informationen zu Vorkommen, Verteilung, Analytik, Bewertung und Toxikologie in [9, 10]). Die Handelsprodukte werden je nach Chlorierungsgrad unterschieden und dürfen seit 1978 nicht mehr zur offenen Anwendung kommen [11]. Ihre Persistenz und Lipohilie führen zur Anreicherung in der Nahrungskette, in deren Verlauf sich die Kongenerenverhältnisse im Vergleich zu den technischen Ausgangsprodukten zugunsten einzelner Komponenten verschieben. Als Indikatoren der Lebensmittel- und Humanbelastung wurden vom BGA sechs Kongenere ausgewählt [9], auf die hin auch die Überwachung ausgerichtet ist; s. Tabelle 4.

Tabelle 4

Gruppe I		Gruppe II	
PCB Nr.	Name	PCB Nr.	Name
28	2,4,4′-Trichlorbiphenyl	138	2,2′,3,4,4′,5′-
52	2,2′,5,5′-Tetrachlorbiphenyl		Hexachlorbiphenyl
101	2,2′,4,5,5′-Pentachlorbiphenyl	153	2,2′,4,4′,5,5′
180	2,2′,3,4,4′,5,5′-Heptachlorbiphenyl		Hexachlorbiphenyl

Die PCB Nr. 138, 153, 180 repräsentieren 54% der beobachteten PCB-Gesamtbelastung von Butterfett bzw. 63% der von Muttermilch [9].

5.1.2.2 Beurteilungsgrundlagen

Für Lebensmittel tierischen Ursprungs sind Höchstmengen (Hm) für jedes der sechs o. g. PCB festgelegt [12], wobei für die Kongeneren innerhalb der gleichen Gruppe auch die jeweils gleichen Höchstmengen gelten; s. Tabelle 5.
BGA-Richtwerte für Muttermilch liegen bei Tagesaufnahme des Säuglings von 250–850 ml bei 8,1–1,9 mg/kg Milchfett [13], PCB-Gehalte in Muttermilch s. Kap. 3.3.4.
Weitere Hinweise zu Bewertung s. [9], zu Anwendungsverboten [11, 14].

5.1.2.3 Warenkunde

Tabelle 5 spiegelt die Belastungsrisiken entsprechend der Nahrungskette wider. Während Gemüse und Getreide als unbelastet gelten, ist bei Fisch

Tabelle 5. PCB-Höchstmengen in Lebensmittel tierischen Ursprungs (in Milligramm pro Kilogramm Lebensmittel)

Lebensmittel	Gruppe I	Gruppe II
Milchprodukte (Fett < 2%)	0,001	0,001
Fleisch [a]	0,008	0,01
Ei	0,02	0,02
Milch (mg/kg Milchfett)	0,04 [b]	0,05 [b]
Fett	0,08	0,1
Seefisch [a]	0,08	0,1
Süßwasserfisch	0,2	0,3

[a] Einschränkungen s. SHmV.
[b] Gehalte > 50% der Hm sollen als Warnwert eine Kontaminationsursachen-Suche auslösen

Tabelle 6. PCB in Seefisch und Aalen [9] (mg/kg Filetgewicht)

Herkunft	n	28	52	101	138	153	180	Summe
Nordatlantik	38	0,001	0,001	0,0047	0,0117	0,0121	0,0039	0,123
Nordsee	8	0,001	0,001	0,0059	0,0090	0,0096	0,001	0,098
Ostsee	14	0,001	0,001	0,0119	0,0335	0,0332	0,007	0,338

Aal: Nordelbe/Cuxhaven (I), Rhein und Nebenflüsse (II)

I:	41	0,006	0,015	0,026	0,157	0,170	0,036	1,73
II:	59	0,024	0,134	0,138	0,382	0,384	0,281	3,91

(Untersuchungen aus 1984/85)

(ausgenommen Zucht- und Farmfische) [15] mit den relativ höchsten Kontaminationen zu rechnen.

Bei Milch lassen sich Überschreitungen der vergleichsweise niedrigen Höchstmengen gewöhnlich auf konkrete PCB-Kontaminationen in der Umgebung der Tiere zurückführen:

Siloanstriche, Bindegarn, Altöl, Futtermittel.

5.1.2.4 Analytische Verfahren

Da sich die PCB in analytischer Hinsicht ähnlich wie die persistenten Organochlor-Pestizide verhalten, können sie bei deren Bestimmung simultan miterfaßt werden. Methode L 00.00-12 (AS 35 [16]) integriert daher die Bestimmung der sechs ausgewählten PCB-Kongeneren in die Untersuchungsmethode nach Specht [17], weitere Informationen s. Kap. 3.4. Die Aufreinigung zur gezielten PCB-Analyse bei schwierigen Substraten (Fischöl) kann aufgrund ihrer Stabilität durch Schwefelsäureschüttlung der Extrakte vereinfacht werden. Ihre Bestimmung erfolgt über Kapillar-GC mit ECD (Elektroneneinfangdetektor).

Zu Methodik und Quantifizierung bei der Analyse von Umweltproben und technischen Produkten s. [10].

5.1.3 Polycyclische Aromatische Kohlenwasserstoffe PAK

5.1.3.1 Verbindungsgruppe

Die PAKs (englisch: Polycyclic Aromatic Hydrocarbons – PAH) umfassen ca. 200 Verbindungen, die u. a. bei unvollständiger Verbrennung (insbes. fossiler Brennstoffe, 650–850 °C) entstehen. Wegen ihres z. T. hohen kanzerogenen Potentials verdienen sie besondere Beachtung [18]. Außer durch Umweltbelastung (Industrie- und Autoabgase, Klärschlammdüngung) kann es zur Lebensmittelkontamination beim Trocknen (Getreide, Ölsaaten) und Räuchern (Fisch- und Fleischprodukte, Räuchersalz) kommen. Durch die Weiterentwicklung der analytischen Verfahren (s. 5.1.3.4) finden sich zunehmend Hinweise auf nitrierte, aminierte und schwefelhaltige PAK [18–20].

5.1.3.2 Beurteilungsgrundlagen

Aufgrund der anfänglichen analytischen Bestimmungsschwierigkeiten und der ungenügenden Datenlage zu Vorkommen, Verteilung und Toxizität wurde zunächst Benzo(a)pyren (3,4-Benzpyren) als eine Art Leitsubstanz zur Beurteilung herangezogen, obwohl sein Massenanteil am Gesamtgehalt von PAKs einer Probe in der Regel unter einem Prozent liegt und nicht in konstantem Verhältnis zu anderen PAK-Kongeneren beobachtet wird [18]. So legen Fleisch- und Käse-VO [21, 22] als Höchstmenge für dort beschriebene Lebensmittel oder Erzeugnisse mit einem Anteil an geräucherten Lebensmitteln ein Mikrogramm Benzo(a)pyren pro Kilogramm fest. Wegen des unterschiedlichen kanzerogenen Potentials werden die PAK in „leichte" (bis vier Ringe [23]) und „schwere PAK" (mehr als vier Ringe) eingeteilt (s. Abb. 2), und die Bestimmung von Einzelkomponenten gewinnt zunehmend an Bedeutung [18]. So dürfen im Trinkwasser sechs PAKs (s. Kap. 32) in der Summe den Grenzwert von 0,2 Mikrogramm pro Liter nicht überschreiten [24]. Die Amerikanische Umweltbehörde (EPA) fordert mittlerweile die Bestimmung von 16 PAK [25]. Die Speisefett produzierende Industrie hat sich selbst Höchstgehalte gesetzt von insgesamt 25 Mikrogramm PAK pro Kilogramm (Phenanthren, Anthracen, Pyren, Benz(a)anthracen, Chrysen, Benzo(a)pyren, Benzo(e)pyren, Perylen, Athanthren, Benzo(ghi)-perylen, Dibez(a,h)anthracen, Coronen; Summe schwerer PAK < 5 µg/kg) [26]. Diese sind für raffinierte Speisefette nach Stand der Technik als Produktionsstandard erreichbar.

5.1.3.3 Warenkunde

PAK können nach Eintritt in den lebenden Organismus metabolisiert werden [27, 28], so daß ihre Anreicherung durch die Nahrungskette nicht beobachtet wird (im Gegensatz zu persistenten halogenierten Verbindungen, s. PCB, PCDD/F, Pestizide). Eine Ausnahme bilden u. a. Muscheln, die daher zunehmend als Bioindikatoren (auch für Schwermetalle, Organochlorverbindungen und Algentoxine) eingesetzt werden [29]. Beispielsweise ergab eine

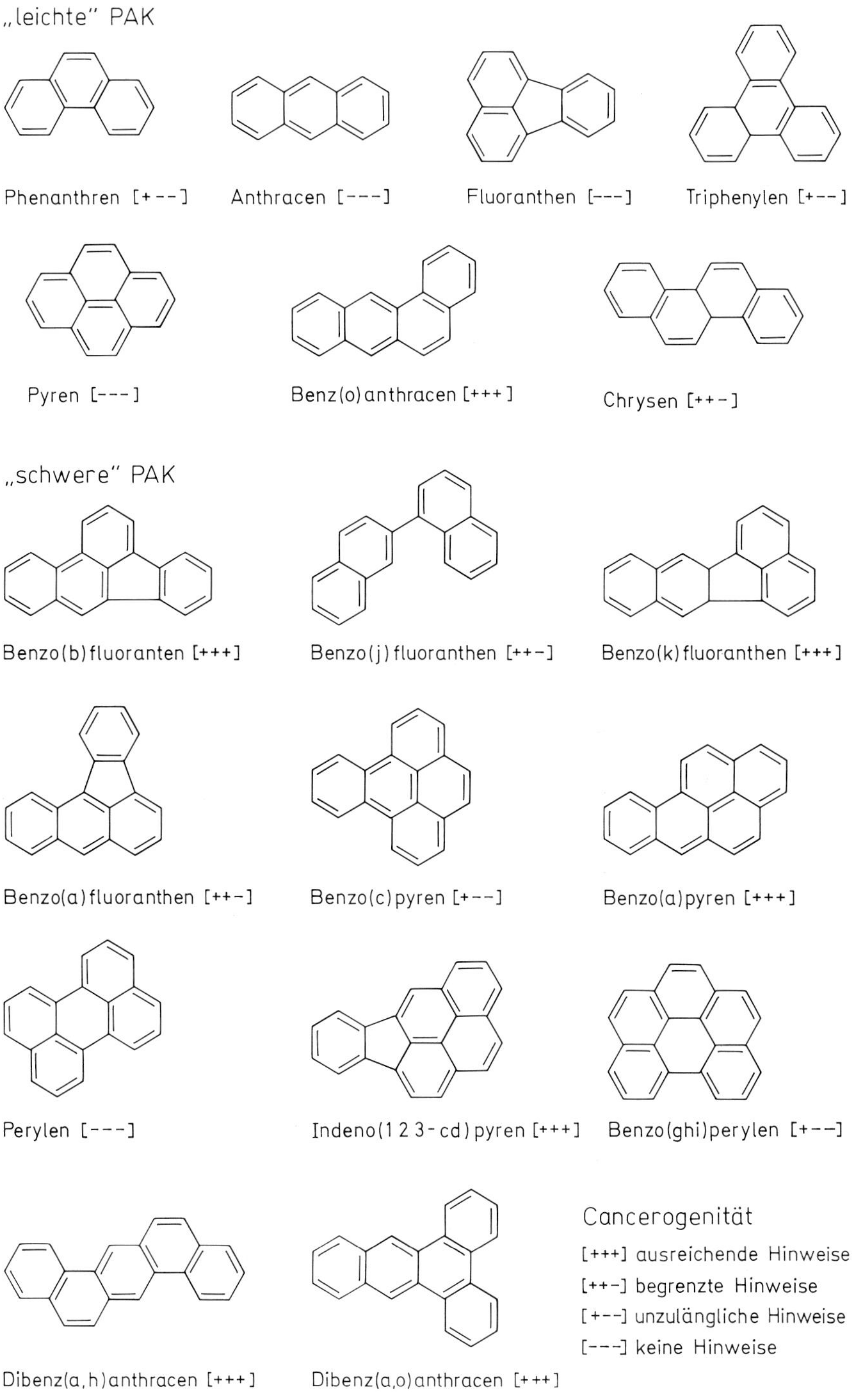

„leichte" PAK

Phenanthren [+--]   Anthracen [---]   Fluoranthen [---]   Triphenylen [+--]

Pyren [---]   Benz(o)anthracen [+++]   Chrysen [++-]

„schwere" PAK

Benzo(b)fluoranten [+++]   Benzo(j)fluoranthen [++-]   Benzo(k)fluoranthen [+++]

Benzo(a)fluoranthen [++-]   Benzo(c)pyren [+--]   Benzo(a)pyren [+++]

Perylen [---]   Indeno(1 2 3-cd)pyren [+++]   Benzo(ghi)perylen [+--]

Cancerogenität

[+++] ausreichende Hinweise
[++-] begrenzte Hinweise
[+--] unzulängliche Hinweise
[---] keine Hinweise

Dibenz(a,h)anthracen [+++]   Dibenz(a,o)anthracen [+++]

Abb. 2. Strukturformeln leichter und schwerer PAK

Tabelle 7. Benzo(a)pyren-Gehalte in Umwelt und einigen Lebensmitteln [33]

Brikett-Emission	0,39 bis 5,20	mg/kg
Zigarette (Hauptstromrauch)	0,5 bis 7,8	µg/100 Stück
Pfeifenrauch	8,5	µg/100 g Tabak
Motore (Benzin/Diesel)	0,3 bis 50	µg/l
Luft	0,03 bis 100	µg/1000 m³
Regenwasser	0,01 bis 1	µg/l
Oberflächenwasser	0 bis 13	µg/l
Trinkwasser	0 bis 1	µg/l
Boden (nicht speziell kontaminiert)	0,8 bis 800	µg/kg
Getreide	0,19 bis 4,13	µg/kg
Mehl	bis 0,73	µg/kg
Brot	bis 0,23	µg/kg
Früchte	0,5 bis 30	µg/kg
Gemüse	12 bis 90	µg/kg
Salat	2,8 bis 12,8	µg/kg
Margarine, pflanzliche Öle	7 bis 8	µg/kg
Röstkaffee	0,3 bis 15,8	µg/kg

vergleichende Untersuchung [30] von achtzehn PAK-Kongeneren in Elbbrassen und Muscheln (frisch, geräuchert und in Dosen, Nachweisgrenze von 0,1 Mikrogramm pro Kilogramm verzehrbarer Anteil (µg/kg FS) je Kongener): Nur PAK-Spuren im Flußfisch (Benzo(a)pyren < 0,1 µg/kg FS), Gehalte von 5–20 µg/kg FS einzelner Kongenere (Benzo(a)pyren um 1 µg/kg FS) in frischen und Dosenmuscheln, die von geräucherten Dosenmuscheln (Benzo(a)pyren um 10 µg/kg FS), insbesondere deren Aufgußöl (Benzo(a)pyren um 75 µg/kg FS) noch deutlich überschritten wurden.

Bei raffinierten Speiseölen und Fetten sind durch Desodorierung (leichte PAK) und Aktivkohlebehandlung eventuelle PAK-Kontaminationen beseitigt [18]. In naturbelassenen pflanzlichen Ölen ist sie jedoch zu beobachten [31], wobei ein unverhältnismäßig niedriger Anteil der leichten PAKs im Kongenerenmuster als Hinweis auf eine (bei nativem Olivenöl unzulässige) Behandlung dienen kann.

Der bedeutendste Nahrungspfad der PAKs zum Menschen führt über immissionsbelastetes Gemüse und Obst ([18, 32, 33], s. Tabelle 7) bzw. direktgetrocknetes Getreide [34].

Die PAK-Aufnahme von Wurzelgemüse aus dem Boden ist vergleichsweise wohl sekundär einzuschätzen (z. Zt. noch beschränkte Datenlage, z. B. [32, 35]), wobei der Hauptanteil der aufgenommenen Kongenere in den äußeren Schichten dieser Gemüse zu beobachten ist [32].

5.1.3.4 Analytische Verfahren

Die Bestimmung von Benzo(a)pyren als Leitsubstanz in Lebensmitteln kann durch HPLC (AS 35 [36]) oder Dünnschichtchromatographie (DC [18, 37], Screening) erfolgen: Hierbei wird bei fetthaltigen Lebensmitteln nach Verseifen mit Cyclohexan und Dimethylformamid extrahiert, nach Rückextraktion mit

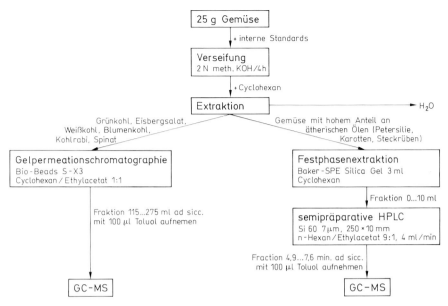

Abb. 3. PAK-Bestimmung in pflanzlichen Lebensmitteln [32]

Cyclohexan anschließend an Kieselgelsäulen gereinigt und nach DC bzw. HPLC mittels Fluoreszensmessung quantifiziert.

Zur Gehaltsbestimmung mehrerer Kongenere nebeneinander müssen Hochdruckflüssigkeitschromatographie (Fluoreszensdetektor mit variabler Wellenlänge) oder GC/MS-Methoden (deuterierte PAKs als Interne Standards) eingesetzt werden (z. B. [31, 38–42], Methodenübersicht [18]). Der Aufwand der Probenaufreinigung ist substratabhängig. Als Beispiel ist ein Bearbeitungsschema für Gemüse gezeigt (Abb. 3).

5.1.4 Polychlorierte Dibenzodioxine und -furane/PCDD, PCDF

5.1.4.1 Verbindungsgruppe

Die Verbindungsgruppe läßt sich von den folgenden Kohlenwasserstoffgrundgerüsten durch sukzessive Substitution von Wasserstoffatomen durch Chlor ableiten:

Somit sind insgesamt 75 chlorierte Dibenzodioxine sowie 135 Dibenzofurane möglich. Die Verbindungen, auch Kongenere genannt, entstehen in geringen

Tabelle 8. PCDD/PCDF-Konzentrationsbereiche in der Umwelt [44]

Bereiche	Vorkommen
g/kg (1/1000)	Rückstände aus PCP-, 2,4,5-TCP- 2,4-D, 2,4,5-T-, HCB-Produktion, die zur Deponierung und Verbrennung, gelangen; Pyrolyse von PCB.
mg/kg (ppm)	Chemikalien wie Chlorphenole, Chlorphenoxyessigsäure-Derivate, Hexachlorophen, Hexachlorbenzol, PCB, Chlordiphenylether, Chlornaphtaline, Chloranile; Asche von Müllverbrennung.
µg/kg (ppb)	Unfälle: Kontamination von Böden, Gebäuden, Lebensmitteln, Pflanzen, Tieren, Menschen; PVC-Kabelverbrennung; Sickeröl aus Mülldeponien; Chemikalien.
ng/kg (ppt)	Holzverbrennung, Tabakrauch, Autoabgase, Reingas von Müllverbrennung, Abwasser; ubiquitäre Belastung von Sedimenten, Boden, Straßenstaub, Tieren, Menschen.
pg/kg (ppq)	Stadtluft, Oberflächenwasser.
fg/kg (ppqt)	Landluft (1,3 kg Luft entsprechen ca. 1 m^3).

Mengen als Begleitprodukte bei thermischen sowie verfahrenstechnischen Prozessen in Anwesenheit von Chlor (Müllverbrennung, Autoabgase bei halogenierten Zusätzen (scavenger) von verbleitem Treibstoff, Chlorbleiche von Zellulose) oder bei Synthese und Verarbeitung bestimmter Chemikalien (PCP-, 2,4-D-, 2,4,5-T-, HCH-, PCB-, Mg-, Chloranil-Produktion [43–45, 52]). Für 2,3,7,8-Tetrachlordibenzodioxin (2,3,7,8-TCDD, Seveso-Dioxin, nachfolgend TCDD genannt) ist eine cancerogene Wirkung bei Ratten und Mäusen nachgewiesen worden, für den Menschen gilt es als Krebspromotor [43]; seine akute Toxizität für den Menschen wird deutlich geringer eingeschätzt als die für die bislang untersuchten Säugetier-Spezies: LD$_{50}$ von 2 µg/kg Körpergewicht (Meerschwein) bis 5000 µg/kg Körpergewicht (Hamster) [43].

Die 2,3,7,8-substituierten Kongenere haben sich als besonders persistent erwiesen: stabil gegen Säuren und Laugen, beständig bis 700 °C, biologisch schwer abbaubar [43]. Somit reichert sich diese Verbindungsgruppe nach dem Weg durch die Nahrungskette im menschlichen Fettgewebe an und muß insbesondere aufgrund der Toxizität des TCDD bei der Überwachung von Lebensmittelbelastungen besondere Beachtung erfahren.

5.1.4.2 Beurteilungsgrundlagen

Das 2,3,7,8-TCDD (TCDD) ist aufgrund seiner deutlich höheren Toxizität intensiver untersucht als die übrigen 2,3,7,8-Kongeneren, weshalb Belastungsangaben in der Regel auf TCDD bezogen erfolgen. Hierbei wird die Fähigkeit der einzelnen PCDD- und PCDF-Kongeneren, Enzyme zu induzieren, mit der des TCDD in Beziehung gesetzt, um sogenannte Relative Toxizitäten oder Wirkfaktoren (TEF) zu erhalten (s. Tabelle 9, weitere TEF-Systeme s. [46]). Mit diesen Faktoren werden die jeweiligen 2,3,7,8-Kongenerengehalte einer Probe multipliziert. Als Kontamination wird die Produktsumme errechnet und

Tabelle 9. 2,3,7,8-TCDD-Toxizitäts-Äquivalent-Faktoren (TEF) von PCDD und PCDF nach Empfehlung von BGA, EPA bzw. NATO/CCMS

PCDD/PCDF	BGA (BRD)	EPA (USA)	NATO/CCMS (international)
2,3,7,8-TCDD	1	1	1
andere	0,01	0,01	–
1,2,3,7,8-PeCDD	0,1	0,5	0,5
andere	0,01	0,005	–
„2,3,7,8"-HxCDD	0,1	0,04	0,1
andere	0,01	0,0004	–
1,2,3,4,6,7,8-HpCDD	0,01	0,001	0,01
andere	0,001	0,00001	–
OCDD	0,001	0	0,001
2,3,7,8-TCDF	0,1	0,1	0,1
andere	0,01	0,001	–
1,2,3,7,8-PeCDF	0,1	0,1	0,05
2,3,4,7,8-PeCDF	0,1	0,1	0,5
andere	0,01	0,001	–
„2,3,7,8"-HxCDF	0,1	0,01	0,1
andere	0,01	0,0001	–
„2,3,7,8"-HpCDF	0,01	0,001	0,01
andere	0,001	0,00001	–
OCDF	0,001	0	0,001

T Tetra, Pe Penta, Hx Hexa, Hp Hepta, O Octa

als „Toxische Äquivalente 2,3,7,8-TCDD" (TE) angegeben zusätzlich zur Angabe der einzelnen Kongenerengehalte.

Da die Induktion von Enzymen, die eine metabolische Oxidation katalysieren, nicht in unmittelbaren Zusammenhang mit speziellen toxischen Effekten gebracht werden kann, ist die Angabe von Toxizitätsäquivalenten (TE) wissenschaftlich nicht gerechtfertigt. Sie gilt jedoch allgemein als Kompromiß zum Zweck einer rascheren Vergleichbarkeit und ersten Bewertung von Analysenergebnissen. Zur umfassenden Analysenbeurteilung sollten die Gehalten aller bestimmten Kongeneren herangezogen werden, deren Verteilung in einer Probe Hinweise auf mögliche Kontaminationsquellen liefern kann [43]. Zudem sind die relativen Kongenerenverhältnisse grundlegend für die Vergleichbarkeit verschiedener Untersuchungen, da aufgrund der außerordentlich niedrigen Konzentrationen der PCDD/F im Bereich von wenigen Picogramm je Komponente im Kilogramm Lebensmittel mit entsprechend hohen Ergebnisschwankungen gerechnet werden muß.

Gesetzliche Höchstmengen für Lebensmittel existieren in der BRD bislang nicht. Das BGA sieht im Sinn einer Gesundheitsvorsorge eine tägliche Belastung des Menschen mit 2,3,7,8-TCDD bis zu einem Bereich von 1–10 Picogramm pro Kilogramm Körpergewicht als tolerierbar an [56].

Tabelle 10. Durchschnittliche Tagesaufnahme von 2,3,7,8-TCDD und TCDD-Äquivalenten durch Lebensmittelverzehr [48]

Lebensmittel		Tägliche Aufnahme [pg/d]		
Gruppe	Verbrauch [g/d]	2,3,7,8-TCDD	TCDD-Äquivalente BGA (BRD)	EPA (USA)
Fleischprodukte und Fleisch	38 (Fett)	7,0	23,5	17,9
Milchprodukte und Milch	33 (Fett)	6,2	28,5	26,6
Eier	3,9 (Fett)	0,8	4,2	3,1
Fischprodukte und Fisch	1,8 (Fett)	8,6	33,3	38,6
Pflanzenöl[a]	26 (Fett)	0,1	0,3	0,3
Gemüse[a]	244	1,2	2,4	2,4
Obst[a]	130	0,7	1,3	1,3
Total		24,6	93,5	90,2

[a] Berechnet mit dem halben Wert der Nachweisgrenze

5.1.4.3 Warenkunde

Nach Berechnungen des BGA [48, 49] liegt die durchschnittliche Tagesaufnahme in der Bundesrepublik bei 1,3 Picogramm pro Kilogramm Körpergewicht. Die Zufuhr erfolgt über Lebensmittel tierischer Herkunft, während der Beitrag pflanzlicher Nahrungsmittel und der Luft bislang als gering angenommen wird (s. Tabelle 10).
Die ubiquitäre Verteilung zeigt sich bei Milch als Hintergrundbelastungen um 1 ng TE pro kg Milchfett:

PCDD/F-Gehalte in Milch in TE TCDD [ng/kg Milchfett] [50]

Gebiet ohne besondere Kontaminationsquellen	Industriegebiet	Kontamination durch Kupferrecyclinganlage
0,9 (0,6–1,6)	2,5 (0,9–3,8)	9,6 (2,9–14)

Bei Fisch, insbesondere Flußfisch als Endglied der aquatischen Nahrungskette, ist von deutlich höheren Belastungen auszugehen, die stark von Fischart, Alter und Fettgehalt abhängig sind:
Bei Untersuchungen von Brassen aus Elbe, Trave und Weser wurden Belastungen von 0,45–7,35 Nanogramm toxische Äquivalente TCDD pro Kilogramm Frischsubstanz (Median 2,25) ermittelt, während Plattfische aus den jeweiligen Mündungsgebiet um 0,5 ng TE/kg FS aufwiesen [51]. In Abb. 4 sind die jeweils charakteristische Kongenerenverteilungsmuster dargestellt.
Umfangreiche Muttermilchuntersuchungen weisen keine besonders belastete Regionen sondern die allgemeine Verteilung nach. Unabhängig vom Wohnort liegt der Kontaminationsgehalt im Bereich zwischen 5 und 39 ng TE pro kg Milchfett bei einem mittleren Gehalt von 17 ng TE pro kg Milchfett [43]. Trotz

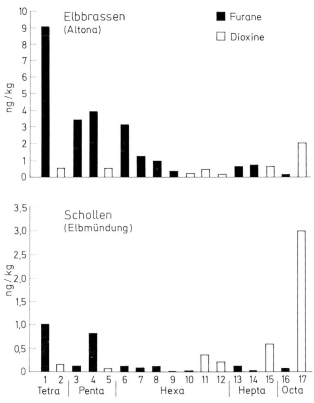

Abb. 4. Verteilungsmuster von 2,3,7,8-Kongeneren in Elbbrasse und Nordseescholle im Vergleich

1) 2,3,7,8-TCDF   7) 1,2,3,6,7,8-HxCDF   13) 1,2,3,4,6,7,8-HpCDF
2) 2,3,7,8-TCDD   8) 2,3,4,6,7,8-HxCDF   14) 1,2,3,4,7,8,9-HpCDF
3) 1,2,3,7,8-PCDF   9) 1,2,3,7,8,9-HxCDF   15) 1,2,3,4,6,7,8-HpCDD
4) 2,3,4,7,8-PCDF   10) 1,2,3,4,7,8-HxCDD   16) OCDF
5) 1,2,3,7,8-PCDD   11) 1,2,3,6,7,8-HxCDD   17) OCDD
6) 1,2,3,4,7,8-HxCDF   12) 1,2,3,7,8,9-HxCDD

der höheren Tagesbelastung empfiehlt das BGA grundsätzlich weiteres Stillen, da die Vorteile des Stillens gegenüber den potentiellen gesundheitlichen Risiken des Säuglings bei weitem höher eingeschätzt werden.

5.1.4.4 Analytische Verfahren

Die Untersuchung von Lebensmitteln auf PCDD und PCDF ist Ultraspuren-analytik und stellt dementsprechend hohe Anforderungen an Analytiker und Ausrüstung.

Während bei pflanzlichen Lebensmitteln ein zusätzlicher Hydrolyseschritt zur Desorption (entsprechend der Flugaschenanalyse) nötig ist, erfolgt die Bestim-

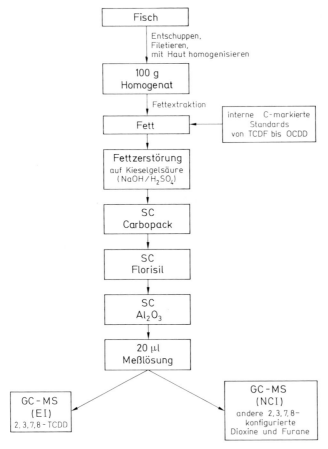

Abb. 5. Schema zur PCDD/F-Untersuchung tierischer Lebensmittel [51]

mung von PCDD und PCDF in Lebensmitteln tierischen Ursprungs direkt aus der Fettfraktion (s. Abb. 5). Nach Extraktion und Zugabe von (den nativen Kongeneren chemisch identischen) ^{13}C-markierten Dioxinen und Furanen als Interne Standards für Wiederfindung und Quantifizierung wird das Fett entweder gelchromatographisch abgetrennt oder auf einer Kieselgelsäule sauer/alkalisch zerstört [51]. Durch weitere säulenchromatographische Aufreinigung (Aktivkohle/Florisil/Al$_2$O$_3$) und Einengen auf wenige Microliter wird die Meßlösung erhalten, aus der mittels kombinierter Kapillargaschromatographie mit hochauflösender Massenspektrometrie (HRGC/HRMS) die einzelnen Kongeneren bestimmt werden. Während 2,3,7,8-TCDD nur mit Hilfe der Elektronenstoßionisation (EI) hinreichend empfindlich gemessen werden kann, wird wegen der hohen Selektivität für die übrigen Kongeneren häufig die negative chemische Ionisation (NCI) genutzt [52]. Anforderungen an Geräte, Bearbeitung und Auswertung wurden detailliert beschrieben [53–55].

5.2 Radioaktivität

5.2.1 Radionuklide [57]

Für die Überwachung von Lebensmittelbelastungen sind die andropogenen Radionuklide (zivilisatorische Radioaktivität) wesentlich, die durch Kernwaffenexplosionen oder durch Kernkraftwerkprozesse entstehen; s. Tabelle 11. Von besonderer Bedeutung sind dabei die sogenannten Leitisotope [59] Iod-131 (beta-, gamma-Strahler, Leitisotop für kurzlebige Spaltprodukte) und Cäsium-137 (beta-, gamma-Strahler, Leitisotop für langlebige Spaltprodukte). Des weiteren müssen je nach Anlaß Strontium-90 (beta-Strahler) wegen seiner physiologischen Relevanz als Kalziumanaloges sowie alpha-Strahler wie Plutonium-238 (HWZ 86 Jahre) wegen ihrer hohen biologischen Wirksamkeit bei Inkorporation Beachtung finden.

Die sogenannte natürliche Radioaktivität [57, 60] ist im Hinblick auf eine Lebensmittelkontamination in der Regel bedeutungslos, liefert aber den wesentlichen Beitrag zur Dosisberechnung d. h. der Berechnung der Belastung des Menschen durch Radioaktivität (Dimensionen s. u.). Sie resultiert aus der Strahlung einer Vielzahl natürlich radioaktiver Stoffe regional unterschiedlicher Konzentration der Erdrinde, die überwiegend einer der drei Zerfallsreihen der folgenden Ausgangsnuklide entstammen: Uran-238 (Halbwertszeit $4,5 \times 10^9$ Jahre), Uran-Radium-Reihe, Uran-235 (Halbwertszeit $0,7 \times 10^9$ Jahre), Uran-Actinium-Reihe, Thorium-232 (Halbwertszeit 14×10^9 Jahre), Thorium-Reihe.

Neben diesen ca. 50 Radionukliden gibt es eine Anzahl sogenannter primordialer (uranfänglicher) Radionuklide mit überwiegend mittlerer Massenzahl und z. T. extrem langen Halbwertszeiten; s. Tabelle 12.

Hieraus ist das Kalium-40 (HWZ $1,3 \times 10^9$ Jahre) im Hinblick auf die Strahlenexposition des Menschen hervorzuheben (60): Der Isotopenanteil von K-40 in Kalium beträgt 0,0119%, damit liegt die durchschnittliche K-40 Aktivität in einem Menschen von 70 kg Körpergewicht um 4000 Bequerel.

Tabelle 11. Spaltnuklide durch Atombomben [58]

Nuklid	Halbwertszeit (HWZ)	Aktivität (10^{12} Bq pro kt Sprengkraft)
Sr-89	50,5 d	590
Sr-90	28,5 a	4
Zr-95	64 d	920
Ru-103	39,4 d	1500
Ru-106	368 d	78
I-131	8 d	4200
Cs-137	30,2 a	6
Ce-141	32,5 d	1600
Ce-144	285 d	190

a Jahre; d Tage

Tabelle 12. Natürliche primordiale Radionuklide außerhalb von Zerfallsreihen [60]

Nuklid	Halbwertszeit (Jahre)	Nuklid	Halbwertszeit (Jahre)
K-40	$1,3 \cdot 10^{9}$	Sm-148	$7 \cdot 10^{15}$
Rb-87	$4,8 \cdot 10^{10}$	Gd-152	$1,1 \cdot 10^{14}$
In-115	$4 \cdot 10^{14}$	Lu-176	$3,6 \cdot 10^{10}$
Te-123	$1,2 \cdot 10^{13}$	Hf-174	$2 \cdot 10^{15}$
Te-128	$1,5 \cdot 10^{24}$	Ta-180	$1 \cdot 10^{13}$
Te-130	$1 \cdot 10^{21}$	Re-187	$5 \cdot 10^{10}$
La-138	$1,4 \cdot 10^{11}$	Os-186	$2 \cdot 10^{15}$
Nd-144	$2,1 \cdot 10^{15}$	Pt-190	$6,1 \cdot 10^{11}$
Sm-147	$1,1 \cdot 10^{11}$	Pb-204	$1,4 \cdot 10^{17}$

5.2.2 Beurteilungsgrundlagen

Zur rechtlichen Beurteilung innerhalb des EG-Raums verkehrsfähiger Lebensmittel liegen vor:
Verordnung (EWG) Nr. 3955/87 [61] vom 22. 12. 1987 gültig bis 31. 3. 1995, worin Höchstwerte festgelegt sind für die kumulierte Radioaktivität von Cs-134 und Cs-137 mit 370 Becquerel pro Kilogramm (Bq/kg) in Milch und Lebensmitteln für Kleinkinder (bis sechs Monate) sowie mit 600 Bq/kg für weitere landwirtschaftliche Erzeugnisse und Verarbeitungserzeugnisse, die für die menschliche Ernährung bestimmt sind.
In der Verordnung (EURATOM) Nr. 2218/89 [62] vom 18. 7. 1989 werden Grenzwerte auf Zeit geregelt für den Fall eines nuklearen Unfalls oder einer anderen radiologischen Notstandssituation. Die in Tabelle 13 aufgeführten Höchstwerte haben dann für den Verkehr mit Lebensmitteln innerhalb der EG sowie für den Außenhandel mit Drittländern Gültigkeit bis maximal drei Monate nach offizieller Mitteilung eines nuklearen Unfalls an die EG-Kommission.
Weitere Hinweise zur Beurteilung können gegebenenfalls aus der Strahlenschutzverordnung [63] gezogen werden, die den Umgang mit radioaktiven Stoffen regelt. Dort sind neben einer Reihe von Begriffen u. a. Freigrenzen und Abgeleitete Grenzwerte der Jahres-Aktivitätszufuhr für Inhalation und Ingestion sowie Grenzwerte der Körperdosis für beruflich strahlenexponierte Personen festgelegt. Das Strahlenschutzvorsorgegesetz [64] soll u. a. gewährleisten, die Strahlenexposition der Bevölkerung möglichst niedrig zu halten. Es liefert die Grundlage für ein bundesweites Untersuchungsprogramm, innerhalb dessen die Länder regelmäßig die Radioaktivität auch in Lebensmitteln, Tabakerzeugnissen und Arzneimitteln ermitteln (StrVG § 3).
BGA [65] und BMU [66] geben regelmäßige Berichte zur Strahlenexposition der Bevölkerung auch durch Lebensmittel und Trinkwasser heraus.

Tabelle 13. Höchstwerte für Nahrungsmittel und Futtermittel (Bq/kg) [62]

	Nahrungsmittel[a]				Futter-mittel[b]
	Nahrungs-mittel für Säuglinge[c]	Milch-erzeugnisse[d]	Andere Nahrungs-mittel außer Nahrungs-mittel von geringer Bedeutung[e]	Flüssige Nahrungs-mittel[f]	
Strontiumisotope, insbesondere Sr-90	75	125	750	125	
Jodisotope, insbesondere I-131	150	500	2000	500	
Alphateilchen emittierende Plutoniumisotope und Trans-plutoniumelemente, insbesondere Pu-239, Am-241	1	20	80	20	
Alle übrigen Nuklide mit einer Halbwertszeit von mehr als 10 Tagen, insbesondere Cs-134, Cs-137[g]	400	1000	1250	1000	

[a] Die für konzentrierte und getrocknete Erzeugnisse geltende Höchstgrenze wird anhand des zum unmittelbaren Verzehr bestimmten rekonstruierten Erzeugnisses errechnet. Die Mitgliedstaaten können Empfehlungen hinsichtlich der Verdünnungsbedingungen aussprechen, um die Einhaltung der in dieser Verordnung festgelegten Höchstwerte zu gewährleisten.

[b] Die Höchstwerte für Futtermittel werden gemäß Artikel 7 noch festgelegt. Mit diesen Werten soll zur Einhaltung der zulässigen Höchstwerte für Nahrungsmittel beigetragen werden; es kann jedoch nicht davon ausgegangen werden, daß sie allein diese Einhaltung unter allen Umständen gewährleisten; sie berühren auch nicht die Verpflichtung, die Werte in Erzeugnissen tierischer Herkunft, die zum menschlichen Verzehr bestimmt sind, zu kontrollieren.

[c] Als Nahrungsmittel für Säuglinge gelten Lebensmittel für die Ernährung speziell von Säuglingen während der ersten vier bis sechs Lebensmonate, die für sich genommen den Nahrungsbedarf dieses Personenkreises decken und in Packungen für den Einzelhandel dargeboten werden, die eindeutig als „Zubereitung für Säuglinge" gekennzeichnet und etikettiert sind.

[d] Als Milcherzeugnisse gelten die Erzeugnisse folgender Codenummern der Kombinierten Nomenklatur einschließlich späterer Anpassungen: 0401, 0402 (außer 0402 29 11).

[e] Nahrungsmittel von geringer Bedeutung und die auf diese Nahrungsmittel anzuwendenden Höchstgrenzen werden gemäß Artikel 7 noch festgelegt.

[f] Flüssige Nahrungsmittel gemäß Code 2009 und Kapitel 22 der Kombinierten Nomenklatur. Die Werte werden unter Berücksichtigung des Verbrauchs von Leitungswasser berechnet; für die Trinkwasserversorgungssysteme sollten nach dem Ermessen der zuständigen Behörden der Mitgliedstaaten identische Werte gelten.

[g] Diese Gruppe umfaßt nicht Kohlenstoff C14, Tritium und Kalium 40

Tabelle 14. Radiologische Einheiten

Phys. Größe	SI-Einheit	alte Einheit	Beziehung
Aktivität	Becquerel (Bq) $1\,Bq = 1/s$	Curie (Ci)	$1\,Ci = 3{,}7\ 10^{10}\,Bq$ $1\,Bq = 2{,}7\ 10^{-11}\,Ci$ $= 27\,pCi$
Energiedosis	Gray (Gy) $1\,Gy = 1\,J/kg$	Rad (rd)	$1\,rd = 0{,}01\,Gy$ $1\,Gy = 100\,rd$
Äquivalentdosis	Sievert (Sv) $1\,Sv = 1\,J/kg$	Rem (rem)	$1\,rem = 0{,}01\,Sv$ $1\,Sv = 100\,rem$
Ionendosis	Coulomb durch Kilogramm (C/kg)	Röntgen (R)	$1\,R = 2{,}58\ 10^{-4}\,C/kg$ $= 0{,}258\,mC/kg$ $1\,C/kg = 3876\,R$
Energiedosisleistung	Gray durch Sekunde (Gy/s)	Rad durch Sekunde (rd/s)	$1\,rd/s = 0{,}01\,Gy/s$ $1\,Gy/s = 100\,rd/s$
Ionendosisleistung	Ampere durch Kilogramm (A/kg)	Röntgen durch Sekunde (R/s)	$1\,R/s = 2{,}58\ 10^{-4}$ $A/kg = 0{,}258$ mA/kg

Dimensionen und Größenordnungen:

Während die Aktivität das Ereignis beschreibt (Anzahl der zerfallenen Nuklide einer Isotop-Art pro Zeiteinheit), beziehen sich die Dosis-Einheiten auf unterschiedliche physikalische und biologische Folgen des Zerfalls:

Ionendosis: Entstandene Ladung pro Masseneinheit,

(Energie-)Dosis: Aufgenommene Energie pro Masseneinheit,

Äquivalentdosis: Produkt aus der Energiedosis und dem dimensionslosen Bewertungsfaktor q, $(q = Q \times N)$ [63], der die verschiedenen Strahlenqualitäten (z. B.: $Q_{beta,\,gamma} = 1$, $Q_n = 10$, $Q_{alpha} = 20$) und mit N weitere modifizierende Faktoren [67] sowie die Abhängigkeit der Wirkung [68] von der Dosisleistung und den Eigenschaften der einzelnen Organe und Gewebe berücksichtigt.

Effektive Äquivalentdosis: Summe der gewichteten mittleren Äquivalentdosen für die einzelnen Organe und Gewebe; zu Situationsbeurteilungen häufig gebrauchte Größe. So lauten Angaben des BGA [65, 69] exemplarisch für die effektive (Äquivalent-)Dosis in der Bundesrepublik:

	mSv	(mrem)
aus natürlichen Quellen:	0,17	(17)
Schwankungsbreite je n. Wohnort:	0,08–0,4	(8–40)
Folgedosis aus Kernkraftwerkunfall von Tschernobyl (IV/86) s. a. (13):	0,004	(0,4)

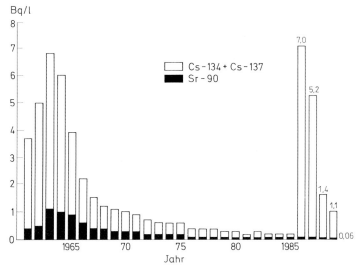

Abb. 6. Jahresmittelwerte der Radioaktivitätsbelastung von Frischmilch Hamburger Meiereien 1961–1989, CLUA Hamburg

5.2.3 Abschätzung der Belastung

Zur Abschätzung der Belastung des Menschen durch zivilisatorische Radioaktivität über die Lebensmittel werden seit Anfang der 60er Jahre kontinuierlich Milch[1] und Gesamtnahrung (Tagesportionen von Kantinenessen für eine 70 kg-Person[1]) auf Radio-Cäsium und -Strontium untersucht [70]; s. Abb. 6 und 7.

Zufuhrberechnungen aufgrund der Gesamtnahrungsmessungen[1] stimmen mit Ganzkörpermessungen gut überein [70].

5.2.4 Analytische Verfahren

Als Entscheidungshilfe für eine sinnvolle Wahl der Probenart sowie weiterer Maßnahmen sollten die Hauptbelastungspfade der zu bestimmenden Isotope durch die Nahrungskette zum Menschen herangezogen werden; s. Abb. 8.

Im Auftrag des BMI erarbeitete Meßanleitungen [71] für die Überwachung der Radioaktivität in der Umwelt sind Bestandteil der AS 35 und enthalten weitere Literaturhinweise. Hier sind auch Probenahme und Probenvorbereitung beschrieben.

Überwiegend werden Lebensmittelproben trocken verascht und müssen dann für die exakte Bestimmung einzelner Radionuklide selektiv aufgearbeitet werden.

---

[1] Die Messungen an der amtl. Meßstelle der CLUA Hamburg auf der Basis von Tagesproben werden kontinuierlich fortgesetzt.

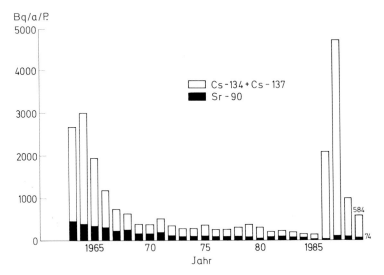

Abb. 7. Jahresmittelwerte 1963–1989 der Aufnahme radioaktiver Stoffe mit der Gesamt-nahrung in Becquerel pro Jahr und Person, CLUA Hamburg

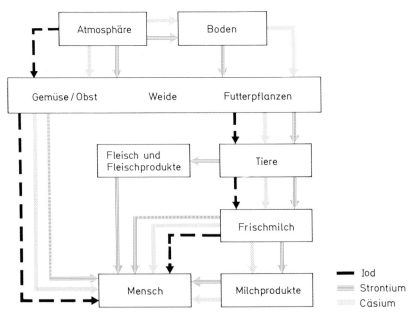

Abb. 8. Kontaminationspfade von Iod, Cäsium und Strontium

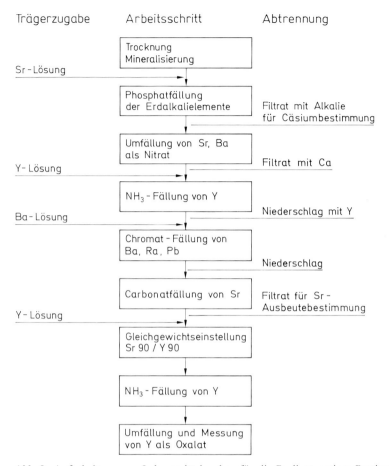

Trägerzugabe   Arbeitsschritt   Abtrennung

Sr - Lösung

Trocknung
Mineralisierung

Phosphatfällung
der Erdalkalielemente   Filtrat mit Alkalie
                               für Cäsiumbestimmung

Umfällung von Sr, Ba
als Nitrat   Filtrat mit Ca

Y- Lösung

NH_3 - Fällung von Y
                               Niederschlag mit Y

Ba - Lösung

Chromat - Fällung von
Ba, Ra, Pb
                               Niederschlag

Carbonatfällung von Sr   Filtrat für Sr -
                               Ausbeutebestimmung

Y - Lösung

Gleichgewichtseinstellung
Sr 90 / Y 90

NH_3 - Fällung von Y

Umfällung und Messung
von Y als Oxalat

Abb. 9. Aufarbeitung von Lebensmittelproben für die Radiostrontium-Bestimmung

In der Gamma-Spektrometrie können bei Vorliegen erhöhter Aktivitäten auch Direktmessungen von zerkleinertem Material (nur eßbarer Anteil von Lebensmitteln!) ohne Probenaufarbeitung erfolgen. Sie eignet sich besonders zur Kontrolle von Radionuklidemission bei Störfällen sowie zur Überwachung der Umweltradioaktivität. Direktmessungen werden in Ringschalen definierter Geometrie (Marinellibechern) im bleiabgeschirmten Gamma-Spektrometer (Ge(Li)- bzw. Reinstgermanium-Halbleiterdetektor, Vielkanalanalysator) durchgeführt, wobei Identifizierung und Bestimmung über die charakteristisch abgestrahlten Energien und deren relativen Intensitäten erfolgen [72].
Die Leitisotope (s. o.) I-131 und Cs-137 sowie Cs-134 werden jeweils über ihre gamma-Strahlung bestimmt. Nach der Direktmessung sind Gefriertrocknung bzw. Veraschung bei 400 °C (nur für Cäsium) erste Anreicherungsschritte. Cäsium kann durch Aufarbeitung aus dem Strontiumtrenngang als Ammoniumphosphomolybdat-Präparat weiter angereichert werden; s. Abb. 9.

Charakteristische Gamma-Quanten in keV, (Auftreten je Zerfall):
I-131: 364 (80%); Cs-137: 662 (82%); Cs-134: 604/796 (90/93%).
Zur Bestimmung des Radiostrontiums muß nach Veraschung und Extraktion
ein aufwendiger Trennungsgang folgen (s. Abbildung 9), da sowohl Sr-89 als
auch Sr-90 mit dem instabilen Tochternuklid Y-90 reine β-Strahler sind.
Dabei wird das enthaltene Radiostrontium isoliert und ein $SrCO_3$-Präparat im
Low-Level-β-Meßplatz (Durchflußzählrohr mit Abschirmzählrohr in Antiin-
koinzidenzschaltung) vermessen. Anfänglicher Zusatz von Sr-Trägerlösung
dient abschließend zur Verlustbestimmung. Da Y-90 bei 64 Stunden Halbwertszeit ein vierfach stärkeres beta-Energiemaximum abstrahlt als das
Mutternuklid Sr-90, wird die Strontium-Aktivität über die Y-90-Messung
nach Gleichgewichtseinstellung indirekt ermittelt. Dazu wird am Ende der
Aufreinigung alles vorhandene Yttrium als Hydroxid abgetrennt. In der Regel
kann 14 Tage später die Aktivität des neu gebildeten Y-90 als Oxalatpräparat
im β-Zählrohr gemessen werden. Die Sr-89-Aktivität ergibt sich dann aus der
Differenz zwischen der Aktivität des $SrCO_3$-Niederschlags und der Summe der
Aktivitäten von Sr-90 und Y-90 zum Zeitpunkt der Abtrennung.
Gesamt-Alpha-Aktivitätsmessungen werden mit veraschtem evtl. auch mit nur
pulverisiertem Material im Methandurchflußzähler durchgeführt. Als unspezi-
fische Übersichtswerte können sie als Entscheidungsgrundlage für die Durchführung nuklidspezifischer Untersuchungen dienen. Dazu muß nach Aufschluß der Asche selektiv extrahiert werden. Nach der elektrolytischen
Abscheidung der Elemente (z. B. Pu, U, Am, Cm) aus den jeweils angereicher-
ten Lösungen auf ein Edelmetallplättchen werden die alpha-Strahlen dieses
Präparats mit einer geeigneten Meßanordnung (Oberflächensperrschicht-
detektor, Vielkanalanalysator) nach ihren Energieen aufgelöst und die Zahl
der alpha-Teilchen bestimmt.

5.3 Schwermetalle

5.3.1 Verbindungsgruppe

Entsprechend ihrer Verteilung in der Erdkruste [74] finden sich Schwermetalle
in verschiedenen Bindungsformen aufgrund natürlicher Transportvorgänge in
allen pflanzlichen und tierischen Nahrungsmitteln.
Etliche Schwermetalle (Fe, Cu, Zn, Mn, Co, Mo, Cr, Se, Ni, V, Sn, Si, As, Pb
[75]) sind mittlerweile als essentiell erkannt und müssen dem menschlichen
Organismus in hinreichender Menge biologisch verfügbar sein (optimale
Bedarfsdeckung, s. Tabelle 15). Bei einer minimalen Versorgung werden
Mangelerscheinungen gerade noch vermieden, der dazwischenliegende Bereich
wird suboptimal, der darüberliegende subtoxisch bzw. toxisch genannt. Dabei
ist davon auszugehen, daß eine im Lebensmittel analytisch festgestellte Menge
eines Elements generell nur zum Teil vom Organismus aufgenommen und
verwendet werden kann.
Auf dem Weg durch die Nahrungskette können Schwermetalle sowohl
angereichert wie abgereichert werden [77]. Die Quellen der Lebensmittelkonta-

Tabelle 15. Empfohlene mittlere Tagesaufnahme für Erwachsene

Element	(mg/d)	Element	(mg/d)
Eisen	12–18 [76]	Molybdän	0,15–0,5 [77]
Zink	10–20 [76]	Chrom	0,05–0,2 [77]
Kupfer	2– 4 [76]	Selen	0,05–0,2 [77]
Mangan	2– 5 [76]		

Tabelle 16. Quecksilber-Höchstmengen nach SHmV [85]

Höchstmenge	Lebensmittel
1,0 mg/kg [a]	Aal, Hecht, Zander, Blauleng, Eishai, Heringshai, Katfisch, Rotbarsch, Schwertfisch, Stör, weißer Heilbutt und daraus hergestellte Erzeugnisse; sowie
0,5 mg/kg [a]	sonstige Fische, Krusten-, Schalen- und Weichtiere und daraus hergestellte Erzeugnisse

[a] bezogen auf Frischgewicht der eßbaren Teile der Tiere

mination sind überwiegend anthropogen (Industrie- und Verkehrsemissionen, Abfallbeseitigung, Deponien, Spülfeldanbau, Pflanzenschutz, Lebensmittelverarbeitung etc., s. auch [73, 78–81].

5.3.2 Beurteilungsgrundlagen

Das Fundstellenverzeichnis von Beurteilungsgrundlagen für Schwermetalle in Lebensmitteln, Kosmetika und sonstigen Bedarfsgegenständen von Th. Siegel [82–84] stellt eine umfassende Übersicht und Orientierungshilfe dar.
Hingewiesen sei auf die vergleichsweise geringe Zahl von festgelegten Höchstmengen für Lebensmittel (s. Tabelle 16 und Kap. 24, 32).
Für Trinkwasser [86] und Wein (incl. Traubenmost, Likörwein, weinhaltige Getränke) [87] sind in den Verordnungen Grenzwerte für einige Schwermetalle festgelegt (s. Kap. 32.2.2. und 24.3.1).
Weiterhin hat das BGA für eine Reihe von Lebensmitteln sogenannte Richtwerte veröffentlicht (s. Tabellen 17, 18 und 19).
Während Lebensmittel, bei denen eine Höchstmenge überschritten ist, im Sinn des LMBG nicht mehr verkehrsfähig sind, können Richtwerte als die Obergrenze eines Bereichs „normaler Hintergrundbelastung" durch das jeweilige Element gesehen werden. Eine Richtwertüberschreitung weist damit zunächst auf besondere Kontaminationsbedingungen hin. Da die Richtwerte nicht toxikologisch abgeleitet sind, führt gewöhnlich erst eine mindestens doppelte Richtwertüberschreitung zur Beanstandung entsprechend LMBG (z. B. nach Paragraph 17(1)2b, soweit nicht andere Rechtvorschriften greifen).
Als weitere Beurteilungsgrundlagen sollten die entsprechenden Verordnungen, ADI-, MAK-Werte, EG-Richtlinien (s. [84, 92–99]) sowie warenkundliche Erfahrungswerte herangezogen werden.

Tabelle 17. Richtwerte für Blei, Cadmium und Quecksilber in Lebensmitteln[c] (Angaben in mg/kg bzw. mg/l) [88]

Lebensmittel	Warencode [89]	Blei	Cadmium	Quecksilber
Milch	0101, 0102	0,03	0,005	0,01
Kondensmilch	020501, 0206	0,30	0,05	0,01
Käse (außer Hartkäse)	03 ohne 0301, 0303	0,25	0,05	0,01
Hartkäse	0301, 0303	0,50	0,05	0,01
Hühnereier	0501	0,25	0,05	0,03
Rindfleisch	0601, 0602	0,25	0,10	0,03
Kalbfleisch	0608, 0609	0,25	0,10	0,03
Schweinefleisch	0615, 0616	0,25	0,10	0,03
Hackfleisch	0632	0,25	0,10	0,03
Hühnerfleisch	0635	0,25	0,10	0,03
Rinderleber	060301	0,50	0,30	0,10
Kalbsleber	061001	0,50	0,30	0,10
Schweineleber	061701	0,50	0,30	0,10
Rinderniere	060302	0,50	0,50	0,10
Kalbsniere	061002	0,50	0,50	0,10
Schweineniere	061702	0,50	0,50	0,10
Fleischerzeugnisse	07	0,25	0,10	0,05
Wurstwaren	08	0,25	0,10	0,05
Fisch und Fischwaren	10, 11	0,50	0,10	0,50[a]/1,0[b]
Krusten-, Schalen-, Weichtiere ausgenommen:	12	0,50	0,50	0,50[a]
Krebstiere	1201, 1202, 1220, 1221			
Muscheltiere	1203, 1204, 1222, 1223			
Krebstiere	1201, 1202, 1220, 1221	0,50	0,10	0,50[a]
Muscheltiere	1203, 1204, 1222, 1223	0,80	0,50	0,50[a]
Weizenkörner	1501	0,30	0,10	0,03
Roggenkörner	1502	0,40	0,10	0,03
Reiskörner	1506	0,40	0,10	0,03
Leinsamen[d]	230403	–	0,30	–
Kartoffeln	2401	0,25	0,10	0,02
Blattgemüse ausgenommen:	2501	0,80	0,10	0,05
Grünkohl	250112			
Küchenkräuter	250117 250125			
Spinat	250114			
Grünkohl	250112	2,00	0,10	0,05
Küchenkräuter	250117, 250125	2,00	0,10	0,05
Spinat	250114	0,80	0,50	0,05
Sproßgemüse	2502	0,50	0,10	0,05
Fruchtgemüse	2503	0,25	0,10	0,05
Wurzelgemüse ausgenommen:	2504	0,25	0,10	0,05
Knollensellerie	250403	0,25	0,20	0,05
Beerenobst	2901	0,50	0,05	0,03

Tabelle 17 (Fortsetzung)

Lebensmittel	Warencode [89]	Blei	Cadmium	Quecksilber
Kernobst	2902	0,50	0,05	0,03
Steinobst	2903	0,50	0,05	0,03
Zitrusfrüchte	2904	0,50	0,05	0,03
Früchte, Pflanzenteile exotisch und Rhabarber	2905	0,50	0,05	0,03
Schalenfrüchte	2305, 2306, 2307	0,50	0,05	0,03
Erfrischungsgetränke	32–3213	0,20	0,05	0,01
Wein	33	0,30[a]	0,01[a]	0,01
Bier	36 ohne 3614	0,20	0,03	0,01

[a] Verordnungswerte – Quecksilber in Fisch und -produkten sowie Schalentieren [85] Blei und Cadmium in Wein [87].

[b] S. Tabelle 16.

[c] Bezogen auf die verzehrbaren Teile; bei getrockneten Erzeugnissen bezogen auf das rehydratisierte Erzeugnis.

[d] Weitere Ölsaaten wie z. B. Sonnenblumenkerne und Mohn können erhebliche Schwermetall-, insbesondere Cadmiumgehalte, aufweisen. Entsprechende Untersuchungen sind im BGA bereits angelaufen, um künftig auch für diese Ölsaaten Richtwerte herauszugeben

Tabelle 18. Weitere BGA-Richtwerte für Lebensmittel

Lebensmittel (mg/kg)	Element	Richtwert (mg/kg)
Tintenfisch und -Erzeugnisse [90]	Blei	0,5
Tintenfisch und -Erzeugnisse [90]	Cadmium	0,5
Obst und Gemüse [88]	Thallium	0,1

Tabelle 19. Mittlere Schwermetallgehalte in tierischen Lebensmitteln. Auswertung ZEBS[a] 1980–1985 [100]. Angabe der Medianwerte in mg/kg Frischsubstanz

Lebensmittel	As	Pb	Cd	Hg
Milch	0,050	0,002	0,002	0,010
Eier	0,010	0,100	0,006	0,005
Rindfleisch	0,013	0,020	0,005	0,001
Schweinefleisch	0,002	0,005	0,010	0,001
Rinderleber	0,016	0,240	0,090	0,006
Schweineleber	0,018	0,080	0,060	0,010
Rinderniere	k. A.	0,270	0,400	0,023
Schweineniere	k. A.	0,050	0,390	0,045
Hühner	0,075	0,025	0,011	0,010
Süßwasserfische	0,050	0,050	0,015	0,135
Seefische	2,260	0,102	0,010	0,100 (0,950[b])

[a] ZEBS, BGA, Zentrale Erfassungs- und Bewertungsstelle für Umweltchemikalien. Weitere Angaben zu Mittelwert, 98. Perzentil und Probenzahl s. [100].

[b] „Hg-Sammler", k. A.: keine Angaben

5.3.3 Warenkunde

Das Datenmaterial zu Nahrungsmittelbelastung durch Schwermetalle stammt überwiegend aus der amtlichen Lebensmittelüberwachung. Die Medianwerte einer statistischen Auswertung solcher Daten durch das BGA sind in den Tabellen 20 und 21 beispielhaft angegeben.

Tabelle 20. Mittlere Schwermetallgehalte in pflanzlichen Lebensmitteln. Auswertung ZEBS [a] 1980–1985 [100]. Angabe der Medianwerte in mg/kg Frischsubstanz

Lebensmittel	As	Pb	Cd	Hg
Reis	–	0,030	0,023	–
Roggen	–	0,060	0,013	0,001
Weizen	–	0,028	0,046	0,001
Kartoffeln	0,005	0,025	0,026	0,001
Blattgemüse	0,028	0,060	0,021	0,010
Wurzelgemüse	0,014	0,030	0,029	0,003
Sellerie	–	–	0,740	–
Kernobst	0,006	0,034	0,004	0,010
Steinobst	0,05	0,030	0,003	0,010

[a] ZEBS, BGA, Zentrale Erfassungs- und Bewertungsstelle für Umweltchemikalien. Weitere Angaben zu Mittelwert, 98. Perzentil und Probenzahl s. [100]

Tabelle 21. Typische relative Nachweisgrenzen für atomspektroskopische und polargraphische Methoden in (µg/kg). Nach Stoeppler und Nürnberg [116]

Element	Atomabsorption			ICP-AES [a]	DPV [b]
	Flamme	Graphit-rohr	Hydrid/Kaltdampf		
Ag	3	0,003		1,5	0,1
Al	30	0,06		1,5	2,0
As	30	<0,3	<0,03	100	0,1
Bi	4,5	0,6	0,03	20	0,1
Cd	3	0,003		1	<0,0002
Co	15	0,15		1	0,001
Cr	4,5	0,3		2	3
Cu	1,5	0,06		0,5	0,002
Fe	15	0,09		0,8	0,02
Hg	300		0,001	7,5	0,002
Mn	3	0,006		0,2	40
Ni	3	<0,3		3	0,001
Pb	15	0,06		30	0,001
Se	150	<1,5	<0,03		0,1
Sn	30	0,3	0,8	40	0,01
Ti	75	60		0,5	100
Tl	30	0,3		9	0,05
Zn	1,5	0,0015		0,5	0,02

[a] Optimalwerte (realistisch ca. das Fünffache, s. [117]).
[b] Wäßrige Analyte

Weitere detaillierte Übersichten zu Schwermetallgehalten in Lebensmitteln incl. Schwankungsbreiten s.a. [93, 96–101].

Zur Erweiterung der Datenbasis, als Grundlage für neue Richtwerte sowie zur Abschätzung der aktuellen Belastungstrends koordiniert das BGA im sogenannten BGA-ZEBS Forschungsvorhaben „Bundesweites Monitoring" flächendeckende Lebensmitteluntersuchungen (u.a. auf Al, As, Cd, Cr, Cu, Hg, Ni, Pb, Se, Tl, Zn [92, 93]).

Bei Lebensmitteln tierischen Ursprungs sind Schwermetallanreicherungen durch die Nahrungskette in Fisch, Leber und Niere zu beobachten, zu Fleisch und Milch hin findet eher eine Abnahme statt.

Bei Lebensmitteln pflanzlichen Ursprungs sind große Oberflächen (z.B. Freilandsalat), lange Standzeiten (z.B. Grünkohl), besondere Akkumulationsfähigkeit (z.B. Sellerie s.o., Pilze, Paranüsse) sowie Anbaubedingungen (z.B. Weizen auf Spülfeldern, Immisionen) von Bedeutung [73].

5.3.4 Analytische Verfahren

Außer den analytischen apparativen Methoden haben Probenahme, Probenvorbereitung und Vergleichsmaterialien entscheidenden Einfluß auf die Aussagekraft der Analysenergebnisse [100]. Voraussetzung für Bewertung und Vergleich von Befunden ist die vollständige Kenntnis der jeweiligen Untersuchungsgeschichte. Unter Koordination von BGA und GDCh werden dafür zunehmend Regelungen erarbeitet und für die amtliche Lebensmittelüberwachung verpflichtend eingeführt [102–110].

In aller Regel werden Schwermetallgehalte von Lebensmittelproben nach küchenmäßiger Vorbereitung (waschen und putzen) bestimmt und auf den verzehrfähigen Anteil bezogen angegeben.

Die Elemente befinden sich in vielfältigen Verbindungsformen in den Lebensmitteln und müssen durch Mineralisierung der organischen Bestandteile für die Messung freigesetzt werden. Zur Messung und Bestimmung erfordert jedes Element und jede Matrix ein angepaßtes Bearbeitungsprogramm sowie Vergleichs-Standardmaterial, das in Struktur und Elementverhältnissen und -gehalten möglichst ähnlich sein muß.

Zur Erfassung der niedrigen Spurenelementgehalte in Lebensmitteln hat sich wegen ihrer Empfindlichkeit die Atomabsorptions-Spektrometrie (AAS) insbesondere die Graphitrohr-AAS ([111–116], Tabelle 22) durchgesetzt. Die Lebensmittelprobe kann dazu nach Veraschung oder direkt mit konzentrierten Mineralsäuren (HNO_3) zum Druckaufschluß in ein Teflongefäß eingewogen und nach vollständigem Aufschluß und angepaßter Verdünnung elementspezifisch und entsprechend ihrer Gehalte mit Flammen-AAS (z.B. Cu, Fe, Zn), Graphitrohr-AAS (z.B. Pb, Cd, Mn) oder Hydrid/Kaltdampf-AAS (z.B. As, Se, Sn/Hg) vermessen werden [110–116]. Aufschluß- und Meßverfahren für Quecksilber, Blei und Cadmium in Lebensmitteln sind in AS35 [107, 108] beschrieben.

Je nach Problemstellung und zur gleichzeitigen Erfassung mehrerer Elemente sind auch polarographische Methoden (differentielle Pulsvoltametrie, DPV, oder differentielle Pulsinversvoltametrie, DPIV) und Induktiv gekoppelte Plasma-Atomemissionsspektrometrie (ICP-AES) von Bedeutung [111–116].

5.4 Literatur

Leichtflüchtige organische Verbindungen

1. LHmV
2. Verordnung (EWG) des Rates Nr. 1860/88 vom 30.6.1988 zur Festlegung besonderer Vermarktungsnormen für Olivenöl und zur Änderung der VO (EWG) Nr. 983/88 mit Sondervorschriften über die Vermarktung von Olivenöl, das unerwünschte Stoffe enthält. Amtsblatt der Europäischen Gemeinschaften (ABl) Nr. L 166:16
3. Richtlinie des Rates vom 13.6.1988 (88/344/EWG) zur Angleichung der Rechtsvorschriften der Mitgliedstaaten über Extraktionslösungsmittel, die bei der Herstellung von Lebensmitteln und Lebensmittelzutaten verwendet werden. ABl Nr. L 157:28
4. DFG (1989): Maximale Arbeitsplatzkonzentrationen und Biologische Arbeitsstofftoleranzwerte 1989, Mitteilung XXV der Senatskommission zur Prüfung gesundheitsschädlicher Arbeitsstoffe, VCH Weinheim
5. Vieths S, Blaas W, Fischer M, Klee T, Krause C, Matissek R, Ullrich D, Weber R (1988) Deutsche Lebensmittel-Rundschau 84:381
6. MSS (1989) S 333
7. AS 35 (1988) L 13.04-1

Polychlorbiphenyle

8. Ballschmitter K, Zech M (1980) Analyses of Polychlorinated Biphenyls (PCB) by Glass Capillary Gas Chromatography – Composition of Technical Arochlor- and Chlophen-PCB-mixtures, Fresenius Z Anal Chem 302:20
9. DFG (1988) Polychlorierte Biphenyle, Mitteilung XIII der Senatskommission zur Prüfung von Rückständen in Lebensmitteln, VCH Weinheim
10. Ballschmitter K (1988) Polychlorbiphenyle: Chemie, Analytik und Umweltchemie in: Fresenius W et al. (ed) (1988) Analytiker-Taschenbuch Band 7, Springer, Berlin Heidelberg New York
11. 10. Verordnung zur Durchführung des Bundes-Immissionsschutzgesetzes (10. BImSchV) (1978) BGBl. I:1138
12. SHmV
13. DFG (1984) Rückstände und Verunreinigungen in Frauenmilch, Mitteilung XII der Kommission zur Prüfung von Rückständen in Lebensmitteln, Verlag Chemie Weinheim, S 43
14. Vater U (1988) Verordnung über gefährliche Stoffe (GefStoffV) Deutscher Bundes-Verlag Bonn
15. Kruse R, Krüger K-E (1989) Kongenere polychlorierte Biphenyle (PCBs) und chlorierte Kohlenwasserstoffe (CKWs) in Fischen, Krusten-, Schalen- und Weichtieren und daraus hergestellten Erzeugnissen aus Nordatlantik, Nordsee, Ostsee und deutschen Binnengewässern, Archiv für Lebensmhyg 40:97
16. Beck H, Mathar W (1985) Analysenverfahren zur Bestimmung von ausgewählten PCB-Einzelkomponenten in Lebensmitteln, Bundesgesundhbl 28:1
17. Specht W, Tillkes M (1980) Gaschrom. Bestimmung von Rückständen an Pflanzenbehandlungsmitteln nach Clean-up über GC und Mini-Kieselgel-SC. 3. Mitt.: Methode zur Aufarbeitung von Lebensmitteln und Futtermitteln pflanzlicher und tierischer Herkunft für die Multirückstandsbestimmung lipoid und wasserlösl. Pflanzenbehandlungsmittel. Z Anal Chem 301:300

Polycyclische aromatische Kohlenwasserstoffe

18. Grimmer G (1988) Polyaromatische Kohlenwasserstoffe (PAH), in Rat von Sachverständigen für Umweltfragen, Derzeitige Situation und Trends der Belastung der Lebensmittel durch Fremdstoffe, Kohlhammer, Karlsruhe, S 151

19. Birkholz DA, Coutts RT, Hrudey StE (1988) Determination of polycyclic aromatic compounds in fish tissue, J Chromatogr 449:251
20. Joe FL, Salemme J, Fazio Th (1986) Liquid Chromatographic Determination of Basic Nitrogen-Containing Polynuclear Aromatic Hydrocarbons in Smoked Foods, J Assoc Off Anal Chem 69:218
21. Fleischverordnung vom 21.1.1982, BGBl I:89 i. d. F. v. 25.3.88, BGBl I:482, §1(2)
22. Käseverordnung vom 14.4.1986, BGBl I:412 i. d. F. v. 23.6.89, BGBl I:1140, Anlage 3 Nr. 1
23. Biernoth G (1968) Fette, Seifen, Anstrichmittel 70:217
24. Trinkwasserverordnung – TrinkwV vom 22. Mai 1986, BGBl I: 760
25. EEC Council Directive vom 25.7.1975, 75/440/EEC O.J. L 194
26. Wendt HHRH (1981) Fette, Seifen, Anstrichmittel 83:514
27. Jacob J, Grimmer G (1983) Metabolism of polycyclic aromatic hydrocarbons, in Grimmer G (ed) Environmental carcinogens, CRC Press, Boca Raton
28. Dipple A (1983) Formation, Metabolism, and Mechanism of Action of Polycyclic Aromatic Hydrocarbons, Cancer Research 43:2422s
29. Lewis RA, Stein N, Lewis CW (ed) (1984) Environmental specimen banking and monitoring as related to banking, Martinus Nijhoff Publishers
30. Speer K, Steeg E, Horstmann H, Kühn Th, Montag A (1990) Determination and Distribution of Polycyclic Aromatic Hydrocarbons in Native Vegetable Oils, Smoked Fishproducts, Mussles and Oysters, and Breams from the River Elbe, J High Resol Chrom 13:104
31. Speer K, Montag A (1988) Polycyclische Aromatische Kohlenwasserstoffe in nativen pflanzlichen Ölen, Fat Sci Technol 90:163
32. Speer K (1990) Zur Analytik von Polycyclen in Gemüseproben, Lebensmittelchem gerichtl Chem 44:im Druck
33. Clasen HG, Elias PS, Hammes WP (1987) Toxikologisch-hygienische Beurteilung von Lebensmittelinhalts- und -zusatzstoffen sowie bedenklicher Verunreinigungen, Parey, Berlin, Hamburg, S 216
34. Fritz W (1983) Analytik und Bewertung cancerogener polycyclischer aromatischer Kohlenwasserstoffe aus lebensmittelhygienisch-toxikologischer Sicht – Eine Übersicht, Nahrung 27:965
35. Linne C, Martens R (1978) Überprüfung des Kontaminationsrisikos durch polycyclische aromatische Kohlenwasserstoffe im Erntegut von Möhren und Pilzen bei Anwendung von Müllkompost, Z Pflanzenernähr Bodenk 141:265
36. AS 35 (1984) L 07.00-40.
37. Gertz C (1981) Verbessertes Verfahren zur quantitativen Abtrennung von 3,4-Benzpyren in Lebensmitteln, Z Lebensm Unters Forsch 173:208
38. Larsson BK, Pyysalo H, Sauri M (1988) Class separation of mutagenic polycyclic organic material in grilled and smoked foods, Z Lebensm Unters Forsch 187:546
39. Vaessen HAMG, Wagstaffe PJ, Lindsey AS (1988) Reference materials for PAHs in foodstuffs: results of a preliminary intercomparison of methods in experienced laboratories, Fesenius Z Anal Chem 332:325
40. Uthe JF, Musial ChJ (1988) Intercomparative Study on the Determination of Polynuclear Aromatic Hydrocarbons in Marine Fish Tissue, J Assoc Off Anal Chem 71:363
41. Dennis MJ, Massey RC, McWeeny DJ, Knowles ME (1983) Analyses of Polycyclic Aromatic Hydrocarbons in UK Total Diets, Fd Chem Toxic 21:569
42. Van Heddeghem A, Huyghebaert A, De Moor H (1980) Determination of Polycyclic Aromatic Hydrocarbons in Fat Products by Highpressure Liquid Chromatography, Z Lebensm Unters Forsch 171:9

Polychlorierte Dibenzodioxine und -furane

43. UBA/BGA (1985) Sachstand Dioxine, Berichte 5/85 des UBA, Erich Schmidt, Berlin
44. Rotard W (1990) Risikobewertung von Dioxinen in Innenräumen, BGBl 3:104
45. Knutzen J, Oehme M (1989) Polychlorinated PCDF and PCDD Levels in Organisms and Sediments from the Frierfjord, Southern Norway, Chemosph 19:1897

46. van Zorge JA, van Wijnen JH, Theelen RMC, Olie K, van den Berg M (1989) Assessment Of The Toxicity Of Mixtures Of Halogenated Dibenzo-p-dioxins And Dibenzofurans By Use Of Toxicity Equivalent Factors (TEF), Chemosph 19:1881

47. Symposium Health Effects and Safty Assessment of Dioxins and Furans, 15.–17.1.1990 Karlsruhe

48. Beck H, Eckart K, Mathar W, Wittkowski R (1989) PCDD and PCDF body burden from food intake in the Federal Republic of Germany, Chemosph 18:417

49. Beck H (1990) Dioxine in Lebensmitteln, Bundesgesundhbl 33:99

50. Mathar W, Beck H, Droß A, Wittkowski R (1989) Influence of different regional emissions and cardbord containers on levels of PCD, PCDF and related compounds in cow milk, Dioxin symposium Toronto, 18.–22.9.89

51. Steeg E, Otto R, Kühn Th, Horstmann P, Speer K, Montag A (1990), PCDD und PCDF in Fischen aus Elbe, Weser und Trave, Z Lebensm Unters Forsch 190:in Vorbereitung

52. Fürst P, Fürst C, Meemken H-A, Groebel W (1989) Analysenverfahren zur Bestimmung von polychlorierten Dioxinen und Furanen in Frauenmilch, Z Lebensm Unters Forsch 189:338

53. United States Environmental Protection Agency (1989) Method 1613: Tetra- through Octa-Chlorinated Dioxins and Furans by Isotope Dilution, Cambridge Isotope Laboratories, Im Baumgarten, CH-3044 Innerberg, Schweiz

54. Beck H, Eckart K, Mathar W, Wittkowski R (1988) Bestimmung von PCDF und PCDD in Lebensmitteln im ppq-Bereich, Lebensmittelchem Gerichtl Chem 42:101

55. Smith LM, Stalling DL, Johnson JL (1984) Determination of Part-per-Trillion Levels of Polychlorinated Dibenzofurans and Dioxins in Environmental Samples, Anal Chem 56:1830

56. Bundesminister für Umwelt, Naturschutz und Reaktorsicherheit (1990) Dioxinsymposium und Anhörung in Karlsruhe vom 15.–18.1.90, Erster Sachstandsbericht und Maßnahmenkatalog des BGA und UBA, S 4

Radioaktivität

57. Eder H, Kiefer J, Luggen-Hölscher J, Rase S (1986) Grundzüge der Strahlenkunde für Naturwissenschaftler und Veterinärmediziner. Paul Parey, Berlin Hamburg

58. Kiefer H, Koelzer W (1987) Strahlen und Strahlenschutz (Vom verantwortungsbewußten Umgang mit dem Unsichtbaren). Springer, Berlin Heidelberg New York; S 75

59. Pschyrembel Wörterbuch (1987) Radioaktivität Strahlenwirkung Strahlenschutz. de Gruyter, Berlin New York

60. Aurand K, Bücker H, Hug O, Jacobi W, Kaul A, Muth H, Pohlit W, Stahlofen W (eds) (1974) Die natürliche Strahlenexposition des Menschen (Grundlage zur Beurteilung des Strahlenrisikos). Thieme, Stuttgart

61. Verordnung (EWG) Nr. 3955/87 des Rates vom 22.12.1987, ABl L371:11

62. Verordnung (EURATOM) Nr. 2218/89 des Rates vom 18.7.1989 zur Änderung der Verordnung (Euratom) Nr. 3954/87 zur Festlegung von Höchstwerten an Radioaktivität in Nahrungsmitteln und Futtermitteln im Falle eines nuklearen Unfalls oder einer anderen radiologischen Notstandssituation, ABl L211:1

63. Neufassung der Strahlenschutzverordnung vom 30.6.1989, BGBl I 1989:1321

64. Gesetz zum vorsorgenden Schutz der Bevölkerung gegen Strahlenbelastung (Strahlenschutzvorsorgegesetz – StrVG) vom 19.12.1986, BGBl I 1986:2610

65. Bundesgesundheitsamt, Institut für Strahlenhygiene: Bericht zur Strahlenexposition, hier II. Quartal 1989, erscheint monatl. sowie zusammengefaßt quartalsweise u. jährl.

66. Jahresbericht zu Umweltradioaktivität und Strahlenbelastung (1985) Bundesminister für Umwelt, Naturschutz und Reaktorsicherheit (ed), Erscheinungsjahr 3–4 Jahre n. Berichtsjahr

67. Könlein W, Traut H, Fischer M (eds) (1989) Die Wirkung niedriger Strahlendosen (Biologische und medizinische Aspekte). Springer, Berlin Heidelberg

68. ISH-Hefte, Forschungsberichte des Instituts für Strahlenhygiene des Bundesgesund-
    heitsamtes, 8042 Neuherberg: Dosisfaktoren für Inhalation oder Ingestion von Radio-
    nuklidverbindungen (1985): Heft 63 (Erwachsene), Heft 78–81 (Altersklassen 1–15
    Jahre)
69. ISH-Heft 99 (1986): Ergebnisse von Radioaktivitätsmessungen nach dem Reaktorunfall
    in Tschernobyl
70. Boek K (1987) Die Radioaktivität in Lebensmitteln nach dem Reaktorunfall von
    Tschernobyl im Vergleich mit Messungen der letzten 25 Jahre, Lebensm gerichtl Chem
    41:133
71. Leitstellen für die Überwachung der Umweltradioaktivität (eds) i. A. des BMI (1987)
    Meßanleitungen für die Überwachung der Radioaktivität in der Umwelt; Loseblatt-
    sammlung zu beziehen von: Bundesforschungsanstalt für Ernährung, Zentrallaborato-
    rium für Isotopentechnik, Enggesser Str. 20, 7500 Karlsruhe 1
72. Debertin K (1980) Meßanleitung für die Bestimmung von Gammastrahlen-Emissions-
    raten mit Germaniumdetektoren; Bericht PTB-Ra-12, Physikalisch-Technische Bundes-
    anstalt, Braunschweig

Schwermetalle

73. Merian E (ed) (1984) Metalle in der Umwelt. Chemie, Weinheim
74. Wedepohl K H (1984) Die Zusammensetzung der Oberen Erdkruste und der natürliche
    Kreislauf ausgewählter Metalle, in (73) S 1
75. Kirchgessner M, Reichlmayr-Lais AM (1983) Bedarf und Verwertung von Spurenele-
    menten, in [74] S 25
76. Zumkley H (ed) (1983) Spurenelemente, Grundlagen-Äthiologie-Diagnose-Therapie,
    Georg Thieme, Stuttgart, New York
77. Kieffer F (1984) Metalle als lebensnotwendige Spurenelemente für Pflanzen, Tiere und
    Menschen, in [73] S 117
78. Der Rat von Sachverständigen für Umweltfragen (1988) Umweltgutachten 1987,
    Kohlhammer GmbH, Stuttgart, Mainz
79. Der Rat von Sachverständigen für Umweltfragen (1988) Derzeitige Situation und
    Trends der Belastung der Lebensmittel durch Fremdstoffe, Kohlhammer GmbH,
    Stuttgart, Mainz
80. Umweltbundesamt (1989) Daten zur Umwelt 1988/89, Erich Schmidt GmbH & Co,
    Berlin
81. Brill V, Kerndorff H, Schleyer R, Arneth JD, Milde G, Friesel P (1986) Fallbeispiele für
    die Erfassung grundwassergefährdender Altablagerungen aus der Bundesrepublik
    Deutschland, WaBoLu Heft 6/1986, BGA, Berlin
82. Siegel T (1983) Fundstellenverzeichnis von Beurteilungsgrundlagen für Schwermetalle
    in Lebensmitteln, Kosmetika und sonstigen Bedarfsgegenständen, Deutsche Lebensm
    Runds 79:48
83. Siegel T (1984) Fundstellenverzeichnis von Beurteilungsgrundlagen für Schwermetalle
    in Lebensmitteln, Kosmetika und sonstigen Bedarfsgegenständen, 1. Ergänzung 1984,
    Deutsche Lebensm Runds 80:383
84. Siegel T (1986) Fundstellenverzeichnis von Beurteilungsgrundlagen für Schwermetalle
    in Lebensmitteln, Kosmetika, Bedarfsgegenständen und angrenzenden Bereichen, 2.
    Ergänzung 1986, Deutsche Lebensm Runds 83:113
85. Verordnung über Höchstmengen an Schadstoffen in Lebensmitteln (Schadstoff-
    Höchstmengenverordnung – SHmV) vom 23.3.1988, BGBl I:422
86. Trinkwasserverordnung – TrinkwV vom 22.3.1986, BGBl I:760
87. Verordnung über Wein, Likörwein und weinhaltige Getränke (Wein-Verordnung)
    (1983) BGBl I:1079
88. Richtwerte für Schadstoffe in Lebensmitteln (1990), Bundesgesundhbl. 33:224
89. Weigert P, Klein H (1984) Warenkode für die amtliche Lebensmittelüberwachung,
    Verzehrserhebungen und Fremdstoffberechnungen. I. Numerischer Katalog für Le-
    bensmittel, ZEBS-Heft 2/1984, BGA, Berlin

90. Richtwerte für Cadmium und Blei in Tintenfisch und -erzeugnissen (1987), Bundesgesundhbl. 30:327

91. Richtwert für Cadmium in Leinsamen (1987), Bundesgesundhbl. 30:391

92. Weigert P, Blattmann M, Bruland H-G, König F, Niermann R, Schauenburg H, Thomä M (1989) „Meilenstein"-Bericht zum Forschungsvorhaben „Bundesweites Monitoring" BGA/ZEBS, Berlin

93. Gehalte von Schwermetallen, Nitrat und organischen Substanzen in den Lebensmitteln der Anlaufphase (Oktober 1988 – September 1989), Anlage zu [92]

94. Keramik-Bedarfsgegenstände-Verordnung vom 21.3.1988, BGBl I:393

95. DFG (1984) Rückstände und Verunreinigungen in Frauenmilch, Mitteilung XII der Kommission zur Prüfung von Rückständen in Lebensmitteln, Chemie, Weinheim

96. Weigert P (1989) Umweltkontaminanten In: Grossklaus D, Rückstände in von Tieren stammenden Lebensmitteln, Paul Parey, Berlin, Hamburg, S 119

97. Weigert P, Müller J, Klein H, Zufelde KP, Hillebrand J (1984) Arsen, Blei, Cadmium und Quecksilber in und auf Lebensmitteln, ZEBS-Hefte 1/1984, BGA, Berlin

98. Ewers U, Merian E (1984) Schutzvorschriften und Richtlinien betreffend Metalle und Metallverbindungen, in [73] S 283

99. (1984) MAK-Werte für Metalle und Metallverbindungen von 18 Ländern und WHO, in [73] S 671

100. Weigert P (1988) Schwermetalle, in [79] S 61

101. Hapke H-J (1984) Metallbelastung von Futter- und Lebensmitteln, Akkumulationen in der Nahrungskette, in [73]

102. GDCh (1974) Vorbereitung und Reduzierung der Proben im Rückstandslabor, Lebensmittelchem gerichtl Chem 28:219

103. BGA (1979) Probenvorbereitungsverfahren für die Bestimmung von Schwermetallgehalten in und auf Lebensmitteln BGBl I:277

104. AS 35 (1981) L 29.00-1 (EG), Probenahmeverfahren für die amtliche Kontrolle der Rückstände von Schädlingsbekämpfungsmitteln auf und in Obst und Gemüse

105. AS 35 (1988) L 10.00-2, Probenahmeverfahren für die Kontrolle des Quecksilbergehalts in Fischen

106. Goetsch P-H, Hildebrandt G, Weiß H (1990) Stichprobenpläne zur Durchführung des „Probenahmeverfahrens für die Kontrolle des Quecksilbergehaltes von Fischen", Bundesgesundhbl 33:47

107. AS 35 (1989) L 00.00-1, Bestimmung von Quecksilber in Lebensmitteln

108. AS 35 (1989) L 00.00-19, Aufschlußverfahren zur Bestimmung von Blei und Cadmium in Lebensmitteln; Druckaufschluß

109. AS 35 (1989) L 59.11-2 bis -7 und -17, Bestimmung von Arsen (2), Cadmium (3), Chrom (4), Quecksilber (5), Silber, Cobalt, Nickel, Zink (6), Blei (7), Eisen (17) in natürlichem Mineralwasser

110. MSS (1989) S 325

111. Welz B (1983) Atomabsorptionsspektrometrie. Chemie, Weinheim

112. Scheubeck E, Kunze H (1984) Bestimmung von Schwermetallen in Lebensmitteln, in Welz B (ed) Fortschritte in der atomspektrometrischen Spurenanalytik, Chemie, Weinheim S 457

113. Welz B (ed) (1986) Fortschritte in der atomspektrometrischen Spurenanalytik, VCH, Weinheim

114. Schneider R, Meyberg F, Dannecker W (1987) Multielementbestimmung in umweltrelevanten Proben mittels ICP-AES: Anwendungen am Beispiel von Lebensmittelproben, in Welz B (ed) 4. Colloquium Atomspektrometrische Spurenanalytik, Perkin-Elmer, Überlingen, S 443

115. Bertram HP (1983) Analytik von Spurenelementen, in Zumkley H (ed) Spurenelemente. Thieme, Stuttgart S 1

116. Stoeppler M, Nürnberg HW (1984) Analytik von Metallen und ihren Verbindungen, in (73) S 45

117. Boumans PWJM, Bosveld M (1979) Spectrochim Acta 34B:59

6 Mikrobiologie

J. Krämer, Bonn

6.1 Grundlagen

Die Untersuchung von Lebensmitteln, Bedarfsgegenstände und Kosmetika auf Bakterien, Pilze und Hefen gehört mit zu den amtlichen Aufgaben des Lebensmittelchemikers. Die Untersuchungen können den Nachweis einer überhöhten Anzahl an Verderbniserregern oder beim Vorliegen einer entsprechenden Genehmigung die Prüfung auf pathogene Erreger oder ihrer toxischen Stoffwechselprodukte zum Ziel haben.

Bakterien haben keine Zellkernmembran und gehören deshalb zu den Prokaryonten. Sie vermehren sich durch Zweiteilung. Ihre einfachen morphologischen Formen lassen sich auf die Kugel (Coccus) und auf das Stäbchen zurückführen (Abb. 1). Aerobe Bakterien benötigen für ihre Vermehrung und Wachstum den Sauerstoff der Luft. Viele dieser Bakterien sind mikroaerophil, d. h. sie benötigen ebenfalls den Sauerstoff zum Wachstum, tolerieren aber nur eine reduzierte Sauerstoffkonzentration. Strikt anaerobe Bakterien haben ausschließlich einen Gärungsstoffwechsel und werden in Gegenwart von Luftsauerstoff abgetötet. Aerotolerante Anaerobier sind ebenfalls obligate Gärer, die den Luftsauerstoff jedoch tolerieren. Fakultativ anaerobe Bakterien können sich sowohl aerob als auch anaerob vermehren (Abb. 2).
Mikroskopisch können Bakterien mit einem Durchmesser von etwa 1 µm ($= 10^{-3}$ mm) bereits anhand der Größe von den Hefen und Schimmelpilzen mit einem Durchmesser von $5-10$ µm unterschieden werden. Die geringe Größe der Bakterien bedingt ein großes Oberflächen/Volumenverhältnis. Sie haben deswegen eine wesentlich höhere Wachstums- und Vermehrungsgeschwindigkeit als Hefen und Schimmelpilze. *Escherichia coli* teilt sich z. B. unter optimalen Bedingungen alle $20-30$ Minuten [1].

Abb. 1. Grundformen der Bakterien
A Einzelkokken, B Streptokokken, C Staphylokokken, D Stäbchen, E Vibrionen, F Spirillen, G Coryneforme Bakterien, H Endosporen

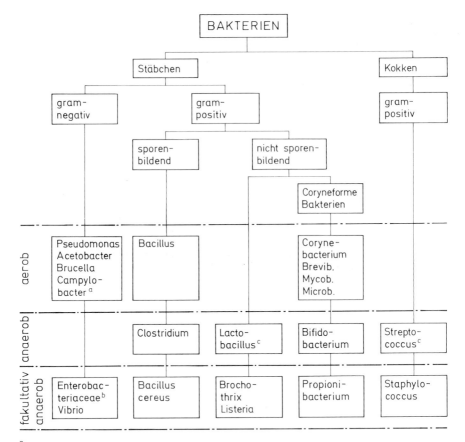

ᵃ Mikroaerophil
ᵇ (z.B. E.coli, Klebsiella, Yersinia, Salmonella, Shigella)
ᶜ aerotolerante Milchsäurebakterien

Abb. 2. Häufig in Lebensmitteln vorkommende Bakterien

Pilze sind Aerobier und wachsen deshalb bevorzugt auf der Oberfläche der befallenen Substrate. Ihr Vegetationskörper (Myzel) besteht aus verzweigten Fäden, den Hyphen. Die Vermehrung der Schimmelpilze erfolgt vorwiegend durch die Ausbildung von ungeschlechtlichen Sporen, die in morphologisch erkennbaren Fruchtformen im Inneren von Sporangien (Sporangiosporen) gebildet oder nach außen als Konidiosporen abgeschnürt werden. Typische konidienbildende Pilzgattungen sind *Penicillium* und *Aspergillus* (Abb. 3).

Hefen wachsen überwiegend einzellig und benötigen wie die Pilze Sauerstoff zum Wachstum. Sie können aber ihren Stoffwechsel unter anaeroben Bedingungen auf Gärung umstellen und bei stark oder vollständig gehemmtem Wachstum Ethanol und Kohlendioxid produzieren. Die Vermehrung erfolgt durch Abgliederung von Tochterzellen aus der Mutterzelle (Sprossung) oder

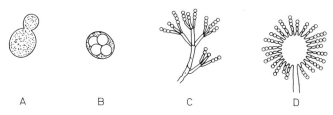

Abb. 3. Häufiger auftretende Formen von Hefen und Schimmelpilzen. A Hefezelle mit Tochterzelle, B Ascosporen in einer Hefezelle, C Konidienträger von Penicillium, D Konidienträger von Aspergillus

durch sexuell gebildete Ascosporen, die eine erhöhte Widerstandsfähigkeit gegenüber Desinfektionsmitteln besitzen können (Abb. 3).

Hitzeresistenz. Vegetative Bakterien, Hefen und Schimmelpilze (einschließlich der Schimmelpilzsporen) sowie die Viren werden bereits durch Temperaturen bis 100 °C abgetötet. Wesentlich hitzeresistenter sind bakterielle Endosporen der Gattungen *Bacillus* und *Clostridium*, die in der Regel erst durch Temperaturen über 100 °C inaktiviert werden können. Bestimmte Schimmelpilzsporen mit verstärkten Außenwänden (z.B. die Arthrosporen von *Byssochlamys*-Arten) können ebenfalls eine erhöhte Hitzeresistenz aufweisen.

6.2 Beeinflussung der mikrobiellen Vermehrung im Lebensmittel

Gasatmosphäre. Als Folge der unterschiedlichen Wachstumsansprüche wird der Umfang und die Art der mikrobiellen Vermehrung im Lebensmittel ganz wesentlich durch die Art der Gasatmosphäre beeinflußt. Unter Vakuum oder einer Schutzgasatmosphäre ohne Sauerstoff (z.B. 100% CO_2 oder einem CO_2-N_2-Gemisch) können sich nur anaerobe und fakultativ anaerobe Bakterien, nicht aber aerobe Bakterien oder Pilze vermehren. Kohlendioxyd hat darüber hinaus auch eine direkte hemmende Wirkung auf zahlreiche Mikroorganismen.

a_w-*Wert und* pH-*Wert.* Die meisten Bakterien benötigen zum Wachstum einen relativ hohen Wassergehalt (a_w-Minimum $\sim 0,91-0,95$) und hohen pH-Wert (pH-Minimum $\sim 4,0-4,5$). Pilze und Hefen sind wesentlich toleranter gegenüber niedrigen a_w- und pH-Werten als Bakterien (Tabelle 1).

Temperatur. Die überwiegende Anzahl lebensmittelverderbender und lebensmittelvergiftender Mikroorganismen wächst im mesophilen Bereich mit einer Minimaltemperatur zwischen +5 °C und +15 °C und einer Optimaltemperatur zwischen 30 und 40 °C (Bakterien) bzw. 25 °C (Hefen und Schimmelpilze). Übliche Bebrütungstemperaturen bei Lebensmitteluntersuchungen sind deshalb 30 °C (bakterielle Verderbniserreger und Lebensmittelvergifter), 37 °C (Lebensmittelvergifter) bzw. 25 °C (Hefen und Schimmelpilze).

Tabelle 1. Minimale a_w- und pH-Werte für das Wachstum von Mikroorganismen

Mikroorganismen	Minimaler a_w-Wert	Minimaler pH-Wert
Bakterien	0,91–0,95	4,5–4,0
Clostridium botulinum Typ E	0,96	5,2–5,0
Bacillus cereus	0,95	4,9
Clostridium botulinum A, B	0,95	4,5
Salmonella	0,95	4,5–4,0
Lactobacillus	0,94	4,4–3,8
Listeria monocytogenes	0,93	5,6
Staphylococcus aureus	0,86	4,0 (4,8[a])
Hefen	0,94–0,87	4,0–3,0
Osmotolerante Hefen	0,65–0,60	4,0–3,0
Schimmelpilze	0,93–0,80	4,0–2,0
Xerotolerante Schimmelpilze	0,78–0,60	4,0–2,0

[a] Toxinbildung

Zwischen 0 °C und +5 °C vermehren sich neben lebensmittelverderbenden psychrotoleranten gramnegativen Stäbchenbakterien und wenigen psychrotoleranten bakteriellen Lebensmittelvergiftern (*Listeria monocytogenes, Yersinia enterocolitica* und nicht-proteolytische Stämme von Clostridium *botulinum*) vor allem zahlreiche Hefen und Schimmelpilze. Hefen haben nur als Lebensmittelverderber eine Bedeutung, während Schimmelpilze ein Lebensmittel sowohl verderben als auch vergiften können (Mycotoxinbildung). Ein Beispiel eines Lebensmittelverderbs durch Schimmelpilze ist die Ansiedlung von Pilzen der Gattungen *Penicillium, Mucor, Rhizopus,* und *Aspergillus* auf der Oberfläche von Käse. Besonders gefürchtet ist der Verderb von Camembert und Brie durch *Mucor* (Köpfchenschimmel), der aufgrund der Färbung seiner Konidiosporen zu einer Schwarzfärbung des Käses führt. Unterhalb von 0 °C wachsen nur wenige psychrotolerante bakterielle Verderbniserreger (z. B. Pseudomonaden) sowie bestimmte Stämme psychrotoleranter Hefen und Schimmelpilze. Die Wachstums- und Vermehrungsgeschwindigkeiten sind allerdings bei derartig niedrigen Temperaturen stark herabgesetzt.

Nur wenige lebensmittelverderbende Mikroorganismen sind thermophil. Zu dieser Gruppe, deren minimale Wachstumstemperatur zwischen 40 und 45 °C liegt, gehören z. B. bestimmte *Bacillus-* und *Clostridium*-Arten, die äußerst hitzeresistente Endosporen bilden und als Verderbniserreger von Tropenkonserven eine wichtige Rolle spielen [2, 3, 4, 5].

6.3 Lebensmittelvergiftungen

Erreger. Mikrobiologische Lebensmittelvergiftungen können durch Bakterien, Pilze, Viren und Parasiten hervorgerufen werden. Zu den häufigsten *bakteriellen Erregern* gehören die Enteritis erregenden Salmonellen, *Campylobacter jejuni* und *Staphylococcus aureus* (Tabelle 2). Zu den *Viren,* die durch fäkal

Tabelle 2. Häufige lebensmittelvergiftende Bakterien

Erreger	Erreger-reservoir	Toxine	Infektion (Inkubations-zeit)	Diagnose, Nachweis der
Enteritis erreg. Salmonellen	Schweine, Geflügel, Kälber	Endotoxin	lokal (6–48 h)	Erreger
Salmonella typhi S. parathypi	Mensch (F)	(Endotoxin)	generalisiert (1–3 W)	Erreger Antikörper
E. coli	Mensch (F)	Enterotoxine	lokal (6–36 h)	Erreger Toxine
Campylobacter jejuni	Geflügel, Rinder, Schweine, Haustiere, Mensch	(Enterotoxin)	lokal oder generalisiert (2–11 d)	Erreger Antikörper
Shigella	Mensch (F)	Endotoxin	lokal (12 h–18 d)	Erreger
Yersinia	Schweine u. a. Tiere	(Enterotoxin)	lokal oder generalisiert (3–10 d)	Erreger
Listeria monocytogenes	Erdboden, Pflanzen	–	lokal oder generalisiert (unter-schiedlich)	Erreger
Clostridium botulinum	Erdboden; Gewässer-sediment	Neurotoxin[a]	–	Toxine
Clostridium perfringens	Mensch (F), Erdboden	Enterotoxin	lokal (8–24 h)	Erreger ($>10^6$/g LM)
Bacillus cereus	Erdboden, Gewürze	Enterotoxine	lokal (6–24 h)	Erreger ($>10^6$/g LM)
Brucella	Tier	–	generalisiert (1–3 W)	Erreger Antikörper
Staphylococcus aureus	Mensch (Wunden, Haare, Haut, F)	Enterotoxin	lokal (1–6 h)	Erreger ($>10^6$/g LM) Toxine
Enterobacteria-ceae u. a.	unter-schiedlich	Biogene Amine (Histamin u. a.)	–	Erreger (erhöhte Zahl) Amine

LM Lebensmittel, F Fäkalien, [a] = Inkubationszeit: 2 h–6 d

verunreinigte Lebensmittel übertragen werden können, zählen vor allem die sehr umweltresistenten Enteroviren und die *Rota*-Viren, die Brechdurchfälle bei Kleinkindern verursachen. Bestimmte *Schimmelpilzarten*, überwiegend aus den Gattungen *Aspergillus*, *Penicillium* und *Fusarium*, bilden während des Wachstums auf Lebensmitteln hochtoxische Mycotoxine. So können z. B. in Erdnüssen Aflatoxine (*Aspergillus*-Arten), in den Faulstellen von Obst Patulin (*Penicillium*- und *Aspergillus*-Arten) oder im Getreide Trichothecene und Zearalenon (*Fusarium*-Arten) gebildet werden.

Eine Gefährdung des Verbrauchers durch *Parasiten* besteht vor allem bei dem Verzehr von rohen Lebensmitteln, bei denen Erreger wie *Sarcocystis*-Arten und *Trichinella spiralis* (rohes Fleisch), *Anisakis*-Arten (rohe und halbrohe Heringe) oder larvenartige Eier des Spulwurmes *Ascaris lumbricoides* (abwassergedüngtes Gemüse) übertragen werden können.

Gefährdete Lebensmittel. Am stärksten gefährdet sind Fleisch, Geflügel und Fleischerzeugnisse wie Hackfleisch und Wurstwaren. Eine zweite besonders gefährdete Lebensmittelgruppe umfaßt die Milch- und Eiprodukte einschließlich Speiseeis und Süßspeisen, sowie Cremes und cremegefüllte Backwaren, die mit Milch oder Eiern hergestellt werden. Weniger häufig sind Vergiftungen durch Feinkostsalate, Fische, Krusten- und Schalentiere, pflanzliche Lebensmittel oder Trinkwasser.

Pathogenitätsfaktoren. Die krankmachende Wirkung der Mikroorganismen beruht auf ihrer Fähigkeit, Toxine zu produzieren (Lebensmittel-Intoxikationen) oder sich im Menschen vermehren zu können (Lebensmittel-Infektionen). Häufig treten bei den Bakterien beide Pathogenitätsformen kombiniert auf (Toxi-Infektionen).

Die Toxine werden von der Mikroorganismenzelle nach außen abgegeben (Exotoxine) oder als Bestandteil der Bakterienzellwand (Lipopolysaccharide) gebildet (Endotoxine). Exotoxine, die primär auf den Magen-Darmtrakt einwirken und akute Brechdurchfälle verursachen, werden als Enterotoxine bezeichnet. Neurotoxine sind Exotoxine, die auf das Nervensystem wirken. Die Exotoxine der Bakterien sind Proteine und mit Ausnahme der *Staphylococcus aureus*-Enterotoxine relativ hitzelabil. Die zu unterschiedlichen Stoffklassen gehörenden Exotoxine der Schimmelpilze (Mykotoxine) sind ähnlich den bakteriellen Endotoxinen sehr hitzestabil.

Lebensmittelinfektionserreger können sich in den Lebensmitteln vermehren (z. B. *Listeria monocytogenes*, *Salmonella typhi*) oder die Lebensmittel nur als Überträger nutzen (z. B. *Campylobacter jejuni*, Viren, Parasiten). Nach Übertragung auf den Menschen können diese Erreger lokale Infektionen im Darmbereich auslösen oder sich im gesamten Körper verbreiten und bestimmte Organe befallen (generalisierte Infektionen) [2].

6.4 Untersuchungsverfahren

6.4.1 Nationale und internationale Empfehlungen und Vorschriften

Wie die umfassende Übersicht von Schmidt-Lorenz [9] zeigt, sind die für mikrobiologische Lebensmitteluntersuchungen in der Industrie eingesetzten Methoden und Beurteilungskriterien sehr uneinheitlich. Voraussetzung für die vergleichende Beurteilung mikrobiologischer Untersuchungsergebnisse ist jedoch die Anwendung standardisierter Methoden. In Produktverordnungen und Gesetzen, die Anforderungen an die mikrobiologische Beschaffenheit enthalten, sind deshalb die anzuwendenden mikrobiologischen Untersuchungsmethoden verbindlich festgelegt. In der amtlichen Methodensammlung nach § 35 LMBG (AS 35) sind darüberhinaus einheitliche Verfahren für den qualitativen und quantitativen Nachweis bestimmter Mikroorganismen in Milch, Milchprodukten, Käse, Speiseeis, Fleisch und Fleischerzeugnissen aufgeführt, die in Einzelfällen verbindlich vorgeschrieben werden. Weitere standardisierte Methoden sind vom Deutschen Institut für Normung e. V. (DIN-Vorschriften, Deutsche Einheitsverfahren), von der Deutschen Landwirtschaftsgesellschaft (DLG) und von verschiedenen Industrieverbänden veröffentlicht worden. Auf internationaler Ebene wird u. a. von der ISO und von der ICMSF ("International Commission on Microbiological Specifications for Food") [7] versucht, eine Vereinheitlichung der mikrobiologischen Untersuchungs- und Probenahmeverfahren zu erreichen. In der Schweiz sind verbindliche Methoden im Kapitel „Mikrobiologie" des Schweizerischen Lebensmittelbuches (SLMB) festgelegt.

Zur Überprüfung der Nachweissicherheit und Empfindlichkeit der angewandten mikrobiologischen Methoden eines Untersuchungslabors kann standardisiertes Referenzmaterial dienen, das von der Kommission für Referenzmaterialien der Europäischen Gemeinschaft (BCR = Community Bureau of Reference) entwickelt wurde (Salmonella-Standard) bzw. noch entwickelt wird (z. Z. *Listeria monocytogenes*-Standard). Die Proben, die in Kapseln eine geringe Konzentration lyophilisierter Bakterien (durchschnittlich 10) + Trägermaterial enthalten, können nach ihrer abschließenden Erprobung direkt von der BCR bezogen werden [13].

6.4.2 Kultureller Nachweis der Mikroorganismen und ihrer Stoffwechselprodukte

Kulturelle Untersuchungen. Einen ersten Hinweis auf die Art des mikrobiologischen Verderbs kann bereits die pH-Wert-Messung (Ansäuerung durch das mikrobiologische Wachstum) und die direkte mikrobiologische Untersuchung des Lebensmittels mit eingeschlossener färberischer Differenzierung (Gram-Färbung) geben. Bei der Untersuchung auf pathogene Mikroorganismen, wird in der Regel eine bestimmte Menge des Lebensmittels kulturell auf Abwesenheit oder Anwesenheit dieser Organismen geprüft. Für den Nachweis von Indikatorbakterien, die eine fäkale Verunreinigung anzeigen (*E. coli*, coliforme

Keime, Enterokokken), wird ebenfalls ein Abwesenheits-Anwesenheitstest
oder nach Anlegen einer Verdünnungsreihe eine kulturelle Keimzahlbestim-
mung durchgeführt. Der Nachweis von *E. coli* ist ein sicheres Indiz für eine
fäkale Verunreinigung. Die Abwesenheit von *E. coli* bedeutet jedoch nicht
immer das Fehlen einer derartigen Verunreinigung, da die Keime relativ
empfindlich gegen extreme Lagerbedingungen sind. Enterokokken sind wesentlich umweltresistenter, können jedoch gelegentlich auch außerhalb des
Darmbereiches in der Umwelt gefunden werden. Der Nachweis von coliformen
Keimen als Indikator für eine fäkale Verunreinigung ist nur mit Einschränkungen zu verwenden, da zahlreiche dieser Keime auch außerhalb des Darmbereiches nachweisbar sind. Viele coliformen Keime – z. B. Vertreter der lactose-
positiven Gattungen *Klebsiella* und *Enterobacter* – gehören zur natürlichen
Flora der Blattoberfläche oder der Rhizosphäre von Pflanzen und finden sich
in diesen Bereichen unabhängig von der Art der Düngung. Sie sind dementsprechend auch ohne fäkale Kontamination in pflanzlichen Lebensmitteln und
im Erdboden anzutreffen.

Limulustest. Eine Möglichkeit auch in erhitzten Lebensmitteln (Milch, Milch-
und Eiprodukte u. a.) die Vorbelastung mit gram-negativen Stäbchenbakterien
abzuschätzen, bietet der Limulustest. Der Test beruht auf der Beobachtung,
daß die Lipopolysaccharide (LPS) der Zellwand gramnegativer Bakterien
bereits in sehr geringer Konzentration die lysierten Amöbocyten des amerikanischen Pfeilschwanzkrebses (*Limulus polyphemus*) zur Gerinnung bringt. Die
Empfindlichkeit der kommerziell erhältlichen LAL- (Limulus-Amöbocyten-
Lysat) Testsysteme liegt bei 0,05 ng LPS/ml oder darunter. Dieser Konzentration entsprechen etwa 10^2 bis 10^3 gramnegativen Bakterien/ml. In nationalen
und internationalen rechtlichen Bestimmungen wird der LPS-Gehalt in der
Regel in EU ("Endotoxin Units") angegeben. 1 ng LPS des Referenzstandards
EC-5 der USP entspricht 10 EU bzw. 1 EU = 0,1 ng EC-5 Referenzstandard.
In der geltenden Milchverordnung vom 23. Juni 1989 ist z. B. geregelt, daß
wärmebehandelte Milch (pasteurisiert, ultrahocherhitzt oder sterilisiert) weniger als 1200 EU/ml (bis zum 31.12.1992) bzw. weniger als 400 EU/ml (ab
1.1.1993) LPS enthalten darf.

Nachweis mikrobieller Toxine. Zur Zeit sind über 200 verschiedene *Mycotoxine*
mit z. T. sehr unterschiedlichen Strukturen bekannt. Der Nachweis beschränkt
sich deshalb auf wenige gesundheitlich besonders risikoreiche Toxine, die mit
Hilfe chromatographischer (DC, HPLC, GC) oder immunchemischer Methoden nachgewiesen werden. Die Nachweisgrenze für die von *Aspergillus flavus*
produzierten Aflatoxine liegt im "Enzyme linked Immunosorbent Assay"
(ELISA) bei etwa 20 pg/ml (Aflatoxin B_1) bzw. bei 2,5 pg/ml (Aflatoxin M_1)
und für die Fusariumtoxine bei 17 pg/ml (Zearalenon), 10 pg/ml (DAS),
50 pg/ml (T-2 Toxin) bzw. bei 100 pg/ml (Ochratoxin). Die z. Z. noch geltenden
Grenzwerte für Aflatoxine ($B_1 + B_2 + G_1 + G_2$) in Lebensmittel betragen
10 µg/kg bzw. für Aflatoxin B_1 allein 5 µg/ml. In der Schweiz sind auch
Grenzwerte für das im Rind aus Aflatoxin B_1 entstehende Aflatoxin M_1
(50 ng/kg Milch- und Milchprodukte; 250 ng/kg Käse; 20 ng/kg trink- und

eßfertige Säuglingsnahrung) sowie für das Patulin (50 µg/kg Fruchtsaft)
festgesetzt worden (Eidg. Verordnung vom 1. Juli 1987). Für amtliche
Untersuchungen liegt ein Aflatoxin-Nachweisverfahren nach § 35 LMBG vor.
Auch für andere Mycotoxine wie dem Ochratoxin sind demnächst amtliche
Methoden zu erwarten.
Auf Grund der Hitzestabilität der *Staphylococcus aureus-Enterotoxine* kann
ein hitzebehandeltes Lebensmittel frei von vegetativen Zellen sein, aber noch
krankheitserregende Konzentrationen des Enterotoxins enthalten. Der direkte
Nachweis des Toxins im Lebensmittel z.B. mit Hilfe des sehr empfindlichen
Sandwich-ELISA oder der Latex-Agglutination (Nachweisgrenze 0,5–
2 ng/ml) ergibt damit die sicherste diagnostische Aussage. Die häufig anstelle
dieser serologischen Toxintests durchgeführte Bestimmung der thermostabilen
Nuclease (Thermonuclease) hat den Nachteil, daß alle Enterotoxinbildner
Thermonuclease, jedoch nicht alle Thermonuclease-Bildner Enterotoxin
produzieren. In der Schweiz dürfen entsprechend der geltenden Hygiene-
Mikrobiologie-Verordnung in Lebensmitteln mit dem ELISA-Test keine
Staphylokokkenenterotoxine nachweisbar sein.

6.4.3 Mikrobielle Hemmstofftests

Ein einfacher Test Hemmstoffe (Antibiotika, Desinfektionsmittel, Konservierungsstoffe) nachzuweisen, ist der Plättchentest (Plattendiffusionstest). Ein
Filter-Plättchen, das mit dem zu untersuchenden Lebensmittelhomogenisat
bzw. flüssigen Lebensmittel getränkt wurde, wird auf einem mit *Bacillus
stearothermophilus* beimpften Nährboden gelegt. Nach der 48 Stunden langen
Inkubation bei 55–64 °C gibt sich die Anwesenheit von Hemmstoffen durch
eine klare Hemmzone um das Plättchen zu erkennen. Nach einem ähnlichen
Verfahren wird bei Fleischuntersuchungen ein ausgestanztes Fleischstück auf
einen mit *Bacillus subtilis* BGA beimpften Nähragar gelegt, 18 bis 24 Stunden
lang bei 30 °C bebrütet und auf Ausbildung einer Hemmzone um das
Fleischstück untersucht. Auch die Hemmung der Redoxwerterniedrigung in
einem mit Indikatorbakterien beimpften Nährboden gibt einen Hinweis auf
eine hemmstoffhaltige Lebensmittelprobe. Die Nachweisgrenze für derartige
Tests liegt z.B. in der Milch für Penicillin bei 0.004 I.E./ml (Penicillin G-Na),
für Chloramphenicol bei 2 µg/ml und für Sulfonamide bei 0,05 µg/ml (Sulfa-
thiazol) bis 0,50 µg/ml (Sulfadimidin-Na).

6.5 Bewertung der Untersuchungsergebnisse

Rechtsnormen über die Anforderungen an die hygienisch-mikrobiologische
Beschaffenheit von Lebensmitteln können Richt- oder Grenzwerte (Standards,
Warnwerte) festlegen. Ein *Richtwert* ist eine Keimzahl, die nicht überschritten
werden soll. Eine Überschreitung des Richtwertes hat bei ihrer Feststellung im
Rahmen der amtlichen Lebensmittelüberwachung einen Hinweis, eine Beleh-
rung zur Prävention, die Entnahme von Nachproben oder eine außerplanmäßi-

ge Betriebskontrolle zur Folge. *Grenzwerte* (*Warnwerte*) dürfen nicht über-schritten werden. Sie schreiben z. B. die Abwesenheit von pathogenen Mi-kroorganismen oder von Indikatororganismen in einer bestimmten Menge eines Lebensmittels vor. Bei Überschreitung der Warnwerte wird die amtliche Lebensmittelüberwachung die erforderlichen Maßnahmen unter Wahrung der Verhältnismäßigkeit ergreifen.

Im Gegensatz zu vielen anderen europäischen Ländern (z. B. Schweiz, Italien und Frankreich) liegen in der BR-Deutschland nur wenige gesetzlich festge-schriebene Richt- und Grenzwerte vor. Dazu gehören bundesländerspezifische Werte für Speiseeis und einheitliche Werte für Rohmilch, pasteurisierte Milch, UHT-Milch, Trinkwasser, natürliches Mineralwasser, Quell- und Tafelwasser, diätetische Lebensmittel unter Verwendung von Milch und Milcherzeugnissen und Eiprodukte. Die Richt- bzw. Grenzwerte für die aerobe mesophile Gesamtkeimzahl sind in dem Bereich zwischen $2,5 \times 10^5$/ml (pasteurisierte Milch nach 5 Tagen bei 6 °C), 1×10^5/ml (Eiprodukte) und 5×10^4/ml (pasteurisierte Milch und diätetische Lebensmittel) festgesetzt worden. Die entsprechenden Werte für Trinkwasser und Mineralwasser liegen bei 100/ml (Bebrütung der Proben bei 37 °C) und für ultrahocherhitzte Milch bei < 10/ml.

Zu einer Vereinheitlichung der mikrobiologisch-hygienischen Beurteilung von Lebensmitteln innerhalb der Europäischen Gemeinschaft werden die bereits veröffentlichten und die noch zu erwartenden EG-Hygienerichtlinien führen. Derartige Richtlinien liegen z. B. für die Rohmilch, für wärmebehandelte Milch und für Hackfleisch vor. Um den internationalen Warenverkehr zu erleichtern, werden im Rahmen des FAO/WHO "Food Standard" Programms von der "Codex Alimentarius Commission" vereinheitlichte Normen erarbeitet.

Um dem Hersteller, dem Handel und der Lebensmittelüberwachung einheitli-che Anhaltspunkte für die Beurteilung mikrobiologischer Untersuchungser-gebnisse zu geben, hat die Arbeitsgruppe „Richt- und Warnwerte" der „Kommission für Lebensmittel-Mikrobiologie und -Hygiene" der Deutschen Gesellschaft für Hygiene und Mikrobiologie Richt- und Warnwerte für verschiedene Lebensmittelgruppen veröffentlicht, für die verbindliche Rechts-normen bisher nicht vorliegen. Sie stellen Werte dar, die sich bei einer guten Herstellungspraxis (GHP bzw. "Good Manufacturing Practice", GMP) am derzeitigen Stand der Wissenschaft und Technik orientieren. Um die Vergleich-barkeit der Werte zu gewährleisten, müssen einheitlich die in der Methoden-sammlung nach §35 LMBG beschriebenen Nachweisverfahren verwandt werden. Z. Zt. liegen empfehlende Richt- und Warnwerte für Trockenprodukte (Eintöpfe, Soßen, Instantprodukte, rohe Teigwaren und Gewürze, die zur Abgabe an den Verbraucher bestimmt sind oder in der untersuchten Form keinen keimreduzierenden Verfahren unterworfen werden) [11] und Mischsala-te [12] vor. Demnächst werden entsprechende Empfehlungen für Back (Patisserie)waren, Tiefkühl-Back (Patisserie)waren, Feinkosterzeugnisse (Sala-te, Soßen) sowie für Schokolade und Schokoladenerzeugnisse veröffentlicht (Bundesgesundheitsblatt). Beispielhaft sind in Tabelle 3 die empfohlenen Richt- und Warnwerte für Tiefkühl-Back (Patisserie) waren mit durchgebacke-

Tabelle 3. Empfohlene mikrobiologische Richt- und Warnwerte für Tiefkühl-Patisserie (Back)waren (verzehrfertig ohne Erhitzen) bei Abgabe an den Verbraucher (Deutschen Gesellschaft für Hygiene und Mikrobiologie – Kommission für Lebensmittel-Mikrobiologie und Hygiene – Arbeitsgruppe Richt- und Warnwerte)

	Richtwert	Warnwert
Ware mit durchgebackener Füllung		
mesophile aerobe Koloniezahl	10^5/g	–
Schimmelpilze	10^2/g	10^3/g
Salmonellen	–	n. n. in 25 g
Escherichia coli	10^1/g	10^2/g
Staphylococcus aureus	10^1/g	10^2/g
Bacillus cereus	10^3/g	10^4/g
Füllung nicht durchgebacken		
mesophile aerobe Koloniezahl	10^6/g	–
Schimmelpilze	10^3/g	10^4/g
Salmonellen	–	n. n. in 25 g
Escherichia coli	10^2/g	10^3/g
Staphylococcus aureus	10^2/g	10^3/g
Bacillus cereus	10^3/g	10^4/g

ner (z. B. Apfelstrudel) und nicht durchgebackener Füllung (z. B. Creme- und Sahnetorten) zusammengefaßt (s. auch Kap. 30.3.6).

Auch wenn Rechtsnormen oder allgemeine Empfehlungen nicht vorliegen, muß sich die mikrobiologisch-hygienische Beurteilung nach dem Grundsatz richten, daß entsprechend §8 LMBG der Verzehr des Lebensmittels die Gesundheit des Verbrauchers nicht schädigen darf (Abwesenheit pathogener Erreger und deren toxischen Stoffwechselprodukte, keine erhöhte Anzahl fakultativ pathogener Erreger) und daß entsprechend §17 zum Verzehr nicht geeignete Lebensmittel (verdorbene Lebensmittel bzw. Lebensmittel mit einer erhöhten Anzahl an Verderbniserregern) nicht in den Verkehr gebracht werden dürfen.

Überschreitung der mikrobiologischen Normen. Die Beurteilung einer Normüberschreitung soll beispielhaft an den Anforderungen erläutert werden, die in der EG-Richtlinie Nr. 88/657 vom 14. Dezember 1988 hinsichtlich der Anzahl an aeroben mesophilen Keimen (Bakterien) in Hackfleisch gestellt werden. Bei Überschreitung des Grenzwertes (Bezeichnet als Grenzwert „M") von 5×10^6/g wird die Ware als nicht zufriedenstellend bezeichnet. Die mit dem Keimzählverfahren zusammenhängenden Toleranzen gelten für den Wert M nicht! Der Richtwert (bezeichnet als Grenzwert „m") ist mit 5×10^5/g festgesetzt worden. Die Qualität der Partie gilt als zufriedenstellend, wenn alle Werte der 5 vorgeschriebenen Proben $3 \times m$ (Toleranz der Methode) nicht überschreiten. Als annehmbar gilt das Hackfleisch noch, wenn maximal 2 der 5 bestimmten Werte zwischen 3m und 10m (= M) liegen.

6.6 Mikrobiologisch-hygienische Aufgaben
des Lebensmittelchemikers

Zu den mikrobiologischen Aufgaben eines Lebensmittelchemikers in der amtlichen Lebensmittelüberwachung kann neben der Untersuchung von Handelsproben auf Verderbniserreger auch der Nachweis von Hygieneindikatoren wie *Escherichia coli* oder der Test auf toxische mikrobielle Stoffwechselprodukte gehören. Der Nachweis von pathogenen Erregern wie den Salmonellen ist entsprechend § 19–22 Bundesseuchengesetz den Lebensmittelchemikern vorbehalten, die eine mindestens dreijährige mikrobiologisch serologische Tätigkeit nachweisen können oder unter Aufsicht einer Person arbeiten, die eine derartige Erlaubnis besitzt. Eine weitere Voraussetzung für den Umgang mit pathogenen Erregern ist das Vorhandensein geeigneter Räume oder Einrichtungen.

Die mikrobiologisch-hygienische Aufgabe in der Lebensmittelindustrie umfaßt vor allem die Gewährleistung einer "Good Manufacturing Practice". Die nur stichprobenartig durchführbaren Endproduktkontrollen stellen dabei lediglich ein Glied in einer Kette von verschiedenartigen Maßnahmen dar, die nur in ihrer Gesamtheit die angestrebte mikrobiologische Qualität des Lebensmittels gewährleisten können. Wichtige Bereiche dieser Qualitätssicherung sind die Überwachung der Personalhygiene, der Rohwaren- und Zwischenproduktspezifikationen und der Reinigung und Desinfektion sowie die Festlegung besonders kritischer Punkte im spezifischen Herstellungsprozess ("Hazard Analyses and Critical Control Point": HACCP-Konzept) und deren besondere Überwachung ("Monitoring"). Als äußerer Rahmen können bei der Aufstellung von Qualitätssicherungsplänen (Quality Monitoring Scheme = QMS) die ISO (DIN) Normen 9000–9004 dienen.

6.7 Literatur

Allgemeine Mikrobiologie

1. Schlegel HG (1985) Allgemeine Mikrobiologie. Georg Thieme Verlag, Stuttgart, New York

Lebensmittelmikrobiologie

2. Krämer J (1987) Lebensmittel-Mikrobiologie. Verlag Eugen Ulmer, UTB-Taschenbuchreihe, Stuttgart
3. Müller G (1986) Grundlagen der Lebensmittelmikrobiologie. Steinkopff Verlag, Darmstadt
4. Müller G (1987) Mikrobiologie pflanzlicher Lebensmittel. Steinkopff Verlag, Darmstadt
5. Münch H-D, Saupe C, Schreiter M, Wegner K, Zickrick K (1987) Mikrobiologie tierischer Lebensmittel. Verlag Harri Deutsch, Thun, Frankfurt/M.

Mikrobiologische Arbeitsmethoden

6. Baumgart J (1990) Mikrobiologische Untersuchung von Lebensmitteln. Behr's Verlag, Hamburg
7. ICMSF (International Commission on Microbiological Specifications for Food) (1978–88) Microorganisms in Foods, Volume 1–4 Blackwell Sciencic Publications, Oxford

8. Pichhardt K (1989) Lebensmittelmikrobiologie. Grundlagen für die Praxis. Springer-Verlag Berlin, Heidelberg, New York

9. Schmidt-Lorenz W (1980–1983) Sammlung von Vorschriften zur mikrobiologischen Untersuchung von Lebensmitteln. 4 Bde. Verlag Chemie, Weinheim, Deerfield Beach, Florida, Basel

10. Speck ML (ed.) (1984) Compendium of methods for the microbiological examination of foods. American Public Health Association, Washington D.C.

Empfohlene Richt- und Warnwerte

11/12. DGHM (Deutsche Gesellschaft für Hygiene und Mikrobiologie – Arbeitsgruppe Richt- und Warnwerte für Lebensmittel der Kommission Lebensmittel-Mikrobiologie und -Hygiene). Mikrobiologische Richt- und Warnwerte zur Beurteilung von Lebensmitteln

11. (1988) Bundesgesundheitsblatt 31, 93–94

12. (1990) Bundesgesundheitsblatt 1, 6–10

Mikrobiologisches Referenzmaterial

13. BCR (Community Bureau of Reference, Rue de la Loi 200, B-1049 Brüssel): Reference material for food microbiology. Bezug Salmonella-Standards: Laboratory of Water- and Food Microbiology. National Institute of Public Health and Environmental Protection, Bilthoven, Niederlande

7 Sensorische Prüfung

C. Sondermann, Heilbronn

7.1 Einleitung

Jeder Mensch beurteilt ein Lebensmittel vor und beim Verzehr mit seinen Sinnen. Indem er dessen Eigenschaften erkennt, prüft, vergleicht und bewertet, entscheidet er über Akzeptanz oder Ablehnung. Neben Geruch und Geschmack spielen visuelle und auditive Reize eine wesentliche Rolle. So läuft einem Feinschmecker bereits beim Anblick eines köstlichen Mahls das Wasser im Munde zusammen, Farbe und Struktur eines Lebensmittels geben Aufschluß über Reifegrad und/oder Genießbarkeit und zu einem frischen, saftigen Apfel oder einem Kartoffelchip gehören das typische Geräusch beim Hineinbeißen und Kauen.

Die menschlichen Sinne üben die Funktion eines „Meßinstrumentes" aus und beurteilen den Genußwert und damit einen wesentlichen Teil der Qualität eines Lebensmittels. Seit man die Sensorik (lat. sensus = der Sinn) wissenschaftlich betreibt, indem man Methoden entwickelt, statistische Auswertungen einführt, Begriffe genau definiert und Prüfer intensiv schult, ist die Sensorik zu einer zuverlässigen, objektiven und hinreichend genauen Meßmethode geworden. Die sensorische Prüfung zeichnet sich durch diese Standardisierung aus und unterscheidet sich dadurch von der organoleptischen Prüfung, bei der zwar auch mit den Sinnen geprüft wird, vom „Organoleptiker" aber nur subjektive Eindrücke wiedergegeben werden.

Die Anwendungsgebiete sensorischer Prüfungen liegen im wesentlichen in der Qualitätskontrolle und -sicherung sowie in der Aromaforschung und sind deshalb gleichermaßen für Hersteller, Überwachungsorgane und Wissenschaftler von Bedeutung [1, 2].

7.2 Sensorische Merkmale und Prüfkriterien

7.2.1 Sinneseindrücke

Da bei einer sensorischen Prüfung die mit den Sinnen wahrnehmbaren Produkteigenschaften erfaßt werden, kommt der Aufnahme und Verarbeitung eines Sinneseindrucks eine besondere Bedeutung zu [3]. Man unterscheidet folgende Stufen:
a) Aufnehmen (Empfangen),
b) Bewußtwerden (Erkennen),

Tabelle 1. Sinneseindrücke [3]

Sinneseindruck	Definition	Beispiele
visuell	mit dem Auge wahrnehmbare Merkmale	Farbe, Form, Struktur, Glanz, Trübung, Opaleszenz
olfaktorisch	mit der Nase wahrnehmbare Merkmale	Geruch
gustatorisch	mit Zunge, Mundhöhle und Rachen wahrnehmbare Merkmale	Geschmack mit den 4 Geschmackseindrücken süß, salzig, sauer und bitter sowie Kälte- und Wärmeempfindungen
haptisch	Berührungs- und Druckempfindungen	Oberflächenbeschaffenheit, z.B. glatt, rauh; Gefüge, z.B. zäh, weich, knusprig, klebrig
auditiv	mit dem Ohr wahrnehmbare Merkmale	Klang, Geräusche und Töne beim Beißen und Kauen

c) Behalten (Merken),
d) Vergleichen (Einordnen),
e) Wiedergeben (Beschreiben),
f) Beurteilen (Bewerten).

Der Mensch besitzt fünf sinnliche Wahrnehmungsgebiete (Tabelle 1). Grundsätzlich lassen sich Geruch und Geschmack von Lebensmitteln nicht eindeutig voneinander trennen. Man faßt sie unter dem Begriff „Aroma" zusammen. Unter „Flavour" versteht man das Zusammenspiel verschiedener Sinneseindrücke, während atypische Aromanoten ein „Off-Flavour" hervorrufen.

7.2.2 Prüfkriterien

Je nach Lebensmittel und Anforderungsprofil sind die einzelnen Prüfkriterien im Rahmen einer sensorischen Prüfung gesondert festzulegen. Allgemein lassen sich jedoch folgende Qualitätsmerkmale unterscheiden [3, 4]:
a) Gesamteindruck.
   Die charakteristischen Merkmale werden zu einem Gesamturteil über die sensorische Qualität (z.B. Genußwert) zusammengefaßt.
b) Merkmal.
   Als sensorisches Merkmal wird die Eigenschaft der Prüfprobe bezeichnet, z.B. Farbe, Form, Geruch, Geschmack, Textur. Sie werden in Merkmalsbereichen zusammengefaßt (z.B. Aussehen, Aroma, Flavour).
c) Merkmalseigenschaft (Merkmalskomponente).
   Die Merkmale lassen sich häufig in Merkmalseigenschaften untergliedern, z.B. Süße beim Geschmack, Saftigkeit bei der Textur.
d) Merkmalsausprägung (Merkmalswert).
   Als Merkmalsausprägung wird die Intensität des Merkmals oder der Merkmalseigenschaft bezeichnet.

7.2.3 Probenahme und Probenvorbereitung

Voraussetzung für die Genauigkeit und Zuverlässigkeit einer sensorischen Prüfung ist die Probenahme und Probenvorbereitung. Die Prüfprobe soll repräsentativ für die Gesamtcharge oder -lieferung sein und keine die Qualitätsmerkmale beeinflussende Veränderungen erfahren.

Insbesondere ist darauf zu achten, daß in Abhängigkeit vom Prüfgut bestimmte Temperaturen bzw. Temperaturbereiche vor und während der sensorischen Prüfung eingehalten werden. Zu hohe, unter Umständen aber auch zu niedrige Temperaturen können eine Prüfprobe irreversibel verändern und so das Prüfergebnis verfälschen. Bei Probenreihen ist es wichtig, daß im Augenblick des Darreichens sowie während der Prüfung die Temperaturen der einzelnen Proben gleich sind.

Die Proben sollen nach Möglichkeit verschlüsselt geprüft werden.

Zur Probenahme für verpackte Lebensmittel zur sensorischen Prüfung s. Kap. 9.14.

7.3 Prüfverfahren

Prinzipiell unterscheidet man zwei Arten von sensorischen Prüfungen [3], die jedoch abhängig von der Fragestellung auch miteinander kombiniert werden können.

a) subjektive (hedonische) Prüfungen.

Hier werden Prüfpersonen, auch Laien, nach ihrer persönlichen Einstellung zu dem Produkt befragt, um Informationen über Beliebtheit, Bevorzugung, Akzeptanz und Kaufbereitschaft eines Produktes zu erhalten.

b) objektive (analytische) Prüfungen.

Nach genau festgelegten Kriterien werden Prüfproben von Sachverständigen getestet.

Die Prüfverfahren lassen sich in vier Gruppen gliedern (Tabelle 2).

7.4 Test- und Bezugssubstanzen

Auch geschulte Prüfer müssen regelmäßig ihre Sinne prüfen und ihr sensorisches Gedächtnis auffrischen. Dazu bedient man sich bestimmter Bezugsobjekte oder -substanzen [1, 11].

Visuelle Bezugswerte stellen Farbskalen oder farbige Vergleichslösungen sowie Formmuster dar. Haptische Eindrücke können mit verschiedenen Plastikkugeln geübt werden. Für die vier Grundgeschmacksarten stehen folgende Bezugssubstanzen zur Verfügung:

a) Saccharose für die Geschmacksart „süß",
b) Natriumchlorid für die Geschmacksart „salzig",
c) L(+)-Weinsäure oder Citronensäure-1-hydrat für die Geschmacksart „sauer",
d) Chininhydrochlorid-2-hydrat oder Coffein für die Geschmacksart „bitter".

Tabelle 2. Prüfverfahren [3, 5–11]

Prüfverfahren	Definition	Beispiele
Unterschieds-prüfung	Ermittlung des Unterschieds zwischen 2 Prüfproben	a) Paarweise Unterschiedsprüfung b) Dreiecksprüfung (Triangeltest) c) Duo-Trio-Prüfung
Beschreibende Prüfung	Aufgliederung von Merkmals-eigenschaften und Beschrei-bung von Qualitätsparametern	a) Einfach beschreibende Prüfung b) Profilanalyse c) Verdünnungsprüfung
Bewertende Prüfung	Bewertung der Prüfproben nach einzelnen Merkmalen, Klassifizierung in Qualitäts-kategorien in Form von Zahlenwerten (Noten, Punkte)	a) Klassifizierungsprüfung b) Rangordnungsprüfung c) Bewertende Prüfung mit Skale
Schwellen-prüfung	Bestimmung der Geruchs- und Geschmacksempfindlichkeit	a) Reizschwelle b) Erkennungsschwelle c) Unterschiedsschwelle d) Sättigungsschwelle

Tabelle 3 enthält Konzentrationsangaben der einzelnen Bezugssubstanzen
a) zum Erkennen und Beschreiben verschiedener Geschmacksarten sowie
b) zur Bestimmung der Schwellenwerte [11].

Schwieriger sind geruchliche Bezugssubstanzen herzustellen, doch leisten hier die auf chemischem, mikrobiologischem oder biotechnologischem Weg produzierten Vergleichssubstanzen eine wertvolle Hilfe. Einige Standardbezugssubstanzen zeigt Tabelle 4.
Vielfach sind die Geruchsstoffe gleichzeitig auch typische Geschmacksstoffe, wie ein Vergleich mit Tabelle 3 im Kap. 29 zeigt.

7.5 Zwischenkost- und Neutralisationsmittel

An das sensorische Erfassungsvermögen der Prüfpersonen werden im Verlauf einer Verkostung oft hohe Ansprüche gestellt. Um eine Beeinflussung oder Beeinträchtigung der Prüfung möglichst auszuschließen, werden nicht nur Pausen eingelegt und die Probenanzahl je Prüfung limitiert, sondern es können auch Zwischenkost- und Neutralisationsmittel angeboten werden, deren Aufgabe in der Ausschaltung adaptiver Effekte bzw. der vollständigen Entfernung sensorisch aktiver Substanzen aus dem Mundraum besteht. Sie sollten keinen Eigengeschmack besitzen, weitgehend frei von Aromastoffen sein und nicht zur Filmbildung im Mundraum führen. Am ehesten erfüllen Wasser (Trinkwasser, entmineralisiertes Wasser oder kohlensäurefreies Tafelwasser), verdünnter schwarzer Tee oder Weißbrot diese Anforderungen. In Abhängigkeit vom Prüfgut muß das am besten geeignete Mittel jeweils ausgewählt werden [1, 11, 12].

Tabelle 3. Konzentrationen der wäßrigen Bezugssubstanzen [11]

Verwendungszweck	Proben-bezeichnung	Konzentrationen in g/l			bitter	
		süß Saccharose	salzig Natrium-chlorid	sauer Weinsäure/Citronensäure	Chininhydro-chlorid	Coffein
Erkennen und beschreiben verschiedener Geschmacksarten	–	8,0	1,50	0,50	0,0050	0,300
Bestimmung von Schwellwerten						
1. Reiz- und Erkennungs-schwelle	1	0,8	0,15	0,05	0,0005	0,025
	2	1,6	0,30	0,10	0,0010	0,050
	3	2,4	0,45	0,15	0,0015	0,075
	4	3,2	0,60	0,20	0,0020	0,100
	5	4,0	0,75	0,25	0,0025	0,125
	6	4,8	0,90	0,30	0,0030	0,150
	7	5,6	1,05	0,35	0,0035	0,175
	8	6,4	1,20	0,40	0,0040	0,200
	9	7,2	1,35	0,45	0,0045	0,225
2. Unterschiedsschwelle	A/B	8,0/10,0	1,5/1,8	0,5/0,6	0,0050/0,0060	0,250/0,350
3. Sättigungsschwelle	–	120 ± 40	45 ± 20	12 ± 2	0,06 ± 0,01	4,3 ± 0,5

Tabelle 4. Standardbezugssubstanzen

Geruchseindruck	typischer Geruchsstoff
bittermandelartig, nach Marzipan	Benzaldehyd
„grün", nach frischem Gras	3-cis-Hexenol
fruchtig	Essigsäureisoamylester
pilzartig, nach Champignons	1-Octen-3-ol
nach Veilchen	β-Jonon
nach Gewürznelke	Eugenol
blumig	Geraniol
lavendelartig	Linalool
nach Pfefferminze	Menthol
nach Vanille	Vanillin
nach Zimt	Zimtaldehyd
nach Anis	Anethol
käsig, schweißartig	Buttersäure
faulig	Dimethylsulfid
stechend	Ameisensäure, Essigsäure
fischig	Trimethylamin

7.6 Prüfpersonen

Eine entscheidende Bedeutung kommt der Auswahl, Schulung und Kontrolle der Prüfpersonen zu. Während Alter und Geschlecht meist keine Rolle spielen, gelten als unabdingbare Voraussetzung für die Eignung Bereitschaft und Interesse, sensorische Prüfungen durchzuführen. Als weitere wichtige Eigenschaften eines Sensorikers sind zu nennen: Urteilsvermögen, Entscheidungsfreudigkeit, Gewissenhaftigkeit, Konzentrationsvermögen und nicht zuletzt ein „sensorisches Gedächtnis" und die Fähigkeit, die Empfindungen in Worten auszudrücken. Auch Sachverstand, insbesondere Kenntnisse in Warenkunde und Herstelltechnik des Prüfgutes sind unerläßlich.

7.7 Prüfraum

Um optimale Prüfbedingungen zu gewährleisten, werden auch spezielle Anforderungen an einen Prüfraum gestellt [13]. Zu beachten sind Gestaltung, Lage und Größe sowie Farbgebung, Beleuchtung, Klimatisierung und Lärmabschirmung. Je nach Prüfverfahren ergibt sich die Sitzordnung, wobei zwischen Kabine, Einzel- und Großtisch unterschieden wird.

7.8 Anwendung sensorischer Prüfungen

Sowohl Lebensmittelhersteller als auch Überwachungsorgane bedienen sich der sensorischen Prüfung als Meßmethode, um die Qualität eines Lebensmittels, seinen Genuß- und Gesundheitswert zu beurteilen.

Sensorische Prüfungen sind in der Amtlichen Sammlung von Untersuchungsverfahren nach §35 des Lebensmittel- und Bedarfsgegenständegesetzes (LMBG) verankert. Sie werden u. a. angewendet, um die Anforderungen des §17 LMBG zu überprüfen und festzustellen, ob eine Abweichung von der Verkehrsauffassung vorliegt oder der Nähr- und Genußwert eines Lebensmittels gemindert ist. Spezialverordnungen und -gesetze, wie z. B. die Butter- und Käse-VO, das Weingesetz oder die Schaumwein-Branntwein-VO enthalten darüberhinaus differenzierte Angaben über sensorische Prüfungen bzw. sensorische Eigenschaften einzelner Produkte.

So finden beispielsweise monatlich Butterprüfungen statt, die von den zuständigen Überwachungsstellen der Länder veranstaltet werden. Als Sachverständige können Vertreter von Behörden, Verbraucherorganisationen, milchwirtschaftlichen Untersuchungsanstalten und Herstellbetrieben berufen werden. Entsprechend der Butterverordnung vom 16. Dez. 1988 liegt dem Prüfungsmodus die DIN-Norm 10455 [14] zugrunde. Danach werden die Proben im Einzelprüfverfahren von fünf Prüfern hinsichtlich Aussehen, Geruch, Geschmack und Textur anhand einer Skala mit 5 bis 0 Punkten beurteilt.

Freiwillige und überregionale Qualitätsprüfungen – wie die jährlich stattfindenden DLG-Qualitätsprüfungen für Lebensmittel – haben primär das Ziel, die Qualität der Produkte zu fördern und zu verbessern. Sie liefern außerdem für den Verbraucher eine wertvolle Orientierungshilfe. Diese Prüfungen gibt es für Bier, Brot und Feine Backwaren, Fleischerzeugnisse, Fertiggerichte und Feinkost, Fruchtsäfte, Getreide, Nährmittel, Milch und Milchprodukte, Sekt, Spirituosen, Süßwaren und Wein.

Während bei Qualitätskontrollen im allgemeinen analytische Prüfungen eingesetzt werden, sind im Bereich der Produktentwicklung auch hedonische Prüfungen üblich. In Tabelle 5 sind die in der Lebensmittelindustrie auftetenden Fragestellungen, in denen der Einsatz sensorischer Prüfungen notwendig ist, und die schwerpunktmäßig angewandten sensorischen Prüfverfahren zusammengefaßt.

Zweifelsohne spielt die Sensorik auch in der Aromaforschung eine bedeutende Rolle. Es gilt nicht nur, Schwellenwerte und Zusammenhänge zwischen Geruch/Geschmack und chemischer Struktur festzustellen, sondern man möchte auch Informationen über die aromarelevanten Substanzen erhalten. Um die für ein Lebensmittel charakteristische(n) Aromakomponente(n) zu finden, verknüpft man sensorische Prüfungen mit der instrumentellen Analytik, z. B. der Kapillargaschromatographie. In der sog. „Schnüffeltechnik" wird das über eine Trennsäule in Einzelsubstanzen getrennte Aromagemisch am Säulenende gesplittet und parallel auf einen Detektor, z. B. einen Flammenionisationsdetektor (FID), und einen separaten Ausgang geleitet, an dem der spezifische Geruch dann mit der Nase als „biologischem Detektor" ermittelt werden kann. Jedem Peak kann so ein typischer Geruchseindruck zugeordnet werden. Die Strukturaufklärung erfolgt meist durch gaschromatographisch-massenspektrometrische Untersuchungen.

Die beschriebene Methodik hilft auch dem Flavouristen bei der Zusammenstellung („Komposition") typischer Aromen sowie der Synthese der sog.

Tabelle 5. Übersicht über den Einsatz sensorischer Prüfungen in der Lebensmittelindustrie [15]

Problemkreis	Prüfverfahren	
	hedonische Prüfung	analytische Prüfung
1. Produktentwicklung	×	(×)
2. Produktoptimierung	×	(×)
a) Kostensenkung bei gleichbleibender Qualität	×	(×)
b) Einsatz neuer Technologien	×	(×)
c) Einsatz anderer Rohstoffe und Ingredienzien (z. B. Lieferantenwechsel)	×	(×)
d) Änderung von Verpackungsform/ Erscheinungsbild	×	(×)
3. Prüfung der Lagerstabilität von Rohwaren, Halb- und Endprodukten und Festlegung des Mindesthaltbarkeitsdatums		×
4. Qualitätskontrolle von Rohwaren, Zwischen- und Endprodukten		×
5. Vergleichsprüfungen von Eigen- und Mitbewerberprodukten	×	×
6. Kunden- und Verbraucherreklamationen		×
7. Auswahl von Produkten für Bemusterungen/ Produktpräsentationen	×	×
8. Verbrauchertests zur Akzeptanz- bzw. Beliebtheitsbestimmung	×	

„naturidentischen Aromastoffe", die in ihrer chemischen Struktur den natürlich vorkommenden Aromastoffen gleichen [1, 16].

Die „sensorische Prüfung" ist bis heute durch keine instrumentelle Analysentechnik ersetzbar. Sie wird auch in Zukunft ihre Berechtigung bei der objektiven Beurteilung der Qualität eines Lebensmittels haben und von Lebensmittelherstellern und -überwachung gleichermaßen benötigt werden. Weitere Informationen zu sensorischen Prüfungen sind z. B. den warenkundlichen Kap. 18, 19, 24 und 30 zu entnehmen.

7.9 Literatur

1. Jellinek G (1981) Sensorische Lebensmittelprüfung – Lehrbuch für die Praxis. Siegfried, Pattensen
2. Fricker A (1984) Lebensmittel – mit allen Sinnen prüfen! Springer, Berlin Heidelberg New York Tokyo
3. DIN-Norm 10950 (1981) Allgemeine Grundlagen der sensorischen Prüfung. Beuth-Verlag, Berlin
4. Cardinale G (1983) In: DLG-Arbeitsunterlagen D/83, Dokumentation über Sensorik, S 13

5. Paulus K (1976) Ernährungswirtschaft/Lebensmitteltechnik 10:558
6. DIN-Norm 10954 (1986) Sensorische Prüfverfahren/Paarweise Unterschiedsprüfung. Beuth-Verlag, Berlin
7. DIN-Norm 10951 (1986) Sensorische Prüfverfahren – Dreiecksprüfung. Beuth-Verlag, Berlin
8. DIN-Norm 10964 (1985) Sensorische Prüfverfahren – Einfach beschreibende Prüfung. Beuth-Verlag, Berlin
9. DIN-Norm 10963 (1982) Sensorische Prüfverfahren – Rangordnungsprüfung. Beuth-Verlag, Berlin
10. DIN-Norm 10952: Sensorische Prüfverfahren – Teil 1 (1978) Bewertende Prüfung mit Skale, Prüfverfahren, Teil 2 (1983) Bewertende Prüfung mit Skale, Erstellung von Prüfskalen und Bewertungsschemata. Beuth-Verlag, Berlin
11. DIN-Norm 10959 (1989) Sensorische Prüfverfahren – Bestimmung der Geschmacksempfindlichkeit. Beuth-Verlag, Berlin
12. Matzik B, Kettern E (1983) In: DLG-Arbeitsunterlagen D/83, Dokumentation über Sensorik, S 91
13. DIN-Norm 10962 (1981) Raum für sensorische Prüfungen (Prüfraum), Anforderungen. Beuth-Verlag, Berlin
14. DIN-Norm 10455 (1989) Sensorische Prüfung von Butter. Beuth-Verlag, Berlin
15. Kiermeier F, Haevecker U (1972) Sensorische Beurteilung von Lebensmitteln. Bergmann, München
16. Ruf F, Plattig K-H (1989) In: Stute R, Lebensmittelqualität: Wissenschaft und Technik. VCH Verlagsgesellschaft, Weinheim, S 191

8 Statistische Methoden zur Bewertung analytischer Meßdaten

A. Montag, Hamburg

8.1 Einführung: Aufgaben statistischer Arbeitsmethoden

> *„Statistik ist eine Zusammenfassung von Methoden, die uns erlauben, vernünftige, optimale Entscheidungen im Falle von Ungewißheit zu treffen."*
>
> Abraham Wald (1902–1950)

Die bei der Durchführung eines Meßverfahrens erhaltenen Meßdaten lassen sich als stochastische Ereignisse verstehen, so daß auch numerische Unterschiede dieser Daten darauf geprüft werden können, ob diese nur als „zufällig" oder signifikant unterscheidbar gewertet werden müssen.

Die mathematischen Grundlagen für diese statistischen Prüfmethoden liefert vornehmlich die Wahrscheinlichkeitsrechnung. Statistische Prüfmethoden entscheiden nicht über die Richtigkeit eines Ergebnisses, sondern über den Grad der Unterscheidbarkeit von verschiedenen, vergleichbaren Meßdaten.

Die Verknüpfung von Stichprobenwahl, Statistik, Modellvorstellung (Hypothese), Wahrscheinlichkeitsrechnung und Prognostik bezeichnet man als

Stochastik,

das ist die Lehre von der zufallsbedingten Mutmaßlichkeit.

Die „Grundgesamtheit" (G) ist diejenige Menge, über deren Beschaffenheit ein Urteil gefällt werden soll. Kann G nicht vollständig geprüft werden, so sind unter Berücksichtigung mutmaßlicher Ordnungs- oder Verteilungsstrukturen der Prüfmerkmale Erhebungspläne aufzustellen, die die repräsentative Probenahme anstreben. Die erhaltenen Zufallsstichproben sollen dabei die Prüfmerkmale in G nach Art und Verteilung hinreichend abbilden.

Die Güte der analytischen Meßergebnisse und ihre richtige Bewertungsmöglichkeit wird entscheidend durch die Sorgfalt der Probenahme bestimmt.

8.2 Darstellen und Abbilden von Meßdaten

8.2.1 Einzeldaten

Meßdaten mit ihren zugehörigen Dimensionen und davon abgeleitete Prüfergebnisse sind nachvollziehbar darzustellen; besonders bei Konventionsmethoden ist das genaue Verfahren als Literaturzitat anzufügen.

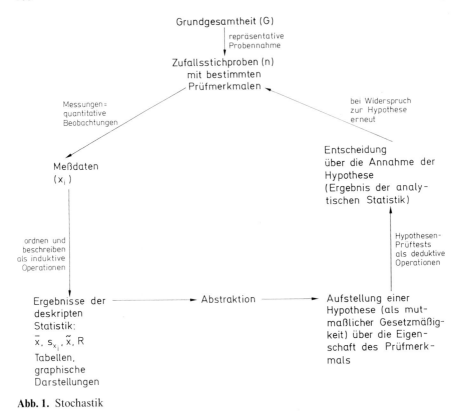

Abb. 1. Stochastik

Meßergebnisse in Dezimalzahlen sind so mitzuteilen, daß die vorletzte Ziffer als zuverlässig und nur die letzte mit statistischer Unsicherheit belastet ist. Eine an letzter Stelle stehende Null ist daher hinzuschreiben, da ihre Streichung die formale Ungenauigkeit um eine Zehnerpotenz zu groß erscheinen läßt. *Abrunden* nicht mehr berücksichtigter Stellen erfolgt bei Endziffern größer oder kleiner 5 Einheiten durch Erhöhen der letzten geltenden Ziffer um eine Einheit oder im anderen Fall durch deren Belassen. Ist die Endziffer genau 5, rundet man die letzte geltende Ziffer zu einer geraden Zahl ab.

Besonders bei Gemeinschaftsuntersuchungen sind über die Angabe und das Abrunden von Meßdaten stets genaue Vereinbarungen zu treffen.

8.2.2 Mittelwerte

Ein Mittelwert als beste Schätzung des unbekannten, „wahren Wertes" ist eine nach vereinbartem Modus gewonnene Maßzahl, die eine vergleichbare Gruppe von Einzelwerten repräsentiert. Vergleichbar sind hier solche Meßdaten, die nach dem gleichen Meßverfahren ermittelt wurden und vergleichbaren Kollektiven entstammen. Die Güte des Mittelwertes steigt mit der Anzahl n der

Meßdaten, die berücksichtigt werden können. Häufig benutzte Modi der Mittelwertbildung führen zur Darstellung des *arithmetischen Mittelwertes*, des *Medianwertes*, des *geometrischen Mittelwertes* und des *Dichtemittels*.

Der arithmetische Mittelwert ($\bar{x}$) eignet sich zur Abbildung von weitgehend symmetrisch und eingipfelig verteilten Meßdaten. Dabei ist

$$\bar{x} = \frac{\sum\limits_{1}^{n} x_i}{n}$$

mit den charakteristischen Eigenschaften, daß

$$\sum\limits_{1}^{n} (x_i - \bar{x}) = 0$$

ist und

$$f(x) = \sum\limits_{1}^{n} (x_i - \bar{x})^2$$

ein nach Differentiation aus

$$f'(x) = 0$$

bestimmbares Minimum besitzt, das dem arithmetischen Mittelwert entspricht.

$$f'(x) = -2[(x_1 - \bar{x}) + (x_2 - \bar{x}) \ldots + (x_n - \bar{x})] = 0; \quad da -2 \neq 0, \quad ist$$

$$(x_1 - \bar{x}) + (x_2 - \bar{x}) \ldots + (x_n - \bar{x}) = 0 \quad oder$$

$$n \cdot \bar{x} = x_1 + x_2 \ldots + x_n; \quad \bar{x} = \frac{\sum\limits_{1}^{n} x_i}{n}$$

$\bar{x}$ ist „empfindlich" gegen Extremwerte; mit steigendem n schwindet jedoch der Einfluß einzelner Extremwerte.

Der Medianwert ($\tilde{x}$) ist die bessere Schätzung des „wahren Wertes", wenn die Anzahl der Meßdaten gering und ihre Verteilung unbekannt ist. Hier gilt: Ordnen der n-Meßdaten der Größe nach, also

$$x_1 \leq x_2 \leq x_3 \ldots \leq x_n;$$

dann ist

$$\tilde{x} = x_{(n+1)/2},$$

wenn n eine ungerade Zahl und

$$\tilde{x} = (x_{n/2} + x_{n/2+1})/2,$$

wenn n eine gerade Zahl ist.

$\tilde{x}$ ist der Zentralwert, den gleich viele Daten über- wie unterschreiten.
$\tilde{x}$ ist unempfindlich gegen Extremwerte; bei einer symmetrischen Verteilung der
Daten geht $\tilde{x}$ in $\bar{x}$ über.

Der geometrische Mittelwert ($\bar{x}_G$) charakterisiert die mittlere Veränderung
einer sich zeitlich exponentiell ändernden Variablen oder einer geometrischen
Progression.

$$\bar{x}_G = \sqrt[n]{x_1 \cdot x_2 \cdot x_3 \ldots x_n}$$

oder

$$\lg \bar{x}_G = \frac{1}{n} \cdot \sum_1^n \lg x_i.$$

Anwendungsbeispiele:
Bestimmung der mittleren Abnahme einer Radionuklid-Zerfallsrate, der
mittleren Zuwachsrate eines Tochter-Radionuklids oder des mittleren Zu-
wachses von Keimzahlen.

Das Dichtemittel $\bar{x}_D$ entspricht bei der graphischen Darstellung zahlreicher
Meßdaten in Histogrammen dem arithmetischen Mittel der häufigsten Klasse.

Merke:
Bei vollständig symmetrischer Verteilung gilt:

$$\bar{x} \approx \tilde{x} \approx \bar{x}_D,$$

bei positiver (Rechts-)Schiefe:

$$\bar{x}_D < \tilde{x} < \bar{x};$$

bei negativer (Links-)Schiefe:

$$\bar{x}_D > \tilde{x} > \bar{x}.$$

Zusammenfassen von Mittelwerten:
Mehrere arithmetische oder geometrische Mittelwerte, die sich durch die
Anzahl der zugehörigen Einzelwerte n unterscheiden und nur zufällig verschie-
den sind, faßt man wie folgt zusammen:

$$\bar{\bar{x}} = \frac{n_1 \cdot \bar{x}_1 + n_2 \cdot \bar{x}_2 + \ldots n_k \cdot \bar{x}_k}{n_1 + n_2 \ldots + n_k}$$

(gewogener, arithmetischer Mittelwert)

$$\lg \bar{\bar{x}}_G = \frac{n_1 \cdot \lg \bar{x}_{G_1} + n_2 \cdot \lg \bar{x}_{G_2} + \ldots n_k \cdot \lg \bar{x}_{G_k}}{n_1 + n_2 + \ldots n_k}$$

(gewogener, geometrischer Mittelwert)

8.2.3 Streumaße

Die Angabe eines Streumaßes zur Charakterisierung eines einzelnen Meßwertes, $x_i \pm k \cdot s_{x_i}$, kennzeichnet unter dem Aspekt des analytischen Chemikers den Konfidenzbereich für die Lage des zugehörigen „wahren Wertes" und stellt eine selbst ermittelte Güteziffer für das Analysenverfahren dar. Dabei wird

$$s_{x_i} = + \sqrt{\frac{\sum\limits_1^n (x_i - \bar{x})^2}{n-1}} = + \sqrt{\frac{\sum\limits_1^n x_i^2 - \left(\sum\limits_1^n x_i\right)^2 / n}{n-1}}$$

als „Standardabweichung" bezeichnet. s_{x_i} ist die positive Wurzel aus der Varianz $s_{x_i}^2$.

Das Toleranzmaß $\Delta x = \pm k \cdot s_{x_i}$ bestimmt die Größe des Konfidenzbereichs. Für eine Normalverteilung gilt:

Toleranzmaß $\pm k \cdot s_{x_i}$	Konfidenzbereich – beidseitig –
$1{,}96 \cdot s_{x_i}$	95%
$2{,}58 \cdot s_{x_i}$	99%
$3{,}00 \cdot s_{x_i}$	99,7%
$3{,}3 \cdot s_{x_i}$	99,9%

Freiheitsgrade (f)

Die Freiheitsgrade (f) entsprechen der Anzahl von Daten aus ihrer Gesamtzahl n, die frei variieren können, ohne die feststehende Bestimmungsgröße zu verändern.

So können für die Bestimmung von $\bar{x}$ genau $f = n - 1$ Werte frei variieren. Ein Wert nimmt jedoch jeweils eine bestimmte Größe an, die durch das feststehende $\bar{x}$ bestimmt ist. Bei einer Geradenfunktion ist $f = n - 2$, da die Lage durch mindestens 2 Punkte festgelegt wird.

$\bar{x} \pm k \cdot s_{x_i}$	beschreibt die Verteilung der Einzelwerte x_i um ihren arithmetischen Mittelwert bei Normalverteilung der Daten,
$\bar{x} \pm k \cdot s_{\bar{x}},$	wobei $s_{\bar{x}} = \dfrac{s_{x_i}}{\sqrt{n}}$ ist, entspricht dem Streubereich des Mittelwertes $\bar{x}$ bei Wiederholung der zu seiner Ermittlung verrechneten n-Meßwerte x_i; $s_{\bar{x}}$ charakterisiert somit die Streuung des Mittelwertes gegenüber dem „wahren Wert".
$V = \dfrac{s}{\bar{x}}$	wird als Variationskoeffizient bezeichnet und beim Vergleich von Streumaßen benötigt; er wird häufig auch als relativer Variationskoeffizient V (%) angegeben:
$V (\%) = \dfrac{s}{\bar{x}} \cdot 100$	

$R = x_{max} - x_{min}$ Der Range (R) kennzeichnet vornehmlich die Spannweite der Verteilung von Daten um den Medianwert ($\tilde{x}$) durch die Differenzbildung der Extremwerte. Informativer ist zur Ergänzung von $\tilde{x}$ die Angabe der Anzahl n an Daten sowie x_{max} und x_{min}.

Quantile Bei der Beschreibung sehr vieler, der Größe nach geordneter Meßdaten werden die von Extremwerten unabhängigen Quantile als Streumaße angegeben. Es sind „gedachte Trennlinien", die die gleiche Anzahl von Meßdaten abtrennen. Es gibt also nur 3 Quartile, 9 Dezile und 99 Zentile.

8.3 Einfache statistische Prüftests

8.3.1 F-Test

Mit diesem Test soll geprüft werden, ob zwei Varianzen

$$s_{x_i}^2 = \frac{\sum_1^n (x_i - \bar{x})^2}{f};$$

bei $f = n - 1$ sich nur zufällig unterscheiden (Homogenitätstest). Der Prüfwert ist

$$\hat{F} = \frac{s_1^2}{s_2^2},$$

wobei gelten muß: $s_1^2 > s_2^2$, so daß stets $\hat{F} > 1,0$ ist. Die tabellarischen F-Werte für diesen Test ergeben sich aus den Integrationsgrenzen der von R. A. Fisher aufgestellten Funktionsgleichung:

$$\varphi(F) = \frac{\frac{f_1 + f_2 - 2}{2}!}{\frac{f_1 - 2}{2}! \cdot \frac{f_2 - 2}{2}!} \cdot f_1^{f_1/2} \cdot f_2^{f_2/2} \cdot \frac{F^{(f_1 - 2)/2}}{f_1 + f_2 \cdot F^{(f_1 + f_2)/2}}$$

zumeist für 95, 99 oder 99,9% der Gesamtfläche unter der Kurve bei den jeweils den Varianzen s_1^2 und s_2^2 zugehörigen Freiheitsgraden f_1 und f_2. Die F-Verteilung ist eine stetige, unsymmetrische Funktion, die nur positive Werte zwischen Null und $+\infty$ zuläßt. Sie nähert sich für $f_1 = 1$ und $f_2 \to +\infty$ der Normalverteilung. Es gilt:
Für $\hat{F} < F(95)$, ist ein Unterschied zwischen s_1 und s_2 nicht feststellbar; liegt $\hat{F}$ zwischen $F(95)$ und $F(99)$, so ist ein Unterschied wahrscheinlich.
$\hat{F} > F(99)$ bedeutet: der Unterschied ist signifikant und für $\hat{F} > F(99,9)$ hochsignifikant. α wird als Signifikanzniveau bezeichnet, so daß man z. B. bei $\hat{F} > F(99)$ von einer Entscheidung auf dem $\alpha = 1\%$-Niveau spricht.

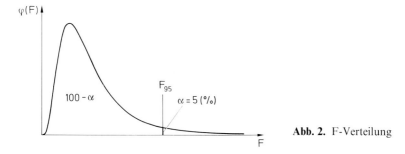

Abb. 2. F-Verteilung

Anwendung:
- Vergleich zweier Analytiker, die dieselbe Meßverfahrens-Vorschrift benutzen,
- Vergleich zweier verschiedener Meßverfahren durch einen Analytiker (Gütevergleich)
- Homogenitätstest zweier Varianzen;
  nur solche Varianzen, die sich *zufällig* unterscheiden, dürfen gemittelt werden; hier gilt bei gemeinsamer Grundgesamtheit:

$$s = \sqrt{\frac{1}{n-1}\left\{(n_1-1)\cdot s_1^2 + (n_2-2)\cdot s_2^2 + \frac{n_1\cdot n_2}{n}(\bar{x}_1-\bar{x}_2)^2\right\}};$$

Die Abweichung dieses Vergleichsstreumaßes s von s_1 und s_2 ergibt sich aus dem letzten Term, aus der Differenz $|\bar{x}_1 - \bar{x}_2|$; es gilt $n = n_1 + n_2$. Vollständig durchgerechnete Beispiele mit Ergebnisinterpretation entnehme man (8).

8.3.2 χ^2-Test nach Bartlett

Dieser Test gestattet die Prüfung von mehr als zwei Varianzen auf Homogenität, ist also eine Erweiterung des F-Tests. M. S. Bartlett hat 1937 als Prüfwert angegeben:

$$\hat{\chi}^2 = \frac{2{,}3026}{f}\left[f_I\cdot \lg s_I^2 - \sum_{j=1}^{K} f_j\cdot \lg s_j^2\right];$$

dabei ist $f_I = f_1 + f_2 + \ldots f_k$ die Anzahl der Gesamtfreiheitsgrade,

$$s_I^2 = \frac{1}{f_I}(f_1\cdot s_1^2 + f_2\cdot s_2^2 \ldots f_K\cdot s_k^2) = \frac{1}{f_I}\sum_{j=1}^{K} f_j\cdot s_j^2$$

die mittlere Varianz.

K = Anzahl der Laboratorien,
L = Anzahl der Bestimmungen je Labor,

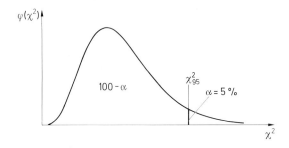

Abb. 3. χ^2-Verteilung

α_f = Korrekturgröße; sie wird benötigt, wenn $\hat{\chi}^2$ den tabellarischen Prüfwert $\chi^2_{p,f}$ nur um einen geringen Betrag überschreitet, da $\hat{\chi}^2$ zumeist etwas zu hoch ausfällt;

$$\alpha_f = 1 + \frac{\sum\limits_{j=1}^{K} \frac{1}{f_j} - \frac{1}{f_I}}{3(K-1)} \;.$$

Vereinbart man gleichen Gruppenumfang L für alle Labors, gilt $N = L \cdot K$ (Gesamtmeßdaten) und $f_I = N - K$ sowie $s_I^2 = \frac{1}{K} \sum\limits_{j=1}^{K} s_j^2$ und

$$\alpha_f = 1 + \frac{(K+1)}{3 \cdot f_I} \;.$$

Der Prüfwert vereinfacht sich zu

$$\chi^2 = 2{,}3026 \cdot \frac{L-1}{\alpha_f} \left[K \cdot \lg s_I^2 - \sum\limits_{j=1}^{K} \lg s_j^2 \right].$$

Die Wahrscheinlichkeitsdichte läßt sich durch folgende Funktion darstellen:

$$\varphi(\chi^2) = \frac{1}{2^{f/2} \cdot \frac{f-2}{2}!} (\chi^2)^{\frac{f-2}{2}} \cdot e^{-\frac{1}{2}\chi^2}$$

und ist eine stetige, unsymmetrische Verteilung mit einem Variationsbereich von 0 bis $+\infty$; mit wachsendem f nähert sie sich der Normalverteilung. Die Entscheidungskriterien beim Vergleich von $\hat{\chi}^2$ mit $\chi^2_{f,p}$ entsprechen dem F-Test und werden auf dem vereinbarten Signifikanzniveau α von 5, 1 oder 0,1% entschieden. Ein Rechenbeispiel findet sich in [14].
Weitere Homogenitätstests beim Vergleich von mehr als zwei Varianzen sind von Cochran und von Hartley beschrieben. Sie benötigen einen geringeren Rechenaufwand. Rechenbeispiele und Interpretation s. [14].

8.3.3 t-Test

Der englische Chemiker W. S. Gosset (1876–1937) veröffentlichte 1908 unter dem Pseudonym „Student" einen statistischen Test, der den Vergleich von Mittelwerten aus kleinen Stichprobenumfängen zuläßt, also die Wahrscheinlichkeit dafür ermittelt, daß zwei numerisch unterschiedliche Mittelwerte doch der selben Grundgesamtheit entstammen können. Später hat R. A. Fisher die zugehörige Verteilungsfunktion abgeleitet:

$$\varphi(t) = \frac{\frac{f-1}{2}!}{\frac{f-2}{2}! \cdot \sqrt{\pi \cdot f}} \cdot \left(1 + \frac{t^2}{f}\right)^{-\frac{f+1}{2}} .$$

Die t-Verteilung ist der Normalverteilung im Verlauf sehr ähnlich, also eine stetige, symmetrische, glockenförmige Funktion mit asymptotischen Näherungen an die Abzisse für $-\infty$ und $+\infty$. Schon für $f \simeq 120$ ist sie praktisch identisch mit der Normalverteilung. Für wenige Freiheitsgrade ist es oft sinnvoller statt mit den k-Werten der Normalverteilung mit den entsprechenden t-Werten der t-Verteilung zu arbeiten, um den realistischen Streubereich anzugeben, also statt $x_i \pm k \cdot s_{x_i}$ besser $x_i \pm t_f \cdot s_{x_i}$. Dabei gilt z. B.:

P (%)	k	$t_{f=5}$	$t_{f=120}$
95	1,96	2,57	1,98
99	2,58	4,03	2,62

Der analytische Chemiker wendet den t-Test vornehmlich aus zwei Gründen an, nämlich
- um zwei Mittelwerte zu vergleichen mit dem Ziel, auf überzufällige Abweichungen zu prüfen und
- um einen Mittelwert mit einem Sollwert zu vergleichen zur Feststellung, ob der Mittelwert nur zufällig vom Sollwert verschieden ist.

Der Prüfwert im ersteren Fall ist

$$\hat{t} = \left| \frac{\bar{x}_1 - \bar{x}_2}{s_d} \cdot \sqrt{\frac{n_1 \cdot n_2}{n_1 + n_2}} \right| ,$$

wobei

$$s_d = \sqrt{\frac{(n_1 - 1) \cdot s_1^2 + (n_2 - 1) \cdot s_2^2}{n_1 + n_2 - 2}} .$$

Ergibt sich kein Widerspruch zu der Annahme, daß $\bar{x}_1$ und $\bar{x}_2$ nur zufällig voneinander abweichen, so darf man wie folgt zusammenfassen:

$$\bar{\bar{x}} = \frac{1}{n} (n_1 \cdot \bar{x}_1 + n_2 \cdot \bar{x}_2),$$

wobei $n = n_1 + n_2$ ist.

Das zu $\bar{x}$ zugehörige Gesamtstreumaß errechnet sich aus

$$s = \sqrt{\frac{1}{n-1}\left\{(n_1-1)\cdot s_1^2 + (n_2-1)\cdot s_2^2 + \frac{1}{n}\cdot n_1\cdot n_2(\bar{x}_1-\bar{x}_2)^2\right\}},$$

wobei der letzte Term wiederum die numerische Differenz der Mittelwerte berücksichtigt.

Beim Vergleich eines Mittelwertes mit einem Sollwert (W) benutzt man als Prüfwert

$$\hat{t} = \left|\frac{\bar{x}-W}{s_{x_i}}\cdot\sqrt{n}\right|;\qquad s_{x_i} = \sqrt{\frac{\sum_{1}^{n}(x_i-\bar{x})^2}{n-1}}$$

Beispiele: [8]

Entscheidungskriterien:

Prüfwert	Tabellenwert	Urteil
$\hat{t}$	$< t\,(95)$	ein Unterschied zwischen $\bar{x}_1$ und $\bar{x}_2$ nicht feststellbar;
$\hat{t}$	$\geq t\,(95)$ $<t\,(99)$	Unterschied wahrscheinlich, weiterprüfen;
$\hat{t}$	$\geq t\,(99)$ $<t\,(99{,}9)$	Unterschied zwischen $\bar{x}_1$ und $\bar{x}_2$ signifikant;
$\hat{t}$	$> t\,(99{,}9)$	Unterschied zwischen $\bar{x}_1$ und $\bar{x}_2$ hochsignifikant

8.3.4 Vergleich von mehr als zwei Mittelwerten

Ein Homogenitätstest von mehr als zwei Mittelwerten kann iterativ, paarweise erfolgen, wobei beim jeweils nächsten t-Test der zusammengefaßte Mittelwert ($\bar{\bar{x}}$) des vorausgegangenen Paares in den Prüfwert Eingang findet. Bei einer größeren Anzahl Mittelwerte wird zur Homogenitätsprüfung ein Rangfolgetest durchgeführt.

Das verteilungsunabhängige Gegenstück zum parametrischen t-Test ist der U-Test von Wilcoxon, Mann und Whitney. Beim Vergleich zweier Mittelwerte stetiger Verteilungen hat dieser Test eine stärkere asymptotische Effizienz.

Eine Verallgemeinerung des U-Tests mit ebenso stärkerer asymptotischer Effizienz ist der H-Test nach Kruskal und Wallis (1952). Er wird bei der Ableitung der Verfahrenskenngrößen durch Gemeinschaftsuntersuchungen (Ringversuche) benötigt zur Prüfung auf Mittelwertunterschiede [14], [3]. Die N-Meßwerte aller m-Laboratorien werden der Größe nach geordnet und jedem Wert eine Rangzahl von 1 bis N zugeordnet; gleiche Meßwerte bekommen die gleiche, gemittelte Rangzahl aus der Folge identischer Werte. Die Rangzahlen werden den Labors zugeordnet und jeweils die Summe der Rangzahlen ermittelt: ΣR_i. Für die gleiche Anzahl n von Wiederholmessungen in jedem Labor gilt nun als Prüfgröße

$$\hat{H} = \frac{12}{N(N+1)} \sum_1^m \frac{R_i^2}{n} - 3(N+1)$$

Man entscheidet durch Vergleich von $\hat{H}$ mit dem χ^2-Wert auf dem 1-%-Signifikanzniveau bei $f = m - 1$ Freiheitsgraden.

8.3.5 Ausreißer-Test

Definition: Unterscheidet sich ein einzelner Wert so stark von den übrigen Werten der Reihe, daß er nicht mehr als zufällige Abweichung erachtet werden kann, so bezeichnet man ihn als „*Ausreißer*".
Von diesen Ausreißern, bei denen die Ursache der Abweichung nicht erkennbar ist, sind sogenannte „Unfallwerte" zu unterscheiden, deren Fehlerquelle bekannt ist (z. B. Titrationsfehler). Letztere sind zu verwerfen und die Bestimmung zu wiederholen.
Ein „Ausreißer" darf nur dann verworfen werden, wenn er nach gültigen, vereinbarten und nachprüfbaren Regeln erkannt wurde.
Die Anwendung und Auswahl eines Ausreißer-Tests setzt die Kenntnis der zu erwartenden Merkmalsverteilung der Meßwerte voraus.
Ein Ausreißer-Test ist nur bei kleinem Datenumfang (n) von Bedeutung, bei großem n sollte darauf verzichtet werden, da ein Ausreißer hier weder für die Mittelwertbildung noch für das Streumaß sich verfälschend auswirken wird.

Ausreißer-Test nach Grubbs
Der 1969 von F. E. Grubbs statistisch gut begründete Test wird hier aus einer größeren Zahl sonstiger Ausreißertests auch in [14] eigens empfohlen.
Durchführung:
– Man berechnet aus allen Meßwerten $\bar{x} = \frac{1}{n} \Sigma x_i$, wobei n zwischen 3 und 10 liegen soll und der *ausreißerverdächtige Wert x* mitverrechnet* wird.
– Es wird $s_{x_i} = \sqrt{\dfrac{\Sigma (x_i - \bar{x})^2}{n-1}}$ ermittelt unter Einbeziehung von x_i^*.
– Die größte absolute Abweichung von $\bar{x}$ wird durch x_i^* verursacht und entspricht $\Delta x^* = \max |x_i^* - \bar{x}|$.
– Die Prüfgröße (PG) ist gegeben durch

$$PG = \frac{\Delta x^*}{s_{x_i}}$$

– Man vergleicht PG mit dem Tabellenwert für n bei 1 % Irrtumswahrscheinlichkeit; ist PG > PG$_{\text{Tab.}}$, gilt x_i^* als Ausreißer.

n	PG ($p = 0{,}01$)
3	1,155
4	1,496
5	1,764
6	1,973
7	2,139
8	2,274
9	2,387
10	2,482

8.4 Korrelation und Regression

Die lineare Korrelationsanalyse untersucht die Frage, ob eine Folge von jeweils zwei einander zugeordneten variablen Größen eine lineare Abhängigkeit erkennen läßt. Der Korrelationskoeffizient r ist ein Maß dafür, wie streng die Linearität gegeben ist.

Sind x_i, y_i die einander zugeordneten Variablen, so errechnet sich r aus:

$$r = \frac{\sum x_i \cdot y_i - \dfrac{\sum x_i \cdot \sum y_i}{n}}{s_{x_i} \cdot s_{y_i}}.$$

r nimmt Werte zwischen -1 und $+1$ an, $r = 0$ bedeutet keine Korrelation, ein Wert nahe $+1$ bedeutet direkte, -1 reziproke Korrelation.

Für analytische Zwecke sollte $|r| > 0{,}95$ sein, um eine Korrelation annehmen zu können. Eine festgestellte Korrelation sagt nur etwas über die formale Abhängigkeit der Variablen aus, aber nichts über kausale Abhängigkeiten.

In der linearen Regressionsanalyse wird eine hinreichende Korrelation bereits als erwiesen vorausgesetzt und werden nunmehr die Konstanten b (= Regressionskoeffizient) und a (= Regressionskonstante) abgeleitet. Es gilt für

$$Y_{(x)} = b \cdot x_i + a,$$

$$b = \frac{s_{xy}^2}{s_{x_i}^2} = \frac{\sum x_i \cdot y_i - \dfrac{\sum x_i \cdot \sum y_i}{n}}{(n-1) \cdot s_{x_i}^2} \quad \text{und} \quad a = \bar{y} - b \cdot \bar{x}.$$

$s_{xy}^2 = \dfrac{1}{n-1} \sum (x_i - \bar{x}) \cdot (y_i - \bar{y})$ entspricht dem Mittelwert des Produktes der Merkmalsabweichungen, von deren Mittelwert und heißt Kovarianz. Sie ist ein geeignetes Maß für den Grad des Miteinandervariierens der Beobachtungen (x_i, y_i).

Zu jeder Merkmalskonzentration x_i werden bei n Wiederholungsmessungen $y_{i,j}$ Meßwerte gefunden, aus denen sich $\bar{y}_i$ errechnet. $Y_{(x)}$ ist der nach

Ermittlung von a und b für die x_i zu erwartende zugehörige Wert auf der Kalibriergeraden. Für die Merkmalskonzentration x_i ergibt $Y_{(x_i)} \pm k \cdot s_{y_i}$ den Vertrauensbereich für Einzelwerte, $Y_{(x_i)} \pm k \cdot s_{\bar{y}}$ den für Mittelwerte. Über die Regressionsgerade lassen sich dann die Aussagen auf die Merkmalskonzentrationen übertragen.

Die Größen r, a und b werden heute bei Eingabe der Wertepaare (x_i, y_i) von elektronischen Kleinrechnern direkt ausgeworfen. Die Streuung der Daten um die Regressionsgerade läßt sich für einen geschätzten Mittelwert $\bar{y}$ an der Stelle x darstellen durch

$$s_{\bar{y}} = s_{y \cdot x} \cdot \sqrt{\frac{1}{n} + \frac{(x - \bar{x})^2}{Q_x}} \, ,$$

wobei

$$s_{y \cdot x} = \sqrt{\frac{\Sigma (y_i - \bar{y})^2}{n - 2}}$$

und

$$Q_x = \Sigma x^2 - \frac{1}{n} \cdot (\Sigma x)^2$$

ist.

Das Streumaß für einen vorausgesagten Einzelwert y an der Stelle x errechnet sich aus

$$s_{y_i} = s_{y \cdot x} \sqrt{1 + \frac{1}{n} + \frac{(x - \bar{x})^2}{Q_x}} \, .$$

In beiden Fällen kommt die Konzentrationsabhängigkeit der Streuung durch die einhüllenden Konfidenzhyperbeln zum Ausdruck.

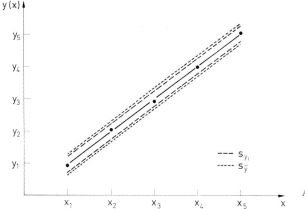

Abb. 4. Lineare Regression

8.5 Verfahrenskenngrößen analytischer Meßverfahren aus Gemeinschaftsuntersuchungen (Ringversuche)

Die Verfahrenskenngrößen beschreiben die experimentell von einer repräsentativen Gruppe von Analytikern ermittelten Eigenschaften eines standardisierten Analysenverfahrens hinsichtlich der *Wiederholbarkeit* und der *Vergleichbarkeit* von Meßdaten sowie der *Nachweis- und Bestimmungsgrenze* für bestimmte Merkmale.

Die Kenngrößen sind gemittelte Werte aus den Gemeinschaftsuntersuchungen einer solchen Gruppe von Analytikern, die nach ihren unterschiedlichen Erfahrungen im Umgang mit dem standardisierten Meßverfahren die Realität der zu erwartenden Streuungen der Meßdaten am besten abbilden. Deshalb gelten solche Kenngrößen für jeden Anwender des Meßverfahrens auch dann, wenn er selbst in der Lage wäre, noch bessere Ergebnisse zu erzielen.

8.5.1 Wiederholbarkeit r

ist ein Maß für die mittlere Streuung von Wiederholmessungen der einzelnen Labors. Bei n Wiederholmessungen in einem Labor ergibt sich das Streumaß aus

$$s_{x_i} = \sqrt{\frac{\sum\limits_{1}^{n} (x_i - \bar{x})^2}{n - 1}} \, ;$$

hält man in allen m Laboratorien des Ringversuchs n konstant, so errechnet sich aus

$$s_r^2 = \frac{1}{N - m} \sum\limits_{1}^{m} f_i \cdot s_i^2 ,$$

bei $N = n \cdot m$ Gesamtmeßdaten nach den Regeln des „Fehlerfortpflanzungsgesetzes" (FFG)

$$s_r = \sqrt{\frac{1}{N - m} \sum\limits_{1}^{m} f_i \cdot s_i^2}$$

die mittlere Streuung innerhalb der Laboratorien (d. h. wie gut im Mittel die einzelnen Labors die Meßdaten reproduzieren können).

Ist ein in einem Labor erzieltes Streumaß nur zufällig verschieden von s_r, so gilt für eine Differenz zweier Meßdaten nach den Regeln des FFGs bei

$$x_1 \pm k \cdot s_1; \quad x_2 \pm k \cdot s_2; \quad |x_1 - x_2| \pm k \cdot \sqrt{s_1^2 + s_2^2};$$

bei

$$s_1^2 \simeq s_2^2 \simeq s_r^2 \quad \text{folgt} \quad \pm k \cdot \sqrt{2 \cdot s_r^2};$$

Für 95% Vertrauensbereich ist $k \simeq 2{,}00$; bezeichnet man die absolute Differenz $|x_1 - x_2|$ als r, so wird $r = 2{,}00 \cdot \sqrt{2} \cdot s_r$; $\underline{r = 2{,}83 \cdot s_r}$.
Für ein Wahrscheinlichkeitsniveau von

$$90\% \text{ gilt } r = 2{,}32 \cdot s_r, \quad \text{für } 99\% \; r = 3{,}65 \cdot s_r.$$

Damit ist nach DIN/ISO 5725-88 und Amtliche Sammlung von Untersuchungsverfahren nach § 35 LMBG zu definieren:

> „Die Wiederholbarkeit r ist derjenige Wert, unterhalb dessen man die absolute Differenz zwischen zwei einzelnen Prüfergebnissen, die man mit demselben Verfahren an identischem Prüfmaterial und unter denselben Bedingungen (derselbe Arbeiter, dasselbe Gerät, dasselbe Labor) innerhalb einer kurzen Zeitspanne erhalten hat, mit einer vorgegebenen Wahrscheinlichkeit erwarten darf; wenn nichts anderes angegeben ist, so ist diese Wahrscheinlichkeit 95%".

Damit dürfen sich innerhalb einer Meßserie in einem Labor zwei Meßwerte in der absoluten Differenz höchstens um den Wert „r" unterscheiden. Für die absolute Differenz der Mittelwerte aus zwei Meßserien eines Labors mit n_1 und n_2 Wiederholmessungen gilt:

$$|\bar{y}_1 - \bar{y}_2|_{\text{krit}} = r \cdot \sqrt{\frac{1}{2 \cdot n_1} + \frac{1}{2 \cdot n_2}}; \quad \text{bei} \quad n_1 = n_2$$

gilt $\quad |\bar{y}_1 - \bar{y}_2|_{\text{krit}} = r / \sqrt{n}$, für zwei Doppelbestimmungen wird
$|\bar{y}_1 - \bar{y}_2|_{\text{krit}} = r / \sqrt{2}$.

8.5.2 Vergleichbarkeit R

ist ein Maß für die mittlere Streuung von Meßwerten, die aus verschiedenen Laboratorien stammen. Berechnet man den Gesamtmittelwert $\bar{\bar{x}}$ aus allen ausreißerfreien N Meßdaten und erweisen sich intralaboratorielle Varianzen s_i^2 als homogen (COCHRAN-Test), so ist die Streuung zwischen den aus jeweils n_i ermittelten m Laboratoriumsmittelwerten $\bar{x}_i$ bezogen auf Einzelwerte:

$$s_z^2 = \frac{1}{m-1} \sum n_i (\bar{x}_i - \bar{\bar{x}})^2.$$

Die Gesamtstreuung, die als Vergleichsstreuung (Vergleichsstandardabweichung) s_R bezeichnet wird, setzt sich varianzanalytisch aber aus s_z^2 und s_r^2 nach den Regeln des FFG zusammen:

$$s_R^2 = \frac{1}{a} \cdot s_z^2 + \frac{(a-1)}{a} \cdot s_r^2.$$

Sind die Wiederholmessungen n_i in allen Laboratorien gleich, gilt $a = \dfrac{N}{m}$ und somit

$$s_R^2 = \frac{m}{N} \cdot s_z^2 \frac{N-m}{N} \cdot s_r^2, \qquad s_R = \sqrt{\frac{m}{N} \cdot s_z^2 + \frac{N-m}{N} \cdot s_r^2}$$

In analoger Weise wie für die Wiederholbarkeit r abgeleitet, gilt für die absolute Differenz zweier Meßwerte aus verschiedenen Labors, daß die kritische Differenz dem Wert $R = 2{,}83 \cdot s_R$ entspricht.

DIN/ISO 5725 definiert:

> „Die Vergleichbarkeit R ist derjenige Wert, unterhalb dessen man die absolute Differenz zwischen zwei einzelnen Prüfergebnissen, die man an identischem Material, aber unter verschiedenen Bedingungen (verschiedene Bearbeiter, verschiedene Geräte) und/oder zu verschiedenen Zeiten mit einer vorgegebenen Wahrscheinlichkeit erwarten darf. Wenn nichts anderes angegeben ist, so ist diese Wahrscheinlichkeit 95%.“

Überschreitet also die Differenz den Wert R, so sind diese Meßdaten nicht vergleichbar, ohne daß dabei erkennbar werden muß, welches Meßergebnis falsch ist. Die statistischen Methoden beurteilen die Differenz der Meßdaten verschiedener Labors nur mit der Wahrscheinlichkeit, mit der solche Unterschiede auftreten.

Über den Vergleich zweier Einzelbestimmungen hinaus können aus verschiedenen Labors auch Mittelwerte aus Meßserien unter Wiederholbedingungen verglichen werden:

Labor 1: n_1 Meßwerte, $\bar{y}_1$ Mittelwert
Labor 2: n_2 Meßwerte, $\bar{y}_2$ Mittelwert

kritische Differenz:

$$|\bar{y}_1 - \bar{y}_2|_{krit} = \sqrt{R^2 - r^2 \left(1 - \frac{1}{2n_1} - \frac{1}{2n_2}\right)},$$

für $n_1 = n_2$ gilt:

$$|\bar{y}_1 - \bar{y}_2|_{krit} = \sqrt{R^2 - r^2 \left(\frac{n-1}{n}\right)},$$

für zwei Doppelbestimmungen $n_1 = n_2 = 2$ gilt:

$$|\bar{y}_1 - \bar{y}_2|_{krit} = \sqrt{R^2 - \frac{r^2}{2}}.$$

Beim Vergleich eines Mittelwertes $\bar{y}$ aus n Wiederholungen eines Labors mit einem Sollwert m_0 gilt für eine *einseitige* Fragestellung, d. h. für die Überschreitung eines Höchstwertes oder die Unterschreitung eines Mindestwertes als kritische Differenz, die nicht überschritten werden darf:

$$|\bar{y} - m_0|_{krit} = \frac{0{,}84}{2} \sqrt{R^2 - r^2 \left(\frac{n-1}{n}\right)};$$

0,84 gilt für das Wahrscheinlichkeitsniveau 95%, 0,78 für 90% und 0,90 für 99%.

8.5.3 Nachweis- und Bestimmungsgrenze

Für diese beiden wichtigen Verfahrenskenngrößen sind noch keine allgemein akzeptierten, genauen Definitionen und Arbeitsweisen für ihre Ableitung festgelegt worden. Dennoch besteht in den Arbeitsgruppen Einvernehmen, daß die Ermittlung am besten nach dem Kalibriergeraden-Verfahren erfolgen soll. Unter Hinweis auf aktuelles Schrifttum (16) werden hier nur einige grundsätzliche Überlegungen angesprochen.

Die Nachweisgrenze (NWG) eines Analysenverfahrens ist ein Näherungswert für den untersten Arbeitsbereich eines standardisierten Analysenverfahrens. Der Meßwert y_c an der Nachweisgrenze wird häufig so definiert, daß größere Werte nur noch mit einer geringen Irrtumswahrscheinlichkeit (z.B. 1%) eine zufällige Abweichung vom mittleren Blindwert $\bar{y}_B$ sein können und somit als reale Merkmals-Meßwerte angesehen werden dürfen (Abbildung 5). Nach dieser Definition kann jedoch der Nachweis einer Merkmalskonzentration $\underline{c}$ nur mit einer Wahrscheinlichkeit von 50% sicher erfolgen. Für $c > \underline{c}$ nimmt die Sicherheit des Meßwertes zu, so daß bei einem Verfahrens-Streumaß von s_y für $y = y_c + k \cdot s_y$ ein Vertrauensbereich gewählt werden kann, für den nun $y = y_{cB}$ einen Wert hat, von dem gilt:

alle Werte $\geq y_{cB}$ sind mit einer vorgegebenen statistischen Sicherheit (z.B. 99%) reale Meßwerte.

y_{cB} heißt der Meßwert für die Bestimmungsgrenze $\underline{c}B$. Die Ableitung dieser Verfahrenskenngrößen erfolgt am besten über ein Kalibriergeraden-Verfahren, in der Nähe dieser Grenzwerte.

Nur Meßwerte $y \geq y_{cB}$ sind mit hinreichender Sicherheit als reale Meßwerte erkennbar. Deshalb können sich Legalvorschriften, die die Anwesenheit eines bestimmten Merkmals untersagen, nur an der Bestimmungsgrenze $\underline{c}B$ orientieren. Eine Forderung „darf nicht nachweisbar sein" kann nicht heißen, daß das

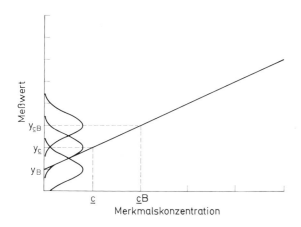

Abb. 5. Nachweis- und Bestimmungsgrenze

Merkmal nicht vorhanden sein darf. Es soll vielmehr mit einem bestimmten Analysenverfahren, auf das bei der Forderung Bezug genommen werden muß, nicht mehr mit einer festgelegten Sicherheit nachgewiesen werden können. Dieser Nachweis sollte für den einzelnen Analytiker wie für Gemeinschaftsuntersuchungen mit einer vereinbarten Sicherheit (z. B. 95 oder 99%) möglich sein.

Die von einem einzelnen Analytiker erzielte NWG wird auch als Labor-NWG bezeichnet, die aus einer Gemeinschaftsuntersuchung (Ringversuch) abgeleitete als Vergleichs-NWG. Entsprechendes gilt für die Bestimmungsgrenzen.

Für die Ableitung der Vergleichs-NWG sollte jedoch nicht nur eine reine Mittelwertbildung aus den Labor-NWG-n erfolgen, sondern mit der Wahl eines höheren Quantils, so daß z. B. 80% der Teilnehmer berücksichtigt werden, den interlaboratoriellen Unterschieden besser Rechnung tragen.

Die Ermittlung der Nachweis- und Bestimmungsgrenze unter Wiederholbedingungen liegt nunmehr auch in einem DIN-Entwurf vor [16].

8.6 Literatur

1. Graf, Henning HJ, Stange, Wilrich PTh (1987) Formeln und Tabellen der angewandten mathematischen Statistik, 3. Auflage, Springer, Berlin Heidelberg New York
2. Smirnow NW, Dumin-Barkowski IW (1973) Mathematische Statistik in der Technik, 3. Auflage, VEB Deutscher Verlag der Wissenschaften, Berlin
3. Sachs L (1984) Angewandte Statistik, 6. Aufl., Springer, Berlin Heidelberg New York
4. Sachs L (1988) Statistische Methoden, 6. Aufl., Springer, Berlin Heidelberg New York
5. Linder A, Berchtold W (1979–1982) Statistische Methoden, 3 Bände. UTB 796 (1979) Elementare statistische Methoden. UTB 1110 (1981) Varianzanalyse und Regressionsrechnung. UTB 1189 (1982) Multivariate Verfahren; Stuttgart
6. Dörffel K (1984) Statistik in der analytischen Chemie, 3. Aufl., Verlag Chemie, Weinheim
7. Ehrenberg ASC (1986) Statistik oder der Umgang mit Daten, 1. Aufl., Verlag Chemie, Weinheim
8. Kaiser RE, Gottschalk G (1972) Elementare Tests zur Beurteilung von Meßdaten BI Hochschul-TB 774
9. Gottschalk G, Kaiser RE (1976) Einführung in die Varianzanalyse und Ringversuche BI Hochschul-TB 775, Bibliographisches Institut, Mannheim
10. Noack S (1980) Auswertung von Meß- und Versuchsdaten mit Taschenrechner und Tisch-Computer, Verlag de Gruyter, Berlin
11. Retzlaff G, Rust G, Waibel J (1978) Statistische Versuchsplanung, Verlag Chemie, Weinheim
12. Lorenz RJ (1988) Grundbegriffe der Biometrie, Verlag G. Fischer, Stuttgart
13. Bozyk Z, Rudzki W (1972) Qualitätskontrolle von Lebensmitteln nach mathematisch-statistischen Methoden, VEB Fachbuchverlag Leipzig
14. Amtliche Sammlung von Untersuchungsmethoden nach § 35 LMBG (1983) Planung und statistische Auswertung von Ringversuchen
15. DIN-ISO 5725-88
16. Literatur zur Nachweis- und Bestimmungsgrenze, Glaser JA (1981) Environmental Science and Technologie Vol. 15
Montag A (1982) Z anal Chem 312, 96–100
Funk W, Dammann V, Vonderheid C, Oehlmann G (Hrsg) (1985) Statistische Methoden in der Wasseranalytik, S 71 ff, Verlag Chemie, Weinheim
Nachweis- und Bestimmungsgrenze, DIN 32645, Entwurf, Jan. 1990, Beuth-Verlag, Berlin

9 Probenahme

W. Sturm, Duisburg

9.1 Einführung

„Während auf der Apparateseite der Analytik ein geradezu ungeheurer Aufwand zur Qualitätsverbesserung betrieben wird, ist dies bei der Probenerhebung nicht der Fall..." [1]. Auch bei Kenntnis der Prüffehler eines bestimmten Analysenverfahrens gestattet das Ergebnis noch keine Aussage über die Richtigkeit, bezogen auf die zu beurteilende Warenpartie [2], weil selbst Wiederhol- und Vergleichsmessungen stets durch den systematischen und statistisch zufälligen Probenahmefehler beeinflußt werden. Bei Messungen im Bereich der Chemie ist der Probenahmefehler leicht um eine Zehnerpotenz größer als die methodisch bedingte Meßabweichung [3].

Zur Klassifizierung von Proben nach Zielsetzungen unterscheidet man international (FAO/WHO) wie folgt: 1. die sog. Fabrikprobe, 2. die amtliche Probe, 3. die Probe zur Erforschung von Schadstoff-/Umweltbelastungen („Monitoring", Überwachung), 4. die Beschwerdeprobe, 5. die Standard-Probe für Marktforschung, 6. die epidemiologische Probe zur Ursachenforschung und 7. die Probe einer wieder verkehrsfähig gemachten („reconditioned") Partie. (s. auch Grundsätzliches zur Probenahmetechnik [4, 117, 118]; bei Import-Kontrollen noch die Schiedsprobe. (Die in diesem Kapitel benutzten Begriffe stimmen mit den nach DIN genormten weitgehend überein, s. u. a. [116 ff]).

9.2 Rechtsgrundlage in der amtlichen Lebensmittel- und Bedarfsgegenstände-Überwachung

Gemäß § 42 des LMBG sind mit der Überwachung beauftragte Personen und die Beamten der Polizei befugt, Proben aller dem LMBG unterliegenden Produkte zu fordern oder zu entnehmen (s. auch befristete Weisungsbefugnis des Ministers und der Regierungspräsidenten in NW über Anzahl zu entnehmender Proben und Art der Untersuchung [5]). Von einer „amtlichen" Probe muß ein Teil oder ein zweites Stück als „Gegenprobe" oder als „Zweitprobe" hinterlassen werden (Zweitprobe ist ein 2. Stück neben der entnommenen (Erst-)Probe gleicher Art derselben Partie von demselben Hersteller); nur Hersteller oder Importeure können ausdrücklich auf Gegenproben verzichten [6].

Obwohl §44, 2. des LMBG den Verordnungsgeber ermächtigt, zwecks
einheitlicher Durchführung der amtlichen Überwachung Vorschriften über
Verfahren zur Probenahme von Lebensmitteln , kosmetischen Mitteln und
Bedarfsgegenständen zu erlassen, und obwohl das Bundesgesundheitsamt
gemäß §35 die Amtliche Sammlung von Verfahren zur Probenahme und
Untersuchung für die gleichen Produktgruppen sowie für Tabakerzeugnisse in
bezug auf Untersuchungsverfahren laufend erweitert, veröffentlichten beide
Institutionen gerade für die so bedeutungsvolle Probenahme bisher nur wenige
Vorschriften (s. unter 9.14), die zudem fast ausnahmslos nur für enge
Produktbereiche oder einzelne Merkmale gelten.

Hat doch gerade die noch nicht ausreichende Beachtung deutscher nicht-
amtlicher Stichprobenpläne [119, 120, 121] und solcher für den EG-Bereich
sowie für weltweite Anwendung veröffentlichte Probenpläne (Cod. aliment.)
dazu geführt, daß es zwischen der Lebensmittelüberwachung und Herstellern
bzw. Importeuren vor Gericht oft zu schwierig lösbaren Konflikten gekommen
ist: Meist mußten die Verfahren gemäß dem allgemeinen Grundsatz „in dubio
pro reo" – nach rechtsstaatlichen Prinzipien sogar zu Recht – eingestellt
werden und das sehr zu ungunsten breiter Verbraucherkreise.

9.3 Partie/Los/Grundgesamtheit – Abgrenzungen

Partien sind häufig nur kaufmännisch unterteilte Lieferungen bzw. Abrech-
nungseinheiten (7). Derzeit wird eine Partie nach Auslieferung lediglich
aufgrund übereinstimmender Kennzeichnungselemente, wie Hersteller Stanzen-Nummern (Charge? oder Herstellungstag?) und ggf. Mindesthaltbarkeitsdatum für zusammengehörig gehalten. „Los ... Menge eines Produkts, die
unter Bedingungen entstanden sind, die als einheitlich angesehen werden ...
Rohmaterial ... Halbzeug ... Endprodukt" [8]. Das „Los" steht für „Prüflos",
„... das als zu beurteilende Gesamtheit einer Qualitätsprüfung unterzogen
wird [9].

Die neue EG-Richtlinie definiert kurz: „Los" ... ist eine Gesamtheit von
Verkaufseinheiten eines Lebensmittels, das unter praktisch gleichen Umständen erzeugt, hergestellt oder verpackt wurde ... Das Los wird in jedem Fall
vom Erzeuger, Hersteller oder Verpacker ... oder vom ersten in der Gemeinschaft ansässigen Verkäufer (?) festgelegt ..." [10]; (s. drei ähnliche Definitionen für „Lot" bzw. „Batch" von Cod. aliment. [11]).

Das Wesentliche einer Partie ist die (zu erwartende) „Homogenität", mindestens in bezug auf Rezeptur, Technologie, Herstellungs-, Lagerungszeitraum
und Rohstoffart sowie mit Einschränkung auch in bezug auf Rohstoffqualität;
darauf beruhen die Annahmen einheitlicher Produktmerkmale.

Die Partiegröße kann eine Stunden-, Tages-, ja sogar eine Wochenproduktion
umfassen, soweit diese herstellungstechnisch gleichmäßig verlaufen, d.h. auch
durch keinerlei Maßnahmen, wie Stillstand (Maschinenreinigung, längerer
Schichtwechsel usw.) unterbrochen gewesen sind [12]. Bei Größen von über
10000 Einheiten sollten Partien möglichst geteilt werden [13].

Unterteilung in Chargen bzw. „Schichten"

Eine „Charge ist das mit ein und demselben Arbeitsgang erhaltene Material", [6]. Bei chargenweiser, d. h. nichtkontinuierlicher Herstellung aus natürlicherweise inhomogenen Rohstoffen (z. B. Fleisch aller Art) müßten auch Chargen künftig unterscheidbar gekennzeichnet sein. Sobald sich innerhalb einer „Partie" Anteile in bezug auf die zu untersuchende Eigenschaft auffällig oder aufgrund von Informationen voneinander unterscheiden, also jeweils nur in sich homogene Teilpartien darstellen, ist dementsprechend in sog. Schichten zu unterteilen: Dabei wären einzelne Chargen oder z. B. in unterschiedlichen Arbeitsschichten hergestellte Warenmengen sog. natürliche Schichten, während „künstliche Schichten" entstehen, wenn man z. B. Eisenbahnzüge (mit Zuckerrüben) oder LKW-Kolonnen (mit Nüssen) willkürlich in die Ladungen der einzelnen Waggons oder LKW's unterteilt [13].

9.4 „Potentiell inhomogene" und heterogene Lebensmittel (Gemenge)

Vor den Fragen nach Probenmenge und ggf. zu entnehmender Teilmengen steht die kritische Frage nach der Produktart: Neben wenigen völlig homogenen Lebensmitteln sind die weitaus meisten inhomogen und zwar von kaum erkennbar („potentiell") inhomogen mit fließenden Übergängen bis zu extrem heterogen. So beginnt die Problematik schon bei potentiell inhomogenen Gemengen aus z. B. fest/flüssigen Phasen, solchen mit Komponenten wenig unterschiedlicher spezifischer Gewichte sowie Teilchengrößen und steigert sich über bekannt inhomogene Rohstoffe (z. B. Getreidekörner, Honig in Fässern), Halbfabrikate (z. B. Rohmassen) und Fertigerzeugnisse, (z. B. Leberwurst) bis zu auffällig heterogenen Produkten (z. B. Zungenwurst). *In jedem Zweifelsfalle sollte man mit mehr oder weniger Inhomogenität des betreffenden Produktes rechnen.*

9.5 Die Einzelstichprobenprüfung „repräsentativ"?

Bei sehr selten notwendigen „100%-Kontrollen" werden theoretisch alle Einheiten einer Grundgesamtheit, z. B. aus jeder Einheit werden Proben entnommen; in der Regel werden nur Teile (= „Loseinheiten") entnommen, die man schlicht Stichproben nennt.

An homogenen Lebensmitteln

Wenn eine Stichprobe nur von einer einzigen Stelle einer Partie entnommen wird, kann das daran ermittelte Analysenergebnis nur dann auf die mittlere Beschaffenheit dieser Partie („Mittelwertschätzung von Eigenschaften") einen Schluß zulassen, wenn es sich um ein einheitliches Material handelt, z. B. um Getreidestärke oder flüssiges (wasserfreies) Speisefett; jedoch dürfen diese auch nicht sporadisch z. B. mit Stärkeklumpen bzw. mit fettunlöslichen

(Schad-)Stoffen (= „isolierte Merkmale") behaftet bzw. verunreinigt sein. Als homogen gelten auch Mehrkomponenten-Lebensmittel, die bei der Herstellung (als Pasten oder Teige) innig und bleibend vermischt wurden. „ ... die Überprüfung eines Stoffes (sei) bereits in einer kleineren Einheit für die gesamte Charge repräsentativ ... insbesondere für homogene Lebensmittel (wie) Bier, Trinkbranntwein, Wein, Erfrischungsgetränke [1], Fruchtsäfte [1], Getränkepulver, Honig [1], Marzipan, Mehl, Milch [1], Milchpulver, ..." (Zipfel [14]).

Grundsätzlich wird ein Produkt in bezug auf das untersuchte Merkmal als homogen angesehen, wenn dessen Meßergebnisse nur durch zufällige Fehler der Bestimmungsmethode streuen.

An inhomogenen Lebensmitteln

Bei inhomogenen Lebensmitteln ist die Prüfung von nur einer Einheit oder aufgrund einer nur an einer Stelle entnommenen Stichprobe im allgemeinen nicht aussagefähig. Manche Lebensmittel können inhomogen erscheinen, aber in bezug auf bestimmte Merkmale homogen sein.

Mit Verkleinerung der Stichprobenumfänge können sich Inhomogenitäten verstärkt auswirken [15].

9.6 „Repräsentative"/(statistische?) = „Zufalls-Stichproben"

Dabei bedeutet *repräsentativ* wörtlich kurz: „stellvertretend", d.h. hier: ein möglichst genaues Abbild derjenigen Gesamtheit abgebend, aus der eine Stichprobe stammt. „Diese Aufgabe wird um so schwieriger zu lösen sein, je heterogener die zu (be)probende Substanz ist" [16]. „Wie man eine Probe repräsentativ zieht, ist nicht allgemein zu beantworten" [17]. Um Aussagen über das „Urmaterial" zu erhalten, können „Stichproben" zwar in willkürlich gewähltem Umfang auf ein Los angesetzt werden, aber abhängig von den statistischen Randbedingungen gibt es Mindeststichprobenumfänge, die nicht unterschritten werden dürfen, wenn vermutete Fehler aufgedeckt werden sollen. Entnahmestellen der Stichproben oder sog. Los-Einheiten müssen „streng zufällig" – auf Englisch: ‚random', heißt wahllos, ziellos – erfolgen; also alle Einheiten der Grundgesamtheit, ob sie „gut" oder „schlecht" sind, müssen wie bei Auslosungen aus Urnen die gleichen Chancen haben, als Zufallsstichproben ausgewählt zu werden [18]. „Eine verzerrt ausgewählte Stichprobe wird aber (auch) durch Vergrößerung nicht repräsentativ ..." [19]. Grundbedingung für repräsentative Probenahmen ist nämlich, daß Kriterien oder Verfahren für die jeweiligen Entnahmen (von Loseinheiten, Teilen, Stücken) völlig unabhängig von dem interessierenden bzw. zu untersuchenden Merkmal bzw. von der Eigenschaft des Produktes sind [13, 117].

---

[1] Dabei sei vorausgesetzt, daß man entweder eine Fertigpackung oder bei loser Ware erst nach ausreichendem Durchmischen eine Probe entnimmt.

Statistische Zufallstafeln (für Stückware)

Ein durchgehend zufälliges Entnehmen von Stichproben ist unter anderem zu gewährleisten mittels sog. Tafeln von Zufallszahlen mit ihren Serien mehrstelliger, nach dem Prinzip vollständiger Zufälligkeit verteilter, quasi „zusammengewürfelter" Zahlen [13]. Es gibt dazu auch Taschenrechner, die ‚Randomnumbers' auswerfen. Für dieses nur bei (verpackter) Stückware anwendbare Verfahren müssen allerdings sämtliche Loseinheiten einer Partie quasi numeriert oder von vornherein so angeordnet sein, daß man diese einfach (z. B. von links oben nach rechts unten) durchzählend und daneben Zufallszahlen folgend, so Stichproben „streng zufällig" entnehmen kann; (Näheres zur Handhabung s. [13]).

Unter bestimmten Bedingungen kann auch eine systematische Probenahme angewendet werden; (s. 9.8).

Statistisches Blind-Entnahmeverfahren für Partien (*Bulks*) *loser Ware*

Danach sollen aus festzulegenden Stellen der Partie (s. auch [117]) möglichst gleichmäßig, aber nicht systematisch verteilt (s. 9.8), Stichproben entnommen werden; bei jeder repräsentativen Stichprobenprüfung hat man ggf. erkannte sog. Schichten (s. 9.3) anteilmäßig zu berücksichtigen: So sind bei einer z. B. in 3 Tanks im Verhältnis 40:40:20 gelieferten Partie die Stichprobenumfänge daraus im gleichen Verhältnis, also mengenproportional zu entnehmen („geschichtete Stichproben") und zu einer Sammelprobe zu vereinigen.

9.7 „Einstufiges" und „mehrstufiges" Probenahmeverfahren

Den vorangegangenen Ausführungen lag (unausgesprochen) das meist angewandte „einstufige Entnahmeschema" zugrunde. Bei großen Partien (Losen) und erschwertem Zugang zu allen Loseinheiten ist auch das „mehrstufige" üblich, indem z. B. aus der gesamten Partie eine bestimmte Anzahl Paletten mit Kartons (= 1. Stufe = „komplexe Einheit") ausgewählt wird, von diesen eine bestimmte Anzahl Kartons (2. Stufe) und daraus je eine bestimmte Anzahl Gebinde, z. B. 2 Dosen (= 3. bzw. „höchste Stufe" = „individuelle Loseinheit") [117].

9.8 Statistisch zufällige und systematische Probenahmefehler

Auch bei Probenahmeverfahren unterscheidet man den zufälligen vom systematischen Fehler: Vergleicht man nämlich den Erwartungswert bezüglich der interessierenden Eigenschaft in der (Grund-)Gesamtheit mit dem Untersuchungsergebnis aus daraus zufällig entnommenen Stichproben, so ist die Abweichung des Ergebnisses vom Erwartungswert der *zufällige* Probenahmefehler; dessen Größe ist von der Streuung der zu untersuchenden Eigenschaft und vom Stichprobenumfang („Anzahl der Stichprobeneinheiten") abhängig [9].

Der *systematische* Fehler kann auch vom eigentlichen Probenahmeverfahren beeinflußt sein [13]: Zu den am ehesten vermeidbaren Fehlern dieser Art zählt jegliche Bevorzugung von Loseinheiten mit bestimmten Eigenschaften, wie die gedankenlose Entnahme z. B. mehr gebräunter oder dünner überzogener Gebäckstücke, also eine schlicht einseitige Probenahme. Schwer vermeidbare, weil auch schwer verständliche Risiken für systematische Fehler liegen bei den wegen ihrer Einfachheit beliebten systematischen Probenahmen, bei denen man jedes soundsovielte Stück herausgreift oder zeitproportional mechanisch beprobt. Nur wenn Prüflose „Zufallsmischungen" sind, können auch so entnommene Proben als „Zufallsproben" angesehen werden; wenn aber in Losen das interessierende Merkmal z. B. wegen einer regelmäßigen Produktionsschwankung systematisch verteilt ist und der Abstand der Stichproben damit gerade übereinstimmt, können Verfälschungen der Probenzusammensetzung und zwar systematische Fehler entstehen [20]. So sind denn auch die meisten Fehler systematische Ungenauigkeiten beim Probenahmeverfahren [21].

9.9 Wahrscheinlichkeit(en)

Die bei „Zufallsstichproben" an einer Anzahl vergleichbarer Warenpartien gefundenen Ergebnisse (positive Befunde bei Attributprüfung), unterliegen – wie die „zufälligen Ereignisse" bei Massenerscheinungen – gewissen Gesetzmäßigkeiten der Wahrscheinlichkeit: Nach einer Anzahl (n) Stichproben und Untersuchungen bzw. positiver Befunde (m) kennt man die relative „Häufigkeit des zufälligen Ereignisses" (m/n), hier die relative Häufigkeit positiver Befunde, die um eine bestimmte Zahl (p = probability) schwankt; die mittlere relative Häufigkeit ist ein Schätzwert für die Wahrscheinlichkeit des zufälligen Ereignisses bzw. die der positiven Befunde [13].

Vom Hersteller aus kann man für jede Art Lebensmittel mit Hilfe eines – allerdings unterschiedlichen – Stichprobenumfanges, entsprechender Analysen und gewisser Regeln der Wahrscheinlichkeitsrechnung für die interessierenden Merkmale Häufigkeitsverteilungen ermitteln, die sich grundsätzlich auf eine *Großzahl* gleichartiger Warenpartien beziehen.

Weiterhin läßt sich statistisch berechnen und damit angenähert voraussagen, mit welcher Wahrscheinlichkeit bzw. wie oft etwa vergleichbare Partien (bei Benutzung eines festgelegten Stichprobenplanes) zu einem bestimmten Befund führen werden [22].

Bei Produktbeurteilungen wird ein Signifikanzniveau von 5% bzw. ein Vertrauensniveau von 95% als ausreichend anerkannt [3].

Für die am häufigsten gefragte Mittelwerteinschätzung einer Partie inhomogener/heterogener Lebensmittel erhöht sich mit jedem erweiterten Stichprobenumfang verständlicherweise auch der Informationsinhalt der Stichprobe. Das kann z. B. dazu führen, daß man engere Grenzen des Vertrauensbereiches erhält, was eine schärfere Aussage bedeutet. So kann man z. B. in Partien süßer Mandeln mit einem wahren durchschnittlichen Gehalt von 4% bitteren

Mandeln bei einer Stichprobenprüfung aufgrund 100 repräsentativ entnommener Mandeln (Wahrscheinlichkeit von 95%) zu Befunden zwischen 1,1 und
9,9% bitterer Kerne kommen; selbst bei Verzehnfachung von „n", also bei
1000 Mandeln kann man hier noch immer Befunde zwischen 2,9 und 5,4%
finden [28, 123, 124, 125].
(Vergleiche damit die Annahmewahrscheinlichkeit von 99% bei der Fertigpackungs-VO).

9.10 Voraussetzungen für statistisch zu berechnende Stichprobenpläne für Hersteller/Importeure/Lieferanten und Abnehmer/Verbraucher

Aufgrund der Sorgfaltspflicht sind moderne Qualitätssicherungssysteme und
damit auch geplante Probenahmen sowohl für alle benötigten Rohstoffe und
Verpackungsmaterialien als auch für die laufenden Produktionskontrollen
unerläßlich (s. 9.15). Will man aus Kapazitäts- und Kostengründen mit
möglichst kleinem Stichprobenumfang möglichst zutreffende Informationen
über wesentliche Merkmale der zu beurteilenden Ware erhalten, müssen
(Groß-)Abnehmer von Lebensmitteln und deren Lieferanten jeweils einen
statistisch berechneten Stichprobenplan bzw. eine Stichprobenprüfung verein-
baren: Wichtigste Voraussetzungen dazu sind, daß der Lieferant
(Erzeuger/Hersteller) aufgrund der Kenntnis der natürlichen Verteilung der
interessierenden Merkmale (Rohstoff-Spezifikationen) bzw. herstellungsbedingter Streubreiten (Fertigprodukt-Spezifikationen) die Losgrößen im Sinne
möglichst homogener Lose begrenzt (s. 9.3). Kennt man die Merkmalseigenschaften nur unzureichend, sind hierfür repräsentative Grundlagenuntersu-
chungen erforderlich, d.h. an Partien des betreffenden Produktes sind
möglichst viele Stichproben zu entnehmen, wofür man zunächst das – auch
später beizubehaltende – Probenahmeschema (s. 9.6 und 9.7) und das
Verfahren der Stichprobenentnahme auswählt. Unter meist mehreren Merkmalen, qualitative/quantitative, werden Fehlerklassifizierungen, wie kritischer
Fehler, Haupt-, Nebenfehler und Fehlergewichtungen vereinbart [9]. Die in der
Technik mittels nichtzerstörender Prüfungen übliche „100%-Kontrolle" ist
bei Lebensmitteln – auch bei den seltenen kritischen Fehlern (z.B. gesundheitlich bedenkliche Fremdkörper) – sehr eingeschränkt und zwar normalerweise
nur bei Rohstoff- und Großhandelsgebinden durchführbar.
Nach Vereinbarung über Hauptfehler (z.B. gröbere Verunreinigungen, Fettverderb o.ä.) und Nebenfehler (z.B. Qualitätsabweichungen) wählt man
zunächst den geeigneten Prüfmodus aus („Attribut-" oder „Variablenprüfung". Erst dann kann die sog. Annehmbare Qualitätsgrenzlage
(= „Acceptable Quality Level"), kurz „AQL", festgelegt werden; (s. Abb. 1
[9]). „Die AQL ist die Qualitätslage, die bei einer Stichprobenprüfung die

---

[1] Von K. Graebig, Deutsches Institut für Normung e.V., Berlin, wurden einige normenge-
     rechte Anmerkungen eingebracht.

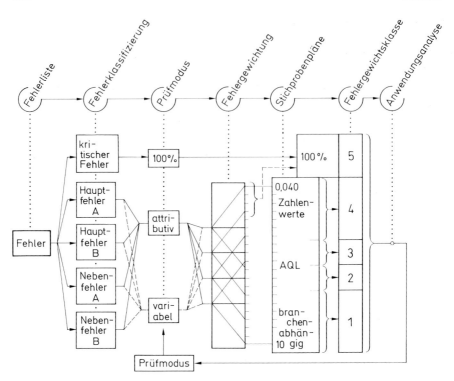

Abb. 1. Ablaufschema zur AQL-Ermittlung (Grundaufgabe)

Grenze einer zufriedenstellenden mittleren Qualitätslage darstellt, wobei eine kontinuierliche Serie von Losen betrachtet wird" [8]. Ein vereinbarter AQL-Wert gilt als „übergeordneter Gesichtspunkt"; denn davon hängen vor allem der Stichprobenumfang sowie die „Annahmezahl" (c) bzw. „Rückweisezahl" (d) ab.

Vom Stichprobenumfang und von der Annahmezahl sowie von der tatsächlichen Qualitätslage der Lose hängt wiederum die sog. Annahmewahrscheinlichkeit ab. Bei bekannter Grundgesamtheit (d.h. z.B. bei Attributprüfung bekannter Anteil fehlerhafter Einheiten und bei Variablenprüfung bekannte Wahrscheinlichkeitsverteilung) kann die Annahmewahrscheinlichkeit berechnet werden. Die Wahl des geeigneten AQL-Wertes hängt von vielen Gegebenheiten ab, z.B. Produktart, Sicherheit, Wirtschaftlichkeit. Im Bereich der Lebensmittel werden in der Praxis öfter ein AQL-Wert von 1 für Hauptfehler und ein AQL-Wert von 6,5 für Nebenfehler vereinbart.

Die AQL-Stichprobenpläne sind in dem Entwurf DIN-ISO 2859 Teil 1 und 2 niedergelegt [119, 120]. Zur sachdienlichen Anleitung für die statistischen Berechnungen sind vom Fachschrifttum zunächst [9, 22, 29, 30] und zur Vertiefung z.B. [13] zu empfehlen.

Die große Bedeutung eines optimal auszuwählenden AQL-Wertes mit auch großer Annahmewahrscheinlichkeit wird z.B. in Tabelle 1 veranschaulicht [31].

Tabelle 1. Annahme- und Rückweise-Wahrscheinlichkeiten für eine Annahmezahl (40 bittere Mandeln in Proben von 1000 Mandel-Kernen)

Beispiel	Von je 100 Partien		
	mit einem Gehalt an bitteren Mandeln[a] %	werden wahrscheinlich	
		angenommen	zurückgewiesen
A	1,0	alle	keine
B	2,0	(fast) alle	(fast) keine
C	3,0	99	1
D	4,0	54	46
E	5,0	9	91
F	6,0	2	98

[a] Diese Werte gelten in jeder Zeile als Absolut-Gehalte von theoretisch 100 gleichen Partien und dienen als Bezugsgröße für die folgenden Zahlenwerte

Danach hätte man bei Mandelpartien mit wahren mittleren Gehalten von 4% bitteren Mandeln und dem entsprechenden AQL-Wert von 4 dennoch in fast der Hälfte der Fälle mit Befunden von >4% bitteren Mandeln zu rechnen. Wählt der Lieferant aber Partien aus, bei denen er unter sonst gleichen Bedingungen tatsächlich nur 3% bittere Mandeln hat, besteht nur noch ein geringes Risiko, daß der Abnehmer hier >4% bittere Mandeln finden wird.

Mit Hilfe solcher Art entwickelter Stichprobenanweisungen bzw. -pläne sparen die Partner Probenahme-, Kontrollarbeit und Wartezeit ein; die durch Einfluß von Wahrscheinlichkeit und Zufall stets entstehenden, aber zu tolerierenden Unsicherheiten sowie Risiken werden minimiert und in kalkulierbarer Weise auf beide Seiten verteilt: nämlich sowohl auf den Hersteller/Lieferanten – der trotz Erfüllung der Qualitätsforderung auch – selten – eine zufallsbedingte unangebrachte Beanstandung eines tatsächlich akzeptablen Loses hinnehmen muß, (weil es irrtümlich als zu fehlerhaft erschien) – als auch auf die Seite des Abnehmers/Verbrauchers – der trotz Nichterfüllung seiner Qualitätsforderung – auch selten – ein (eigentlich nicht einwandfreies, irrtümlich freigegebenes) Los annimmt [32, 33, 34].

Bei diesen Vorüberlegungen für Stichprobenpläne geht es auch um die Schlüsselfrage nach dem geeigneten Prüfmodus: In der Regel ist zwischen der Alternative „Attribut-" oder „Variablenprüfung" zu wählen. Beide Prüfungen (s. 9.5) zielen auf ein Klassifizieren ab in „annehmbar" oder „nicht annehmbar"; die Variablenprüfung dient zur Beurteilung einzelner meßbarer Qualitätsmerkmale in Produktpartien, deren Werte (angenähert) normal verteilt sind [29, 30].

Als ein Stichprobensystem, das die Interessen des Lieferanten ebenso wie die des Abnehmers in einer gut ausgewogenen Weise berücksichtigt, gilt das seit 15 Jahren weltweit anerkannte amerikanische System nach ABC-STD-105 [8, 119].

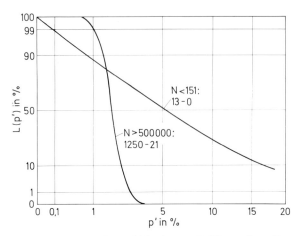

Abb. 2. Trennvermögen abhängig vom Prüflosumfang. Operationscharakteristiken für normale Beurteilung: Gleiche AQL 1,0, verschiedene Losgrößen N

Vermieden sind dabei sowohl zu aufwendige Prüfungen bei kleinen Losumfängen, als auch für beide Partner ein zu großes Risiko bei Lieferlosen großen Umfangs. Dafür stehe als Beispiel ein Produkt, dessen kleinstes Prüflos aus < 151 Loseinheiten (N), dessen größtes Los aus > 500 000 (N) besteht und bei einer gleichen AQL von z. B. 1,0 sowie dazugehörigen sehr unterschiedlichen Stichprobenanweisungen (n = 13, c = 0) bzw. (n = 1250, c = 21) auch sehr unterschiedliche Annahmewahrscheinlichkeiten aufweist; diese sind in Abb. 2 graphisch dargestellt als sog. Operationscharakteristiken (für „normale Beurteilung"). Danach werden hier die großen Lose bei 1250 Einheiten in der Stichprobe mit bis zu 21 tolerierten fehlerhaften Einheiten (p) zu 99% angenommen, die kleinen Lose dagegen bei 13 Einheiten in der Stichprobe und 0 tolerierten fehlerhaften Einheiten nur zu unter 90%. Ist p gleich der geforderten AQL oder kleiner, so ist die Wahrscheinlichkeit zur Rückweisung bzw. das Rückweise-Risiko für den Lieferanten beim größten Los am kleinsten und umgekehrt [9].

9.11 Aflatoxine – statistische Stichprobenpläne Schweiz – BRD – USA – Österreich

Am schwierigsten zu entwickeln sind Stichprobenpläne für Lebensmittel, in denen das interessierende Merkmal nur punktuell und dazu in außergewöhnlich unterschiedlichen Konzentrationen verteilt ist. Das trifft allgemein zu für mikrobiologischen Befall – vor allem bei nichtflüssigen Produkten – und somit auch für Schimmelgifte (s. Mykotoxine), insbesondere bei ganzen Samenkernen (Erdnüssen, Paranüssen) und noch extremer bei den großstückigen Feigen [35]. Weil Aflatoxine zudem gesundheitlich außerordentlich bedenklich sind, gelten sie in diesen Rohstoffen als *das* Musterbeispiel eines „Problemmerkmals". Wie extrem hoch bei Aflatoxin-Bestimmungen hier der Anteil des Probenahmefehlers am Gesamtfehler ist, zeigt eindrucksvoll der Vergleich folgender Variationskoeffizienten: Der analytisch bedingte beträgt 20–30%, der durch Verkleinerung zur Laborprobe entstandene 30–40%, aber der bei Probenahmen verursachte liegt in der Größenordnung von 100% [36]. Daher können hier nur sehr große Stichprobenumfänge das Risiko einer unzutreffenden Bewertung klein halten, und auf kleinen Stichprobenumfängen beruhende Entscheidungen können mit hohen Risiken Fehlentscheidungen sein [37].

Der weltweit anerkannte, erste amtliche Stichprobenplan für Erdnußkerne (Schweiz [38]) stützt sich auf umfangreiche Aflatoxin-Untersuchungen (insbesondere an elektronisch verlesenen „Standardqualitäten") und danach auf folgende Schätzwerte einer wahrscheinlichen Aflatoxin-B1-Verteilung: die Befallshäufigkeit bzw. der Kontaminationsgrad wurden mit etwa 1:10000 (d. h. 1 Kern von etwa 0,4 g in 4 kg Erdnüssen) angenommen und die Wahrscheinlichkeits-Verteilung der Aflatoxin-Gehalte bei 80% der befallen Kerne mit <20 µg/Kern und bei 20% der Kerne mit 20 bis 700 µg.

Daraus hat man folgende Stichprobenprüfung berechnet [17]: Aus einem Los sind zahlreiche Stichproben bis zu einer Gesamt-Probengröße von 2500 g zu ziehen. Die vermischte Sammelprobe ist aufzuteilen in 10 × 250 g-Teilproben, die alle gesondert auf Aflatoxine zu untersuchen sind. Das betreffende Los gilt als noch verkehrsfähig, wenn nur in einer dieser Teilproben ein Wert von max. 25 µg B1 (<125 µg an B2, G1, G2) angetroffen wird; das wären in der Teilprobe etwa ein aflatoxinhaltiger Kern bzw. im Los im Mittel <1 µg/kg [37, 39].

Von ähnlichen Voraussetzungen ging das deutsche BGA für seine statistisch errechneten Vorschläge aus: Bei dem für die Lebensmittelüberwachung geforderten Mindest-Stichprobenumfang von nur 1 kg Erdnüsse/Partie besteht jedoch das Problem, daß erst bei einem Aflatoxin-B1-Gehalt von ≥ 32 µg/1-kg-Probe eine Überschreitung des gesetzlichen Grenzwertes von 5 µg Aflatoxin B1/kg in der Grundgesamtheit statistisch als gesichert (Annahmewahrscheinlichkeit 95%) gelten kann. Das Zugrundelegen dieses so hoch angesetzten Wertes von 32 µg B1/kg-Stichprobe vermeidet zwar ungerechtfertigte Beanstandungen, hat aber auch zur Folge, daß in 95 von 100 Partien die Ware nicht hinreichend sicher als kontaminiert erkannt wird, wenn ein Aflatoxin-B1-Gehalt 5 µg/kg nicht sehr stark übersteigt. Diese durch zu kleinen Stichprobenumfang bedingte Fehlentscheidungen hofft man teilweise auszugleichen, indem die für Hersteller oder Importeure zuständigen Untersuchungsämter alle bundesweit ermittelten Ergebnisse sammeln sollten, um dann aufgrund gewichteter Mittelwerte die dort jeweils lagernde Ware durch erweiterten Stichprobenumfang gezielt zu überwachen.

Importeure oder Hersteller/Verarbeiter sollten gemäß den hohen Forderungen an ihre Sorgfaltspflicht für eine Annahmegrenze von nur 1 µg/kg eine Mindestprobengröße von 20 kg/Partie bzw. Schicht (z. B. 40 Stichproben je 0,5 kg) entnehmen lassen.

Beide Stichprobenpläne schreiben bei Gehalten innerhalb bestimmter Bereiche (z. B. beim Überschreiten der sog. Aflatoxin-Warngrenze von 21 µg B1/kg)

Nachproben vor, damit es nicht zu irrtümlichen Freigaben, ungerechtfertigten Beanstandungen oder Rückweisungen kommt [40].

Der in den USA für Erdnußkerne entwickelte, endgültige Stichprobenplan beruht auf Beobachtungen, daß solche Partien Aflatoxingehalte bis zu 25 µg/kg (ppb) haben; mittels repräsentativer Stichprobenprüfungen läßt man unabhängig von den Partiegrößen (!), also stets gleichbleibend 3×22-kg-Proben/Partie entnehmen. Davon braucht ggf. nur eine, allerdings homogenisierte Probe doppelt analysiert zu werden: Ist der Aflatoxin-Mittelwert < 16 ppb, erfolgt Freigabe, ist dieser > 75 ppb, erfolgt Rückweisung der Partie; nur falls der Aflatoxingehalt dazwischenliegt, ist die zweite 22-kg-Probe zu analysieren und nur falls diese > 22 bis < 38 ppb Aflatoxin aufweist, muß zur endgültigen Entscheidung über das Los die dritte Probe entsprechend untersucht werden [36]. So wird denn auch der beim österreichischen „Probenahmeplan für die Prüfung auf Mykotoxine" mit 500 g festgelegte Stichprobenumfang (500 g $\times$ 4 = Mindestprobenumfang) [41] bei stückigen Lebensmitteln (Trockenfeigen, Nüssen) als unzureichend erklärt und u. a. eine Homogenisierung – insbesondere vor Abzweigung der Gegenprobe – vorgeschlagen [42].

Für Trockenfeigen wurde aufgrund deren mittleren Gewichtes von 20 g, der Befallshäufigkeiten von 1:10000 bis 1:100 und einer Wahrscheinlichkeits-Verteilung der Aflatoxin-B1-Gehalte von 20 µg/Feige entsprechend geschätzt, daß in der amtlichen Überwachung Stichproben von insgesamt mindestens 10 kg, besser 20 kg erforderlich sind [35, 43, 44]; für Importeure oder Hersteller sollte ein Stichprobenumfang von 50 kg vorgeschrieben werden [45].

9.12 Mikrobiologische Probenahmen – Grundsätzliches

Proben für mikrobiologische Untersuchungen sind stets als erste, d.h. *vor* solchen für chemisch-physikalische Analysen zu entnehmen und erfordern ein Höchstmaß an Sorgfalt in bezug auf Freimachen und Freihalten von störenden Keimen aller mit der Probe in Berührung kommender Gegenstände: Soweit keine Fertigpackungen vorliegen – die hier meistgeschätzte Probenform – sind Stichproben unter keimfreien Bedingungen, d.h. mittels vorher sterilisierter sowie steril aufbewahrter Geräte zu entnehmen. Mindestprobenzahlen erhöhen sich für Untersuchungen z.B. an Lebensmittel-Kategorien wie nicht keimfrei hergestellte und insbesondere solche zum gesundheitlichen Schutz bestimmter Personen(risiko)gruppen (Säuglinge, Kranke, Alte). Bei Verdacht auf hochpathogene Keime ist der „2-Klassen-Plan" (Abwesenheit/Anwesenheit-Test) anzuwenden, (s. 9.14 [27]).

Alle Proben sind unter Erhalten des mikrobiologischen Ist-Zustandes zu transportieren und zu lagern: Flüssige und wasserhaltige Proben bei 0 bis +5 °C, tiefgefrorene Proben bei < −18 °C und nur getrocknete Produkte einfach bei Raumtemperatur. Sonst können hier durch nachträgliche Veränderungen der Probenbeschaffenheit leicht Fehlbeurteilungen entstehen [20]. Doch sind mittels keinen Stichproben- (und Untersuchungs-)verfahrens

Kontaminationen absolut sicher auszuschließen, auch nicht bei pathogenen Keimen. Die unvermeidlichen Restrisiken beschreibt die ICMSF in einer Definition [27].

9.13 Wichtiges zum Probenehmer und zum Protokollieren

„Wichtiges Erfordernis ist, daß die Probenahme durch eine erfahrene Person durchgeführt wird" [46]; diese soll einschlägig ausgebildet, möglichst von einem Sachverständigen angeleitet, stets neutral und evtl. vereidigt sein. Wichtig ist die Verwendung materialmäßig geeigneter, *nicht* geruchsabgebender (weichmacherhaltiger) Probenbehältnisse, wie Folien und Papierbeutel [47], optimal: Glas mit sensorisch neutralem Verschluß und lösungsmittelfreie Stifte. Die Beschriftung/Etikettierung bzw. Numerierung der Probenbehältnisse und die parallelen Eintragungen in die Protokollpapiere sind stets mit bewußter Konzentration und Sorgfalt vorzunehmen, *um in jedem Fall Verwechslungen auszuschließen.*

Der Probenahme-Bericht muß Angaben enthalten über Ort, Datum und Zeitpunkt der Probenahme, über Losumfang bzw. Anzahl der Loseinheiten (Stückware), deren wichtigste Kennzeichnungs-Elemente und Mindesthaltbarkeits-(Herstellungs-)Daten, Stanzen-Nummern, ggf. auch Frachtdokumente, Verpackungsart/-material sowie Angaben über besondere Umstände (z.B. Ungleichmäßigkeiten, Beschädigungen), Temperatur bei zu kühlenden Lebensmitteln sowie vor mikrobiologischen Untersuchungen, über Art und Umfang entnommener Stichproben sowie über das Probenahme-Verfahren. Besonders ist zu erläutern, warum von Regeln oder Vereinbarungen abgewichen werden mußte; stets hat der Probenehmer zu unterschreiben.

9.14 Amtliche – Nationale/Internationale – u.a. anerkannte Vorschriften

Nur für die nachfolgend – einfach alphabetisch – aufgelisteten Lebensmittel gibt es bisher veröffentlichte, mehr oder weniger detaillierte Vorschriften zur Probenahme, wobei meistens produktbezogene und auf die als verpackte oder lose Ware bezogene Probenahmetechniken und Mindestprobenumfänge beschrieben, oft auch noch auf Losumfänge bezogene Stichprobenumfänge angegeben werden, aber nur in wenigen Fällen dazugehörige Annahmezahlen. (Da diesbezügliche Kurzerläuterungen hier nur für einige wichtigere Lebensmittel unterzubringen waren, muß bei den meisten auf die zitierte Schrifttumsquelle verwiesen werden).

1. Alle Lebensmittel

Die Bayerische Lebensmittelüberwachung hat für fast 100 Lebensmittel Mindest-„Probengrößen" und dafür jeweils geeignetes Verpackungsmaterial vorgeschrieben; nach der altbekannten Liste im HLMC [48] ist dies die größte

neuere Aufstellung praktikabler „Probengrößen" [47]. Die Bundeswehr hat zusätzlich für mehrere (verpackte) Lebensmittel (auch Bedarfsgegenstände) richtungsweisend, produktspezifische Stichprobenanweisungen (Stichprobenumfang mit Annahmezahl und ggf. Wiederholungsprüfung) entwickelt (s. Technische Lieferbedingungen TL) [49].

2. Allgemein für Lebensmittel:

2.1 Füllmengen
Das in der Fertigpackungs-VO bisher einzigartig umfassend angelegte „Verfahren zur Prüfung der Füllmengen nach Gewicht oder Volumen gekennzeichneter Fertigpackungen durch die zuständigen Behörden" gilt zwar nur für das eine Prüfkriterium Füllmenge, jedoch zur Überprüfung von Fertigpackungen aller dieser VO unterliegenden Lebensmittel sowie noch anderer, ebenfalls vom LMBG erfaßter Produkte. Je nach Losumfängen und unterteilt in nicht-zerstörende bzw. zerstörende Prüfung, sind für den Stichprobenumfang Mindestzahlen und zu akzeptierende Annahme- und Rückweisezahlen vorgeschrieben [50]. Diesen Stichprobenplänen liegt bemerkenswerterweise eine Annahmewahrscheinlichkeit von 99% zugrunde.

2.2 Pestizide
Ganz allgemein gilt hier: Bei Stückgrößen von > 25–100 g soll die Laborprobe [1] mindestens aus 30 Stück bzw. 1–3 kg bestehen, bei Stückgrößen von 100–250 g aus 15 Stück bzw. 2–5 kg und bei solchen > 250 g aus 10 Stück [51].

3. Behälter/Behältnisse für Lebensmittel (Bundeswehr TL) [53].

4. Brau-Rohstoffe (Gerste, Malz, Zucker, Sirupe, Hopfen, -produkte, Wasser) EBC [54].

5. Eier in der Schale (LMR Vermarktungsnormen [55]).

6. Eiprodukte: mikrobiologisch
Aus „einheitlichen" Chargen von bis zu 10 Packstücken sind aus *allen* Packstücken, vom 11. bis zum 3000. Packstück aus mindestens 10% der Packstücke, (höchstens aus 50 Packstücken) je eine Probe von etwa 50 g oder ml steril zu entnehmen. Sendungen aus mehr als 3000 Packstücken sind in gleichgroße Teilmengen aufzuteilen und jeweils gleichartig zu beproben. Bei Einzelmengen von > 100 kg oder 100 l ist jeweils eine Probe zu entnehmen. Die Proben von je 50 g sollen sich aus 5 Teilproben (je 10 g) aus verschiedenen Schichthöhen zusammensetzen (Eiprodukte-VO) [56].
Konkrete Anleitungen zu sterilen Probenahmetechniken gibt es in dem leicht zugänglichen (amerikanischen) Fachschrifttum [12, 57], (AOAC) [58].

---

[1] Die amtlichen Definitionen für „Einzelprobe" bis „Laborprobe" s. AS 35 [52].

Für die andersartigen Parameter schreibt die FDA bei Gefrier- und Trockenei-produkten unterschiedliche Probenahmetechniken vor. Anstelle auch hier fehlender Angaben zum Stichprobenumfang steht die Vorbemerkung: „Für die Probenahme – repräsentativ für den Durchschnitt – irgendeiner Charge von Eiprodukten kann keine einfache Regel aufgestellt werden. In jedem Einzelfall ist eine auf Erfahrung beruhende Beurteilung vorzunehmen …" (AOAC) [59].

7. Eis = Speiseeis

7.1 Alle Arten (BGH-Urteil) [60, 61].

7.2 Eis = Speiseeis und Gefrierprodukte mit Milchbestandteilen (IMV Richtl.) [62].

8. Feinkostprodukte: mikrobiologisch
Von jeder Sorte werden pro Packmaschine täglich mindestens 2 Parallelproben gezogen [63].

9. Fertiggerichte

9.1 Allgemein (Konserven) = Teil eines Prüfplanes der Bundeswehr:

Losgröße (Konserven) N	Stichproben-umfang Konserven n	zulässige fehlerhafte Stücke	
		Erstprüfung c	Wiederholungsprüfung[a] c
bis 500	20	1	0
501 bis 3200	32	1	1
3201 bis 10000	50	1	1
10001 bis 35000	80	2	1

[a] Nach Rückweisung und Aussortieren der fehlerhaften Stücke. (Bundeswehr TL) [64]

9.2 Mikrobiologisch: Stichprobenumfang wie 9.14.8 [63]

10. Fische, Schalentiere und -erzeugnisse:

10.1 Histamin und Algentoxine (Fisch-VO) [65]

10.2 Nematoden (BGA [66])

10.3 Quecksilbergehalt (AS 35 [67])

10.4 Sensorik und Physikalisches: s. Verpackte Lebensmittel

11. Fleisch

11.1 Bundesweites Monitoring
Eigens für das „bundesweite Monitoring zur Ermittlung der Belastung von Lebensmitteln mit Rückständen und anderen Verunreinigungen" wird –

mangels einschlägiger Probenahmepläne und zwecks Vergleichbarkeit der in den teilnehmenden Instituten ermittelten Werte – in der sog. Vorlaufphase nach Absprachen zwischen BGA/ZEBS (Vorschläge) und Monitoring-Kommission (Beschlußfassung) hier folgendes gemeinsame Vorgehen, z.B. bei Schweinefleisch ausprobiert:
Von gesunden, inländischen Mastschweinen (6–8 Mon. alt) entnimmt man jeweils von demselben Tier 1 ganze Niere mit Kapsel, 1 ganzen Leberanhangslappen und 1 Eis-/Spitzbein mit mindestens 0,5 kg Muskelfleischanteil, bei weniger als 0,5 kg Fettanteil zusätzlich 0,5 kg Fettgewebe; (s. bei Rindfleisch andere, körperspezifische Probenahme). Die Stichprobenentnahmen bezieht man behelfsweise nur auf die Jahresquartale [68].

11.2 Fleisch/-erzeugnisse in (Voll-)Konserven (Bundeswehr TL) [69]
Mikrobiologisch: [70]

11.3 Rückstände (Fleischhygiene-VO) [71]
Betrifft nur Duldung amtlicher Probenahmen, Gegenprobe, Entschädigungsverzicht.

12. Früchte und Fruchterzeugnisse
Verpackte Trocken- und (tief-) gefrorene Früchte (AOAC) [72]

13. Geflügelfleisch: Mikrobiologisch, sensorisch, Rückstände
Im innergemeinschaftlichen Verkehr ist nur die Hälfte der hier geforderten Proben vorgeschrieben; jedoch bei Nachweis gefährlicher Krankheitserreger ist diese Probenahme zu wiederholen (LMR [73])

Gemüse: s. 9.14.24 *Obst und Gemüse*

14. Getränkepulver (Bundeswehr TL) [74]

15. Getreide, -produkte, Stärkeprodukte und Kartoffelmehl
Aus ruhenden Getreidepartien (Säcke, Haufen) sind repräsentative Stichproben grundsätzlich viel schwieriger zu ziehen als aus Schüttgutströmen. Für „homogene" Partien gibt es Stichprobenanweisungen für Sackware und lose Schüttung: Von bis zu 100 Säcken sind 10 „Unterproben" gefordert, bei > 100 Säcken entspricht die Anzahl der zu beprobenden Säcke der Quadratwurzel aus deren Gesamtzahl/Partie, (ggf. bei deren Unterteilung entsprechend der Quadratwurzel aus der Gesamtzahl der Säcke); von loser Ware, z.B. aus Fahrzeugen, sind vom Ladegewicht abhängig, an 5–11 schematisch vorgezeichneten Entnahmestellen bzw. nach Partiegrößen gestaffelt, mehrfach gleichmäßig volle Getreidestecher für je 1 kg zu entnehmen (Beschreibung der Probenahmetechnik), von Förderbändern aus bis zu 500 t periodisch jeweils volle Schaufeln für Sammelproben von 100 kg (s. Abb. spez. Probenstecher und Probenteiler); sensorisch als inhomogen erkannte Teilpartien sind gesondert zu behandeln (ICC) [75].
Da schon bei Grießen die Entmischungsneigung mit der Korngröße und der Rieselfähigkeit zunimmt, wird hierbei eine entsprechend ansteigende Anzahl von Stichproben (z.B. je 500 g bei 1 mm Korngröße) und zwar aus dem Mahlgutstrom empfohlen [76].

16. Gewürze und Zutaten (DIN) [76a, 76b]
Spezifische Vorschriften für einzelne Gewürze sind noch nicht veröffentlicht.

17. Kaseine/Kaseinate (AS 35 [77])

18. Käse: s. *Milcherzeugnisse*

19. Kosmetische Mittel
Vorgeschrieben sind nur Originalpackungen und bestimmte Lagerung (AS 35 [78]).

20. Mehl (AOAC [79])

21. Milch und Milcherzeugnisse
Am meisten detaillierte Vorschriften bringen die nach mikrobiologischen u. a. Untersuchungsarten unterteilten, gemeinsam vom Internationalen Milchwirtschaftsverband (IMV), der ISO und der AOAC ausgearbeiteten Richtlinien. Teil 1. Allgemeine Anweisungen: Hier sind Beschreibungen von Probenahmegeräten, -behältern, -technik, von Proben-Konservierung, -Lagerung, -Transport und -umfang, auch tabellarisch. Als Stichprobenumfänge gelten 100 g (mikrobiologisch), sonst 200 g. Angegebene Stichprobenumfänge (s. folgende Erzeugnisse) „... dienen nur als Richtlinien, ... (sind) ... ungenügend für die meisten bakteriologischen Zwecke" [80]. Die neuesten Ausführungen – ohne Stichprobenumfang – alle o. a. Erzeugnisse betreffend, stammen von der International Dairy Federation (IDF) [81]; und speziell mit Stichprobenplänen für attributive Prüfungen [82] sowie mit Stichprobenplänen für Variablenprüfung [83].

21.1 Milch u. flüssige -erzeugnisse
Teil 2: Hier sind spez. Rühr-, Probenahmegeräte, (auch in Abb.) sowie Rühr-(= Homogenisier-) u. Probenahmetechniken, u. a. für Rohmilch vom (Hand-, Maschinen-)Melken bis zur automatischen Entnahme aus Tankwagen. Stichprobenumfänge existieren für Kannen u. Flaschen: z. B. bei > 100 Gebinde 11 Stichproben aus jeden zusätzlichen 100 bzw. bei > 10000 5 aus jeden zusätzlichen 2500 Einheiten [80, 81].

21.2 Dauermilcherzeugnisse, eingedickte (evaporierte) u. Trockenmilch
Teil 3: Hier werden Rühr- (= Homogenisier-), Probenahmegeräte (6 Abb.) und Probenahmetechniken, getrennt für ungezuckerte, gezuckerte eingedickte Milch und Trockenmilch beschrieben (AS 35 [84]), für Mikrobiologisches (Sterilisiertechnik usw.) s. Teil 3 IMV. Stichprobenumfänge: für eingedickte Milch z. B. bei 26400 Dosen (550 Kartons) 6 Stichproben und aus jeden zusätzlichen 100 Kartons je eine mehr, für Mikrobiologisches mindestens aus 20% der Kartons; für Trockenmilch z. B. bei > 400 Packungen Stichproben aus 1% derselben; für Mikrobiologisches mindestens aus 10 Packungen [80].

21.3 Butter ..., (wasserfreies) Milchfett ..., Käse

Teil 4: Hierfür gibt es produktabhängig sehr unterschiedliche Vorbereitungen (z. B. Entfernen bestimmter Käserinden) und Probenahmetechniken, auch von inhomogenen Produkten aus Großbehältern sowie von Milchtrockenprodukten, Butter und Käse (8 Abb. für Bohr- u. Schneidetechniken); beschrieben werden Sammelproben und Konservierung, Probentransport und -lagerung. Stichprobenumfänge für Butter (in kleinen Behältern): bei bis 10000 bis 10 Stichproben, bei >10000 aus 0,1% oder bei großen Behältern bzw. großen Losen aus 1% der Einheiten; bei Käse – je nach Losumfang – aus 0,5 bis 2% der Einheiten [78], (COD. ALIM. [23], IMV [85], AOAC [86]).

21.4 Milch und Rahm (Sahne): Rückstände von Schadstoffen

Probenahmen erfolgen dann beim Erzeuger, wenn an Weiterverarbeiter oder Verbraucher geliefert wird sowie im Verdachtsfalle, sobald Rückstandsgehalte den Mittelwert der Anlieferungskollektive um mehr als die einfache Standardabweichung überschreiten (LMR, Schadstoffhöchstmengen-VO [87]).

22. Mineral-, Quell- und Tafelwasser: Mikrobiologisch

Von der Ortsbesichtigung, Geräte- und Zapfhahn-Sterilisation über Transport, Aufbewahrung und Untersuchungshäufigkeit bis hin zum Beanstandungsfall und zur Nachproben-Zahl wird hier das Wichtigste beschrieben (AS 35 [88]).

23. Nüsse, Hasel- u. a. Nüsse: Sensorisch, chemisch, mikrobiologisch

Die „Problemmerkmale" einzelner verdorbener Kerne (Innenschimmel/ranzig) sind auch hier punktuell und in sehr unterschiedlichen Intensitäten verteilt. Die Faustregel, bei Sackware – ähnlich anderen verpackten Lebensmitteln – vom zehnten Teil der Partie repräsentative Stichproben [21], z. B. von je 2 mal 250 g zu entnehmen, hat sich bei kritischen Qualitätskontrollen bewährt [89].

24. Obst und Gemüse: Rückstände von Schädlingsbekämpfungsmitteln.

Bei Partien unter 50 kg sind 3 Einzelproben, bei 50–500 kg 5 und bei mehr als 500 kg 10 Proben vorgeschrieben, für nicht bekannte und nicht hinreichend abschätzbare Partiegrößen sowie für gefrorene Waren bei 1–25 Packungen mindestens 1 Probe, bei 26–100 5 und bei >100 10 Proben; auch existieren Anleitungen für Probenahme, Herstellen von Sammel- (Gesamt- bzw. End-) und Laborproben; letztere sollen in der Regel mindestens 1 kg wiegen und aus 10 Stück bestehen (AS 35 [90]).

Das BGA erklärte diesen, auf einem pragmatischen Übereinkommen (EG) beruhenden Stichprobenumfang ausdrücklich als für nicht ausreichend, um beim Inverkehrbringen sicherzustellen, daß die Ware (immer) den Rechtsvorschriften über Höchstmengen an Pflanzenschutzmitteln entspricht und forderte mit Hinweis auf die Sorgfaltspflicht bei Verdachtsfällen zu erweitertem Stichprobenumfang auf [91]. Andererseits veranlaßten die BGA/ZEBS, daß Probenahmen von Obst und Gemüse für entsprechende Untersuchun-

gen im Rahmen des derzeit durchgeführten „Bundesweiten Monitoring ..."
(s. 9. 14.11.1) auf der Grundlage dieser Probenahmepläne durchgeführt werden [68], (BGA [92]).
Der entsprechende Probenahmeplan für den EG-Bereich empfiehlt darüber
hinaus, bei Partien mit > 2000 kg eine Mindestzahl von 15 Erstproben und bei
> 100–250 Packungen schon 10 und bei > 250 15 Proben zu entnehmen;
Stichprobenumfänge sind produktabhängig aufgeführt (Cod. aliment. [24]).

25. *Ölsaaten*

Hier gibt es Probenahmetechniken für Sackabfüllung und Schüttgut bzw.
Transport per Schiff, Straße oder Schiene und für Silolagerung; teilweise ist der
Stichprobenumfang festgelegt: bei Sackware aus 2% der Säcke/Partie und bei
loser Ware (Bahn oder Lastkraftwagen) vom Ladegewicht abhängig, an 5–11
schematisch vorgezeichneten Entnahmestellen.
Zusätzlich werden Stichprobenumfänge für produktabhängige Partiegrößen
(z. B. Kopra bis Mohnsaat) mit Probengrößen angegeben, gesondert nach
Einzel-, Misch- bis zu Kontraktproben, auch Geräte zur Probenahme und
-teilung sowie Sachkundiges zu Probenahme bis hin zu Verpackung und
Versand der Proben (ISO) [93].

26. *Phosphatide* (DGF-Einheitsmeth. [94]).

27. *Salmonellen-gefährdete Lebensmittel-Kategorien* („2-Klassen-Plan")

Der von der Food and Drug Administration (FDA) als verbindlich vorgeschriebene Prüf- und Bewertungsplan („Foster-Plan") legt jeweils 25-g-
Stichproben fest und macht den Stichprobenumfang einer Partie wie folgt von
den unterschiedlichen gesundheitlichen Risiken für drei Produktkategorien
abhängig:
1. bei Lebensmitteln für Kleinkinder, Rekonvaleszenten und ältere Menschen
   60 Stichproben; falls alle negativ sind: max. 1 Salmonelle/500 g (Wahrscheinlichkeit 95%),
2. bei genußfertigen (ohne keimverminderndes Verfahren hergestellten) Lebensmitteln 30 Stichproben; falls alle negativ sind: max. 1 Salmonelle/250 g
   (Wahrscheinlichkeit 95%),
3. bei nicht genußfertigen (vor Verzehr noch zu erhitzenden) Lebensmitteln 15
   Stichproben; falls alle negativ sind: max. 1 Salmonelle/125 g (Wahrscheinlichkeit 95%).

Trotz dieser hohen Anforderung ist auch bei diesem Plan ein vollständiger
Schutz des Verbrauchers gegen Salmonellen nicht zu erreichen [95, 34].

28. *Speisesalz* (COD. ALIM. [96]).

29. *Süßwaren z. B. Kaugummi und Schokolade*

Hierfür existieren Stichprobenanweisungen mit Annahmezahlen – letztere
nochmal zur ggf. Wiederholungsprüfung – für Losumfänge von bis zu 150 000
Stück (Bundeswehr TL) [97].

30. Tiere, Mast-, lebende/schlachtreife: Arzneimittelrückstände

Amtliche Probenahmen von z. B. Milch und Blut am noch lebenden Masttier [98].

31. Trinkwasser – (Mineralwasser)

Grundsätzlich soll hier die Probenahme durch den Chemiker bzw. durch Fachkräfte erfolgen. Unvergleichbar mit anderen Lebensmitteln, können hier schon die Wahl des bestgeeigneten Materials der Flaschen, deren differenzierte Vorbehandlung sowie vor allem das Einhalten bestimmter Entnahmebedingungen und die Kenntnis der örtlichen Verhältnisse, auch ggf. eine Konservierung oder Kühlung der Wasserproben von Bedeutung sein; diesbezügliche konkrete Anweisungen seien anempfohlen [83]. (Ohne vorherige Anweisungen in irgendwelchen, nicht spezialgereinigten Gefäßen abgefüllte und eingesandte Proben sind in der Regel nicht untersuchungs- und beurteilungsfähig).

Bei der oft erbetenen Untersuchung auf Blei-, Eisen- oder Kupfergehalte sind in der Regel 3 Stichproben erforderlich: 1. An der Verbrauchsstelle (Küche): 1.1 Stagnationswasser, (mehrstündig, meist über Nacht in der Leitung gestanden), 1.2 Fließwasser (nach mehrminütigem Abfließenlassen) und 2. Im Keller (nächst dem Wasserzähler oder Brunnen). Für verschiedenartige Probenahmetechniken bieten die DIN- und ISO-Normen sowie DVGW- und DVWK-Merkblätter detaillierte Beschreibungen [99].

32. Verpackte Lebensmittel: Sensorik und Physikalisches

Bei den hier empfohlenen Probenahmeplänen, die in bestimmten Herstellerbetrieben mit „guter handelsüblicher Praxis" jahrelang an Obst- und Gemüse- sowie Fischkonserven, verpackten tiefgefrorenen Fischen und Schalentieren getestet wurden, hat sich (bei Losumfang, Behältergröße und unterschiedlichem Stichprobenumfang) als AQL-Wert 6,5 bewährt:

Tabelle 2. Probenahmeplan I für normale Probenahme und II für Streitfälle (Cod. aliment. [25]) für Erzeugnisse mit Einzelgewichten bis 1 kg (AQL = 6,5)

Losumfang (N) Original-verpackungen	Stichprobenumfang (n)		Annahmezahl (c) = zulässige Fehlerzahl	
	für I	II	für I	II
4 800 oder weniger	6	13	1	2
4 801 – 24 000	13	21	2	3
24 001 – 48 000	21	29	3	4
48 001 – 84 000	29	48	4	6
84 001 – 144 000	48	84	6	9

Diese Probenahmepläne des Codex alimentarius für Qualitätsbestimmungen der verschiedensten Waren-Standards, insbesondere anzuwenden bei internationalen Streitfällen, beziehen sich zwar nur auf organoleptische und physikalische Kriterien; doch gerade diese, wie Aussehen, Geschmack, Menge oder

Größe dürften meist darüber entscheiden, ob Produkte z. B. eine Wertminderung erfahren haben.

Ein AQL-Wert von 6,5 sei jedoch nicht vertretbar bei Annahmekriterien, durch die ein Risiko für Gesundheit und Leben des Verbrauchers entstehen könnte oder bei denen im Interesse des Verbraucherschutzes ein Höchstwert an gefährdenden (Schad-)Stoffen nicht überschritten werden darf. Hier seien „... andere Probenahmepläne anzuwenden ..." (Cod. alim. [26]).

33. Zigaretten

Nach vorgegebenem Schema sind in einer Anzahl zufällig auszuwählender Einkaufsorte und Verkaufsstellen Einzelproben (Packungen) zu entnehmen; als Sammelprobe sind 800 Zigaretten/Untersuchung vorgeschrieben. (AS 35 [101]). Diese Vorschriften weichen offensichtlich von allen anderen ab.

34. Zucker, flüssig: mikrobiologisch (AOAC) [102].

9.15 Sorgfaltspflicht für Hersteller, Importeure und Großhändler

Da sich die Verantwortlichkeit nach der Stellung im Lebensmittelverkehr richtet, sind an die hier gleichgestellten Erzeuger, Hersteller und Importeure auch hinsichtlich Sorgfaltspflicht höchste Anforderungen zu stellen (Zipfel [103]. „Die Pflicht zur stichprobenweisen Untersuchung ergibt sich aus der Sorgfaltspflicht. Grundsätzlich muß die Wahl der Proben nach statistischen Berechnungen einen repräsentativen Querschnitt für die zu untersuchende Menge ergeben. Ein für alle Lebensmittel gleichermaßen geltender Prozentsatz kann nicht verlangt werden. Maßgebend sind u. a. die Art des Lebensmittels, der Charakter oder die Eigenschaft der zu untersuchenden Stoffe und die Menge des in den Verkehr zu bringenden Lebensmittels ..." [100]. Der erforderliche Stichprobenumfang hängt von vielen Faktoren, u. a. auch von der Häufigkeit bestimmter Fehler und ihrer Ursachen ab sowie von der Erkennbarkeit gesetzwidriger Beschaffenheit [103]. Der Inverkehrbringer von Lebensmitteln wird ggf. vom Vorwurf befreit, seine Sorgfaltspflicht verletzt zu haben, wenn er bei Stichprobenprüfungen statistische Rechenmodelle richtig angewandt hat [100, 104]. Denn diese unterliegen anerkannten Regeln der Technik und Wissenschaft zur Qualitäts- und Sicherheitsprüfung von Lebensmitteln (s. GMP, [104, 100]).

9.16 Bisherige Rechtsprechung

Nur eine amtlich entnommene Probe wird vor Gericht als Beweismittel anerkannt; ob eine Verurteilung nach lebensmittelrechtlichen Vorschriften auch ohne Gegenprobe erfolgen kann, obliegt allein der freien Beweiswürdigung durch den Richter [105]. Auch die durch eine unauffällige Probenahme, d. h. durch sog. „verdeckten Ankauf" entnommene amtliche Probe gilt (obwohl ohne Gegenprobe) als beweiskräftig [109]. Richter sind in der Beweiswürdigung einer Probe auch dann frei, wenn Untersuchungsergebnisse von denen der Gegenproben stark abweichen; das scheint jedoch umstritten im Falle der sog. Zweitprobe, obwohl diese als „beachtliches Beweismittel im Sinne einer Gegenprobe" gilt [110].

Übereinstimmung herrscht darüber, daß grundsätzlich von jeder, auch der automatisch hergestellten Partie repräsentative Stichproben entnommen werden müssen; jedoch kein OLG hat sich bisher konkret auf einen für eine Produktgruppe allgemein geltenden Stichprobenumfang festgelegt [106], und keine der formulierten Forderungen berücksichtigt grundlegende Erfahrungen aus der Statistik. Letzteres trifft insbesondere für das mehrfach geäußerte allgemein gültige Kriterium zu, der Stichprobenumfang müsse so groß gewählt sein, daß das Inverkehrbringen von gesetzwidrigen Lebensmitteln mit „ausreichender Sicherheit" verhindert wird [103, 108]. Die Gerichte haben – aus nunmehr begreiflichen Gründen – nur über jeweils anstehende, bisher wenige Einzelfälle nach den konkreten Umständen entschieden [111]:

Die stichprobenweise Untersuchungspflicht soll insbesondere für jede Importware und zwar für jede Partie gesondert gelten, auch im Falle nur einer einzigen Kiste [108]. Für manuell gewonnene und verpackt importierte Hähnchenschenkel wurde bei einer Partiegröße von 4800 Portionen einmal ein Stichprobenumfang von 5% der Portionen für erforderlich erklärt [107], im anderen Falle bei einer Partiegröße von 24000 gleicher Portionen davon mindestens 0,5%; (entnommen hatte man nur 12 Proben aus einem einzigen Karton) [112].

Wer Lebensmittel mit einer Bezeichnung für hohe Qualität in den Verkehr bringt, hat diejenige Stichprobenzahl zu berechnen (notfalls mit Hilfe von Sachverständigen) und anzuwenden, die sicherstellt, daß die Qualität dieses Lebensmittels seiner Bezeichnung auch entspricht. Bei großer Variabilität der Qualitätsmerkmale sollte jedoch auf den Hinweis besonderer Qualität verzichtet werden [104].

Im Falle eines nachgewiesenen Zusatzstoffes wollte man sogar nur eine an einer einzigen Stelle entnommene Stichprobe dann für beweiskräftig erklärt haben, wenn die betreffende Warenmenge nachweislich in demselben Betrieb mit gleichbleibender Verarbeitungsmethode hergestellt worden wäre [113].

Auch ein Lebensmittelgroßhändler muß über die gesamte Partie verteilte Stichproben entnehmen [114].

9.17 Problematik bei amtlicher Überwachung

Während Hersteller, Importeure und freie Handelslabors fast nur ganze Lose oder Chargen überschauen und beproben müssen, also statistisch nach dem Gesetz der „großen Zahl" vorgehen, entnimmt die amtliche Lebensmittelüberwachung wegen der Überzahl an Einzelhandelsgeschäften hauptsächlich aus kleinsten Teilpartien oder -chargen, oft aus nur einer Regalreihe Einzelproben. Repräsentative Probenahmen scheinen dabei – zumindest an heterogenen Lebensmitteln – nicht möglich; dennoch kann auch eine solche – meist ebenfalls zufällig entnommene – Einzelprobe die dazugehörige Partie repräsentieren: Ist diese Probe z. B. als verfälscht oder als gesundheitlich bedenklich zu beurteilen, so trifft das in der Regel auch für die dann zu beanstandende Partie/Charge zu. Und ist eine solche Einzelprobe „nur" wegen Wertminderung oder Irreführung beanstandet, so bleibt auch das im wohlverstandenen Sinne des Verbraucherschutzes stets gerechtfertigt, unabhängig davon, ob der Hersteller seine Sorgfaltspflicht an der betreffenden Partie nachweislich nicht oder doch erfüllt hat und gerichtlich ggf. freigesprochen wird.

Die amtliche Lebensmittelüberwachung wird zwar bei der Masse ihrer (Plan-) Proben mit dieser schon seit über 100 Jahren ausgeübten Praxis der „Einzel-Stichprobenprüfung" auch künftig den vor Ort lebensnotwendigen Verbraucherschutz gewährleisten müssen; dennoch sollte der Zusammenhang einer Einzelprobe mit der dazugehörigen Charge bzw. Partie gesucht und nach dem Prinzip der Entnahme repräsentativer Stichproben vorgegangen werden, wann immer das möglich ist.

Im Sinne einer „harmonisierten Lebensmittelkontrolle" lautet eine „Kernforderung" der deutschen Ernährungsindustrie: „Schaffung einheitlicher Verfahren zur Probenahme und Untersuchung von Lebensmitteln und Bedarfsgegenständen nach zwischen Überwachung und Industrie abgestimmten Kontrollplänen" [115].

9.18 Ausblick

Erst nach Verstehen der vielschichtigen Voraussetzungen, die die Forderung nach wirklich repräsentativen Probenahmen beinhaltet, versteht man auch deren Stellenwert gerade innerhalb des bevorstehenden EG-Binnenmarktes. Deshalb müssen künftig erfahrene Sachverständige diese Problematik vor allem den in der amtlichen Überwachung tätigen Lebensmittelkontrolleuren möglichst wirklichkeitsnah vermitteln, d. h. sie auch in der praktischen Durchführung intensiv anlernen. Alle Lebensmittelchemiker und -technologen sollten die Lebensmittelkontrolleure bzw. Probenehmer in ständig engem Kontakt weiter beraten und dabei (sich selbst mit) fortbilden.

Die weitaus meisten amtlichen Proben sind bisher die – im voraus geplanten, aber nicht durchgehend nach kritischen Produkten oder nach Schwerpunkten ausgewählten – „Planproben". Für eine wirkungsvollere Kontrolle wäre es wünschenswert, durch mehr gezielte Probenahmen seitens aller in der Lebensmittelüberwachung Tätigen den Anteil an „Verdachtsproben" zu erhöhen sowie auch durch Aufklärung die Verbraucher zu kritischer Beobachtung der Lebensmittel, Bedarfsgegenstände und Kosmetika zu ermutigen und zu verstärkter Mithilfe (Beschwerdeproben) zu gewinnen.

Wenn nun alle veröffentlichten, teils langjährig bewährten Vorschriften zu Probenahmetechniken und Stichprobenanweisungen künftig so oft wie möglich praktisch angewandt würden, müßten lebensmittelrechtlich fundierte Beanstandungen vor Gericht auch öfter gebührende Anerkennung finden.

9.19 Literatur

1. Jakob O, Bäumler J, Rippstein S (1984) Probenerhebung aus forensisch-toxikologischer Sicht. Mitt. Geb. Lebensm., Hyg. 75:167
2. Hering D (1978) Ermittlung eines optimalen Probenahmeverfahrens auf mathematisch-statistischer Grundlage für industriell hergestellte Mischfuttermittel. Die Nahrung 22:827–833
3. Kaiser RE, Mühlbauer JA (1983) Elementare Tests zur Beurteilung von Meßdaten, 2. Aufl., S 3, 17. B. I.-Wissenschaftsverlag, Mannheim Wien Zürich
4. FAO Food and Nutrition Paper 14/5: Manuals of food quality control 5. food inspection prov. ed. Rome: Food and Agriculture Organization of the United Nations 1981
5. Minister für Umwelt, Raumordnung u. Landwirtschaft NRW: Gesetz über den Vollzug des Lebensmittel- und Bedarfsgegenständerechts v. 29.3.1985, §4, Nr. 21, S 259
6. Hahn P, Muermann B (1987) Praxis-Handbuch Lebensmittelrecht, 1. Aufl. S 335, Behr's, Hamburg
7. Kienitz H et al. (Hrsg) (1980) Analytiker-Taschenbuch, S 4, Springer, Berlin Heidelberg New York
8. Deutsches Institut für Normung e. V.: Entwurf DIN ISO 2859 Teil 1, S. 6 Annahmestich-probenprüfung anhand der Anzahl fehlerhafter Einheiten oder Fehler, Mai 1989, Beuth, Berlin
9. Deutsche Gesellschaft für Qualität e. V., DGQ-SAQ-ÖVQ Schrift Nr. 16–26: Methoden zur Bestimmung geeigneter AQL-Werte 4. Aufl., S 8, 12, 13, 1990
10. Rat der europ. Gemeinschaft: Richtl. d. Rates üb. Angaben oder Marken, mit denen sich d. Los, zu dem ein Lebensmittel gehört, feststellen läßt. (89/396/EWG) v. 14.6.1989, Amtsbl. Europ. Gemeinsch. Nr. L 186/21, 30.6.89
11. Codex alimentarius CX/MAS 88/2, S 2, Oct. 1988, Rome: Food and Agriculture Organization of the United Nations
12. Pichardt K (1984) Lebensmittelmikrobiologie – Grundlagen für die Praxis, S 137, Springer, Berlin Heidelberg New York Tokio
13. Bozyk Z, Rudzky W (1973) Qualitätskontrolle von Lebensmitteln, S 27, 277–278 u. 317–321, VEB-Fachbuchverlag, Leipzig
14. Zipfel W (1985) Zeitschr. f. das gesamte Lebensmittelrecht (ZLR) 3:226–227
15. Krauss P (1973) Das Problem der Probenahme zur Untersuchung und Beurteilung von Lebensmitteln. QZ 18(6):143
16. Kelker H, Kraft G, König KH (1980) Aufgaben u. Methodik analytischer Verfahren in: Ullmanns Encyklop., 4. Aufl., Bd. 5, S 10, Chemie, Weinheim
17. Waibel J, Probleme der Probenahme bei der Analytik von Aflatoxinen. Arbeitstagung Gesundheitsgefährdung durch Aflatoxine, Zürich 21./22.3.1978
18. Ciba Geigy AG: Wissenschaftliche Tabellen Geigy, Teilband Statistik, 8. Aufl., S 182, Basel 1980
19. Hartmann E (1985) Qualität in der Analytik, Z Lebensm Unters Forsch 180:93
20. Sommer K (1979) Probenahme von Pulvern und körnigen Massengütern, S 82, Springer, Berlin Heidelberg New York
21. Stadler E.: Probenahme – eine Übersicht, Ber. 12. Sitzg. AG Lebensm.erhaltg. u. Mikrobiologie, 16.5.1973, Inst. Lebensmitteltechnol. u. Verpackung, München
22. Uhlmann W (1970) Kostenoptimale Prüfpläne, (1970) 2. Aufl., S 3, 16, Physica, Würzburg/Wien
23. Codex Alimentarius Bd 3 F III. B-1 Standards 1966, Stand: 1.03.1988, Behr's, Hamburg
24. Codex Alimentarius Kommission von FAO und WHO: Bd 1, Teil A IV–5, Stand 1.3.1988, Behr's, Hamburg
25. Codex Alimentarius CAC/RM 42 – 1969 AV – 1, S 1–13
26. Codex Alimentarius CAC/RM 42 – 1969 und Ludorf W, Meyer V (1973) Fische und Fischerzeugnisse, 2. Aufl., S 214, Parey, Berlin u. Hamburg
27. International Commission on Microbiological Specification for Foods of the Internatio-nal Association of Microbiological Societies (ICMSF): Microorganisms in Foods 2;

Sampling for microbiological analysis: Principles and specific applications. University of Toronto Press, Toronto/Buffalo/London 1974

28. Hanssen E (1968) Über den Wert der Stichprobenprüfung bei der Lebensmittelfertigung. Die Ernährungswirtschaft 2:60

29. Deutsche Gesellschaft für Qualität e. V. DGQ-SAQ-ÖVQ-Schrift Nr. 16-01: Stichprobenprüfung anhand qualitativer Merkmale, 9. Aufl., Beuth, Berlin 1986, korr. Nachdr. 1987

30. Deutsche Gesellschaft für Qualität e.V. DGQ-SAQ-Schrift Nr. 16–43: Stichprobenpläne für qualitative Merkmale (Variablenstichprobenpläne) 2. Aufl., Beuth, Berlin 1988

31. Sturm W, Wendt W (1967) Ermittlung der Anteile bitterer Mandeln in Partien süßer Mandeln. Süßwaren 10:440

32. Baumgart J et al. (Hrsg) (1986) Mikrobiol. Untersuchungen v. Lebensmitteln, S 32, Behr's, Hamburg

33. Pichhardt K (1983) Aspekte zu mikrobiolog. Stichprobenplänen, Lebensmitteltechnik 12:679

34. Pichhardt K (1989) Lebensmittelmikrobiologie – Grundlagen für die Praxis, S 195–216

35. Josst G, Chemisches und Lebensmitteluntersuchungsamt Düsseldorf, Jahresbericht 1989, Sonderberichtsteil

36. Horwitz W (1988) Sampling a. Preparation of Sample for Chemical Examination, J. Assoc. Off. Anal. Chem. 71(2):241–244

37. Knutti R, Schlatter Ch (1982) Distribution of aflatoxin in whole peanut kernels, sampling plans for small samples, Zeitschr Lebensm Unters Forsch 174:122

38. Eidgenössisches Gesundheitsamt: Aflatoxine in Nüssen und Oelsamen. Kreisschr. v. 14.12.1977, Nr. 21, Bern

39. Hanssen E, Waibel J (1978) Zur Probenahme für die Ermittlung des Aflatoxingehaltes bei Erdnuß- und anderen in der Aflatoxin-VO genannten Samenkernen aus Gebinden und Fertigpackungen. alimenta 17, 5:140

40. Goetsch PH, Krönert W, Otto U.: Berechnung von Stichprobenplänen und Vorschläge für die praktische Durchführung der Probenahme zur Untersuchung von Erdnüssen auf Aflatoxin B1. MvP-Berichte 1/1979, S 13, Tab. 7

41. Bundesminister für Gesundheit u. Umwelt (BMGU): Probenahmeplan für die Prüfung auf Mykotoxine. Erlaß ZI. III-31.912/2-6a/86 in: (42)

42. Gombos J (1987) Anmerkungen z. Probenahmeplan u. den Bestimmungsmethoden des BMGU f. Aflatoxine. Ernährung/Nutrition 11, 2:110

43. Steiner W, Rieker R, Battaglia R.: Aflatoxin-Contamination in dried figs: Distribution and association with fluorescence. Vortrag in Zürich

44. Reichert N et al. (Hrsg) (1988) Bestimmung von Aflatoxin B1 in Trockenfeigen durch visuelles Screening, Dünnschichtchromatographie und ELISA. Z Lebensm Unters Forsch 186:505–508

45. Vogel H.: Schreiben an den Minister für Umwelt, Raumordnung und Landwirtschaft NW v. 20.01.1989

46. IMV-Standard 50A: 1980, Milch u. -produkte – Richtl. z. Probenahmetechnik T.1, in: Milchwissenschaft 36 (1981) 11

47. Bekanntmachung d. Bayr. Staatsmin. d. Inneren v. 16.06.1982, Nr. I, E9-5046-10/1/82, Anl. 1, S 364–367, MABI Nr. 15/1982

48. Werner H (1965) Probenahme, in: Handbuch der Lebensmittelchemie Bd II/1, S 1. Springer, Berlin Heidelberg New York

49. Bestimmung z. Durchführung d. Überwachung d. Verkehrs m. Lebensmitteln sowie d. Lebensmittel-Qualitätskontrolle i. d. Bundeswehr, Minister.bl. d. Bundesmin. d. Verteidigg. v. 1.4.1987, Nr. 5, S 65–76

50. LMR Bd I, 13. Fertigpackungs-VO, Juli 1989, Anl. 4a zu §34, S 58–64

51. Arbeitsgruppe Pestizide: 3. Empfehlung: Vorbereitung... der Proben...: Mitteilungsbl. GDCh-Fachgr. Lebensmittelchem. Gerichtl. Chem. 28, 220 (1974)

52. AS 35 Bd I/3 L 25.00 u. 29.00 1 (EG)

53. Bundesamt f. Wehrtechnik u. Beschaffg.: Techn. Lieferbedingg. TL 8110-042, S 3–4, März 1980
54. European Brewery Convention: aus Analytica-EBC 10. Probenahme von Brau-Rohstoffen 3. Ausg. Zürich: Schweizer Brauerei-Rundschau 1975
55. LMR Bd I, 55 b. VO (EWG) über Vermarktungsnormen für Eier, Dez.1986, Art.14, S 11
56. LMR Bd I, 58. Eiprodukte-VO, Febr. 1975, Anl. 2 zu §§ 5, 6 u. 8, S 17
57. Speck ML (1984) Compendium of Methods for the Microbiological Examination of Food 2nd ed A.P.H.A., Washington DC
58. Williams S (1984) Official Methods of Analysis of the AOAC, 14. Ed. 46.003-46.004, Eggs a. Egg Products, 940, Arlington, USA
59. Williams S (1984) Official Methods of Analysis of the AOAC, 14. Ed. 17.001 Eggs a. Egg Products, 320 USA
60. BGH, 1977, in: (61)
61. Timm F (1985) Speiseeis, S 188, P. Parey, Berlin u. Hamburg
62. Internationaler Milchwirtschaftsverband (IMV): Milch und Milchprodukte – Richtlinie z. Probenahmetechnik. Teil 3. Vorl. internat. IMV-Standard 50 A: 1980, Milchwissenschaft 37 (1982) 1, 25
63. Schmidt-Lorenz W (1983) Sammlung von Vorschriften z. mikrobiolog. Untersuchung v. Lebensmitteln, Bd 1, 4. Lfg., 19, 4.1, Tab. III-1 und 21, 4. u. 4.1, Tab. III-1, 23. Tab. III-1, Chemie, Weinheim
64. Bundesamt f. Wehrtechnik u. Beschaffung: Techn. Lieferbedingg. TL 8940-005, S 3, Mai 1978
65. LMR Bd 1, 50. Fisch-VO, Aug. 1988, § 7, Anl. 3
66. BGA (1988) Vorläufiger Probenahmeplan, Untersuchungsgang und Beurteilungsvorschlag für die amtl. Überprüfung der Erfüllung der Vorschriften des § 2 Abs. 5 der Fisch-VO. Bundesgesundheitsblatt 12 : 486
67. AS 35, Bd I/3 L 10.00-2, Dez. 1988
68. BGA/ZEBS: Forschungsvorhaben „Bundesweites Monitoring ...", Protokoll der konstituierenden Sitzung der „Kommission Monitoring", Top 5 Probenahme- u. Probenvorbereitungsvorschriften, 27./28.06.1988
69. Bundesamt für Wehrtechnik u. Beschaffung: Technische Lieferbedingungen 8905-001, Ausgabe 2, S 4, Mai 1978
70. s. (63), 22., Tab. III-1
71. LMR, Bd I, 31., Fleischhygiene-VO, Okt. 1987, § 15, S 13
72. Williams S (1984) Official Methods of Analysis of the AOAC, 14. Ed. 22.001 Sampling of Fruits, 413, Arlington, USA
73. LMR, Bd I, 40 b. Geflügelfleischuntersuchungs-VO, Nov. 1976, § 6, Anl. 4, S 14
74. Techn. Lieferbedingungen TL 8960-001, S 3, Aug. 1980
75. Intern. Gesellsch. Getreidechem. (ICC): ICC-Standard Nr. 101, Bestätigt: 1960 bzw. 1982 und International Standard (ISO): 950 Cereals – Sampling (as grain), Published 1980
76. Menger A (1969) Unters. v. Teigwaren u. Teigwarenrohstoffen, Die Mühle 106, 6
76a. Prüfung von Gewürzen und Zutaten – Probenahme, DIN 10220 1968
76b. Spices and Condiments – Sampling, ISO 948, 1980
77. AS 35, Bd I/1 a Bestimmung für die Probeentnahme von Kaseinen und Kaseinaten, L 02.09, 7 (EG), März 1987
78. AS 35, Bd III/1 Probenahme von kosmetischen Mitteln K 84.00, 1 (EG), Mai 1982
79. Williams S (1984) Official Methods of Analysis of the AOAC, 14. Ed. 14.001 Wheat Flour, S 249, Arlington, USA
80. Kiermeier F, Lechner E (1973) Milch u. Milcherzeugnisse, S 226–228, Parey, Berlin/Hamburg
81. International Dairy Federation, General Secretariat: International IDF Standards 50 B: 1985, Milk and milk products, Methods of sampling, Brussels April 1986
82. International Dairy Federation, General Secretariat: Provisional international IDF Standard 113: 1982 Milk and milk products, Sampling-attribute sampling schemes., Brussels 1982

83. International Dairy Federation, General Secretariat: International IDF Standards 136: 1986 Milk and milk products Sampling-Inspection by variables. Brussels June 1986
84. AS 35, Bd I/1 a L 02.06 9 (EG) bis 11 (EG), Mai 1988
85. IMV: Milchwissenschaft 36 (1981) 683–685 u. 37 (1982) 25–29, 76–79, 736–741
86. Williams S (1984) Official Methods of Analysis of the AOAC, 14. Ed. 16.001–16.019 Dairy Products, 276–278, Arlington, USA u. (46)
87. LMR, Bd I, 9a. Allg. Verw.vorschr. üb. d. Durchf. d. Stichprobenunters. v. Milch u. Rahm auf Rückstände v. Schadstoffen v. 23.3.1988
88. AS 35, Bd I/5 L 59.00, Mai 1988
89. Bericht üb. d. 12. Sitzung d. Arbeitsgr. Lebensmittelerhaltung u. Mikrobiologie, 16.5.1973, Inst. f. Lebensm.technol. u. Verpackg., München
90. AS 35, Bd I/3 L 25.00 u. 29.00 1 (EG), Jan. 1981/gemäß § 5 Pflanzenschutzmittel-HöchstmengenVO
91. BGA: Erläuterungen zu EG-Richtl. 79/700, Juli 1979, Bundesgesundhbl. 23. (1980) 397
92. BGA (1989), Tätigkeitsbericht 1988 174, MMV, München
93. Oilseeds-Sampling, ISO 542–1980 und EWG-Verordnung Nr. 1223/81, Amtsbl. L 124/10 v. 8.5.1981/DGF-..., Abt. B – Fett-Rohstoffe, B-I 1 (87)
94. DGF-Einheitsmeth. Fettbegleitstoffe F-I 1 (68)
95. Foster D, McClure (1971) The Control of Salmonellae in Processed Foods: A Classification System and Sampling Plan, J. AOAC 54, 2, 259(8)
96. Codex alimentarius 89/23, 25. Rome: Food and Agriculture Organization of the United Nations
97. Bundesamt f. Wehrtechnik u. Beschaffg.: Techn. Lieferbedingungen TL 8925-006, S 2, Apr. 1978
98. Santarius K (1985) Zum Problem der Arzneimittelrückstände in Lebensmitteln tierischer Herkunft. Fleischwirtsch. 65(9):1060
99. Quentin K E (1988) Trinkwasser, S 23, Springer, Berlin
100. Gorny D (1987) Herstellerhaftung – Herstellersorgfaltspflicht – Stichprobenahme. ZLR 4, 394
101. AS 35, Bd IV/1 T 60.05 1, Nov. 1982
102. Williams S (1984) Official Methods of Analysis of the AOAC, 14. Ed. 46.078 Thermophilic Bact. Spores in Sugars, 954, Arlington, USA
103. Zipfel W, Die Sorgfaltspflicht im geltenden Lebensmittelrecht. ZLR 3/85, 225
104. OLG Düsseldorf v. 19.09.1978, LRE 11, 346/348/349 (1979)
105. OLG Koblenz v. 04.10.1973, LRE 8, 375 (1974)
106. Zipfel W, ZLR 3/85, 224, 225
107. OLG Koblenz v. 24.03.1982, LRE 14, 50 (1984)
108. OLG Koblenz v. 19.10.1983, LRE 15, 129–135 (1984)
109. OLG Koblenz v. 23.04.1987, LRE 20, 273 (1987)
110. OLG Stuttgart v. 07.04.1986, LRE 19, 293 (1987)
111. OLG Koblenz v. 15.11.1983, LRE 15, 204 (1984)
112. OLG Koblenz v. 19.10.1983, LRE 15, 135 (1984)
113. OLG Düsseldorf v. 20.03.1987, LRE 21, 28–30 (1988)
114. OLG Bremen v. 02.11.1960, LRE 3, 52–55 (1963)
115. Ruf F, Standpunkt der Industrie zur Lebensmittelkontrolle. ZLR 4/80, 450

Deutsches Institut für Normung e. V. Berlin:

116. DIN 55350 Teil 13 Begriffe der Qualitätssicherung und Statistik; Begriffe zur Genauigkeit von Ermittlungsverfahren und Ermittlungsergebnissen 1987
117. DIN 53803 Teil 1 Prüfung von Textilien: Probenahme, Statistische Grundlagen der Probenahme bei einfacher Aufteilung 1979. Entwurf Teil 2 Probenahme; Praktische Durchführung 1979. Teil 3 Probenahme; Statistische Grundlagen der Probenahme bei zweifacher Aufteilung nach zwei gleichberechtigten Gesichtspunkten 1979. Teil 4 Probenahme; Statistische Grundlagen der Probenahme bei zweifacher Aufteilung nach zwei einander nachgeordneten Gesichtspunkten 1984

118. DIN 55 350 Teil 14 Begriffe der Qualitätssicherung und Statistik; Begriffe der Probenahme 1985
119. Entwurf DIN ISO 2859 Teil 1 Annahmestichprobenprüfung anhand der Anzahl fehlerhafter Einheiten oder Fehler (Attributprüfung) 1989
120. Entwurf DIN ISO 2859 Teil 2 Annahmestichprobenprüfung anhand der Anzahl fehlerhafter Einheiten oder Fehler (Attributprüfung) nach der rückzuweisenden Qualitätsgrenzlage (LQ) geordnete Stichprobenanweisungen für die Prüfung einzelner Lose 1989. Teil 3 Annahmestichprobenprüfung anhand der Anzahl fehlerhafter Einheiten oder Fehler (Attributprüfung); Skip-lot-Verfahren 1989
121. Entwurf DIN ISO 3951 Verfahren und Tabellen für Stichprobenprüfung auf den Anteil fehlerhafter Einheiten in Prozent anhand quantitativer Merkmale (Variablenprüfung) 1989
122. DIN 55 350 Teil 31 Begriffe der Qualitätssicherung und Statistik; Begriffe der Annahmestichprobenprüfung 1985
123. DIN 53 804 Teil 1 Statistische Auswertungen; Meßbare (kontinuierliche) Merkmale 1981. Teil 2 Statistische Auswertungen; zählbare (diskrete) Merkmale 1985. Teil 3 Statistische Auswertungen; Ordinalmerkmale 1982. Teil 4 Statistiche Auswertungen; Attributmerkmale 1985
124. Entwurf DIN 55 303 Teil 6 Statistische Auswertungen von Daten; Testverfahren und Vertrauensbereiche für Anteile
125. DIN Fachbericht 6 Grenzwerte; Festlegung und Erfüllung der Forderungen 1986

Auch folgende nicht zitierte einschlägige Normen sind zu empfehlen:

DIN 55 350 Teil 11 Begriffe der Qualitätssicherung und Statistik; Grundbegriffe der Qualitätssicherung 1987
Teil 12 Begriffe der Qualitätssicherung und Statistik; Merkmalsbezogene Begriffe 1987
Teil 21 Begriffe der Qualitätssicherung und Statistik; Begriffe der Statistik; Zufallsgrößen und Wahrscheinlichkeitsverteilungen 1982
Teil 22 Begriffe der Qualitätssicherung und Statistik; Begriffe der Statistik; Spezielle Wahrscheinlichkeitsverteilungen 1987
Teil 23 Begriffe der Qualitätssicherung und Statistik; Begriffe der Statistik; Beschreibende Statistik 1983
Teil 24 Begriffe der Qualitätssicherung und Statistik; Begriffe der Statistik; Schließende Statistik 1982
Teil 34 Begriffe der Qualitätssicherung und Statistik; Erkennungsgrenze, Erfassungsgrenze und Erfassungsvermögen
Entwurf DIN ISO 8402 Qualität; Begriffe
A1 Qualität – Begriffe; Änderung 1

10 GLP-Grundsätze

H. Hey, Kiel

10.1 Einleitung

Die chemisch-analytische Untersuchung von Proben hat für den Verbraucher-schutz, den Warenverkehr, die Umweltüberwachung und viele andere Bereiche eine herausragende Bedeutung gewonnen. Um dieser Bedeutung gerecht zu werden, müssen die Analyseergebnisse treffgenau und für die Bewertung einer größeren Grundgesamtheit repräsentativ sein. Eine weitere wesentliche Grundlage zur Sicherung der Analysenqualität und der Leistungsfähigkeit von Prüfeinrichtungen ist die Beachtung von Grundsätzen der Guten Laborpraxis.

10.2 Entwicklung von Grundsätzen der Guten Laborpraxis

Zum Schutz vor Analyseergebnissen unzuverlässiger Laboratorien und zur Sicherung der Qualität toxikologischer Prüfdaten an Chemikalien haben die US Food and Drug Administration [1] (FDA) und die Environmental Protection Agency [2] (EPA) erste Regelungen über Anforderungen an die Organisation, das Personal und die Einrichtung von Prüflaboratorien ent-wickelt. Eine Arbeitsgruppe der OECD (Organisation for Economic Coopera-tion and Development) hat die Ansätze der FDA und EPA aufgegriffen und zu einem Schema mit Grundsätzen der Guten Laborpraxis bei Human- und Ökotoxizitätsprüfungen an Chemikalien [3] weiterentwickelt. Ziel dieser GLP-Regelungen ist es, Mindestanforderungen an die Qualität von Toxizitätsprü-fungen festzulegen und die Ergebnisse jederzeit nachprüfen zu können. Dadurch lassen sich Hemmnisse im internationalen Handel mit Industriche-mikalien, kosmetischen Grundstoffen, Arzneistoffen, Lebensmittel- und Fut-termittelzusatzstoffen und Schädlingsbekämpfungsmitteln abbauen, indem Toxizitätsprüfungen an Chemikalien nur noch in deren Ursprungsland durchgeführt und die Resultate vom importierenden Land ohne eigene Untersuchungen anerkannt werden. Außerdem werden Kosten und Zeitverlu-ste erspart und unnötige Tierversuche vermieden. Die EG-Kommission hat mit dem gleichen Zweck die GLP-Grundsätze der OECD in der 1. GLP-Richtlinie [4] verbindlich übernommen. Mit einer weiteren, der sogenannten 2. GLP-Richtlinie [5] über die Inspektion und Überprüfung der Guten Laborpraxis hat die EG einen Rahmen zur hoheitlichen Überwachung geschaffen, um sicherzu-stellen, daß bei Toxizitätsprüfungen an Chemikalien die GLP-Regelungen der

OECD eingehalten werden. Die GLP-gerechte Durchführung von Prüfungen kann die zuständige Behörde durch eine Bescheinigung für das Importland oder für andere Zwecke zertifizieren [6]. Anlagen zu einer 3. GLP-Richtlinie [7] enthalten Anleitungen für hoheitliche Inspektionen der Prüfeinrichtungen und zur Überprüfung der einzelnen Toxizitätsuntersuchungen im Rahmen von Verwaltungsvorschriften. Vergleichbare GLP-Regelungen hat z. B. die Schweiz übernommen. Auf der Basis der EG-GLP-Richtlinien wurden inzwischen bilaterale Abkommen zwischen der Bundesrepublik Deutschland und Japan über die wechselseitige Anerkennung von Toxizitätsprüfungen an Chemikalien abgeschlossen.

10.3 Weitere Konzepte zur Sicherung der Qualität von Prüflaboratorien

Im pharmazeutischen Bereich gibt es multilaterale, zwischenstaatliche Abkommen über die „Pharmazeutische Inspektions-Konvention" (PIC), in der Grundregeln für die sachgemäße Herstellung pharmazeutischer Produkte [8] und für die gute pharmazeutische Kontrollabor-Praxis [9] enthalten sind.
Speziell für Rückstandsuntersuchungen hat die „Codex-Alimentarius-Kommission" „Leitsätze zur guten Pestizidrückstandsanalysen-Praxis" [10] aufgestellt. Diese Leitsätze sind zur Einführung von Grundsätzen der Guten Laborpraxis wenig hilfreich, weil essentielle Regeln fehlen und elementares Lehrbuchwissen mit Hinweisen zur Validierung von Analysenergebnissen und unsystematischen Organisationsempfehlungen vermengt werden. Die völlig laienhafte deutsche Übersetzung [11] erschwert darüber hinaus das Verständnis für die Codex-Leitsätze.
Im „Globalen Konzept für Zertifizierung und Prüfwesen" [12] der EG-Kommission werden mit der Normenserie EN 45000 Kriterien für die Anerkennung der Kompetenz von Laboratorien zur Festlegung der Normenkonformität von Industrieprodukten aufgestellt. Besonders EN 45001, 002, 011 und 012 enthalten Anforderungen an Qualitätsstandards für Prüfstellen, denen aber wesentliche und weitergehende Elemente der GLP fehlen. Die EG-Kommission erkennt im Anhang 1, IV, Teil 1,1. c) des „Globalen Konzeptes" an, daß zum Schutz der menschlichen Gesundheit über die Serie EN 45000 hinausgehende strengere Regelungen, z. B. Grundsätze der Guten Laborpraxis, erforderlich sind.

10.4 Besonderheiten bestehender GLP-Grundsätze

GLP-Regelungen, die auf den OECD-Grundsätzen basieren, sind gezielt auf Toxizitätsprüfungen von Chemikalien abgestellt und beinhalten Elemente, die sich auf chemisch-analytische Laboratorien nicht direkt übertragen lassen. Prüfungen auf Human-, Tier- und Ökotoxizität an einer Chemikalie bestehen aus einer Fülle von Einzeluntersuchungen, über die in Abstimmung mit dem

Auftraggeber ein umfangreicher Prüfplan aufgestellt werden muß. Sie erstrecken sich über längere Zeit und erfordern einen hohen Organisations-, Personal- und Kostenaufwand für eine einzige Prüfung. Wegen dieses erheblichen Aufwandes für die Prüfung eines Stoffes ist es gerechtfertigt, daß GLP-Grundsätze eine personalintensive, vom Laborbetrieb unabhängige Qualitätssicherung und eine den Ablauf der Toxizitätsuntersuchungen begleitende Überprüfung (audit) durch das Qualitätssicherungspersonal vorsehen. Im monate- oder jahrelangen Zeitraum der Toxizitätsprüfung an einem Stoff werden in chemisch-analytischen Prüfeinrichtungen, etwa zur Produktüberwachung, zur Lebensmittel-, Wasser- oder Umweltuntersuchung tausende von Proben bearbeitet, so daß sich wegen des immensen Aufwandes eine jede Einzelanalyse begleitende Überprüfung durch das Qualitätssicherungspersonal von vornherein verbietet. Organisation und Aufgaben der Qualitätssicherung müssen daher für die chemische Analytik im Aufwand reduziert und anders gestaltet werden, als es in den OECD-Regelungen vorgesehen ist. Deshalb hat die Lebensmittelchemische Gesellschaft in der GDCh GLP-Grundsätze erarbeitet, die sich an die OECD-Regelungen anlehnen, aber den besonderen Bedürfnissen chemisch-analytischer Laboratorien angepaßt wurden [13]. Die Notwendigkeit zur Überarbeitung der OECD-Grundsätze für rein analytische Zwecke ist von der EG-Kommission im „Globalen Konzept" erkannt worden.

10.5 Begriffsbestimmungen

Die Begriffe zur Guten Laborpraxis stammen aus den OECD-Grundsätzen und deren offizieller, im Bundesanzeiger veröffentlichter Fassung [3]. Der Wortlaut ist durch die 1. GLP-Richtlinie [4] der EG bindend, und die Bezeichnungen sollten zur Wahrung einer einheitlichen Nomenklatur allgemein verwendet werden.

Gute Laborpraxis (GLP, Good Laboratory Practice) befaßt sich mit dem organisatorischen Ablauf und den Bedingungen, unter denen Laborprüfungen geplant, durchgeführt und die Qualität ihrer Ergebnisse gesichert werden, sowie mit der Aufzeichnung und Berichterstattung über die Prüfungen.

Prüfeinrichtung (Test facility) umfaßt die Personen, Räumlichkeiten und Arbeitseinrichtungen, die zur Durchführung der Prüfung notwendig sind.

Prüfplan (Study plan) ist ein Dokument, das den Gesamtumfang der Prüfung einer Probe beschreibt. Der Prüfplan kann bei der Laboreingangsbesprechung ad hoc anhand von Formblättern aufgestellt werden und umfaßt alle Einzeluntersuchungen zu einer Probe.

Prüfmethode (Test method, Aufarbeitungs-, Analysenvorschrift) ist eine Anweisung für die Aufarbeitung einer Probe und die Untersuchung bzw. Messung ihrer Beschaffenheitsmerkmale.

Standard-Arbeitsanweisungen (Standard operating procedures, SOPs) sind schriftliche Anweisungen, die die Durchführung bestimmter, immer wiederkehrender Tätigkeiten beschreiben, die in Prüfplänen oder Prüfmethoden nicht näher beschrieben sind.

Prüfung (Study) ist eine Untersuchung oder eine Reihe von Untersuchungen an Proben, um Daten über deren Beschaffenheit zu gewinnen.

Proben (Samples, specimen) sind alle Materialien, die zur Prüfung bestimmt sind.

Rohdaten (Raw data) sind alle ursprünglichen Laboraufzeichnungen und Unterlagen, die als Ergebnisse der ursprünglichen Untersuchungen anfallen.

Qualitätssicherungsprogramm (Quality assurance program) ist ein Kontrollsystem, das gewährleisten soll, daß die Prüfung Grundsätzen Guter Laborpraxis entspricht.

Wertsicherung, [14] (Validierung, proficiency testing) bedeutet, daß
- die Probenahme nach statistischen Kriterien zufällig, nach Konventionsmethoden oder nach Absprache mit dem Auftraggeber erfolgt (s. Kapitel 9 „Probenahme"),
- ausreichend sensitive und selektive Untersuchungsmethoden angewendet,
- systematische Fehler vermieden oder durch Wiederfindungsraten quantifiziert,
- das Streumaß nach Methoden der Statistik bewertet (s. Kapitel 8 „Statistik") wird und
- die Darstellung der Untersuchungsergebnisse [15] nachvollziehbar ist.

(Die Wertsicherung gehört nicht zum unmittelbaren Regelungsumfang von GLP, sondern ist Grundvoraussetzung für ein Labor, das nach Grundsätzen der GLP arbeiten will.)

10.6 Inhalt von GLP-Regelungen

Ziel von GLP-Grundsätzen für chemisch-analytische Laboratorien ist es, ein den Prüfaufgaben angemessenes Mindestmaß an Qualität von Prüfeinrichtungen zu sichern und ihre Leistungsfähigkeit anzugleichen. Eine Garantie für treffgenaue und repräsentative Prüfergebnisse kann durch GLP aber nicht gegeben werden. Mittel, um die Ziele der GLP zu erreichen, sind eine Organisationsstruktur mit eindeutiger Regelung von Zuständigkeiten nach Abb. 1 und eine Reihe von Maßnahmen, mit denen sichergestellt werden soll, daß
- die in den Grundsätzen festgelegten Anforderungen eingehalten werden,
- das Personal für die ihm gestellten Aufgaben ausreichend qualifiziert ist, über Erfahrungen verfügt bzw. geschult ist,
- geeignete Räumlichkeiten, Arbeitseinrichtungen und Materialien vorhanden sind,

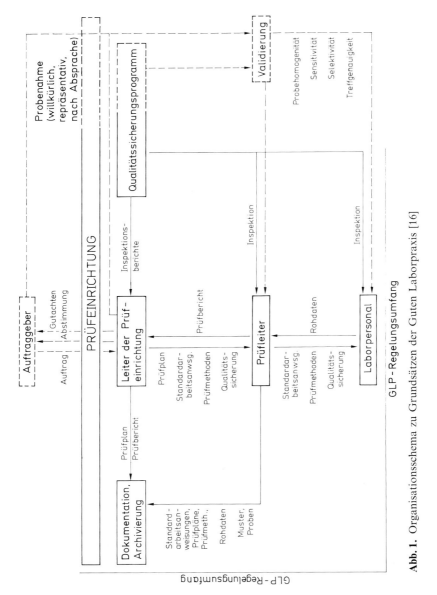

Abb. 1. Organisationsschema zu Grundsätzen der Guten Laborpraxis [16]

– Aufzeichnungen über die Fortbildung und die Aufgabenbeschreibung für alle wissenschaftlichen und technischen Mitarbeiter geführt werden,

– Gesundheitsschutz-, Sicherheits- und Entsorgungsmaßnahmen gemäß den geltenden Vorschriften angewandt werden,

– Prüfpläne erstellt, soweit erforderlich mit dem Auftraggeber abgestimmt werden und Änderungen im gegenseitigen Einvernehmen erfolgen,

– angemessene Standard-Arbeitsanweisungen und Prüfmethoden erstellt,
   befolgt und Abweichungen im Einzelfall schriftlich begründet festgehalten
   werden,
– ein Qualitätssicherungsprogramm vorhanden ist,
– eine chronologische Ablage aller Standard-Arbeitsanweisungen, Prüfpläne,
   Prüfmethoden, Rohdaten und Unterlagen über die Durchführung von
   Standardarbeitsanweisungen erfolgt und
– alle gewonnenen Daten lückenlos festgehalten, aufgezeichnet und archiviert
   werden.

Die lückenlose Dokumentation kann im Extremfall soweit gehen, daß der
Auftraggeber eines Prüflabors fordert, die chromatographischen Ergebnisse
eines Arbeitstages auf einer Papierrolle festzuhalten und die Chromatogramme
nicht voneinander zu trennen, damit die Drift der Retentionszeiten und der
Nullinie nachgeprüft werden kann.

10.7 Standard-Arbeitsanweisungen, Qualitätssicherungsprogramm und Dokumentation

Wichtigste Mittel der GLP zur Sicherung der Güte und Leistungsfähigkeit von
Laboratorien sind Standard-Arbeitsanweisungen und ein Qualitätssicherungsprogramm, und zur Nachprüfbarkeit sind sämtliche Vorgänge schriftlich zu
dokumentieren.

10.7.1 Standardarbeitsanweisungen

Über schriftlich niedergelegte Standard-Arbeitsanweisungen werden sämtliche
Maßnahmen in einer Prüfeinrichtung geregelt, die im Vorfeld der Durchführung von Prüfplänen und Prüfmethoden erforderlich sind. Sie müssen
mindestens für folgende Bereiche vorhanden sein:
– Geräte und Materialien, insbesondere für die Bedienung, Wartung, Reinigung von Geräten, Kalibrierung von Meßgeräten, Handhabung und
   Lagerung von Materialien,
– Reagenzien, Referenzsubstanzen, Proben und Standard-Referenzproben,
   insbesondere über Eingang, Identifizierung, Kennzeichnung, Handhabung
   und Lagerung, Entnahme und Zubereitung von Reagenzien,
– Führen von Aufzeichnungen, Berichterstattung und Archivierung, insbesondere über die Erfassung von Rohdaten, das Erstellen von Berichten, den
   Aufbau von Indexierungssystemen, den Umgang mit Daten einschließlich
   der Verwendung von EDV-Systemen,
– Qualitätssicherungsprogramm, insbesondere über die unabhängige Stellung
   des Qualitätssicherungspersonals, seine Tätigkeit bei den Inspektionen und
   die Berichterstattung über seine Tätigkeiten,
– Gesundheitsschutz-, Sicherheits- und Entsorgungsmaßnahmen entsprechend den geltenden Rechtsvorschriften und Richtlinien.

Soweit es durchführbar ist, sollten auch Standard-Arbeitsanweisungen zur Wertsicherung von Prüfergebnissen verfügbar sein.

Umfang und Zweck von Standardarbeitsanweisungen lassen sich am besten anhand der für den Betrieb von Prüfgeräten erforderlichen Anweisungen erklären, aus denen gleichzeitig deutlich wird, daß in etlichen Laboratorien zwar noch unsystematisch aber schon teilweise nach GLP-Regeln gearbeitet wird. Es müssen SOPs vorhanden sein über

– Anforderungen an die bauliche Unterbringung (z. B. Installation von Strom, Gas, Wasser und Abzügen, Reinheit der Raumluft),
– Anforderungen an die Qualität, Lagerung und Handhabung von Hilfsmitteln (z. B. Reinheit von Träger- und Detektorgasen für Gaschromatographen),
– Bedienungsanleitungen (z. B. offizielle Betriebsanweisungen des Herstellers, Hausanweisungen),
– Wartung und Kalibrierung von Geräten (Art, Häufigkeit, Nennung der Verantwortlichen, Art der schriftlichen Dokumentation über die Durchführung).

Sämtliche SOPs müssen schriftlich dokumentiert sein. Die Durchführung der Anweisungen muß vom Bedienungspersonal schriftlich mit Datum bestätigt werden. Beispiele für SOPs werden mit Abbildungen von Formblättern von der Lebensmittelchemischen Gesellschaft [16] veröffentlicht. Hinweise für Anweisungen zur Wartung und Kalibrierung von Analysengeräten finden sich bei Garfield [17]. Beide Bücher stellen eine wertvolle Hilfe zur Einführung von GLP-gerechter Arbeit im Labor dar.

10.7.2 Qualitätssicherung

Ein nahezu unüberwindliches Kosten- und Organisationshindernis der OECD-Grundsätze zur GLP stellt die Forderung nach gesondertem, unabhängigem Personal für die Qualitätssicherung dar, das Prüfungen durch audits überwachend begleitet. Besonders von kleineren Prüfeinrichtungen ist dieses zusätzliche Personal nicht zu finanzieren, und audits sind schon wegen der Vielzahl von Einzelprüfungen in analytischen Laboratorien nicht durchführbar. Da GLP nicht den Anspruch erfüllen kann, richtige und repräsentative Analysenergebnisse zu garantieren, sind Abstriche an Organisation und Aufgaben der Qualitätssicherung für chemisch-analytische Zwecke erforderlich und hinnehmbar:

– Auf begleitende Überprüfungen (audits) von Laboranalysen kann verzichtet werden.
– Das Personal muß nicht ausschließlich für Zwecke der Qualitätssicherung eingestellt werden. Es kann aus anderen Bereichen der Prüfeinrichtung stammen und darf nur nicht an der Durchführung von Untersuchungen in dem Labor beteiligt sein, in dem die Qualitätssicherung durchgeführt wird. Bei sehr kleinen Prüfeinrichtungen kann die Qualitätssicherung notfalls auch von externen Personen vorgenommen werden.

Durch das Qualitätssicherungspersonal wird in festgelegten, regelmäßigen Inspektionen geprüft, ob Prüfpläne, Prüfmethoden und Standardarbeitsanweisungen vorhanden sind, ob Änderungen schriftlich festgehalten sind, ob Rohdaten dokumentiert sind und ob Standardarbeitsanweisungen befolgt werden und schriftlich quittiert sind. Ferner ist darauf zu achten, daß alle Unterlagen leicht verfügbar aufbewahrt werden. Über die Durchführung der Inspektionen und deren Ergebnisse ist dem Leiter der Prüfeinrichtung schriftlich Bericht zu erstatten. Der Inspektionsbericht dient dem Leiter der Prüfeinrichtung dazu, den Prüfleiter zur Einhaltung der GLP-Grundsätze anzuhalten.

10.7.3 Dokumentation

Damit sämtliche untersuchungsrelevanten Vorgänge, z. B. von Auftraggebern, Gerichten und Behörden, nachgeprüft und nachvollzogen werden können, ist eine vollständige, schriftliche Dokumentation erforderlich. Alle Dokumente müssen chronologisch und leicht auffindbar archiviert werden.

10.8 Nutzen und Kosten

Das Arbeiten nach GLP-Grundsätzen ist ein Mittel, um die Leistungsfähigkeit von Prüfeinrichtungen der Hersteller, freier Handelslaboratorien und der Überwachung in den EG- und in Drittländern anzugleichen, um die Kompetenz von Prüfeinrichtungen nachzuweisen, die Qualität von Analysenergebnissen zu sichern und um durch Auftraggeber, Behörden und Gerichte nachvollziehen zu können, wie Untersuchungsdaten zustande gekommen sind. GLP-Regelungen sind als Grundlage geeignet für die Akkreditierung von Laboratorien, bei denen Betroffene Gegengutachten i. S. von Art. 7 Abs. 1 Satz 2 der Richtlinie über die amtliche Lebensmittelüberwachung [18] einholen können, und für eine Verwaltungsvorschrift zur Zulassung von Gegenprobensachverständigen nach § 42 Abs. 2 LMBG. In der Ratsentscheidung der EG über Referenzlaboratorien zur Rückstandsuntersuchung in Fleisch [19] wird als Aufgabe die „Koordinierung der Anwendung einer Guten Laborpraxis gemäß den Richtlinien 87/18/EWG und 88/320/EWG in den verschiedenen einzelstaatlichen Referenzlaboratorien" genannt (siehe auch Kap. 4.4). Damit werden die beiden GLP-Richtlinien erstmals direkt auf chemisch-analytische Laboratorien angewandt. In der Praxis hat sich GLP auch als förderlich für das Verantwortungsbewußtsein, die Selbstsicherheit und die Motivation der Mitarbeiter erwiesen.

Nach Erfahrungen aus der pharmazeutischen Industrie und in Prüfeinrichtungen, deren Auftraggeber GLP-gerechte Untersuchungen verlangen, beansprucht die Einführung von GLP-Grundsätzen zwischen 10 und 20% des Arbeitsaufwandes eines Laboratoriums.

10.9 Literatur

1. Fed Regist (1978) 43:(247), 59986
2. Fed Regist (1979) 44:(91), 27334
3. OECD-Grundsätze der GLP, BAnz. Nr. 42a vom 02.03.1983
4. 87/18/EWG
5. 88/320/EWG
6. Bescheinigung zu Art. 2 Abs. 2, 88/320/EWG
7. 90/18/EWG
8. Beilage BAnz. Nr. 98, vom 30.05.1985
9. PIC-Dokument PH 5/85 (1986) Deutsche Apotheker Zeitung 126:1717
10. CAC/PR 7-1984, A IV-7
11. CMA (1989) Behr's Verlag, Hamburg 20. Erg.-Lfg./Stand 01.07.
12. „Globales Konzept für Zertifizierung und Prüfwesen", KOM (89) 209 endg., vom 24.7.1989
13. Lebensmittelchem Gerichtl Chem (1988) 42:77–80
14. Lebensmittelchemie (1990) 44:45–46
15. Lebensmittelchem Gerichtl Chem (1987) 41:127
16. Hey, Specht, Weeren: Gute Laborpraxis, Behr's Verlag Hamburg, im Druck
17. Garfield FM (1984) Quality Assurance Principles for Analytical Laboratories, AOAC, Arlington, Virginia, USA
18. 89/397/EWG
19. 89/187/EWG

11 Regelungen im Verkehr mit Lebensmitteln

P. Noble, Bonn

11.1 Kurzer Überblick

11.1.1 Lebensmittelrecht

Kernstück des deutschen Lebensmittelrechts ist das Gesetz über den Verkehr mit Lebensmitteln, Tabakerzeugnissen, kosmetischen Mitteln und sonstigen Bedarfsgegenständen (*Lebensmittel- und Bedarfsgegenständegesetz*, abgekürzt *LMBG*). Das LMBG ist ein sog. *Dach- oder Rahmengesetz*, d.h. es enthält die allgemeinen Regelungen zum Schutz der Gesundheit und zum Schutz des Verbrauchers vor Irreführung und Täuschung. Detailtatbestände sind in *Rechtsverordnungen* geregelt, die aufgrund der Ermächtigungen im LMBG erlassen wurden. Im Bereich der Lebensmittelhygiene sind z.T. auch landesrechtliche Bestimmungen zu beachten.

Einige Spezialgebiete sind in anderen Gesetzen und ggf. in den jeweils darauf beruhenden Rechtsverordnungen geregelt. Im *Weingesetz* und seinen Ausführungsverordnungen sind Vorschriften für die Herstellung, das Inverkehrbringen und die Bezeichnung von Wein, Likörwein, Schaumwein, weinhaltigen Getränken und Branntwein aus Wein enthalten. Das LMBG findet in diesem Bereich keine Anwendung (s. Kap. 24.2). Im milchrechtlichen Bereich sowie in den Bereichen der pflanzlichen Fette und der Mischfette gelten das neue Milch- und Margarinegesetz vom 25.7.1990 sowie die sich auch auf das LMBG stützenden entsprechenden Produktverordnungen (s. dazu auch Kap. 15.2 und 19.2). Das *Fleischhygienegesetz* und die darauf gestützte Fleischhygiene-Verordnung regeln u.a. die Schlachttier- und Fleischuntersuchung sowie die hygienischen Anforderungen an das Gewinnen und Behandeln von Fleisch (s. Kap. 17.2).

Regelungen, die Lebensmittel betreffen, sind auch im Eichgesetz, im Biersteuergesetz, im Branntweinmonopolgesetz, im Handelsklassengesetz und im Strahlenschutzvorsorgegesetz (StrVG) sowie ggf. den jeweils darauf gestützten Rechtsverordnungen enthalten. Aber auch Vorschriften des Futtermittelgesetzes, des Düngemittelgesetzes, des Pflanzenschutzgesetzes und des Bundesseuchengesetzes können direkt oder indirekt Auswirkungen auf die Beschaffenheit von Lebensmitteln haben.

Neben Bundesgesetzen und Rechtsverordnungen gibt es noch *EG-Verordungen*, die in allen Mitgliedstaaten der Europäischen Gemeinschaft unmittelbar gelten. Das EG-Recht hat gegenüber Bundesrecht Vorrang, da die

Bundesrepublik Deutschland durch ihre Mitgliedschaft in der EG dem Gemeinschaftsrecht untersteht (s. Abschn. 11.4).

11.1.2 Allgemeine Verkehrsauffassung

In vielen Fällen, v. a. in denen spezielle Regelungen in Rechtsverordnungen fehlen, ist für die Beurteilung der Verkehrsfähigkeit von Lebensmitteln die *allgemeine Verkehrsauffassung* maßgebend. Es geht hier insbesondere um die Auslegung der Verbote des §17 LMBG bei der Prüfung, ob eine Irreführung im Sinne dieser Vorschriften vorliegt. Die allgemeine Verkehrsauffassung ist die Auffassung aller am Verkehr mit Lebensmitteln Beteiligten über die Zusammensetzung oder die Beschaffenheit eines Lebensmittels. Dazu gehören Verbraucher, Lebensmittelüberwachung, Wissenschaft, Hersteller und Handel. Die Verkehrsauffassung umfaßt somit sowohl die Verbrauchererwartung an ein Lebensmittel als auch den redlichen Hersteller- und Handelsbrauch.
Gutachtliche Stellungnahmen über die herrschende allgemeine Verkehrsauffassung hinsichtlich der Zusammensetzung und Beschaffenheit von Lebensmitteln stellen die *Leitsätze des Deutschen Lebensmittelbuches* dar. Die Leitsätze sind also keine verbindlichen Rechtsnormen, sondern Auslegungshilfsmittel zu den allgemeinen Verboten des §17 LMBG (s. Abschn. 11.2.3). In den Leitsätzen werden gemäß §33 Abs. 1 LMBG Herstellung, Beschaffenheit oder sonstige Merkmale von Lebensmitteln, die für die Verkehrsfähigkeit von Bedeutung sind, beschrieben. Auch die nach allgemeiner Verkehrsauffassung üblichen Bezeichnungen gehen aus den Leitsätzen hervor. Die Leitsätze werden von der *Deutschen Lebensmittelbuch-Kommission*, die sich nach §34 Abs. 2 LMBG aus Vertretern der Wissenschaft, der Lebensmittelüberwachung, der Verbraucherschaft und der Lebensmittelwirtschaft in zahlenmäßig gleichem Verhältnis zusammensetzt, beschlossen. Erarbeitet werden die Leitsätze in den Fachausschüssen der Kommission. Die von der Kommission beschlossenen Leitsätze werden vom Bundesminister für Jugend, Familie, Frauen und Gesundheit (BMJFFG) im Einvernehmen mit den Bundesministern der Justiz, für Ernährung, Landwirtschaft und Forsten und für Wirtschaft im Bundesanzeiger veröffentlicht. Das Deutsche Lebensmittelbuch umfaßt derzeit ca. 20 Leitsätze, z. B. für tiefgefrorenes Obst und Gemüse, für Pilze und Pilzerzeugnisse, für Dauerbackwaren.
Zur Feststellung der allgemeinen Verkehrsauffassung werden auch die Beschlüsse des *Arbeitskreises lebensmittelchemischer Sachverständiger der Länder und des Bundesgesundheitsamtes* (*ALS*) herangezogen. Die Beschlüsse des ALS werden im Bundesgesundheitsblatt veröffentlicht. Sie sind nicht rechtsverbindlich. (s. dazu auch Abschn. 11.2.5).
Für einige Lebensmittelgruppen bestehen *Richtlinien der Wirtschaft* (z. B. „Richtlinie für die Herstellung, Beurteilung und Kennzeichnung von Sauerkraut"), die die Vorstellungen der Lebensmittelwirtschaft über die Herstellung oder die Beschaffenheit dieser Lebensmittel wiedergeben. Diese Richtlinien sind bei der Ermittlung des redlichen Hersteller- und Handelsbrauchs von Bedeutung. Sie stellen aber nicht unbedingt die allgemeine

Verkehrsauffassung dar, da sie nur von einer Gruppe der am Verkehr mit Lebensmitteln Beteiligten formuliert werden.

In Streitfällen müssen die Gerichte, ggf. auf der Basis demoskopischer Umfragen, über die Verkehrsauffassung entscheiden. Diese *Gerichtsentscheidungen* sind wichtige Hilfsmittel bei der Beurteilung von Lebensmitteln.

11.2 Das Lebensmittel- und Bedarfsgegenständegesetz

11.2.1 Regelungsinhalt

Das Lebensmittel- und Bedarfsgegenständegesetz (LMBG) findet Anwendung auf die vier Erzeugnisgruppen *Lebensmittel, Tabakerzeugnisse, kosmetische Mittel und Bedarfsgegenstände*. Was unter diesen Begriffen zu verstehen ist, ergibt sich aus den Begriffsbestimmungen in den §§ 1, 3, 4 und 5.

Lebensmittel- und Bedarfsgegenständegesetz		
1. Abschnitt	(§§ 1– 7)	Begriffsbestimmungen
2. Abschnitt	(§§ 8–19)	Verkehr mit Lebensmitteln
3. Abschnitt	(§§ 20–23)	Verkehr mit Tabakerzeugnissen
4. Abschnitt	(§§ 24–29)	Verkehr mit kosmetischen Mitteln
5. Abschnitt	(§§ 30–32)	Verkehr mit sonstigen Bedarfsgegenständen
6. Abschnitt	(§§ 33–39)	Allgemeine Bestimmungen
7. Abschnitt	(§§ 40–46)	Überwachung
8. Abschnitt	(§§ 47–50)	Ein- und Ausfuhr
9. Abschnitt	(§§ 51–55)	Straftaten und Ordnungswidrigkeiten

Lebensmittel sind gemäß § 1 Abs. 1 Stoffe, die dazu bestimmt sind, in unverändertem, zubereitetem oder verarbeitetem Zustand vom Menschen verzehrt – also gegessen, gekaut, getrunken oder auf andere Weise in den Magen zugeführt – zu werden. Alle Stoffe, die überwiegend dazu bestimmt sind, zu anderen Zwecken als zur Ernährung oder zum Genuß verzehrt zu werden, fallen nicht unter den Lebensmittelbegriff. Damit werden Lebensmittel gegenüber Arzneimitteln abgegrenzt (s. dazu Kap. 12). Umhüllungen, Überzüge oder sonstige Umschließungen, die dazu bestimmt sind, mitverzehrt zu werden, werden in § 1 Abs. 2 den Lebensmitteln gleichgestellt.

Die Zweckbestimmung liegt auch den Definitionen für Tabakerzeugnisse (§ 3), kosmetische Mittel (§ 4) und sonstige Bedarfsgegenstände (§ 5) zugrunde. Hauptziele der Regelungen des LMBG sind
– Schutz der Gesundheit,
– Schutz vor Irreführung und Täuschung,
– Sicherstellung der sachgerechten Verbraucherinformation.

11.2.2 Schutz der Gesundheit

Die Regelungen des LMBG zum Schutz der Gesundheit dienen der Vorbeugung von gesundheitlichen Schäden. Man spricht daher auch vom Prinzip des vorbeugenden Gesundheitsschutzes. Nach § 8 LMBG ist es verboten, Lebensmittel für andere so herzustellen oder zu behandeln, daß ihr Verzehr geeignet ist, die Gesundheit zu schädigen (§ 8 Nr. 1). Ebenso ist es verboten, Stoffe als Lebensmittel in den Verkehr zu bringen, die zur Gesundheitsschädigung geeignet sind (§ 8 Nr. 2). Wichtig ist, daß das Verbot des § 8 schon bei der alleinigen Eignung zur Gesundheitsschädigung greift. Eine konkrete Schädigung der Gesundheit braucht nicht eingetreten zu sein, um ein Lebensmittel vom Verkehr auszuschließen.

Durch das Änderungsgesetz zum LMBG (v. 22. 1. 91) wurde § 8 durch das Verbot ergänzt, Erzeugnisse, die z. B. aufgrund ihrer Form, ihres Geruchs, von Aussehen oder Aufmachung mit Lebensmitteln verwechselt werden können, so herzustellen oder in den Verkehr zu bringen, daß infolge ihrer Verwechselbarkeit mit Lebensmitteln eine Gefährdung der Gesundheit hervorgerufen wird (z. B. wie Früchte geformtes Spielzeug aus Kunststoff mit hohem Weichmacheranteil, Reinigungs- oder Pflegemittel in bei Lebensmitteln üblichen Verpackungen).

Das LMBG enthält dem § 8 entsprechende Verbote hinsichtlich des Herstellens und des Inverkehrbringens auch für kosmetische Mittel (§ 24) und für Bedarfsgegenstände (§ 30). Beispielsweise dürfen Bedarfsgegenstände nicht so in Lebensmitteln verwendet werden, daß deren Verzehr zu Gesundheitsschäden führen kann (z. B. Holzstäbchen in Marzipan).

Durch eine Reihe von Ermächtigungen (§ 9) bestehen Eingriffsmöglichkeiten zur Abwehr gesundheitlicher Risiken durch Lebensmittel. Rechtsverordnungen zum Schutz der Gesundheit können bereits erlassen werden, wenn dies zur *Verhütung einer Gesundheitsgefährdung* erforderlich ist. Von den Ermächtigungen des § 9 wurde in Rechtsverordnungen vielfach Gebrauch gemacht. Beispielsweise beruhen wesentliche Regelungen der Diätverordnung, wie die über diätetische Lebensmittel für Diabetiker oder über Säuglings- und Kleinkindernahrung und die Vorschriften in der Aflatoxin-Verordnung auf diesen Ermächtigungen. Auf die Ermächtigung in § 9 Abs. 4 für Regelungen zum Verbot oder zur Beschränkung des Inverkehrbringens von Lebensmitteln, die einer Einwirkung durch Verunreinigungen der Luft, des Wassers oder des Bodens ausgesetzt waren, ist die 1988 erlassene Verordnung über Höchstmengen an Schadstoffen in Lebensmitteln (Schadstoff-Höchstmengenverordnung, SHmV, s. Kap. 5.1.2) gestützt.

Auch die *Zusatzstoffregelungen* des LMBG dienen dem gesundheitlichen Verbraucherschutz. Der Begriff „Zusatzstoff" ist in § 2 definiert. Zusatzstoffe sind Stoffe, die dazu bestimmt sind, Lebensmitteln zur Beeinflussung ihrer Beschaffenheit oder zur Erzielung bestimmter Eigenschaften oder Wirkungen zugesetzt zu werden. Stoffe, die natürlicher Herkunft oder den natürlichen chemisch gleich sind und nach allgemeiner Verkehrsauffassung überwiegend wegen ihres Nähr-, Geruchs- oder Geschmackswertes oder als Genußmittel verwendet werden, also die üblichen Lebensmittel, sind vom Zusatzstoffbegriff ausgenommen (s. auch Kap. 2).

Bestimmte Stoffe, wie z. B. Mineralstoffe, Spurenelemente, deren Verbindungen, Aminosäuren und -derivate, die Vitamine A und D und deren Derivate, die aufgrund ihrer natürlichen Herkunft oder ihres chemischen Aufbaus und ihrer Zweckbestimmung nicht als Zusatzstoffe einzuordnen wären, werden in § 2 Abs. 2 den Zusatzstoffen ausdrücklich gleichgestellt. Damit werden diese Stoffe der Zulassung unterworfen. Der Verordnungsgeber wird durch § 2 Abs. 3 ermächtigt, darüber hinaus weitere Stoffe durch Rechtsverordnung den Zusatzstoffen gleichzustellen. Von dieser Ermächtigung wurde mehrfach Gebrauch gemacht: in der Zusatzstoff-Verkehrsverordnung (ZVerkV) sind in § 1 Adipinsäure, Nicotinsäure, Nicotinsäureamid und Nitritpökelsalz den Zusatzstoffen gleichgestellt worden.

Für den Einsatz von Zusatzstoffen in Lebensmitteln gilt das *Verbot mit Erlaubnisvorbehalt*, d. h. alle Zusatzstoffe, die nicht ausdrücklich durch Rechtsverordnung für den Zusatz zu Lebensmitteln zugelassen sind, dürfen beim gewerbsmäßigen Herstellen oder Behandeln von Lebensmitteln nicht verwendet werden (§ 11 Abs. 1). Für die *technischen Hilfsstoffe*, die entsprechend der Definition in § 2 Abs. 1 Zusatzstoffe und damit zulassungsbedürftig sind, gilt eine Sonderregelung (§ 11 Abs. 2 Nr. 1). Sie sind vom Zusatzstoffverbot des § 11 Abs. 1 Nr. 1 ausgenommen, wenn sie aus dem Lebensmittel vollständig oder so weit entfernt werden, daß sie oder ihre Umwandlungsprodukte nur noch als technisch unvermeidbare und technologisch unwirksame Reste in gesundheitlich, geruchlich und geschmacklich unbedenklichen Anteilen enthalten sind.

In § 12 wird der Verordnungsgeber ermächtigt, Zusatzstoffe allgemein oder für bestimmte Verwendungszwecke zuzulassen und Höchstmengen für deren Gehalt oder den Gehalt an Umwandlungsprodukten der Zusatzstoffe festzulegen. Die Zulassung von Zusatzstoffen darf nur erfolgen, wenn die Verwendung gesundheitlich unbedenklich und aus technologischen, ernährungsphysiologischen oder diätetischen Gründen erforderlich ist. Zusatzstoffe sind in der *Zusatzstoff-Zulassungsverordnung* (ZZulV) für die Verwendung beim gewerbsmäßigen Herstellen und Behandeln von Lebensmitteln allgemein oder beschränkt, d. h. nur für die in der ZZulV genannten Verwendungszwecke unter Einhaltung der dort festgesetzten Höchstmengen, zugelassen. Weitere Zusatzstoffzulassungen sind auch in Produktverordnungen (z. B. in der Fleisch-Verordnung oder in der Diätverordnung) enthalten.

Der Gehalt der Lebensmittel an zugelassenen Zusatzstoffen ist nach § 16 Abs. 1 kenntlich zu machen. Die Regelung der Art und Weise der Kenntlichmachung oder die Zulassung von Ausnahmen von der Verpflichtung zur Kenntlichmachung wird den Rechtsverordnungen überlassen (Ermächtigungen in § 16 Abs. 1 Satz 2). Kenntlichmachungsvorschriften sind z. B. in § 8 der ZZulV enthalten. Weitere Vorschriften des LMBG zum Schutz des Verbrauchers vor Gesundheitsschäden betreffen die Bestrahlung von Lebensmitteln, Pflanzenschutz- oder sonstige Mittel und Stoffe mit pharmakologischer Wirkung.

Nach § 13 ist es verboten, bei Lebensmitteln eine nicht zugelassene *Bestrahlung* mit ultravioletten oder ionisierenden Strahlen anzuwenden und solche Lebensmittel in den Verkehr zu bringen. Die Bestrahlung kann für bestimmte Lebensmittel oder bestimmte Verwendungszwecke zugelassen werden.

§ 14 verbietet, Lebensmittel gewerbsmäßig in den Verkehr zu bringen, die *Pflanzenschutzmittel oder sonstige Mittel* oder deren Abbau- oder Reaktionsprodukte in einer Menge enthalten, die die durch Rechtsverordnung festgesetzten Höchstmengen überschreiten. Diese Höchstmengen sind in der *Pflanzenschutzmittel-Höchstmengenverordnung* (*PHmV*) in Ausschöpfung der Ermächtigung in § 14 Abs. 2 festgelegt worden (s. Kap. 3.2). § 14 verbietet darüber hinaus das Inverkehrbringen von Lebensmitteln, die Rückstände an Pflanzenschutz- oder sonstigen Mitteln enthalten, die in der Bundesrepublik nicht zugelassen sind, in den Exportländern aber angewendet werden. Dieses Verbot gilt jedoch nicht, wenn Höchstmengen für die betreffenden Stoffe festgesetzt sind.

§ 15 enthält die Vorschriften über *Stoffe mit pharmakologischer Wirkung*. Rückstände an solchen Stoffen oder an deren Umwandlungsprodukten werden in Lebensmitteln nur toleriert, wenn sie die festgesetzten Höchstmengen nicht überschreiten oder wenn bei der Anwendung der Wirkstoffe die bei der Registrierung oder Zulassung festgesetzten Wartezeiten eingehalten werden. Sind keine Wartezeiten festgesetzt worden, beträgt die Mindestwartezeit 5 Tage. Hinsichtlich der Verschreibung, Abgabe und Anwendung von Tierarzneimitteln gelten die Vorschriften des Arzneimittelgesetzes (AMG). Der Zusatz von Wirkstoffen zu Futtermitteln wird im Futtermittelrecht (Futtermittelgesetz, Futtermittelverordnung) geregelt. Beschränkungen für die Anwendung bestimmter Stoffe mit pharmakologischer Wirkung und Höchstmengenfestsetzungen für Rückstände in Lebensmitteln sind in der auf die Ermächtigungen in § 15 Abs. 3 gestützten *Verordnung über Stoffe mit pharmakologischer Wirkung* enthalten (s. Kap. 4.2).

11.2.3 Schutz vor Täuschung und Irreführung – Sicherstellung der sachgerechten Verbraucherinformation

Die Vorschriften des LMBG im Bereich des Täuschungsschutzes beziehen sich einerseits auf Abweichungen in der stofflichen Zusammensetzung von Lebensmitteln und andererseits auf die äußere Darbietungsform mit irreführenden Angaben und Aufmachungen sowie die Werbung (§§ 17, 18). Hinzu kommen die Verordnungsermächtigungen u. a. für eine erweiterte Informationskennzeichnung (§ 19).

Die *Verbote zum Schutz vor Täuschung* sind in § 17 enthalten und umfassen im wesentlichen die nachfolgend genannten Tatbestände. Das Inverkehrbringen von Lebensmitteln, die *nicht zum Verzehr geeignet* sind, oder auf die Stoffe aus Bedarfsgegenständen in Anteilen übergegangen sind, die gesundheitlich, geruchlich und geschmacklich nicht unbedenklich sind, ist verboten. *Nachgemachte* oder *wertgeminderte Lebensmittel* dürfen nicht ohne ausreichende Kenntlichmachung gewerbsmäßig in den Verkehr gebracht werden. Dies gilt auch für Lebensmittel, die aufgrund ihrer Darbietungsform oder von Angaben beim Verbraucher die Vorstellung einer besseren Beschaffenheit wecken als sie sie tatsächlich besitzen, also z. B. geschönte Lebensmittel. Die Verwendung der Bezeichnungen „natürlich", „naturrein", „naturbelassen", „frei von Rückständen" u. ä. ist bei Lebensmitteln verboten, die zugelassene Zusatzstoffe oder

Pflanzenschutzmittelrückstände oder Rückstände an Stoffen mit pharmakologischer Wirkung enthalten. Diese Angaben sind nicht zu verwechseln mit Hinweisen auf besondere landwirtschaftliche Anbauformen, z. B. ,,biologischdynamisch''. Das Inverkehrbringen von Lebensmitteln mit *irreführender Bezeichnung, Angaben oder Aufmachung* ist insgesamt untersagt. Für Lebensmittel darf auch nicht mit irreführenden Darstellungen oder sonstigen Angaben geworben werden. Irreführend sind z. B. Behauptungen über Wirkungen von Lebensmitteln, die ihnen nach den Erkenntnissen der Wissenschaft nicht zukommen oder die wissenschaftlich nicht hinreichend gesichert sind, unrichtige Angaben über die Herkunft der Lebensmittel, die Menge, die Haltbarkeit usw. oder wenn Lebensmitteln der Anschein eines Arzneimittels gegeben wird. Auch bei kosmetischen Mitteln sind irreführende Bezeichnungen, Angaben oder Aufmachungen sowie die Werbung mit irreführenden Darstellungen oder sonstigen Aussagen verboten (§ 27).

Dem Täuschungsschutz dienen auch die absoluten *Werbeverbote des § 18*, die die gesundheitsbezogene oder genauer gesagt krankheitsbezogene Werbung betreffen. Danach darf für Lebensmittel nicht mit Aussagen geworben werden, die sich auf die Beseitigung, Linderung oder Verhütung von Krankheiten beziehen (§ 18 Abs. 1 Nr. 1). Es dürfen auch keine Schriften oder Angaben verwendet werden, die dazu anleiten, Krankheiten mit Lebensmitteln zu behandeln (§ 18 Abs. 1 Nr. 7).

Nach § 18 Abs. 2 sind diätetische Lebensmittel von diesen Verboten ausgenommen, jedoch nur soweit nicht durch Rechtsverordnung etwas anderes bestimmt ist. Eine Einschränkung ist in der Diätverordnung erfolgt. In § 3 Abs. 1 Diätverordnung wird bestimmt, daß, abgesehen von einigen Ausnahmen, auch diätetische Lebensmittel den Verboten des § 18 Abs. 1 Nr. 1 und 7 LMBG unterliegen. Bei welchen diätetischen Lebensmitteln welche krankheitsbezogenen Aussagen verwendet werden dürfen, ist in § 3 Abs. 2 Diätverordnung genau festgelegt. Die Aussagen sind im Wortlaut vorgeschrieben, z. B. ,,zur besonderen Ernährung bei Diabetes Mellitus im Rahmen eines Diätplanes'' (s. Kap. 31.2.4).

§ 18 verbietet ferner bei Lebensmitteln, einschließlich der diätetischen Lebensmittel, sonstige krankheitsbezogene Hinweise, wie die Bezugnahme auf ärztliche Empfehlungen oder ärztliche Gutachten, Krankengeschichten, bildliche Darstellungen von Ärzten oder Aussagen, die geeignet sind, Angstgefühle hervorzurufen oder auszunutzen.

§ 19 enthält umfassende Ermächtigungen zum Schutz vor Täuschung. Danach können u. a. Angaben über den Inhalt eines Lebensmittels, die Herkunft, den Hersteller, den Zeitpunkt der Herstellung oder der Abpackung, die Dauer der Haltbarkeit, bestimmte Lagerungsbedingungen oder die Verwendung einer bestimmten Bezeichnung vorgeschrieben werden. Darüber hinaus können auch Vorschriften über das Herstellen, die Zusammensetzung oder die Beschaffenheit von Lebensmitteln erlassen werden. Die Verordnungsermächtigungen hinsichtlich der Kennzeichnung wurden mit der *Lebensmittel-Kennzeichnungsverordnung* (LMKV) von 1981 ausgefüllt (s. Abschn. 11.3.2). Zahlreiche weitere Regelungen in Rechtsverordnungen beruhen auf den Ermächtigungen des § 19 (z. B. die Regelungen über brennwert- und nährstoffbezogene Angaben in der Nährwert-Kennzeichnungsverordnung).

11.2.4 Ausnahmegenehmigungen

Mit § 37 enthält das LMBG ein Instrument, im Einzelfall Ausnahmen von Vorschriften des Gesetzes oder darauf gestützten Rechtsverordnungen zeitlich befristet zuzulassen. Ausgeschlossen sind nach § 37 Abs. 1 LMBG Ausnahmen von den Verboten und Vorschriften zum Schutz der Gesundheit (z. B. § 8 LMBG und auf §§ 9 und 10 gestützte Rechtsvorschriften).
Die Ausnahmen können nach § 37 Abs. 2 Nr. 1 LMBG auf Antrag für das Herstellen, Behandeln und Inverkehrbringen bestimmter Lebensmittel, Tabakerzeugnisse, kosmetische Mittel oder Bedarfsgegenstände zugelassen werden, sofern Ergebnisse zu erwarten sind, die für eine Änderung oder Ergänzung der bestehenden Rechtsvorschriften von Bedeutung sein können. Ausnahmen dürfen nur zugelassen werden, wenn eine Gefährdung der Gesundheit nicht zu erwarten ist. Zuständig für die Erteilung dieser Ausnahmegenehmigungen ist der BMJFFG im Einvernehmen mit den Bundesministern für Ernährung, Landwirtschaft und Forsten und für Wirtschaft. Die Ausnahmegenehmigungen, die jederzeit aus wichtigem Grund widerrufen werden können, sind auf zwei Jahre befristet und können zweimal um je zwei Jahre verlängert werden. Sie stehen unter amtlicher Beobachtung durch das zuständige Lebensmitteluntersuchungsamt, das regelmäßig Proben der durch die Ausnahmegenehmigung zugelassenen Lebensmittel überprüft. Überwiegend werden Ausnahmegenehmigungen für die Verwendung nicht zugelassener Zusatzstoffe, wie z. B. neue Süßstoffe oder Spurenelementverbindungen, erteilt.
Weitere Ausnahmemöglichkeiten des § 37 LMBG betreffen die Sonderverpflegung für Angehörige der Bundeswehr usw. (Abs. 2 Nr. 2), bestimmte Lebensmittel als Notration für die Bevölkerung (Abs. 2 Nr. 3), Fälle, in denen, insbesondere bei drohenden Verderb von Lebensmitteln, unbillige Härten vermieden werden sollen (Abs. 2 Nr. 4) und die Fluoridierung von Trinkwasser zur Vorbeugung von Karies (Abs. 2 Nr. 5).

11.2.5 Lebensmittelüberwachung

Die Lebensmittelüberwachung ist Aufgabe der Bundesländer, da gemäß Artikel 83 des Grundgesetzes die Länder Bundesgesetze grundsätzlich als eigene Angelegenheit ausführen. Für die Durchführung der Überwachung sind im LMBG *Rahmenvorschriften* enthalten. Außerdem wird es dem Verordnungsgeber durch einige Ermächtigungen ermöglicht, bundeseinheitliche Vorschriften z. B. über die personelle, apparative und sonstige technische Mindestausstattung von Untersuchungsanstalten oder über Verfahren zur Probenahme und Untersuchung von Lebensmitteln zu erlassen, um die einheitliche Durchführung der Überwachung zu fördern.
Die Rahmenvorschriften des LMBG verpflichten die zuständigen Überwachungsbehörden zu regelmäßigen Überprüfungen und Probenahmen (§ 41

Abs. 1). Außerdem wird bestimmt, daß die Überwachung durch fachlich ausgebildete Personen durchzuführen ist (§ 41 Abs. 2). Die Befugnisse der mit der Überwachung beauftragten Personen, wie die Betretungsrechte in Bezug auf Betriebs- und Geschäftsräume oder das Recht, geschäftliche Aufzeichnungen einzusehen, sowie die Duldungs- und Mitwirkungspflichten der Verantwortlichen für das Herstellen, das Behandeln oder das Inverkehrbringen von Lebensmitteln, sind in § 41 Abs. 3 geregelt. Die Befugnis zur Probenahme ergibt sich aus § 42.

Im Rahmen der Lebensmittelüberwachung werden regelmäßig Kontrollen der Betriebe, die Lebensmittel gewerbsmäßig herstellen, behandeln oder in den Verkehr bringen (Herstellerbetriebe, Lebensmittelhandwerk, Importeure, Handel, Großküchen, Kantinen, Gaststätten usw.) vorgenommen. Die mit der Überwachung beauftragten Personen können nach ihrer Auswahl Proben zum Zweck der Untersuchung entnehmen. Soweit der Hersteller oder Einführer nicht darauf verzichtet, ist ein Teil der Probe oder wenn die Probe z. B. nicht teilbar ist, ein zweites Stück der gleichen Art und von demselben Hersteller zurückzulassen (§ 42 Abs. 1). Die zurückgelassenen Proben, die amtlich zu verschließen oder zu versiegeln sind, können in einem möglichen Rechtsstreit als Beweismaterial dienen. Der Betroffene kann die sog. Gegenprobe von einem zugelassenen privaten Sachverständigen begutachten lassen. Die Anzahl der pro Jahr zu untersuchenden Lebensmittelproben und die Entnahmeorte werden in Probenahmeplänen der Überwachungsbehörden festgelegt. Diese Proben werden als *Planproben* bezeichnet. Darüber hinaus werden bei besonderen Feststellungen im Rahmen von Betriebskontrollen oder bei Verbraucherbeschwerden *Verdachtsproben* entnommen.

Die *Zuständigkeiten für die Lebensmittelüberwachung* richten sich nach Landesrecht. Sie sind auf den jeweiligen Verwaltungsebenen unterschiedlich geregelt. Oberste für die Lebensmittelüberwachung zuständige Landesbehörden sind die Gesundheits- bzw. Innenministerien oder die Landwirtschaftsministerien der Länder. In einigen Bundesländern sind die Zuständigkeiten nach Art der Lebensmittel (pflanzlicher oder tierischer Herkunft) zwischen dem Gesundheits- und dem Landwirtschaftsressort geteilt. Der Vollzug der Überwachung ist in der Regel Aufgabe der Kreise, Städte und Gemeinden und wird dort zumeist von den Ordnungs- oder Polizeibehörden wahrgenommen. Verschiedentlich sind auch Fachverwaltungen, wie die Veterinärverwaltung, beteiligt. Betriebsprüfungen und Probenahmen werden vielfach von *Lebensmittelkontrolleuren* durchgeführt. Lebensmittelkontrolleure sind besonders ausgebildete, nicht wissenschaftliche Dienstkräfte. Die fachlichen Anforderungen sind in der auf § 41 Abs. 2 LMBG gestützten Lebensmittelkontrolleur-Verordnung von 1977 geregelt.

Die Untersuchung und lebensmittelrechtliche Beurteilung der Lebensmittel, kosmetischen Mittel, Tabakerzeugnisse und Bedarfsgegenstände erfolgt durch die *wissenschaftlichen Sachverständigen* (Lebensmittelchemiker, Veterinäre, Mediziner) in den *Chemischen, Veterinär- oder Medizinaluntersuchungsämtern*. Die wissenschaftlichen Sachverständigen nehmen zum Teil auch an Betriebsprüfungen und Probenahmen teil oder führen diese selbständig durch. Bei

Verstößen gegen lebensmittelrechtliche Vorschriften erstatten sie Gutachten, auf die sich die weiteren Maßnahmen der Behörden stützen und die auch bei möglichen Gerichtsverfahren herangezogen werden.

Um eine Vereinheitlichung der Verfahren zur Probenahme und Untersuchung von Lebensmitteln, Tabakerzeugnissen, kosmetischen Mitteln und Bedarfsgegenständen zu erreichen, wurde in § 35 LMBG die Erarbeitung einer *Amtlichen Sammlung von Untersuchungsverfahren* festgelegt. Mit der Herausgabe der Amtlichen Sammlung ist das Bundesgesundheitsamt beauftragt, das dafür 1976 die „Kommission des Bundesgesundheitsamtes zur Durchführung des § 35 LMBG" eingerichtet hat. Die Untersuchungs- und Probenahmeverfahren werden in Arbeitsgruppen, denen – wie im LMBG festgelegt – Sachverständige aus den Bereichen der Überwachung, der Wissenschaft und der beteiligten Wirtschaft angehören, erarbeitet und in Ringversuchen geprüft. Die Amtliche Sammlung umfaßt bis jetzt über 500 Probenahme- und Untersuchungsverfahren. Sie wird vom Bundesgesundheitsamt laufend weiterentwickelt und auf den neuesten Stand gebracht.

Die Länder sind zur Vermeidung von Wettbewerbsverzerrungen und Verbrauchernachteilen bemüht, die Durchführung der Überwachung einheitlich zu gestalten. Daher sind regelmäßig tagende Gremien eingerichtet worden, in denen Fragen der Überwachung, Untersuchung und Beurteilung von Lebensmitteln sowie Auslegungsfragen beraten und koordiniert werden. Es sind dies
- der Ausschuß Lebensmittelhygiene und Lebensmittelüberwachung der Arbeitsgemeinschaft der leitenden Medizinalbeamten der Länder (*ALÜ*),
- der Ausschuß für Lebensmittelüberwachung der Arbeitsgemeinschaft der leitenden Veterinärbeamten der Länder (*AfLMÜ*),
- der Arbeitskreis lebensmittelchemischer Sachverständiger der Länder und des Bundesgesundheitsamtes (*ALS*),
- der Arbeitskreis lebensmittelhygienischer tierärztlicher Sachverständiger (*ALTS*).

11.3 Rechtsverordnungen

11.3.1 Überblick

Das LMBG ermächtigt den Verordnungsgeber, bestimmte Regelungen in Rechtsverordnungen zu treffen. Im LMBG ist als Verordnungsgeber in der Regel der BMJFFG bestimmt. Ferner ist festgelegt, daß die Verordnungen im Einvernehmen mit den von den jeweiligen Sachgebieten betroffenen Ministern, in der Regel dem Bundesminister für Ernährung, Landwirtschaft und Forsten und dem Bundesminister für Wirtschaft, erlassen werden. Grundsätzlich ist die Zustimmung des Bundesrates erforderlich. Auf diese Weise können die Bundesländer, die die lebensmittelrechtlichen Vorschriften als eigene Angelegenheit durchführen, die Regelungen der Verordnungen beeinflussen bzw. mitgestalten.

Nach § 39 LMBG sind bei der Erarbeitung von Rechtsverordnungen, von wenigen Ausnahmen abgesehen, Sachkenner aus der Wissenschaft, der Verbraucherschaft und der beteiligten Wirtschaft anzuhören.

Rechtsverordnungen können nur erlassen werden, wenn dafür Ermächtigungen im Gesetz vorhanden sind (Artikel 80 Grundgesetz). Die Rechtsgrundlagen sind jeweils in der Präambel der Verordnungen aufgeführt. Die Gründe für die Regelungen und die Ziele, die damit verfolgt werden, gehen aus der *Amtlichen Begründung*, die zu jeder Rechtsverordnung gehört, hervor.

Die Rechtsverordnungen werden nach Zustimmung des Bundesrates im Bundesgesetzblatt verkündet.

Wichtige lebensmittelrechtliche Rechtsverordnungen sind in der nachfolgenden Übersicht zusammengestellt.

Name der Verordnung	*Abkürzung*	*Wesentliche Regelungsinhalte*
Lebensmittel-Kennzeichnungs-verordnung	LMKV	Grundkennzeichnung von Lebensmitteln in Fertigpackungen
Nährwert-Kennzeichnungs-verordnung		Voraussetzungen für die Zulässigkeit bestimmter Nährwertangaben; Art und Weise der Nährwertkennzeichnung
Zusatzstoff-Zulassungsverordnung	ZZulV	Zulassung von Zusatzstoffen allgemein oder mit Verwendungsbeschränkungen; Kenntlichmachung von Zusatzstoffen
Zusatzstoff-Verkehrsverordnung	ZVerkV	Reinheitsanforderungen an Zusatzstoffe; Kennzeichnung der Zusatzstoffe
Pflanzenschutzmittel-Höchstmengen-verordnung	PHmV	Höchstmengenfestsetzungen für Pflanzen-schutz- und sonstige Mittel sowie andere Schädlingsbekämpfungsmittel in Lebensmitteln und Tabakerzeugnissen
Aflatoxin-Verordnung		Höchstmengenfestsetzungen für den Aflatoxingehalt bestimmter Lebensmittel
Schadstoff-Höchstmengen-verordnung	SHmV	Höchstmengenfestsetzungen für polychlorierte Biphenyle (PCB) und Quecksilber in bestimmten Lebensmitteln
Diätverordnung		Begriffsbestimmung für diätetische Lebensmittel; Anforderungen an die Zusammensetzung und Beschaffenheit bestimmter diätet. Lebensmittel sowie Säuglings- und Kleinkindernahrung; Zulassung von Zusatzstoffen; Kennzeichnungs- und Kenntlichmachungs-vorschriften
Verordnung über vitaminisierte Lebensmittel		Zulassung von (zulassungspflichtigen) Vitaminverbindungen zur Vitaminisierung von Lebensmitteln allgemein oder mit Einschränkungen
Lebensmittel-transportbehälter-Verordnung	LMTV	Hygienische Anforderungen an Lebensmittel-transportbehälter

Für verschiedene Lebensmittelgruppen sind spezielle Vorschriften, wie hinsichtlich der Herstellung, der Zusammensetzung und bestimmter Kennzeichnungsangaben, in den sog. *Produktverordnungen* enthalten. Beispielhaft seien genannt: Fleisch-Verordnung, Hackfleisch-Verordnung, Fruchtsaft-Verordnung, Verordnung über Fruchtnektar und Fruchtsirup, Mineral- und Tafelwasser-Verordnung, Konfitürenverordnung, Honigverordnung, Kakaoverordnung, Kaffeeverordnung, Verordnung über Speiseeis, Verordnung über Teigwaren, Butterverordnung, Käseverordnung, Verordnung über Milcherzeugnisse.

11.3.2 Lebensmittel-Kennzeichnungsverordnung (LMKV)

Von besonderer Bedeutung ist die *Lebensmittel-Kennzeichnungsverordnung* (*LMKV*) von 1981, mit der die Richtlinie des Rates (79/112 EWG) vom 18.12.1978 (ABl. 1979 Nr. L 33 S. 1) zur Angleichung der Rechtsvorschriften der Mitgliedstaaten über die Etikettierung und Aufmachung von für den Endverbraucher bestimmten Lebensmitteln sowie die Werbung hierfür (*EG-Kennzeichnungsrichtlinie*) in deutsches Recht umgesetzt wurde.
Die LMKV regelt die einheitliche *Grundkennzeichnung* für fast alle Lebensmittel in Fertigpackungen, die zur Abgabe an den Verbraucher bestimmt sind. In den Produktverordnungen werden grundsätzlich nur noch Sonderregelungen über z. B. zusätzliche Kennzeichnungsangaben getroffen oder es gelten die Vorschriften der LMKV nur, soweit diese in den Verordnungen für anwendbar erklärt werden (s. dazu warenkundliche Kapitel). Vom Anwendungsbereich sind einige wenige Lebensmittelgruppen ausgenommen, wie dem Weingesetz unterliegende Erzeugnisse (z. B. Branntwein aus Wein, Likörwein), einige Lebensmittelgruppen, deren Kennzeichnung gemeinschaftsrechtlich in Richtlinien (z. B. Kakao, Kakaoerzeugnisse, Honig) oder in Verordnungen (z. B. Wein) geregelt ist (§ 1 Abs. 3 LMKV). Die LMKV findet auch keine Anwendung auf Lebensmittel, die in der Verkaufsstätte zur alsbaldigen Abgabe an den Verbraucher vorverpackt werden (§ 1 Abs. 2 LMKV).
Nach § 3 Abs. 1 LMKV sind auf der Fertigpackung oder einem mit ihr verbundenen Etikett grundsätzlich folgende Angaben anzubringen:
– Verkehrsbezeichnung,
– Name oder Firma und Anschrift des Herstellers, Verpackers oder in der EG niedergelassenen Verkäufers,
– Zutatenverzeichnis,
– Mindesthaltbarkeitsdatum.

Bei Getränken mit einem Alkoholgehalt von mehr als 1,2 Volumenprozent ist zusätzlich der vorhandene *Alkoholgehalt* anzugeben.
Die *Füllmengenkennzeichnung* ist nicht in der LMKV, sondern im Eichgesetz (§ 16) und in der Fertigpackungsverordnung (§§ 6–11) geregelt.
In bestimmten Ausnahmefällen können einzelne oder mehrere Kennzeichnungsangaben entfallen oder brauchen die Angaben nicht auf der Fertigpackung oder dem damit verbundenen Etikett angebracht sein (§ 3 Abs. 2, 4, 5 und 6; § 6 Abs. 6; § 7 Abs. 6 LMKV).

Die Kennzeichnungsangaben sind an einer in die Augen fallenden Stelle in deutscher Sprache, leicht verständlich, deutlich sichtbar, leicht lesbar und unverwischbar anzubringen. Sie dürfen nicht durch andere Angaben oder Bildzeichen verdeckt oder getrennt werden. Die Verkehrsbezeichnung, das Mindeshaltbarkeitsdatum und die Mengenkennzeichnung sind im gleichen Sichtfeld auf der Fertigpackung oder dem Etikett anzubringen. Bei Getränken mit einem Alkoholgehalt von mehr als 1,2 Volumenprozent ist auch der vorhandene Alkoholgehalt in diesem Sichtfeld zusammen mit den genannten Angaben anzugeben (§ 3 Abs. 3 LMKV).

Die *Verkehrsbezeichnung* eines Lebensmittels ist nach § 4 LMKV die in Rechtsvorschriften festgelegte Bezeichnung, z. B. „Fruchtsaft" nach der Fruchtsaft-Verordnung, „bilanzierte Diät" nach der Diätverordnung. Fehlt eine solche festgelegte Bezeichnung, ist die nach allgemeiner Verkehrsauffassung übliche Bezeichnung (z. B. Bezeichnungen, die in den Leitsätzen des Deutschen Lebensmittelbuches enthalten sind) *oder* eine Beschreibung des Lebensmittels die Verkehrsbezeichnung. Handelsmarken oder Phantasienamen können die Verkehrsbezeichnung nicht ersetzen.

Im *Zutatenverzeichnis* sind alle Zutaten mit ihrer Verkehrsbezeichnung aufzulisten. Eine *Zutat* ist nach § 5 Abs. 1 LMKV jeder Stoff, der bei der Herstellung des Lebensmittels verwendet wird und unverändert oder verändert im Enderzeugnis vorhanden ist. Auch Zusatzstoffe sind Zutaten. Die Aufzählung der Zutaten hat in absteigender Reihenfolge ihres Gewichtsanteils bei der Herstellung des Lebensmittels zu erfolgen. Die Zutat, die den größten Anteil am Lebensmittel ausmacht, steht dementsprechend am Beginn der Zutatenliste. Der Aufzählung ist ein Hinweis voranzustellen, der das Wort „Zutaten" enthält (§ 6 Abs. 1 LMKV).

Für die Angabe bestimmter Zutaten im Zutatenverzeichnis bestehen in § 6 Abs. 2 – 5 einige Sonderregelungen. Hervorzuheben ist die Möglichkeit, einzelne, in Anlage 1 der LMKV aufgeführte Zutaten nicht mit ihrer Verkehrsbezeichnung, sondern unter bestimmten Voraussetzungen mit einem ebenfalls in Anlage 1 festgelegten *Klassennamen* anzugeben (§ 6 Abs. 4 Nr. 1 LMKV). So können z. B. Gewürze jeder Art und ihre Auszüge mit dem Klassennamen „Gewürz(e)" oder „Gewürzmischung" angegeben werden, vorausgesetzt sie machen nicht mehr als 2 % des Lebensmittels aus.

Für die Angabe der *Zusatzstoffe* und der anderen in Anlage 2 der Zusatzstoff-Verkehrsverordnung (ZVerkV) aufgeführten Stoffe, die nach der Begriffsbestimmung in § 2 LMBG (s. Abschn. 11.2.2) keine Zusatzstoffe sind, die aber wie Zusatzstoffe verwendet werden (z. B. Ascorbinsäure, Lactoflavin), in der Zutatenliste gelten besondere Vorschriften (§ 6 Abs. 4 Nr. 2 LMKV). Bei allen Stoffen, die aufgrund ihrer hauptsächlichen Wirkung zu einer der in Anlage 2 der LMKV aufgeführten Klassen gehören, muß der jeweilige Klassenname, der die Funktion beschreibt, im Zutatenverzeichnis angegeben werden. Bei einer Reihe von Klassen, z. B. bei Emulgatoren, Verdickungsmitteln, Geliermitteln, ist die Angabe des Klassennamens ausreichend. Bei Stoffen, die zu den Klassen Farbstoff, Konservierungsstoff, Antioxidationsmittel, Trennmittel, künstlicher Süßstoff, Überzugsmittel oder Mehlbehandlungsmittel gehören, ist zusätzlich zum Klassennamen die Verkehrsbezeichnung des Stoffes oder seine EWG-Nummer anzugeben, z. B. „Konservierungsstoff Sorbinsäure" oder „Konservierungsstoff E 200". Die Verkehrsbezeichnungen und EWG-Nummern sind in Anlage 2 der Zusatzstoff-Verkehrsverordnung aufgeführt. Stoffe, die keiner der in Anlage 2 der LMKV aufgeführten Klassen zugeordnet werden können, müssen mit ihrer Verkehrsbezeichnung (nicht EWG-Nummer!) in der Zutatenliste angegeben werden.

Das *Mindesthaltbarkeitsdatum* ist nach § 7 Abs. 1 LMKV das Datum, bis zu dem das Lebensmittel unter angemessenen Aufbewahrungsbedingungen seine spezifischen Eigenschaften (Geschmack, Geruch, Farbe, Konsistenz) behält. Das Mindesthaltbarkeitsdatum ist mit den Worten „mindestens haltbar bis . . ." und der Nennung des Datums (Tag, Monat, Jahr) anzugeben. Die Angabe des Jahres ist nicht erforderlich, wenn die Mindesthaltbarkeit nicht mehr als 3 Monate beträgt. Die Angabe des Tages kann bei mehr als 3 Monate mindestens haltbaren Lebensmitteln entfallen. Bei länger als 18 Monate haltbaren Erzeugnissen genügt die Angabe des Jahres (§ 7 Abs. 3). In den beiden letzten Fällen lautet die Angabe „mindestens haltbar bis Ende . . .". Die Datumsangabe kann auch an anderer Stelle auf der Packung erfolgen, wenn in Verbindung mit der Angabe „mindestens haltbar bis . . ." auf diese Stelle hingewiesen wird. Zusammen mit der Angabe des Mindesthaltbarkeitsdatums muß ein Hinweis auf die Lagerungsbedingungen (z. B. „gekühlt") angebracht sein wenn die Mindesthaltbarkeit nur bei Einhaltung bestimmter Temperaturen oder sonstiger Bedingungen zu erreichen ist.

Bei Bier kann anstelle des Mindesthaltbarkeitsdatums das Abfülldatum angegeben werden (§ 7 Abs. 4 LMKV). Bei Hackfleisch ist nach § 7 Abs. 3 der Hackfleisch-Verordnung in Abweichung zu den Vorschriften der LMKV das späteste Verbrauchsdatum anzugeben („verbrauchen bis spätestens . . .").

Werden bestimmte *Zutaten* eines Lebensmittels besonders *hervorgehoben*, sind nach § 8 Abs. 1 LMKV die Mindestmengen der Zutaten anzugeben. Bei der Hervorhebung eines geringen Gehalts einer Zutat ist deren Höchstmenge anzugeben. Die Mengenangabe muß entweder in unmittelbarer Nähe der Verkehrsbezeichnung oder im Zutatenverzeichnis angebracht sein (§ 8 Abs. 2 LMKV).

11.4 Lebensmittelrecht in der EG

Die europäische Gemeinschaft strebt gemäß dem Vertrag zur Gründung der Europäischen Wirtschaftsgemeinschaft (EWG-Vertrag) eine Angleichung der innerstaatlichen Rechtsvorschriften der Mitgliedstaaten an, um Handelshemmnisse abzubauen und dadurch ein besseres Funktionieren des Gemeinsamen Marktes zu erreichen. Von den Harmonisierungsbestrebungen ist das Lebensmittelrecht in besonderem Maße betroffen. In verschiedenen Rechtsbereichen, wie z. B. im Kennzeichnungsrecht, sind die Harmonisierungsarbeiten bereits weit fortgeschritten.

Wichtigstes Instrument zur Angleichung der Rechtsvorschriften im Lebensmittelbereich ist die *EG-Richtlinie.* Im Gegensatz zur *EG-Verordnung,* die in allen ihren Teilen verbindlich ist und unmittelbar in jedem Mitgliedstaat gilt, stellen sie kein unmittelbar geltendes Recht dar. Die Richtlinien sind an die Mitgliedstaaten gerichtet und hinsichtlich des zu erreichenden Ziels verbindlich. Die Mitgliedstaaten können aber selbst die Form und die Mittel zur Umsetzung dieses Ziels in die nationale Rechtsordnung bestimmen.

Die Richtlinien zur Angleichung der Rechtsvorschriften der Mitgliedstaaten werden von der *Kommission der Europäischen Gemeinschaften* vorgeschlagen. Über die Richtlinienvorschläge wird nach eingehenden Beratungen mit Vertretern der Regierungen der Mitgliedstaaten im *Ministerrat der Europäischen Gemeinschaften* entschieden. Neuerdings ist das Europäische Parlament stärker am Gesetzgebungsverfahren beteiligt. Die Richtlinien werden vom Rat erlassen und im Amtsblatt der Gemeinschaft veröffentlicht. Die Mitgliedstaaten sind nach Wirksamwerden einer Richtlinie verpflichtet, diese innerhalb bestimmter, in der Richtlinie festgelegter Fristen in nationales Recht umzusetzen.

Zur Angleichung der Rechtsvorschriften im lebensmittelrechtlichen Bereich sind zahlreiche Richtlinien erlassen und in deutsches Recht umgesetzt worden (z. B. Kennzeichnungsrichtlinie, Diätrichtlinie, Konfitürenrichtlinie, Fruchtsaftrichtlinie).

Richtlinien, die bestimmte Tatbestände für Lebensmittel allgemein regeln (z. B. Kennzeichnung, Zulassung von Zusatzstoffen), werden als *horizontale Richtlinien* bezeichnet. *Vertikale Richtlinien* enthalten produktbezogene Vorschriften für einzelne Lebensmittelgruppen (z. B. Fruchtsäfte, Honig, Konfitüren).

Für die Schaffung eines einheitlichen, für alle verbindlichen europäischen Rechts ist die Rechtsprechung des *Europäischen Gerichtshofes (EuGH)* von großer Bedeutung. Der EuGH hat u. a. die Aufgabe, auf Ersuchen zu prüfen, ob z. B. Rechtsakte von Mitgliedstaaten mit den EWG-Verträgen vereinbar sind, oder sich zu Fragen der Auslegung des Gemeinschaftsrechts zu äußern. Im lebensmittelrechtlichen Bereich liegen zahlreiche Entscheidungen des EuGH vor (z. B. Urteil zum Reinheitsgebot bei Bier, s. dazu Kap. 23).

Für den Lebensmittelbereich ergeben sich wesentliche Änderungen durch die am 1. Juli 1987 in Kraft getretene *Einheitliche Europäische Akte,* in der zum Ziel gesetzt wird, den *Gemeinsamen Binnenmarkt bis zum 31. Dezember 1992* zu verwirklichen. Bis zu diesem Zeitpunkt sollen u. a. die Hindernisse, die dem freien innergemeinschaftlichen Warenverkehr noch entgegenstehen, beseitigt werden. Die EG-Kommission hat zahlreiche Einzelvorschläge zur Vollendung des Binnenmarktes vorgelegt. Für das Lebensmittelrecht hat sie einen neuen Ansatz vorgeschlagen, nach dem die Harmonisierung der Rechtsvorschriften auf wesentliche Bereiche beschränkt werden soll und der im übrigen die gegenseitige Anerkennung der Rechtsvorschriften der Mitgliedstaaten vorsieht. Da dafür eine Überwachung in den Mitgliedstaaten nach einheitlichen Grundsätzen Voraussetzung ist, wird eine Harmonisierung der Lebensmittelüberwachung in der Gemeinschaft angestrebt. Als ersten Schritt wurde die Richtlinie des Rates (89/397/EWG) vom 14. Juni 1989 (ABl. 1989 Nr. L 186

S. 23) über die amtliche Lebensmittelüberwachung mit Grundsätzen für deren
Durchführung, wie z.B. über Art und Umfang der Überwachungsmaßnah-
men, Befugnisse der mit der Überwachung beauftragten Personen, erlassen.
Die Richtlinie sieht außerdem koordinierte Überwachungsprogramme auf
Gemeinschaftsebene vor. Die allgemeinen Grundsätze für die Überwachung
sollen erforderlichenfalls zu einem späteren Zeitpunkt durch besondere
Vorschriften ergänzt werden.

Für die Vollendung des gemeinschaftlichen Lebensmittelrechts sind die mit der
Einheitlichen Europäischen Akte zur Beschleunigung der Beschlußfassung
eingeführten Änderungen des Verfahrens zum Erlaß von Richtlinien von
Bedeutung. Danach bedürfen Ratsbeschlüsse zur Rechtsangleichung nicht
mehr der Einstimmigkeit. Die qualifizierte Mehrheit im Ministerrat ist
ausreichend.

11.5 Codex Alimentarius

Das Lebensmittelrecht in der EG und damit auch im nationalen Bereich wird in
starkem Maße von den Arbeiten der *Codex Alimentarius Kommission* beeinflußt. Diese Kommission, der inzwischen über 100 Mitgliedstaaten angehören,
wurde 1962 gemeinsam von der Welternährungsorganisation (FAO) und der
Weltgesundheitsorganisation (WHO) zur Erarbeitung von Lebensmittelstan-
dards gegründet. Die Standards sind international weitgehend anerkannte
Zusammenstellungen von Herstellungspraktiken, Beschaffenheitsmerkmalen
und Kennzeichnungsanforderungen bei Lebensmitteln. Sie werden von den
regelmäßig tagenden Codex-Komitees, die jeweils für bestimmte Lebensmittelgruppen (sog. Warenkomitees) oder allgemeine Sachgebiete (z.B. Kennzeichnung, Zusatzstoffe, Lebensmittelhygiene, Analysen und Probenahmeverfahren) zuständig sind, erarbeitet. Nach Beschluß durch die Kommission werden
sie den Regierungen der Mitgliedstaaten als empfohlene Standards vorgelegt.
Bis jetzt sind von der Kommission weit über 100 Standards beschlossen
worden. Die Standards sind im *Codex Alimentarius* zusammengefaßt.

Die Standards sind zunächst unverbindlich. Bei uneingeschränkter Annahme
eines Standards oder bei Annahme mit spezifischen Abweichungen verpflichtet
sich der Mitgliedstaat, Lebensmittel, die dem Standard entsprechen, in seinem
Hoheitsgebiet ungehindert oder mit gewissen Einschränkungen in den Verkehr
gelangen zu lassen.

Die Standards sind beim internationalen Handel von großer Bedeutung.
Darüber hinaus werden sie als Grundlage für die nationale Gesetzgebung oder
in der EG bei der Erarbeitung von Richtlinienvorschlägen herangezogen. Die
EG-Kennzeichnungsrichtlinie beruht beispielsweise in wesentlichen Teilen auf
dem Allgemeinen Codex-Standard für die Kennzeichnung von Lebensmitteln.

11.6 Literatur

Weiterführende Literatur

1. LMR
2. LRE
3. Zipfel, Lebensmittelrecht Kommentar
4. ZLR
5. Ausländisches Lebensmittelrecht EG-Vorschriften. Textsammlung, Herausgeber Centrale Marketinggesellschaft der deutschen Landwirtschaft GmbH in Bonn. Behr's Verlag, Hamburg
6. ABl. und BGBl. I
7. Lebensmittelrechts-Handbuch, Verfasser: Bertling L, Henning W, Hummel-Liljegren H, Becker R, Merk KP, Rützler H, Schulze K, Tosse G, Warning W. Losetextsammlung. C. H. Beck'sche Verlagsbuchhandlung München
8. Deutsches Lebensmittelbuch (1988) Leitsätze/red. bearb. von Hans Hauser, Ausg. 1988. Köln: Bundesanzeiger
9. Lips P, Marr F, Beck-Rechtsberater: Wegweiser durch das Lebensmittelrecht, 3. Aufl, Stand 1.1.90, Deutscher Taschenbuch Verlag, München
10. Holthöfer, Nüse, Franck: Deutsches Lebensmittelrecht, Kommentar, Carl Heymanns Verlag KG Köln, Berlin, Bonn, München

12 Abgrenzungen

B. Hambrecht, Hamburg

12.1 Einführung

Lebensmittel und kosmetische Mittel sind im allgemeinen – von bestimmten im LMBG geregelten Verkehrsverboten abgesehen – als verkehrsfähige Stoffe anzusehen. Arzneimittel hingegen dürfen in der Regel erst nach besonderer Zulassung, die sich auf das AMG stützt, in den Verkehr gebracht werden. Die Abgrenzung der Lebensmittel bzw. der kosmetischen Mittel gegenüber den Arzneimitteln kann problematisch sein. So sind in den letzten Jahren in der Fachpresse zahlreiche solcher Fälle kontrovers diskutiert worden. Es wird z. B. an die Produkte mit Kombucha-Teepilz und an die Omega-3-Fettsäurehaltigen Mittel erinnert. Beide Produkte wurden zunächst als diätetische Lebensmittel von den Herstellern in den Verkehr gebracht. Die Zweckbestimmung der bis dahin unbekannten Produkte war jedoch nicht klar erkennbar. So sollten sie als diätetische Lebensmittel positive Wirkungen bei verschiedenen Krankheiten aufweisen, die über die Begriffsbestimmung eines diätetischen Lebensmittels im Zusammenhang mit § 3 Diät VO nicht abgedeckt waren [2]. Die Zuordnung fiel je nach Beurteilungsstandpunkt (Apotheker-Lebensmittelchemiker) in Überwachungskreisen unterschiedlich aus, obwohl in den lebensmittel- und arzneimittelrechtlichen Regelungen Begriffsbestimmungen für die Produkte Lebensmittel, Arzneimittel, diätetische Lebensmittel etc. existieren [1, 2, 4]. Da sie sich nicht eindeutig zuordnen ließen, gehörten sie in die sog. „Grauzone".

Inzwischen wurden die Kombucha-Pilz-Produkte aber durch Gerichtsurteil den Lebensmitteln zugeordnet und jegliche gesundheitsbezogene Werbung untersagt [25]. Für die Omega-3-Fettsäurehaltigen Produkte existieren jetzt die ersten Zulassungen als Arzneimittel beim BGA [3] (s. aber auch Kap. 19.2.8).

Es soll nicht die Aufgabe dieses Kapitels sein, ähnlich gelagerte Fälle zu lösen. Dieses Kapitel soll aber dem, der für die Herstellung, das Inverkehrbringen oder für die Überwachung von Lebensmitteln zuständig und verantwortlich ist, Möglichkeiten der Beurteilung für „graue" Fälle aufzeigen, ihn mit Grundsätzlichem vertraut machen.

12.2 Beurteilungsgrundlagen

12.2.1 Rechtliche Regelungen

Zur Beurteilung von Lebensmitteln, kosmetischen Mitteln und Arzneimitteln
stehen vor allem folgende Regelungen zur Verfügung:
(1) Lebensmittelrechtliche Regelungen [13].
    LMBG mit zahlreichen Verordnungen, vor allem die Diät-VO.
(2) Arzneimittelrechtliche Regelungen [8].
    AMG und VO Apothekenpflicht und Freiverkäuflichkeit [8, 13],
    Aufbereitungsmonographien [12], Standardzulassungen [7].
(3) Heilmittelwerbegesetz [8].
(4) Gerichtsurteile [8].

12.2.2 Begriffsbestimmungen

Aus den o. a. rechtlichen Regelungen ergeben sich folgende für die Abgrenzung
von Produkten wichtige Begriffsbestimmungen:

(1) Lebensmittel
Das LMBG führt dazu im § 1 u. a. aus: Lebensmittel im Sinne dieses Gesetzes
sind Stoffe, die dazu bestimmt sind, in unverändertem, zubereitetem oder
verarbeitetem Zustand von Menschen verzehrt zu werden, ausgenommen sind
Stoffe, die überwiegend dazu bestimmt sind, zu anderen Zwecken als zur
Ernährung oder zum Genuß verzehrt zu werden.

(1 a) Diätetische Lebensmittel
Die Diät-VO führt dazu im § 1 u. a. aus: Diätetische Lebensmittel sind
Lebensmittel, die bestimmt sind, einem besonderen Ernährungszweck dadurch
zu dienen, daß sie die Zufuhr bestimmter Nährstoffe oder anderer ernährungsphysiologisch wirksamer Stoffe steigern oder verringern oder die
Zufuhr solcher Stoffe in einem bestimmten Mischungsverhältnis oder in bestimmter Beschaffenheit bewirken.
Nach § 3 Diät-VO darf in der Werbung für diätetische Lebensmittel nur mit den
dort aufgeführten Krankheiten (u. a. Niereninsuffizienz, Gicht, Diabetes
mellitus) geworben werden. Die Obstipation fällt z. B. nicht darunter [14].

(1 b) Kosmetische Mittel
Das LMBG führt dazu im § 4 u. a. aus: Kosmetische Mittel im Sinne dieses
Gesetzes sind Stoffe oder Zubereitungen aus Stoffen, die dazu bestimmt sind,
äußerlich am Menschen oder in seiner Mundhöhle zur Reinigung, Pflege oder
zur Beeinflussung des Aussehens oder des Körpergeruchs oder zur Vermittlung
von Geruchseindrücken angewendet zu werden, es sei denn, daß sie überwiegend dazu bestimmt sind, Krankheiten, Leiden, Körperschäden oder krankhafte Beschwerden zu lindern oder zu beseitigen.

(1c) Nahrungsergänzungsmittel

Sie sind lebensmittelrechtlich nicht definiert, sind jedoch unter den apothekenüblichen Waren im § 25 Nr. 6 ApoBetrO [9] erwähnt. Wie der Name sagt, sollen die Produkte die Nahrung ergänzen u. a. mit Vitaminen, Mineralstoffen, mit Bestandteilen von Lebensmitteln. Sie sind also dem Begriff der Lebensmittel i. S. § 1 LMBG zu unterstellen, d. h. sie dürfen nicht überwiegend zu anderen Zwecken als zur Ernährung oder zum Genuß verzehrt werden. Die Nahrungsergänzungsmittel dienen allgemeinen Ernährungsbedürfnissen, nicht aber einem bestimmten Ernährungszweck [15, 16, 17].

(2) Arzneimittel

Das AMG führt dazu im § 2 u. a. aus: Arzneimittel sind Stoffe und Zubereitungen aus Stoffen, die dazu bestimmt sind, durch Anwendung am oder im menschlichen oder tierischen Körper

1. Krankheiten, Leiden, Körperschäden oder krankhafte Beschwerden zu heilen, zu lindern, zu verhüten oder zu erkennen,
2. die Beschaffenheit, den Zustand oder die Funktionen des Körpers oder seelische Zustände erkennen zu lassen,
3. vom menschlichen oder tierischen Körper erzeugte Wirkstoffe oder Körperflüssigkeiten zu ersetzen,
4. Krankheitserreger, Parasiten oder körperfremde Stoffe abzuwehren, zu beseitigen oder unschädlich zu machen oder
5. die Beschaffenheit, den Zustand oder die Funktionen des Körpers oder seelische Zustände zu beeinflussen.

Durch Zulassung oder Registrierung eines Stoffes als Arzneimittel durch das BGA wird die Arzneimitteleigenschaft begründet. Arzneimittel sind dann nicht Lebensmittel im Sinne des § 1 und kosmetische Mittel im Sinne des § 4 des LMBG (s. § 2(4) AMG) [29].

(2a) Monographien

Eine Monographie ist die nach einem vorgegebenen Schema gegliederte Beschreibung eines Stoffes oder einer Zubereitung, die zu arzneilichen Zwecken eingesetzt wird. Monographien dienen der staatlichen Festlegung von Anforderungen an Qualität, Wirksamkeit und Unbedenklichkeit. Jede Monographie behandelt einen Wirkstoff oder auch Wirkstoffkombinationen und bewertet damit Arzneimittel, in denen diese vorkommen, hinsichtlich ihrer Wirksamkeit und Unbedenklichkeit [6, 10, 38].

Aufbereitungsmonographien

Das BGA hat durch 14 unabhängige Sachverständigen-Kommissionen wissenschaftliches Erkenntnismaterial für Arzneimittel, die nicht der automatischen Verschreibungspflicht nach § 49 AMG unterliegen, aufbereiten zu lassen (§ 25(7) AMG). Die Arbeitsergebnisse dieser Aufbereitungskommissionen werden im Bundesanzeiger in Form von Monographien kontinuierlich veröffentlicht [12]. Diese Monographien sind außerdem nach § 25(7) AMG Entscheidungsgrundlage für das BGA im Zulassungsverfahren. So existieren z. B.

Monographien für Mate-Tee, Lecithin ex soja, verschiedene Vitamine, Cholin, Biotin, medizinische Hefe, Coffein, u. v. a. m.. Für Wirkstoffe, die in bestimmten Kombinationen unwirtschaftlich sind bzw. Wirkstoffe, deren therapeutischer Nutzen nicht nachgewiesen ist, wird das negative Urteil in Negativmonographien begründet, die ebenfalls im Bundesanzeiger veröffentlicht werden [38].

Standardzulassungen

Eine weitere Beurteilungsgrundlage sind die über 250 Standardzulassungen i. S. § 36 AMG. Zahlreiche Arzneimittel oder Arzneimittelgruppen werden von der Pflicht zur Zulassung durch eine Rechtsverordnung [18] freigestellt, soweit eine unmittelbare oder mittelbare Gefährdung von Mensch oder Tier nicht zu befürchten ist, weil die Anforderungen an die erforderliche Qualität, Wirksamkeit und Unbedenklichkeit erwiesen sind. Diese Standardzulassungen sind auch in Form von Monographien als Anlage zu der o. a. Rechts-VO veröffentlicht. Sie entsprechen den materiellen Anforderungen einer Zulassung. Dies ist dokumentiert durch die detaillierten Angaben in den Zulassungsmonographien [12, 38].

Beispiele

Einzelne Stoffe: Lactose als Abführmittel.
Teedrogen: Baldrianwurzel und Lavendelblüten zur Beruhigung; Anis als Tee bei Katarrhen und bei Blähungen im Magen-Darm-Bereich.
Teemischungen: Beruhigungstee, Gallentee.

12.3 Zweckbestimmung

Unter Zweckbestimmung versteht man die bestimmungsgemäße Verwendung eines Stoffes nach den o. a. gesetzlichen Begriffsbestimmungen. Die Zuordnung eines Stoffes ergibt sich also aus der Zweckbestimmung. Da es zwei Betrachtungsweisen gibt, die des Herstellers oder Inverkehrbringers bzw. die des Verbrauchers, muß man hier unterscheiden zwischen subjektiver und objektiver Zweckbestimmung.

(1) Subjektive Zweckbestimmung:

Die Zweckbestimmung, die derjenige dem Mittel beigibt, der es herstellt oder in Verkehr bringt, ist die subjektive. Sie war im AMG 61 Grundlage für die Zuordnung eines Stoffes als Arzneimittel [27, 28].

(2) Objektive Zweckbestimmung:

Beim AMG 76 hingegen ist die Zuordnung wie auch im LMBG nach objektiven Maßstäben vorzunehmen. Die objektive Zweckbestimmung richtet sich nach der allgemeinen Verkehrsauffassung (s. dazu auch Kap. 11.1.2).

Hersteller:

Entscheidendes Gewicht kommt der qualitativen und quantitativen Zusammensetzung der in dem Präparat enthaltenen Stoffe zu. Sind jedoch diese vom Willen des Herstellers unabhängigen Kriterien nicht vorhanden, die einen Rückschluß auf die Zweckbestimmung ermöglichen, so wird es dafür weiterhin auf den Willen des Herstellers oder desjenigen ankommen, der den Stoff in Verkehr bringt. Die Notwendigkeit des Rückgriffs auf den Willen der vorgenannten Personen wird sich häufig bei neu entwickelten Stoffen ergeben [33]. Andererseits kann der subjektive Wille eines Herstellers, kein Arzneimittel in Verkehr bringen zu wollen, die aus der allgemeinen Verkehrsauffassung herzuleitende objektive Zweckbestimmung eines Arzneimittels nicht ohne weiteres aufheben [17, 28, 29].

Verbraucher:

Kennen z. B. zahlreiche Anwender die Wirkung der Bestandteile eines Präparates und hat sich eine Verbraucherwartung (s. 12.4) gebildet, ein Mittel zu arzneilichen Zwecken zu verzehren, so liegt ein Arzneimittel vor.

Wissenschaft:

Die Zuordnung eines Stoffes oder einer Zubereitung aus Stoffen ist zunächst abhängig von der Zweckbestimmung, d. h. zu welchen Zwecken ein bestimmtes Mittel bestimmt ist. Wenn sich die Zweckbestimmung aus den allgemeinen Kennzeichnungselementen nicht ableiten läßt, dann kommt der qualitativen und quantitativen Zusammensetzung der in dem Produkt enthaltenen Stoffe entscheidendes Gewicht zu [26]. Zur Beurteilung dieser Stoffe können naturwissenschaftliche Erkenntnisse benutzt werden. Wissenschaftliches Erkenntnismaterial ist z. B. niedergelegt in den Aufbereitungsmonographien (s. 12.2) [12].

12.4 Verbrauchererwartung

Die Verbrauchererwartung ist Bestandteil der allgemeinen Verkehrsauffassung und wird durch folgende Kriterien im einzelnen oder in ihrer Gesamtheit geprägt:

(1) Werbung

Informationsschriften, Presseberichte, TV-/Hörfunk-Werbung, Gesundheitsbücher.
In ihnen sind oft spezifische Angaben zur Wirkung der Hauptbestandteile zu finden. Diese werden vom Verbraucher ohne weiteres auf entsprechende Präparate übertragen [16].

(2) Kennzeichnung

Zusammensetzung, Nährwertangaben, Diäthinweise, Kurhinweise, Verwendung bei bestimmten Beschwerden, Warnhinweise.

Aus diesen Angaben lassen sich Hinweise auf die Zweckbestimmung entnehmen.

(3) Zusammensetzung
Zutaten, Zusatzstoffe, Wirkstoffe, Hilfsstoffe, Qualitätshinweise. Die wirksamen oder wertbestimmenden Bestandteile und deren Menge geben wichtige Hinweise [19].

(4) Zubereitungsform
Tabletten, Tropfen, Kapseln, Saft, Salbe, Pulver.
Diese Zubereitungsformen können für ein Arzneimittel, müssen aber nicht gegen ein Lebensmittel oder kosmetisches Mittel sprechen [17].

(5) Behältnis
Ampulle, Dose, Kruke, Flasche, Blister, Röhrchen.
Diese Behältnisse können für ein Arzneimittel, müssen aber nicht gegen ein Lebensmittel oder kosmetisches Mittel sprechen [17].

(6) Beipackzettel
Angaben und Hinweise für den Gebrauch auf einem Beipackzettel werden überwiegend im arzneilichen Bereich verwendet.

12.5 Abgrenzungsbereiche

12.5.1 Lebensmittel/Arzneimittel

Wenn ein Produkt zur Beurteilung vorliegt, sind alle Faktoren zu berücksichtigen, die einen Hinweis auf die Zweckbestimmung des Produktes darlegen. Zunächst beeinflußt der Hersteller bei neuen Produkten allein die gestaltbaren Faktoren, das Erscheinungsbild ist überwiegend subjektiv. Von besonderer Bedeutung sind schlagwortartig herausgestellte Angaben, die den Blickfang bilden. Außerdem kann sich im Laufe der Zeit die Zweckbestimmung durch eine wachsende Verkehrsauffassung objektiviert haben. Z. B. Omega-Fettsäure zur Herzinfarkt-Prophylaxe (s. Kap. 19.2.8).
Bei bereits bekannten Produkten oder Bestandteilen ist die objektive Zweckbestimmung klar und der Verbraucher kauft ein Produkt unter ganz bestimmten Vorstellungen:
z. B. Sennesblätter als Abführtee, ein Mundwasser als kosmetisches Mittel.
Die Verkehrsauffassung kann außerdem durch wissenschaftliche Erkenntnisse und Praxis beeinflußt oder sogar bestimmt sein (s. Kap. 12.2) [28].
Stoffe oder Zubereitungen von Stoffen können auch zu verschiedenen Zwecken verwendet werden.

Beispiel: Kamille
– als Dampfbad zum Inhalieren, gegen Magenbeschwerden (→AM),
– als Erfrischungsgetränk (→LM),
– als Aufguß zum Spülen der Haare nach der Haarwäsche (→KM),

Der zuständige Verantwortliche hat durch eine klare Kenntlichmachung die Zuordnung deutlich zum Ausdruck zu bringen. In § 2(3) AMG sind nämlich von den Arzneimitteln klar abgegrenzt:
- Lebensmittel,
- kosmetische Mittel,
- und Gegenstände.

Außerdem bestimmt § 2(3) AMG den Vorrang des Lebensmittelrechts. Ein Stoff kann also nicht gleichzeitig Arzneimittel und Lebensmittel, Tabakerzeugnis oder kosmetisches Mittel sein. Wenn die überwiegende Zweckbestimmung (LM oder AM) nicht klar erkennbar ist, liegt ein Lebensmittel vor [16]. Sobald ein Stoff nach Maßgabe der §§ 1(1), 3(1) oder 4(1) LMBG zu subsumieren ist, kann er kein Arzneimittel sein [27].

Daraus folgt:
a) Ein Hinweis des Herstellers „Kein Arzneimittel" steht der Einordnung als Arzneimittel ebenso wenig entgegen wie ein Fehlen der therapeutischen Eignung [30].
b) Der subjektive Wille des Herstellers, ein Produkt als Lebensmittel oder als Arzneimittel zu veräußern, kann daher nur begrenzte Bedeutung haben [30].
c) Ein Mittel, das nach der objektiven Zweckbestimmung ein Arzneimittel ist, verliert diese Eigenschaft auch dann nicht, wenn sie aus seiner Aufmachung (Verpackung, Kennzeichnung) nicht erkennbar ist [30].
d) Resultiert aufgrund mehrerer Faktoren für ein Mittel eine objektive Zweckbestimmung als Arzneimittel, verliert es diese Eigenschaft auch dann nicht, wenn der subjektive Wille des Herstellers dahingeht, sein Produkt als Lebensmittel zu veräußern.

Die Zuordnung ist primär die Basis für die weiteren rechtlichen Bestimmungen, die mit ihren Anforderungen zu beachten und zu erfüllen sind.

Kriterien für die Zuordnung [17, 13, 6, 5, 8, 11, 22, 33]

Arzneimittel (AM)	Lebensmittel (LM)
Zulassung	
Zulassung beim BGA für alle Arzneimittel, Zul.-Nr. (Reg.-Nr) Voraussetzung: Nachweis von Qualität, Wirksamkeit und Unbedenklichkeit für Verkehrsfähigkeit (§ 21 AMG), z. B. auch Heilwässer [33].	Wenn man von z. B. Mineralwässern und Zusatzstoffen absieht, müssen LM nicht zugelassen werden, um verkehrsfähig zu sein.
Zweckbestimmung	
Überwiegend zu anderen Zwecken als zu Genuß und Ernährung (zur Beseitigung, Linderung oder Verhütung von Krankheiten u. a.	überwiegend zum Zweck der Ernährung oder des Genusses, nicht zum Heilen, Lindern, Verhüten von Krankheiten u.s.w. Ausnahmen im vorgeschriebenen Rahmen bei diätetischen Lebensmitteln (→ § 3 Diät-VO).

Kriterien für die Zuordnung [17, 13, 6, 5, 8, 11, 22, 33] (Fortsetzung)

Arzneimittel (AM)	Lebensmittel (LM)

Zusammensetzung

Qualitative und quantitative Angabe der wirksamen Bestandteile/Zubereitungs- menge oder Dosis evtl. unter Hinweis auf seine sorgfältige Zubereitung, seine Reinheit oder den Gehalt an arznei- lich besonders wirksamen Stoffen (Äther. Öl bei Teedrogen). Bestimmte Inhalts- stoffe können einen Hinweis auf eine arz- neiliche Zweckbestimmung darstellen.

durch Angabe der Verkehrsbezeichnung (→ § 4 LMKV) ergeben sich Hinweise auf stoffliche Zusammensetzung, Zutatenver- zeichnisse und Nährwertangaben. Bestandteile oft ernährungsphysiologisch von Bedeutung.

Angebotsform

Darreichungsform (beispielhaft): Tinktur, Tablette, Suppositorien

Gestaltung des Etiketts oder der Ver- packung: nüchterne, seriöse Aufmachung

diverse Angebotsformen: flüssig, fest aber auch Tabletten.

oft bunt und graphisch aufwendig

Zufuhr

Anwendung am oder im Körper: z. B. orale, intravenöse, subcutane, rectale Zuführung, Inhalation

Aufnahme oral, auch durch Sonde (Nährstoffinfusionen → AM)

Vertrieb

Vertriebswege. Verschreibungspflichtige und apothekenpflichtige Produkte nur in Apotheken. Freiverkäufliche auch im übrigen Einzelhandel.

Lebensmitteleinzelhandel, in Apotheken nur apothekenübliche Waren (§ 25 Apo Betr O)

Dosierung

Dosierung: z. B. Vitamine ≫ 3-fache Tageszufuhrempfehlung (DGE) bei u. a. Mangelerscheinungen [33]. Sie ist oft nach Kindern u. Erwachsenen getrennt aufgeführt u. unterteilt nach Häufigkeit u. Dauer, d. h. die Dosierungs- anleitung muß die Menge des AM/Tag und die Höhe u. Zahl der Einzelgaben je nach Darreichungsform enthalten.

Dosierung kleiner als 3-fache Tageszufuhr- empfehlung (DGE), Nahrungsergänzung, Vitaminzufuhr, keine Indikationsangaben. Eine Angabe der üblichen Verzehrsmenge ist gelegentlich vorhanden.

Qualität

Bestandteile müssen den Anforderungen der Pharmakopoe entsprechen (§ 55 AMG).

z. B. Höchstmengenregelungen, Reinheits- anforderungen für Zusatzstoffe, keine gesundheitsschädlichen Stoffe (→ § 8 LMBG).

Bei einer zutreffenden Zuordnung sollte die nach diesen Kriterien erstellte objektive Zweckbestimmung der durch den Hersteller festgelegten subjektiven entsprechen.

Aus der „Grauzone" Lebensmittel/Arzneimittel sind noch folgende Besonderheiten zu nennen:

Für Lebensmittel als auch für Nahrungsergänzungsmittel und mit Einschränkungen für diätetische Lebensmittel (s. auch Kap. 11.2.3 und 31.2.4) gilt das

- Verbot jeglicher krankheitsbezogener Angaben i.S. § 18(1) Nr. 1 LMBG. Es sind alle Hinweise, die sich auf die Beseitigung, Linderung oder Verhütung von Krankheiten beziehen, schlechthin verboten.

Eine Aussage bezieht sich schon dann auf die Linderung, Heilung oder Verhütung von Krankheiten, wenn sie ein bestimmtes Krankheitsbild direkt oder auch indirekt anspricht durch Hinweise auf körperliche Zustände oder auf Wirkungen des Lebensmittels, die die Verbraucher mit bestimmten Krankheiten in Verbindung bringen können [16].

Es dürfen also keine krankheitsbezogenen Assoziationen ausgelöst werden. So kann z.B. eine Nahrungsergänzung bei Darmträgheit, bestehend aus Leinsamen, Feigenextrakt und Milchzucker, nicht als verkehrsfähiges Lebensmittel angesehen werden, wenn in der beigefügten Werbeschrift außerdem vom natürlichen Abführmittel die Rede ist, das auch für Personen gilt, die schon lange Zeit mit hartnäckiger Stuhlverstopfung zu tun haben. Vielmehr versteckt sich dahinter ein Arzneimittel. Durch Standardzulassungen sind Leinsamen und Milchzucker als leichte Laxantien anerkannt.

Außerdem sind alle drei Bestandteile in der Anlage 2b der Verordnung Apothekenpflicht und Freiverkäuflichkeit aufgeführt, die u.a. den Rahmen für die Freiverkäuflichkeit von Abführmitteln vorgibt [8]. Vertretbar ist bei einem Lebensmittel lediglich ein Hinweis auf die Anreicherung des Lebensmittels mit Ballaststoffen, nicht jedoch auf die verdauungsfördernde Wirkung bei Darmträgheit, Obstipation etc.

- Das Verbot der krankheitsbezogenen Werbung gilt ausdrücklich auch für eine allgemeine Werbung, insbesondere für die Hauptbestandteile von Produkten. Aufgrund einer massiven Werbung für diese kann sich eine allgemeine Verkehrsauffassung dahin bilden, daß die entsprechenden Präparate eine überwiegend arzneiliche Zweckbestimmung erhalten, z.B. Krankheiten zu verhindern oder zu heilen so u.a. Omega-Fettsäuren, Fischöl, Kombucha-Pilz [15].

Ausnahmen sind nach § 18(2) LMBG in gewissem Umfang für die Werbung gegenüber Angehörigen der Heilberufe, des Heilgewerbes und der Heilhilfsberufe sowie für diätetische Lebensmittel zugelassen.

- Eine besondere Art der gesundheitsbezogenen Werbung ist die Schlankheitswerbung bei Lebensmitteln. Nach § 7(1) NWKV ist diese Art der Werbung mit Ausnahme für die Produkte, die dem § 14a Diät-VO (Tagesrationen) entsprechen müssen, verboten, über das Verbot der Schlankheitswerbung sollen Vorstellungen oder bereits Assoziationen beim Verbraucher verhindert werden. Mittel für Abmagerungskuren hingegen, die im Magen aufquellen, ein Sättigungsgefühl hervorrufen und die Füllung des Magens mit körperfettbildenden Stoffen verhindern sollen, dienen primär einer arzneilichen Verwendung, nicht der Erfüllung ernährungsphysiologischer Bedürfnisse [20, 40].

12.5.2 Kosmetisches Mittel/Arzneimittel

Kosmetische Mittel sind im § 4 LMBG (s. 12.2.2) definiert.

Auch zur Abgrenzung kosmetischer Mittel/Arzneimittel ist die allgemeine Verkehrsauffassung für die Zuordnung maßgebend, also der Eindruck, den die beteiligten Verkehrskreise über die Verwendung des Erzeugnisses gewinnen. Diese Verkehrsauffassung entsteht nicht ohne konkrete Anhaltspunkte. Im übrigen wird auf Abschn. 12.3 verwiesen [19].

Bei Mehrzweckmitteln, d. h. solchen Mitteln, die teils zur Reinigung, Pflege usw. und zu arzneilichen Zwecken bestimmt sind, entscheidet die überwiegende Zweckbestimmung. Maßgebend ist auch hier die allgemeine Verkehrsauffassung. Bei der Pflege im Rahmen eines kosmetischen Mittels ist immer auf die Haut eines gesunden Menschen abzustellen. Pflege bedeutet Schutz vor Veränderungen sowohl krankhafter wie auch nicht krankhafter Art, d. h. die Schutzwirkung eines Erzeugnisses schließt seine Einordnung als kosmetisches Mittel nicht aus [31].

Ist ein Stoff gleichzeitig zu kosmetischen Zwecken und zur Verhütung von Krankheiten bestimmt, so bleibt er auch dann kosmetisches Mittel, wenn die Verhütung von Krankheiten die überwiegende Zweckbestimmung ist. Das ergibt sich aus der Definition nach § 4 LMBG. Die Begriffe „lindern" und „beseitigen" von Krankheiten und Beschwerden sind im 2. Satzteil genannt, es fehlt aber der Begriff „verhüten".

Die Pflege umfaßt andererseits nicht jede Schutzwirkung, anderenfalls hätte es des 2. Satzteiles in § 4(1) LMBG nicht bedurft [22]. Durch ihn wird klargestellt, daß ein „schützendes Mittel" solange als kosmetisches Mittel anzusehen ist, wie es nicht überwiegend dazu bestimmt ist, Krankheiten, Leiden, Körperschäden oder krankhafte Beschwerden zu lindern oder zu beseitigen [21]. So sind Mittel, die ausgetrockneter Haut die notwendige Feuchtigkeit oder das notwendige Fett geben sollen, kosmetische Mittel. Ist jedoch die Austrocknung der Haut krankhaft (z. B. bei Allergien), so ist das eingesetzte Mittel ein Arzneimittel [22].

Keine kosmetischen Mittel sind auch Erzeugnisse, die wie die Mückenschutzmittel ausschließlich zur Verhütung von Krankheiten und Krankheitssymptomen bestimmt sind [23, 43].

Abgrenzungsbeispiele

(1) „Kosmetika von Innen"
Es handelt sich um Produkte, die zur Verschönerung der Haare, Haut und Nägel eingenommen werden sollen [46]. Da es sich hier nicht um eine äußerliche Behandlung bzw. Pflege der Mundhöhle handelt, ist die Begriffsbestimmung des kosmetischen Mittels nicht erfüllt.

Die Mittel sind aber auch keine Lebensmittel (Nahrungsergänzungsmittel), da sie überwiegend zu anderen Zwecken als der Ernährung dienen. Vielmehr liegen Arzneimittel vor, denn der überwiegende Verwendungszweck besteht in der Beeinflussung von Körperfunktionen, weil der Stoffwechsel der Haut und das Wachstum der Haare gestärkt werden sollen.

So sind auch Tabletten, die durch Einnahme eine Bräunung der Haut hervorrufen, Arzneimittel im Gegensatz zu Produkten, die äußerlich aufgetragen als kosmetische Mittel gelten [32].

(2) Bäder

Sie dienen der Pflege und Reinigung der Haut und sind somit kosmetische Mittel. Werden sie jedoch u. a. aufgrund bestimmter Wirkstoffe als Schlankheitsbäder deklariert, sollen sie also eine Veränderung der Körperformen bewirken, dann sind diese Produkte den Arzneimitteln zuzuordnen [16]. Ebenso sind Angaben bei Bädern zu beurteilen, die auf das Inhalieren der wohltuenden Dämpfe hinweisen. Inhalieren ist kein kosmetischer Verwendungszweck i. S. §4 LMBG.

Für eine weitere Beurteilung ist auf die bereits vorhandenen Aufbereitungsmonographien für folgende Bäder hinzuweisen:

Baldrian-, Eucalyptusöl-, Haferstroh-, Kalmus-, Kamillen-, Nikotinsäurebenzylester-, Schachtelhalmbäder [34].

Die Anwendung von Kalmus-Bädern ist wegen der kanzerogenen Wirkung des wirksamen Bestandteils β-Asaron untersagt.

(3) Seifen

Sie dienen überwiegend der Hautreinigung. Selbst Seifen auf der Grundlage von Syndets, die bei Seifenunverträglichkeit, bei empfindlicher und problematischer Haut verwendet werden sollen, werden als kosmetische Mittel eingestuft.

(4) Hygienische Reiniger

Zahlreiche sogenannte hygienische Reiniger u. a. für Großküchen sind im Rahmen der Anwendung Flächenreinigungsmittel und gleichzeitig zur hygienischen Reinigung der Hände bestimmt.

Hinsichtlich der Zusammensetzung entsprechen sie oft den klassischen Desinfektionsmitteln. Deren entkeimende Wirkung muß, da sie sich vor allem gegen krankheitserregende Mikroorganismen richtet, über Prüfungen durch die Deutsche Gesellschaft für Hygiene und Mikrobiologie (DGHM) abgesichert sein. Außerdem müssen diese Desinfektionsmittel als Arzneimittel im Sinne des §2(1) Nr. 4 AMG beim BGA zugelassen werden.

Neben der Abtötung pathogener Keime werden bei der Anwendung dieser Produkte natürlich auch apathogene Keime vernichtet. Es kommt zu einer drastischen Verminderung aller vorhandener Keime auch auf der Haut.

Bei den hygienischen Reinigern wird im Rahmen der Kennzeichnung diese Wirkung nur allgemein umschrieben (subjektive Zweckbestimmung), die Zusammensetzung ist meist nicht bekannt (die Bestandteile brauchen in den wenigsten Fällen deklariert zu werden). Deshalb werden diese Produkte den

Bedarfsgegenständen im Sinne des § 5(1) Nr. 7a und 8 LMBG bzw. den kosmetischen Mitteln im Sinne des § 4 LMBG zugeordnet. Die strengen Anforderungen und Prüfungen, wie sie für Arzneimittel gelten, können somit umgangen werden.

(5) Franzbranntwein

Je nach Anwendungsgebiet kann Franzbranntwein Arzneimittel oder Kosmetikum sein. Mit dem Begriff Franzbranntwein verbindet eine beträchtliche Zahl der Verbraucher in erster Linie eine arzneiliche Verwendung als altes Hausmittel. Dies gilt auch dann, wenn der Franzbranntwein in Form eines Fluidgels angeboten wird, es überwiegt also die Arzneimitteleigenschaft [7, 36].

(6) Cellulitis-Präparate

Mittel gegen Cellulitis („Orangenhaut") sind nicht den Arzneimitteln zuzuordnen, da Cellulitis keine Krankheit ist [37].

(7) „Medical"-Produkte

Die Bezeichnung „medical" ist für kosmetische Mittel, z. B. bei einer Wundschutzcreme, nicht zulässig. Sie ist geeignet, beim Verbraucher den Eindruck zu erwecken, damit gekennzeichnete Produkte wirken wie ein Arzneimittel und können den Verbraucher zum Kauf des Produktes veranlassen [31].

(8) Präparate zur Körperpflege/Reinigung

Als apothekenübliche Waren [9] werden kosmetische Mittel auch in Apotheken angeboten. Es sind die überwiegend der Körperpflege und Reinigung dienenden Produkte zu nennen. Auch hier sind die Grenzen fließend. Man spricht bereits von dermopharmazeutischen Produkten in den Apotheken. Kritisch sind Kombipackungen von Dermatika zu betrachten, in denen z. B. eine Salbe mit Wirkstoff Prednisolon zur Corticoidbehandlung und zusätzlich eine Salbe zur Intervallbehandlung angeboten wird. Bei letzterer handelt es sich überwiegend um ein kosmetisches Mittel, da sie meist aus einer wirkstofffreien Salbengrundlage – Basissalbe – besteht. Die wirkstoffhaltige Salbe ist ein Arzneimittel [47].

(9) Fitneßprodukte

Bei den sogenannten Fitnessprodukten ist die Verkehrsauffassung und besonders die Art ihrer regelmäßigen Anwendung von großer Bedeutung. Dies gilt vor allem für neu entwickelte Produkte. Bei den Angaben ist zu beachten, wie die Werbung bei den angesprochenen Verbrauchern ankommt. Es können Hinweise auf eine arzneiliche wie auch kosmetische Zweckbestimmung vorliegen. Oft kann davon ausgegangen werden, daß vor allem Sportler, die diese Produkte verwenden, weniger damit Hautpflege betreiben sondern eine Leistungssteigerung erreichen sollen. Die Verkehrsauffassung ist somit auf einen arzneilichen Zweck ausgerichtet. Nur dann, wenn eine kosmetische Zweckbestimmung (Pflege der Haut) und eine arzneiliche Zweckbestimmung (Beeinflussung der körperlichen Beschaffenheit) gleichzeitig gegeben sein sollten, ist ein kosmetisches Mittel anzunehmen. Jeder Fall ist als Einzelfall zu behandeln [16, 19].

Tabelle 1. Beispiele Abgrenzung Arzneimittel/Kosmetisches Mittel

Stoff/Zubereitung	Verwendungszweck	AM	KM
Campherspiritus 10% Campher	Förderung d. Hautdurchblutung	×	
Ethanol 70 u. 80%	Desinfektion d. Haut, Hände, Kühlumschläge	×	
Ethanol 20%	Reinigung der Haut		×
Myrrhentinktur	bei Entzündungen d. Zahnfleisches	×	
Pfefferminzöl	Magen-Darmbeschwerden, z. Inhalieren	×	
Pfefferminzöl	Geschmackskorrigens b. Zahnpasten		×
Rizinusöl	Laxans	×	
Rizinusöl	Pflege d. Augenwimpern		×
Wasserstoffperoxid-lösung – 3%	Munddesinfiziens bei Mundgeruch, Reinigung v. Wunden etc.	×	
– 12%	Haarbehandlungsmittel [45]		×
– 4%	Zubereitungen z. Hautpflege [45]		×
– 2%	Zubereitungen z. Nagelhärtung [45]		×
Zinksalbe (10% ZnO) (f-AM)	Abdeckung d. Haut u. Wundrändern	×	
Zinkpaste (25% ZnO) (a-AM)	im Windelbereich, in Hautfalten	×	
weiche Zinkpaste (30% ZnO, a-AM)	bei Fissuren, Rhagaden	×	
Zinköl (50% ZnO, a-AM)	bei Fissuren, Rhagaden	×	
Salicylsäure <2%	Haarwässer, als Lösung gegen Altersflecken		×
Salicylsäure >5%	keratoplastisch, z. Entfernung v. Hornhaut u. Hühneraugen [44]	×	
Fluorid <0,15%	Kariesprophylaxe, Zahnpasten, Mundwässer [45]		×
Fluorid <2 mg/Tag (a-AM)	Kariesprophylaxe oder Refluoridierung abgeschliffener Zahnschmelzpartien [8]	×	
Fluorid >2 mg/Tag (v-AM)	Kariesprophylaxe oder Refluoridierung abgeschliffener Zahnschmelzpartien [8]	×	

Zeichenerklärung: AM = Arzneimittel, KM = kosmetisches Mittel, f-AM = freiverkäufliches Arzneimittel, a-AM = apothekenpflichtiges Arzneimittel, v-AM = verschreibungspflichtiges Arzneimittel

(10) Standardzulassungen

Auf zahlreiche Standardzulassungen ist auch in diesem Zusammenhang hinzuweisen. Im Rahmen der Standardzulassung [7] handelt es sich bei den dort geregelten Stoffen und Zubereitungen von Stoffen um Arzneimittel. Unter anderer Zweckbestimmung, z. B. zu kosmetischen Zwecken, können diese auch kosmetische Mittel im Sinne § 4 LMBG sein. Bei verschiedenartigen Anwendungsfällen richtet sich also die begriffliche Einordnung eines Produktes als kosmetisches Mittel oder Arzneimittel nach der jeweiligen Zweckbestimmung im Einzelfall. Maßgebend sind u. a. die Bezeichnung, die Angaben des

Herstellers und die übliche Verwendung [33]. In Tabelle 1 sind entsprechende Beispiele angeführt, weitere Abgrenzungsfälle aus dem Bereich kosmetisches Mittel/Arzneimittel sind unter [42, 43] aufgeführt.

12.6 Schlußbemerkung

Wie bereits zu Beginn des Kapitels dargelegt worden ist, gibt es kein Patentrezept, nach dem die Zuordnung für Produkte der „Grauzone" vorzunehmen ist. Eine Zuordnung ergibt sich vielmehr als Summe aus Einzelbewertungen nach den o. a. Kriterien. Jedes Produkt weist für sich spezifische Anhaltspunkte auf, diese müssen einzeln analysiert und bewertet werden. Jeder Fall ist daher ein Einzelfall [1, 2].

Obwohl in den EG-Mitgliedstaaten die Vorgaben für den Arzneimittelbegriff seit fast 25 Jahren bekannt sind, haben unklare Kriterien in den Randbereichen (der o. a. Produkte) in den einzelnen Staaten zu teilweise unterschiedlichen Klassifizierungen gleicher Produkte geführt. Nach wie vor sind trotz richtungsweisender Ansätze nationale Gewohnheiten für eine Zuordnung vor allem aus dem medizinischen Bereich wie auch aus Verbraucherkreisen zu berücksichtigen. Eine Harmonisierung im EG-Bereich wird noch einige Zeit in Anspruch nehmen [24].

12.7 Literatur

1. Temme D (1989) Dtsch. Apoth. Ztg. 129:437
2. Meyer HJ (1989) Pharm. Ztg. 134:46
3. VG Berlin VG 14 A 217.86 (1989) Pharma Recht Heft 1:28
4. Gloggengießer F, Rickerl E (1982) ZLR 4:411
5. Bayer. VG Augsburg Au Mue 5K 86 A 1244 Einstufung von Propolis Blütenpollen Kaukapseln als AM
6. Feiden K, Pabel H (1985) Wörterbuch der Pharmazie. Wissenschaftliche Verlagsgesellschaft mbH Stuttgart Bd. 3
7. Braun R (1982) Standardzulassungen für Fertigarzneimittel. Text und Kommentar, Deutscher Apotheker Verlag Stuttgart
8. Kloesel A, Cyran W (1989) Arzneimittelrecht, Kommentar, Deutscher Apotheker Verlag Stuttgart (3. Auflage)
9. Pfeil D, Pieck J, Blume H (1987) Apothekenbetriebsordnung, Kommentar Govi-Verlag (5. Auflage)
10. Holz-Slomczyk M (1990) Pharm. Ind. 52:21
11. LMR
12. BAnz.
13. LRE 19/5:364
14. Zipfel C 20 § 3 Anm. 21 u. 21 d
15. Zipfel W (1988) Pharm. Ztg. 43:52
16. Zipfel W (1988) Dtsch. Lebensm. Rundsch. 84:171
17. Kloesel A, Cyran W (1989) E 38
18. Kloesel A, Cyran W (1989) VO § 36 (1) (3) AMG
19. Sträter B, Fresenius W (1987) Pharma Recht 3:105
20. Zipfel C 100 § 1 Anm. 53
21. Zipfel C 100 § 4 Anm. 7

22. Zipfel C 100 § 4 Anm. 30
23. Zipfel C 100 § 4 Anm. 29a
24. Blasius H (1990) Dtsch. Apoth. Ztg. 130:2
25. VG Münster Az. 6 K 163/89 „Kombucha"
26. BGA Az. GI-7140-03-5987/88 v. 6.9.1988 Abgrenzung AM/LM
27. ZLR 6:597
28. Kloesel A, Cyran W (1989) E 35
29. Kloesel A, Cyran W (1989) § 2 Anm. 32j, 32g
30. Kloesel A, Cyran W (1989) § 2 Anm. 4
31. Pharma Recht (1989) 1:35 Medical, OLG Köln – Urteil v. 16.9.1988-6 U 163/87
32. Kloesel A, Cyran W (1989) § 2 Anm. 34
33. Doepner U (1989) Pharma Recht 1:13
34. BAnz. (1989) 212:5275
35. Kloesel A, Cyran W (1989) E 35
36. Pharma Recht (1988) 4:173, Franzbranntwein-Fluidgel LG Köln – Urteil vom 15.7.1987 – 84 043/87
37. LRE 23/3-4-4:234, KG Berlin 5. Zivilsenat – Urteil vom 25.3.1988 – 5 U 6065/87
38. Schnieders B (1984) Pharm. Ztg. 129:2459
39. Klamroth S, Koch H-J (1985) ZLR 4:369
40. Horst M (1989) ZLR 1:1
41. Ditzel P (1989) Dtsch. Apoth. Ztg. 129:426
42. Zipfel C 100 § 4 Anm. 37ff.
43. Kloesel A, Cyran W § 2 Anm. 34ff.
44. Fey-Otte Wörterbuch der Kosmetik (1985), Wissenschaftliche Verlagsgesellschaft Stuttgart
45. Zipfel C 500
46. Zipfel C 100 § 4 Anm. 14a, 22
47. Bundesverband der Pharmazeutischen Industrie (1990) Rote Liste. Editio Cantor KG, 7960 Aulendorf/Württ

13 Ernährungslehre

I. Bitsch, Gießen

13.1 Einleitung

Nachdem in die Prüfungsordnungen für Lebensmittelchemiker nunmehr auch das Fach „Ernährungslehre" aufgenommen wurde und ernährungsbezogene Aussagen im Verkehr mit Lebensmitteln und bei deren Beurteilung eine immer größere Bedeutung gewinnen, wird im Folgenden ein kurzer Überblick über einige Aspekte dieser komplexen und zukunftsträchtigen Disziplin gegeben. Für ergänzende und vertiefende Informationen sei auf die weiterführende Literatur verwiesen.

13.2 Nahrungsenergie

Die Nahrung des Menschen liefert die Energie für Wachstum und Entwicklung, Aufrechterhaltung physiologischer Funktionen, Muskelarbeit und Regeneration von Zellen und Geweben. SI-Einheit der Energie ist das Joule. Der Brennwert der Nahrung wird in kJ berechnet, daneben ist die Angabe in kcal üblich (1 kcal = 4,184 kJ; 1 kJ = 0,239 kcal). Kohlenhydrate, Fette und Proteine sind die Energieträger der Nahrung und als solche untereinander austauschbar (isodynamisch). Der physikalische Brennwert der Nährstoffe kann mittels Kalorimeterbombe bestimmt werden. Er entspricht bei Kohlenhydraten und Fetten in etwa der für den Körper verfügbaren Energie, da diese Nährstoffe im Organismus zu den gleichen Endprodukten (CO_2 und H_2O) abgebaut werden wie in vitro. Der physiologische Brennwert von Proteinen ist dagegen niedriger als der physikalische Brennwert, weil der Aminostickstoff im Organismus nicht vollständig oxidiert wird: Ein Teil der Proteinenergie geht durch Harnausscheidung des Stoffwechselendproduktes Harnstoff verloren. Die in Tabelle 1 zusammengefaßten Brennwerte der Hauptnährstoffe sind Durchschnittswerte. Für Kohlenhydrate, deren Hauptbestandteil in der Nahrung aus Stärke besteht, wurden die Energiegehalte der bei der Nahrungszubereitung entstehenden Dextrine zugrundegelegt, für Fette und Proteine Mittelwerte aus verschiedenen pflanzlichen und tierischen Produkten. In der Praxis läßt sich mit diesen Brennwertangaben der Energiegehalt von Lebensmitteln und die Energieaufnahme mit der Nahrung mit ausreichender Genauigkeit errechnen. Der Energiebedarf des Menschen ergibt sich aus dem Gesamtenergieumsatz des Organismus innerhalb von 24 Stunden, wobei der Energieverlust durch

Tabelle 1a. Brennwerte der Nährstoffe (kJ · g^{-1}) (DGE)

	Physikalisch bestimmt	Physiologisch verfügbar
Kohlenhydrate	17,2	17
Fette	38,9	38
Proteine	23,4	17

Tabelle 1b. Physiologische Brennwerte der Nährstoffe (kJ · g^{-1}) (Diät-VO u. NWKV)

verwertbares Fett	38
verwertbares Eiweiß	17
verwertbare Kohlenhydrate Sorbit, Xylit	17
Isomalt	10
Ethylalkohol	30
organische Säuren	13

nahrungsinduzierte Thermogenese (ca. 6% bei Ernährung mit Mischkost) und durch unvollständige Resorption zu berücksichtigen ist. Richtwerte für den Energiebedarf von normalgewichtigen Personen unterschiedlichen Alters und Geschlechts werden in den „Empfehlungen für die Nährstoffzufuhr" der Deutschen Gesellschaft für Ernährung veröffentlicht. Korrekturen für Über- und Untergewicht und für körperliche Arbeiten unterschiedlichen Schweregrades müssen angebracht werden. In der derzeit aktuellen 4. Auflage von 1986 sind die Richtwerte aus gesundheitspolitischen Gründen niedriger angesetzt worden als in den früheren Ausgaben, um einer Überernährung mit ihren gesundheitlichen Risiken entgegenzuwirken. Ein langfristiges Über- oder Unterschreiten der optimalen Energiezufuhr für das Individuum läßt sich durch Ermittlung des Körpergewichts abschätzen. Durch Vergleich mit Normalwerten kann eine Bewertung erfolgen. Für Säuglinge und Kinder (bis zum Abschluß des Wachstumsalters) gibt es hierfür geeignete Somatogramme, in denen Normalwerte von Körpergewicht und -länge für jedes Lebensalter (in Jahren) zusammengestellt sind. Für den Erwachsenen benutzt man einfache Rechenformeln. Die gebräuchlichsten sind folgende:
– Normalgewicht nach Broca [kg] = Körpergröße [cm − 100],
– Körpermassenindex (BMI) nach Quetelet = Körpergewicht [kg] · Körperlänge [m^{-2}].

Ein hochgradiges Übergewicht liegt vor, wenn das Körpergewicht das Normalgewicht nach Broca um 20–30% überschreitet, bzw. der Körpermassenindex größer als 30 ist. Von Untergewicht spricht man ab einem Körpergewicht von mehr als 20% unter dem Normalgewicht nach Broca, bzw. einem Körpermassenindex kleiner als 20 bei Männern und 19 bei Frauen.

13.3 Protein

Nahrungsprotein liefert die zum Aufbau körpereigener Proteine und zahlreicher Wirkstoffe benötigten Aminosäuren. Einige Aminosäuren sind für den Organismus nicht durch körpereigene Biosynthese zugänglich, sondern müssen in ausreichender Menge mit der Nahrung zugeführt werden. Essentiell sind für den Menschen:

Isoleucin, Leucin, Lysin, Methionin, Phenylalanin, Threonin, Tryptophan, Valin;
bedingt auch Arginin und Histidin.

Nicht essentiell sind:

Alanin, Asparagin, Aspartat, Cystein, Glutamin, Glutamat, Glycin, Prolin, Serin, Tyrosin.

Die biologische Wertigkeit der Nahrungsproteine hängt von dem Ausmaß ab, mit dem sie zum Aufbau körpereigener Proteine beitragen können und wird daher in erster Linie durch ihren Gehalt an essentiellen Aminosäuren bestimmt (s. auch Kap. 18 Tabelle 2). Enthält ein Nahrungsprotein keine ausreichenden Mengen einer oder mehrerer essentiellen Aminosäuren, so können bestimmte Aminosäuresequenzen körpereigener Proteine nicht synthetisiert werden. Somit sind auch die übrigen Aminosäuren des Nahrungsproteins nicht biosynthetisch verwertbar und fließen in den katabolen Stoffwechsel. Die in der geringsten Konzentration vorhandene essentielle Aminosäure limitiert daher die Wertigkeit eines Nahrungsproteins. Viele Pflanzenproteine haben einen niedrigen Gehalt an Lysin (z. B. alle Getreideproteine) und oft auch an Methionin (z. B. Weizen-, Roggen- und Haferproteine), manche tierischen Proteine sind arm an Methionin (z. B. Casein der Kuhmilch). Durch gezielte Kombination kann dann eine höhere Wertigkeit erreicht werden, wenn sich

Tabelle 2. Relative biologische Wertigkeit tierischer und pflanzlicher Proteine und Proteinkombinationen

Vollei	94–100
Milch	92–100
Rindfleisch	67–94
Fisch	94
Kartoffeln	71–79
Soja	86
Weizen	50–60
Reis	68–77
Mais	60
Bohnen	60
Vollei + Kartoffeln	136
Vollei + Soja	123
Vollei + Milch	122
Vollei + Reis	106
Milch + Weizen	110
Bohnen + Mais	100

verschiedene Proteine in ihrer Aminosäurezusammensetzung ergänzen. Gut gelingt dies z. B. mit dem Kartoffel- und dem Volleiprotein (Tabelle 2). Die Mischung aus beiden übertrifft die Wertigkeit der einzelnen Komponenten beträchtlich, so daß schon mit geringen Mengen eine ausgeglichene Stickstoffbilanz erzielt werden kann. Eine Kartoffel-Ei-Diät findet daher bei terminaler Niereninsuffizienz Anwendung.

Für die exogene Proteinzufuhr existiert – im Unterschied zu Fetten und Kohlenhydraten – ein Mindestbedarf. Dessen Abschätzung ist beim Menschen möglich durch Bestimmung der kleinsten Nahrungsproteinmenge, bei der Stickstoffaufnahme und Stickstoffausscheidung, (vor allem mit Harn und Faeces) im Gleichgewicht stehen. Unabdingbare Voraussetzung für derartige Stickstoffbilanzuntersuchungen ist die ausreichende Deckung des Energiebedarfs der Probanden mit Fett und Kohlenhydraten, da ansonsten Protein zur Energiegewinnung metabolisiert wird. Der so ermittelte durchschnittliche Mindestbedarf beträgt für Erwachsene etwa 54 mg N bzw. 0,34 g Protein (biologische Wertigkeit ca. 100) pro kg Körpergewicht. Durch einen Zuschlag von jeweils 30 % zum Mindestbedarf werden einerseits mögliche Steigerungen des Eiweißumsatzes (z. B. durch Stress, Erkrankungen, Hormone) und andererseits geringere Wertigkeiten von Nahrungsproteinen berücksichtigt. Die daraus resultierenden Zufuhrempfehlungen der Deutschen Gesellschaft für Ernährung betragen somit

– 0,8 g Protein pro kg Körpergewicht und Tag,
– bzw. 55 g Protein für die Standardperson von 70 kg.

Hierbei wird eine durchschnittliche Proteinwertigkeit von 70 zugrunde gelegt. Nach § 14a Diät-VO müssen Tagesrationen für Übergewichtige mindestens 50 g hochwertiges Protein enthalten (s. Kap. 31.2.4.4).

Proteinmangel während des Wachstums führt zu körperlicher, bei extremer Ausprägung auch zu geistiger Minderentwicklung. Schädigungen durch überhöhte Zufuhr sind bei gesunden Erwachsenen bisher nicht bekannt geworden. Allerdings ist zu bedenken, daß die renale Calciumausscheidung beim Menschen durch proteinreiche Ernährung stimuliert wird und somit durch langfristig überhöhte Proteinzufuhr eine negative Calciumbilanz resultieren kann. Weiterhin ist zu beachten, daß tierische Proteinträger auch Cholesterin und – mit Ausnahme der Milch – Purine enthalten, deren Zufuhr möglichst eingeschränkt werden sollte. Im allgemeinen wird eine ausgewogene Mischung tierischer und pflanzlicher Proteine als optimal für die menschliche Ernährung angesehen. Eine ausschließliche Ernährung mit Proteinen pflanzlicher Herkunft ist möglich – abgesehen vom Säuglings- und Kleinkindalter – wenn eine besonders sorgfältige Lebensmittelauswahl getroffen und die Ergänzungswirkung verschiedener Proteine berücksichtigt wird.

13.4 Essentielle Fettsäuren

Mehrfach ungesättigte n-6- und n-3-Fettsäuren kann der menschliche Organismus wegen Fehlens entsprechender Enzymsysteme nicht synthetisieren. Sie müssen daher mit der Nahrung zugeführt werden. Ursprünglich bezeichnete man die Gruppe der essentiellen Fettsäuren als Vitamin F. Dieser Begriff gilt heute als obsolet, da essentielle Fettsäuren dem Organismus in höheren Konzentrationen zugeführt werden müssen als Vitamine. Weiterhin sind essentielle Fettsäuren integrale Bestandteile von Biomembranen, Vitamine dagegen sind definitionsgemäß keine Strukturelemente, sondern üben katalytische Funktionen im Stoffwechsel aus. Reiche Quellen für n-6-Fettsäuren sind pflanzliche Öle, n-3-Fettsäuren finden sich besonders im Fett von Kaltwasserfischen (Tabelle 3) (s. a. Kap. 18). Die einfachsten Vertreter sind einerseits die Linolsäure (18:2 n-6), andererseits die α-Linolensäure (18:3 n-3), aus denen im Körper durch Kettenverlängerung und Einführung neuer Doppelbindungen zum Carboxylende hin höhermolekulare ungesättigte Fettsäuren synthetisiert werden. Dies sind in der n-6-Reihe hauptsächlich die Arachidonsäure (20:4 n-6) und in der n-3-Reihe die Eicosapentaensäure (20:5 n-3) und die Docosahexaensäure (22:6 n-3). Arachidon- und Eicosapentaensäure sind Vorstufen für die Bildung von Prostaglandinen, Prostazyklin, Thromboxan und Leukotrienen.

Bis vor kurzem wurde nur den Polyenfettsäuren der n-6-Reihe eine essentielle Funktion zuerkannt. Bei einem Defizit im Säuglings- und Kleinkindalter

Tabelle 3. Prozentualer Gehalt an n-6- und n-3-Fettsäuren in pflanzlichen und tierischen Fetten nach Souci/Fachmann/Kraut, v. Schacky et al., Belitz/Grosch

Produkte	n-6-Polyensäuren		n-3-Polyensäuren		
	Linol-säure	Arachi-donsäure	α-Linolen-säure	Eicosa-pentaen-säure	Docosa-hexaen-säure
Färberdistelöl (Saflor)	73–79	–	0,5	–	–
Maisöl	34–62	–	1	–	–
Sonnenblumenöl	20–75	–	0,3–1	–	–
Baumwollsaatöl	44–50	–	0,4–1	–	–
Erdnußöl	23–29	–	1	–	–
Leinöl	13–15	–	40–65	–	–
Weizenkeimöl	56	–	9	–	–
Sojaöl	51–53	–	7	–	–
Olivenöl	8	–	0,7–0,9	–	–
Kokosfett	1–2	–	–	–	–
Kakaobutter	1–3	–	0,2–0,4	–	–
Palmöl	8–10	–	0,3–0,5	–	–
Dorschleberöl	2	–	1	12	12
Lachsöl	1–2	0–1	1	7–15	5
Makrelenöl	1–2	1–2	1–2	10	16
Heringsöl	2	1	1	1,5–15	7,5
Forellenfett	5–10	2	6	5–7	–
Muttermilchfett	7–9,5	0,1–0,2	0,5–0,7	0,6	0,3
Kuhmilchfett	2	–	1–2	–	–
Eigelb	10–12	0,6–6	0,2–0,7	–	b.z. 0,2

wurden Dermatosen und Wachstumsminderungen beschrieben, die durch Linolsäure-Applikation therapiert werden konnten. Mangelsymptome beim Erwachsenen sind dagegen extrem selten, da wegen der Speicherung im Fettgewebe über Monate auf eine exogene Zufuhr verzichtet werden kann. Der Bedarf für den jungen, gesunden Erwachsenen wird mit 7 g Linolsäure pro Tag angegeben und von der Deutschen Gesellschaft für Ernährung eine Zufuhrempfehlung von 10 g pro Tag abgeleitet. Nach §14a Diät-VO müssen Tagesrationen für Übergewichtige mindestens 7 g essentieller Fettsäuren, berechnet als Linolsäure, enthalten (s. Kap. 31.2.4.4).

Für die Essentialität der n-3-Fettsäuren sprechen einige Befunde neueren Datums:

- Verschiedene Derivate der n-3 Reihe sind in Muttermilch enthalten.
- Docosahexaensäure (22:6 n-3) ist ein wesentlicher struktureller Bestandteil von Hirn- und Netzhautmembranen.
- Eicosapentaensäure (20:5 n-3) und Docosahexaensäure (22:6 n-3) werden zusammen mit n-6-Derivaten während des Hauptwachstumsschubs des menschlichen Gehirns aktiv in das Gewebe eingelagert.

Über einen n-3-Fettsäuremangel beim Menschen mit klinischer Symptomatik wurde bisher nur vereinzelt berichtet. Es handelte sich jeweils um Patienten, die über längere Zeit eine parenterale oder Sondenernährung erhalten hatten. Wieweit in diesen Fällen ein spezifisches n-3-Fettsäuredefizit vorlag, ist bei der schweren Grunderkrankung der Patienten kaum abschätzbar. Insofern sind auch die aus diesen Studien abgeleiteten Bedarfszahlen – wenn überhaupt – nur für den Einzelfall gültig. In den Empfehlungen der Deutschen Gesellschaft für Ernährung werden n-3-Fettsäuren bisher nicht berücksichtigt.

Zur ernährungsphysiologischen Beurteilung von Nahrungsfetten dient das Konzentrationsverhältnis aus mehrfach ungesättigten zu gesättigten Fettsäuren. Dieser sog. P/S-Quotient beträgt z. B. bei der Butter 0,1, beim Maiskeimöl 4,6.

13.5 Ballaststoffe

Ballaststoffe sind unverdauliche Bestandteile der Nahrung, die fast ausschließlich den pflanzlichen Zellwänden entstammen. Sie bestehen hauptsächlich aus den chemisch definierbaren Komponenten Cellulose, Hemicellulosen, Pektine und Lignin. Diese liegen je nach Verarbeitungsgrad des Lebensmittels in ursprünglicher Anordnung vor, oder sie sind mehr oder minder aus dem Verband der Zellwand- und Leitgefäßstrukturen freigesetzt. In geringem Umfang tragen auch nicht geordnete Pflanzeninhaltsstoffe, wie Gummen, Schleime, Alginate, Chitine, Silikate, Kutikularsubstanzen, Phytinsäure u. a. zum Ballaststoffkomplex bei.

Die ernährungsphysiologisch günstigen Eigenschaften ballaststoffreicher Lebensmittel beruhen primär auf dem Quellvermögen. Durch Wasserbindung an Ballaststoffe im Intestinaltrakt wird das Stuhlvolumen vergrößert und die Transitzeit des Nahrungsbreis vermindert. Ein besonders hohes Wasserbindungsvermögen besitzen die hemicellulosereichen Ballaststoffe der Getreide, deren Verzehr die chronische Obstipation mit ihren Folgeerkrankungen (Dickdarmdivertikulose, Hämorrhoiden) verhüten hilft. Ballaststoffe können weiterhin durch Adsorption Inhaltsstoffe des Nahrungsbreis der Resorption entziehen. Günstig zu beurteilen ist dies bei Gallensäuren und toxischen Schwermetallen (Blei, Cadmium, Quecksilber), ungünstig bei den essentiellen Mineralstoffen Calcium, Eisen und Zink, für welche Adsorption an Ballaststoffe nachgewiesen wurde.

Wieweit isolierte Ballaststoffe ernährungsphysiologisch den nativen Ballaststoffen gleichgesetzt werden können, hängt von einer schonenden Technologie ab. Je nach angewandten Prozeßparametern bei der Isolierung werden Inhaltsstoffe und Strukturelemente verändert. So vermindert sich der Galakturonsäuregehalt und der Veresterungsgrad der Pektine durch Erhitzen und das biologisch gewachsene Kapillarsystem der Lignocellulose kann durch mechanische Bearbeitung zerstört werden. Gelbildungsvermögen und Wasserbindungskapazität werden dadurch verändert.

Für einige Ballaststoffe (Pektine, Zellulose, Alginate, Guar) wurde eine Fermentation im Dickdarm nachgewisen. Die entstehenden kurzkettigen Fettsäuren unterliegen der Rückresorption und somit der energetischen Nutzung. Das Ausmaß der Energiegewinnung aus Ballaststoffen im Dickdarm ist von verschiedenen Faktoren abhängig und im Einzelfall schwer voraussehbar.

Die Deutsche Gesellschaft für Ernährung empfiehlt, ballaststoffreiche Lebensmittel – wie Vollkornprodukte, Gemüse, Kartoffeln, Obst – vermehrt zu verzehren und gibt als Richtwert für die Aufnahme eine Ballaststoffmenge von mindestens 30 g pro Tag an.

13.6 Vitamine und Mineralstoffe

Vitamine und essentielle Mineralstoffe (Makro- und Mikroelemente) müssen dem menschlichen Organismus bedarfsentsprechend zugeführt werden, da sie als Biokatalysatoren, Osmoregulatoren und Strukturelemente wesentliche Funktionen im Körper erfüllen. Die Deckung des Mindestbedarfs ist bei gemischter, energetisch ausreichender Kost im allgemeinen gewährleistet. Als kritisch gelten in Deutschland aufgrund umfangreicher Untersuchungen an definierten Bevölkerungsgruppen folgende Vitamine und Mineralstoffe:
– Thiamin und Folate bei allen Altersgruppen,
– Vitamin B_6 bei Frauen, vor allem im gebärfähigen Alter,
– Vitamin A, Riboflavin, Vitamin C, vor allem bei älteren Männern,
– Eisen, insbesondere bei Heranwachsenden,
– Calcium bei Kindern und Jugendlichen,
– Jod bei Bewohnern der Gebirgs- und Mittelgebirgsregionen.

Eine Beurteilung der Versorgungslage von Bevölkerungsgruppen kann durch Vergleich der Vitamin- und Mineralstoffzufuhr in der Nahrung mit den ent-

Tabelle 4. Mittlerer Lebensmittelverbrauch (Gramm je Tag und Person) 1983 (Lebensmittelgruppen)

a) männliche Personen		4–6 Jahre	7–9 Jahre	10–12 Jahre	13–14 Jahre	15–18 Jahre	19–35 Jahre	36–50 Jahre	51–65 Jahre	>65 Jahre	durch-schn. Verbr.
G-01	Fleisch	34,3	48,2	59,3	66,3	131,0	132,0	152,3	131,1	117,2	117,8
G-02	Wurst-/Fleischwaren	36,1	47,1	54,7	59,9	68,8	77,9	88,9	88,6	84,6	74,8
G-03	Fisch-/Fischwaren	5,3	5,9	6,3	7,1	16,0	14,7	17,1	15,4	16,0	13,7
G-04	Eier	14,6	18,1	20,2	22,1	25,4	26,7	32,0	35,6	37,1	28,4
G-05	Milch	256,0	261,5	259,5	259,7	259,2	229,9	224,2	209,0	198,1	222,1
G-06	Käse und Quark	20,1	23,4	26,5	28,2	31,5	33,1	39,6	41,9	42,8	33,6
G-07	Butter	7,5	9,1	10,1	11,1	13,5	13,7	18,2	21,5	24,3	16,3
G-08	Speisefette und -öle	18,9	22,8	25,9	28,2	41,6	37,4	41,3	37,8	34,8	34,8
G-09	Brot und Backwaren	95,0	118,8	135,2	147,6	159,0	173,0	191,1	191,5	182,6	164,9
G-10	Nährmittel	66,1	66,1	68,3	69,9	113,2	92,9	100,6	82,6	76,4	84,4
G-11	Fertige Mahlzeiten	21,3	22,0	23,3	24,8	29,8	37,1	48,2	43,2	38,0	35,8
G-12	Frischgemüse	71,3	91,8	104,2	115,1	168,3	182,8	236,9	253,9	266,1	194,6
G-13	Gemüseprodukte	27,3	32,8	34,8	37,9	43,7	44,9	52,4	50,5	48,5	42,7
G-14	Frischobst	34,6	39,6	43,6	45,4	51,7	54,5	76,3	83,0	90,2	62,5
G-15	Südfrüchte	27,9	29,4	30,2	31,0	33,0	31,8	39,4	41,5	43,5	33,5
G-16	Obstprodukte	13,5	15,7	15,3	16,6	16,5	14,8	18,4	18,7	19,9	15,6
G-17	Marmelade	3,4	4,0	4,1	4,2	4,6	4,1	5,3	5,5	6,5	4,6
G-18	Zucker	14,5	17,6	20,4	22,4	25,0	23,3	32,6	39,4	41,6	28,8
G-19	Süßwaren	32,3	35,8	36,5	38,3	37,9	32,2	36,0	32,2	28,8	30,3
G-20	Gewürze u. a. Zutaten	18,9	21,0	22,6	23,8	27,7	27,2	30,8	31,0	30,8	26,7
G-21	alkoholfreie Getränke	285,0	337,9	358,7	382,1	502,6	483,8	512,4	422,0	313,5	398,3
G-22	alkoholische Getränke	–	–	106,5	210,2	525,2	659,4	795,2	717,5	533,6	554,5
G-23	Röstkaffee	–	–	6,5	8,7	11,9	15,8	20,6	21,3	19,4	15,1
G-24	Tee	–	–	0,9	0,9	1,1	1,1	1,3	1,2	1,0	1,0
G-25	Lebensmittel Gesamt	1104	1269	1473	1661	2338	2444	2811	2616	2295	2235

Ernährungslehre

Tabelle 4 (Fortsetzung)

b) weibliche Personen	4–6 Jahre	7–9 Jahre	10–12 Jahre	13–14 Jahre	15–18 Jahre	19–35 Jahre	36–50 Jahre	51–65 Jahre	>65 Jahre	durchschn. Verbr.
G-01 Fleisch	30,9	40,8	49,3	55,1	119,7	112,2	120,3	109,4	95,7	99,6
G-02 Wurst-/Fleischwaren	30,6	38,7	44,5	48,5	58,1	61,0	66,2	65,6	60,6	58,0
G-03 Fisch-/Fischwaren	5,2	6,1	6,6	6,9	15,4	13,8	13,7	11,6	9,1	11,7
G-04 Eier	14,1	16,6	19,2	20,4	24,3	26,1	32,8	36,9	39,4	29,8
G-05 Milch	207,5	199,6	195,5	193,0	197,5	194,8	225,5	249,1	292,8	221,0
G-06 Käse und Quark	17,9	22,8	26,4	29,0	33,2	34,8	38,9	38,4	35,8	35,0
G-07 Butter	6,4	8,0	9,7	10,6	13,1	13,8	20,0	24,4	28,2	18,8
G-08 Speisefette und -öle	18,2	19,9	21,9	23,4	36,1	32,4	35,8	34,9	31,9	31,6
G-09 Brot und Backwaren	78,0	92,1	104,6	112,8	124,2	138,6	161,4	170,0	175,4	144,5
G-10 Nährmittel	52,9	50,2	52,8	53,3	95,1	82,5	90,3	82,0	79,4	78,3
G-11 Fertige Mahlzeiten	24,2	21,9	18,6	17,5	19,6	11,5	3,4	2,4	1,4	10,0
G-12 Frischgemüse	62,5	68,8	78,9	89,6	142,5	148,7	200,0	230,5	260,1	178,3
G-13 Gemüseprodukte	34,7	35,6	38,8	40,5	44,6	41,9	42,5	36,9	32,6	39,0
G-14 Frischobst	29,3	32,6	38,5	41,8	48,5	54,4	77,2	85,8	101,7	68,2
G-15 Südfrüchte	32,7	32,0	33,9	34,0	38,1	35,0	38,7	38,9	38,1	37,3
G-16 Obstprodukte	13,9	13,4	15,0	15,4	16,7	13,7	16,5	15,1	15,2	14,8
G-17 Marmelade	2,8	2,9	3,3	3,3	3,9	3,5	5,1	5,7	7,2	4,9
G-18 Zucker	14,0	15,7	17,6	18,5	21,4	21,6	35,7	44,2	51,6	31,9
G-19 Süßwaren	30,5	33,2	36,1	37,5	39,7	34,8	37,7	31,8	26,5	32,0
G-20 Gewürze u.a. Zutaten	15,6	19,0	21,5	22,8	27,0	27,3	28,7	26,5	22,6	25,3
G-21 alkoholfreie Getränke	251,2	279,7	301,1	314,5	414,1	364,3	331,7	243,1	171,2	276,4
G-22 alkoholische Getränke	–	–	71,3	156,1	402,9	451,4	430,7	275,2	63,5	288,1
G-23 Röstkaffee	–	–	6,0	8,7	14,0	17,6	21,7	21,2	16,5	17,3
G-24 Tee	–	–	0,7	0,9	1,3	1,2	1,3	1,2	0,9	1,1
G-25 Lebensmittel Gesamt	973	1049	1212	1354	1951	1937	2076	1881	1657	1753

sprechenden Empfehlungen offizieller Gremien, z. B. der Deutschen Gesellschaft für Ernährung, erfolgen. Die für die Ernährung der Gesamtbevölkerung *verfügbaren* Lebensmittel werden den Agrarstatistiken entnommen, die *verbrauchten* Lebensmittel den Einkommens- und Verbrauchsstichproben. Ein Ausschnitt aus den neuesten, nach Geschlecht und Alter gegliederten Verbrauchsdaten für Lebensmittel zeigt Tabelle 4. Schließlich können durch Verzehrserhebungen die effektiv *verzehrten* Lebensmittelmengen erfaßt werden. Der Vitamin- und Mineralstoffgehalt in den verfügbaren, verbrauchten oder verzehrten Lebensmitteln kann aus Nährwerttabellen (z. B. SOUCI-FACHMANN-KRAUT) oder Faktendatenbanken (z. B. Bundeslebensmittelschlüssel) entnommen werden. Verarbeitungsverluste sollten Berücksichtigung finden (s. a. Kap. 1.3).

Die Ermittlung der Versorgungslage mit Vitaminen und einigen Mineralstoffen erfolgt durch biochemische Meßgrößen. Spezifische Enzymaktivierungskoeffizienten werden für die Vitamine Thiamin, Riboflavin und Pyridoxin erfaßt. Von folgenden Vitaminen, einigen ihrer Metaboliten, Mineralstoffen und Metalloproteinen werden die Konzentrationen im Serum bzw. Plasma bestimmt:

Retinol,
Carotinoide,
25-Hydroxycholecalciferol,
1,25-Dihydroxycholecalciferol,
Tocopherole,
Biotin,
Folate (zusätzlich auch in Erythrozyten),
Ascorbinsäure,
Eisen, Ferritin, Transferrin (zusätzlich Transferrinsättigung),
Magnesium,
Kupfer,
Zink.

Die Harnausscheidung wird bestimmt für:

Thiamin,
Riboflavin,
Pyridoxinsäure,
N-Methyl-Nicotinamid,
Jod.

Zur Interpretation der Analysendaten ist es üblich, sie folgenden Bereichen zuzuordnen, die eine Aussage über die Versorgungslage erlauben

– Unterversorgung,
– Grenzbereich der marginalen Versorgung,
– Bereich der normalen Versorgung,
– Bereich der optimalen Versorgung.

Die Grenzen zwischen den einzelnen Bereichen sind selbstverständlich fließend, da die Normalwerte für Vitamine in Körperflüssigkeiten sehr großen individuellen Schwankungen unterliegen.

In den Empfehlungen für die Nährstoffzufuhr der DGE werden Richtwerte für die tägliche Zufuhr von Vitaminen und Mineralstoffen für Säuglinge, Kinder, Jugendliche und Erwachsene, sowie Schwangere und Stillende angegeben. Für die Altersklasse der 19–35jährigen Männer ergeben sich beispielsweise folgende Werte:

Vitamin A (Retinol)	1,0 mg-Äquiv./Tag
Vitamin D (Calciferol)	5 µg/Tag
Vitamin E (Tocopherol)	12 mg-Äquiv./Tag
Vitamin B_1 (Thiamin)	1,4 mg/Tag
Vitamin B_2 (Riboflavin)	1,7 mg/Tag
Niacin (Nicotinsäureamid, Nicotinsäure)	18 mg-Äquiv./Tag
Vitamin B_6 (Pyridoxin)	1,8 mg/Tag
Folsäure	400 µg/Tag
Pantothensäure	8 mg/Tag
Vitamin B_{12} (Cobalamin)	5 µg/Tag
Vitamin C (Ascorbinsäure, Dehydroascorbinsäure)	75 mg/Tag
Kalium	3–4 g/Tag
Calcium	800 mg/Tag
Phosphor	800 mg/Tag
Magnesium	350 mg/Tag
Eisen	12 mg/Tag
Jod	200 mg/Tag
Fluorid	1 mg/Tag
Zink	15 mg/Tag
Kupfer	2–4 mg/Tag
Mangan	2–5 mg/Tag

13.7 Alkohol

Der Verbrauch an reinem Alkohol aus Bier, Wein und Spirituosen hat sich in der Bundesrepublik Deutschland seit ca. 20 Jahren auf ein relativ konstantes Niveau von 11–12 l pro Kopf und Jahr eingependelt. Steigende Verbrauchszahlen werden seit einigen Jahren für Wein und Schaumwein registriert, während der Verbrauch von Branntwein 1980 ein Maximum von 8,8 l erreichte und derzeit etwa 6 l pro Kopf und Jahr beträgt. Alkoholische Getränke tragen in nicht zu unterschätzender Weise zur Energiezufuhr bei. Der Anteil beträgt bei männlichen Erwachsenen im Mittel 13%.
Zahl und Schweregrad alkoholbedingter Erkrankungen in einer Gesellschaft hängen von der durchschnittlich verbrauchten Alkoholmenge und der Empfindlichkeit ihrer Mitglieder ab. Dies gilt sowohl für die Risiken nach akuter Überdosierung (Arbeitsunfälle, Verkehrsunfälle, gewalttätiges Verhalten) als

auch für die Risiken nach chronischem Alkoholmißbrauch (körperliche Schäden, Abhängigkeit). Es gibt große individuelle Unterschiede in der Alkoholverträglichkeit. Ein allgemein gültiger Schwellenwert für risikofreien Alkoholkonsum ist schwer zu formulieren. Am häufigsten wird bisher eine Menge von 80 g Alkohol pro Tag für die Leber des erwachsenen Menschen über Jahre als tolerierbar angesehen. Dies entspricht etwa der Hälfte der hepatischen Alkohol-Metabolisierungskapazität. Für einige besonders empfindliche Personengruppen liegt der Schwellenwert sicher niedriger. So konnte Péquignot in umfangreichen retrospektiven Studien, die er in verschiedenen französischen Departements durchführte, erst unterhalb eines regelmäßigen Verbrauchs von 20 g Alkohol pro Tag keine Zirrhoseinzidenz mehr feststellen. In der Alkoholforschung wird derzeit weltweit nach Methoden gesucht, um eine Prädisposition für Alkoholüberempfindlichkeit und mögliche Suchtgefährdung frühzeitig erkennen zu können. Dies würde effektive und spezifische Vorbeugungsmaßnahmen ermöglichen.

13.8 Diätetische Lebensmittel und Lebensmittel zur besonderen Ernährung

Die Verordnung über diätetische Lebensmittel listet in § 3 eine Reihe von Erkrankungen auf, für die diätetische Lebensmittel zur besonderen Ernährung im Rahmen eines Diätplanes zugelassen sind.

Dyspepsie des Säuglings

Am Ende der Therapie der akuten Durchfallerkrankung des Säuglings, d. h. nach Nahrungskarenz, Flüssigkeits- und Elektrolytsubstitution, sowie evtl. Chemotherapie folgt im allgemeinen eine sog. Pausen- oder Heilnahrung. Diese sollte eiweiß- und mineralstoffreich, aber arm an Fett und Milchzucker sein. Ein Zusatz von Bananen- oder Apfeltrockenpulver kann durch den Gehalt an Ballaststoffen die Stuhlkonsistenz verbessern. Außerdem wird der Kaliumverlust ausgeglichen.

Leberzellinsuffizienz

Bei fortgeschrittener Leberzirrhose mit Ascites und Ödembildung und/oder Anstieg zentral-toxisch wirkender Substanzen im Serum und Veränderungen im Plasmaaminosäurespektrum ist einerseits eine natriumreduzierte Kost, andererseits eine der verbliebenen Restfunktion der Leber angepaßte eiweißreduzierte Ernährung indiziert.

Niereninsuffizienz

Je nach vorliegendem Stadium ist eine differenzierte Diätetik erforderlich, die im Prinzip auf einer bedarfsadaptierten Wasser- und Elektrolytzufuhr, sowie einer selektiven proteinarmen Ernährung beruht. Letzteres soll den Anstau von toxischen Metaboliten des Eiweißstoffwechsels minimieren.

Angeborene Stoffwechselstörungen

Angeborene Störungen des Aminosäure- und des Kohlenhydratstoffwechsels sind z. T. einer diätetischen Behandlung zugänglich.
Eine eiweißarme Diät ist u. a. angezeigt bei:
Ahorn-Sirup-Krankheit, Argininsukzinurie, Zitrullinämie, Hyperammonämie Typ I und II, Hyperargininämie.
Eine Diät mit Reduktion einer oder mehrerer Aminosäuren ist u. a. bei Phenylketonurie, Tyrosinose, Ahorn-Sirup-Krankheit (in der klassischen Form), Histidinämie, Homozystinurie angezeigt.
Eine Diät mit Reduktion bestimmter Kohlenhydrate ist u. a. bei Galaktosämie, Galaktokinasemangel, Fructoseintoleranz, Glykogenosen angezeigt.

Maldigestion oder Malabsorption

Die Therapie ungenügender Aufnahme von Nahrungsbestandteilen aus dem Verdauungstrakt, infolge Störung der Verdauung (Maldigestion) oder der Resorption im engeren Sinne (Malabsorption) richtet sich nach der Primärerkrankung. Bei Unverträglichkeitsreaktionen gegenüber Nahrungsbestandteilen, müssen diese ausgeschaltet werden (z. B. Gluten bei Zöliakie). In bestimmten Fällen sind bilanzierte Diäten angezeigt, die z. B. bei Colitis ulcerosa und Morbus Crohn ballaststoffarm und nährstoffreich sein sollten.

Diabetes mellitus

Bei Typ-I-Diabetes (Insulinmangel) ist eine Ernährung erforderlich, die Art und Menge der Nahrungskohlenhydrate mit der Pharmakokinetik des injizierten Insulins abstimmt. Typ-II-Diabetiker (verminderte Insulinwirkung) sind oft übergewichtig, daher ist eine Verminderung der Energiezufuhr anzustreben.

Hyperurikämie und Gicht

Eine Verminderung des Puringehalts der Nahrung gelingt durch Vermeidung von Innereien, bestimmten Fischsorten und Hefepräparaten, sowie durch generelle Einschränkung des Verzehrs tierischer Lebensmittel, mit Ausnahme von Milch und Milchprodukten. Alkoholkarenz und Körpergewichtsreduktion tragen zur Senkung erhöhter Plasma-Harnsäurekonzentrationen bei.

13.9 Lebensmittelallergien

Überempfindlichkeitsreaktionen nach Nahrungsaufnahme können bei prädisponierten Personen durch die natürlichen Inhaltsstoffe des Lebensmittels selbst, sowie durch Zusatzstoffe, Rückstände, Abbauprodukte ausgelöst werden. Je nachdem, ob ein immunologischer Auslösemechanismus zugrunde liegt, unterscheidet man allergische oder pseudoallergische Reaktionen. Allergie provozierend sind Proteine von Kuhmilch, Fisch, Fleisch und Hühnerei, sowie vegetabile Allergene von Obst, Gemüse, Getreide, Kräutern, Gewürzen

und Nüssen. Pseudoallergien können u. a. von salicylat-, benzoat- und farb-
stoffhaltigen Lebensmitteln ausgelöst werden.
Die entscheidende therapeutische Maßnahme bei Lebensmittelallergien und
-pseudoallergien besteht in der Vermeidung des auslösenden Agens.

13.10 Literatur

Weiterführende Literatur

 1. Baltes W (1989) Lebensmittelchemie, 2. Aufl. Springer, Berlin Heidelberg New York
 2. Belitz H-D, Grosch W (1987) Lehrbuch der Lebensmittelchemie, 3. Aufl. Springer, Berlin Heidelberg New York
 3. Bitsch I (1983) Perspektiven der Alkoholforschung, Ernährungsumschau 30:132–135
 4. Bitsch R, Kasper H (1986) Ernährung und Diät, Apotheker Verlag, Stuttgart
 5. Caspary WF (1989) Verdauung und Resorption von Kohlenhydraten, Ernährungsumschau 36:91–96
 6. Elmadfa I, Leitzmann C (1988) Ernährung des Menschen, Verlag E. Ulmer, Stuttgart
 7. Empfehlungen für die Nährstoffzufuhr (1986) Deutsche Gesellschaft für Ernährung e.V., Umschau Verlag, Frankfurt
 8. EB 88
 9. Feldheim W (1989) Verwertbare und nicht verwertbare Kohlenhydrate, Ernährungsumschau 36:40–44
10. Hötzel D (1989) Zur Jodmangelproblematik in der Bundesrepublik Deutschland und zur Verordnung über jodiertes Speisesalz, Akt. Ernähr. 14:227–228
11. Huth K, Kluthe R (1986) Lehrbuch der Ernährungstherapie, Thieme Verlag, Stuttgart
12. Kofranyi E, Jekat F (1964) Zur Bestimmung der biologischen Wertigkeit von Nahrungsproteinen. VII Bilanzversuche am Menschen, Hoppe-Seyler's Z. physiol. Chem. 335:166–173
13. Kübler W (1986) Ernährungsprobleme, R.P. Scherer GmbH, Eberbach/Baden
14. Kübler W (1983) Zukunftsperspektiven der Ernährungswissenschaft – Nährstoffbedarf und Nährstoffbedarfsdeckung, Ernährungsumschau 30:3–9
15. Menden E (1983) Wo liegt das Optimum der Proteinzufuhr? Ernährungsumschau 30:10–13
16. Rehner G (1983) Spurenelemente – eine Nährstoffgruppe mit vielen ungeklärten Fragen, Ernährungsumschau 30:35–38
17. Péquignot G (1974) Les problèmes nutritionnels de la societé industrielle. La vie médicale au Canada français 3:216–225
18. Pietrzik K (1987) Folsäure-Mangel, Zuckschwerdt-Verlag
19. Roche Lexikon Medizin (1987) Urban & Schwarzenberg
20. Roche Richtlinien für die Beurteilung des Vitaminstatus (1987) Medizin u. Ernährung 3:21
21. v. Schacky C, Siess W, Lorenz R, Weber PC (1984) Ungesättigte Fettsäuren, Eicosanoide und Atherosklerose, Internist 25:268–274
22. Schmandke H, Pfaff G, Bock W (1987) Einige ernährungswissenschaftliche Aspekte zum Lebensmittelkomplex Obst und Gemüse, Ernährungsforschung 32:33–36
23. SFK
24. Wolfram G (1989) Bedeutung der n-3-Fettsäuren in der Ernährung des Menschen, Ernährungsumschau 36:319–330

14 Toxikologie

R. Macholz, Potsdam

14.1 Aufgabengebiet

Die *Toxikologie* untersucht interdisziplinär mit biowissenschaftlichen, chemischen und medizinischen Arbeitsmethoden, schädigende (toxische) Wirkungen chemischer Stoffe auf Organismen und die Umwelt unter qualitativen und quantitativen Aspekten. Die Erkennung solcher Stoffe, die Ergründung und Beurteilung ihrer Wirkungen bilden die Grundlage für präventive Maßnahmen zur Vermeidung gesundheitsschädlicher Einflüsse. Die *Ernährungstoxikologie* (Synonym: Lebensmitteltoxikologie) wendet sich dabei vorwiegend den chemischen Stoffen der menschlichen Nahrung zu (Tabelle 1). Sie sichert, daß der Verbraucher über den Magen-Darm-Kanal, meist während der gesamten Lebensspanne, in allen Lebenssituationen (Jugend, Alter, Krankheit usw.) diese Stoffe ohne gesundheitliche Schäden aufnehmen kann, wenn festgelegte Grenzwerte unterschritten werden.

In der jüngeren Vergangenheit ist neben einem verstärkt emotional begründeten Problembewußtsein die Bedeutung der Toxikologie objektiv gewachsen. Von den ca. 6 Mio. bekannten chemischen Stoffen hat nach Schätzungen der WHO der Mensch täglich mit ca. 63 000 Umgang; 5000–7000 kommen in der Nahrung vor. Anzahl und Menge chemischer Stoffe in unserer Umwelt steigen an, folglich auch ihre Vielfalt und Menge in der Nahrung. Erfahrungen und wissenschaftliche Erkenntnisse fordern eine stärkere Behandlung dieser Problematik. Die moderne chemische Analytik ermöglicht, immer mehr Stoffe zu erkennen und bis in Spurenbereiche (mg/kg bzw. µg/kg und darunter) nachzuweisen. So sind auch biologisch nachweislich unwirksame Stoffmengen erfaßbar, und die Frage nach Wirksamkeit größerer Mengen ist zu beantworten. Früher nicht oder wenig genutzte Rohstoffe, neue oder veränderte Technologien der Lebensmittelproduktion und Zusatzstoffanwendung sowie steigender Umfang der Be- und Verarbeitung von Lebensmitteln, auch eine sich zuspitzende Belastung der Umwelt mit chemischen Stoffen erfordern verstärkt die Realisierung toxikologischer Anforderungen.

Die *Toxikokinetik* befaßt sich mit quantitativen Beschreibungen, mit der Aufnahme, Verteilung und Speicherung bzw. Bindung, der Biotransformation und Eliminierung der Stoffe aus dem Organismus. Die *Toxikodynamik* analysiert die Wirkungen des Stoffes auf biologische Systeme.

14.2 Begriffsbestimmungen

Die *Dosis* ist die gewöhnlich auf die Körpermasse (KM) bezogene aufgenommene Menge des Stoffes. Oral aufgenommene Mengen können von der

Tabelle 1. Nahrungsinhaltsstoffe, die der toxikologischen Beurteilung bedürfen

native Schadstoffe	Sekundärprodukte	Kontaminanten Rückstände	Lebensmittel-zusatzstoffe
Alkaloide	Erhitzungsprodukte	Agrochemikalien	*chem. wirksame Stoffe*
Amine	Maillard-Produkte	Pesticide	Antioxydantien
Carbonsäuren	Pyrolyse-Produkte	Mittel zur biologi-schen Prozeßkontrolle	Konservierungsmittel u. a.
Aminosäuren	Fermentations-produkte		*physikal. wirksame Stoffe*
Fettsäuren u. a.	Bestrahlungs-produkte		Dickungsmittel
Glycoside	Hydrolyse-produkte	Rückstände der Tierbehandlung	Geliermittel
Kohlenhydrate	Oxydations-produkte		Stabilisatoren
Mineralstoffe	Nitrosierungs-produkte	Umwelt-(Industrie-)-Chemikalien	Emulgatoren u. a.
Nukleinsäuren		Mineralstoffe	
Östrogene	Mikrobentoxine		
Peptide	Mykotoxine		*sensorisch wirksame Stoffe*
Proteine	Bakterientoxine	Verunreinigungen aus Bedarfsgegenst.	Süßstoffe
			Farbstoffe
Phenole	u. a.	u. a.	Aromastoffe u. a.
Phytoalexine			
Terpene			Hilfsstoffe
Ethanol			Enzyme
u. a.			u. a.

resorbierten Menge verschieden sein. Nicht immer wird in der Literatur exakt zwischen der auf die Nahrungs(Futter)menge bezogenen Dosis (meist angegeben in ppm) und der auf die KM bezogenen Dosis (angegeben in mg/kg KM) unterschieden.

Jeder Stoff kann eine biologische *Wirkung* auslösen, die durch eine stoffspezifische Wirkungsqualität (Art) und Wirkungsstärke (Intensität) charakterisiert wird. Im Zusammenwirken mit anderen Stoffen können Art und Intensität einer stoffspezifischen Wirkung z.T. erheblich modifiziert werden.

Alles-oder-Nichts-Reaktionen (Tod, Tumorbildung) sind ebenso wie abgestufte Wirkungen möglich. Wirkungen können unzulässig (adverse), toxisch sein oder normale physiologische Reaktionen darstellen, lokal oder systemisch, reversibel oder irreversibel, akut oder chronisch, sofort oder nach einer Latenzperiode in Erscheinung treten und verschiedenste Wirkmechanismen als Ursache haben.

Dosis-Wirkungs-Beziehungen beschreiben quantitative Zusammenhänge zwischen Dosis und Wirkung (dose-effect-curve) im Sinne von Wahrscheinlichkeitsaussagen. Aus der biologischen Streuung ergeben sich dabei bei der Betrachtung einer Gruppe von Individuen (zumeist asymmetrische) Häufigkeitsverteilungen.

Wirkungsschwellen können keinesfalls für jeden Stoff postuliert werden; sie sind stoffspezifisch experimentell zu belegen.

Der Begriff *Gift* wird unterschiedlich definiert. Kein Stoff hat a priori die Eigenschaft Gift zu sein. Vielmehr wird ein Stoff mit spezieller Molekülstruktur nur unter besonderen Bedingungen (Abb. 1) zum Gift: bei genügend hoher Dosis, in einem empfindlichen Organismus, unter bestimmten Umweltbedingungen.

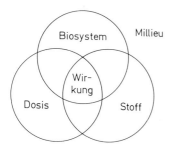

Abb. 1. Wirkungsbestimmende Faktoren (nach Scheler)

Kein Stoff wird deshalb allein durch Anwesenheit im Organismus zur gesundheitsschädlichen Substanz, sondern erst unter ungünstigen Randbedingungen.

Mit der Verwendung des Begriffs Gift verbindet sich meist ein Werturteil. Während Arzneimitteln nicht selten nur positive Wirkungen zugeordnet werden, erscheinen andere Stoffe als Gifte aus der Sicht des Individuum Mensch nur negativ. Gewissermaßen rhetorisch abgeschwächt wird dies bei Verwendung des Wortes Schadstoff. Es gibt Gifte, deren nachteilige Wirkungen der Mensch in aus seiner Sicht positiver Absicht bewußt nutzt. So ist z.B. die Blausäure als Insektizid nutzbar, andererseits in Mandeln wünschenswerter Aromastoff. Vielfach liegen jedoch nachteilige und wünschenswerte Wirkungen bedrohlich dicht beieinander, was z.B. der Begriff Biocid verdeutlicht. Ungeachtet des täglichen Sprachgebrauchs ist als Gift einzustufen, was gemäß der Giftgesetze bzw. Chemikaliengesetze formal als solches definiert ist.

Werturteilsfrei wird ein Stoff als *Xenobiotikum* bezeichnet, wenn es sich um einen für den Organismus (Pflanze, Tier, Mensch) nicht körpereigenen Stoff handelt. Dagegen wird der Begriff *Zusatzstoff* (food additives), der den früheren Fremdstoffbegriff abgelöst hat, auf Lebensmittel bezogen verwendet. Verunreinigungen (*Kontaminanten*) und *Rückstände* sind emotional mit negativem Werturteil belastet, allerdings gesetzlich ebenfalls geregelt wie der Begriff Zusatzstoff; vgl. Kap. 02/03/04/11. Emotional gegenübergestellt werden die Kategorien *natürlich* bzw. naturidentisch und *synthetisch*, wobei nicht selten der unwissenschaftliche Gebrauch von natürlich im Sinne von unbedenklich, von synthetisch im Sinne von dringende Vorsicht oder Meidung erfordernd Platz greift. Es ist zu bedenken, daß die stärksten bekannten Gifte Naturstoffe darstellen und synthetische Stoffe meist auf wesentlich sicheren Grundlagen toxikologisch eingeschätzt werden können als Naturstoffe. Einschlägige gesetzliche Regelungen fordern die Deklaration als künstliche Zusatzstoffe.

Essentielle Wirkungen und toxische Effekte schließen sich bei ein und derselben Substanz (man beachte die interessanten Befunde zum Blei) nicht aus [1] (s. auch Kap. 5.3.1). Diese gegensätzlichen Effekte stellen lediglich verschiedene Bereiche der Dosis-Wirkungs-Beziehun-

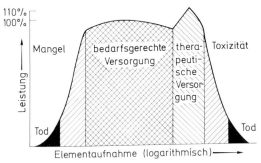

Abb. 2. Dosis-Wirkungs-Kurve für eine chemische Substanz mit essentiellen Wirkungen. Einige Stoffe (Vitamine, Spurenelemente u.a.) pharmakologisch wirksame Dosis-Bereiche auf (nach Anke)

gen dar (Abb. 2). Differente Stoffe weisen jedoch eine unterschiedliche Breite des Plateaus zwischen dem toxischen und essentiellen Dosisbereich auf. Von einigen Stoffen kennt man bisher keinen essentiellen Bereich (z. B. Quecksilber), oder es ist ein solcher nicht zu erwarten (z. B. nicht naturidentische Syntheseprodukte). Mitunter ist das Plateau dieser Kurve sehr breit (z. B. Manganverbindungen, Vitamine der B-Gruppe), bei anderen Stoffen (Selen, Vitamin A und D) relativ schmal.

14.3 Resorption, Verteilung, Biotransformation, Ausscheidung von Stoffen

Der Stoffwechsel von Xenobiotika erfolgt entsprechend den für andere Nahrungsbestandteile gültigen Mechanismen [2, 3].

Bei der *Resorption* dominiert die passive Diffusion im Darm als Transportmechanismus. Entsprechend den Diffusionsgesetzen werden lipidlösliche Stoffe in größerem Maße durch Biomembranen aufgenommen als hydrophile Stoffe. Sie kumulieren auch stärker in fettreichen Geweben. Ganz entscheidenden Einfluß auf diese Prozesse hat insbesondere bei Elementen und ionischen Verbindungen die *Angebotsform* (Speciation). Während z. B. Chrom als Chromat und Alkylquecksilberverbindungen weitgehend resorbiert werden, ist dies bei Chrom-III und anorganischen Quecksilberverbindungen nur mäßig der Fall. Die Angebotsformen von Substanzen und Elementen in der Nahrung sind allerdings nur selten gut bekannt.

In den Organismen erfolgt in der Regel die *Verteilung* von Xenobiotika nicht gleichmäßig in allen Geweben. Bestimmte chemische Stoffe erscheinen in speziellen Organen und Geweben (*Target*). Mit Hilfe isotopen-markierter Verbindungen und Techniken wie der Ganzkörperautoradiographie lassen sich Verteilungsverhältnisse untersuchen. Wirkungen sind vor allem (aber nicht nur) dort zu erwarten, wo die Substanz im Organismus wiedergefunden wird.

Die *Speicherung* (Kumulation) von Xenobiotika und/oder Metaboliten (z. T. über Jahre wie bei DDT, PCB u.a., s. auch Kap. 3.3.4) führt zu erheblichen

Tabelle 2. Biotransformationsreaktionen des Organismus

Phase	Reaktion	Beispiele
Phase I (Entstehung funktioneller Gruppen)	Oxydationen	Benzenderivate → Phenolderivate (über Arenoxid) $P = S → P = O$ (Parathion → Paraoxon)
	Reduktionen	$-NO_2$ (Quintozen) → NH_2
	Hydrolysen	Phosphorsäureester, Glycoside
Phase II (Konjugation)	Glutathionkonjugation Glucuronidierung Sulfat-Bildung Essigsäurekonjugation (Acetylierung) Methylierung	chlororganische Verbindungen, z. B. HCH Phenole, Alkohole Phenole, Alkohole, Amine Aminogruppen (Sulfonamide) Phenolderivate → Anisolderivate

Bedenken gegen derartige Substanzen. Dies ist unabhängig davon, ob mit der Speicherung eindeutig nachgewiesene toxische Wirkungen in Beziehung stehen oder dies bislang unbewiesen ist. In letzterem Fall entscheidet sich der Toxikologe dennoch im Sinne der Vorsorge zumeist gegen die Duldung der Substanzen in der Nahrung.

Die große Mehrzahl der Xenobiotika unterliegt im Organismus der *Biotransformation*. Die biotransformierenden Enzyme sind zu 85 % in der Leber und ca. 9 % im Dünndarm lokalisiert. Sie sind im Cytoplasma vorhanden und auch membrangebunden (besonders im endoplasmatischen Retikulum). An der Biotransformation von Xenobiotika sind diejenigen Enzyme beteiligt, die auch für den Stoffwechsel endogener Substrate (Fettsäure, Steroide u. a.) verantwortlich sind. Es gibt auch nicht enzymatische Stoffwandlungen (Hydrolyse, Glutathionkonjugation).

Die Biotransformation umfaßt nicht nur Abbaureaktionen, sondern auch Syntheseleistungen (Tabelle 2). Die Oxydationen in der *Phase I* werden vorrangig durch Cytochrom P-450-abhängige Monooxygenasen (mischfunktionelle Oxidasen, MFO) katalysiert. Als Intermediate können aus Doppelbindungssystemen die toxikologisch relevanten, weil sehr reaktionsfähigen und sich mit körpereigenen Strukturen (Proteine, Enzyme, DNA) umsetzenden Epoxide (aus aromatischen Systemen: Arenoxide) auftreten (Abb. 3). Dadurch können die Biopolymeren derivatisiert und in ihrer biologischen Funktion negativ beeinträchtigt werden (Cancerogenität).

Die *Phase II* umfaßt die Reaktion eines (evtl. in Phase I modifizierten) Grundkörpers des Xenobiotikums (Exocon) mit körpereigenen Verbindungen (Endocon). Das entstehende *Konjugat* (Abb. 4) ist wasserlöslicher, damit ausscheidungsfähiger als das lipophilere Exocon. Sie gelten als entgiftete Stoffwechselprodukte, was im Einzelfall nicht immer experimentell bewiesen, teilweise auch für einzelne Konjugate widerlegt ist.

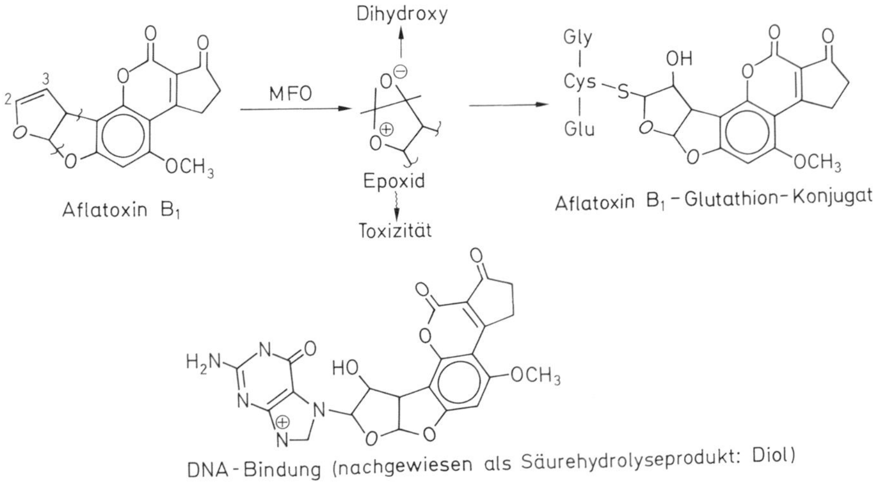

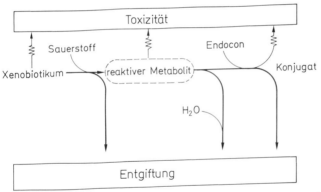

DNA-Bindung (nachgewiesen als Säurehydrolyseprodukt: Diol)

Abb. 3. Bioaktivierung von chemischen Substanzen (am Beispiel von Aflatoxin) kann zur Bildung reaktiver Metaboliten und deren Bindung an Biopolymere führen

Abb. 4. Biotransformation von Xenobiotika führt in nicht wenigen Fällen zu toxischen Wirkungen (Toxifizierung), bei anderen Substanzen bzw. Stoffwechselschritten zur Entgiftung. Dargestellt ist der Spezialfall einer Oxydation (Phase I); der möglichen Hydrolyse eines reaktiven Metaboliten (z. B. Epoxid) oder von dessen Konjugation zum entgifteten Konjugat bzw. toxischen Folgeprodukt

Als Endocon werden die physiologischen Verbindungen Glucuronsäure, Sulfat, Acetat und Methylgruppen über Nukleotide bzw. Cofaktoren aktiviert. Wichtigste Konjugationsreaktion ist die mit Glutathion (GSH). Sie wird durch Glutathion-S-transferasen vermittelt und kann auch nichtenzymatisch erfolgen. GSH-Konjugate werden in weiteren intermediären Schritten schließlich zu gut wasserlöslichen Mercaptursäuren umgewandelt und mit dem Urin ausgeschieden. Bei Ausscheidung dieser Konjugate mit der Galle erfolgen unter dem Einfluß der intestinalen Mikroflora weitere enzymatische Spaltungen (bedeutsam für enterohepatischen Kreislauf) und auch andere Stoffwandlungen.

GSH schützt als endogene Substanz vor reaktiven Zwischenprodukten und somit toxischen Wirkungen von Xenobiotika. Konjugationsreaktionen erfordern die Bereitstellung des Endocons im Intermediärstoffwechsel. Dabei ist zu bedenken, daß der Sulfatpool beim Menschen relativ schnell erschöpft ist und für eine ausreichende endogene GSH-Synthese ausreichend schwefelhaltige Aminosäuren erforderlich sind. Anderenfalls kann sich z.B. bei Proteinmangel die Toxizität eines über diesen Weg biotransformierten Xenobiotikums (z.B. Fungizid Captan) erhöhen.

Von besonderer Relevanz kann die *Induktion* metabolisierender Enzyme sein, die nicht einfach als Anpassungsmechanismus zur Biotransformation zu bewerten ist und verschiedene nachteilige Wechselwirkungen zwischen Stoffklassen zur Folge haben kann (z.B. verstärkte Bildung von Arenoxiden aus Polyaromaten durch Induktion nach PCB-Exposition).

Die *Exkretion* der unveränderten oder biotransformierten Xenobiotika erfolgt über die für die physiologischen Substanzen bekannten Wege nach gleichen Gesetzmäßigkeiten. Dabei ist zu beachten, daß die Elimination auch über die Muttermilch erfolgen kann, was im Falle von Arzneimitteln, Genußmitteln wie Alkohol und Nikotin und Umweltchemikalien Beachtung finden muß.

14.4 Einflußfaktoren auf die Toxizität

Die Wirkungen chemischer Stoffe auf Organismen werden durch viele Faktoren modifiziert (Abb. 5).

Nimmt man die orale Applikation als gegeben, so können Speziesdifferenzen recht erheblich sein. Metabolitenmuster, Biotransformationsraten, Eliminierungscharakteristika, Verteilung in Geweben, Besiedlung der intestinalen Mikroflora, Aktivitäten der MFO sowie die Kapazität von Konjugationsreaktionen können sich diesbezüglich erheblich unterscheiden. Mensch und

Abb. 5. Modifizierung der Toxizität chemischer Stoffe durch zahlreiche Einflußfaktoren

Versuchstier stimmen deshalb nur begrenzt überein. Alter, Geschlecht und Gesundheitszustand (Obesitas und chronische Krankheiten: Verteilungsraum für lipophile Substanzen verändert), Enzymdefekte (Glucose-6-Phosphat-dehydrogenase-Mangel mit Folge GSH-Mangel) und andere genetische Prädispositionen können entscheidend Wirkungen modulieren.

Wechselwirkungen eines Xenobiotikums mit anderen Nahrungsbestandteilen (Antagonismus, Synergismus) wie Proteinen, Fetten (Stoffwechselbeeinflussung bei Cancerogenen), Ballaststoffen (Bindung von Schwermetallen), Vitaminen (Vitamin D hat protektive Wirkung bei Cadmium-Exposition; Zusammenwirken der Antioxydantien Vitamin E und Selen), mit Alkohol, Arzneimitteln und dem Rauchen (Lebensstil) sind zu beachten. Das Konzept der Toxizitätsanalyse bei Risikogruppen versucht derartigen Einflüssen gerecht zu werden. Diese Zusammenhänge bedürfen wie die Wechselbeziehungen verschiedener Xenobiotika verstärkt der Untersuchung.

14.5 Toxizitätsprüfung

Die Erkennung und Vermeidung toxischer Wirkungen von Stoffen kann nur auf der Grundlage gezielter Untersuchungen erfolgen, da theoretische Voraussagen nicht oder nur begrenzt sinnvoll sind sowie der Validierung im Experiment bedürfen. Epidemiologische Untersuchungen würden Ergebnisse erst nach Jahren zutage bringen, wenn Bevölkerungsgruppen bereits gesundheitlich geschädigt sind. Aus ethischen Gründen werden an Substanzen mit unbekannten biologischen Wirkungen Humanversuche generell abgelehnt. Nationale und internationale Empfehlungen zur Prüfung der Substanzwirkungen sehen deshalb Untersuchungen an Säugetieren vor, die in Modellversuchen gewissermaßen als Stellvertreter für den Menschen fungieren. Bezüglich der Forderung, daß Versuchstier und Mensch in ihren Reaktionen auf den zu prüfenden Stoff weitgehend ähnlich reagieren sollten, sind dabei Kompromißlösungen vonnöten.

In-vitro-Untersuchungen sollen sowohl dem Gedanken des Tierschutzes als auch zeit- und materialökonomischen Gesichtspunkten gerecht werden. Sie sind bislang trotz ihrer Vielfalt in der Aussage begrenzt, ergänzen allerdings die nachfolgend dargestellten toxikologischen Untersuchungen oder sind zu Teilaspekten (Abschätzungen, Screening, Mutagenitäts- bzw. Cancerogenitätsprüfung) einsetzbar. Sie können aber den in-vivo-Versuch nicht ersetzen.

Als Versuchstiere werden definierte Stämme von Ratten, Mäusen, Meerschweinchen sowie Kaninchen, seltener Hunde und Katzen, neuerdings Zwergschweine sowie für spezielle Fragestellungen, aber selten Primaten eingesetzt. Die Entscheidung fällt zugunsten der Nagetiere aus, weil sie leicht in ausreichender Zahl und gegebenenfalls genetisch normiert zur Verfügung stehen (Minderung der individuellen Streuung), gezüchtet, mit relativ geringem Aufwand gehalten, leicht vermehrt werden können (Untersuchungen nachfolgender Generationen) und ein Alter von 24 Monaten (Ratten) erreichen, was notwendige Lebenszeituntersuchungen überschaubar gestaltet. Für bestimmte Untersuchungen ist die Verwendung einer zweiten Spezies erforderlich.

Die Gewährleistung der erforderlichen Voraussetzungen für Tierversuche sichert ein international akzeptiertes System von Vorschriften (Good laboratory practice for nonclinical laboratory studies, GLP). Darin werden Sachkunde der Experimentatoren vorgeschrieben sowie technische Randbedingungen für die Versuchsdurchführung, aber auch die Erfassung, Auswertung und Berichterstattung der Prüfergebnisse beschrieben. Ziel derartiger Reglementierungen ist eine Standardisierung der Versuchsbedingungen um das Erkennen und Messen der Substanzwirkung beeinflussenden Störgrößen (vgl. Abb. 5) weitgehend zu eliminieren, Manipulationen an den Prüfergebnissen zu vereiteln und so zu objektiven Bewertungskriterien für die Schadwirkung einer Substanz zu gelangen [4].

Toxizitätsuntersuchungen setzen eine hinreichende Kenntnis der zur Prüfung anstehenden Substanz voraus. Die Forderung nach angemessener Charakterisierung der Identität und Reinheit (Spezifikation) ist nur bei rein isolierten Verbindungen, für Stoffgemische (z. B. komplexe Aromen) schwer realisierbar. Unabdingbar ist die gleichbleibende Zusammensetzung des Testmaterials während der Versuchsetappen (die z. T. über Jahre andauern können). Unverzichtbar ist die Forderung nach Identität zwischen getesteter Substanz (vielleicht aus einer Versuchsproduktion) und der später tatsächlich in Lebensmitteln eingesetzten Substanz (aus der Großproduktionsanlage).

Ernährungstoxikologische Prüfungen werden in einem Stufenprogramm realisiert [2, 5] (Tabelle 3). Auf der Grundlage der Ergebnisse der vorhergehenden Stufen wird jeweils über den Untersuchungsfortgang entschieden. Werden unvertretbare Wirkungen der Substanz erkannt, so wird die Prüfung frühestmöglich abgebrochen; die Substanz wird geächtet. Vorteilhaft hat sich erwiesen, daß Metabolismusuntersuchungen und Prüfungen auf Mutagenität zu den ersten Stufen gehören, da suspekte Substanzen so frühzeitig erkannt werden. Eine Zulassung kann erst erwogen werden, wenn alle Prüfungsergebnisse vorliegen.

Zur Ermittlung der *akuten Toxizität* erhalten Gruppen von Versuchstieren einmalig abgestufte Dosierungen der Prüfsubstanz. Es wird dabei die Dosis (z. T. durch graphische Auswerteverfahren) ermittelt, bei der die Hälfte der behandelten Tiere einer Gruppe innerhalb des Beobachtungszeitraums von einer Woche sterben (letale Dosis für 50% der Tiere: LD$_{50}$). Die Aussagekraft kann auch bei Anwendung einer geringere Tierzahlen erfordernden Methodik gesichert und durch Erfassung weiterer Parameter (Analyse des Wirkortes und Hinweise zum Wirkmechanismus) u. a. deutlich gesteigert werden.

Bei der Bestimmung der *subchronischen* und *chronischen Toxizität* erhält man die Dosis, die ohne beobachtbare nachteilige Wirkungen in der Versuchstiergruppe geblieben ist. Diese Dosis dient der Abschätzung der Wirkungsschwelle. Die Bezeichnung *no-observed-effect-level (NOEL)* schließt ein, daß selbst bei Anwendung der wissenschaftlich aktuellsten und empfindlichsten Prüfmethoden keine absolute Sicherheit für das Nichtvorhandensein von Wirkungen bestehen kann. Mit dieser Verfahrensweise wird nicht die tatsächliche Wirkungsschwelle ermittelt. Dies ist auch im Interesse der Vermeidung unvertret-

Tabelle 3. Stufenprogramm der toxikologischen Prüfung

Untersuchung	Zeitdauer des Tierversuchs	Ziel der Prüfungen
Toxikokinetik-Metabolismus	wenige Wochen	Aufklärung der qualitativen und quantitativen Veränderungen des Stoffes im Organismus: Resorption, Verteilung, Anreicherung, Biotransformation, Ausscheidung (hoher chemisch-analytischer Aufwand)
Akute Toxizität	1 Tag, Beobachtungszeit bis wenige Tage	Erfassung der Symptome und des zeitlichen Ablaufes der Vergiftung, Ermittlung der LD_{50}
Subchronische Toxizität	1–6 Monate (Nager) bes. 90-Tage-Test (Nager) 3–12 Monate (Hunde)	Erkennung toxischer Effekte, Auffindung von Zielorganen, Feststellung kumulativer Wirkungen, Ermittlung der höchsten unwirksamen Dosis (NOEL)
Chronische Toxizität	24 (bis 30) Monate	Erkennung chronisch-toxischer Effekte, Auffindung von Dosis-Wirkungs-Beziehungen, Ermittlung der höchsten unwirksamen Dosis (NOEL)
Pränataltoxikologie (Teratogenität)	pränatal ca. 22 Tage (Maus) postnatal ca. 30 Tage (Maus)	Erkennung embryotoxischer Wirkungen
Mutagenität (Genotoxizität, in vitro und in vivo)	Wochen bis Monate	Erkennung genetischer Veränderungen: Genmutationen, Chromosomenabberrationen
Cancerogenität	24 Monate (Ratte)	Erfassung der Mißbildungspotenz; Erkennung cancerogener Wirkungen; Erfassung von Tumoren nach Art, Häufigkeit und Zeitpunkt des Auftretens
Reproduktionstoxikologie	z.B. 3 Generationen	Auffindung von Fertilitäts- und Laktationsstörungen sowie von Beeinträchtigungen der Nachkommenschaft

bar hohen Aufwandes nicht erforderlich, da man sich mit dem NOEL auf der „sicheren" Seite, nämlich unterhalb der Wirkungsschwelle befindet.

Prüfungen auf *Genotoxizität* (Mutagenität) decken nachweisbare, erbliche Änderungen im genetischen Material auf. Eine Vielzahl von in-vitro-Verfahren (z. B. an Säugerzellkulturen, an der DNA unmittelbar, mit Bakterien mit und ohne biologische Aktivierung durch biotransformierende Enzympräparate) sowie in-vivo-Verfahren (z. B. cytogenetische Studien an Knochenmarkzellen, Mikrokern-Test, Dominant-Letal-Test, Tests an Keimzellen der Taufliege) kann genutzt werden [5]. Die Übertragung an diesen Testmodellen erhaltener Befunde auf den Menschen ist ein bisher noch nicht völlig gelöstes Problem, so daß immer auch in-vivo-Prüfungen erforderlich sind.

Ob Schwellenwerte (d. h. eine unwirksame Dosis) bei Mutagenen und Cancerogenen existieren, kann aus wissenschaftlicher Sicht nicht zweifelsfrei bewiesen bzw. widerlegt werden. Mutagene und cancerogene Effekte führen folglich in jedem Fall vorsorglich zu schwerwiegenden Restriktionen für den Einsatz der Substanz.

Die Forderung nach „Nulltoleranzen" ist aber für viele dieser Stoffe unrealistisch und nicht erfüllbar. Deshalb legt der Gesetzgeber in diesen Fällen kontrollierbare Grenzwerte fest, die nur bei Ausschöpfung aller technisch-ökonomischen Möglichkeiten unterboten werden können. Damit wird die Nutzung allen bekannten Wissens herausgefordert, und nur das unvermeidbare Risiko bleibt bestehen.

Reproduktionstests decken Beeinträchtigungen durch die Prüfsubstanz in den 12 Phasen eines Reproduktionszyklus auf. Pränatale Effekte (Substanzwirkung über den mütterlichen Organismus) oder postnatale Effekte (Substanzaufnahme während der Laktation) werden erkennbar. Im *Multigenerationstest* erfolgt die kontinuierliche Substanzgabe über mehrere Generationen (z. B. drei mit zweimaliger Paarung). Verabreicht werden Dosierungen im Mittel um den NOEL. Derartige Versuche laufen über einen Zeitraum von Jahren. *Pränataltoxikologische Prüfungen* studieren die Substanzwirkung in Phasen der Entwicklung des Ungeborenen nach Substanzverabreichung an das Muttertier. Die intrauterine Entwicklung kann in jeder Phase durch exogene Einflüsse nachteilig beeinflußt werden.

Weitergehende Spezialprüfungen, so auf Immuntoxizität, Neurotoxizität, Thyreotoxizität u. a. Targets, können notwendig werden.

14.6 Toxikologische Bewertung

Das Nichtvorhandensein von Wirkungen kann man nur feststellen, wenn die Substanzwirkung bekannt ist. Dies ist Anlaß, auch mit höheren Dosierungen zu arbeiten, die die Dosis-Wirkungs-Beziehungen erkennen lassen. Die Durchführung dieser Versuche erfordert den erfahrenen Experten, der nicht schematisch vorgeht, dennoch gebotene Regeln der Prüfmethodik einhält, stets den Vergleich mit Kontrollgruppen (die keine Substanz erhielten) führt und die Grundgesetze der Statistik in den naturgemäß begrenzten Tierzahlen enthaltenden Gruppen beachtet. Als Grundlage für die Bewertung einer Substanz

wird stets der geringste Zahlenwert des NOEL gewählt, d. h. die empfindlichste
Reaktion des Organismus in der sensibelsten Spezies wird zugrunde gelegt [6].

Eine besondere Problematik ergibt sich aus der Notwendigkeit, zwischen normalen Reaktionen auf Streß oder innerhalb eines natürlichen Streubereiches zu differenzieren und
schädliche (adverse) von nicht schädlichen (non adverse) Wirkungen abzugrenzen. Dafür
sind sowohl international akzeptierte Kriterien heranzuziehen als auch hohe fachliche
Kompetenz erforderlich.

Der ermittelte NOEL kann nicht ohne weiteres auf den Menschen umgerechnet
werden. Einzubeziehen sind Differenzen zwischen Mensch und seinem Stellvertreter Versuchstier, zwischen Lebensbedingungen und Variabilität des Menschen und den hochstandardisierten Bedingungen des Tierversuchs, zwischen
begrenzter Zahl der Tiere des Versuches und der ganz erheblich größeren
Anzahl potentiell betroffener Menschen (auch seltene Ereignisse treten bei
großen Menschengruppen tragisch in Erscheinung).
Bei der Umrechnung auf eine für den Menschen ungefährliche Dosis hat sich
die Einbeziehung eines Sicherheitsfaktors bewährt, der einen zusätzlichen
wünschenswerten Abstand von der Wirkungsschwelle (die oberhalb des NOEL
liegt) zu sichern. Dieser Faktor kommt einer Konvention unter Gruppen von
Experten gleich und ist nicht bis in das Detail für die Einzelsubstanz
wissenschaftlich belegt. Er schwankt für konkrete Einzelfälle zwischen 10 und
etwa 1000. Besondere Anerkennung und weitere Verwendung in nationalen
Gesetzen finden diejenigen Sicherheitsfaktoren, die von Experten der
WHO/FAO erarbeitet wurden. Daraus errechnet sich die „Annehmbare
Tagesdosis" (acceptable daily intake, ADI), die mitunter auch als „Duldbare
tägliche Aufnahme" (DTA) bezeichnet wird:

$$ADI\,(mg\,kg^{-1}\,KM\,d^{-1}) = \frac{NOEL\,(mg\,kg^{-1}\,KM)}{Sicherheitsfaktor}.$$

Auf der Grundlage des ADI wird für jedes einzelne Lebensmittel die
Höchstmenge (mitunter auch Toleranz, maximal zulässige Menge oder
maximal zulässige Rückstandsmenge – MZR – genannt) berechnet:

$$\frac{ADI\,(mg\,kg^{-1}\,d^{-1}) \times KM\,(60\,kg)}{food\ factor\,(kg)}.$$

Der food factor entspricht dem Tagesverzehr (einschließlich sicherer oberer
Abweichungen vom Durchschnitt) des betreffenden Lebensmittels. Zu beachten ist, daß bestimmte Stoffe in verschiedenen Lebensmitteln enthalten sein
können und der ADI als Summe für den gesamten Warenkorb zu verstehen ist.

Vergleichbar mit dieser Berechnungsbasis sind Grenzwerte für Stoffe, die aus Verpackungsmaterialien und Bedarfsgegenständen in Lebensmitteln migrieren (specific migration limits),
die auf Grundlage der aus 1 dm² Oberfläche migrierenden Stoffmenge abgeleitet werden.
Für bestimmte Stoffe wird auf die Begrenzung der Aufnahme verzichtet (ADI not specified,
z. B. bei einigen Carotenoiden). Mitunter kann die Aufnahme von kumulierenden Stoffen
(z. B. Schwermetallen in Pilzgerichten) von Tag zu Tag erheblich schwanken. In diesen Fällen
hat sich die Verwendung eines dem ADI analog zu gebrauchenden provisional tolerable
weekly intake (PTWI) bewährt.

Für mutagene und cancerogene Substanzen werden keine ADI-Werte abgeleitet. Im Falle der Vermeidbarkeit werden solche Stoffe nicht angewendet; andere werden aus praktischen Erwägungen heraus auf die technisch unvermeidbare Mindestmenge begrenzt.

Die Höchstmengen sind in landesspezifischen Gesetzen und Verordnungen niedergelegt. Eine gute Praxis in der Landwirtschaft und bei der lebensmitteltechnischen Anwendung erlauben nicht selten eine deutliche Unterschreitung dieser Höchstmengen, weshalb der Gesetzgeber mitunter diese geringeren Zahlenwerte festlegt.
NOEL, ADI und Höchstmengen werden durch weitergehende und wiederholte Prüfungen bestätigt oder bei Erkenntnisfortschritt ggf. kurzfristig revidiert. Monographiereihen und periodische Publikationen der WHO, FAO, IARC u. a. Organisationen informieren über den aktuellen Stand der toxikologischen Bewertung von Substanzen.

14.7 Literaturverzeichnis

1. Pfannhauser W (1988) Essentielle Spurenelemente in der Nahrung. Springer, Berlin Heidelberg New York London Paris Tokyo
2. Macholz R, Lewerenz H-J (eds) (1989) Lebensmitteltoxikologie. Springer, Berlin Heidelberg New York London Paris Tokyo
3. Cocon JM (1988) Food toxicology. Part A and B. Marcel Dekker, INC, New York Basel
4. Anderson D, Conning DM (1988) Experimental toxicology. The basic principles. Royal Society of Chemistry, London
5. Classen H-C, Elias PS, Hammes WP, Schmidt HF (eds) (1987) Toxikologisch-hygienische Beurteilung von Lebensmittelinhalts- und Zusatzstoffen sowie bedenklicher Verunreinigungen. Verlag Paul Parey, Berlin Hamburg
6. IPCS/JECFA (1987) Environmental Health Criteria 70. Principles for the safety assessment of food additives and contaminants in food. WHO, Genf

15 Milch, Milchprodukte, Imitate und Speiseeis

U. Coors, Hamburg

15.1 Lebensmittelwarengruppen

Die Produktpalette Milch und Erzeugnisse aus Milch beinhaltet Konsummilch, die aus Milch und/oder Bestandteilen der Milch hergestellten Milchprodukte wie Sauermilch-, Joghurt-, Kefir-, Buttermilch-, Sahne-, Kondensmilch-, Trockenmilch-, Molken-, Milchzucker- und Milcheiweißerzeugnisse, Molkenmisch- und Milchmischprodukte (= Milchprodukte mit beigegebenen Lebensmitteln), Milchfette, Butter und Käse aller Art.

Miterfaßt werden in diesem Kapitel Milchimitate und Milchersatzerzeugnisse, bestimmte mit Milchprodukten verwechselbare Sojaerzeugnisse sowie Speiseeis.

15.2 Milch und Erzeugnisse aus Milch

15.2.1 Beurteilungsgrundlagen

Die einzelnen Erzeugnisse sind überwiegend in speziellen, auf das MilchG [1] und das LMBG erlassenen Produkte-Verordnungen geregelt, einigen Regelungen (Güteklassen, Qualitätsprüfungen) liegt auch das Milch- und FettG zugrunde. Daneben sind Bestimmungen der einzelnen Bundesländer (Durchführungsverordnungen zur Milch-, Milch-Güte-, Butter- und KäseV) sowie in zunehmendem Maße auch EG-Bestimmungen bei der Beurteilung zu berücksichtigen. Rechtsgrundlagen für die einzelnen Produktgruppen:

Milch:

1. MilchV v. 23.6.89 (u.a. Begriffsbestimmungen, hygienische und apparative Anforderungen bei der Gewinnung, dem Behandeln und Inverkehrbringen, Festlegung von Temperaturbereichen und Erhitzungszeiten bei der Wärmebehandlung, Genehmigung zur Homogenisierung wärmebehandelter Milch und zur Eiweißanreicherung, Auflistung der Untersuchungskriterien) und: Allgemeine Verwaltungsvorschrift zur MilchV v. 7.7.89.

---

[1] Am 25.07.1990 durch das Milch- und MargarineG ersetzt, damit verbunden sind Änderungen aller Produkt-Verordnungen (s. auch Kap. 15.3.1).

2. EWG-V Nr. 1411/71 zur Festlegung ergänzender Vorschriften für die gemeinsame Marktorganisation ... hinsichtlich Konsummilch (u.a. Regelung der Fettgehaltsbereiche).
3. Milch-GüteV v. 9.6.80 (Untersuchungskriterien für die an die Meiereien zu liefernde Rohmilch, Güteklassenregelungen, Analysenvorschriften).
4. Konsummilch-KennzeichnungsV v. 19.6.74 (Kennzeichnungsvorschriften für Milch, lose und in Fertigpackungen).
5. EWG-Richtlinien:
   Nr. 89/362 über die allgemeinen Hygienevorschriften für Milcherzeugerbetriebe.
   Nr. 89/384 zur Festlegung der Modalitäten für die Kontrolle der Einhaltung des Gefrierpunkts von unbehandelter Rohmilch.

Anmerkungen:
Die Richtlinie 85/397 zur Regelung gesundheitlicher und tierseuchenrechtlicher Fragen im innergemeinschaftlichen Handel mit wärmebehandelter Milch wurde die MilchV bereits überwiegend in nationales Recht umgesetzt. Eine EG-Hygieneregelung für Milch, Milcherzeugnisse und Erzeugnisse auf Milchbasis wird z.Zt. noch diskutiert.

Milcherzeugnisse (einschließlich Butterfette, Milchstreichfette und Milchmischgetränke)

1. MilchErzV v. 15.7.70 (allgemeine Anforderungen an die Herstellung und Verpackung, Kennzeichnungsvorschriften, Analysenverfahren (§ 35-Methoden), Zusatzstoffregelungen, Vorschriften für die Herstellung und Beschaffenheit der verschiedenen Milcherzeugnisgruppen und Standardsorten), Neuregelung der Milchstreichfette v. 12.11.1990 [17].
2. ZZulV v. 22.12.81, Stand 13.6.90 (z.B. Konservierungsstoffe für Fruchtzubereitungen, Süßstoffe für brennwertverminderte Produkte).
3. Richtlinien des BLL für Fruchtzubereitungen zur Herstellung von Milchprodukten und Bezeichnungen von Fruchtjoghurterzeugnissen v. 1979.

Aktuelle Rechtsprechung zu Kennzeichnungsproblemen (z.B. Werbung „ohne Bindemittel, ohne Konservierungsstoffe") s. [1].

Butter

1. ButterV v. 16.12.88, Stand 16.8.90 (Begriffsbestimmungen, Vorschriften für die Herstellung, Zusammensetzung, Verpackung, Kennzeichnung, Lagerung, Qualitätsanforderungen, Ausnahmeregelungen für im Ausland hergestellte Butter).
2. DIN 10455 (Qualitätsprüfung).

Butterzubereitungen

allgemeine Bestimmungen des LMBG und der LMKV, hinsichtlich der Zusammensetzung: ALS-Beschluß [2], Urteil AG Berlin [3].

Käse

1. KäseV v. 14.4.86 (Begriffsbestimmungen, Anforderungen an die Herstellung, Festlegung von Fettgehaltsbereichen, Käsegruppen und Standardsorten, Regelungen für Markenkäse, Kennzeichnungsvorschriften, Regelungen für Lab und Labaustauschstoffe, Zusatzstoffe, Überzugsmassen).
2. ZZulV v. 22.12.81, Stand 13.6.90 (Farbstoffe für Käse und Überzugsmassen, Konservierungsstoffe für beigegebene Lebensmittel sowie Lab und Labaustauschstoffe, Süßstoffe für brennwertverminderte Produkte).
3. EuGH, Urteil v. 22.9.88 [4], betr. nationale Regelung zum Schutz der Handelsbezeichnung einer Käsesorte (eine nationale Vorschrift über den Mindestfettgehalt einer bestimmten Käsesorte ist nicht gültig bei ausländischem Käse, der nach im Ausland geltendem Recht hergestellt wurde, eine angemessene Unterrichtung des Käufers muß gewährleistet sein).

Hinsichtlich internationaler Standards für Käsesorten (FAO/WHO-Standards der Codex Alimentarius Kommission sowie internationaler Abkommen zum Schutz von Ursprungs- und anderen geographischen Bezeichnungen) s. Winkelmann, in: Mair-Waldburg, Handbuch der Käse, 1974.

15.2.2 Warenkunde

15.2.2.1 Milch

Milch ist definiert als das durch ein- oder mehrmaliges Melken gewonnene Erzeugnis der normalen Eutersekretion von Rindern und anderen Tieren wie z.B. Ziege, Schaf, Büffel, Stute (MilchV). Als Konsummilch hat jedoch praktisch nur die Kuhmilch Bedeutung.

Aus den verschiedenen rechtlichen Bestimmungen ergibt sich, daß Milch mit Ausnahme der Erhitzung, Homogenisierung und Fettgehaltseinstellung keinen weiteren Behandlungsverfahren unterzogen werden darf. Eine Anreicherung mit Milcheiweiß ist nur zulässig bei entrahmter und fettarmer Milch.

Folgende Milchsorten sind möglich (Unterscheidung nach Fettgehalt und Art der Erhitzung):

1. nach Fettgehalt:
   - entrahmte Milch (max. 0,3 %),
   - fettarme Milch (1,5−1,8 %),
   - standardisierte Vollmilch (mind. 3,5 %),
   - nicht stand. Vollmilch (natürlicher Fettgehalt, $\geq 3 \%$).
2. nach Art der Erhitzung:
   - Rohmilch (nicht über Gewinnungstemperatur erwärmt),
   - wärmebehandelte Milch (pasteurisiert, ultrahocherhitzt, sterilisiert, gekocht).

Vorzugsmilch ist eine völlig unbehandelte Rohmilch, der nichts hinzugefügt und nichts entzogen wurde.

Tabelle 1. Inhaltsstoffe der Milch verschiedener Tiere (mittlere Gehalte, in %)[a]

	Rind	Ziege	Schaf	Pferd[b]	Büffel[b]
Trockenmasse	12,5	13,4	17,3	9,0	18,0
Eiweiß	3,3	3,7	5,3	2,0	5,9
– Casein	2,7	2,9	4,5	1,3	5,4
Fett	3,8	3,9	6,3	1,0	7,9
Kohlenhydrate	4,8	4,8	4,7	–	–
– Lactose	4,5	4,2	4,6	6,6	4,5
Mineralstoffe	0,7	0,8	0,9	0,4	0,8 .

– keine Angaben.

[a] Souci-Fachmann-Kraut, Die Zusammensetzung der Lebensmittel, Nährwerttabelle 1986/87, Wissenschaftliche Verlagsgesellschaft, Stuttgart, 1986.

[b] K. Herrmann (Hrsg.), Oetker Warenkunde-Lexikon, Ceres-Verlag R.-A. Oetker, Bielefeld, 1989

Zusammensetzung der Milch:

In Tabelle 1 sind die mittleren Nährstoffgehalte unbehandelter Milch verschiedener Tierarten dargestellt.

Die Menge der einzelnen Inhaltsstoffe und die Zusammensetzung der einzelnen Stoffgruppen können, abhängig u. a. von genetischen Einflüssen (Rasse) und Art des Futters, deutliche Unterschiede aufweisen (s. u. a. SFK, Nährstofftabellen). Veränderungen werden auch durch die Behandlungsverfahren verursacht.

Übersicht über die Zusammensetzung der einzelnen Stoffgruppen:

Eiweiß:

Das Milcheiweiß besteht aus 80 % Caseinen (α_{s1}-, α_{s2}-, β-, $\varkappa$-Casein) und 20 % Molkenproteinen (α-Lactalbumin, Serumalbumin, β-Lactoglobuline, Immunoglobuline). Der Gehalt an essentiellen Aminosäuren ist relativ hoch (biologische Wertigkeit von 91 gegenüber Vollei = 100). Der Nichtproteinstickstoffgehalt (NPN) beträgt etwa 0,03 % (u. a. Harnstoff, freie Aminosäuren). Zwischen Caseinen und Molkenproteinen bestehen einige signifikante Unterschiede im Aminosäurespektrum, die u. a. zur Bestimmung des Molkenproteinanteils in Milchprodukten herangezogen werden können [5, 6].

Abhängig von der Art der Wärmebehandlung wird Milcheiweiß in unterschiedlichem Ausmaß verändert (Maillard-Reaktionen, Denaturierung insbesondere der thermolabilen Molkenproteine, Freiwerden von Sulfhydryl-Gruppen, Verlust an verfügbarem Lysin).

Fett:

Das Milchfett besteht zu 96–99 % aus Triglyceriden (122 bisher identifiziert [7]), 0,1–1 % Mono- und Diglyceriden und 0,1–1 % Phospholipiden. Die Phospholipide sind zu über 50 % in der Fettkügelchenmembran lokalisiert. Charakteristische Bestandteile des Unverseifbaren sind das Cholesterin (0,2–

0,4 g/100 g Fett) und, deutlich unterscheidbar von pflanzlichen Fetten, Art und Menge der Tocopherole (2–4 mg in 100 g Fett, >90% α-Tocopherol [8, 9]).

Das Fettsäurespektrum, das erheblich komplexer als das der pflanzlichen Fette und Öle zusammengesetzt ist, enthält folgende Hauptfettsäuren (nach Renner 1982, Gehalt Winterbutter – Sommerbutter):
Buttersäure (C_4) 3,9–3,6%, Capronsäure (C_6) 2,5–2,1%, Caprylsäure (C_8) 1,5–1,2%, Caprinsäure (C_{10}) 3,2–2,5%, Laurinsäure (C_{12}) 3,9–2,9%, Myristinsäure (C_{14}) 11,7–9,7%, Myristoleinsäure ($C_{14:1}$) 2,1–1,8%, Palmitinsäure (C_{16}) 30,6–24,0%, Palmitoleinsäure ($C_{16:1}$) 2,2–1,8%, Stearinsäure (C_{18}) 8,8–12,2%, Ölsäure ($C_{18:1}$) 22,2–29,5%, Linolsäure ($C_{18:2}$) 2,0–2,1% und Linolensäure ($C_{18:3}$) 1,2–2,4%.

Daneben sind an Minorfettsäuren enthalten:
einfach und mehrfach verzweigte, gesättigte und ungesättigte ungradzahlige sowie cyclische Fettsäuren; näheres s. Renner 1982, Antila und Kankare [10], Hadorn und Zürcher [11], zum Gehalt der verschiedenen isomeren Fettsäuren in Milchfett s. Lund und Jensen [12].

Kohlenhydrate:
Das Hauptkohlenhydrat der Milch, die Lactose, kommt in zwei im Gleichgewicht stehenden Modifikationen vor, α- und β-Lactosehydrat. Daneben sind geringe Mengen Glucose, Galaktose und Oligosaccharide enthalten (<0,01%).
Durch die Wärmebehandlung der Milch entsteht u.a. die Lactulose, ein Isomerisierungsprodukt der Lactose. Die Gehaltsbestimmung ermöglicht eine Unterscheidung von pasteurisierter, UHT- und Sterilmilch [13–15].

Mineralstoffe:
Die wesentlichen Elemente der Milch sind K (1,5 g/l), Ca (1,2 g/l), Cl (1 g/l), P (0,9 g/l) und Na (0,5 g/l). Je 20% des Ca und P sind an das Casein gebunden, je 30% liegt gelöst in anorganischer Form vor, 50% kolloidal als $Ca_3(PO_4)_2$. Von ernährungsphysiologischer Bedeutung ist insbesondere der hohe und gut resorbierbare Gehalt an Ca; mit 1 l Milch können im Mittel 150% der empfohlenen täglichen Aufnahmemenge gedeckt werden (nach Renner 1982).

Organische Säuren:
Hauptbestandteil ist die Zitronensäure mit Gehalten von 0,2–0,3 g/100 ml (über 90% der gesamten org. Säuren). Weiter sind in geringen Konzentrationen auch Butter-, Propion-, Essig-, Ameisen-, und Brenztraubensäure nachweisbar. Der Gehalt der Brenztraubensäure stellt einen Parameter für die Beurteilung der bakteriologischen Beschaffenheit von Anlieferungsmilch dar (s. MilchV und Milch-GüteV).

Vitamine:
Milch enthält alle Vitamine, jedoch in sehr unterschiedlichen Gehalten, u.a. abhängig von der Fütterung, vom Fettgehalt und auch von der Art der Wärmebehandlung (Verlust insbesondere von B_1, B_{12} und C). Gemessen am

Vitaminbedarf eines Erwachsenen wird mit 1 l Vollmilch mit 3,5% Fett folgender prozentualer Anteil am durchschnittlichen Tagesbedarf [16] gedeckt:
unter 10%: D, E, K und Nicotinamid,
30–50%: A, B_1, B_6, C, Pantothensäure, Folsäure,
zu 100%: B_2, B_{12}.

Enzyme:
Das umfangreiche Enzymsystem der rohen Milch besteht aus Lipasen, Proteasen, Katalasen, Oxidasen, Phosphatasen u.a. Sie werden bei der Milcherhitzung in unterschiedlichem Ausmaß inaktiviert. Die Aktivitätsbestimmung der alkalischen Phosphatase und der Lactoperoxidase ermöglichen eine Überprüfung der verschiedenen Erhitzungsverfahren (Kurzzeit-, Hocherhitzung, s. MilchV).
Lipasen und Proteasen dagegen sind mit ein Faktor für die Haltbarkeit der Milch, sie können unerwünschte Veränderungen verursachen (Fettspaltung, Gerinnung).

Weitere Stoffe:
Aus der großen Gruppe der allgemein toxisch relevanten Stoffe ist für Milch beispielhaft die Gruppe der Mykotoxine hervorzuheben. So kann nach Verfütterung von aflatoxin-B_1-haltigem Futter das Aflatoxin M_1 in der Milch enthalten sein. In gereiften Produkten (Käse) sind z.T. deutliche Gehalte an biogenen Aminen (insbesondere Tyramin) nachweisbar (Askar/Treptow 1986).

15.2.2.2 Milcherzeugnisse

Allgemein werden unter dem Begriff „Milcherzeugnisse" alle aus Milch oder Bestandteilen der Milch hergestellten Erzeugnisse verstanden. Rechtlich wird unterschieden in Milcherzeugnisse i.S. der MilchErzV und Butter und Käse mit eigenen Produktverordnungen.
Auch Milchprodukte, die andere Lebensmittel enthalten (max. 30%) gehören zu den Milcherzeugnissen.
Keine Milcherzeugnisse sind dagegen Puddings, Cremes, Soßen u.a.
Die große Gruppe der Milchprodukte der MilchErzV wird unterteilt in a) Gruppenerzeugnisse mit allgemeinen Herstellungsvorschriften und b) Standarderzeugnisse mit zusätzlichen, besonderen Anforderungen an die Herstellung und Zusammensetzung (z.B. Fettgehaltsstufen). Alle Milchprodukte müssen einer Wärmebehandlung unterzogen werden oder aus wärmebehandelten Ausgangsprodukten hergestellt werden.
Im folgenden eine kurze Übersicht über die einzelnen Gruppen, näheres ist der Anlage 1 zur MilchErzV zu entnehmen:

Fermentierte Milcherzeugnisse werden aus Sahne oder Milch unter Zusatz spezieller Säuerungskulturen (mesophile und spezifische thermophile Reifungskulturen) hergestellt. Diese bewirken einen Abbau der Lactose zu Milchsäure, Eiweißveränderungen und charakteristische Aromabildung. Bei-

spiele für Standardsorten (ohne Wärmebehandlung nach der Fermentation) sind:
- Sauermilch, Dickmilch, Saure Sahne, Crème fraiche,
- Joghurt und Kefir.

Buttermilcherzeugnisse sind die bei der Butterung anfallenden flüssigen Erzeugnisse, mit und ohne Magermilch oder bei der Butterung zugesetztem Wasser (mengenmäßig begrenzt), auch nachträglich gesäuert:
- Buttermilch, reine Buttermilch.

Sahneerzeugnisse werden aus Milch hergestellt durch Abtrennung von Magermilch und Einstellung des Fettgehaltes auf mind. 10%:
- Kaffeesahne, Schlagsahne.

Kondensmilcherzeugnisse sind eingedickte Produkte aus Milch oder Sahne:
- Kondensmilch (durch entsprechende Erwärmung keimfrei),
- gezuckerte Kondensmilch (durch Saccharosezusatz haltbar).

Trockenmilcherzeugnisse, diese Gruppe beinhaltet Milch und Milcherzeugnisse in getrockneter Form (Sprüh- und Walzentrocknung):
- Milchpulver, Buttermilch-, Joghurtpulver u. a.

Molkenerzeugnisse und *Milcheiweißerzeugnisse* werden durch Abscheidung des Eiweißes aus Milch bzw. aus entrahmter Milch, Molke oder Buttermilch hergestellt:
- Molkensahne, Süß-, Sauermolke, auch in Pulverform und
- Milcheiweiß, Kasein, Kaseinat, Molkeneiweiß.

Milchmischerzeugnisse und *Molkenmischerzeugnisse* enthalten mengenmäßig begrenzt beigegebene Lebensmittel (Früchte, Kakao u. a.).

Den Milcherzeugnissen können je nach Produkt aus technologischen Gründen bestimmte und mengenmäßig begrenzte Zusatzstoffe zugesetzt werden wie z. B. Phosphate, Carbonate, Citrate, Bindemittel, Ascorbate, Lecithin; aus ernährungsphysiologischen Gründen (Lactoseintoleranz) auch Lactase (Trockenmilch-, Molkenprodukten und Milchzucker).
Zu den in der MilchErzV geregelten Produkten gehören auch:

Milchfette, sie werden hergestellt aus Milch, Sahne und/oder Butter durch Abtrennung von Buttermilch oder Wasser und Einstellung der fettfreien Trockenmasse, flüssig oder teilkristallisiert, auch unter Verwendung von Inertgas, auch durch Auftrennung in unterschiedliche Erweichungs- und Erstarrungspunkte. Standardisierte Produkte sind:
- Butterreinfett = Butterschmalz, mind. 99,8% Fett,
- Butterfett = Butteröl, mind. 96% Fett,
- fraktioniertes Butterfett, mind. 99,8% Fett.

Für alle drei Produkte sind neben dem Mindestfettgehalt auch Grenzwerte für den Gehalt an freien Fettsäuren, die Peroxid-Zahlen und den Wassergehalt vorgeschrieben.

Eine besondere Gruppe stellen Butterfette dar, die aus Interventionsbutter (Lagerbestände der EG) hergestellt werden. Sie können zum unmittelbaren Verbrauch und für die Herstellung von Backwaren und Speiseeis abgegeben werden. Sie müssen bestimmten Qualitätsanforderungen entsprechen und außerdem je nach Verwendungszweck mit nach Art und Menge vorgeschriebenen Indikatorsubstanzen (z. B. pflanzlichen Sterinen wie Stigmasterin oder β-Sitosterin) versetzt werden (EG-V Nr. 3134/85 und 570/88).

Milchstreichfette sind aus Sahne oder Butter hergestellte Milcherzeugnisse mit Fettgehalten von 20–62% oder mind. 80% (z. B. Dreiviertelfettbutter und Halbfettbutter) [17]. Zugesetzt werden dürfen Zitronensäure als Säureregulator, Mono- und Diglyceride, β-Carotin, die Vitamine A und D, Gelatine und als einzigem Milchprodukt überhaupt der Konservierungsstoff Sorbinsäure.

15.2.2.3 Butter und Butterzubereitungen

Butter ist definiert als das aus Milch, Sahne oder Molkensahne hergestellte plastische Gemisch, aus dem beim Erwärmen auf mindestens 45 °C überwiegend eine klare Milchfettschicht und in geringerem Maße eine Wasser und Milchbestandteile enthaltende Schicht (= Serum) abgeschieden werden.
Die Zusammensetzung der Butter ist rechtlich festgelegt:
kein milchfremdes Fett, max. 16% Wasser, mind. 82% Fett (Ausnahme: gesalzene Butter ohne Handelsklassenangabe mind. 80% Fett, Gehalt an fettfreier Milchtrockenmasse max. 2%).
Zulässige Zusatzstoffe: Milchsäure (eingeschränkte Zulassung), Kochsalz, β-Carotin.
Die fettfreie Trockenmasse besteht aus durchschnittlich 0,7% Eiweiß, 0,7% Kohlenhydraten und 0,1% Mineralstoffen (ohne Kochsalz).
Auf Grund unterschiedlicher Herstellungsverfahren unterscheidet man drei Buttersorten:
- Sauerrahmbutter, aus mikrobiell gesäuertem Rahm, mit einem pH-Wert im Serum (i. S.) von ≤5,1,
- Süßrahmbutter, aus süßem Rahm, pH-Wert i. S. ≥6,4,
- mild gesäuerte Butter, aus süßem Rahm mit nachträglicher Säuerung des Butterkorns (Milchsäure und -kulturen); diese Butter kann sowohl einen leichten Süßrahm- als auch einen deutlichen Sauerrahmcharakter aufweisen, pH-Wert i. S. ≤6,3.

Ein weiteres nach ButterV vorgeschriebenes Klassifizierungsmerkmal ist die Qualität der Butter (nach DIN 10455, s. auch Kap. 7.8). Geprüft werden Aussehen, Geruch, Geschmack und Textur; bei Butter mit einer Handelsklassenbezeichnung auch die Wasserfeinverteilung sowie die Härte (Schnittfestigkeit). Die Qualitätseinteilung erfolgt über ein 5-Punkte-Schema:
- Deutsche Markenbutter, mind. 4 Punkte pro Kriterium,
- Deutsche Molkereibutter, mind. 3 Punkte pro Kriterium,

- Butter, mind. 2 Punkte pro Kriterium,
- wertgeminderte Butter, unter 2 Punkte.

Die Buttersorte *Landbutter* ist Butter, die ausschließlich aus Milcherzeugerbetrieben stammt und im Gegensatz zu in Meiereien produzierter Butter auch aus Rohmilch hergestellt werden darf.

Butterzubereitungen bestehen aus Butter und beigegebenen Lebensmitteln, Beispiele: Kräuter-, Sardellen-, Knoblauchbutter u.a. Eine ausführliche Darstellung über die Zusammensetzung der verschiedenen Butterzubereitungen wurde von Bertling und Henning publiziert [18].

15.2.2.4 Käse

Käse sind frische oder in verschiedenen Graden der Reife befindliche Erzeugnisse, die aus dickgelegter Käsereimilch hergestellt werden. Die Käsereimilch kann sein: Kuhmilch, Schaf-, Ziegen-, Büffelmilch, auch in Gemischen, auch Molke, Buttermilch und Sahne, die Dicklegung erfolgt durch eine Lab- und/oder Säuregerinnung.

Abhängig von der Art der Käsereimilch und der Eiweißfällung, vom Zusatz spezieller Bakterien- und/oder Schimmelpilzkulturen, Käsebruchbearbeitung, Rindenbehandlung (salzen, schmieren, paraffinieren), Lagerbedingungen und Reifezeit entstehen die unterschiedlichsten Käsesorten mit charakteristischen Eigenschaften. Näheres s. Mair-Waldburg, Handbuch der Käse 1974 und Fox 1987, mit umfassenden Darstellungen der speziellen Herstellungsverfahren bestimmter Käsetypen, den organoleptischen Eigenschaften und beim Reifungsprozeß entstehenden charakteristischen Inhaltsstoffen (z. B. Propionsäure, freie Fettsäuren, Eiweißabbauprodukte u.a.).

Eine Klassifizierung der Käsesorten kann nach den verschiedensten Kriterien vorgenommen werden (Milchart, Alter, Reifungskulturen u.a.). Nach den Bestimmungen der KäseV wird unterschieden nach 1. Fettgehaltsstufen und 2. Käsegruppen mit unterschiedlichem Wassergehalt in der fettfreien Käsemasse (Wff-Gehalt):

1. Fettgehaltsstufen (bezogen auf die Trockenmasse):
   Mager- ($<10\%$), Viertelfett- (mind. 10%),
   Halbfett- (mind. 20%), Dreiviertelfett- (mind. 30%),
   Fett- (mind. 40%), Vollfett- (mind. 45%),
   Rahm- (mind. 50%), Doppelrahmstufe (mind. 60%, max. 85%);
2. Käsegruppen (Wff-Gehalt):
   Hartkäse ($\leq56\%$), Schnittkäse (>54 bis 63%), halbfester Schnittkäse (>61 bis 69%), Sauermilchkäse (>60 bis 73%), Weichkäse ($>67\%$), Frischkäse ($>73\%$).

Die Käsegruppen werden weiter unterteilt in a) freie Käsesorten (nur Wff-Regelung) und b) Standardsorten mit zusätzlichen Anforderungen an die Herstellung und Beschaffenheit (z.B. nur bestimmte Fettgehaltsstufen, Herstellungsgewichte, Mindestalter, sensorische Eigenschaften u. a., näheres s. Anl. 1 zur KäseV).

Beispiele für Sorten der einzelnen Käsegruppen (die Standardsorten sind durch * kenntlich gemacht):

Hartkäse:	Parmesan, Greyerzer, Emmentaler*, Bergkäse*, Chester*, Viereckhartkäse, Kaschkawal, Sbrinz;
Schnittkäse:	Gouda*, Edamer*, Tilsiter*, Jarlsberg, Leerdamer, Danbo, Havarti, Esrom, Vaccherin, Raclette;
halbfester Schnittkäse:	Butterkäse*, Edelpilzkäse*, Bel paese, italico, Mondseer, Saint-Paulin, Steinbuscher*;
Sauermilchkäse:	Harzer*, Mainzer*, Korbkäse*, Handkäse*;
Weichkäse:	Brie*, Camembert*, Romadour*, Limburger*, Münster*, Weinkäse, franz. Ziegenkäse;
Frischkäse:	Speisequark*, Schichtkäse*, Hüttenkäse, Mascarpone (Eiweißkoagulation durch Zitronensäure), Demi-Sel, Petit Suisse.

Anmerkung:
Einige der Käsegruppen (Weichkäse, Frischkäse, Sauermilchkäse) dürfen nur aus erhitzter Milch hergestellt werden, für Weichkäse sind Ausnahmen möglich (näheres s. KäseV). Die Betriebe, die eine Ausnahmegenehmigung besitzen (insbesondere französische Hersteller von Rohmilchkäse), werden vom BMJFFG bekannt gegeben.

Die folgenden Käsesorten sind von der Einteilung nach Wff-Gehalt ausgenommen:
Molkenkäse, ein durch Eindicken von Molke hergestelltes Produkt mit geringem Wassergehalt, schmelzkäseähnlicher Konsistenz, bräunlicher Färbung (Maillard-Produkte) und – bedingt durch einen hohen Lactosegehalt – charakteristischem süßen Geschmack (z. B. Mysost, Geidost);

Molkeneiweißkäse, aus Molke durch Hitzefällung des Eiweißes hergestellt (z. B. Ricotta);

Fetakäse = Käse in Salzlake, ein früher überwiegend aus Schafsmilch, heute auch aus Kuhmilch oder Milchgemischen verschiedener Tiere hergestellter weißfarbener Käse, der in Salzlake reift und gelagert wird;

Käse in Molke, *Salzlake* oder *Speiseöl* (Oliven-, Maiskeimöl u. a.), Weich- und Fetakäse, Mozarella („gebrühter" Frischkäse)

Weitere, in der KäseV geregelte Produkte sind:
Schmelzkäse, hergestellt aus geschmolzenem Käse unter Zusatz von Schmelzsalzen;

Käse- und *Schmelzkäsezubereitungen*, aus Käse bzw. Schmelzkäse unter Zusatz anderer Milcherzeugnisse (z. B. Joghurt) oder beigegebener Lebensmittel, die einen besonderen Geschmack bewirken (z. B. Früchte, Gemüse, Pilze);

Käsekompositionen, pastetenartige Produkte aus zwei oder mehr Sorten Käse, Schmelzkäse und -zubereitungen hergestellt.

Der Begriff „*Markenkäse*" stellt einen Qualitätshinweis dar, er darf unter bestimmten Voraussetzungen für alle inländischen Käsesorten mit mind. 40 % Fett i. Tr. verwendet werden. Für die Herstellung ist eine Genehmigung erforderlich, er muß in seinen sensorischen Eigenschaften bestimmte Anforderungen erfüllen (Bewertung von Aussehen, Konsistenz, Geruch und Geschmack nach einem 5-Punkte-Schema, vergleichbar den Bestimmungen für Markenbutter).

Hinsichtlich der für die Herstellung von Käse notwendigen und sonstigen Zusatzstoffe s. Zusatzstoffbestimmungen der KäseV. Beispielhaft wird nur auf die Farbstoff- und Konservierungsstoffregelungen eingegangen, da hier Bestimmungen anderer EG-Länder der nationalen Regelung entgegenstehen.

Zur Färbung allgemein zugelassen sind β-Carotin und Lactoflavin, eingeschränkt Anatto, nicht zugelassen sind Chlorophylle. Diese werden jedoch z. B. Fetakäsen aus Kuhmilch zugesetzt, um die durch den β-Carotingehalt des Kuhmilchfettes bedingte gelbliche Färbung zu überdecken. Auch Käse mit Edelpilzkulturen und Blattgewürzen (z. B. Salbei-Käse) können zur Erzielung einer grünlichen Marmorierung mit Chlorophyllen gefärbt sein.

Als konservierend wirkender Stoff ist national ausschließlich und nur für bestimmte Käse zur Oberflächenbehandlung Natamycin zugelassen, in anderen EG-Ländern ist dagegen z. T. noch die Konservierung mit Sorbinsäure zulässig (z. B. Italien).

Hier werden – wie auch bei der nationalen Standardisierung der Käsesorten – Änderungen und Anpassungen vorzunehmen sein; erste Änderungen hinsichtlich der Verkehrsfähigkeit von ausländischen, nicht den nationalen Bestimmungen entsprechenden Käsen sind im November 1990 in Kraft getreten 17].

15.3 Milchprodukt-Imitate

15.3.1 Beurteilungsgrundlagen

Milchprodukt-Imitate oder Milchersatzerzeugnisse sind Produkte mit
1. Zusätzen von pflanzlichen oder anderen tierischen Fetten und/oder Eiweißen, oder
2. nicht aus Milch hergestellte Erzeugnisse, die dem äußeren Erscheinungsbild nach mit Milcherzeugnissen verwechselbar sind (s. § 2 Abs. 1 Ziff. 4. Milch- und MargarineG).

Derartige, nach nationalem Recht (§ 36 MilchG und Produktverordnungen) als „nachgemachte" Milchprodukte bezeichnet und verboten, sind nach dem EuGH-Urteil vom 11.5.89 [19], wenn sie im Ausland nach dort gültigen Bestimmungen hergestellt wurden, verkehrsfähig. Folge des Urteils sind erhebliche Änderungen der bisher gültigen milchrechtlichen Bestimmungen. So wurde das MilchG durch ein Milch- und MargarineG ersetzt; außerdem am 31.8.1990 eine Margarine- und MischfettV erlassen. Damit sind die im Ausland bereits seit längerem verkehrsfähigen Streichfette aus Pflanzenfett/

Milchfettmischungen auch national zugelassen. Sie werden in unterschiedlichen Fettgehaltsstufen und Mischungsverhältnissen hergestellt (s. S. 305).
Bestimmte Milcherzeugnisse sind jedoch hinsichtlich ihrer Bezeichnung durch
die EWG-VO Nr. 1898/87 [20] geschützt. Begriffe wie Milch, Sahne, Butter und
Käse sind danach den ausschließlich aus Milch hergestellten Produkten
vorbehalten (Ausnahme: Begriffe wie z. B. Kokosmilch, Kakaobutter, Erdnuß-
butter u. a. [21]).

15.3.2 Warenkunde

Beispiele für Milchprodukt-Imitate, die z. Zt. bereits im Handel angeboten
werden, sind neben den Mischfetterzeugnissen u. a.:

- Brotaufstrich, aus Buttermilch, Milchfett, pflanzlichem Öl, mit Säureregulator, Emulgatoren, Aromastoffen;
- flüssiger Kaffeeweißer, u. a. aus Pflanzenfett, Maltodextrin und Milcheiweiß;
- pflanzlicher „Käse", ein schnittkäseähnliches Produkt aus Magermilch und
  Pflanzenfett, 48 % Fett i. Tr., mit β-Carotin gefärbt, mit Tocopherolen, Sta-
  bilisator und Natamycin.

Zu Art und gegenwärtiger und zukünftiger Bedeutung der imitierten Milchprodukte s. auch FIL/IDF Bulletin No. 239 [22].
Von besonderer Bedeutung hinsichtlich des o. g. Bezeichnungsschutzes für
Milchprodukte sind auch einige insbesondere aus den asiatischen Ländern
stammende *Sojabohnenerzeugnisse*, die dem Aussehen nach mit Milcherzeugnissen verwechselbar sind, so z. B.

Tabelle 2. Zusammensetzung von Sojaprodukten (g/100 g)

	Wasser	Protein	Fett	Kohlen-hydrate	K	Na	Ca	Vit. B_1	Vit. B_2	Niacin
Sojamilch[a]	89	1,2	n	9,0	54	9	9	0,02	sp.	0,1
Tofu[a]	85	7,4	4,2	0,6	63	5	507	0,06	0,02	0,1
Tofu	88	6,0	3,5	1,9	–	–	–	–	–	–
Aburage[b]	44	18,6	31,4	4,5	–	–	–	–	–	–
Kori-Tofu[b]	10,4	53,4	25,4	7,0	–	–	–	–	–	–
Yuba[b]	8,7	52,3	24,1	11,9	–	–	–	–	–	–
Miso[b]	42–47	13	5	19–36	–	–	–	–	–	–

– keine Daten.
n nicht enthalten.
sp. Spuren.
[a] S. P. Tan, R. W. Wendlock, D. H. Buss (Hrsg.), Immigrant Foods, Second Supplement to
   McCance and Widdowson's „The Composition of Foods", Ministry of Agriculture,
   Fisheries and Food, Elsevier/North-Holland Biomedical Press, Amsterdam–New York–
   Oxford, 1985.
[b] K. Herrmann, Exotische Lebensmittel, Springer-Verlag, Berlin–Heidelberg–New York,
   1983

– Soja„milch" = wäßriger Extrakt aus gemahlenen Sojabohnen,
– Sojabohnen„quark" = Tofu, ein Sojaeiweißerzeugnis, bei dem das Eiweiß unter Anwendung von Wärme und unter Zusatz von z. B. Calciumsulfat ausgefällt und abgepreßt wird,
– Soja„molke" = bei der Tofuherstellung abfließende wäßrige Phase,
– Sojabohnen„käse" = Sufu (chin.), pasteurisierte Tofuwürfel, mit Pilzkulturen beimpft und in Salzlake gereift.

Über die Zusammensetzung dieser Produkte und weiterer Sojaerzeugnisse wie Aburage (in Fett gebratener Sojaquark), Kori-Tofu (Trocken-Sojaquark), Yuba (koagulierter Film der Sojamilch) und Miso (Paste aus fermentierten Sojabohnen, auch unter Zusatz von Getreide) s. Tabelle 2.

15.4 Speiseeis

15.4.1 Beurteilungsgrundlagen

Speiseeis ist rechtlich in der SpeiseeisV v. 15.7.33 (i.d.F. vom 3.12.1987) geregelt. Die Verordnung enthält u.a. die Begriffsbestimmungen für die einzelnen Sorten, die Verwendung von Zusatzstoffen sowie Verbote zum Schutz der Gesundheit und vor Täuschung.
Die Zulassung der in der ZZulV in den Anlagen 1 und 2 aufgeführten allgemein und eingeschränkt zugelassenen Zusatzstoffe gilt nicht für Speiseeis. Kunstspeiseeis darf jedoch mit den in Anl. 6, Liste A Nr. 3 und 4 aufgeführten Farbstoffen (Kenntlichmachung „mit Farbstoff") gefärbt werden. Auf die allgemein hier gültigen horizontalen Vorschriften (z.B. LMKV und ggfs DiätV) wird hingewiesen.
Die hygienischen Anforderungen an die Herstellung und den Verkehr mit Speiseeis werden durch § 4 SpeiseeisV, §§ 17 und 18 BundesseuchenG und durch besondere Hygienebestimmungen der Bundesländer festgelegt.

15.4.2 Warenkunde

Nach den Begriffsbestimmungen können zur Herstellung der verschiedenen Speiseeissorten u.a. verwendet werden:
Ei und Eiprodukte, Zuckerarten, Honig, Milch oder Milcherzeugnisse, Butter, Obstfruchtfleisch oder Obsterzeugnisse, geruchs- und geschmacksgebende Stoffe, Trinkwasser, Emulgatoren und Stabilisatoren.
Je nach Zusammensetzung wird nach folgenden Sorten unterschieden:
Kremeis (Eierkremeis):
– mindestens 270 g Vollei oder 100 g Eidotter auf 1 l Milch;
Fruchteis:
– mindestens 20% frisches Obstfruchtfleisch, Obstmark oder Fruchtsaft oder eine entsprechende Menge an Obsterzeugnis, bei Zitroneneis mindestens 10% Zitronenmark oder -saft;

Rahmeis (Sahneeis):
- mind. 60% Schlagsahne, keine gesäuerten Milcherzeugnisse;

Milchspeiseeis:
- mind. 70% Milch, keine gesäuerten Milcherzeugnisse;

Eiskrem:
- mind. 10% Milchfett, bei Fruchteiskrem mind. 8%;

Einfacheiskrem:
- mind. 3% Milchfett, Zusatz von Vanillin möglich;

Kunstspeiseeis:
- = Speiseeis, das nicht die für die o. g. Sorten aufgeführten Mindestanforderungen erfüllt, künstliche Farbstoffe und künstliche Aromen.

Es ist üblich geworden, zum Färben von Speiseeis färbende Lebensmittel wie Rote-Bete- oder Spinatsaft zu verwenden. Dieser Zusatz dürfte eigentlich nur bei Kunstspeiseeis erfolgen. Toleriert wird inzwischen auch die Verwendung von gesäuerten Milcherzeugnissen zu Milchspeise- und Rahmeis, wenn in der Kennzeichnung deutlich auf diesen Zusatz hingewiesen wird; s. dazu auch die für einige Firmen bestehenden Ausnahmegenehmigungen des BMJFFG, die im GMBl veröffentlicht werden (z. B. Mitverwendung von Frischkäse, Molke und Molkenerzeugnissen, mit Mengenbeschränkungen).
Eine umfangreiche Literaturübersicht zu Speiseeissorten wurde von Mann [23] publiziert.

15.5 Analytische Verfahren

Für viele Untersuchungskriterien – insbesondere für Milch – bestehen bereits amtliche Methoden (s. AS 35), des weiteren DIN-Vorschriften[1] (zum Teil identisch mit amtl. Methoden) sowie internationale Normen (ISO/IMV/IDF-Standards)[2]; für die Analytik des Milchfettes s. DGF-Einheitsmethoden[3] (z. T. ebenfalls identisch mit amtl. Verfahren).
Im folgenden einige Hinweise auf Publikationen für weitere Untersuchungsverfahren:
- Übersicht über Fettbestimmungsverfahren in Milchprodukten und Speiseeis (RG, SBR, WB), IDF Bulletin 235 [24],
- Verfahren zur Unterscheidung von Kuh-, Schafs- und Ziegenmilch, isoelektr. Fokussierung, Immunelektrophorese, PAGE u. a. [25–28], über die Fettsäuren [29],
- Molkenproteine in Speisequark (Derivativspektroskopie) [30], Casein-P-Verfahren, SDS-Elektrophorese, Polarographie [31],
- Chromatographische Verfahren zur Lactulosebestimmung [32–34],

---

[1] Din-Normen, Beuth-Verlag, Postfach 1145, Berlin.
[2] ISO/IMV/IDF-Normen, Intern. Dairy Federation, Square Vergote, Brüssel, ISO-Katalog auch im Beuth-Verlag.
[3] DGF-Einheitsmethoden, Wiss. Verlagsgesellschaft, Stuttgart.

- Konservierungsstoffe in Milchprodukten, auch natürliche Gehalte [35, 36], Natamycin (ISO/DIS 9233, 1989)[2],
- Dickungsmittel in Milchprodukten [37],
- Phosphatasenachweis in Käse (photom.) [38],
- Aflatoxin M_1, Erfahrungen der § 35 LMBG-AG „Mykotoxinanalytik" [39], Mykotoxine in Käse [40],
- biogene Amine in Käse, HPLC [41–43], GC [44].

15.6 Literatur

1. Bornemann P, Waiblinger W ZLR 2/89, S. 252 ff
2. ALS-Beschluß, Bundesgesundheitsblatt 10/88, S. 397
3. Urteil AG Berlin v. 8.5.1985, Sammlung lebensmittelrechtlicher Entscheidungen 1986, Bd. 18, S. 392 (Nr. 78)
4. EuGH, Urteil v. 22.9.88, ABl Nr. C 271/5 v. 20.10.88 s. auch: Schauff M, Werner G (1988) Deutsche Milchwirtschaft 39:1855
5. Lechner E (1988) Deutsche Milchwirtschaft 37:1237
6. Greenberg R, Dower HJ (1986) J Agric Food Chem 34:30
7. Weber K, Schulte E, Thier HP (1988) Fat Sci Technol 90:386
8. Coors U, Montag A (1985) Milchwissenschaft 40:470
9. Syväoja EL et al. (1985) Milchwissenschaft 40:467
10. Antila V, Kankare V (1983) Milchwissenschaft 38:478
11. Hadorn H, Zürcher K (1970) Deutsche Lebensmittelrundschau 66:249
12. Lund P, Jensen F (1983) Milchwissenschaft 38:193
13. Nangpal A, Reuter H (1987) Milchwissenschaft 42:298
14. Andrews GR, Prasad SK (1987) J Dairy Res. 54:207
15. Vetter M (1988) Untersuchungen zur Bildung von Lactulose in Säuglingsmilchnahrungen, Verlag Renner Gießen
16. DGE (1985) Empfehlungen für die Nährstoffzufuhr, 4. erw. Überarbeitung, Umschau Verlag Frankfurt
17. BG Bl. I. v. 17. Nov. 1990, S. 2447 ff
18. Urteil AG Berlin v. 8.5.1985, Sammlung lebensmittelrechtlicher Entscheidungen 1986, Bd. 18, S. 392 (Nr. 78)
19. EuGH, Urteil v. 11.5.89 – Rs 76/86, s. auch: Rathke KD ZLR 4/89, S. 464 ff, Schauff M, Werner G (1989) Deutsche Milchwirtschaft 40:867
20. EG-V Nr. 1898/87 v. 2.7.1987, ABl. Nr. L 182/36, L 28/37 s. auch: Schauff M, Werner G (1989) Deutsche Milchwirtschaft 40:6873
21. Entscheidung der Kommission v. 28.10.1988 (88/566), ABl. Nr. L 310/34 v. 16.11.88
22. FIL/IDF Bulletin No 239 (1989), Referat: (1990) Milchwissenschaft 45:54
23. Mann EJ (1988) Ice Cream, Dairy Industries International 52(6):11, 52(7):19
24. Eisses J, IDF Bulletin 235, Referat: (1989) Milchwissenschaft 44:589
25. Brehmer H, Klinger A (1989) Archiv für Lebensmittelhyg. 40:25
26. Elbertzhagen H (1987) Z Lebensm. Unters. Forsch. 185:357
27. Krause I et al. (1989) Deutsche Milchwirtschaft 40:714
28. Amigo L et al. (1989) Milchwissenschaft 44:215
29. Matter L (1986) Labor-Praxis, S. 28 ff
30. Luf W, Brandl E (1989) Archiv für Lebensmittelhyg 40:121
31. Meisel H, Carstens J (1989) Milchwissenschaft 44:271
32. Reimerdes EH, Rothkitt KD (1985) Z Lebensm. Unters. Forsch. 181:408
33. Martinez-Castro I, Calvo MM, Olando A (1987) Chromatographia 23:132
34. Olando A, Calvo MM, Ramos M (1989) Milchwissenschaft 44:80
35. Gieger U (1982) Lebensm. u. gerichtl. Chemie 36:109
36. Küppers FJ, Jans JA (1988) J Assoc Off Anal Chem 71:1068

37. Glück U, Thier HP (1980) Z Lebensm. Unters. Forsch. 170:272
38. Murthy GK, Cox S (1988) J Assoc Off Anal Chem 71:1195
39. Weber R et al. (1989) „Mykotoxin-Analytik", Bundesgesundbl 3/89, S. 95
40. Schoch U, Luthy L, Schlatter C (1984) Milchwissenschaft 44:88
41. Joosten HMLJ, Olieman C (1986) J Chromatography 356:311
42. Antila P, Antila A (1984) Milchwissenschaft 39:81
43. Chang SF, Ayres JW, Sandine WE (1985) J Dairy Sci 68:2840
44. Laleye LC et al. (1987) J Food Sci 52:303

Weiterführende Literatur

Loos H, Nebe T (Hrsg) Das Recht der Milchwirtschaft in der EWG und BRD, Loseblatt-Sammlung, Behr's Verlag, Hamburg
Kiermeier F, Lechner E (1973) Milch und Milcherzeugnisse, Bd. 15 der Reihe Grundlagen und Fortschritte der Lebensmitteluntersuchung, Parey, Berlin Hamburg
Timm F (1985) Speiseeis, Bd. 19 der Reihe Grundlagen und Fortschritte der Lebensmitteluntersuchung. Parey, Berlin Hamburg
Gravert HO (Hrsg) (1983) Die Milch, Erzeugung, Gewinnung, Qualität, Ulmer Verlag, Stuttgart
Kielwein G (1985) Leitfaden der Milchkunde und Milchhygiene (Pareys Studientexte 11), Parey, Berlin Hamburg
Renner E (1982) Milch und Milchprodukte in der Ernährung des Menschen, Volkswirtschaftlicher Verlag, München
Demeter KJ, Ebertzhagen H, Grundriß der milchwirtschaftlichen Mikrobiologie, 7. Aufl., Th. Mann, Hildesheim
Schulz ME, Voss E (1965) Das große Molkereilexikon, Volkswirtschaftlicher Verlag, Kempten
Renner E (Hrsg) (1988) Lexikon der Milch, VV-GmbH Volkswirtschaftlicher Verlag, München
Sienkiewicz T, Riedel CL (1986) Molke und Molkeverwertung, VEB-Fachbuchverlag, Leipzig
Nienhaus A, Reimerdes EH (1987) Milcheiweiß für Lebensmittel, Behr's Verlag, Hamburg
Mair-Waldburg H (Hrsg) (1974) Handbuch der Käse, Volkswirtschaftlicher Verlag, Kempten
Fox PF (Hrsg) (1987) Cheese, Chemistry, Physics and Microbiology, Vol 1: General Aspects, Vol 2: Major Cheese Groups, Elsevier Applied Science London New York
Kielwein G, Luh HK (1979) Internationale Käsekunde, Seewald Verlag, Stuttgart
DLG-Prüfbestimmungen für Milch und Milchprodukte einschließlich Speiseeis (1986) Deutsche Landwirtschafts-Gesellschaft, Fachbereich Markt und Ernährung, Frankfurt, 29. Auflage
Handbuch der landwirtschaftlichen Versuchs- und Untersuchungsmethoden (1985) Methodenbuch Band VI, Chemische, physikalische und mikrobiologische Unter-suchungsverfahren für Milch, Milchprodukte und Molkereihilfsstoffe, VDLUFA-Verlag, Darmstadt (Loseblatt-Sammlung)
Askar A, Treptow H (1986) Biogene Amine in Lebensmitteln, Verlag Ulmer
Egmont HP van (1989) Mycotoxins in Dairy Products, Elsevier Applied Science, London New York

16 Eier und Erzeugnisse aus Eiern

E. Scherbaum, Stuttgart

16.1 Lebensmittelwarengruppen

Wegen ihrer überragenden wirtschaftlichen Bedeutung sollen im wesentlichen Hühnereier behandelt werden. Eier anderer Vogelarten z. B. Wachteleier haben bislang nur einen geringen Marktanteil erlangt. Erzeugnisse aus Eiern sind i. a. zur Weiterverarbeitung in der Lebensmittelindustrie bestimmt.

16.2 Beurteilungsgrundlagen

16.2.1 Rechtliche Regelungen

Die Vermarktung von Hühnereiern in der Schale wird in der VO (EWG) Nr. 2772/75 geregelt. In dieser Verordnung finden sich Vorschriften für die Einteilung nach Güte- und Gewichtsklassen, Kennzeichnungsvorschriften und Fristen für das Sortieren in zugelassenen Betrieben, den Packstellen. Ausnahmen gelten nur für Erzeuger, die direkt an Endverbraucher abgeben [8].

Die VO (EWG) Nr. 95/69 regelt unter anderem Anforderungen an Packstellen und an Packungen, ferner werden das „empfohlene Verkaufsdatum" sowie Angaben zur Legehennenhaltung definiert [9].

Die Vermarktungsnormen für Eier sind dem Handelsklassengesetz zuzuordnen und geben die allgemeine Verkehrsauffassung wieder. Die Vorschriften des LMBG bleiben jedoch unberührt (siehe § 10 Handelsklassengesetz). Liegt daher ein Tatbestand des LMBG z. B. Wertminderung oder Irreführung vor, so sind die Vorschriften des LMBG vorrangig anzuwenden.

Die Eiprodukte-Verordnung dient dem Schutz des Verbrauchers vor Infektionen durch Erreger der Salmonella-Gruppe. Eiprodukte sind flüssige, gefrorene oder getrocknete Erzeugnisse aus Eiern, denen auch bis zu 50 % andere Lebensmittel wie Salz, Zucker oder Grieß beigemischt sein können. Die Vorschriften der EiprodukteV sind weitreichend und regeln die ausreichende Vorbehandlung (Pasteurisierung) in genehmigungspflichtigen Betrieben sowie die Verpackung und Kennzeichnung der hergestellten Eiprodukte. Die EiprodukteV gibt vor, wann vorbehandelte Eiprodukte hinsichtlich ihrer mikrobiologischen Beschaffenheit verkehrsfähig sind. So dürfen z. B. Salmonellen in 25 g oder ml nicht nachweisbar sein. Die Probenahme- und Untersuchungsverfahren sind festgelegt [10] (s. auch Kap. 6.4 und 6.5).

Mit der Änderung der EiprodukteV soll die EG-Richtlinie des Rates zur
Regelung hygienischer und gesundheitlicher Fragen bei der Herstellung und
Vermarktung von Eiprodukten in nationales Recht umgesetzt werden. Neben
höheren Anforderungen an die Zulassung von Betrieben werden auch Grenzwerte für Milchsäure- und Bernsteinsäuregehalte als Indikator für die Verwendung von mikrobiell belasteten Ausgangsmaterialien und für D-3-
Hydroxybuttersäure als Indikator für die unzulässige Verwendung von
befruchteten bebrüteten Eiern aufgenommen:

D-3-Hydroxybuttersäure	10 mg/kg Trockenmasse,
Milchsäure	1000 mg/kg Trockenmasse,
Bernsteinsäure	25 mg/kg Trockenmasse.

Die Grenzwerte für Milch- und Bernsteinsäure sind nur für nicht entzuckerte
Eiprodukte anzuwenden. Die EG-Richtlinie ist spätestens bis Ende 1991 in
nationales Recht umzusetzen [11].
Nach der VO über Enteneier müssen Enteneier zum Schutz des Verbrauchers
vor auf und in diesen Eiern vorkommenden Krankheitserregern (Salmonellen)
einen Stempel aufweisen „Entenei 10 Minuten kochen". Ferner muß in der
Nähe von feilgehaltenen Enteneiern der Warnhinweis erfolgen, daß die Eier
und damit hergestellte Lebensmittel mindestens 10 Minuten lang auf 100 °C
erhitzt werden müssen. Betriebe, die Enteneier verarbeiten, bedürfen der
behördlichen Genehmigung [12]. Eiprodukte, die unter Verwendung von
Enteneiern hergestellt sind, müssen ausnahmslos vorbehandelt werden.
Zusatzstoffe im Sinne des LMBG kann es für Schaleneier nicht geben. Ein
Zusatz kann nur indirekt über das Futter erfolgen. Nach der Futtermittelverordnung besteht eine Zulassung für verschiedene Carotinoide als Futtermittelzusatzstoffe. Diese Carotinoide, häufig wird Canthaxanthin eingesetzt, dienen
dazu, eine intensive Dotterfarbe zu erzielen.
Nach der Zusatzstoffzulassungs-Verordnung sind für flüssige Vollei- und
Eigelbprodukte die Konservierungsstoffe Sorbinsäure und Benzoesäure zuge-
lassen. Die in Anlage 1 der VO aufgeführten, allgemein zugelassenen Zusatzstoffe können nach § 2 Abs. 3 ZZULV für Eiprodukte nicht verwendet werden.
Als Stoffe zur Erhöhung der Hitzestabilität des Eiklars sind nach der
EiprodukteV Aluminiumsalze sowie Ammoniak einsetzbar.

16.2.2 ALS-Stellungnahme

Als wertgebender Bestandteil ist der Anteil des Eigelbs am Eiinhalt von
besonderem Interesse. Dies gilt vor allem auch im Hinblick auf die Verwendung von Eiern und Eiprodukten als wertgebender Bestandteil in Lebensmitteln wie Biskuit, Teigwaren oder Mayonnaise. Der Dotteranteil und auch der
Choleringehalt des Eigelbs (ein analytisch erfaßbarer, in hinreichend großer
und konstanter Menge vorhandener Eigelbbestandteil) sind jedoch in be-
stimmtem Umfang natürlichen Schwankungen unterworfen. Deshalb ist es
wichtig festzulegen, was unter lebensmittelrechtlichen Gesichtspunkten unter
einem Ei zu verstehen ist. Nach einer Stellungnahme des Arbeitskreises

lebensmittelchemischer Sachverständiger (ALS) ist von Eiern mittlerer Größe (Gewichtsklasse 4) auszugehen, die wie folgt zusammengesetzt sind:

Gesamtgewicht	mind. 55 g,
Eiinhalt	mind. 50 g,
Dottergewicht	16 g,
Trockenmasse des Eiinhaltes	24%,
Trockenmasse des Eigelbs	50%,
Cholesteringehalt des Dotters i. Tr.	2,5%,
Cholesterin pro Ei	200 mg. [1]

16.3 Warenkunde

16.3.1 Allgemeine Zusammensetzung, Eigenschaften

Eier und Eiprodukte weisen einen hohen Nähr- und Genußwert auf. Die biologische Wertigkeit des Eiproteins ist für den Menschen optimal. Über die Nährstoffzusammensetzung von einigen Eiprodukten informiert Tabelle 1. Aber auch die in ihrer Kombination einzigartigen funktionellen Eigenschaften führen dazu, daß Eier als Zutat in zahlreichen Lebensmitteln, z. B. in emulgierten Soßen, Back- und Teigwaren, verwendet werden:
- durch die Denaturierung von Eiklar und Eigelb bei Wärmeeinwirkung verbinden sich verschiedene Zutaten,
- durch Aufschlagen entsteht stabiler Schaum mit großem Volumen, der beim Erhitzen denaturiert,
- oberflächenaktive Substanzen des Eigelbs (Lecithin) stabilisieren Emulsionen,
- die Carotinoide des Eigelbs verbessern die Farbe von Lebensmitteln.

Der Eianteil in Lebensmitteln ist auch heute noch ein Qualitätsmerkmal.

16.3.2 Aufbau und Inhaltsstoffe des Eies

Der Schalenanteil beträgt etwa 10% des Gesamtgewichtes. Der Eiinhalt besteht etwa aus $2/3$ Eiklar und $1/3$ Eigelb.

Tabelle 1. Nährstoffzusammensetzung [6]

	Flüssig-			Trocken-			Entenei
	Vollei	Eigelb[a]	Eiklar	Vollei	Eigelb	Eiklar[b]	
Eiweiß %	12,1	14,5	10,1	45,8	30,5	82,4	13,0
Fett %	11,2	28,7	< 0,1	41,8	61,3	< 0,1	14,4
Kohlenhydrate %	1,2	0,4	1,2	4,8	0,4	4,5	0,7
Asche %	0,9	1,4	0,6	3,5	3,2	4,6	1,0

[a] Mit 17% Eiklar.
[b] Entzuckert

Schale

Die Schale wird nach außen hin von einer ca. 1 µm dicken Glycoproteinmembran, der Cuticula, umschlossen. Die Cuticula verschließt die Poren der Kalkschale und verhindert weitgehend das Eindringen von Mikroorganismen. Bei braunen Eiern werden in die Cuticula braune Porphyrinfarbstoffe eingelagert.

Die Kalkschale selbst besteht überwiegend aus Calciumcarbonat (Calcit), daneben zu je ca. 1% aus Magnesiumcarbonat und Calciumphosphat. Diese Salze sind in eine Matrix aus ca. 2% organischem Material, hauptsächlich Protein, eingelagert. Man unterscheidet die äußere Palisadenschicht und die innere Mammillenschicht, die als warzenähnliche Struktur abschließt. Die 7000 bis 17000 Poren der Eischale ermöglichen den Gasaustausch und sind mit Proteinfasern gefüllt.

Auf die Innenseite der Mammillenschicht sind zwei Schalenhäute aufgelagert. Dabei handelt es sich um 50 bzw. 20 µm dicke Membranen, die aus keratinähnlichem Protein bestehen und als gekreuzte Faserschichten ausgebildet sind. Sie stellen eine weitere Barriere für Mikroorgansimen dar. Zwischen den Schalenhäuten bildet sich zumeist am stumpfen Pol des Eies die Luftkammer aus.

Eiklar

Das Eiklar ist im wesentlichen eine ca. 10%ige Proteinlösung. Es besteht aus vier Schichten. Die Dotterkugel umschließt das innere zähflüssige Eiklar, aus

Tabelle 2. Proteine des Eiklars [6, 7]

Ovalbumin	54%	Phosphoglycoprotein, denaturiert beim Schlagen, bildet sich im Laufe der Lagerung in hitzestabileres S-Ovalbumin um
Conalbumin	13%	Glycoprotein, bildet mit 2- und 3-wertigen Metallionen hitzestabilere Komplexe, in freier Form hitzelabil
Ovomucoid	11%	Glycoprotein, hitzestabil, hemmt Trypsin vom Rind
Lysozym (G1 Globulin)	3,5%	Sialoprotein, N-Acetylmuramidase, zerstört Zellwände von Bakterien
G2, G3 Globulin	8%	Schaumbildner
Ovomucin	1,5%	Glycoprotein, in zähflüssigem Eiklaranteil in 4-facher Konzentration, Komplexbildung mit Lysozym
Flavoprotein	0,8%	Glycoprotein, bindet Riboflavin
Ovoglucoprotein	0,5%	Sialoprotein
Ovomakroglobulin	0,5%	Glycoprotein
Ovinhibitor	0,1%	Glycoprotein, hemmt verschiedene Proteinasen, z.B. Trypsin
Avidin	0,05%	Glycoprotein, bindet Biotin

dem die Hagelschnüre (Chalaza) hervorgehen. Die Hagelschnüre halten das Eigelb in der zentralen Lage. Darauf folgt, der Schale zu, eine dünnflüssige, eine weitere zähflüssige und eine weitere dünnflüssige Eiklarschicht. Der Anteil an zähflüssigem Eiklar ist stark abhängig von der Rasse und dem Alter der Henne sowie vom Alter des Eies. Über die Proteine des Eiklars gibt Tabelle 2 Auskunft.

Eigelb

Das Eigelb ist eine Fett-in-Wasser-Emulsion und weist mit einer Trockenmasse von etwa 50% eine sehr viel höhere Nährstoffkonzentration auf als das Eiklar. Die Trockenmasse des Eigelbs besteht aus etwa ⅔ Lipiden und ⅓ Protein. Die Lipide des Eigelbs setzen sich zusammen aus ca. 65% Triglyceriden, ca. 28% Phospholipiden (Lecithin) sowie aus Cholesterin und etwa 1,7% freien Fettsäuren. Der Gehalt an Phosphatidylcholin im Eilecithin ist mit 73% sehr hoch und unterscheidet sich darin deutlich vom Sojalecithin, das mehr Phosphatidylethanolamin enthält. Die Fettsäurezusammensetzung des Eieröls läßt sich über die Fütterung beeinflussen, der Gehalt an den gesättigten Fettsäuren Palmitin- und Stearinsäure bleibt jedoch mit 30 bis 38% weitgehend konstant.

Eigelb ist ein Plasma, indem sich Partikel unterschiedlicher Größe befinden. Die Dottertröpfchen haben einen Durchmesser von 25 bis 150 μm und bestehen aus Lipoprotein niedriger Dichte (LDL), von einer Proteinmembran umgeben. Die Granula sind mit einem Durchmesser von 1 μm sehr viel kleiner und bestehen aus Lipovitellin, einem Lipoprotein hoher Dichte (HDL) und Phosvitin, einem Glycophosphoprotein mit hohem Anteil an seringebundener Phosphorsäure. Das Dotterplasma enthält Lipovitellenin, ein LDL, und ein globuläres Protein, das Livetin.

16.3.3 Alterung und Eifehler

Bedingt durch den hohen Konzentrationsunterschied laufen zwischen Eigelb und Eiklar Austauschvorgänge ab. Dadurch verringert sich mit der Zeit die Trockenmasse des Eigelbs, der Gefrierpunktsunterschied zwischen Eigelb und Eiklar nimmt ab, ebenso wie der Unterschied im Brechungsindex. Ferner wandert anorganisches Phosphat aus dem Dotter ins Eiklar. Alle diese Veränderungen können zur Altersbestimmung von Hühnereiern herangezogen werden. So soll bei Eiern der Güteklasse A, die auch als frisch bezeichnet werden dürfen, die Gefrierpunktsdifferenz zwischen Eiklar und Eigelb nicht kleiner als 0,07, die Wertzahl (1000fache Brechungsindexdifferenz) nicht

Tabelle 3

	Gefrierpunkt	Brechungsindex bei 24 °C
Eiklar	−0,45 °C	1,3562
Eigelb	−0,60 °C	1,4185

kleiner als 55 und der Gehalt an anorganischem Phosphat nicht größer als 1 mg P/100 ml Eiklar sein [5]. Diese Werte sind jedoch nur als Anhaltspunkt zu verstehen, da der Einfluß der Lagerbedingungen erheblich ist. Tabelle 3 informiert über mittlere Werte für legefrische Eier.

Durch die Abgabe von Kohlendioxid und Wasser durch die poröse Eischale nimmt der pH-Wert des Eiklars sehr schnell von pH 7,6 bis 7,9 nach dem Legen auf pH 9,5 zu, die Luftkammer vergrößert sich und das Gewicht nimmt ab. Ferner nimmt mit zunehmendem Eialter die Viskosität des zähflüssigen Eiklaranteils ab und die Dottermembran verliert ihre Elastizität. Dies führt dazu, daß die Eiklarhöhe und die Dotterhöhe beim aufgeschlagenen Ei abnehmen, die Durchmesser von Eiklar und Dotter jedoch zunehmen, das aufgeschlagene Ei wird flacher. Auch dies wird zur Altersbestimmung von Eiern herangezogen. So werden z.B. die Eiklarhöhe, in den USA auch die Haugh-Einheit (eine Beziehung zwischen Eiklarhöhe und Gesamtgewicht) und der Dotterindex (Verhältnis der Dotterhöhe zum Dotterdurchmesser · 100) bestimmt [5]. Häufig wird auch mit Bilderserien verglichen, die aufgeschlagene Eier verschiedener Altersstufen zeigen.

Allen diesen Vorgängen ist jedoch gemeinsam, daß sie stark von der Lagertemperatur und, im Falle der Luftkammerhöhe und der Gewichtsabnahme, von der Luftfeuchtigkeit abhängig sind. Abb. 1 zeigt beispielhaft, wie sich unterschiedliche Lagertemperaturen auswirken können.

Einige, der in Tabelle 4 aufgeführten Eifehler können beim Durchleuchten der Eier erkannt werden. Solche Eier entsprechen nicht der Güteklasse A und müssen bereits in der Packstelle aussortiert werden.

16.3.4 Eiprodukte und Eiersatzstoffe

Für die industrielle Lebensmittelproduktion werden in großem Umfang neben flüssigen auch die länger haltbaren gefrorenen und getrockneten Eiprodukte

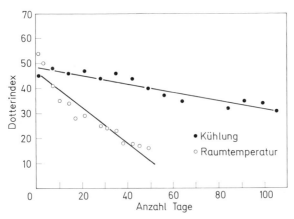

Abb. 1. Änderung des Dotterindex bei verschiedenen Lagertemperaturen

Tabelle 4. Eifehler [6, 7]

Blut- und Fleischflecken	Blutklümpchen, durch Platzen eines Blutgefäßes am Eierstock, oder bräunliche Gewebspartikel aus dem Eileiter. Kleinere Flecken sind beim Durchleuchten oft nicht zu erkennen
Fischgeschmack	bei Fütterung von viel Fisch- oder Sojamehl oder Rübsamen, analytisch durch Bestimmung von Trimethylamin erfaßbar
verflüssigtes Eiklar	meist infolge der Eialterung, jedoch auch durch Krankheiten z. B. Newcastle-Krankheit der Henne
Schalenfehler	Lichtsprünge, fehlende Kalkschale (Windei), rauhe, unregelmäßige Schale, auch durch Mineralstoffmangel und durch Krankheiten bedingt

verwendet. Beim Gefrieren von Eigelb kommt es jedoch zu einer irreversiblen Gelierung des Eigelbs, es weist nach dem Auftauen eine sehr viel höhere Viskosität auf und verliert seine Fließfähigkeit. Dieser unerwünschte Effekt kann durch Zugabe von Zucker oder Salz vermieden werden.

Flüssige Eiprodukte enthalten kleine Mengen freier Glucose (ca. 0,3%). Dies führt beim Trocknen zu Reaktionen zwischen Zucker und Eiweiß (Maillard-Reaktion) und zwischen Glucose und Phosphatiden und damit u. a. zu Farb- und Löslichkeitsveränderungen. Deshalb werden zum Teil die noch flüssigen Eiprodukte vor dem Trocknen entweder mit Hefen oder Bakterien oder enzymatisch mit Glucoseoxidase entzuckert [6].

Über den Gehalt an Bernsteinsäure und Milchsäure kann ein mikrobiologischer Verderb von Eiprodukten auch noch nach der Abtötung der Keime durch die Pasteurisierung nachgewiesen werden. Bei entzuckerten Eiprodukten können diese Säuren jedoch auch zur pH-Wert-Einstellung zugesetzt, oder im Verlaufe der Entzuckerung entstanden sein. Die illegale Verwendung von befruchteten Bruteiern führt zu einem erhöhten Gehalt an D-3-Hydroxy-buttersäure und Milchsäure [4].

Ei-Ersatzstoffe, aus diätetischen Gründen für Personen interessant, die sich cholesterinarm ernähren müssen, werden aus Hühnereiweiß, pflanzlichen Ölen und Magermilchpulver hergestellt.

16.4 Analytische Verfahren

Die Bestimmung des Eigelbanteils in Eiprodukten oder eihaltigen Lebensmitteln erfolgt üblicherweise über den Gehalt an Cholesterin. Für die Bestimmung des Cholesteringehaltes schreibt die AS 35 ein spezifisches gaschromatografisches Verfahren vor, bei dem begleitende Phytosterine abgetrennt werden.

Der Eigelbgehalt kann weiter über den Gehalt an alkohollöslicher Lecithin-phosphorsäure bestimmt werden. Auch dieses Verfahren ist bei einigen Lebensmitteln (z. B. Mayonnaise) üblich. Eine Unterscheidung zwischen Sojalecithin und Eilecithin ist über den Gehalt an Cholin (Fällung als

Reineckat) möglich [5]. Die Bestimmung des Gesamtfettgehaltes gelingt bei Eiprodukten wegen des hohen Gehaltes an Phospholipiden nicht durch Säureaufschluß und Etherextraktion, vielmehr muß hierzu mit einem etwas polareren Lösungsmittel (Cyclohexan/Ethanol) direkt extrahiert werden.

Der Anteil von β-Carotin an den Gesamtcarotinoiden beträgt unabhängig vom Futter nicht mehr als 5%, deshalb kann ein schönender Zusatz des Farbstoffes β-Carotin sicher nachgewiesen werden.

Zur Bestimmung von Milch-, Bernstein- und D-3-Hydroxybuttersäure stehen zwei Untersuchungsverfahren nach AS 35 zur Verfügung. Das gaschromatografische Verfahren ist aufwendiger, erreicht jedoch eine niedrigere Bestimmungsgrenze als das schneller durchzuführende enzymatische Verfahren.

Eine weitere Möglichkeit, einen vor der Pasteurisierung stattgefundenen Verderb nachzuweisen, ist der Limulus-Test. Hierbei werden die Lipopolysaccharide der Zellwand gramnegativer Bakterien mit einem Mikro-Titer-Verfahren bestimmt [3]. Fettverderb, der bei getrockneten Erzeugnissen eine Rolle spielen kann, führt im Laufe der Zeit zu einem erhöhten Gehalt an freien Fettsäuren im Fett. Im Verlauf von Jahren kann auf diese Weise bis zu einem Mehrfachen des Anfangsgehaltes erreicht werden.

Durch die bei der Pasteurisierung auftretenden Temperaturen wird die α-Amylase-Aktivität sehr stark vermindert oder ist nicht mehr nachweisbar. Eine schnelle Bestimmung gelingt mit dem Phadebas[R]-Amylase-Test [2].

16.5 Literatur

1. ALS: Berechnung des Eigehaltes von Lebensmitteln aus dem Cholesteringehalt (1988) Bundesgesundhbl. 10:395
2. Jäckle M, Geiges O (1986) Bestimmung der α-Amylase-Aktivität in Vollei und Eigelb mit dem Phadebas[R]-Amylase-Test. Mitt Gebiete Lebensm Hyg 77:420
3. Jaksch P, Terplan G (1987) Der Limulus-Test zur Untersuchung von Ei und Eiprodukten. Arch f Lebensm Hyg 38:47
4. Littmann S (1985) Zur chemisch-analytischen Untersuchung von Eiprodukten und Beurteilung ihres hygienischen Zustandes an Hand des Gehaltes an verderbsspezifischen organischen Säuren. Dtsch Lebensmittel Rundsch 81:345
5. SLMB 5. Auflage, Kapitel 21: Eier und Eierkonserven.
6. Stadelman WJ, Cotterill OJ (eds) (1977) Egg science and technology. 2nd edn., AVI Publ. Co., Westport Conn.
7. Wells RG, Belyavin CG (eds) (1986) Egg quality – current problems and recent advances, Poultry Science Symposium 20. Butterworths, London, 1987
8. VO(EWG) Nr. 2772/75 des Rates vom 29. Oktober 1975 (ABl. Nr. L 282/56) i. d. F. vom 13. November 1986 (ABl. Nr. L 323/1)
9. VO(EWG) Nr. 95/69 vom 17. Januar 1969 ABl. Nr. L 13/13) i. d. F. vom 22. Dezember 1986 (ABl. Nr. L 364/20)
10. EiprodukteV vom 19. Februar 1975 (BGBl. I S. 537) i. d. F. vom 22. Dezember 1981 (BGBl. I S. 1625, 1662)
11. Richtlinie des Rates zur Regelung hygienischer und gesundheitlicher Fragen bei der Herstellung und Vermarktung von Eiprodukten 89/437/EWG vom 20. Juni 1989 (ABl. Nr. L 212/87)
12. Verordnung über Enteneier vom 25. August 1954 (BGBl. I S. 265) i. d. F. vom 19. Februar 1975 (BGBl. I S. 537)

17 Fleisch und Erzeugnisse aus Fleisch

F. Grundhöfer, Freiburg

17.1 Lebensmittelwarengruppen

Diese Gruppe umfaßt Fleisch und Fleischerzeugnisse wie Rohpökelwaren, Kochpökelwaren, Rohwürste, Kochwürste, Brühwürste, Hackfleischerzeugnisse.

17.2 Beurteilungsgrundlagen

17.2.1 Allgemeine Übersicht

Für die Beurteilung von Fleisch und Fleischerzeugnisse sind folgende Gesetze, Verordnungen und Leitsätze von Bedeutung:
- Fleischhygienegesetz, Fleischhygieneverordnung,
- Fleischverordnung,
- Hackfleischverordnung,
- Leitsätze für Fleisch und Fleischerzeugnisse, RAL-Bestimmungen.

17.2.2 Definitionen

Nach dem Fleischhygienegesetz umfaßt der Begriff „Fleisch" alle Teile untersuchungspflichtiger Tiere (Rinder, Schweine, Schafe, andere Paarhufer, Pferde, andere Einhufer, Kaninchen), die als Haustiere gehalten werden sowie Teile von getötetem Haarwild (Hirsch, Reh, Wildschwein), die zum Genuß für Menschen geeignet und bestimmt sind.
Eine weitere Definition für „Fleisch" findet sich in den Leitsätzen für Fleisch und Fleischerzeugnisse des Deutschen Lebensmittelbuches (Ziffer 1). Dort umfaßt der Begriff „Fleisch" alle Teile von geschlachteten oder erlegten warmblütigen Tieren, die zum Genuß für Menschen bestimmt sind. In dieser Definition sind auch Blut, Fettgewebe, Därme, Innereien sowie Schwarten subsumiert.

Fleischerzeugnisse

In den Bestimmungen des Fleischhygienegesetzes wird zwischen frischem und zubereitetem Fleisch (Fleischerzeugnis) unterschieden: frisches Fleisch darf über das Gewinnen, Kennzeichnen, Zerlegen, Entbeinen, Umhüllen,

Verpacken, Lagern, Kühlen, Gefrieren und Befördern hinaus nicht behandelt worden sein.

Fleischerzeugnis ist jedes darüber hinaus behandelte Erzeugnis. Hierunter fallen: Rohwürste; Kochwürste; Brühwürste; Rohpökelwaren; Kochpökelwaren; Erzeugnisse, die unter die Bestimmung der Hackfleischverordnung fallen wie Hackfleisch, rohes Schaschlik, geschnetzeltes Fleisch; küchenfertig zubereitete Fleischerzeugnisse wie rohe, panierte Schnitzel; tafelfertig zubereitete Fleischerzeugnisse, hierunter fallen alle Erzeugnisse außerhalb der Wurstwaren, die ohne jede weitere Behandlung verzehrsfähig sind.

„Fleischerzeugnisse" sind nach Ziffer 2 der Leitsätze für Fleisch und Fleischerzeugnisse solche Erzeugnisse, die ausschließlich oder überwiegend aus Fleisch bestehen: der Fleischanteil eines Lebensmittels muß größer als 50% sein, und nur auf diesen Anteil beziehen sich die Leitsätze und die Fleischverordnung.

In der Fleischverordnung erscheint neben den Begriffen „Fleisch, Fleischerzeugnisse" noch der Begriff „Lebensmittel mit einem Zusatz an Fleisch". Bei diesen Erzeugnissen ist Fleisch nur in einem mehr oder minder großen Zusatz enthalten, z. B. Ravioli, Hühnersuppe, Rindfleischsuppe; Hauptbestandteil ist auf jeden Fall nicht Fleisch.

17.2.3 Fleischhygienegesetz, Fleischhygieneverordnung

Im Fleischhygienegesetz, der Fleischhygieneverordnung und der Allgemeinen Verwaltungsvorschrift über die amtlichen Untersuchungen zur Durchführung des Fleischhygienegesetzes werden die hygienischen Anforderungen für die Behandlung des Fleisches in den verschiedenen Stufen von der Gewinnung bis zu der Vermarktung vorgeschrieben. Es werden genaue Vorschriften zur Schlachttieruntersuchung, hygienische Mindestanforderungen an Räume und Personal sowie Beurteilungswerte an Tierarzneimittel im geschlachteten Fleisch festgelegt. Die Durchführung und Einhaltung der Vorschriften dieses Gesetzes obliegt dem amtlichen Tierarzt.

Rinder, Schweine, Schafe, Ziegen, andere Paarhufer, Pferde, andere Einhufer und Kaninchen, die als Haustiere gehalten werden, unterliegen, wenn das Fleisch zum Genuß für Menschen bestimmt ist, vor und nach der Schlachtung einer amtlichen Untersuchung. Fleisch von Affen, Hunden und Katzen darf zum Genuß für Menschen nicht gewonnen werden.

Die Untersuchung des lebenden Schlachttieres (Schlachttieruntersuchung) und des geschlachteten Tieres (Fleischuntersuchung) dient vor allen Dingen dem Gesundheitsschutz des Verbrauchers.

Fleischhygienerecht (Fleischhygiene)	Lebensmittelrecht (Lebensmittelhygiene)
Gewinnen, Untersuchung, Beurteilung, Kennzeichnung, Verarbeitung, Verpackung, Lagerung, Kühlung, Gefrieren, Transport	Verkaufsräume von Metzgereien, Einzelhandelsgeschäften, Wochenmärkten, Kantinen usw.

Die Schnittstelle zwischen Fleischhygienerecht und Lebensmittelrecht liegt praktisch im Verkaufsraum der Metzgerei (Ausnahmen sind die Gewürzlagerräume, hier gilt uneingeschränkt das Lebensmittelrecht).

17.2.4 Fleischverordnung

In der Fleischverordnung sind die zur Herstellung von Fleischerzeugnissen vom Verordnungsgeber zugelassenen Zusatzstoffe und Zutaten aufgeführt. In dieser Verordnung wird für einige Zusatzstoffe (z. B. Nitrit, Nitrat, Diphosphate) und Zutaten eine Höchstmenge festgelegt. Außerdem werden die Kenntlichmachung der Zusatzstoffe und Zutaten geregelt und produktspezifische Kennzeichnungsvorschriften getroffen, besonders hervorzuheben sind folgende Regelungen:
- Festlegung der Höchstmenge an Benzo(a)pyren (s. 17.3.2.1).
- Produktspezifische Kennzeichnungsvorschriften: z. B. Angabe des Fleischanteiles bei Lebensmittel mit einem Zusatz von Fleisch oder Fleischerzeugnissen.
- Verbotene Zusätze: Verbot der Verwendung von fleischfremden Eiweißen, (z. B. Sojaerzeugnisse) zu Zwecken der Vortäuschung eines höheren Eiweißgehaltes; es werden aber Ausnahmen von diesem Verwendungsverbot zugelassen, wenn dies aus technologischen Gründen notwendig ist, diese Zusätze sind nicht kenntlichmachungspflichtig.
- Zulassung von fleischfremden Zusätzen wie Milcheiweiß, Bluteiweiß, die unter Kenntlichmachung verwendet werden dürfen.
- Irreführende Bezeichnungen: die Begriffe „fein" oder „feinst" dürfen nur verwendet werden, wenn qualitativ besonders gute Zusammensetzung vorhanden, kein ausschließlicher Hinweis auf den Zerkleinerungsgrad.
- Verkehrsverbot für gesetzwidrige Zusätze: durch diese Bestimmung soll schon der Handel mit Zusätzen, die zu manipulativen Zwecken verwendet werden, z. B. fleischfremde Eiweiße, verboten werden.

17.2.5 Hackfleischverordnung

Bei der Schlachtung von Tieren, beim Zerlegen und bei der Weiterverarbeitung gelangen Mikroorganismen auf die Oberfläche des Fleisches. Je größer die Oberfläche ist, und die Oberfläche steigt mit dem Grad der Zerkleinerung des Fleisches an, desto höher ist die Gefahr, daß diese Fleischerzeugnisse auch mit gesundheitsschädlichen Mikroorganismen befallen werden. Vom Gesetzgeber werden in der Hackfleischverordnung strenge Vorschriften erlassen, die diese Gefahr minimieren sollen. Es handelt sich dabei um Vorschriften, die durch technische, räumliche und personelle Voraussetzungen Bedingungen schaffen, die eine Keimvermehrung verhindern, besonders hervorzuheben sind folgende Regelungen:
- Die Hackfleischverordnung gilt für alle Erzeugnisse aus zerkleinertem Fleisch, die sich ganz oder teilweise in rohem Zustand befinden: z. B. Hackfleisch, geschnetzeltes Fleisch, rohe Fleischklöße und Bratwürste,

zerkleinerte Innereien, mit Mürbeschneidern behandelte Fleischzuschnitte
wie Steaks, Schnitzel, Schaschlik. Nicht unter die Bestimmung der Hack-
fleischverordnungen fallen Erzeugnisse, die durcherhitzt sind; Erzeugnisse,
die einem abgeschlossenem Pökelungsverfahren mit Umrötung, auch mit
Trocknung oder Räucherung unterworfen worden sind; gereifte (fermentierte) Rohwursterzeugnisse; getrocknete oder geräucherte Erzeugnisse; Erzeugnisse, die in saure, gewürzhaltige Beizen (pH-Wert < 5,2) eingelegt
worden sind.
– Verbote zum Schutze der Gesundheit: Verwendungsverbot von Nitritpökelsalz, Verbot der Abgabe von Hackfleisch aus Wild- und Geflügelfleisch an
  Verbraucher.
– Tiefgefrorene Erzeugnisse: Festlegung der Tiefgefrierbedingungen für
  Hackfleischerzeugnisse, die tiefgefroren in den Verkehr gebracht werden
  sollen.
– Temperaturanforderung: Lager- und Beförderungstemperatur müssen klei-
  ner $+4\,°C$ sein, eine kurzfristige Überschreitung der Temperatur auf $+7\,°C$
  ist zulässig.
– Fristen für das Inverkehrbringen.
– Anforderungen an die Zusammensetzung.
– Kennzeichnungsvorschriften: z.B. statt „mindestens haltbar bis ..." wie
  sonst üblich, muß es bei Hackfleischerzeugnissen heißen: „verbrauchen bis
  spätestens ...".
– Reinigung der Geräte.
– Anforderung an die Herstellerbetriebe.
– Personelle Voraussetzungen.
– Anforderungen an Räume und Einrichtungen.
– Herstellung und Abgabe durch Gaststätten.
– Sonderbestimmungen für Wochenmärkte.

17.2.6 Leitsätze für Fleisch und Fleischerzeugnisse, RAL-Bestimmungen

Die Leitsätze für Fleisch und Fleischerzeugnisse stellen die allgemeine
Verkehrsauffassung und Herstellerüblichkeit von Fleischerzeugnissen dar. Die
Leitsätze enthalten allgemeine Begriffsbestimmungen und Beurteilungsmerk-
male sowie Ausführungen zur Bezeichnung von Fleischerzeugnissen. Wichtig
sind vor allen Dingen die Beurteilungsmerkmale für die einzelnen Wurstwaren.
Folgende Produktgruppen werden bis zum jetzigen Zeitpunkt in den Leitsätzen
erfaßt:
– Rohwürste:
  schnittfeste Rohwürste (z.B. Salami, Cervelatwurst, Plockwurst),
  streichfähige Rohwürste (z.B. Teewurst, Mettwurst).
– Brühwürste:
  Brühwürstchen (z.B. Frankfurter bzw. Wiener Würstchen, Knackwurst,
  Rote),
  Brühwürste fein zerkleinert (z.B. Lyoner, Fleischkäse, Fleischwurst),

Grobe Brühwurst (z. B. Bierwurst, Jagdwurst),
Brühwurst mit Einlagen (z. B. Bierschinken, Preßkopf).
– Gegarte Pökelfleischerzeugnisse (z. B. Hinterschinken, Vorderschinken, Kasseler, Kaiserfleisch, Eisbein).
– Rohe Pökelfleischerzeugnisse (z. B. Knochenschinken, Spaltschinken, Nußschinken, Lachsschinken).
– Spezielle Fleischteilstücke und spezielle Fleischgerichte (Filet, Roastbeef, Rumpsteak, Kotelett, Steak).
– Erzeugnisse aus gewolftem oder ähnlich zerkleinertem Fleisch (z. B. Hacksteak, Hamburger, Rinderhackfleisch),
   Schnitzel, Rouladen, Braten.

Das wichtigste Beurteilungsmerkmal für Fleischerzeugnisse ist in den Leitsätzen der Gehalt an bindegewebseiweißfreiem Fleischeiweiß (Beffe-Wert) und dessen relativer Anteil im Gesamtfleischeiweiß (Beffe im Fleischeiweiß). Für die Gehalte an Beffe und Beffe im Fleischeiweiß sind Mindestwerte für die in den Leitsätzen erfaßten Fleischerzeugnissen angegeben:
Z. B. Ziffer 2.221.02 Delikateß-Würstchen
Bindegewebseiweißfreies Fleischeiweiß: nicht unter 9 %
Bindegewebseiweißfreies Fleischeiweiß im Fleischeiweiß:
histometrisch nicht unter 75 Vol %
chemisch nicht unter 82 %.
Durch diese Festlegung der Mindestgehalte an bindegewebseiweißfreiem Fleischeiweiß sind dann auch die Gehalte an Fett und Wasser festgesetzt.
Abweichend von diesen Beurteilungskriterien wird unter Ziffer 2.4 „Rohe Pökelfleischerzeugnisse" der maximale absolute Wassergehalt des Erzeugnisses vorgeschrieben. Bei diesen Erzeugnissen ist der Austrocknungsgrad der Ware das entscheidende Qualitätsmerkmal. So sollte z. B. in von Knochen, Schwarte und sichtbaren Fettgewebe befreiten Rohschinken im weichsten (zentralen) Magerfleischanteil der Wasseranteil nicht mehr als 65 % betragen, bei einem Lachsschinken sollte dieser Wassergehalt maximal 72 % betragen. Unterschreitungen der Mindestgehalte an bindegewebseiweißfreiem Fleischeiweiß bzw. Überschreitungen des absoluten Wassergehaltes stellen eine Wertminderung im Sinne des Lebensmittel- und Bedarfsgegenständegesetzes (§ 17 Abs. 1 Nr. 2 b).

RAL-Bestimmungen
RAL-Bestimmungen gelten als „freiwillige Gesetze der Wirtschaft", weil bei deren Entstehung alle Kreise von Verbraucherverbänden, Wirtschaftsverbänden und Lebensmittelüberwachungsbehörden unter Federführung des RAL (RAL = Güteausschuß für Lieferbedingungen) beteiligt sind. In den RAL-Bestimmungen finden sich genaue Definitionen von Herkunftsbereichen, Aussagen über qualitätsmäßige Zusammensetzungen und Regelungen über die Kennzeichnung der betreffenden Produkte. Diese Bestimmungen geben im Großen und Ganzen die Verkehrsauffassung für bestimmte Erzeugnisse wie z. B. Schwarzwälder Schinken, Ammerländer Schinken, Coburger Kernschinken, Katenrauchschinken wieder.

17.3 Warenkunde

17.3.1 Rohfleisch

Schieres Skelettmuskelfleisch (d. h. von sichtbarem Fett und Knochen befreites Fleisch) besteht aus Wasser (ca. 74%), Stickstoffsubstanz (ca. 20%), Fett (ca. 4%), Mineralstoffe (ca. 1%) und Kohlenhydrate (ca. 1%).

Die Zusammensetzung schwankt sehr von Teilstück zu Teilstück. Ein Schweinefilet weist einen Fettgehalt von ca. 18% und einen Eiweißgehalt von ca. 18% auf, Schweinebauch dagegen weist einen Fettgehalt von ca. 50% und einen Eiweißgehalt von ca. 10% auf. Diese unterschiedliche Zusammensetzung ist mitentscheidend für den Gebrauch des Fleisches.

Der ernährungsphysiologisch wichtigste Bestandteil des Fleisches ist das Fleischeiweiß, das sich aus dem hochwertigen Skelettmuskeleiweiß und dem geringerwertigen Bindegewebseiweiß zusammensetzt. Der Gehalt an hochwertigem Skelettmuskelfleisch in einem Fleischerzeugnis wie z. B. Rohwurst oder Brühwurst, ist entscheidend für die ernährungsphysiologische Bedeutung dieses Produktes. Deshalb wurde auch vom Gesetzgeber in der BR Deutschland der Begriff „Bindegewebseiweißfreies Fleischeiweiß (Beffe)" geprägt. Dieser Wert stellt die Differenz zwischen analytisch ermitteltem Gehalt an Gesamtfleischeiweiß und dem Gehalt an Bindegewebe dar (errechnet aus dem Gehalt der Aminosäure Hydroxiprolin, die ausschließlich im Bindegewebe vorkommt).

Das Skelettmuskeleiweiß besteht aus der Muskelfaser, dem Actomyosin, einem fibrillären, nicht wasserlöslichen Protein und dem Fleischsaft, dem Sarkoplasma, der aus den wasserlöslichen Globulinen und Albuminen besteht. Zu den Albuminen gehört der Muskelfarbstoff Myoglobin, der dem Fleisch seine rote Farbe verleiht. Der Blutfarbstoff Hämoglobin spielt für die rote Farbe des Fleisches eine untergeordnete Rolle, da die Tiere nach dem Schlachten ausbluten.

Neben den Proteinen enthält der Fleischsaft noch andere freie Aminosäuren, Peptide, und Nichtproteinstickstoffverbindungen wie Kreatin und Harnstoff. Ein weiterer Bestandteil des Muskeleiweißes ist das Bindegewebseiweiß, das aus gerüstbildenden Proteinen wie Collagen und Elastin besteht. Dieses Bindegewebe kommt hauptsächlich in den Sehnen, Bändern, Schwarten und der Haut vor.

Neben dem Eiweiß ist das Fett der wichtigste Energielieferant des Fleisches. Das tierische Fettgewebe besteht aus Bindegewebszellen, die mit Triglyceriden und Fettbegleitstoffen aufgefüllt sind. Die Fettbeschaffenheit und der Fettzustand werden im wesentlichen von Fütterung, Rasse, Geschlecht, Mastart und Mastzeit sowie der Schlachthygiene beeinflußt.

Die Fettbeschaffenheit bzw. der Fettzustand sind auch für die weitere Verarbeitung des Fettgewebes entscheidend: ein kerniger, trockener, schnittfester Speck wird zu Rohwürsten verarbeitet werden, die ein klares Schnittbild aufweisen sollen; ein schmalziger, weicher Speck wird zu streichfähigen Rohwürsten verarbeitet werden.

Die Verteilung der Fettsäuren ist sehr unterschiedlich und schwankt nicht nur von Tierart zu Tierart, sondern auch innerhalb der unterschiedlichen Fettgewebe eines Tieres. Das Verhältnis von gesättigten zu ungesättigten Fettsäuren ist ca. 1 zu 1, bei den ungesättigten Fettsäuren überwiegt die Ölsäure.

Die Fettsäurezusammensetzung hat sicherlich auch einen gewissen Einfluß auf die geschmacklichen Eigenschaften der Fette.

Der Anteil an Kohlenhydraten ist im Fleisch relativ gering. Er dient in geringem Maße als Energiereserve, die im Glykogen gespeichert ist. Dieses Glykogen kommt im Fleisch zu ca. 1%, in der Leber bis zu ca. 5% vor. Die Veränderung des Fleisches nach dem Schlachten wird entscheidend durch den Gehalt an Glykogen beeinflußt, weil das Glykogen teilweise sehr rasch (in Streßsituationen) abgebaut werden kann. Es kann durch vorzeitigen Abbau des Glykogens, zu einem unvollständigen pH-Abfall kommen. Da dann der erwünschte pH-Anstieg ausbleibt, führt dies zum sogenannten „DFD-Fleisch" (Dark = dunkel, Firm = fest, Dry = trocken), dieses Fleisch weist ein sehr hohes Safthaltevermögen und eine geringe Haltbarkeit auf.

Das sogenannte „PSE-Fleisch" (Pale = blaß, Soft = weich, Exsudative = wäßrig) entsteht, wenn der pH-Wert nach dem Schlachten zu stark ansteigt. Da nach der Schlachtung das Fleisch noch warm ist, führt dies zu einer Teildenaturierung des Eiweißes. Das „PSE-Fleisch" weist ein geringes Safthaltevermögen, eine weiche und wasserlässige Konsistenz und eine blasse Farbe auf.

Fleisch weist einen hohen Gehalt an Mineralstoffen auf. Wichtig ist vor allen Dingen der Gehalt an Eisen, das im Gegensatz zu dem in Pflanzen vorkommenden Eisen sehr viel leichter zu resorbieren ist. Fleisch enthält auch von Natur aus relativ wenig Natrium und reichlich Kalium. Die landläufige Meinung, daß Fleisch ein sehr natriumreiches Lebensmittel darstellt, rührt daher, daß bei der Weiterverarbeitung des Fleisches Kochsalz mitverarbeitet wird.

Fleisch ist ein relativ vitaminreiches Lebensmittel. Hervorzuheben ist vor allen Dingen der Gehalt an den wasserlöslichen Vitaminen des B-Komplexes.

17.3.2 Fleischerzeugnisse

Die Fleischteile, die beim Zerlegen der Schlachttiere anfallen, sind in ihrer Nutzbarkeit sehr verschieden. Nicht jedes Fleisch kann zur Herstellung von rohen Pökelfleischerzeugnissen oder zur Herstellung von Kochpökelwaren verwendet werden. Die Sortierung des Fleisches geschieht normalerweise in drei Gruppen: Verkaufsfleisch (Filet, Braten), Bearbeitungsfleisch (Fleisch, das zur Herstellung von Roh- bzw. Kochpökelwaren wie Rohschinken und Kochschinken geeignet ist) und Verarbeitungsfleisch (Fleisch, das zur Herstellung von Wurstwaren verwendet wird).

17.3.2.1 Rohpökelwaren

Nach Ziffer 2.40 der Leitsätze für Fleisch und Fleischerzeugnissen sind rohe Pökelfleischerzeugnisse oder Rohpökelwaren, Rohschinken, Rauchfleisch,

Dörrfleisch, Speck, Geräuchertes und Geselchtes durch Pökeln (Salzen mit oder ohne Nitritpökelsalz und/oder Salpeter) haltbar gemachte, rohe, abgetrocknete, geräucherte oder ungeräucherte Fleischstücke von stabiler Farbe, typischem Aroma und von einer Konsistenz, die das Anfertigen dünner Scheiben ermöglicht.

Rohpökelwaren sind also Fleischerzeugnisse, die aus unzerkleinertem, rohen Fleisch bestehen und durch Salzen, Trocknen und/oder Räuchern haltbar gemacht werden. Die Erzeugnisse sind im Normalfall ohne Kühlung lagerfähig und werden roh verzehrt.

Bei der Herstellung dieser Erzeugnisse spielt die Hygiene der Rohmaterialgewinnung und -behandlung eine außerordentlich wichtige Rolle. Das Fleisch sollte gut durchgekühlt sein, damit es bei der Reifung nicht zu Fehlprodukten kommt. Eine wichtige Rolle spielt jedoch der pH-Wert des Ausgangsfleisches. Der pH-Wert der Fleischstücke, die zur Herstellung von Rohpökelwaren verwendet werden, sollte unter 6,0 liegen. Da Fleischstücke mit hohem pH-Wert eine sehr schlechte Fähigkeit zur Salzaufnahme besitzen, wird die Pökelung unvollständig verlaufen. „DFD-Fleisch" (pH-Wert 24 Stunden nach Schlachtung: über 6,2) ist gänzlich ungeeignet zur Rohpökelwarenherstellung. „PSE-Fleisch" (pH-Wert 1 Stunde nach dem Schlachten: unter 5,8) wäre prinzipiell geeignet, aber meist weisen diese Erzeugnisse eine strohige, trockene Konsistenz und eine blasse Farbe auf.

Folgende Zusatzstoffe und Zutaten werden hauptsächlich bei der Herstellung von Rohpökelwaren verwendet:

Kochsalz, Nitritpökelsalz, Kaliumnitrat (Salpeter)

Das Salzen ist eines der ältesten Methoden zur Haltbarmachung von Lebensmitteln. Durch die Zufuhr von hohen Salzkonzentrationen wird dem Fleisch das Wasser entzogen. Durch das Eindringen des Salzes in das Fleisch wird der a_w-Wert des Fleisches gesenkt, und somit den verderbenden Mikroorganismen die Lebensgrundlage entzogen. Der a_w-Wert ist eine Maßzahl für das im Fleischerzeugnis den Mikroorganismen zur Vermehrung zur Verfügung stehende freie Wasser. Je mehr von diesem freien Wasser ein Fleischerzeugnis enthält, desto anfälliger ist es für den Verderb durch Mikroorganismen. Durch die Zugabe von Salz wird die Wasseraktivität erniedrigt, denn je mehr Ionen im freien Wasseranteil gelöst sind, desto niedriger ist der a_w-Wert und desto weniger anfällig ist das Fleischerzeugnis für den mikrobiellen Verderb. Im Normalfall werden etwa 50 g Kochsalz pro kg Fleisch zugegeben. Für Schwarzwälder Schinken wird in den RAL-Bestimmungen ein Höchstgehalt von 15% Kochsalz in der Trockenmasse festgelegt.

Das am meisten verwendete Pökelverfahren ist die Anwendung von Nitritpökelsalz (NPS) und/oder Kaliumnitrat. Durch die Zugabe von Nitritpökelsalz und/oder Kaliumnitrat erhält der Schinken das erwünschte typische Pökelaroma. Nitrit bzw. Nitrat besitzen eine konservierende Wirkung, die eine Hemmung des Wachstums von verderbenden Mikroorganismen bewirken. Außerdem nehmen die Erzeugnisse durch diese Behandlungsverfahren eine schöne rote Farbe an.

Für die beschriebenen Wirkungen ist allein das Nitrit verantwortlich, d. h. bei Verwendung von Kaliumnitrat muß das Nitrat erst durch Mikroorganismen in Nitrit überführt werden. In der Bundesrepublik Deutschland dürfen alle Rohpökelwaren mit Nitritpökelsalz hergestellt werden, während die Verwendung von Kaliumnitrat und Kochsalz auf größere Fleischstücke, Knochen- und Spaltschinken, beschränkt ist. Solche Fleischstücke, die immer aus mehreren Teilstücken bestehen, dürfen auch mit der Kombination Nitritpökelsalz/Kaliumnitrat gepökelt werden.

In der Fleischverordnung sind Höchstmengen für den Gehalt an Nitrit bzw. Nitrat festgelegt worden. So darf bei Rohpökelwaren, die ausschließlich mit Nitritpökelsalz hergestellt sind, der Höchstgehalt im Fertigerzeugnis maximal 100 mg pro kg betragen. Der Höchstgehalt an Kaliumnitrat darf bei solchen Erzeugnissen, die mit Kaliumnitrat/Nitritpökelsalz oder Kaliumnitrat/Kochsalz hergestellt werden, maximal 600 mg pro kg sein.

Ascorbat/Ascorbinsäure

Natriumascorbat kann auch bei der Herstellung von Rohpökelwaren als Umrötehilfsmittel verwendet werden (Wirkungsweise s. 17.3.2.2), allerdings ist die Verwendung doch sehr eingeschränkt, da das Ascorbat zu schnell mit dem Nitritpökelsalz reagiert, und es dann durch eine ungenügende Pökelung zu Farbfehlern im Endprodukt kommen kann.

Zuckerstoffe, Starterkulturen

Die Zuckerstoffe kommen als Reifehilfsmittel ebenfalls in Frage. Sie dienen hauptsächlich als Nährstoffe für die zur Reifung der Erzeugnisse notwendigen Mikroorganismen. Diese Mikroorganismen beeinflussen ganz wesentlich die Farbbildung, die Farbhaltung und das Aroma. Zur Unterstützung werden heute auch für Rohpökelwaren Starterkulturen angeboten, die hauptsächlich aus Mikrokokken und Lactobazillen bestehen.

Rauch

Das Räuchern ist neben der Trocknung und dem Salzen das älteste Behandlungsverfahren zur Haltbarmachung von Lebensmitteln. Der Räucherrauch ist lebensmittelrechtlich ein Zusatzstoff. In der Fleischverordnung ist er wie folgt definiert: „Außerdem wird frisch entwickelter Rauch aus naturbelassenen Hölzern und Zweigen, Heidekraut und Nadelholzsamenständen, auch unter Mitverwendung von Gewürzen, zur äußerlichen Anwendung bei Fleisch und Fleischerzeugnissen zugelassen". 60% der Fleischerzeugnisse in der BR Deutschland werden geräuchert. Das Räuchern dient in erster Linie zur Haltbarmachung durch das Auftreten von antimikrobiell wirksamen Rauchinhaltsstoffen (Aldehyde, Phenole, Säuren, z. B. Essigsäure, Ameisensäure) und antioxidativ wirksamen Stoffen (Phenole, Phenolaldehyde und -säuren). Außerdem dient das Räuchern zur Aromatisierung (Phenole, Carbonyle, Lactone) und zur Farbbildung (Carbonyle und Phenolaldehyde).

Eine unerwünschte Begleiterscheinung beim Räuchern ist die Bildung von polycyclischen, aromatischen Kohlenwasserstoffen (PAK, s. auch Kap. 5.1.3).

Einige dieser Verbindungen besitzen cancerogene Eigenschaften. Benzo(a)-pyren stellt die analytische Leitsubstanz dar. Diese unerwünschten Rauchinhaltsstoffe entstehen bei jeglicher Verbrennung von organischem Material. Um eine unnötige Belastung des menschlichen Organismus mit solchen Verbindungen zu verhindern, wurde in der Bundesrepublik Deutschland in der Fleischverordnung ein Höchstgehalt an Benzo(a)pyren von 1 ppb (Mikrogramm pro Kilogramm) festgelegt. Dieser Höchstgehalt ist relativ problemlos einzuhalten, wenn bei der Räucherung gewisse Bedingungen eingehalten werden (Räucherzeiten kurz, keine Ruß- und Teerbeläge auf dem Produkt, niedrige Rauchentstehungstemperaturen < 600 °C).

17.3.2.2 Kochpökelwaren

Nach Ziffer 2.30 der Leitsätze für Fleisch und Fleischerzeugnisse sind „Kochpökelwaren" umgerötete (d. h. mit Nitritpökelsalz hergestellte) und gegarte, meist geräucherte Fleischerzeugnisse, denen kein Brät (im Sinne von Ziffer 2.22, Abs. 2 der Leitsätze) zugesetzt ist, soweit dieses nicht zur Bindung großer Fleischteile dient. Zu diesen Fleischerzeugnissen gehören u. a. sowohl gekochter Hinterschinken, gekochter Vorderschinken, Rippchen, als auch gepökelte, gekochte Rinderzunge.

Das zur Herstellung verwendete Fleisch sollte nach dem Schlachten einen normalen pH-Verlauf aufweisen. Der pH-Wert kann bei Kochpökelwaren zwischen 5,8 und 6,4 liegen, während er bei Rohpökelwaren um 5,8 liegen sollte. Die Fleischstücke werden gepökelt (meistens im Spritzverfahren), dann getumbelt (mechanische Bearbeitung der Fleischstücke in rotierenden Trommeln, um eine Auflockerung der Muskulatur und eine höhere Saftbildung zu erreichen), anschließend folgt der Garprozeß. Dabei werden die Fleischstücke entweder im Wasserbad oder im Heißdampf gegart. Die Kerntemperatur sollte ca. 72 °C betragen. Eine zweite Möglichkeit ist die Heißräucherung über einige Stunden bei einer Rauchtemperatur von ca. 70 °C.

Die Verwendung von Zusatzstoffen ist bei Kochpökelwaren relativ beschränkt:

Nitritpökelsalz

Zur Pökelung von Kochpökelwaren ist nur Nitritpökelsalz erlaubt. Die Schinken werden heute meist mit Nitritpökelsalzlaken gespritzt, damit sie nach dem Garen die pökelrote Farbe und ein Pökelaroma aufweisen. Die pökelrote Farbe entsteht aus der Reaktion von Nitrit mit dem Muskelfarbstoff Myoglobin. Ein vereinfacht dargestellter Reaktionsmechanismus ist folgender (aus „Technologie der Brühwurst, Bundesanstalt für Fleischforschung, Seite 124").

$$
\begin{array}{lcl}
NO_2\text{-} & \text{Chemische Umsetzung} & NO \\
\text{Nitrit} & \xrightarrow{\hspace{3cm}} & \text{Stickoxid} \\
& \text{pH-Wert} & \\
& \text{Reduktionsmittel} & \\
& \text{Temperatur, Zeit} & \\
NO + \text{Myoglobin} & \xrightarrow{\hspace{3cm}} & \text{Stickoxidmyoglobin}
\end{array}
$$

Dieses Stickoxidmyoglobin ist nicht nur relativ licht- und sauerstoffstabil, sondern auch hitzestabil, so daß mit Nitritpökelsalz hergestellte Fleischerzeugnisse im erhitzten Zustand eine rötliche bis rosa Farbe aufweisen, während die nur mit Kochsalz hergestellten Erzeugnisse eine beige-graue Farbe besitzen.

Das Pökelaroma entsteht durch die Reaktion von Nitrit bzw. Stickoxiden mit Fleischinhaltsstoffen wie Alkoholen, Aldehyden, schwefelhaltigen Verbindungen.

In der Bundesrepublik Deutschland ist ein Höchstgehalt von 100 mg pro kg Natriumnitrit in der Fleischverordnung festgelegt worden.

Ascorbat/Ascorbinsäure

Beim Pökeln von Kochpökelwaren sollte unbedingt mit Pökelhilfsmitteln wie Ascorbaten gearbeitet werden die eine schnellere Umrötung und eine bessere Farbstabilität bewirken. Die Wirkung beruht in der starken Reduktionswirkung der Ascorbinsäure in saurer Lösung, die aus dem Nitrit verstärkt Stickoxid bildet:

$$C_6H_8O_6 \quad + 2\,HNO_2 \rightarrow \qquad C_6H_6O_6 \qquad + \quad 2\,NO \quad + 2\,H_2O$$

Ascorbinsäure   Dehydroascorbinsäure   Stickoxid

Durch dieses Freisetzen von Stickoxid kann verstärkt Stickoxidmyoglobin gebildet werden.

Eine Höchstmenge an Ascorbinsäure/Ascorbate ist in der Bundesrepublik Deutschland nicht festgelegt, die optimale Zugabemenge dürfte jedoch bei ca. 0,05% liegen. Eine Überdosierung kann zu Vergrünungen und Geschmacksabweichungen führen.

Glutaminsäure, Natrium- und Kaliumglutamat, Inosinat, Guanylat

Diese Verbindungen werden als Geschmacksverstärker eingesetzt. Die Wirkungsweise beruht wahrscheinlich darauf, daß die Empfindlichkeit der Geschmacksknospen auf der Zunge gesteigert wird und der Speichelfluß im Mund erhöht wird.

In der Bundesrepublik Deutschland ist der Gehalt an Glutaminsäure, Natriumglutamat bzw. Kaliumglutamat auf 1 g pro kg Fleisch und Fettmenge, die Verwendung von Guanylaten bzw. Inosinaten (die allerdings kaum verwendet werden) auf 0,5 g pro kg Fleisch- und Fettmenge beschränkt.

Die Verwendung weiterer Zusatzstoffe ist in der Regel bei Kochpökelwaren nicht notwendig. Die Verwendung von Diphosphaten und Salzen der organischen Genußsäuren ist in der Bundesrepublik bei den Kochpökelwaren verboten.

17.3.2.3 Rohwürste

Nach Ziffer 2.21 der Leitsätze für Fleisch und Fleischerzeugnisse sind „Rohwürste" umgerötete, ungekühlt (über plus 10 °C) lagerfähige, in der Regel roh zum Verzehr gelangende Wurstwaren, die streichfähig oder nach einer mit

Austrocknung verbundenen Reifung schnittfest geworden sind. Rohwürste werden aus mehr oder weniger zerkleinertem rohen Fleisch unter Zusatz von Kochsalz bzw. Nitritpökelsalz (bei länger reifenden Rohwürsten auch Kaliumnitrat), Zucker, Starterkulturen und Pökelhilfsmittel hergestellt. Wichtig ist der sich anschließende Reifungsprozeß, der mit einer Trocknung verbunden ist. Durch die pH-Wert-Absenkung und der Austrocknung (Senkung des a_w-Wertes) werden die Erzeugnisse haltbar, da verderbende Mikroorganismen bei so niedrigen pH-Werten und a_w-Werten sich nicht vermehren können. Verbunden mit diesem Konservierungseffekt ist auch die Schnittfestigkeit der Erzeugnisse.

Im Gegensatz zu den schnittfesten Rohwürsten stehen die streichfähigen Rohwürste, die geringergradig abgetrocknet sind und höhere Fettanteile aufweisen.

Glucono-delta-Lacton (GdL)

Neben der a_w-Wert-Absenkung ist die pH-Wert-Absenkung ein wichtiges Herstellungskriterium bei den Rohwürsten. Bei länger reifenden Rohwürsten erfolgt diese Absenkung durch den mikrobiellen Abbau von Kohlenhydraten zu organischen Säuren, insbesondere zur Milchsäure. Durch ungeeignete Mikroorganismen kann es aber zur Bildung von Ameisensäure, Essigsäure etc. kommen, die unerwünschte Geruchs- und Geschmacksabweichungen hervorrufen können. Durch den Einsatz von Glucono-delta-Lacton (GdL) kann dem in gewissen Maßen entgegengesteuert werden. GdL ist ein inneres Anhydrid der Gluconsäure: durch Zugabe von Wasser bzw. in wäßrigem Milieu stellt sich ein Gleichgewicht zwischen der Gluconsäure und ihrem Lacton ein. Die Entstehung der „freien" Gluconsäure bewirkt die pH-Absenkung. Bei Einsatz von GdL kann jedoch nur mit Nitritpökelsalz als Pökelstoff gearbeitet werden, da durch die pH-Wert-Absenkung der pH-Wert in einen Bereich gerät, in den nitratreduzierende Mikroorganismen (die notwendig sind, um aus Nitrat zur Pökelung eigentlich notwendige Nitrit entstehen zu lassen) sich nicht mehr vermehren können.

Durch die schnelle pH-Wert-Absenkung werden Fäulniserreger in ihrem Wachstum gehemmt. Es können sich aber auch unerwünschte Mikroorganismen wie peroxidbildende Lactobazillen vermehren, die bei längerer Lagerung zur Ranzigkeit der Erzeugnisse erheblich beitragen können. Eine Höchstmenge ist in der BR Deutschland nicht vorgesehen, die Zusatzmenge sollte nach allgemeiner Erfahrung bei ca. 0,8% liegen.

Zuckerstoffe

Der pH-Wert kann auch über den Zusatz von Kohlenhydraten gesteuert werden. Diese Zuckerstoffe dienen den Mikroorganismen als Energiespender und werden von diesen zu organischen Säuren abgebaut. Eingesetzt werden hauptsächlich Dextrose, Lactose, Saccharose und Stärkeverzuckerungserzeugnisse. Der Zusatz von Dextrose bedingt eine schnelle pH-Wert-Absenkung, der Zusatz von Stärkeverzuckerungserzeugnissen dagegen eine langsamere Absenkung, so daß durch die Kombination der Zuckerstoffe bei guter Rohmaterialauswahl eine sehr gute Steuerung der Reifung möglich ist. Die Zugabemenge liegt bei ca. 0,6 % bis 0,8 %.

Starterkulturen

Mikroorganismen spielen bei der Rohwurstreifung eine außerordentlich wichtige Rolle für die Aromabildung, Farbstabilität, pH-Wert-Absenkung, Haltbarkeit usw. Um von vornherein erwünschte Mikroorganismen bei der Herstellung einsetzen zu können, werden heute sogenannte Starterkulturen eingesetzt. Es handelt sich um Mikroorganismenkulturen, die die Reifung positiv beeinflussen, außerdem soll die unerwünschte Begleitflora unterdrückt werden. Es werden hauptsächlich Lactobazillen eingesetzt, die die pH-Wert-Absenkung durch den Abbau von Kohlenhydraten zu Milchsäure bewirken. Der Einsatz von gewissen Staphylokokken-Kulturen bewirkt eine bessere Nitratreduzierung (durch mikroorganismeneigene Nitratreduktasen) und dadurch eine bessere Farbstabilität und bessere Umrötung. Zur besseren Aromabildung dienen Streptomyceen und Hefen. Daher werden zur Herstellung von Rohwurstprodukten fast immer Mischkulturen angeboten.

Kaliumsorbat

In der Bundesrepublik Deutschland ist zur Oberflächenbehandlung von Därmen Kaliumsorbat zugelassen. Es soll die Oberfläche frei von Schimmelpilzen halten. Bei der Austrocknung diffundiert Wasser durch den Darm nach außen, d.h. der Darm hat eine relativ feuchte Oberfläche, auf der sich Schimmelpilze und Bakterien unerwünscht vermehren können. Dies kann zur äußerlich sichtbaren, unerwünschten Verschimmelung und zu Farbfehlern in der Randzone führen. Cellulosedärme können sogar durch diese hohe Oberflächenverkeimung aufgelöst werden. Eine leichte Räucherung nach der Reifung besitzt ebenfalls gewisse bakterizide Wirkung. Der Zusatz von Kaliumsorbat zur Oberflächenbehandlung von Rohwurstdärmen ist nach der Fleischverordnung in der Bundesrepublik Deutschland auf 1,5 g pro kg im Randbereich beschränkt, außerdem ist eine Kenntlichmachung erforderlich.

Natamycin

Die Verwendung von Natamycin als Oberflächenbehandlungsmittel ist in der Bundesrepublik Deutschland verboten.

17.3.2.4 Kochwürste

Nach Ziffer 2.23 der Leitsätze für Fleisch und Fleischerzeugnisse sind „Kochwürste" hitzebehandelte Wurstwaren, die vorwiegend aus gekochtem Ausgangsmaterial hergestellt werden. Kochwürste sind in der Regel nur in erkaltetem Zustand schnittfähig, Kochstreichwürste sind Kochwürste, deren Konsistenz in erkaltetem Zustand von erstarrtem Fett oder zusammenhängend koaguliertem Lebereiweiß bestimmt ist. Sofern Kochstreichwürste über 10 % Leber enthalten, handelt es sich um Leberwürste (Ziffer 2.231). Blutwürste sind Kochwürste, deren Schnittfähigkeit in erkaltetem Zustand auf mit Blut versetzter, erstarrter Gallertmasse („Schwartenbrei") oder auf zusammenhängende Koagulation von Bluteiweiß beruht (Ziffer 2.232). Sülzwürste sind Kochwürste, deren Schnittfähigkeit in erkaltetem Zustand durch erstarrte Gallertmasse (Aspik oder „Schwartenbrei") zustande kommt (Ziffer 2.233). Hauptsächliches Ausgangsmaterial ist Schweinefleisch, Fett und Fettgewebe, Kalbfleisch, Leber und andere Innereien, Blut, Schwarten und Aspik. Bei Sülzwürsten kommen oft noch Gemüseeinlagen wie Karotten, Champignons etc. dazu. Als Zusatzstoffe und Zutaten werden hauptsächlich Kochsalz, Nitritpökelsalz, Ascorbate, Emulgatoren, Geschmacksverstärker verwendet. Bei Wurstwaren, in deren Verkehrsbezeichnung der Begriff „Kalb-" enthalten ist, bestehen nach den Leitsätzen mindestens 15% des Fleischanteiles aus Kalbfleisch und/oder Jungrindfleisch.

Bei der Herstellung von Kochwürsten müssen Fett, Fleischeiweiß und fleischeigenes Wasser bzw. Wasser aus der Kesselbrühe, die zum Ausgleich des Kochverlustes zugesetzt wurde, so miteinander gemischt werden, daß sie auch bei höheren Temperaturen nicht wieder auseinandergehen. Wichtig ist dabei die Emulgierung von Fett und Wasser. Die Rolle des Emulgators übernimmt im Normalfall die Leber: bei der Zerkleinerung der Leber in Gegenwart von Salz gehen Eiweißstoffe in Lösung; diese Eiweißstoffe umhüllen die Fettpartikel und verhindern so, daß das Fett zusammenfließt und die gebildete Emulsion bricht.

Emulgatoren

Zur Unterstützung der Leber als „natürlicher" Emulgator werden heute zur Vermeidung von Fett- und Geleeabsätzen künstliche Emulgatoren verwendet. Es handelt sich um Mono- und Diglyceriden von Speisefettsäuren sowie deren Ester mit Milch- oder Zitronensäure. Sie besitzen einen hydrophilen Teil, der sich an die wäßrige Phase anlagert und einen hydrophoben Teil, der sich mit der Fettphase verbindet und so das Zusammenfließen der zerkleinerten Fett-Teilchen verhindert, es bildet sich somit kein Fettabsatz. Bei höheren Temperaturen ($>90\,^\circ$C) verlieren die Emulgatoren ihre Emulgierfähigkeit. Für Fleischerzeugnisse, die auf höhere Temperaturen erhitzt werden, z.B. Kochwurst- und Brühwurstkonserven, müssen andere Zusätze verwendet werden, um Fettabsätze zu verhindern. Bei Erzeugnissen, die in luftdicht verschlossenen Packungen auf eine Kerntemperatur von über 80 °C erhitzt werden, ist in der Bundesrepublik Deutschland die Verwendung von aufgeschlossenem Milcheiweiß (Caseinat) zugelassen. Dieses aufgeschlossene Milcheiweiß wird aus entfetteter Milch durch einen alkalischen Aufschluß mit Natrium- oder Calciumhydroxid gewonnen. Die aufgeschlossenen Milchproteine lagern sich direkt an die fein zerkleinerten Fettpartikel an und verhindern somit ein Zusammenfließen.

Der Höchstgehalt an den Mono- und Diglyceriden von Speisefettsäuren und deren Ester mit Milch- oder Zitronensäure beträgt 5 g pro kg, die Höchstmenge an aufgeschlossenem Milcheiweiß ist in der Fleischverordnung mit 20 g pro kg festgelegt.

Tauchmassen

Zur Verhinderung von Austrocknung, Gewichtsverlusten, Ranzigwerden, zum Schutz vor Licht und Sauerstoff werden des öfteren Kochwursterzeugnisse, die in Naturdärmen abgefüllt sind, mit einer Tauchmasse überzogen. Diese Tauchmasse besteht aus Estern der Mono- und Diglyceride von Speisefettsäuren mit Essigsäure oder Zitronensäure. Der Anteil der Tauchmasse ist auf maximal 5% am Gesamtgewicht beschränkt.

17.3.2.5 Brühwürste

Nach Ziffer 2.22 der Leitsätze für Fleisch und Fleischerzeugnisse sind „Brühwürste" durch Brühen, Backen, Braten oder auf andere Weise hitzebehandelte Wurstwaren, bei denen zerkleinertes rohes Fleisch mit Kochsalz (auch in Form von Nitritpökelsalz) und ggf. anderen Kuttersalzen meist unter Zusatz von Trinkwasser (oder Eis) ganz oder teilweise aufgeschlossen wurde und deren Muskeleiweiß bei der Hitzebehandlung mehr oder weniger zusammenhängend koaguliert ist, so daß die Erzeugnisse bei etwaigem erneuten Erhitzen schnittfest bleiben.

Brühwürste werden aus fein zerkleinertem Schweine- oder Rindfleisch, Fettgewebe, Wasser, Kochsalz oder Nitritpökelsalz, Gewürzen und verschiedenen Zusatzstoffen wie Kutterhilfsmittel, Umrötehilfsmittel (Ascorbate und GdL), Emulgatoren und Geschmacksverstärker hergestellt.

Ähnlich wie bei den Kochwürsten müssen auch bei den Brühwürsten die nicht miteinander mischbaren Phasen Fett-Wasser-Eiweiß zu einer homogenen Masse verarbeitet werden. Beim Zerkleinern (Kuttern) müssen die in den Zellen befindlichen Eiweißstoffe wie Actin, Myosin bzw. Actomyosin herausgelöst werden, es muß sich ein Wasser-Eiweiß-Gel bilden. In dieses Gel wird dann der Speckanteil gegeben. Das Eiweiß fungiert auch hier als Emulgator, indem es sich um die Fettpartikel lagert und ein Zusammenfließen verhindert. Wichtig für das Inlösungbringen des fibrillären Eiweißes ist auch die Salzkonzentration. Je höher die Salzkonzentration ist, desto besser ist das Wasserbindungsvermögen des Fleisches. Aus geschmacklichen Gründen können jedoch nur 2% Kochsalz bzw. Nitritpökelsalz verarbeitet werden.

Bei den Brühwürsten ist die Verwendung von Nitritpökelsalz teilweise eingeschränkt. So darf nach den Bestimmungen der Fleischverordnung bei Erzeugnissen, aus deren Bezeichnung hervorgeht, daß es sich um Rost-, Brat- oder Grillwürste handelt, kein Nitritpökelsalz zugesetzt werden. Dies rührt daher, daß bei diesen Erhitzungsprozessen aus dem Nitrit und gewissen Abbauprodukten des Eiweißes, den Aminen, carcinogene Nitrosamine entstehen können. Es ist jedoch bis jetzt noch nicht eindeutig geklärt, wie viel Nitrosamine wirklich entstehen können, und ob diese bis jetzt festgestellten relativ geringen Mengen an gebildeten Nitrosaminen überhaupt an der Entstehung von Krebs im menschlichen Organismus entscheidenden Einfluß haben. Im Rahmen eines vorbeugenden Gesundheitsschutzes ist diese Bestimmung sicherlich berechtigt. Durch die vom Verordnungsgeber gewählte

Formulierung „Brühwürste aus deren Bezeichnung hervorgeht" wird jedoch nicht ausgeschlossen, daß gepökelte Brühwursterzeugnisse gebraten oder gegrillt werden. Durch die Verwendung der in den Leitsätzen festgelegten Begriffe „Rote" oder „Bockwurst" können solche Erzeugnisse auch auf den Grill gelangen.

Eine Überdosierung von Natriumnitrit, die in den 20er Jahren dieses Jahrhunderts zu Todesfällen geführt hat, ist heute praktisch ausgeschlossen, da Nitrit nur noch in Mischungen mit Kochsalz (99,5 bis 99,6% Kochsalz und 0,4 bis 0,5% Natriumnitrit) verwendet werden darf. Der limitierende Faktor ist der Salzgeschmack des Erzeugnisses, ein versalzenes Produkt wird von den Verbrauchern abgelehnt.

Der Zusatz von Wasser zu Brühwursterzeugnissen ist technologisch notwendig, da das Wasser als Lösungsmedium für die Eiweißstoffe und das Salz dient. Außerdem führt das Wasser bzw. das Eis die beim Zerkleinern des Fleisches an den schnell rotierenden Messern entstehende Wärme ab. Die entstehende Wärme kann zu einer Denaturierung der Eiweißstoffe führen, die dabei ihr Wasserbindungsvermögen bzw. strukturgebende Eigenschaften verlieren würden.

Kutterhilfsmittel

In früheren Zeiten wurde schlachtwarmes Fleisch verarbeitet, d. h. es fand noch kein pH-Abfall statt, das Fleisch war noch nicht in der Totenstarre (die fibrillären Proteine Actin und Myosin sind noch getrennt) und es ist noch reichlich Adenosintriphosphat (ATP) vorhanden. Das beste Wasserbindungsvermögen besitzt Fleisch bei einem pH-Wert größer 6,0 und wenn die fibrillären Proteine Actin und Myosin noch nicht zu Actomyosin zusammengelagert sind. Aus betriebstechnischen Gründen kann jedoch nicht immer schlachtwarmes Fleisch verarbeitet werden, so daß die Verwendung von sogenanntem „Kaltfleisch" notwendig ist. Dieses „Kaltfleisch" ist jedoch bereits gesäuert (pH-Wert um 5,6), d. h. das Wasserbindungsvermögen ist stark reduziert, und es kann dadurch im Endprodukt zu starken Fett- und Geleeabsätzen kommen.

Durch die Verarbeitung von sogenannten Kutterhilfsmitteln wird dies jedoch ausgeglichen. In der BR Deutschland sind als Kutterhilfsmittel bei der Verwendung von nicht schlachtwarmem Fleisch Diphosphate und die sauren und neutralen Salze der organischen Genußsäuren (Citrate, Lactate, Acetate und Tartrate) zugelassen. Die Diphosphate wirken ähnlich wie das ATP in schlachtwarmem Fleisch; sie bedingen die Trennung von Actin und Myosin, d. h. die Quellung der fibrillären Proteine wird erleichtert. Die Salze der Genußsäuren bewirken nur eine Erhöhung der Ionenstärke ähnlich der Wirkung von Kochsalz.

Für die Verwendung von Diphosphaten ist in der Bundesrepublik Deutschland eine Höchstmenge festgelegt worden (3 g pro kg berechnet als Trinatriumhydrogendiphosphat), sie dürfen nicht zusammen mit den anderen Kutterhilfsmitteln (Salze der Genußsäuren), Blutplasma, Blutserum und Trockenblutplasma, auch 1 zu 10 aufgelöst, aufgeschlossenem Milcheiweiß, Eiklar verwendet werden. Die Verwendung der Diphosphate ist kenntlichmachungspflichtig. Die Verwendung der Salze der organischen Genußsäuren ist ebenfalls auf 3 g pro kg beschränkt aber nicht kenntlichmachungspflichtig.

Blutplasma, Trockenblutplasma, Blutserum, Trockenblutplasma im Verhältnis 1 zu 10 aufgelöst, aufgeschlossenes Milcheiweiß

Die nach dem Entfernen (Zentrifugieren) der Blutkörperchen aus dem Blut verbleibende Flüssigkeit, heißt Blutplasma. Trockenblutplasma ist sprühgetrocknetes Blutplasma, Blutserum ist das Blutplasma ohne das Protein Fibrin. Durch die Zugabe von Blutplasma kann ebenfalls das Wasserbindungsvermögen des Fleisches erhöht werden, erstens binden die Plasmaproteine stärker Wasser als die Fleischproteine, und zweitens wird der pH-Wert des Brätes erhöht. Durch diesen Zusatz wird also ebenfalls Fett- und Geleeabsatz verhindert.

In der Fleischverordnung wird die Verwendung dieser Zusätze und deren Höchstmenge geregelt. Der Gehalt an Trockenblutplasma (nur bei Erzeugnissen, die in luftdicht verschlossenen Packungen auf eine Kerntemperatur von mindestens 80 °C erhitzt worden sind) ist auf 2 % beschränkt, der Gehalt an Blutplasma, Blutserum und im Verhältnis 1 zu 10 aufgelöstes Trockenblutplasma bei den anderen Brühwursterzeugnissen darf höchstens 10 %, bezogen auf die verwendete Fleisch- und Fettmenge betragen.

Nach den Bestimmungen der Fleischverordnung dürfen diese Zusätze auch nur so verwendet werden, daß die damit hergestellten Erzeugnisse keine über das herkömmliche Maß hinausgehenden Fett- und Wassergehalte aufweisen.

Aufgeschlossenes Milcheiweiß ist ebenfalls zur Herstellung von Brühwürsten (bei Erzeugnissen, die in luftdicht verschlossenen Verpackungen, auf eine Kerntemperatur von mindestens 80 °C erhitzt sind), zur Verhinderung von Fett- und Geleeabsätzen zugelassen, die Höchstmenge beträgt 2 g pro 100 g.

Sojaerzeugnisse

Isoliertes Sojaeiweiß ist wasserlöslich und besitzt ein sehr gutes Wasserbindungsvermögen. Es wäre somit sehr gut für die Fleischwarenherstellung geeignet. Die Verwendung ist aber in der BR Deutschland im Gegensatz zu den anderen EG-Ländern und den außereuropäischen Staaten verboten, weil es zur Vortäuschung eines höheren Eiweißgehaltes, der auch eine höhere Wasserzugabe ermöglicht, eingesetzt werden kann.

17.4 Analytische Verfahren

Die wichtigsten Analysenmethoden sind in der „Amtlichen Sammlung von Untersuchungsverfahren nach § 35 LMBG" aufgenommen. In den Kap. L.06.00 bis L.08.00 sind die Methoden aufgeführt.

17.4.1 Probenvorbereitung (L.06.00-1)

Für die chemische Analyse werden die Erzeugnisse fein zerkleinert. Bei dieser Zerkleinerung tritt gleichzeitig eine Homogenisierung ein. Ein aliquoter Teil des Homogenats wird zur Analyse verwendet. Für eine vollständige Untersuchung werden ca. 200 bis 250 g Erzeugnis benötigt, bei einer präparativgravimetrischen Untersuchung (z. B. Bestimmung des Magerfleischanteils im Bierschinken, Sülzen etc.) sind mindestens 600 g notwendig.

17.4.2 Amtliche Methoden

pH-Wert-Messung (L.06.00-2)
Die Messung des pH-Wertes erfolgt elektrisch mittels einer Einstabmeßkette.

Bestimmung des Wassergehaltes (L.06.00-3)
Ein aliquoter Teil der homogenisierten Probe wird zur Erhöhung der Oberfläche (bessere Verdampfung des Wassers) mit Seesand verrieben. Danach wird die Masse im Trockenschrank bei $103 \pm 2\,°C$ bis zur Gewichtskonstanz getrocknet.

Bestimmung des Gesamteiweißgehaltes (L.06.00-7)
Das Fleischeiweiß als wertbestimmender Teil der Fleischware wird über den Gehalt an Stickstoff analysiert.
Die Methode erlaubt keine Differenzierung zwischen Eiweiß, das aus dem Skelettmuskelfleisch stammt und solchem aus Schwarten, fleischfremden Eiweißen und Nichtstickstoff-Verbindungen. Letztere weisen teilweise höhere Stickstoffgehalte als tierische Eiweiße auf. Sie täuschen im Erzeugnis einen höheren Fleischeiweißgehalt vor. Dadurch kann ein höherer Anteil an Wasser verarbeitet werden.

Bestimmung von fleischfremden Eiweißen (L.07.00-35)
Nach den Bestimmungen der Fleischverordnung ist in der BR Deutschland die Verwendung von Molke-, Soja-, Hefe- und Weizenproteinen nicht zulässig. Aufgeschlossenes Milcheiweiß, Eieiweiß ist nur bei bestimmten Erzeugnissen zugelassen.
Diese Proteine werden mit Hilfe immunologischer Methoden nachgewiesen, es werden spezifische Eiweiß-Antikörper eingesetzt. In einem Gel aus Agarose oder Agar-Agar wandern diese Antikörper und die Proteine der Probe aufeinander zu. Beim Zusammentreffen von Antikörper und dem zugehörigen Antigen aus der Probe bildet sich eine Füllung, die sich im Gel als weißlichgraue Bande zu erkennen gibt. Sie kann mit geeigneten Farbstoffen angefärbt werden.

Bestimmung des Bindegewebseiweißes (L.06.00-8 und L.06.00-13)
Der Anteil des Bindegewebes am Fleischeiweiß wird durch die Bestimmung der Aminosäure Hydroxiprolin erfaßt. Der Anteil dieser Aminosäure im Aminosäurespektrum des Bindegewebseiweißes beträgt ziemlich konstant 12,5 %. Im Gegensatz dazu kommt sie in schierem Skelettmuskelfleisch praktisch nicht vor.

Bei der chemischen Bestimmung des Hydroxiprolins (L.06.00-8) wird ein aliquoter Teil der Probe mit Salzsäure hydrolisiert. Das freigesetzte Hydroxiprolin wird oxidiert. Das Oxidationsprodukt wird mit einem Reagens zu einem rot-violetten Farbstoff umgesetzt, dessen Gehalt photometrisch bestimmt wird.

Eine andere Möglichkeit der Bestimmung des Bindegewebseiweißes ist die histometrische Bestimmung (L.06.00-13). Hier werden feingewebliche Schnitte angefertigt, die so angefärbt werden, daß Skelettmuskelfleisch und Bindegewebe unterschiedliche Farbe aufweisen. Unter dem Mikroskop werden diese Farbflächen anhand eines Rasters ausgewertet und der Gehalt an Bindegewebseiweiß berechnet.

Bestimmung des Fettgehaltes (L.06.00-6)

Bei dieser Bestimmung wird ein aliquoter Teil der Probe mit Säure aufgeschlossen (Methode nach Weibull-Stoldt). Nach der Filtration wird säurefrei gewaschen. Der Filterrückstand wird getrocknet. Anschließend wird der getrocknete Rückstand in dem Extraktionsapparat nach Soxhlet extrahiert.

Bestimmung des Mineralstoff(Asche)-Gehaltes (L.06.00-4)

Der Aschegehalt wird durch eine trockene Veraschung im Muffelofen bei ca. 600 °C bestimmt.

Bestimmung von Kochsalz (L.06.00-5)

Bei der amtlichen Methode wird der Gehalt an Kochsalz über den Gehalt an Chlorid bestimmt. Ein wäßriger Auszug des Fleischerzeugnisses wird mit Silbernitrat-Lösung titriert (nach Mohr).

Ernährungsphysiologisch ist jedoch der Gehalt des Natriums in Kochsalz von Bedeutung. Ein hoher Natriumverzehr begünstigt Bluthochdruck und damit Erkrankungen des Herz-Kreislaufsystems. Der Gehalt an Natrium wird üblicherweise mit Hilfe einer natrium-sensitiven Elektrode oder flammenphotometrisch bestimmt.

Bestimmung von Natrium und/oder Kaliumdiphosphaten
und des Gesamtphosphorgehaltes (L.06.00-15 und L.06.00-9)

Die qualitative Bestimmung des Diphosphat- bzw. Polyphosphatzusatzes erfolgt mit Hilfe der Dünnschichtchromatographie (L.06.00-15).

Der Diphosphat-Nachweis kann durch Phospho-Serin oder Phospho-Taurin gestört werden, die ebenfalls Flecken auf der DC-Platte liefern.

Da die zugesetzten Diphosphate mit der Zeit zu Monophosphaten gespalten werden, ist ein negativer Befund kein Beweis, daß keine Diphosphate zugesetzt worden sind. In diesem Falle ist eine quantitative Bestimmung des Gesamtphosphorgehaltes erforderlich.

Zur Bestimmung des Gesamtphosphorgehaltes (L.06.00-9) wird die Probe verascht, die verbleibenden Mineralsalze werden in Säure gelöst, die in der Lösung enthaltenen Phosphate werden mit einem geeigneten Reagens in einen intensiv gelb gefärbten Komplex überführt und der Gehalt photometrisch bestimmt.

Bestimmung von Nitrit und Nitrat (L.06.00-12)
Bei der amtlichen Methode wird ein wäßriger Auszug des Fleischerzeugnisses
hergestellt. Das in diesem Auszug vorhandene Nitrit wird mit organischen
Reagenzien zu einem roten Farbstoff umgesetzt, dessen Gehalt anschließend
photometrisch bestimmt wird.
Die Bestimmung des Nitrats erfolgt durch Reduktion des Nitrats an elemen-
tarem Cadmium zu Nitrit, das dann anschließend durch Umsetzung mit
organischen Reagenzien zu einem Farbstoff umgewandelt wird, der photometrisch bestimmt wird.
Aufgrund der Toxizität des zur Reduktion verwendeten Cadmiums wird heute
versucht, das Nitrat enzymatisch mit Hilfe der Nitratreduktase zu bestimmen.

Bestimmung der organischen Genußsäuren und der Glutaminsäuren
(L.07.00-13, 14, 15, 17)
Die quantitative Bestimmung dieser Säuren erfolgt enzymatisch. Dabei wird
ausschließlich die zu bestimmende Komponente erfaßt. Zur Auswertung wird
das in einer Nebenreaktion entstehende NADH bzw. NADPH herangezogen.
Sein Gehalt wird photometrisch bestimmt.

Bestimmung der Stärke (L.07.00-25 und L.07.00-21)
Es stehen zwei Methoden zur Verfügung. Die enzymatische Bestimmung
(L.07.00-25) verläuft wie bei den organischen Genußsäuren beschrieben.
Bei der Methode L.07.00-21 wird die Stärke mit Säure zu Glucose hydrolisiert.
Diese wird dann nach Luff-Schoorl quantitativ bestimmt.

Bestimmung von Benzo(a)pyren (L.07.00-26 und -27)
Das beim Verbrennen von organischem Material u.a. entstehende
Benzo(a)pyren wird aus den geräucherten Fleischerzeugnissen mit einem
geeigneten Lösungsmittel extrahiert, angereichert und anschließend durch
Dünnschichtchromatographie bestimmt.
Neuerdings werden zunehmend hochdruckflüssigkeitschromatographische
und gaschromatographische-massenspektrometrische Verfahren angewendet.

Bestimmung von aufgeschlossenem Milcheiweiß in Brühwürsten
(L.08.00-10)
Aus einem aliquoten Teil des homogenisierten Untersuchungsgutes werden mit
geeigneten Lösungsmitteln alle Phosphorverbindungen bis auf die für das
Milcheiweiß charakteristischen Phosphoproteide extrahiert. Nach Aufschluß
des Rückstandes mit einem oxidierenden Säuregemisch wird der Phosphopro-
teidphosphor als Phosphat mit Molybdat-Vanadat-Reagenz photometrisch
bestimmt.

Nachweis der Tierart bei nativem Muskelfleisch mit Hilfe
der isoelektrischen Fokussierung (L.06.00-17)
Mit Hilfe der isoelektrischen Fokussierung werden unter dem Einfluß eines
elektrischen Feldes die gelösten Proteine eines wäßrigen Extraktes nach ihren
unterschiedlichen isoelektrischen Punkten getrennt und fokussiert. Die Auswertung erfolgt durch Vergleich der gefärbten Banden zwischen der zu
bestimmenden Probe und dem im selben Gel laufenden Referenzprobe.

17.4.3 Nichtamtliche Methoden

Bestimmung von Nichteiweiß-Stickstoff-Verbindungen
Zum jetzigen Zeitpunkt existiert noch kein amtliches Untersuchungsverfahren.
Die zu untersuchende Probe wird intensiv mit Trichloressigsäure-Lösung und
Dichlormethan homogenisiert, zentrifugiert und die im Überstand enthaltene
Stickstoffsubstanz nach Kjeldahl bestimmt.

Bestimmung von Biogenen Aminen
Zum jetzigen Zeitpunkt existiert noch kein amtliches Untersuchungsverfahren.
Die Bestimmung erfolgt mit Hilfe der HPLC, GC, Aminosäure-Analyzer und
Kapillarisotachophorese.

Kapillarisotachophorese
Bei der Untersuchung von Fleischerzeugnissen auf ihren Gehalt an Zusatzstoffen hat sich die Kapillarisotachophorese sehr gut bewährt.

17.4.4 Berechnungen

Berechnung des Fremdwasseranteiles in Fleischerzeugnissen
Die Federzahl 4,0 (nach G. Feder benannt) beruht auf der Tatsache, daß rohes
Fleisch ein relativ konstantes Verhältnis zwischen den Gehalten an Wasser und
Fleischeiweiß aufweist. Das Verhältnis Wassergehalt zu Fleischeiweißgehalt
liegt im rohen Skelettmuskelfleisch bei 3,6 zu 1. Der Wert steigt jedoch nie über
4,0 zu 1. Bei Werten über 4,0 zu 1 liegt ein Zusatz von Fremdwasser vor, der bei
Brühwürsten technologisch notwendig ist. Bei Rohwürsten, Kochwürsten
(regionale Ausnahme möglich), Kochpökelwaren und Rohpökelwaren ist ein
Fremdwasserzusatz nicht zulässig.

$$\% \text{ Fremdwasser} = \% \text{ Gesamtwasser} - 4 \times \% \text{ Fleischeiweiß}$$

Berechnung des Bindegewebseiweißfreien Fleischeiweißes
Bindegewebseiweiß ist ernährungsphysiologisch weitaus weniger bedeutend
wie Skelettmuskeleiweiß. Wertbestimmender Anteil im Fleischerzeugnis ist das
Skelettmuskelfleisch. In den Leitsätzen für Fleisch und Fleischerzeugnisse
wurde dies durch die Einführung des Parameters „Bindegewebseiweißfreies
Fleischeiweiß" und dessen relativer Anteil im Fleischeiweiß dem „Bindegewebseiweißfreien Fleischeiweiß im Fleischeiweiß" Rechnung getragen.
Der Anteil des Bindegewebes am Fleischeiweiß wird durch die Bestimmung der
Aminosäure Hydroxiprolin erfaßt. Der Anteil dieser Aminosäure im Amino-
säurespektrum des Bindegewebseiweißes beträgt ziemlich konstant 12.5%. Im
Gegensatz dazu kommt sie in schierem Skelettmuskelfleisch praktisch nicht
vor. In dem Fleischerzeugnis wird der Gehalt an Hydroxiprolin bestimmt (s.
17.4.2.5). Der ermittelte Gehalt an Hydroxiprolin wird mit 8 multipliziert –
Bindegewebseiweiß enthält 12,5% Hydroxiprolin, d.h. ⅛ des Bindegewebes
besteht aus der Aminosäure Hydroxiprolin – und man erhält den Gehalt an
Bindegewebseiweiß.

Bindegewebseiweißfreies Fleischeiweiß (Beffe)
= Gehalt an Fleischeiweiß – Gehalt an Bindegewebseiweiß.

Bindegewebseiweißfreies Fleischeiweiß im Fleischeiweiß
= prozentualer Anteil des Bindegewebseiweißfreien
   Fleischeiweißes im Fleischeiweiß.

Bestimmung der P-Zahl

Die sogenannte „P-Zahl" stellt den Anteil von P_2O_5 im Fleischeiweiß dar. Es ist bekannt, daß in Fleisch der Gehalt an P_2O_5 ca. 2,3 % des Fleischeiweißgehaltes beträgt. Bei der Festlegung der P-Zahl wird der Gehalt an P_2O_5 in Verhältnis zum Fleischeiweiß gesetzt. P-Zahlen > 2,4 deuten bei Brühwürsten eindeutig auf einen Zusatz an Diphosphaten hin. Bei Kochpökelwaren ist aufgrund der technologischen Bearbeitung der Erzeugnisse die P-Zahl bei maximal 2,2 anzusiedeln.

Bedeutung des Aschegehaltes

Die Bestimmung des Aschegehaltes dient zur Vervollständigung der Analyse: die Summe der Gehalte aus Wasser, Eiweiß, Fett und Asche sollte 100 % (in der Praxis zwischen 99,0 % und 100,5 %) betragen. Bei Werten unter 100 % deutet dies auf einen Zusatz von Kohlenhydraten (Stärke, Zucker etc.) hin. Bei Werten über 100 % entsteht der Verdacht des Zusatzes von Nichteiweißstickstoff-Verbindungen. Abweichungen von der Summe können ihre Ursache auch in Analysenfehlern haben.

Stärkeanteil in Fleischerzeugnissen

Bei Frikadellen oder ähnlich bezeichneten Erzeugnissen ist der Stärkeanteil in der Trockenmasse auf 25 % beschränkt, dies entspricht einem Rohfleischanteil von 70–75 %.

Biogene Amine

Bei der Beurteilung von Fleisch und Fleischerzeugnissen scheint zunehmend der Gehalt an Biogenen Aminen an Bedeutung zu gewinnen.
Bei luftgetrockneten Fleischerzeugnissen (z.B. Bündnerfleisch) oder auch Rohschinken geht mit der Reifung der Ware eine Eiweißzersetzung parallel, die sich vor allen Dingen in der Bildung von Biogenen Aminen wie Putrescin, Cadaverin, Histamin, Tyramin, Spermin und Spermidin anzeigt. Bei überlagerten Rohschinken können leicht Gehalte in der Summe der Biogenen Amine von weit über 1000 mg/kg bis zu 2000 mg/kg entstehen, ein Beurteilungswert, wie er z.B. in der FischVO festgelegt wurde (Histamin kleiner 200 mg/kg) existiert in der Bundesrepublik Deutschland zum jetzigen Zeitpunkt für Fleisch und Fleischerzeugnisse noch nicht. Aber es wäre sicherlich denkbar, diesen Wert auch zur Beurteilung von Fleischerzeugnissen heranzuziehen, wenn der sensorische Eindruck der Ware dementsprechend ist.

Gehalt an Glutaminsäure in Rohfleisch und Innereien

Bei der Bestimmung des Gehaltes an Glutaminsäure in Fleischerzeugnissen muß berücksichtigt werden, daß Rohfleisch und Innereien einen Eigenanteil an

Glutaminsäure aufweisen. Dieser Gehalt kann bei Innereien bis zu 4000 mg/kg betragen, bei Geflügelfleisch bis zu 2000 mg/kg betragen. Diese Gehalte sind natürlich bei der rechtlichen Beurteilung des Zusatzes an Glutaminsäure zu berücksichtigen.

17.5 Literatur

1. Handbuch der Lebensmitteltechnologie, Prändl, Fischer, Schmidhofer, Sinell. Fleisch, Technologie und Hygiene der Gewinnung und Verarbeitung, Eugen Ulmer Verlag 1988
2. HLMC, Bd III/2. Teil, Tierische Lebensmittel. Eier, Fleisch, Fisch, Buttermilch
3. Die Fabrikation feiner Fleisch- und Wurstwaren. Koch, 1978, Verlagshaus Sponholz, Frankfurt
4. Fleischverarbeitung, Fachkunde und Fachrechnen. Bischoff, Bamberger, Bippes. Schroedel, Schulbuchverlag 1985
5. Die sichere Fleischwarenherstellung. Leitfaden für den Praktiker. Werner Frey, Hans Holzmann-Verlag
6. Kommentar, Das neue Fleischhygienerecht. Borowka, Chaumet, Preibisch. Deutscher Fachverlag, 1988
7. Kulmbacher Reihe
   Band 1 Themen aus der Mikrobiologie, Hygiene und dem Lebensmittelrecht
   Band 2 Beiträge zur Chemie und Physik des Fleisches
   Band 3 Beiträge zum Schlachtwert von Schweinen
   Band 4 Technologie der Brühwurst
   Band 5 Mikrobiologie und Qualität von Rohwurst und Rohschinken
   Band 6 Chemisch-physikalische Merkmale der Fleischqualität
   Band 7 Rindfleisch-Schlachtkörperwert und Fleischqualität
   Band 8 Technologie der Kochwurst und Kochpökelwaren
   Bearbeitet von Wissenschaftlern der Bundesanstalt für Fleischforschung, Kulmbach; Bezug über Förderergesellschaft der Bundesanstalt für Fleischforschung, E.-C.-Baumann-Str. 20, 8650 Kulmbach
8. Fleischverordnung vom 21. Januar 1982, in der Fassung der 3. ÄnderungsVO vom 25.03.1988 (BGBl. I S. 482)
9. Verordnung über Hackfleisch, Schabefleisch und anderes zerkleinertes rohes Fleisch (HackfleischVO) vom 10. Mai 1976 (BGBl. I S. 1186) i.d.F. vom 13.3.1984 (BGBl. I S. 393)

18 Fische und Fischerzeugnisse

J. Oehlenschläger, Hamburg

18.1 Lebensmittelwarengruppen

Das Lebensmittel Fisch läßt sich prinzipiell in zwei große Warengruppen mit unterschiedlicher Marktbedeutung unterteilen: frische Fische und Fischerzeugnisse. Die beiden Gruppen lassen sich vereinfacht weiter unterteilen in:
1. Frische Fische:
   – unbehandelte, z.T. in Eis gelagerte Fische oder -teile.
2. Fischerzeugnisse:
   – be- und verarbeitete Fischprodukte,
   – Getrocknete Fische,
   – Geräucherte Fische [12],
   – Gesalzene Fische,
   – Anchosen,
   – Marinaden,
   – Bratfischwaren,
   – Fischdauerkonserven,
   – Tiefgefrorene Fischerzeugnisse,
   – Besondere Fischerzeugnisse.

18.2 Beurteilungsgrundlagen

Als Beurteilungsgrundlagen für die vielfältigen Angebotsformen von Fischerzeugnissen, die hier nur stark gekürzt aufgeführt werden konnten, dienen die allgemeinen gesetzlichen Regelungen und empfohlenen Richtlinien, die ausführlich in Kap. 11 behandelt werden. Einige gesetzliche Regelungen und Richtlinien, die überwiegend nur das Lebensmittel Fisch betreffen sind:

18.2.1 Gesetzliche Regelungen

Verordnung über gesundheitliche Anforderungen an Fische und Schalentiere (Fischverordnung) vom 8. August 1988 (BGBl. I S. 1570).
Vorläufiger Probenahmeplan, Untersuchungsmethode und Beurteilungsvorschlag für die amtliche Überprüfung der Vorschriften des § 2 Abs. 5 der FischVO, Bundesgesundheitsblatt 31 (12) 1988 S. 486–487.

Schadstoffhöchstmengenverordnung (SHmV) vom 23. März 1988 BGBl. I 422 (Regelung von Quecksilber- und PCB-Werten).

Verordnung (EWG) Nr. 33/89 des Rates vom 5. Januar 1989 zur Änderung der Verordnung (EWG) Nr. 103/76 über gemeinsame Vermarktungsnormen für bestimmte frische oder gekühlte Fische. Amtsblatt der Europäischen Gemeinschaften Nr. L 5/18 vom 7. 1. 1989.

Verordnung (EWG) Nr. 2136/89 des Rates vom 21. Juni 1989 über gemeinsame Vermarktungsnormen für Sardinenkonserven. Amtsblatt der Europäischen Gemeinschaften Nr. L 212/79 vom 22. 7. 1989.

18.2.2 Richtwerte, Leitsätze

DLB
– Leitsätze für Fische, Krebs-, Schalen- und Weichtiere und Erzeugnisse, daraus
– Leitsätze für tiefgefrorene Fische und Fischerzeugnisse.

(Beide Leitsätze werden z. Zt. gründlich überarbeitet und z. T. erheblich erweitert; mit einer Veröffentlichung der neuen Fassungen ist 1991 zu rechnen)

Richtwerte für Schadstoffe in Lebensmitteln. Bundesgesundheitsblatt (1990) 33:224.

Standards der FAO/WHO Codex Alimentarius Commission:
Erarbeitet und vorbereitet vom Codex Komitee für Fische und Fischprodukte (Bergen, N).

13 fertige Standards (Lachskonserven, TK-Lachs, Garnelenkonserven, TK-Fischfilets, Thunfischdauerkonserven, Krebsfleisch in Dosen, Sardinenkonserven, Hummer, Makrelenkonserven).

3 Standards in Vorbereitung: Klippfisch, tiefgefrorene Blöcke aus Fischfilet, TK-Fischstäbchen und -portionen.

18.3 Warenkunde

18.3.1 Allgemeine Hinweise

Der Verzehr von Fischen und Fischerzeugnissen in der Bundesrepublik Deutschland ist nach einem durch die Berichterstattung über Nematoden im Fernsehen verursachten Rückgang wieder angestiegen, so daß bei einem optimistischen Verlauf in den 90er Jahren mit einem Pro-Kopf-Verbrauch von 15 kg gerechnet werden kann. Dieser Trend ist sehr zu begrüßen, da es sich bei Fischprodukten um Erzeugnisse aus einer naturbelassenen Rohware (mit Ausnahme der Aquakulturproduktion) ähnlich dem jagdbaren Wild handelt, die ernährungsphysiologisch außerordentlich wertvoll sind. Außer durch Fangselektion mit geeigneten Netzen (zur Beschränkung auf Fische bestimmter Größen) oder durch gezielte Fangbeschränkungen (zur Erholung zu stark befischter Bestände) in gewissen Gebieten läßt sich Seefisch im Gegensatz zu

Landtieren aus der Massenproduktion, die vielfältigen Einflüssen durch Züchtung und Futterzusammensetzung ausgesetzt sind, nicht beeinflussen [26]. Fische enthalten als einziges tierisches Lebensmittel hohe Gehalte an Selen, Jod und die ernährungsphysiologisch wertvollen ungesättigten Fettsäuren der (n-3)-Reihe [4, 5, 15, 17, 22] (s. auch Kap. 13.4).

Fischprodukte unterscheiden sich von Produkten anderer Tiere zusätzlich dadurch, daß die für die Produkte eingesetzte Rohware eine sehr große Artenvielfalt umfaßt. So sind allein über 50 Seefischarten ständig am Markt und in vielfältigen Angebotsformen im Handel (DLB, [19, 35]). Den höchsten Marktanteil hatte in der Bundesrepublik Deutschland 1988 Hering (30,1%), gefolgt von Seelachs (20%), Thunfisch (Boniten) (9,6%), Rotbarsch (8,2%), Kabeljau (7,4%), Seehecht (6,5%) und Makrele (5,2%). Bei einem Pro-Kopf-Verbrauch von 12,6 kg Fisch (Fanggewicht) entfielen davon 11% auf Frischfisch und 89% auf Fischerzeugnisse, von denen sich wiederum 29% auf Konserven und Marinaden, 18% auf Tiefkühlprodukte, 4,5% auf Räucherfisch, 4% auf Salzhering und 7% auf Feinkostartikel verteilten.

Die Warengruppen unterscheiden sich hauptsächlich durch die Art der Haltbarmachung: Entzug von Wasser – Trockenfische, Garung durch den Einfluß von Rauch und Wärme – Räucherfische (heißgeräuchert bei bis +70 °C, kaltgeräuchert bei +20–30 °C), salzgar gemacht – gesalzene Fische, mit Säure und Salz (unter Zuckerzusatz) gegart und gereift – Anchosen, mit Salz und Säure gegart – Marinaden, durch Braten (Erhitzen) haltbar gemacht – Bratfischwaren, durch Hitze dauerhaft haltbar gemacht – Dauerkonserven, durch Tiefgefrieren (< −18 °C) und Tiefgefrierlagerung längerfristig haltbar – Tiefkühlwaren.

Darüber hinaus gibt es noch einige Produkte, die sich in keine der o. a. Gruppen einfügen lassen: z. B. Surimi, ein ursprünglich aus Japan stammendes Halbfertigerzeugnis aus Fischprotein, Fischwürste oder Fischpudding.

Einige Fischprodukte tragen Kunstnamen, aus denen die verwendete Fischrohware nicht mehr zu erkennen ist. Beispiele hierfür sind: Seeaal (heißgeräucherte Rückenstücke vom Dornhai), Schillerlocken (heißgeräucherte, in Streifen geschnittene Bauchlappen vom Dornhai), Kalbfisch (heißgeräucherte Stücke vom Heringshai), Speckfisch (heißgeräucherte Stücke vom Grauhai).

Es herrscht vielfach noch die Meinung vor, frischer Fisch sei im Vergleich zu anderen Lebensmitteln sehr leicht verderblich. Dies rührt daher, daß der Fisch im Gegensatz zu landbewohnenden Warmblütern bedingt durch seine Lebensweise im Wasser auf ein starkes Bindegewebe verzichten kann. Fischfleisch macht deshalb einen weichen, lockeren Eindruck, der zu dem Schluß: „empfindliches, leicht verderbliches Produkt" verführt. Bei genauerer Betrachtung ist dies aber nicht der Fall. Frischfisch behält z. B. seine Verzehrsfähigkeit – bei sich langsam verschlechternder Qualität – bis zu 2–3 Wochen (abhängig von der Fischart) bei sorgfältiger Lagerung in schmelzendem Eis. Während der ersten Woche sind Veränderungen kaum feststellbar; erst nach Eindringen von Mikroorganismen in den Fisch beginnt dann der Verderbsprozeß, der durch die analytische Bestimmung einer Anzahl von verderbsspezifischen chemischen Substanzen wie aliphatische Amine in Kabeljauartigen, biogene Amine

(z. B. Histamin, Cadaverin, Putrescin) in Makrelenartigen verfolgt werden kann [6, 9, 11, 13, 18].

18.3.2 Inhaltsstoffe

Eine Übersicht über die in den unterschiedlichen Fischarten vorkommenden Lebensmittelinhaltsstoffe wird in den folgenden Tabellen gegeben [4, 5]. Vor Benutzung der Tabellen sei hier noch einmal daran erinnert, daß Fisch als wildlebendes Tier kein völlig standardisierbares Lebensmittel ist. Bemühungen, die Fischerzeugnisse zu standardisieren, wie sie im nationalen Rahmen in den Fachausschüssen 5 und 7 der deutschen Lebensmittelbuchkommission oder international im Codex Committee für Fische und Fischprodukte der Codex Alimentarius Commission vorgenommen werden, berücksichtigen soweit möglich diese natürlichen Vorgaben.

Die absoluten und relativen Gehalte an Fischinhaltsstoffen sind somit starken Schwankungen unterworfen, die nicht beeinflußt werden können, da sie auf natürlichen Faktoren beruhen. Die Variation erklärt sich aus dem biologischen Reifezyklus, dem Alter der Fische, dem Geschlecht, dem Fanggebiet, der Saison, dem Ernährungs- bzw. Gesundheitszustand des Fisches und anderer Einflußgrößen [18]. Tabellenwerte dürfen deshalb besonders bei Fischen und Fischerzeugnissen nicht unkritisch verwendet werden bzw. als Absolutwerte in Beurteilungen eingehen.

Tabelle 1 enthält Daten über die Grundzusammensetzung und den Gehalt an Phosphor und Jod in ausgewählten Seefischen und Süßwasserfischen. In Tabelle 2 sind die für den Menschen essentiellen Aminosäuren, d. h. Aminosäuren, die mit der Nahrung aufgenommen werden müssen, da der Mensch sie nicht selbst im Körper aufbauen kann, aufgeführt. Wie ein Vergleich mit dem empfohlenen Tagesbedarf Erwachsener (ca. 70 kg Körpergewicht) zeigt, deckt schon eine Fischmahlzeit von 100 g den Bedarf an vielen dieser Aminosäuren ab.

Tabelle 1. Chemische Zusammensetzung des verzehrbaren Anteils von Seefischen und Süßwasserfischen, arithmetische Mittelwerte und Schwankungsbreiten

Fischart	Protein N × 6.25 (%)	Wasser (%)	Fett (%)	Mineral-Stoffe (%)	Phosphor mg/100 g	Jod µg/100 g
Seefische						
Sardelle	20,1 / 15,3–23,5	75,3 / 72,4–79,1	2,3 / 1,7–3,6	1,9 / 1,1–2,1	233	
Glattbutt	17,7 / 15,9–19,4	78,3 / 76,3–81,4	2,0 / 0,1–4,7	1,6 / 1,2–1,8	301	
Lodde	15,0	81,8	3,1 / 2,6–3,4			
Kabeljau	16,9 / 15,0–19,6	80,9 / 72,4–83,5	0,6 / 0,1–1,2	1,7 / 1,0–2,4	184 / 140–200	

Tabelle 1 (Fortsetzung)

Fischart	Protein N × 6.25 (%)	Wasser (%)	Fett (%)	Mineral-Stoffe (%)	Phosphor mg/100 g	Jod µg/100 g
Lumb, Brosme	18,5 16,9–20,0	80,5 77,8–82,6	0,6 0,2–1,8	1,2 0,8–1,5	177	
Kliesche	15,1 12,1–18,0	81,9 77,9–85,8	2,1 0,4–3,8	1,1 1,0–1,3	116	
Dornhai	17,6 16,2–19,6	72,8 69,5–75,1	9,5 4,8–15,3	1,3 0,8–1,8	266 176–350	
Heringskönig	17,8 15,6–21,0	78,3 73,8–80,3	1,4 0,5–3,3	1,4 1,0–1,9	231	
Meeraal	17,9 15,4–21,0	75,4 69,9–79,5	5,3 1,3–11,4	1,4 1,1–2,2	294 180–390	
Flunder	16,3 15,0–18,0	81,4 76,9–83,0	3,2 0,6–4,9	1,8 1,4–2,4	240	29
Rotzunge	16,2	80,7 79,1–82,2	0,6 0,1–1,0	0,7 0,2–1,1	153	
Rote Meerbarbe	18,6 16,0–22,6	74,9 68,6–77,4	5,3 2,0–10,8	1,4 0,8–1,8	256 158–331	
Gestr. Meerbarbe	18,5 16,9–19,9	76,2 74,5–77,6	3,1 1,1–4,7	2,2 1,1–4,0	340	
Angler	15,5 10,6–23,2	80,3 68,4–84,2	1,5 0,1–7,5	1,4 1,0–2,0	225	
Schellfisch	18,2 15,4–20,4	80,6 78,5–82,7	0,5 0,1–1,0	1,3 1,1–2,7	203 164–318	243 60–510
Seehecht	17,0 13,7–18,8	79,9 72,8–84,9	1,4 0,2–6,0	1,3 0,9–1,8	213 126–305	
W. Heilbutt	20,1 18,0–21,8	74,3 71,7–77,8	6,2 3,9–8,5	1,1	202 192–211	52
Hering	18,0 17,0–18,9	65,3 60,1–71,5	14,9 2,4–20,2	1,6 1,5–1,7	250 235–260	52
Leng	18,9 16,1–21,0	79,2 77,7–81,7	0,4 0,1–0,9	1,1 0,5–1,5	215 183–263	
Stöcker	19,5 16,7–20,9	76,0 72,0–79,4	2,5 0,2–5,2	1,6 1,2–2,7	218 192–244	
Makrele	19,6 15,1–24,1	68,6 62,0–78,6	9,6 0,7–30,0	1,5 0,9–2,5	244 208–276	74
Meeräsche	19,2 15,7–22,8	72,4 59,5–79,9	6,0 0,7–20,2	1,3 1,0–1,8	228 153–436	
Sardine	19,5 14,4–25,5	71,7 59,6–81,8	5,9 1,5–17,4	2,3 1,0–6,7	258 220–303	32 13–54
Scholle	17,2 16,8–17,7	80,0 79,1–80,0	0,8 0,3–1,5	1,3	219 218–220	190 28–240
Steinköhler	18,4 17,5–19,2	78,7 77,4–80,3	0,4 0,3–0,7	1,6 1,3–2,0		
Köhler	18,2 17,0–24,3	78,9 72,9–82,1	0,8 0,2–1,0	1,4 1,2–1,9	224 220–228	200

Tabelle 1 (Fortsetzung)

Fischart	Protein N × 6.25 (%)	Wasser (%)	Fett (%)	Mineral-Stoffe (%)	Phosphor mg/100 g	Jod µg/100 g
Alaska-Pollock	16,7 14,7–18,9	81,2 80,3–83,0	0,8 0,2–1,0	1,1 1,0–1,3	376	
Rotbarsch (Tiefsee)	18,5 16,8–19,7	75,8 74,2–78,2	4,8 3,3–7,1	1,1 1,0–1,5	201 184–212	99 74–124
Rotbarsch (Flachsee)	18,4 17,4–21,7	77,7 72,6–80,5	3,1 0,6–8,4	1,2 0,8–1,5		
Atl. Lachs	17,2 11,7–22,5	74,5 66,6–84,8	5,5 0,2–14,5	1,1 1,0–1,2	220	
Ketalachs	20,4 17,7–24,5	73,5 68,9–78,3	4,6 1,3–7,9	1,4 1,2–1,7	240	
Knurrhahn	17,6	79,3	1,3 0,7–1,9	1,2	150	
Seezunge	17,5 15,2–18,3	78,8 76,8–80,1	2,5 1,3–3,7	1,7 1,3–2,0	252 245–259	17
Limande	16,7 15,2–18,1	81,8 79,1–84,1	1,2 0,7–1,9	1,1 1,0–1,2		
Sprotte	16,7 16,5–17,1	65,9 61,3–69,7	16,6 3,0–20,6	1,8 1,5–2,0		
Schwertfisch	19,4 16,9–21,2	74,5 67,6–77,7	4,4 2,0–6,7	1,4 1,0–2,5	506 228–745	
Albacore	25,2 21,8–27,6	67,6 62,3–74,2	6,3 0,7–13,2	1,4 1,2–3,0	422 250–595	
Thunfisch	23,5 21,4–25,3	67,6 52,7–74,7	8,5 0,2–25,0	1,3 0,9–1,5	254 190–327	
Schw. Heilbutt	13,2	75,3	11,6 10,8–12,4	0,9		
Katfisch	17,6 16,0–18,5	80,6 78,1–84,0	2,8 2,1–3,0	1,2 1,0–1,2	179 146–210	
Steinbutt	16,7 16,0–18,1	80,4	1,7 1,0–2,3	0,8	195 129–188	
Süßwasserfische						
Aal	15,0 14,0–15,9	59,3 53,5–64,6	24,5 18,3–27,8	1,0 0,9–1,0	223 192–297	4
Flußbarsch	18,4 18,2–18,8	79,5 79,1–81,1	0,8 0,7–0,9	1,2 1,1–1,3	198 180–215	4
Forelle	19,5 18,0–20,2	76,3 74,8–77,7	2,7 1,9–4,6	1,3 1,2–1,4	242 220–266	3
Hecht	18,4 17,9–18,8	79,6 79,5–80,0	0,9 0,5–2,0	1,0 1,0–1,1	192 160–220	
Karpfen	18,0 16,7–19,3	75,8 72,0–78,0	4,8 2,0–7,1	1,2 1,1–1,3	216 176–253	2
Zander	19,2 18,0–22,1	78,4 76,6–79,6	0,7 0,3–1,6	1,2 0,9–1,5	194 157–230	

Tabelle 2. Gehalt an essentiellen Aminosäuren in ausgewählten Süß- und Salzwasserfischen, Angaben in g Aminosäure/100 g verzehrsfähiger Anteil (Filet), zum Vergleich in Zeile 1 der Tagesbedarf Erwachsener (70 kg Körpergewicht) (nach BG, außer Arg und His), Süßwasserfische = (S)

	Arg	His	Ile	Leu	Lys	Met + Cys	Phe + Tyr	Thr	Try	Val	Cys + Met
Tagesbedarf Erwachsener	0,8	1,6	0,7	0,9	0,7	0,7	1,0	0,5	0,2	0,9	0,7
Karpfen (S) *Cyprinus carpio*	1,2	0,4	0,9	1,5	1,9	0,5	0,8	0,9	0,2	1,0	0,2
Kabeljau *Gadus morhua*	1,0	0,2	0,8	1,4	1,6	0,5	0,6	0,8	0,2	0,9	0,2
Lumb, Brosme *Brosme brosme*	1,2	0,4	1,2	1,7	3,3	0,6	0,8	0,9	0,2	1,2	0,2
Aal (S) *Anguilla anguilla*	1,2	0,4	0,8	1,4	1,2	0,5	0,6	0,7	0,2	0,9	0,1
Schellfisch *Melanogrammus aeglefinus*	1,2	0,4	0,9	1,4	1,7	0,6	0,7	0,8	0,2	1,0	0,2
Seehecht *Merluccius merluccius*	1,0	0,5	1,1	1,2	1,4	0,4	0,6	0,8	0,2	0,9	0,2
Hering *Clupea harengus*	1,1	0,5	0,9	1,7	1,5	0,4	0,9	1,0	0,2	1,1	–
Makrele *Scomber scombrus*	1,1	0,7	1,0	1,4	1,6	0,5	0,7	0,9	0,2	1,1	–
Meeräsche *Mugil cephalus*	1,4	0,6	0,8	1,5	2,0	0,5	0,7	0,8	–	0,9	0,5
Hecht (S) *Esox lucius*	1,3	0,4	0,8	1,3	1,3	0,5	0,7	0,9	0,2	1,0	0,1
Sardine *Sardina pilchardus*	1,0	0,6	0,9	1,3	1,6	0,5	0,8	0,9	0,2	1,0	0,2
Seelachs *Pollachius virens*	1,2	0,5	1,1	1,7	2,0	0,6	0,8	1,0	0,2	1,2	0,2
Alaska-Pollock *Theragra chalcogramma*	1,2	0,4	1,1	1,7	1,8	0,4	0,7	1,0	0,2	1,0	–
Rotbarsch *Sebastes marinus*	1,1	0,4	1,0	1,5	1,7	0,6	0,7	0,8	0,2	1,0	0,2
Regenbogen-forelle (S) *Salmo gairdneri*	1,3	0,6	0,9	1,5	2,0	0,6	0,9	0,8	0,2	1,1	0,3
Thunfisch *Thunnus thynnus*	1,3	1,1	1,2	2,1	2,3	0,6	1,1	1,1	0,3	1,4	0,3
Bl. Wittling *Micromesistius poutassou*	1,0	0,5	0,8	1,4	1,7	0,6	0,7	0,6	–	0,8	–
Katfisch *Anarhichas lupus*	1,0	0,4	1,1	1,4	1,6	0,5	0,7	0,9	0,2	1,0	0,2

Tabelle 3. Mittlere Gehalte an hochungesättigten (n-3) Fettsäuren und Cholesterin in See- und Süßwasserfischen, Angaben in g Fettsäure/100 g bzw. mg Cholesterin/100 g verzehrsfähiger Anteil

Fischart	mittlerer Fettgehalt (%)	Cholesterol	18:3	20:5	22:6	Σ hochunges. Fettsäuren
Sardelle	2,3	–	–	0,60	1,00	1,8
Glattbutt	2,0	60	–	0,10	0,12	0,4
Lodde	3,1	–	0,06	0,70	0,53	1,6
Karpfen	4,8	67	0,30	0,26	0,13	1,6
Kabeljau	0,6	43	0,01	0,11	0,21	0,4
Dornhai	9,5	52	0,07	0,26	1,3	3,0
Flunder	3,2	46	0,02	0,11	0,11	0,3
Seehecht	1,4	23	0,01	0,06	0,03	0,1
Schw. Heilbutt	11,6	46	0,05	0,60	0,43	1,5
Hering	14,9	60	0,11	0,80	0,94	2,3
Makrele	9,6	80	0,21	1,62	2,47	4,6
Stöcker	2,5	52	0,04	0,39	0,32	1,0
Rotbarsch	3,5	42	0,07	0,10	0,25	0,5
Stör	3,3	–	0,03	0,12	0,09	0,3
Hecht	0,9	39	0,03	0,05	0,10	0,3
Scholle	0,8	70	0,01	0,20	0,13	0,4
Atl. Lachs	5,5	–	0,30	0,30	1,04	2,3
Zuchtlachs	8,3	35	–	0,25	0,73	1,3
Ketalachs	4,6	74	0,07	0,50	0,61	1,6
Seezunge	2,5	50	0,01	0,01	0,10	0,2
Sprotte	16,6	39	–	0,54	0,91	1,7
Regenbogenforelle	3,4	57	0,13	0,16	0,48	1,4
Thunfisch	8,5	38	–	0,42	1,33	2,1
Katfisch	2,8	32	0,01	0,35	0,36	1,0
Wittling	0,5	31	0,01	0,06	0,10	0,2
Lumb, Brosme	0,7	32	–	0,03	0,09	0,1
Schellfisch	0,6	29	–	0,07	0,14	0,2

Tabelle 3 enthält Angaben über die Gehalte an hochungesättigten Fettsäuren und Cholesterin in Fischen [4, 29]. Die hochungesättigten Fettsäuren, namentlich Eicosapentaensäure (EPA, 20:5 n-3) und Docosahexaensäure (22:6 n-3), haben in den letzten Jahren die Bedeutung von Fisch als ernährungsphysiologisch wertvolles Nahrungsmittel stark aufgewertet, da sie im Körper zu sehr aktiven nützlichen Verbindungen umgewandelt werden [15, 24, 28, 30]. Ihr hoher Gehalt im Fett fast aller Fischarten macht Fisch hier nahezu unentbehrlich. Im Gegensatz dazu ist der durchweg niedrige Gehalt an Cholesterin (um 50 mg/100 g) hervorzuheben [29]. Fische mit einem ausgesprochen hohem Gehalt an ungesättigten Fettsäuren sind: Dornhai, Hering, Makrele, Thunfisch und Atlantischer Lachs.

Tabelle 4 enthält Angaben über wichtige Lebensmittelinhaltsstoffe in typischen Fischerzeugnissen des bundesdeutschen Marktes. Neben Protein und Fett sind in der Tabelle auch Gehalte an Natrium, Kalium, Jod, Cholesterin und hochungesättigten Fettsäuren aufgenommen [4, 20, 27]. Der Jodgehalt von

Tabelle 4. Mittlere Gehalte an Protein, Fett, Natrium, Kalium, Jod, Cholesterin und hochungesättigten Fettsäuren in einigen ausgewählten Fischerzeugnissen, Angaben bezogen auf 100 g verzehrsfertiges Produkt

Fischerzeugnis	Protein $N \times 6,25$ g	Fett g	Natrium mg	Kalium mg	Jod μg	Cholesterin mg	Σ hochunges. Fettsäuren g
Heringsfilet in Tomatensauce (Dauerkonserve)	14,8	15	444	237	91	46	2,2
Bismarckhering (Marinade)	16,5	16	1089	74	91	–	2,4
Makrele (geräuchert)	20,7	16	415	171	170	38	3,7
Ölsardinen (Dauerkonserve)	24,1	14	366	388	96	–	1,8
Thunfisch in Öl (Dauerkonserve)	23,8	21	291	248	149	–	–
Seelachs-Fischstäbchen (TK-Produkt)	13	8	509	378	126	40	0,2

Fischen und -produkten variiert zwischen 50 und 300 μg/100 g; in sehr hohen Konzentrationen ist Jod auch Bestandteil vieler Meeresalgen (sog. Jodalgen wie *Durvillea antarctica* enthalten z.B. bis zu 40 mg/kg TS).

Durch die Verarbeitungstechnologien wird die Zusammensetzung der Rohware sehr unterschiedlich beeinflußt: Eine geräucherte Makrele weicht in ihrer Zusammensetzung kaum von einem Frischfisch ab, ein TK-Fischstäbchen in seiner Gesamtheit dagegen sehr.

Neben den in den Tabellen aufgenommenen Inhaltsstoffen enthält Fisch noch eine Anzahl wichtiger Mikro- und Spurenelemente sowie anderer ernährungsphysiologisch wichtiger Verbindungen in wechselnden Mengen. An Elementen seien noch genannt: Brom, Fluor, Eisen, Selen, Calcium, an Verbindungen die Vitamine A, D, E, B_1, B_2, B_6, B_{12}, Nicotinamid, Pantothensäure, Biotin, Folsäure, deren durchschnittliche Gehalte im Filet von Seefischen in Tabelle 5 aufgeführt sind [4, 5]. Bei den Vitaminen A und D liegen weitaus höhere Gehalte (bis zu 2000 mg/100 g für A und 62 mg/100 g für D) in den aus Fischlebern gewonnenen Ölen vor.

Tabelle 5. Durchschnittliche Gehalte an Vitaminen im Filet von Seefischen. Angaben bezogen auf 100 g verzehrbarer Anteil, A = Retinol, D = Calciferol, E = α-Tocopherol, C = Ascorbinsäure, B_1 = Thiamin, B_2 = Riboflavin, Na = Nicotinamid, Pa = Pantothensäure, B_6 = Pyridoxin, Fol = Folsäure, B_{12} = Cyanocobalamin, H = Biotin

Vitamin:	A	D	E	C	B_1	B_2	Na	Pa	B_6	Fol	B_{12}	H
Gehalt:	50μg	15μg	4mg	2,5mg	0,1mg	0,2mg	5mg	0,6mg	0,4mg	9μg	5μg	11μg

Fische enthalten wie alle Lebewesen Parasiten. Die am häufigsten anzutreffenden sind die Nematoden. Lebend verschluckte Nematoden bilden ein – wenn auch verglichen mit anderen Risiken der Ernährung vernachlässigbar kleines – gesundheitliches Restrisiko. Tote Nematoden sind völlig ungefährlich. Das Nematodenproblem ist heute gelöst, da alle Fische, Fischprodukte und insbesondere Heringsprodukte zur sicheren Abtötung der Parasiten ausreichend lange bei unter $-18\,°C$ tiefgefroren, Säure-Salz gegart oder erhitzt werden. Bei Frischfischen werden große Teile des häufig befallenen Bauchlappens entfernt (Jumbo-Schnitt).

18.4 Analytische Verfahren

Bei der Beurteilung der Qualität von Fischen und Fischprodukten wird eine Vielzahl von Untersuchungsmethoden eingesetzt. Vielfach verwendet werden:

18.4.1 Sensorische Methoden [2] (s. auch Kap. 7)

Obwohl eine große Zahl von analytischen Methoden zur Verfügung steht, um die Frische und Qualität bzw. den Verderbsgrad von Fischen und Fischprodukten zu ermitteln, kann zumeist (außer in sehr eindeutigen Fällen) nicht auf den Einsatz sensorischer Verfahren verzichtet werden. Vielmehr bildet die Sensorik auch noch heute das empfindlichste und zuverlässigste Instrument für eine schnelle Begutachtung größerer Probenmengen (z. B. Anlandungen von Frischfisch, TK-Blöcken). Chemische und andere Methoden dienen bei sensorisch auffälliger Ware dann zur Bestätigung und objektiven Absicherung der Befunde [1, 2, 6, 7].
– Visueller Eindruck und Konsistenz,
– Geruch und Geschmack,
– Bewertung anhand von Skalen,
– Bewertung durch Vergleich (z. B. Dreieckstest).

18.4.2 Chemische und physikalische Methoden

Chemische und physikalische Methoden dienen einerseits zur Erfassung und Bewertung der Lebensmittelinhaltsstoffe und ihrer Stoffwechselprodukte andererseits zur Bestimmung des Frischegrades und der Qualität von Fischen und -produkten.
Erstere sind damit Methoden, die in der Lebensmittelanalytik allgemein eingesetzt werden, letztere dagegen häufig Spezialverfahren, die nur oder überwiegend bei Fisch und Fischwaren zum Einsatz kommen.
– Bestimmung des Rohprotein-, Fett-, Wasser-, Asche- und Salzgehaltes (s. MSS).
– Bestimmung des Gesamtfettes durch Fettextraktion, modifiziert nach Bligh & Dyer [25].

– Bestimmung des flüchtigen basischen Stickstoffs (TVB-N):
Wasserdampfdestillation von Fischhomogenaten bzw. sauren Extrakten,
Destillat besteht aus Ammoniak, Dimethylamin, Trimethylamin und anderen Aminen.
Vorteil: schnelle Methode, geringer apparativer Aufwand,
Nachteil: Keine Aussagekraft für die ersten 7–10 Lagertage, hoher methodeninhärenter Fehler [1, 2, 11, 23, 32].
– Bestimmung von Dimethylamin:
Photometrisch oder gaschromatographisch,
vorwiegend eingesetzt bei TK-Produkten [32].
– Bestimmung von Trimethylamin:
Photometrisch oder gaschromatographisch,
Vorteil: hohe Werte zeigen Verderb eindeutig an.
Nachteil: keine Aussagekraft in den ersten Tagen der Eislagerung [32].
– Bestimmung von Ammoniak:
enzymatisch oder mit ionenselektiver Elektrode, nur bei Knorpelfischen (Haien und Rochen) aussagekräftig [32].
– Bestimmung des Hypoxanthingehaltes bzw. K-Wertes:
Hochleistungsflüssigchromatographie, enzymatisch,
Vorteil: Veränderungen in den ersten Eislagertagen erfaßbar [8, 11].
– Formaldehyd:
photometrisch nach saurer Destillation,
Indikator für Zeit-Temperatur-Vorgeschichte von TK-Produkten [21].
– Biogene Amine (Histamin, Putrescin, Cadaverin, Spermin, Spermidin):
Hochleistungsflüssigchromatographie, photometrisch,
Bestimmung des Verderbs von Makrelenartigen, Heringen, Sardellen und Produkten daraus [7, 31].
– Bestimmung der freien Fettsäuren:
Hochleistungsflüssigchromatographie,
Indikator für Temperatureinflüsse bei Frischfisch und TK-Produkten [10, 33].
– Fettkennzahlen (s. MSS).
– Isoelektrische Fokussierung von Fischproteinen:
Methode zur Bestimmung der Fischart [31, 34].
– Fischtester, Torrymeter (beide bei Frischfisch):
Messung der Leitfähigkeit zur Frischebestimmung,
  – beide auch zur Unterscheidung zwischen Frischfisch und gefrorenem/wieder aufgetautem Fisch.
– Instron Texturmeßgerät:
Messung von Konsistenzveränderungen durch TK-Lagerung bzw. chemische Einflüsse.
– Bestimmung des Fischkernanteiles in panierten Fischportionen und -Stäbchen.
– Bestimmung des Glasuranteiles in einzeln gefrorenen Garnelen und Fischfilets.
– Bestimmung des Glasuranteils in Fischblöcken.

- Bestimmung des Abtropfgewichtes von Fischprodukten.
- Bestimmung des Tropfwasserverlustes bei TK-Produkten.
- Bestimmung des Grätenanteils in Fischprodukten.
- Bestimmung des Sandgehaltes in Garnelenprodukten.
- Ermittlung des Nematodenbefalls von Fischen und Fischprodukten.

Instrumentelle Methoden (s. auch Kap. 3–5) kommen überwiegend zum Einsatz bei der Ermittlung von Schadstoffkonzentrationen in Fischen und Fischprodukten. Zu diesen Schadstoffen zählen sowohl anthropogene Schadstoffe wie anorganische Elemente (Cadmium; Blei; Quecksilber, geregelt durch: SHmV und AS 35: Probenahmeverfahren für die Kontrolle des Quecksilbergehaltes in Fischen, Dezember 1988; Zinn; Arsen u.a.) und organische Verbindungen (Pflanzenschutzmittelrückstände, polychlorierte Biphenyle, Dibenzodioxine u.a.) aber auch Rückstände von Tierarzneimitteln [16] und die durch technologische Prozesse entstandenen unerwünschten Stoffe (wie polyzyklische aromatische Kohlenwasserstoffe, Nitrosamine).

18.4.3 Mikrobiologische Methoden [1, 3, 11]

Da der eigentliche Verderb der Fische (abgesehen von autolytischen Prozessen) erst beginnt, wenn Mikroorganismen nach Überwinden der Barriere Haut ins Innere gelangen, hat die Bestimmung von Anzahl und Art der Mikroorganismen in Fischen und -produkten immer noch eine große Bedeutung. Allgemeines zu mikrobiologischen Methoden findet sich in Kap. 6, besondere Bedeutung bei Fisch haben:
- Isolierung und Identifizierung von verderbspezifischen Keimen:
  - Pseudomonas,
  - Aeromonas,
  - Achromobacter,
  - Flavobakterium u.a.
- Isolierung und Identifizierung von produktspezifischen Keimen:
  - z.B. Vibrio costicola (Matjes, [36]).

18.5 Literatur

1. Ludorff W, Meyer V (1973) Fische und Fischerzeugnisse, Paul Parey, Berlin und Hamburg
2. Connell JJ (1980) Control of Fish Quality, Fishing News Books Ltd, Farnham, Surrey, 2nd ed
3. Kietzmann V, Priebe K, Rackow D, Reichenstein K (1969) Seefisch als Lebensmittel, Paul Parey, Berlin und Hamburg
4. Sidwell VD (1981) Chemical and Nutritional Composition of Finfishes, Whales, Crustaceans, Mollusks, and Their Products, NOAA Technical Memorandum NMFS F/SEC-11, US Department of Commerce
5. SFK

6. Aitken A, Mackie IM, Merrit JH, Windsor ML (1982) Fish handling and processing, Her Majesty's stationery office, Edinburgh

7. Kramer DE, Liston J (1987) Seafood Quality Determination, Elsevier, Amsterdam

8. Martin RE, Flick GJ, Hebard CE, Ward CR (ed) (1982) Chemistry and Biochemistry of Marine Food Products, avi Publishing Company, Westport, Connecticut

9. Love RM (1970, 1980) The Chemical Biology of Fishes, Vol I and II, Academic Press, London

10. Connell JJ (ed) (1980) Advances in Fish Science and Technology, Fishing News Books Ltd, Farnham, Surrey 1980

11. Huss HH (1988) Fresh fish- quality and quality changes, FAO Rom

12. Burt JR (ed) (1988) Fish smoking and drying, Elsevier Applied Science, London New York

13. Sainclivier M (1983) L'industrie alimentaire halieutique, Sciences agronomiques, Rennes

14. Krane W (1986) Fisch: Fünfsprachiges Fachwörterbuch der Fische, Krusten-, Schalen- und Weichtiere, Behr's Verlag, Hamburg

15. Kinsella JE (1987) Seafoods and fish oils in human health and disease, Marcel Dekker, Inc. New York Basel

16. Großklaus D (Herausg.) (1989) Rückstände in von Tieren stammenden Lebensmitteln, Paul Parey, Berlin und Hamburg

17. Meyer-Waarden PF (Herausg.) (1969) Fisch das zeitgemäße Lebensmittel, Westliche Berliner Verlagsgesellschaft Heenemann KG

18. Love RM (1988) The food fishes – their intrinsic variation and practical implications, Farrand Press London

19. Herrmann K (Herausg.) (1989) Dr. Oetker Lexikon Lebensmittel und Ernährung, Ceres-Verlag Bielefeld

20. Manthey M (1989) Gehalte an Natrium, Kalium, Jod und Fluorid in Fischerzeugnissen, Deutsche Lebensmittelrundschau 85:318

21. Rehbein H (1987) Determination of the formaldehyde content in fishery products, Z Lebensm Unters Forsch 185:292

22. Ackman RG, McLeod C (1988) Total lipids and nutritionally important fatty acids of some Nova Scotia fish and shellfish food products, Can Inst Food Sci Technol 21:390

23. Antonacopoulos N, Vyncke W (1989) Determination of volatile basic nitrogen in fish: a third collaborative study by the West European Fish Technologists' Association (WEFTA) Z Lebensm Unters Forsch 189:309

24. Wolfram G (1989) Bedeutung der Ω-3 Fettsäuren in der Ernährung des Menschen, Ernährungs-Umschau 36:319

25. Oehlenschläger J (1986) Eine universell verwendbare Methode zur Bestimmung des Fettgehaltes in Fischen und anderen Meerestieren, Infn Fischw 33:188

26. Oehlenschläger J (1989) Seefisch – ein wertvolles Nahrungsmittel, AID-Verbraucherdienst 34:113

27. Nuurtamo M, Varo P, Saara E, Koivistoinen P (1980) Mineral element composition of finnish foods. VI. Fish and fish products, Acta Agric Scand Suppl 22:77

28. Kinsella JE (1988) Fish and seafoods: nutritional implications and quality issues, Food Technol 1988:146

29. Krzynowek J (1985) Sterols and fatty acids in seafood, Food Technol 1985:61

30. Pigott GM, Tucker BW (1987) Science opens new horizons for marine lipids in human nutrition, Food Reviews Intern 3:105

31. Piclet GP (1987) Le poisson aliment- Composition – interet nutritionell, Cahiers de Nutrition et de Dietetique 22:317

32. Rehbein H, Oehlenschläger J (1982) Zur Zusammensetzung der TVB-N-Fraktion (flüchtige Basen) in sauren Extrakten und alkalischen Destillaten von Seefischfilet, Arch Lebensmittelhyg 33:44

33. Fricke H, Oehlenschläger J (1983) Veränderungen im Lipidmuster von Rotbarsch (Sebastes marinus L.), 1. Mitteilung: Untersuchungen an homogenisiertem Filet mittels Hochleistungsflüssigchromatographie, Fette, Seifen, Anstrichmittel 85:474

34. Rehbein H (1990) Electrophoretic techniques for species identification of fishery products, Z Lebensm Unters Forsch 191:1
35. Lillelund K, Terofal F (1987) Das große Buch vom Fisch, Teubner Edition im Gräfe und Unzer Verlag München
36. Karnop G (1986) Analyse der Bakterienpopulationen von Matjes und Heringsfilets nach Matjesart und Unterscheidungsmöglichkeiten beider Produkte an Hand von Vibrio costicola, Arch Lebensmittelhyg 37:114

19 Fette

D. Führling, Berlin

19.1 Lebensmittelwarengruppen

In diesem Kapitel werden folgende Warengruppen besprochen:
Margarineerzeugnisse (z.B. Margarine und Halbfettmargarine); Mischfetterzeugnisse; tierische und pflanzliche Speisefette und -öle (z.B. Schweineschmalz, Rindertalg, Gänseschmalz, Olivenöl, Sonnenblumenöl, Rapsöl, Distelöl, Kokosfett, Palmkernfett); Fritierfette.

19.2 Beurteilungsgrundlagen

Unter dem Begriff „Fett" werden Verbindungen von Glycerin und Fettsäuren verstanden (s. auch Kap. 1.5). Von der Art der Fettsäure hängt es ab, ob ein Fett bei Zimmertemperatur fest oder flüssig und damit als Öl vorliegt. In der Fachliteratur wird der Begriff „Fett" mehrdeutig verwendet [1].

Zur Beurteilung von Lebensmitteln aus dieser Warengruppe ist neben anderen allgemeinen Rechtsverordnungen (s. dazu Kap. 11.3) u.a. auf folgende Regelungen besonders hinzuweisen:

I Lebensmittelrechtliche Regelungen (s. LMR) wie
  - das alte Margarinegesetz bzw. das neue Milch- und Margarinegesetz (s. dazu Kap. 15.2.1 und 15.3.1),
  - Margarine- und Mischfettverordnung (MargMFV),
  - LMBG und LMKV (s. dazu Kap. 11.2 und 11.3.2),
  - NWKV, Diät-VO, Verordnung über vitaminisierte Lebensmittel (s. dazu auch Kap. 31.2),
  - Erukasäure-VO,
  - EWG-Verordnung Nr. 1860/88 und LHmV (s. dazu Kap. 5.1.1).

II Nicht rechtliche Regelungen wie
  - DLB – Leitsätze für Speisefette und Speiseöle,
  - DLB – Leitsätze für Margarine und Margarineschmalz (allgemeines zum DLB s. Kap. 11.1.2),
  - ALS – Beschlüsse.

19.2.1 Bezeichnungen

Im Vordergrund jeder Beurteilung steht die Frage, wie ist das vorliegende Erzeugnis bezeichnet worden.

Um eine Irreführung des Verbrauchers im Sinne von § 17 Abs. 1 Nr. 5 LMBG auszuschließen, hat das Bundesverwaltungsgericht festgestellt, daß die „Bezeichnung" diejenige Benennung eines Lebensmittels ist, die in einem Wort oder auch in einer Wortzusammensetzung, dessen Art und Eigenschaften oder dasjenige zum Ausdruck bringt, was nach der Verkehrsauffassung den Wert des betreffenden Lebensmittels mitbestimmt [16].

Gibt es keine in einer Rechtsverordnung festgelegten Bezeichnung, so dienen dann die *Leitsätze* vorrangig als Auslegungshilfe. Die Leitsätze bringen aber auch die nach allgemeiner Verkehrsauffassung üblichen Bezeichnung (Verkehrsbezeichnung im Sinne von § 4 der LMKV) zum Ausdruck. Die Verkehrsbezeichnungen sind in den Leitsätzen besonders gekennzeichnet [10].

Anmerkung:

a) Wird bei Speisefetten und -ölen auf einen hohen Anteil an mehrfach ungesättigten Fettsäuren hingewiesen, so muß nach den o. g. Leitsätzen der Linolsäureanteil, bezogen auf den Gesamtfettsäuregehalt, mehr als 50% betragen.

b) Werden Speiseöle als kaltgeschlagen bezeichnet, so müssen diese Öle ohne Hitzezufuhr gepreßt und nicht raffiniert sein.

Werden Speisefette und -öle als Zutat in einem anderen Lebensmittel verwendet, so kann die Verkehrsbezeichnung durch den entsprechenden Klassennamen nach Anlage 1 der LMKV ersetzt werden. Auch hier gilt wieder keine Regel ohne Ausnahmen; ausgenommen von dieser Regelung ist das Olivenöl (vgl. 19.2.2).

Zutat	Klassenname
Raffinierte Öle bzw. Raffinierte Fette	„Öl" bzw. „Fett"; ergänzt 1. durch „pflanzlich" oder „tierisch" oder 2. durch die Angabe der spezifischen pflanzlichen oder tierischen Herkunft Bei einem gehärteten Speiseöl muß mit der Angabe „gehärtet" darauf hingewiesen werden.
Mischungen aus raffinierten pflanzlichen bzw. tierischen Ölen und Fetten	„Pflanzliche Öle und Fette" bzw. „Tierische Öle und Fette"; ergänzt durch „in veränderlichen Gewichtsanteilen" und bei einem gehärteten Öl in einer Mischung bzw. bei ausschließlich gehärtetem Öl/Fett „z. T. gehärtet" bzw. „gehärtet"

Achtung: Diese nach Anlage 1 der LMKV möglichen Klassennamen für Speisefette und -öle ersetzten jedoch nicht die *Verkehrsbezeichnung*, wenn es um die Kennzeichnung von *Speisefetten und -ölen* in *Fertigpackungen* geht.

Nach § 3 LMKV dürfen Lebensmittel in Fertigpackungen nur mit den dort aufgeführten Kennzeichnungselementen in den Verkehr gebracht werden (s. dazu Kap. 11.3.2).

Es werden aber auch Speisefette und -öle nicht nur zur Selbstbedienung in Fertigpackungen angeboten, sondern u.a. auch in offenen Packungen (*lose Ware*) vermarktet.

Auch diese Waren müssen gekennzeichnet sein und zwar entsprechend der *Preisangabenverordnung*. Danach ist u.a. die Gütebezeichnung anzugeben, auf die sich die Preise beziehen. Die Angaben müssen der allgemeinen Verkehrsauffassung und den Grundsätzen von Preisklarheit und Preiswahrheit entsprechen, wobei auch hier die o.g. Leitsätze zur Beurteilung (u.a. Irreführung, um Mißverständnissen zu begegnen) zur Anwendung kommen können.

Für Margarine- und Mischfetterzeugnisse ergibt sich die Begriffsbestimmung und Verkehrsbezeichnung im Sinne von § 4 LMKV nach der Margarine- und Mischfettverordnung (s. auch 19.3.7.II). Bei Erzeugnissen mit einem Gesamtfettgehalt von bis zu 50% ist der Hinweis „zum Braten nicht geeignet" anzubringen. Weitere Kennzeichnungsvorschriften auch für unverpackte Ware sind dem § 4 MargMFV zu entnehmen.

19.2.2 Leitsätze [39]

In den *Leitsätzen für Speisefette und Speiseöle* sind die wichtigsten Fette und Öle aufgeführt, beschrieben und allgemeine Beurteilungsmerkmale wie Begriffsbestimmungen, Bestandteile, Herstellung, Angebotsformen, Bezeichnung und Aufmachung, sowie Beschaffenheitsmerkmale und Zusätze wiedergegeben.

Ausnahme: Durch das Internationale *Olivenöl-Übereinkommen der EWG* von 1979 (79/1065/EWG) ist die Bezeichnung i.S. § 4 LMKV und Begriffsbestimmung für Olivenöle und Oliventresteröle rechtsverbindlich geregelt.

Achtung: Im Gegensatz zum allgemeinen Sprachgebrauch sind Butter, Butterschmalz, Milchhalbfett (seit November 1990 Halbfettbutter), Margarine und Halbfettmargarine keine Speisefette im Sinne dieser Leitsätze.

Die *Leitsätze für Margarine und Margarineschmalz* geben allgemeine und besondere Beurteilungsmerkmale an.

19.2.3 ALS-Stellungnahmen [9]

Auch die im Bundesgesundheitsblatt wiedergegebenen Stellungnahmen des *Arbeitskreises Lebensmittelchemischer Sachverständiger der Länder und des Bundesgesundheitsamtes* ⟨ALS⟩ dienen genau wie die Leitsätze vorrangig als Auslegungshilfe u.a. für die allgemeinen Verbote des § 17 LMBG; z.B.:

a) Beurteilung von Fritierfett (s. Kap. 19.3.6),

b) Vitamine in Lebensmitteln
   Ausdrücklich wird dort darauf hingewiesen, daß essentielle Fettsäuren nicht mehr als Vitamine angesehen werden. Auch werden vitaminierte Lebens-

mittel, die dem allgemeinen Bedarf dienen, allein durch einen standardisierten Zusatz von Vitaminen nicht zu diätetischen Lebensmitteln. Organ- und
funktionsbezogene Werbungen für Vitamine sind nach Auffassung des ALS
irreführend.
Zu Werbehinweisen, die auf einen hohen Gehalt an einem oder mehreren
Vitaminen hindeuten, wie „reich an Vitamin …", werden Ausführungen
gemacht.

19.2.4 Verordnung über vitaminisierte Lebensmittel

Nach der Verordnung über vitaminisierte Lebensmittel sind zur Vitaminisierung von Lebensmitteln einige Zusatzstoffe allgemein zugelassen, wobei diese
im Verzeichnis der Zutaten ohne Gehaltsangaben aufgeführt sein müssen. Für
Margarine- und Mischfetterzeugnisse sind zusätzlich noch Vitamin-A- und -D-
Verbindungen zugelassen. Diese zugesetzten Verbindungen müssen mengenmäßig bezogen auf 100 Gramm angegeben werden (s. dazu Kap. 31.2.6).
Im Zusammenhang mit Vitaminangaben wird der Begriff „Vitamin E" vielfach
mehrdeutig verwendet.
Mit dem lebensmittelrechtlichen Begriff „Vitamin E" können die Angaben des
§ 14a der *Diät-Verordnung – Vitamin E (alpha-Tocopherol) –* als Legaldefinition
angesehen werden.
Im allgemeinen werden Gehaltsangaben und Empfehlungen für die Zufuhr von
Vitamin E über die Hilfsgröße „Äquivalent" als alpha-Tocopherol-Äquivalen-
te angegeben, wobei die unterschiedliche Vitaminwirkung der in der Natur
vorkommenden verschiedenen Tocopherole berücksichtigt werden (z. B. empfohlene tägliche Zufuhr: 13 mg-Äq. Vit. E).
Dies findet seinen Niederschlag u. a. im *Ernährungsbericht* 1988 der DGE oder
in den Nährwert-Tabellen (Die Zusammensetzung der Lebensmittel) von
Souci/Fachmann/Kraut [40].
In der Praxis hat man sich auf bestimmte Umrechnungsfaktoren geeinigt. Nach
den Empfehlungen für die Nährstoffzufuhr der Deutschen Gesellschaft für
Ernährung ⟨DGE⟩ (1985) ergibt sich für die Umrechnung der Einzelwerte für
alpha-, beta-, gamma- und delta-Tocopherole in alpha-Tocopherol-Äquiva-
lente ein Wirksamkeitsverhältnis von $100:50:25:1$ [8].

19.2.5 Diät-Verordnung

Bei den verschiedenen Margarinesorten ist der Gehalt an mehrfach ungesättigten Fettsäuren unterschiedlich.
Spezialsorten enthalten um 50 %.
Diese handelsüblichen Erzeugnisse werden aufgrund ihrer bestimmten
qualitativen/quantitativen Zusammensetzung im Rahmen eines individuell
abgestimmten Gesamtdiätplanes – in der Regel auf Anweisung des Arztes –
verwendet, wie z. B. Haferflocken.
Ob es sich bei diesen diätgeeigneten Margarinesorten und den entsprechenden
Halbfettmargarinesorten um ein diätetisches Lebensmittel per se handelt,

bleibt auch bei einem „garantierten Linolsäuregehalt" hinsichtlich der nach der DiätV geforderten Maßgeblichkeit umstritten und wird je nach Sachlage kontrovers gesehen [2, 3, 4].

Dies gilt auch für Erzeugnisse, die im Sinne einer Prophylaxe von der allgemeinen Bevölkerung verzehrt werden sollen.

Wie bei den Margarinesorten weisen auch die verschiedenen Speiseöle unterschiedliche Gehalte an mehrfach ungesättigten Fettsäuren auf.

Das OLG Koblenz (Beschluß vom 16.11.89 – 1 Ss 441/89) hat festgestellt, daß Distelöl aufgrund des naturgegebenen sehr hohen Anteils an Linolsäure *auch* für diätetische Zwecke geeignet ist. Es handelt sich dabei aber nicht um ein diätetisches Lebensmittel. Distelöl ist ein sogenanntes Urprodukt oder diätgeeignetes normales Lebensmittel, etwa wie Traubenzucker, Haferflocken oder Weizenkleie.

Als Vergleichslebensmittel ist nicht das allgemeine Lebensmittel „Speiseöl" heranzuziehen.

Da Distelöl ein Lebensmittel des allgemeinen Verzehrs ist, sah das OLG Koblenz in der Kennzeichnung „Diät-Distelöl" und in dem Hinweis auf die diätetische Wirkung („... geeignet für Diätbedürftige mit einem zu hohen Cholesterinspiegel") eine Irreführung. (Zitat n. H. Drews AID Verbraucherdienst Heft 1, Januar 1990)

Diätetische Lebensmittel für Natriumempfindliche regeln sich nach § 13 DiätV (s. dazu Kap. 31.2.4.4).

19.2.6 Nährwertkennzeichnungsverordnung

Die *Nährwert-Kennzeichnungsverordnung* ⟨NWKV⟩ ist sehr vielschichtig und regelt brennwert- und nährstoffbezogene Angaben.

Bei Erzeugnissen u.a. nach dem Milch- und Margarinegesetz ist der Hinweis auf einen geringen Kochsalz- und/oder Natriumgehalt davon abhängig, daß der Gehalt nicht mehr als 120 mg/100 g des verzehrsfertigen Lebensmittels beträgt. Die Verwendung der Angabe „natriumarm" ist verbindlich vorgeschrieben und kann durch Angabe z.B. „kochsalzarm" zusätzlich ergänzt werden [18].

Diese Regelung gilt für Lebensmittel des allgemeinen Verzehrs. Laut Amtlicher Begründung (BR-Drucksache 41/88 v. 29.1.88) ist der in der NWKV festgesetzte Höchstwert so hoch bemessen, daß diese Lebensmittel für Natriumempfindliche nicht allgemein geeignet sind.

Bei diätetischen Lebensmitteln für Natriumempfindliche sind auch Angaben wie „streng natriumarm" ergänzt durch „streng kochsalzarm" in § 13 DiätV geregelt (s. dazu Kap. 31.2.4).

In engem Zusammenhang hierzu sind auch die gleichlautenden Angaben und Höchstwerte in den Leitsätzen für Margarine und Margarineschmalz zu sehen.

Abweichend von § 7 (2) 2b der NWKV sind Hinweise wie „fettreduziert" oder „fettarm" bei bestimmten Erzeugnissen nach § 4 (3) MargMFV geregelt.

19.2.7 Erukasäure-Verordnung

Ältere Raps- und Rübsensorten enthalten hohe Gehalte, etwa 50 % ihrer Fettsäuren an Erukasäure. In Tierversuchen ist nachgewiesen worden, daß Erukasäure im Herzmuskel zu Lipidablagerungen führt. Da gegen den Verzehr von hohen Gehalten an Erukasäure ernährungsphysiologisch Bedenken bestehen, regelt die Erukasäure-Verordnung zum Schutz des Verbrauchers die Verkehrsfähigkeit von daraus hergestellten Lebensmitteln. Danach darf in den zur Abgabe an den Verbraucher bestimmten Speiseölen, Speisefetten und ihren Mischungen der Erukasäuregehalt 5 % des Gesamtgehaltes an Fettsäuren in der Fettphase nicht übersteigen. Gleiches gilt für Lebensmittel, die einen Gesamtfettgehalt von 5 % aufweisen und unter Zusatz von Speiseölen und -fetten oder ihren Mischungen hergestellt werden. Dieser Grenzwert gilt auch entsprechend einer EG-Richtlinie für alle Länder der Europäischen Gemeinschaft.

19.2.8 Werbeaussagen

Allgemein ist festzustellen, daß in der Werbung für Lebensmittel besonders der § 17 Abs. 1 Nr. 4 und 5 sowie der § 18 zu beachten sind. Auf die Vitaminwerbung wurde bereits hingewiesen (s. 19.2.3). Zwei weitere Beispiele seien hier noch hervorzuheben:

1. Im Zusammenhang mit den oft hervorgehobenen Aussagen „Natur", „natürlich", „naturrein", „Bio",„Biologisch-dynamisch",„Biodyn", „Bioland", „ökologisch", „alternativ", und „Vollwert" kommt diesen §§ auch bei Speisefetten und -ölen eine wachsende Bedeutung zu [20, 21].
2. In der letzten Zeit werden vermehrt mit massiver Produktanpreisung z.B. Fischöle in Weichgelatinekapseln, die der Verbraucher von Arzneimitteln her kennt, angeboten [2, 5, 37, 38] (s. dazu Kap. 12).
   Der Verbraucher soll nun diese Kapseln nicht, wie bei Speiseölen üblich z.B. zum Salat anmachen, sondern regelmäßig einnehmen.
   In der Werbung wird dann darauf hingewiesen, daß Fischöle aufgrund der omega-3-Fettsäuren einen positiven Effekt auf das Blutfettsystem z.B. in der Herzinfarkt-Prophylaxe haben und omega-3-Fettsäuren Gegenstand vielfältiger medizinischer Untersuchungen gewesen sind.
   Als Vertriebsweg für diese Erzeugnisse wird oft die Apotheke gewählt.
   Nach Auffassung des 5. Senats des Oberverwaltungsgerichts Berlin (Aktenzeichen: OVG 5 B 87.88) überwiegt bei einem derartigen Erzeugnis der Eindruck eines Arzneimittels.

19.3 Warenkunde

19.3.1 Fett und Ernährung

In der menschlichen Ernährung spielen die Fette eine wichtige Rolle.
Fette sind Lebensmittel, die aus Glyceriden der gesättigten und ungesättigten

Fettsäuren bestehen und praktisch wasserfrei sind. Sie enthalten geringe Mengen an Fettbegleitstoffen (meist unter 3%) wie u. a. fettlösliche Vitamine, Sterole, Phosphatide, Kohlenwasserstoffe, Wachse, natürliche Farbstoffe.

Nach dem Ernährungsbericht 1988 der Deutschen Gesellschaft für Ernährung e. V. ⟨DGE⟩ wurden 1985/86 im Vergleich zu den Jahren 1965/66 pro Person und Tag 49% mehr Speiseöle, Speisefette und 16% weniger Margarine verzehrt. Sie lieferten zusammen 9,9% der Nahrungsenergie.

Aus dem Verzehr von Speiseölen, Speisefetten und Margarine stammten dabei 56,6% der täglich pro Person verfügbaren mehrfach ungesättigten Fettsäuren.

Sehr viele pflanzliche Fette und Öle haben höhere Anteile an ungesättigten und mehrfach ungesättigten Fettsäuren, wobei nicht alle essentiell sind.

Bei erhöhtem Serumcholesterin-Spiegel wird eine Erhöhung des Anteils an mehrfach ungesättigten Fettsäuren bezogen auf den Gesamtfettverzehr empfohlen.

Allgemein sollte der Fettverzehr eingeschränkt werden und nicht mehr als 80 Gramm Gesamtfett (sichtbare und versteckte Fette) betragen.

Für die tägliche Ernährung bedeutet dies, tierische und pflanzliche Fette in einem ausgewogenen Verhältnis zu verwenden.

Nach den DGE-„Empfehlungen für die Nährstoffzufuhr" (Stand: 1985/86) ist bei Nahrungsfetten der Anteil der gesättigten langkettigen Fettsäuren auf ein Drittel zu beschränken. Liegt der Fettanteil höher als 30%, wie das im allgemeinen der Fall ist, sollte der Verzehr mehrfach ungesättigter Fettsäuren (Polyenfettsäuren) mindestens ein Drittel der Gesamtfettsäuren betragen.

Fette liefern essentielle Fettsäuren in unterschiedlichen Mengen.

Fettsäuren der omega-6-Familie, wie

Linolsäure	$18:2\ \omega 6$
und ihre Homologen	
gamma-Linolensäure	$18:3\ \omega 6$
Arachidonsäure	$20:4\ \omega 6$

sind essentielle Fettsäuren (s. auch Kap. 1.5).

Linolsäure kann von Säugetieren de novo nicht aufgebaut werden. Folgerichtig beziehen sich die DGE Aufnahmeempfehlungen auf die wichtigste unter den essentiellen Fettsäuren, der Linolsäure.

Der Bedarf des Erwachsenen wird durch die Zufuhr von 10 Gramm Linolsäure pro Tag gedeckt; (s. auch Kap. 13.4).

Von der Linolensäure existieren zwei Isomere:

1. Die gamma-Linolensäure (z. B. das Öl aus den Samen der Nachtkerze enthält 13 Gew%) und

2. die alpha-Linolensäure, die in den gewöhnlich verwendeten Speiseölen wie Leinöl, Rapsöl, Sojaöl, Weizenkeimöl vorkommt und zu der omega-3-Familie gehört.

(Zur Essentialität s. Kap. 13.4)

Fette und Öle sind bei der Speisezubereitung nicht nur ein wichtiger Träger und Vermittler von Geschmacksstoffen aller Art, sondern liefern neben den o. a. essentiellen Fettsäuren auch die fettlöslichen Vitamine (Fettbegleitstoff).

Durch den aus den Jahren 1986/87 wiedergegebenen Fettverzehr war damit auch die folgende Aufnahme an fettlöslichen Vitaminen verbunden:

Aufnahme pro Tag und Person		Deckung der empfohlenen Zufuhr (Erwachsener)
Vitamin A	0,33 mg-Ret.-Äq.	zu 28,7%
Vitamin D	1,1 µg	zu 11–22%
Vitamin E	7,0 mg-α-Toc.-Äq.	zu 53,9%

Hierbei muß berücksichtigt werden, daß sich der Bedarf an Vitamin E auf die durchschnittliche, tägliche Aufnahme von 14 g bis 19 g Polyenfettsäuren bezieht.

Eine Mehraufnahme z. B. an Linolsäure, Linolensäure bedeutet ein Mehrbedarf an Vitamin E, wobei sich der Bedarf allgemein mit 1 g zu 0,5 mg errechnet.

19.3.2 Allgemeines

  I. Speisefette sind bei 20 °C fest oder halbfest,
 II. Speiseöle sind bei 20 °C flüssig, im allgemeinen klar und oft von gelblicher Farbe; sie können geringe Menge an Sedimente enthalten.

Nach ihrer Herkunft werden Speisefette und Speiseöle in pflanzlich und tierisch eingeteilt. Sie stammen entsprechend den *Leitsätzen für Speisefette und Speiseöle* von Pflanzen (z. B. Olivenöl, Sojaöl, Sonnenblumenöl, Kokosfett), Schlachttieren (z. B. Schweineschmalz, Rindertalg), Schlachtgeflügel (z. B. Gänseschmalz) oder Seetieren (z. B. Fischöl).

Durch die analytische Bestimmung der Fettsäurezusammensetzung, Sterolzusammensetzung, Verteilung der Tocopherole und Tocotrienole können Fette identifiziert und mögliche Verfälschungen nachgewiesen werden.

Dies gelingt nicht immer. So sind z. B. Olivenöl und durch Extraktion gewonnenes Haselnußöl sowohl was die Fettsäure-, Sterol- und Tocopherolzusammensetzung anlangt außerordentlich ähnlich.

Um diese Verfälschung nachweisen zu können, muß die Untersuchung auf die Triglyceride mittels HPLC ausgedehnt werden.

Zur Untersuchung von Olivenölen auf die unzulässige Verwendung veresterter Öle oder von Olivenschalenölen müssen neben der Untersuchung der Triglyceride auch die Triterpenalkohole bestimmt werden [23, 28, 29, 32, 33, 34].

Einige Fette sind als Rohware nicht genußfähig, da sie u. a. ernährungsphysiologisch unverträgliche Bestandteile oder unangenehm wirkende Geruchs- und Geschmacksstoffe enthalten (leichtflüchtige organische Verbindungen s. Kap. 5.1.1).

Auch können z. B. polycyclische, aromatische Kohlenwasserstoffe (PAK's) in pflanzlichen Ölen vorkommen. Hierbei handelt es sich um Sekundärkontaminationen, vor allem durch die Rauchtrocknung von Ölsaaten, aber auch aus speziellen industriellen Emittenten (Energie-, Wärmeerzeuger) und als Folge des Autoverkehrs [30, 31] (s. auch Kap. 5.1.3).

Sie werden daher einer besonderen Reinigung (Raffination = Entschleimung, Entsäuerung, Bleichung, Desodorierung) unterworfen, dabei bleibt die Fettsäurezusammensetzung praktisch unverändert. Allein durch eine Behandlung mit Wasserdampf, wie sie die Leitsätze für nicht raffinierte und native Speisefette und -öle (ausgenommen ist hier wieder das Olivenöl) gestattet, wird der größte Teil der leichtflüchtigen PAK's entfernt.

Im allgemeinen sind raffinierte Speiseöle haltbarer und heller als nicht raffinierte Öle. Auch sind sie frei von unerwünschten Geruchs- und Geschmacksstoffen und enthalten u. a. weniger oder keine PAK's, Pflanzenbehandlungsmittel, Stoffwechselprodukte von Schimmelpilze (Mycotoxine) oder Schwermetalle als „naturbelassene" Speiseöle.

Die Überführung vom flüssigen in den festen Zustand erfolgt durch die Härtung (Hydrierung) oder Umesterung.

Bei der Hydrierung wird ein Teil der ungesättigten in gesättigte Fettsäuren umgewandelt, dabei werden auch trans-Fettsäuren gebildet. Gehärtete Speisefette und -öle werden durch die Angabe „gehärtet" kenntlich gemacht.

Bei der Hydrierung wird die Konsistenz und auch die Fettsäurezusammensetzung verändert.

Bei der Umesterung wird diese gegenüber dem Ausgangsfett nicht verändert. Unter dem Einfluß von Wärme und eines Katalysators (metallisches Natrium, Natriummethylat oder -hydroxid) wechseln lediglich die Fettsäure-Reste ihre Plätze in den Triglyceriden. Dadurch steigt der Schmelzpunkt bei vielen Ölen. Umgeesterte Fette werden mit einer gewünschten Streichfähigkeit z. B. in großem Umfang bei der Herstellung von Margarine verwendet. Werden jedoch umgeesterte Fette und Öle mit ihrem ursprünglichen Namen in den Verkehr gebracht, so muß auf die Art dieser Behandlung hingewiesen werden.

Daneben gibt es noch fraktionierte Speisefette und -öle und kältebeständige Speiseöle (Winterisierung = Auskristallisieren von höher schmelzenden Fetten und Wachsen, anschließende Trennung ohne wesentliche Änderung der Zusammensetzung).

Speisefette und -öle werden allein oder in Mischungen in den Verkehr gebracht. Angeboten werden u. a. auch geschmeidige Fette, die während der Erstarrung mit Stickstoff, Kohlendioxid oder Luft versetzt und/oder mechanisch behandelte Speisefette.

Als Zusätze von Speisefette und Speiseöle werden verwendet:

- Palmöl und beta-Carotin (E 160 a/Carotin),
- Tocopherole
  (E 306, E 307/Vitamin E und E 308, E 309/Tocopherol),
- Citronensäure (E 330),
- Lecithine (E 322/Lecithin),
- Ascorbylpalmitat (E 304/Ascorbinsäure),
- Mono- und Diglyceride von Speisefettsäuren
  (E 471/Mono-, Diglycerid).

Die Ursachen für den *Fettverderb* stellen *biochemische* und *chemische* Prozesse dar.

– Mikroorganismen,   – Hydrolyse,
– Enzyme,   – *Autoxidation.*

Die bei der *Autoxidation* primär entstehenden Hydroperoxide treten sensorisch nicht in Erscheinung, jedoch die Folgeprodukte wie u.a. Aldehyde, Ketone und niedermolekulare Säuren (s. dazu auch Kap. 1.5).
Diese Abbauprodukte verleihen dem Fett einen ranzigen, talgigen, kratzenden, bitteren, tranigen oder fischigen Geruch und Geschmack und besitzen oft einen äußerst niedrigen Geschmacksschwellenwert (im ppb-Bereich).

19.3.3 Pflanzliche Fette/Öle

Beispiele für die prozentuale Zusammensetzung einiger Fette/Öle (bezogen auf den Gesamtfettsäure- bzw. Gesamtsterolgehalt/natürliche Schwankungsbreiten sind in den Leitsätzen wiedergegeben):

	der Fettsäuren			der Sterole		
	C18:1	C18:2	C18:3	Campe-sterol	Stigma-sterol	Sito-sterol
Olivenöl	74	9,5	1,0	2,8	1,5	88
Haselnußöl	78	10	<0,2	Spur	–	+++
Mandelöl	69	21	<0,2	Spur	–	+++
Aprikosenkernöl	69	24	<0,2	Spur	–	+++
Erdnußöl	59–39	20–38	0,5	12,8	10,8	74,6
Rapsöl (erukas. arm)	56	21	10	29,4	–	54,9
Walnußöl	13,7	63	12,3	5,2	0,8	88,0
Sonnenblumenöl	24	63	0,5	9,1	9,9	63,5
Sojaöl	21	56	8	21,3	19,1	53,5
Sesamöl	42	44	0,5	17,4	5,6	50,3
Baumwollsaatöl	18	52	0,5	9,2	2,5	88,2
Maiskeimöl	33	52	1	22,1	7,2	67,2
Weizenkeimöl	22	57	5	21,4	2,0	66,7
Kürbiskernöl	20	62	0,6	//	//	//
Mohnöl	15	71	0,6	19,6	8,9	63,6
Safloröl	13	78	0,5	11,9	6,5	50,0
Traubenkernöl	14	75	0,6	10,1	11,7	77,3
Leinöl	18	14	58	27,4	6,7	54,5

– nicht nachweisbar;   +++ stark positiv;   // es liegt kein Ergebnis vor

Hinweis: Bei Pflanzenfetten, tierischen Fetten und Pflanzenölen sind die nachfolgenden Sortenbezeichnungen auch gebräuchlich, wenn das Fett bzw. Öl bei der Aufbereitung bzw. Verarbeitung Öle oder Fette anderer Herkunft enthält, deren Anteil nicht mehr als 3% beträgt.

Tocopherol und Tocotrienolgehalte pflanzlicher Öle (Beispiele, nach Literaturangaben bestehen große Unterschiede) [28, 29, 44]:

Ölsorte	Gesamt-gehalt (mg/kg)	Prozentuale Verteilung				
		α-T	β-T	γ-T	δ-T	T-3
Olivenöl, nat.	164	92	< 1	8	–	–
raff.	48	94	–	7	–	–
Haselnußöl	410	80	2	18	–	–
Mandelöl	390	97	< 1	3	–	–
Aprikosenkernöl	230	2	–	97	1	–
Erdnußöl	238	54	sp	46	sp	–
Rapsöl (erukas. arm)	627	34	sp	65	1	–
Walnußöl	209	6	–	89	5	–
Sonnenblumenöl, roh	806	97	2	1	sp	–
raff.	665	95	2	3	sp	–
Sojaöl	1049	6	1	63	30	–
Sesamöl	503	sp	–	> 99	sp	–
Maiskeimöl	1083	50	–	50	–	–
Weizenkeimöl	3186	79	14	6	1	–
Kürbiskernöl	476	7	sp	93	–	–
Safloröl	534	95	2	3	–	–
Traubenkernöl	238	35	sp	sp	–	64
Leinöl	493	< 1	–	99	< 1	–

Pflanzenfette

Sie werden als „Speisefette", „Pflanzenfett" oder durch das Wort „Fett" in Verbindung mit der Angabe des Verwendungszwecks (z. B. Bratfett, Fritier-fett) bezeichnet.
Bei Fetten, die aus nur einer Rohware stammen, sind auch die entsprechenden Bezeichnungen üblich:
Kokosfett; aus dem Samen der Kokospalme.
Palmkernöl (Palmkernfett); aus den Samenkernen der Ölpalme.
Palmöl (Palmfett); aus dem Fruchtfleisch der Ölpalme.

Pflanzenöle

Sie werden als „Speiseöl", „Pflanzenöl", „Tafelöl" oder „Salatöl" bezeichnet.
Bei Ölen aus nur einer Rohware ist auch die entsprechende Bezeichnung üblich:

Baumwollsaatöl (Cottonöl); aus dem Samen der Baumwollpflanze (Gattung Gossypium), auf primitive Weise hergestellte Öle können die giftigen Pigmente, die Gossypole enthalten. Das Rohöl ist dunkelbraun. Sowohl bewährte traditionelle Gewinnungsmethoden als auch die heutigen Extraktions- und Raffinationsverfahren schließen alle diesbezüglichen Risiken aus, so daß ein hochwertiges Speiseöl vorliegt.

Erdnußöl (Arachisöl); aus Samen von Erdnüssen.
Argentinisches Erdnußöl hat einen etwa doppelt so hohen Gehalt an Linolsäu-re wie afrikanisches.

Leinöl; aus dem Samen der Lein- oder Flachspflanze; neben Olivenöl wird Leinöl in der Regel ohne jegliche Raffination angeboten.

Es zeichnet sich durch einen hohen Gehalt an alpha-Linolensäure (58%) aus und autoxidiert leicht, wobei u. a. Bitterstoffe entstehen, und zudem innerhalb von 2 Monaten nach der Pressung verdirbt.

Unter der Verkehrsbezeichnung Leinöl ist in den Leitsätzen für Speisefette und Speiseöle u. a. ausgeführt, daß es aus dem Samen der Lein- oder Flachspflanze gewonnen wird. Speisefette und Speiseöle besitzen einen neutralen bis arteigenen, jedoch nicht kratzenden und nicht bitteren, tranigen, ranzigen und fischigen Geruch und Geschmack.

Frisch gepreßtes, kaltgeschlagenes Leinöl weist einen leicht süßlich nussigen, Geschmack auf. Aufgrund des sehr hohen Gehalts an Linolensäure ist es besonders oxidationsempfindlich. Insbesondere bei Produktionsverfahren, bei denen es ständig mit Sauerstoff in Berührung kommt und zu viel Wärme ausgesetzt wird, kommt es schnell zu deutlich abfallenden geschmacklichen Veränderungen, die z. B. über einen leicht bitteren → anhaltend bitteren, leicht alt-firnigen → anhaltend stark bitteren, stark altfirnigen → usw. Geschmack gehen.

„Dabei ist ein leicht bitterer (nicht anhaltender) Geschmack des Öls noch zu vertreten, da der Verbraucher an diesen Geschmack durchaus gewöhnt ist. Ist Leinöl ausgeprägt anhaltend bitter sowie leicht alt-firnig im Geruch und Geschmack, so ist es in seinem Genußwert und in seiner Brauchbarkeit nicht unerheblich gemindert" (i. S. von §17 Abs. 1 Nr. 2b LMBG) [15, 17].

Maiskeimöl; Weizenkeimöl; jeweils aus dem Keimling und enthalten vorwiegend ungesättigte Fettsäuren (u. a. 52% bzw. 57% Linolsäure).

Olivenöl. Für Olivenöl und Oliventresteröl gibt es nach dem Internationalen Oliven-Übereinkommen von 1979 (79/1065/EWG) einheitliche Normen für die chemischen und physikalischen Eigenschaften, Analysenmethoden und rechtsverbindlich geregelte Bezeichnungen und Begriffsbestimmungen:

1. Natives Olivenöl:
   Das Öl wird nur in einem mechanischen Preßvorgang (Kaltpressung) oder sonstigem physikalischen Verfahren unter Bedingungen (insbesondere Temperaturbedingungen), die jedoch nicht zur Verschlechterung des Öles führen, gewonnen. Anschließend darf das Öl keine andere Behandlung erfahren als Reinigung, Dekantierung, Zentrifugierung und Filterung. Das bei den meisten Ölen übliche Extraktionsverfahren und auch die Raffination ist untersagt. Es wird in folgende Güteklassen eingeteilt, wobei sich in Deutschland auch die italienischen und gleichbedeutenden französischen Bezeichnungen durchgesetzt haben:
   a) natives Olivenöl extra:
      (extra vergine, extra vierge, extra virgine):
      Olivenöl der ersten Pressung, von einwandfreiem Geschmack und der Gehalt an freien Fettsäuren darf 1 Gew% nicht überschreiten.

b) natives Olivenöl fein:

Naturreines Olivenöl von einwandfreiem Geschmack und der Gehalt an freien Fettsäuren darf 1,5 Gew% nicht überschreiten.

c) natives Olivenöl mittelfein:

Naturreines Olivenöl von gutem Geschmack und der Gehalt an freien Fettsäuren darf 3,0 Gew% (mit einer Toleranz von 10%) nicht überschreiten.

Im Gegensatz zum *Olivenöl extra* weisen die *Olivenöle fein* und *mittelfein* höhere Gehalte an freien Fettsäuren und Chlorophyll auf. Die Geschmacksmerkmale sind ausgeprägter. Darüber hinaus ist das Aussehen und der Geschmack des Öls stark abhängig von der Zeit der Olivenernte und von den Anbauregionen; z. B.:

Spanien	Grünliche Farbe, kräftiges Aroma, leicht mandelbitterer Geschmack (Provinz Lerida: frühe Ernte); Gelbliche Farbe, mildfruchtiger, süßlicher Geschmack (Provinz Lerida: späte Ernte)
Italien	Grünliche Farbe, mild, fruchtig (aus der Toskana)
Frankreich	Gelbliche Farbe, scharf-pikanter Geschmack (aus der Provence)

Lampantöl (Lampenöl), ein natives Olivenöl von unangenehmen Geschmack z. B. mit einem beißenden Aroma oder mit einem Säuregehalt von mehr als 3,3 Gew% ist erst nach der Raffination zum Verzehr geeignet.

2. Raffiniertes Olivenöl:

von nativem Olivenöl durch Raffination gewonnen.

3. Olivenöl oder reines Olivenöl (Typ Riviera):

Mischungen von nativem und raffiniertem Olivenöl.

4. Oliventresteröl

Rohöl, das durch Behandlung von Oliventrester (Preßrückstand) mit einem organischen Lösemittel gewonnen wird und durch späteres Raffinieren zum menschlichen Verbrauch bestimmt ist.

raffiniertes Oliventresteröl (Olio di Sansa)

Hinweis: Verschnitte von raffiniertem Oliventresteröl und nativem Olivenöl ist in bestimmten Erzeugerländern für den einheimischen Verbrauch üblich. Diese Verschnitte müssen die Bezeichnung „Raffiniertes Oliventresteröl und Olivenöl" tragen. Die Bezeichnung „Olivenöl" allein ist nicht zulässig.

Rapsöl (Rüböl); aus dem Samen von Brassicaarten; Seit einigen Jahren sind Rapssorten gezüchtet worden, bei denen der früher charakteristische hohe Erukasäuregehalt von etwa 50% auf weniger als 1% verringert werden konnte. Erukasäure kann bei längerem regelmäßigen Verzehr und in größeren Mengen gesundheitsschädlich sein.

In Tierversuchen ist nachgewiesen worden, daß Erukasäure zu Lipidablagerungen im Herzmuskel führt.

Deshalb wurde entsprechend einer EG-Richtlinie in der ErukasäureV eine Begrenzung des Erukasäuregehaltes bei zur Abgabe an den Verbraucher bestimmten Speiseölen, -fetten und -mischungen auf 5% vorgenommen.

Senföl; aus den Samen verschiedener Brassica- und Sinapisarten. Frisches kaltgepreßtes Senföl schmeckt würzig und ist nur leicht scharf. In seiner Zusammensetzung ähnelt es dem Rapsöl.

Safloröl (Distelöl); aus dem Samen der Färberdistel, als Speiseöl wird in Deutschland ein Saflöröl mit einem besonders hohen Gehalt an Linolsäure (78%) gehandelt. Auch hier sind Neuzüchtungen bekannt, die eine dem Olivenöl ähnliche Fettsäurezusammensetzung (z. B. California High Oleic Safflower Oil; 4,5% Palimitin-, 1,5% Stearin-, 77% Öl-, 15% Linolsäure und 2% andere Fettsäuren) aufweisen.

Sojaöl; aus Sojabohnen und weist zum größten Teil ungesättigte Fettsäuren auf. Linolsäure mit 56% ist die Hauptkomponente. Für Sojaöle charakteristisch ist der hohe Anteil an delta-Tocopherol (20% bezogen auf die Tocopherolzusammensetzung).

Sonnenblumenöl; aus dem Samen der Sonnenblume. Frisches, kaltgepreßtes Sonnenblumenöl ist hellgelb, dünnflüssig und hat einen feinen, leicht nussigen Geschmack. Wird das Öl heißgepreßt oder geröstete Kerne verwendet, so ist das Öl etwas dunkler mit sich verstärkendem Geschmack. Manchmal ist es auch durch Wachsreste leicht getrübt, wenn ungeschälte Saat gepreßt wurde. Auch können sich aus einem naturbelassenen Öl Phospholipide (u. a. Lecithin) abscheiden, an Schlieren erkennbar, die sich am Boden der Flasche absetzen.

Traubenkernöl; aus den Traubenkernen mit einem besonders hohen Gehalt an Linolsäure (75%).

Kürbiskernöl; aus den geschälten Kürbissamen mit einem hohen Gehalt an Linolsäure (62%).

Mohnöl; aus Mohnsamen mit einem besonders hohen Linolsäuregehalt (71%).

Walnußöl; aus der Walnuß mit einem hohen Linolsäuregehalt (63%) mit einem herzhaften, charakteristischen Geschmack.

Haselnußöl; Mandelöl; Aprikosenkernöl; jeweils mit einem hohen Ölsäuregehalt.

Sesamöl; aus dem Sesamsamen mit nahezu gleichen Anteilen an Öl- und Linolsäure (um 40%).

19.3.4 Tierische Fette/Öle

1. Tierische Fette

(s. auch DLB Leitsätze für Fleisch- und Fleischerzeugnisse Pkt. 1.21, 1.22, 1.9) Sie werden nach der Tierart bezeichnet, auch wenn sie nur Bestandteile von Mischungen sind:

Rindertalg (Rinderfett); von Wasser und Eiweiß befreite, durch Erhitzen, Abpressen oder Zentrifugieren gewonnene Anteil des Rinder-Fettgewebes, das jedoch nicht vom Darm oder Gekröse stammt. Rindertalg von besonders hoher Qualität wird als Premier Jus (Feintalg) gehandelt. Durch Erwärmen und anschließender Trennung von Feintalg werden das Oleomargarin (flüssig) und der Preßtalg oder Oleostearin (fest) gewonnen.

Schweineschmalz; von Wasser und Eiweiß befreite, durch Erhitzen, Abpressen oder Zentrifugieren gewonnene Anteil des Schweine-Fettgewebes, das jedoch nicht vom Darm oder Gekröse stammt.
(Bratenschmalz = gewürztes Schweineschmalz)

Griebenschmalz; gewürztes oder ungewürztes Schweineschmalz jeweils mit Grieben, die beim Auslassen (Erhitzen) von zurückbleibenden Bindegewebsanteilen aus frischem Rückenspeck oder Flomen stammen.

Gänseschmalz; aus dem Fettgewebe der Gans; ausgeschmolzenes Fett von fast öliger bis salbenartiger Beschaffenheit, um es fester zu machen, wird es häufig mit einem zu kennzeichnenden Anteil von Schweineschmalz gemischt.
Anmerkung: Zur Unterscheidung von reinem Gänseschmalz kann das Verhältnis von Stearinsäure zu Ölsäure benutzt werden [12]:

	Verhältniszahl
Schweineschmalz	0,39 bis 0,6 ; Durchschnitt 0,49
Gänseschmalz, rein	0,08 bis 0,13; Durchschnitt 0,11
Gänseschmalz mit 10% Schwein	0,15 bis 0,18; Durchschnitt 0,17

Tierische Öle

Bei tierischen Ölen ist die Bezeichnung „Speiseöl" nicht üblich. Fischöl wird z.B. als „*Fischöl*" oder durch die Angabe der Tierart ergänzt bezeichnet. Werden Fischöle gehärtet und bleiben die sinnfälligen Eigenschaften des Geruchs und Geschmacks erhalten, so ist die o. g. Bezeichnung üblich. Fette ohne diese Eigenschaften werden z.B. als „*Fett, tierisch*", „*Speisefett, tierisch*", „*Backfett, tierisch*" usw. bezeichnet.

Fischöl (Tran) wird aus allen Teilen von Heringen, Sardinen usw. gewonnen und weist hohe Gehalte an hochungesättigten Fettsäuren auf, die sehr leicht autoxidieren (Gehalte an EPA und DHA s. Kap. 18 Tabelle 3).

Mischungen aus tierischen Fetten und Ölen

Sie werden je nach dem jeweiligen Fettanteil z.B. als „*Fett tierisch/pflanzlich*" bzw. „*Fett pflanzlich/tierisch*", „*Glasurfett tierisch/pflanzlich*" usw. bezeichnet. Diese Bezeichnung kann durch das Vorschalten der Bezeichnung „Speise-" ergänzt werden.

19.3.5 Gehärtete Fette

Enthalten Speisefette Bestandteile, die durch Härtung von Speiseölen entstanden sind, so werden sie als „*z. T. gehärtet*" oder als „*gehärtet*" bezeichnet.

19.3.6 Fritierfett

Die Zubereitungsmethode des Fritierens u. a. von Fleisch, Wurst, Buletten, Fisch und Pommes frites in Gaststätten, Imbißstuben und Kiosken ist weit verbreitet.

Beim Erhitzen von Fetten um 180 °C mit dem Fritiergut verändern sich diese erheblich. Hierbei sind folgende Reaktionen zu erwarten:

1. Autoxidation,
2. Isomerisierung,
3. Polymerisation,
4. Hydrolyse.   (s. dazu Kap. 1.5)

Nach längerem Erhitzen sind auch für den Benutzer folgende Anzeichen für einen Fettverderb erkennbar:

a) starke Rauchentwicklung,
b) Farbvertiefung des Fettes,
c) zunehmendes Schäumen des Fettes,
d) deutlich abfallender Geschmack des Fettes,
e) Absetzen gummiartiger Polymerisationsprodukte am Boden der Friteuse.

Aus Versuchen vieler Autoren ist bekannt, daß die Fette um so schneller unter Fritierbedingungen oxidiert werden, je mehr Linolsäure und Linolensäure sie enthalten.

Dabei entstehen u. a. nichtflüchtige Polymerverbindungen, die als in Petrolether unlösliche, oxidierte Fettsäuren zur Beurteilung des Oxidationsgrades besonders geeignet sind.

Aber auch die Isomerisierung der Isolensäurenfettsäuren (z. B. Linolsäure, Linolensäure) in Konjugensäuren beim Erhitzen des Fettes, die dann mit weiteren Isolenfettsäuren über Zwischenprodukte u. a. Polymere bilden, führen zu einer weiteren Belastung des Fettes. Durch die Hydrierung der Doppelbindung der Isolenfettsäuren wird die Fritierbeständigkeit erhöht.

Werden Fritier- und Siedefette zu lange erhitzt, entstehen dabei Produkte, die das Bratgut nachteilig beeinflussen. Der menschliche Organismus kann dadurch erheblich belastet werden, was sich in den meisten Fällen durch unangenehmes Aufstoßen oder Sodbrennen bemerkbar macht [24].

Bei der lebensmittelrechtlichen Beurteilung, ob ein *Fritierfett* zum Verzehr geeignet ist oder nicht, steht nach Auffassung des *ALS* der sensorische Befund (Aussehen, Geruch, Geschmack) im Vordergrund. Bei nicht zum Verzehr geeigneten Fritierfetten im Sinne von §17 Abs. 1 Nr. 1 *LMBG* wird der sensorische Befund durch folgende analytische Kennzahlen objektiviert (ALS:

Stand Herbst 1990)

Petrolether-unlösliche oxidierte Fettsäuren:	> 0,7 %
(ohne Bestimmung des Rauchpunktes:	> 1,0 %)
Polare Anteile:	> 24 %
Rauchpunkt:	< 170 °C
Rauchpunktdifferenz zum nicht erhitzten Fritierfett:	> 50 °C
Säurezahl (nur ergänzend heranzuziehen):	> 1,9

Bei der Beurteilung eines Fritierfettes entsprechend den o. g. analytischen Kennzahlen ist der Gehalt an oxidierten Fettsäuren (in Petrolether unlösliche Fettsäuren) vorrangig zu betrachten.

„Der Tatbestand des §17 Abs. 1 Nr. 1 LMBG ist" entsprechend einem Urteil vom 29.04.1987 „erfüllt, wenn zur Zubereitung von z. B. Dampfwurst und Pommes frites Fritierfett verwendet wird, das wegen seines Aussehens, Geruchs, Geschmacks und des die Toleranzgrenze bei weitem überschreitenden Gehalts an in Petrolether unlöslichen oxidierten Fettsäuren als genußuntauglich anzusehen ist" [13].

„Wird zum Fritieren verdorbenes Fett benutzt, so ist das Fritiergut als nicht zum Verzehr geeignetes Lebensmittel i. S. von §17 Abs. 1 Nr. 1 LMBG anzusehen, auch wenn dem Fritiergut möglicherweise nicht anzusehen ist, daß es mit verdorbenem Fett zubereitet worden ist" [14].

Im Rahmen einer Beratung sollten daher folgende Punkte angeführt werden:
1. Die Fett- bzw. Ölsorte muß richtig ausgewählt werden. (Im Handel gibt es spezielle Fritierfette.)
2. Häufiger Wechsel des Fritierfettes. Dieser kann bei starker Belastung der Friteuse schon nach 2–3 Tagen notwendig werden. Von einer Teilerneuerung des gebrauchten Fettes durch unbelastetes Fett ist abzuraten, da diese Mischung schon innerhalb von Stunden verdirbt.
3. Zur Abschätzung der Fritierfettqualität ist ein visuell-colorimetrischer Schnelltest (Fertigtest) zu empfehlen.
4. Wichtig ist die Reinhaltung, Pflege der Friteuse und des Fritierfettes. Hierzu gehört auch die Kontrolle der Fettemperatur, da überhitzte Fritierfette sehr schnell verderben. Fritiergutreste und Reste von altem Fritierfett beschleunigen auch den Verderb.

Die Fritierbeständigkeit wird aber auch beeinflußt durch Schwebteilchen, die durch das Fritiergut in das Fett gelangen. Durch Entfernen (Filtrieren) dieser Bestandteile wird die Verwendbarkeit eines hierfür geeigneten Fettes verlängert, insbesondere im Hinblick auf die analytischen Kennzahlen, wobei auch eine geschmackliche Minderung hinsichtlich eines frischen Fettes insgesamt gegeben ist. Zusätzlich muß beim Filtrieren des Fettes berücksichtigt werden, daß dieses Fett im Gegensatz zu demjenigen, welches in der Friteuse verbleibt, intensiver dem Luftsauerstoff ausgesetzt bzw. erneut angereichert wird. Daher sollte insbesondere bei der Durchführung einer Filtration besondere Sorgfalt auf die Fettauswahl gelegt werden, um nicht durch intensiven Sauerstoffkontakt gerade die Haltbarkeit zu verkürzen. Auch muß immer bedacht werden, daß mehrfach bzw. hochungesättigte Fettsäuren aus dem Fritiergut in das Fritierfett übergehen und dort die Fritierbeständigkeit des Fettes erheblich beeinflussen können [26, 27].

Wie die Untersuchungen von Eisenbrand gezeigt haben, kommt es insbesondere beim Braten gepökelter Fleischwaren zur Bildung von Nitrosaminen, wobei die flüchtigen Nitrosamine mit den Kochdünsten [35] entweichen.

19.3.7 Margarine/Halbfettmargarine und andere Erzeugnisse

Margarine und Halbfettmargarine sind Zubereitungen von Speisefetten und -ölen, die mit Trinkwasser emulgiert (Typ Wasser in Öl) sind.

Dies erfolgt mit Hilfe von Emulgatoren wie Lecithin, Eigelb, Mono- und Diglyceride von Speisefettsäuren (E471/Mono- und Diglycerid; und/oder verestert mit Genußsäuren E472a–f/verestertes Mono- und Diglycerid und mit einer Mengenbegrenzung n. ZZulV von 5 g pro kg Fett).

Sie können enthalten

- natürliche und naturidentische Aromastoffe wie z. B. Lactone, niedermolekulare Fettsäuren und/oder das Butteraroma Diacetyl;
- Speisesalz; in der Größenordnung von 0,2 % für Margarine und 0,5 % für Halbfettmargarine;
- Sauermolke, Joghurtkultur zur Erzielung einer säuerlichen Geschmacksnote;
- Säureregulator z. B. Zitronensäure und/oder Milchsäure u. a. zur Erzielung einer säuerlichen Geschmacksnote und aus mikrobieller Sicht;
- Vitamine, zugesetzt werden üblicherweise unter Kenntlichmachung Vitamin A- und D-Verbindungen;
- Konservierungsstoffe; es dürfen unter Kenntlichmachung Sorbinsäure und ihre Natrium-, Kalium-, Calciumsalze bis zu einer Höchstmenge von 1,2 g/kg zugesetzt werden. (E200–203/Sorbinsäure);
- Farbstoffe; carotinhaltige Öle und/oder unter Kenntlichmachung die Zusatzstoffe beta-Carotin und/oder Bixin, Norbixin (E160b/Carotinoid; jedoch nur unter der Mitverwendung von beta-Carotin).

I. *Margarine*

Fettgehalt: mindestens 80 Gew%.
Folgende Angebotsformen ergeben sich nach den Leitsätzen:
- Haushaltsmargarine:
   a) Standardware kann aus tierischen Fetten (z. B. Talg, Fischöl, Oleomargarin) und pflanzlichen Fetten bestehen.
   b) Pflanzenmargarine:
      - Der Fettanteil besteht zu 97 Gew% aus pflanzlichen Fetten.
      - Sie enthält mind. 15 Gew% und bei dem Hinweis „linolsäurereich" mind. 30 Gew% Linolsäure (jeweils bezogen auf den Gesamtfettsäuregehalt).
      - Mehr als die Hälfte der vorhandenen Fettsäuren muß unverändert sein, d. h. ungehärtet.
      - Sie ist in der Regel vitaminiert pro 100 Gramm z. B. mit
        1500–2000 I.E. (0,45–0,6 mg) Vitamin A,
          500 I.E. (0,15 mg) Provitamin A,
          100 I.E. (0,025 mg) Vitamin D,
      und es kann bis zu einer Gesamtmenge von 50 mg Vitamin E (Tocopherol) zugesetzt werden.

– Zusätzlich kann bei der Bezeichnung des Erzeugnisses der Name der verwendeten Pflanzenart stehen, wenn mind. 97 Gew% aus diesem Rohstoff stammen.
– Margarineschmalz (Schmelzmargarine, *Ghee*).
Sie ist praktisch wasserfrei, kräftig gelb, kräftig aromatisiert u. a. mit Diactyl und/oder Buttersäure (ranziger Geschmack) und in der Regel von körniger Struktur. Sie wird zum Braten, Backen und Kochen verwendet.
– Ferner gibt es noch Margarinen mit Hinweisen auf eine besondere Zusammensetzung wie z. B.
„besonders hohe Anteile an mehrfach ungesättigten Fettsäuren" (enthält mehr als 50 Gew% Linolsäure) und
„streng natriumarm" („streng kochsalzarm").
– Außerdem gibt es noch Spezialmargarinen insbesondere für die gewerbliche Verarbeitung wie Kochmargarine, Backmargarine, Ziehmargarine, Crememargarine, die aus tierischen und/oder pflanzlichen Fetten bestehen.

II. *Andere Erzeugnisse*

In der Anlage zur Verordnung über Margarine- und Mischfetterzeugnisse (MargMFV) vom 31.8.90 sind zusätzlich zur Standardsorte Margarine folgende Standardsorten beschrieben:

Bezeichnungen	Fettgehalte in %
Margarineschmalz (Schmelzmargarine)	min. 99
Dreiviertelfettmargarine	60–62
Halbfettmargarine	40–42
Mischfettschmalz (Schmelzmischfett)	min. 99
Mischfett	min. 80
Dreiviertelmischfett	60–62
Halbmischfett	40–42

Mischfetterzeugnisse enthalten einen definierten Anteil an Milchfett, Margarineerzeugnisse höchstens 3% Milchfett. Milchprodukt-Imitate werden im Kap. 15.3 behandelt.

19.4 Analytische Verfahren

Im Vordergrund der Fettanalytik stehen die Untersuchungen hinsichtlich Sorte, Qualität (d. h. Überprüfung der Kennzeichnungsangaben) und Genußtauglichkeit.
Diese Untersuchungen können mit sehr unterschiedlichen chemischen, physikalisch-chemischen und biochemischen Methoden durchgeführt werden.
Nur standardisierte Untersuchungsverfahren führen zu einheitlichen, zuverlässigen und damit vergleichbaren, analytischen Daten [36].

Auf dem Gebiet der Fettanalytik gibt es seit Jahren die Einheitsverfahren der DGF. Eine Vielzahl dieser Untersuchungsverfahren ist dann in die Amtliche Sammlung von Untersuchungsverfahren nach § 35 LMBG übernommen worden [41, 42, 43].

Darüber hinaus kommen vermehrt national übergreifende EG-Untersuchungsmethoden zur Anwendung.

Durch Rechtsvorschriften vorgeschriebene Untersuchungsverfahren sind verbindlich.

a) Zur Bestimmung der Erukasäure ist entsprechend der ErukasäureV die Methode der Amtlichen Sammlung (AS 35) verbindlich.

b) Zur Überprüfung der physikalisch-chemischen und organoleptischen Merkmale für Olivenöle sind die Verfahren der Verordnung (EWG) Nr. 1058/77 und 2550/83 bestimmend u. a.
   Nachweis anderer Öle durch Analyse der Sterinfraktion,
   Nachweis von Tresteröl in Olivenöl und
   nach Verordnung (EWG) Nr. 1858/88
   „Gehalt an Tetrachloräthylen in Olivenöl".

19.4.1 Sensorische Prüfung

Wichtige Hinweise auf die Beschaffenheit eines Fettes ergeben sich schon aus der sensorischen Prüfung:

1. Aussehen (Farbe, Klarheit):
   z. B. feste Fette sollen eine gleichmäßige, arteigene Farbe aufweisen, jedoch nicht streifig oder marmoriert sein. Bei Margarine und Halbfettmargarine ist eine dunklere Färbung der Randpartien (Ausölen) auf Wasserverluste während der Lagerung zurückzuführen. Farbige Flecken können durch Mikroorganismen verursacht werden.

2. Konsistenz:
   z. B. dünnflüssig, dickflüssig, schmalzartig, salbig, talg- oder wachsartig. Feste Fette können glatt, grießig, körnig, bröckelig und/oder homogen sein und werden auch nach dem Zergehen auf der Zunge beurteilt.

3. Geruch und Geschmack:
   z. B. rein, neutral bis charakteristisch für die jeweilige Fettart; jedoch nicht kratzend und nicht bitter, tranig, ranzig und fischig.
   Wertmindernde Merkmale sind auch z. B. altölig.
   Abweichungen, wie z. B. ranzig, tranig, fischig, seifig, faulig, schimmelig sind dagegen als verdorben zu beurteilen.

Die Ergebnisse dieser Prüfungen sind von ausschlaggebender Bedeutung. Zur Objektivierung des Sinnenbefundes sind nach Möglichkeit chemische Methoden unterstützend heranzuziehen.

Hierbei können sich auch Hinweise auf sensorisch noch nicht wahrnehmbare Veränderungen ergeben, die für die Haltbarkeit eines Fettes von Bedeutung sind.

19.4.2 Chemisch-physikalische Untersuchungen

Als Folgeprodukte der Autoxidation sind die Hydroperoxide und die daraus resultierenden Zersetzungsprodukte u. a.
Säuren,
Aldehyde,
Ketone,
Alkohole,
Epoxide,
Kohlenwasserstoffe

und Polymerisationsprodukte durch nachfolgende Kennzahlen bestimmbar.

1. Kennzahlen

Peroxidzahl (n. Amtl. Methodensammlung L 13.00 – 6).
Die Peroxidzahl (POZ) gibt die Menge an aktivem Sauerstoff in Milliäquivalenten an, die in 1 kg Fett enthalten ist, und ein Anhaltspunkt für oxidative Fettveränderung ist.
Sie beträgt bei
– nicht raffiniertem Schweineschmalz und
  anderen zubereiteten Schlachttierfetten   bis zu 4,0,
– raffinierten und nicht raffinierten
  Speisefetten und -ölen   bis zu 10,0,
– nativem Olivenöl   bis zu 15,0.

Das Fett wird in einem Gemisch aus Chloroform und Eisessig mit Kaliumjodid versetzt. Das freigesetzte Jod wird mit Thiosulfatlösung titriert und man erhält so ein Maß für die vorhandenen Hydroperoxide.
Anmerkung: Es gibt zwei Verfahren
1. n. Wheeler; Umsetzung in der Kälte,
2. n. Sully; Umsetzung in siedendem Lösemittel.

Säurezahl (n. Amtl. Methodensammlung L 13.00 – 5). Die Säurezahl (SZ) ist ein Maß für die durch die hydrolytische Spaltung der Glyceriden und/oder als Folgeprodukt der Autoxidation entstehenden freien Fettsäuren. Sie ist jedoch unspezifisch und erfaßt auch andere organische Säuren und Mineralsäuren. Die Säurezahl (SZ) ist diejenige Menge an Kaliumhydroxid, die notwendig ist, um die in 1 g Fett enthaltenen freien Säuren zu neutralisieren.
Sie beträgt bei
– raffinierten Speisefetten und Speiseölen   bis zu 0,4,
– nicht raffinierten Speisefetten und -ölen   bis zu 4,0,
– nativem Olivenöl extra   bis zu 2,0,
                        fein   bis zu 3,0,
                        mittelfein   bis zu 6,6,
– Schweineschmalz   bis zu 1,3.

Dabei wird die Probe in einem geeigneten Lösemittel gelöst und die anwesenden Säuren mit Kalilauge titriert.

Anisidinzahl (n. DGF-Einheitsmethode C-VI 6e). Die Anisidinzahl ist zur Beurteilung des Oxidationsgrades von Fetten geeignet und ein Maß für die Konzentration an Aldehyden. Die Anisidinzahl wird definiert als der 100fache Betrag der gemessenen Extinktion einer Lösung von 1 g Fett in 100 ml eines Gemisches aus Lösemittel und Reagenz.

Hierzu wird die Probe in Isooctan gelöst und mit einer Lösung aus p-Anisidin in Eisessig versetzt. Die Extinktion wird bei 330 nm gemessen.

Verseifungszahl (n. DGF-Einheitsmethode). Die Verseifungszahl (VZ) gibt die Anzahl mg Kaliumhydroxid an, die notwendig ist, um 1 g Fett zu verseifen. Sie ist ein Maß für die in einem Fett enthaltenen freien und gebundenen Fettsäuren.

Durch die Verseifung mit ethanolischer Kalilauge werden die entsprechenden Seifen durch Titration mittels wäßriger Salzsäure bestimmt.

Bei erfahrungsgemäß schwer verseifbaren Fetten muß die Verseifungsdauer entsprechend verlängert werden.

Bestimmung der in Petroleumbenzin unlöslichen oxidierten Fettsäuren (n. Amtl. Methodensammlung L 13.00–2). Die Bestimmung dient zur Beurteilung der Qualität von Fetten und Ölen insbesondere von Fritierfetten.

Oxidative Veränderungen treten besonders beim längeren Erhitzen von Fetten auf. Dabei entstehen Produkte, die die Qualität des Fettes und des Bratgutes nachteilig beeinflussen und zum Teil nicht unbedenklich sind.

Mit zunehmender Erhitzungsdauer steigt u. a. der Gehalt an Polymerisationsprodukten und freien Fettsäuren. Zunehmendes Schäumen, starke Rauchentwicklung, Farbvertiefung und Absetzen gummiartiger Polymerisationsprodukte am Boden der Friteuse sind die Folge.

Als petroleumbenzin-unlösliche oxidierte Fettsäuren werden diejenigen Verbindungen bezeichnet, die in Ethanol löslich und in Petroleumbenzin unlöslich sind.

Die Fette werden hierzu verseift und nach der Spaltung der Seifen die in Petroleumbenzin unlöslichen Bestandteile abgetrennt und gravimetrisch bestimmt.

Anmerkung: Auf Ethanolfreiheit des verwendeten Petroleumbenzins ist zu achten.

Rauchpunkt von Fritierfetten (n. Amtl. Methodensammlung L 13.07.12–2). Die Bestimmung des Rauchpunktes dient insbesondere zur Beurteilung von Fritierfetten und gibt einen Hinweis auf die Anwesenheit flüchtiger Bestandteile, die nach Überschreiten einer bestimmten Temperatur sichtbar werden.

Der Rauchpunkt einer Probe ist die niedrigste Temperatur unter definierten Bedingungen, bei der eine deutliche Rauchentwicklung einsetzt.

2. Fettsäurezusammensetzung

(analog Amtl. Methodensammlung L 23.04–1 EG). Die zu untersuchende Probe wird verseift und die erhaltenden Seifen werden mit einer methanolischen Bortrifluorid-Lösung in die Methylester überführt. (Die Vollständigkeit der Veresterung sollte mit der DGF-Einheitsmethode dünnschichtchromatographisch im Zweifelsfall überprüft werden.) Diese Fettsäuremethylester werden dann mit Hilfe der Kapillargaschromatographie an polaren Phasen getrennt.

Der Gehalt der einzelnen Fettsäuren wird auf den Gesamtfettsäuregehalt (100% Methode) bezogen.

Als innerer Standard wird üblicherweise bei pflanzlichen Fetten und Ölen Heptadecansäuremethylester (C17:0/Maragarinsäureester) und bei Fischölen/ Fischölkonzentraten Tricosansäuremethylester (C23:0) verwendet.

3. Spezielle Untersuchungen

Sterolzusammensetzung (n. Verordnung (EWG) Nr. 1058/77 und 2550/83). Die Probe wird durch Kochen mit ethanolischer Kalilauge verseift. Aus der mit Wasser verdünnten Seifenlösung wird das Unverseifbare (u. a. Sterole, Kohlenwasserstoffe wie Squalen, Alkohole, aber auch Mineralöle) mit Petroleumbenzin extrahiert. Aus dem so hergestellten Unverseifbaren werden die Sterole durch Dünnschichtchromatographie an Kieselgel abgetrennt und isoliert. Mit einem geeigneten Silylierungsreagenz werden die Trimethylsilylether hergestellt und gaschromatographisch analysiert. Die Sterolgehalte werden auf den Gesamtsterolgehalt bzw. beim Olivenöl entsprechend der Verordnung auf die dort angegebenen 6 Sterole bezogen (100% Methode).

Anmerkung:
– Es gibt zum Herstellen des Unverseifbaren die o. g. „Petrolether-Methode" und die „Ether-Methode", die bei Gehalten von mehr als 3% Unverseifbaren eingesetzt wird.
– Auf entsprechende HPLC-Verfahren auch zur on-line-Kopplung an die GC kann hier nur hingewiesen werden.
Diese erweiterte Analysentechnik erlaubt die effiziente und schnelle Bestimmung u. a. von Triglyceriden, Tocopherolen, freien Sterolen, Sterolestern und Wachsestern in Fetten und Ölen und dient u. a. zum Nachweis eines Zusatzes von Erdnußöl oder Haselnußöl zu Olivenöl und von Sonnenblumenöl zu Safloröl.

Erukasäure (n. Amtl. Methodensammlung L 13.00–1 EG). Diese Methode dient zur Bestimmung des Erukasäuregehaltes in Fetten und Ölen, die u. a. Cetoleinsäure enthalten.

Hierbei werden die entsprechend der o. g. Methode hergestellten Methylester auf Silbernitrathaltigen Kieselgeldünnschichtplatten bei tiefen Temperaturen getrennt. Als innerer Standard zur Quantifizierung dient hier Tetracosansäuremethylester (C 24:0/Lignocerinsäureester). Die getrennten und isolierten Esterfraktionen werden kapillargaschromatographisch analysiert.

Bestimmung des Fettgehaltes in Margarine und Halbfettmargarine (n. Amtl. Methodensammlung L 13.05–3). Diese Methode dient zur Qualitätsüberwachung und zur lebensmittelrechtlichen Beurteilung.

Der Fettanteil wird aus der Probe mit Petroleumbenzin extrahiert. Der Hauptanteil des Wassers wird an Natriumsulfat gebunden. Der Extrakt wird getrocknet und der Fettgehalt durch Wägen bestimmt. Der Fettgehalt einer Margarine bzw. Halbfettmargarine wird als der nach diesem Verfahren extrahierten Anteil bezeichnet.

Bestimmung des Kochsalzgehaltes in Margarine/Halbfettmargarine (n. Amtl. Methodensammlung L 13.05–4). Diese Methode dient zur Qualitätsüberwachung und zur lebensmittelrechtlichen Beurteilung von Margarine und Halbfettmargarine.

Das Kochsalz wird mit heißem Wasser extrahiert. Das Chlorid-Ion wird im Filtrat potentiometrisch bestimmt und als Natriumchlorid berechnet.

Bestimmung des Tetrachloräthylengehaltes in Olivenöl (n. Verordnung (EWG) Nr. 1858/88).

Bestimmung von niedrigsiedenden Halogenkohlenwasserstoffen in Speiseölen (n. Amtl. Methodensammlung L 13.04–1) (s. auch Kap. 5.1.1.4).

19.5 Literatur

1. Ugrinovits MH, Lüthy J (1988) Mitt. Gebiete Lebensm. Hyg. 79:186–197
2. Schacky C v, Siess W, Lorenz R, Weber PC (1984) Internist 25:268–274
3. Committee on Medical Aspects of Food Policy: Diet and Cardiovascular Disease. (1984) Her Majesty's Stationery Office
4. American Heart Association (AHA): Grundlage des Statements der American Heart Association zum Zusammenhang zwischen Ernährung und koronaren Herzkrankheiten. 7320 Grennville Ave. Dallas, Texas
5. Hörcher U (1988) Pharmacie in unserer Zeit 17:81–86
6. Ackman RG, Ratnayake WMN, Macpherson EJ (1989) JAOCS 66:1162–1164
7. EB88
8. DGE, Empfehlungen für die Nährstoffzufuhr. Umschau, Frankfurt
9. ALS (1988) Bundesgesundhbl. 10:392–400
10. Wurziger J (1983) Fette Seifen Anstrichm. 85:106–111
11. Seher A, Vogel H (1976) Fette Seifen Anstrichm. 78:301–305
12. Brixius L, Treiber H (1974) Fette Seifen Anstrichm. 76:83
13. Gerichtsurteil, LRE Bd. 21, H.3, 205–211
14. Gerichturteil (1983) LRE, Bd. 14, H.1, 70–72
15. Gerichtsurteil, LRE, Bd. 22, H1/2, 149–152
16. Gerichtsurteil (1988) ZLR 5:556–565
17. Drews H (1989) Verbraucherdienst September 1989, AID Bonn
18. Horst M (1989) ZLR 1:1–13
19. Schroeter KA (1989) ZLR 1:37–53
20. Zipfel W, Berg H (1989) ZLR 4:427–447
21. Langguth S (1989) ZLR 1:15–35
22. Seher A (1986) Dtsch. Lebensm. Rundschau 82:349–352
23. Grob K (1989) Mitt. Gebiete Lebensm. Hyg. 80:30–41
24. Zeddelmann H v (1986) Fette Seifen Anstrichm. 88:121–124
25. Amtsbl. Europ. Gemeinschaften
26. Spieggelenberg WM (1989) Ref. Z. Lebensm. Unters. Forsch. 281
27. Buckenhüskes H, Rein U, Gierschner K (1988) Fett Wissenschaft Technologie 90:143–147

28. Gertz C, Herrmann K (1982) Z. Lebensm. Unters. Forsch. 174:390–394
29. Coors U (1984) Bestimmung und Verteilung von Tocopherolen und Tocotrienolen in Lebensmitteln in Dissertation Fachbereich Chemie, Universität Hamburg
30. Speer K, Montag A (1988) Fat. Sci. Technol. 5:163–167
31. Sagredos AN, Sinha-Roy D, Thomas A (1988) Fett, Wissenschaft, Technologie 90:76–81
32. Horstmann P, Montag A (1987) Fett, Wissenschaft, Technologie 89:381–388
33. Firestone D (1987) Riv. Ital. Sostanze Grasse 64:293–297
34. Casadei E (1987) Riv. Ital. Sostanze Grasse 64:373–376
35. Eisenbrand G N-Nitrosoverbindungen in Nahrung und Umwelt. Wissenschaftliche Verlagsgesellschaft mbH Stuttgart.
36. MSS
37. Gerichtsurteil LRE, Bd. 23, H.1–2, 73–76
38. Gerichtsurteil LRE, Bd. 23, H.1–2, 53–57
39. DLB
40. SFK
41. REF
42. AS 35
43. DGF: Deutsche Einheitsmethoden zur Untersuchung von Fetten, Fettprodukten und verwandten Stoffen. Wissenschaftl. Verlagsgesellschaft, Stuttgart
44. Müller-Mulot W, Rohrer G, Medweth R (1976) Fette Seifen Anstrichm. 78:257
45. BG
46. SLMB

20 Getreide

K. Neumann, Hamburg

20.1 Lebensmittelwarengruppen

Es werden folgende Produkte behandelt:

Getreidearten	Getreideprodukte, Nährmittel
Weizen	Graupen
Dinkel, Grünkern	Grützen
Triticale	Grieß
Roggen	Flocken
Gerste	Extrusionsprodukte
Hafer	Teigwaren
Mais	Stärkeerzeugnisse
Reis	Malz
Hirse	
Pflanzen, die wie Getreide verwendet werden	

20.2 Beurteilungsgrundlagen

Begriffsbestimmungen für Brotgetreide nennt das Getreidegesetz [1]. Es ermächtigt den Bundesminister u. a. zu bestimmen, in welchem Umfang Getreide zu anderen Zwecken als zur menschlichen Ernährung verwendet werden darf und welche Mehltypen einzuhalten sind.

Einzelheiten regeln verschiedene Durchführungsverordnungen. Die siebzehnte Durchführungsverordnung (Mahlerzeugnisse aus Getreide) [2] beschreibt die Klassifizierung von Mehlen und Schroten.

Die Kennzeichnung von Getreidemahlprodukten ist in der siebten Durchführungsverordnung zum Getreidegesetz (Getreidemahlerzeugnis-Kennzeichnungsverordnung) [3] geregelt. Für andere Produkte gelten die allgemeinen Vorschriften der Lebensmittelkennzeichnungsverordnung (LMKV).

Zum Schutz der Gesundheit sind bestimmte Zusätze zu Getreidemahlerzeugnissen verboten. Dies ist in der Verordnung über chemisch behandelte Getreideerzeugnisse, unter Verwendung von Getreidemahlerzeugnissen hergestellte Lebensmittel und Teigmassen aller Art [4] festgelegt. Eine Bleichung ist nicht zulässig.

Der Verkehr mit Teigwaren wird in der Teigwaren-Verordnung [5] geregelt. Neben einer Begriffsbestimmung sind in dieser Verordnung die Anforderung an den Mindest-Eigehalt von Eierteigwaren sowie Beurteilungsmaßstäbe für verfälschte Teigwaren genannt.

Im Bereich der europäischen Gemeinschaft sind für Getreide und dessen Produkte eine Reihe von Verordnungen und Richtlinien erlassen worden. Zu nennen sind die EWG-Verordnungen zur Festlegung von Bezugsmethoden zur Bestimmung der Qualität der Getreidearten [8, 9], die EWG-Verordnung über die Standardqualitäten für Weichweizen, Roggen, Gerste, Mais, Sorghum und Hartweizen [10] sowie die EWG-Richtlinie über die Festsetzung von Höchstgehalten an Rückständen von Schädlingsbekämpfungsmitteln auf und in Getreide.

Für die in der EWG-Verordnung 2731/75 genannten Getreide werden u. a. Anforderungen an den höchstzulässigen Feuchtigkeitsgehalt und den Besatz genannt. Besatz ist der Anteil an Bestandteilen, die nicht einwandfreies Grundgetreide sind. Hierzu gehören Bruchkörner, Kornbesatz (Schmachtkörner, Fremdgetreide, fleckige, verfärbte, überhitzte, angefressene Körner), Auswuchs und Schwarzbesatz (Fremdkörner, verdorbene Körner, Spelzen, Brandbutten, Insekten und Mutterkorn). Für das gesundheitsschädliche, alkaloidhaltige Mutterkorn, das besonders beim Roggen auftritt, gilt ein Höchstgehalt von 0,1 %. Die tatsächliche Menge an Alkaloiden (Ergotoxin, Ergometrin) wird in der Regel nicht ermittelt.

Brotgetreide wird nach seinen Backeigenschaften beurteilt. Hierzu können u. a. die Ergebnisse folgender Untersuchungen Hinweise geben: Proteingehalt, Feuchtklebergehalt, Fallzahl, Sedimentationswert.

Proteingehalte von 11,5–12,5 % i. Tr. gelten als durchschnittlich, aber auch Werte über 14 % i. Tr. kommen vor. Der Feuchtklebergehalt korreliert näherungsweise mit dem Proteinanteil. Mittlere Qualitäten von Weizenmehl weisen Feuchtklebergehalte zwischen 20 und 27 % auf. Die Fallzahl, die Hinweise auf Auswuchsschädigungen geben kann, liegt bei sehr guten Weizen zwischen 240 und 270 s. Weizen mit Fallzahlen unter 180 liefern feuchte Teige mit geringer Volumenausbeute. Normale Weizenmehle zeigen Sedimentationswerte von 20–30. Bei besonders guten Mehlen erhält man darüberliegende Werte. Für Stärke und bestimmte Stärkeerzeugnisse gilt die Richtlinie des BLL vom 22. 10. 1975 [11].

20.3 Warenkunde

20.3.1 Allgemeines

Mit einer jährlichen Gesamtproduktion von weltweit mehr als einer Milliarde Tonnen nehmen die Getreidearten eine eindeutige Spitzenposition unter allen Nahrungsmitteln pflanzlicher Herkunft ein.

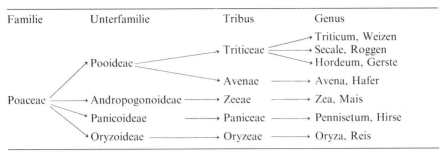

Abb. 20.1. Abstammung

Die Getreidepflanzen gehören botanisch betrachtet in die Gruppe der Krypto-samen (Bedecktsamer), die Klasse der Monokotyledonen (einkeimblättrige Pflanzen) und die Familie der Poaceae (Gräser) (Abb. 20.1).
Bedeutung für die Verwendung als Lebensmittel haben fast ausschließlich die Samenkörner der Pflanzen.
In der Bundesrepublik wird Getreide zu ⅓ als Brotgetreide und zu ⅔ als Futtermittel verwendet.
Wesentliche Bedeutung erhalten Getreidekörner durch ihren hohen Gehalt an Kohlenhydraten. Ernährungsphysiologisch sind darüber hinaus die Gehalte an Ballaststoffen, Mineralstoffen und Vitaminen (B-Gruppe, E) von Interesse. Eher als Nebenprodukt sind die aus den Getreidekeimlingen gewonnenen Öle anzusehen (s. auch Kap. 19.3).

20.3.2 Getreidesorten

Allgemeine Informationen über die Zusammensetzung von Getreide sind der Tabelle 1 zu entnehmen. Neben den dort angeführten Saccharose-Gehalten können z.T. noch Gehalte von z.B. Fruktose und Glukose <0,1% auftreten.

1. Weizen [12]

Weltweit von größter Bedeutung unter den Getreidearten ist der Weizen. Man unterscheidet prinzipiell Sorten der diploiden Einkornreihe, der tetraploiden Emmerreihe und der hexaploiden Dinkelreihe. In jeder Reihe gibt es Spelzwei-zen, bei denen sich das Korn nur schwer von den Spelzen trennen läßt und Nacktweizen, die leicht dreschbar sind. Wirtschaftlich gesehen sind nur die Nacktweizen der Emmerreihe (z.B. der Durum-Weizen) und der Dinkelreihe (z.B. der Saatweizen) zu beachten.
Hinsichtlich der aus dem Korn gemahlenen Mehle trifft man in der Praxis eine Einteilung in Weich- und in Hartweizen. Die Mehrzahl der europäischen Weizen gehört in die erstgenannte Gruppe. Sie werden in erster Linie zur Brotherstellung und als Futtermittel verwendet. Hart- oder Durum-Weizen weist verglichen mit dem Weichweizen etwas schlechtere Backeigenschaften auf und hat in Europa seine größte Bedeutung als Ausgangsstoff für die

Teigwarenherstellung. Er besitzt höhere Carotingehalte als der Weichweizen und verleiht dem Mehl bzw. dem Grieß einen bräunlicheren Farbton.

Weizen weist mit dem Klebereiweiß eine Besonderheit auf, die ihm unter den übrigen Getreidearten die herausragenden Backeigenschaften verleiht. Nach dem Anteigen von Weizenmehl oder -schrot mit Wasser läßt sich durch das Auswaschen der Stärke und der Schalenbestandteile der elastische Kleber isolieren. Er besteht zu 90 % aus Proteinen (Gliadin und Glutenin) und hat eine wesentliche Bedeutung für die Hydratisierungs- und Gashalteeigenschaften des Brotteiges. Das Verhältnis von -SH/Gruppen zu -S-S-Brücken im Klebereiweiß ist mitentscheidend für die Backqualität.

2. Dinkel, Grünkern

Dinkel ist ein bespelzter Weizen von geringerer wirtschaftlicher Bedeutung. Er läßt sich beim einfachen Dreschvorgang nur schwer von den Spelzen trennen. Da Dinkel wie der Weizen Kleber enthält, kann er ebenfalls zum Backen eingesetzt werden. Die unreife Form des Dinkels nimmt beim Darren eine grüne Färbung an und wird dann als „Grünkern" bezeichnet. Er findet Verwendung als Nährmittel zur Zubereitung von Suppen und Klößen. Grünkern kann im Gegensatz zum reifen Dinkel allein nicht verbacken werden.

3. Triticale

Hier handelt es sich um eine Kreuzung zwischen Roggen und Weizen. Hinsichtlich der Backfähigkeit sind die Eigenschaften beider Getreidearten in abgeschwächter Form erkennbar. Für helle Backwaren ist Triticalemehl nicht einsetzbar. Auf die Verwendung von Sauerteig kann beim Backen nicht verzichtet werden. Triticalemehl wird deshalb bei uns nur selten und dann als Zumischmehl eingesetzt. Da die Triticalepflanze hinsichtlich der Anforderungen an die Bodenqualität sehr anspruchslos ist und gleichzeitig relativ gute Erträge liefert, wird sie heute in manchen Ländern (Nordafrika, Kenia, Indien) vermehrt angebaut.

4. Roggen [11]

Als Hauptgrundstoff für die Brotherstellung wird in der Bundesrepublik, der UdSSR, Polen und China neben dem Weizen noch Roggen angebaut.

Da Roggen kein Klebereiweiß enthält, weist er andere Backeigenschaften als der Weizen auf. Die Wasserbindung wird von quellfähigen Pentosanen und von Glycoproteinen bewirkt. Verarbeitet wird Roggenmehl in der Regel als Mischung mit Weizenmehl. Für die Teiglockerung verwendet man Sauerteig.

5. Gerste

Bei der Gerste unterscheidet man je nach der Lage der Körner in der Ähre zwei- und vielzeilige Formen. Während die zweizeilige Gerste vorwiegend der Erzeugung von Braumalz dient, werden die vielzeiligen Formen als Futtermittel und in geringem Umfang zur Herstellung von Nährmitteln eingesetzt. Die von der Samenschale befreiten Gerstenkörner finden als Graupen oder als Grütze Verwendung.

6. Hafer [13]

Die verbreitetste Form des Hafers ist sehr spelzenreich und besitzt behaarte Körner. Der Nackthafer ist weniger ertragreich, eignet sich aber wegen der fehlenden Spelzen besser zur Produktion von Nährmitteln. Hafer weist einen vergleichsweise hohen Fettgehalt auf (s. Tabelle 1).

7. Mais

Neben der wichtigen Rolle, die Mais als Futtermittel spielt, dient er als Rohstoff für die Stärkeproduktion und in Form von Maismehl oder -grieß als Ausgangsstoff für eine Vielzahl von Lebensmitteln. Als Zuckermais wird eine Sorte bezeichnet, die eine weichere Samenschale besitzt und deshalb nach dem Kochen den Verzehr als Gemüse erlaubt.

Falls Mais für die Herstellung von Nährmitteln dienen soll, wird in der Regel der ölreiche Keimling entfernt.

8. Reis

Reis ist das wichtigste Getreide der subtropischen und tropischen Regionen. Im rohen Korn (Paddy-Reis) sind die Vitamine vorwiegend im Silberhäutchen enthalten. Dies wird beim Polieren abgetrennt, so daß damit ein Großteil der Vitamine verlorengeht. Beim Parboiling-Verfahren wird ungeschälter Reis unter Überdruck mit Wasserdampf behandelt. Dabei wandert ein Teil der Vitamine und der Mineralstoffe in innere Schichten und geht damit nach dem Trocknen und Schleifen nicht mehr verloren. Gleichzeitig verbessern sich die Kocheigenschaften. Im Handel unterscheidet man generell Lang- und Rundkornsorten, die sich in ihrer Form und im Amylosegehalt unterscheiden.

9. Hirse, Sorghum

„Hirse" ist ein Sammelbegriff für verschiedene kleinkörnige Getreidearten. Botanisch unterscheidet man Borsten-, Rispen-, Neger- und Mohrenhirse (Sorghum). In Europa dient Hirse nur in geringem Umfang der Stärkeproduktion. Der größte Teil der bei uns importierten Hirse geht in den Futtermittelhandel.

10. Pflanzen, die wie Getreide verwendet werden

Hierbei handelt es sich um Arten, die botanisch gesehen nicht zu den Getreiden zählen, die aber wegen gewisser Eigenschaften in ähnlicher Form verwendet werden.

Buchweizen trägt seinen Namen strenggenommen zu Unrecht, da er zu den Knöterichgewächsen gehört. Hinsichtlich der Hauptinhaltsstoffe ist eine gewisse Ähnlichkeit mit dem Weizen aber vorhanden. Die dreieckigen Körner des Buchweizens werden für Suppen, Grütze oder Pfannkuchen verwendet. Da das Mehl glutenfrei ist, kann es zur Ernährung bei Coeliakie verwendet werden. Als Zusatz zu Backmehlen eignen sich Sojaprodukte, die in zahlreichen Formen angeboten werden. Sie sind außerordentlich proteinreich und werden je nach Einsatzzweck entfettet, entbittert, zur Inaktivierung von Enzymen getoastet oder texturiert. Sojamehl kann durch seinen Lecithingehalt emulgierend wirken und die Backeigenschaften von fetthaltigen Vollkornmehlen verbessern.

Leinsamen dienen u. a. als Beimengung für Mehrkornbrote sind aber eine Ölsaat.

Tabelle 1. Getreideinhaltsstoffe (%) [14]

	Protein[a]	Wasser	Fett	Mineral-stoffe	verfüg-bare Kohlen-hydrate	Ballast-stoffe	Saccha-rose
Weizen	11,7	13,2	2,0	1,8	61,0	10,3	0,60
Grünkern (Dinkel)	10,8	12,5	2,7	2,0	63,3	8,8	k. a.
Triticale	13,0	12,5	1,8	1,8	70,9	k. a.	k. a.
Roggen	8,8	13,7	1,7	1,9	60,7	13,2	0,79
Hafer entspelzt	11,7	13,0	7,1	2,9	59,8	5,6	1,05
Gerste entspelzt	9,8	11,7	2,1	2,2	63,3	9,8	0,99
Mais	8,5	12,5	3,8	1,3	64,7	9,2	1,20
Reis unpoliert	7,2	13,1	2,2	1,2	73,4	1,2	0,60
Reis poliert	6,8	12,9	0,6	0,5	77,7	1,4	0,15
Hirse geschält	9,8	12,1	3,9	1,6	68,8	3,8	1,45
Sorghum	10,3	11,4	3,2	1,8	66,1	7,3	1,68
Buchweizen	9,1	12,8	1,7	1,7	71,0	3,7	0,29
Sojamehl	37,3	9,1	20,6	4,4	3,1	10,9	k. a.

[a] Getreide N · 5,8, Soja N · 5,71, Buchweizen N · 6,25.
k. a. keine Angaben

Tabelle 2. Vitamine in Getreide (in µg/100 g) [14]

	B1	B2	B6	E	Nicotinamid
Weizen	480	140	440	4300	5100
Roggen	350	170	290	4500	1810
Hafer entspelzt	520	170	960	1800	2370
Gerste entspelzt	430	180	560	2200	4800
Mais	360	200	400	6600	1500
Reis unpoliert	410	91	670	760	1300
Reis poliert	60	32	150	100	1300
Hirse geschält	260	140	750	1700	1800
Buchweizen	240	150	k. a.	3700	2900
Sojamehl	770	280	1100	21000	2200

k. a. = keine Angabe

20.3.3 Getreidemahlerzeugnisse

Weizen und Roggen werden für die Brotherstellung in der Regel zu Mehlen verarbeitet. Nach einer überwiegend mechanischen Abtrennung von Verunreinigungen (Staub, Sand, Metallteile, Fremdsamen, Mutterkorn, Stroh usw.), gegebenenfalls einer Wäsche, einer Konditionierung und einem Schälvorgang wird das Getreide auf Walzenstühlen zerkleinert. Dabei werden beim mehrfachen Vermahlen zwischen Walzen mit unterschiedlichen Formen und Abständen Passagen verschiedener Feinheit erhalten. Bei zwischendurch erfolgenden Siebungen kommt es zu einer teilweisen Abtrennung der Schalenbestandteile. Die Vermahlung erfolgt in mehreren Stufen. In Abhängigkeit vom Teilchendurchmesser unterscheidet man Schrot ($> 500\ \mu m$), Grieß ($200-500\ \mu m$), Dunst ($120-200\ \mu m$) und Mehl ($14-120\ \mu m$). Schrote sind nur grob zerkleinerte Körner. Eine Siebung und damit eine Abtrennung von Schalenbestandteilen findet hier noch nicht statt. Die Zusammensetzung entspricht damit weitgehend der des ganzen Kornes. Bei der Herstellung von Grieß oder Mehl findet dagegen Siebung statt, die die stoffliche Zusammensetzung gegenüber dem Ausgangsgetreide verändert.

Je höher der Ausmahlungsgrad (Menge des Mahlproduktes bezogen auf die Menge des eingesetzten Getreides) ist, umso größer ist der Anteil an Schalenbestandteilen im Mehl. Dies spiegelt sich in der zunehmend dunklen Farbe des Mehles wider. In den Randschichten des Getreidekornes ist der Mineralstoff- und damit der Aschegehalt am höchsten. Deshalb besteht ein Zusammenhang zwischen dem Ausmahlungsgrad und dem Aschegehalt, der sich in der Bezeichnung der Mehltype wiederfindet. Ein Mehl mit der Typenbezeichnung „550" hat einen mittleren Aschegehalt von 550 g in 100 kg Trockensubstanz (Tabelle 3).

Tabelle 3. Klassifizierung von Mehltypen [2]

Mehlart	Typ	Aschegehalt (% i.Tr.)	Ausmahlungsgrad (%)
Weizenmehl	405	0,38−0,47	40−61
Weizenmehl	550	0,49−0,58	64−71
Weizenmehl	630	0,60−0,70	72−75
Weizenmehl	812	0,75−0,87	76−79
Weizenmehl	1050	1,00−1,15	82−85
Weizenmehl	1200	1,16−1,35	86−88
Weizenmehl	1600	1,55−1,75	89−93
Weizenmehl	2000	1,85−2,20	94−96
Weizenbackschrot	1700	1,60−1,90	100
Roggenmehl	610	0,58−0,65	65−68
Roggenmehl	815	0,79−0,87	69−72
Roggenmehl	997	0,95−1,07	75−78
Roggenmehl	1150	1,10−1,25	79−83
Roggenmehl	1370	1,30−1,45	84−87
Roggenmehl	1590	1,53−1,63	88−90
Roggenmehl	1740	1,64−1,84	90−95
Roggenbackschrot	1800	1,65−2,00	100

Tabelle 4. Inhaltsstoffe von Mehlen (%) [14]

	Protein[a]	Wasser	Fett	Mineral-stoffe	verfüg-bare Kohlen-hydrate	Ballast-stoffe
Weizenmehl						
(Type 405)	9,8	13,9	1,0	0,35	70,9	4,0
(Type 1700)	11,2	12,6	2,1	1,49	59,7	12,9
Roggenmehl						
(Type 815)	6,4	14,3	1,0	0,70	71,0	6,5
(Type 1800)	10,0	14,3	1,5	1,54	59,0	13,7
Reismehl	6,7	12,5	0,7	0,55	79,6	k. a.
Maismehl	8,3	12,0	2,8	1,16	75,7	k. a.
Hafermehl	13,8	9,4	7,2	1,80	67,9	k. a.
Grünkernmehl	9,7	10,0	2,0	1,55	76,8	k. a.
Buchweizenmehl	10,9*	14,1	2,7	1,59	70,7	k. a.

[a] Getreide N · 5,8, Buchweizen N · 6,25.
k. a. keine Angaben

20.3.4 Getreideprodukte, Nährmittel

Nährmittel sind koch- oder verzehrfertige Getreideprodukte wie Graupen, Grütze, Flocken, Grieß, Teigwaren oder Stärke.

1. Graupen

Graupen werden aus Gerste durch Schälen und Polieren gewonnen. Eine Vermahlung findet dabei nicht statt. Für den Handel erfolgt eine Größensortierung.

2. Grützen

Grützen werden aus Gerste und aus Hafer gewonnen. Nach dem Schälen werden die Körner geschnitten. Beim fettreichen Hafer erfolgt zur Inaktivierung von Enzymen (Peroxidasen und Tyrosinasen) eine Hitzebehandlung.

3. Flocken

Durch Schälen, Darren und Walzen von Haferkörnern erhält man Haferflocken. Zwecks besserer Verdaubarkeit werden die Körner zu Beginn der Verarbeitung gedämpft, wobei ein teilweiser Aufschluß der Stärke erfolgt. Corn Flakes werden aus Maisgrieß hergestellt. Man kocht das Rohmaterial mit Malzsirup, trocknet, dämpft und walzt. Abschließend erfolgt eine Röstung. Von geringerer Bedeutung sind Flocken anderer Getreidearten.

4. Grieß

Grieß wird vorwiegend aus Durum-Weizen durch Absieben der ersten Schrotfraktionen isoliert. Er dient zur Herstellung von Breien oder zur Weiterverarbeitung zu Teigwaren.

Tabelle 5. Zusammensetzung von Getreideerzeugnissen (%) [14]

	Protein[a]	Wasser	Fett	Mineral-stoffe	verfüg-bare Kohlen-hydrate	Ballast-stoffe
Gerstengraupen	9,7	12,2	1,4	1,2	71,0	4,6
Gerstengrütze	7,9	13,0	1,5	1,2	66,1	10,3
Buchweizengrütze	7,5	13,2	1,6	1,9	72,6	3,2
Hafergrütze	12,9	9,5	5,8	2,0	60,0	8,9[b]
Haferflocken	12,5	10,0	7,0	1,8	63,3	5,4
Weizengrieß	9,6	13,1	0,8	0,5	69,0	7,1
Weizenkleie	14,9	11,5	4,7	6,2	20,5	42,4
Eierteigwaren	12,3	10,7	2,8	0,9	69,9	3,4
Corn Flakes	7,2	5,7	0,6	2,9	79,7	4,0
Reisstärke	0,8	13,8	0,0	0,4	85,0	k.a.
Maisstärke	0,4	12,6	0,1	0,2	85,9	k.a.
Weizenstärke	0,4	12,3	0,1	0,2	86,1	k.a.
Braumalz	10,7	4,6	2,3	2,5	79,9	5,0

[a] Getreide N · 5,8, Buchweizen N · 6,25.   [b] eigener Wert.
k.a. keine Angaben

5. Extrusionsprodukte

Beim Extrudieren werden mit Wasser und verschiedenen Zusätzen angeteigte Getreidemehle bei hohen Temperaturen bis zu 180 Grad in Schraubenpressen verdichtet und durch ein Ventil gedrückt. Bei dem dabei entstehenden Druckabfall bläht sich die Substanz auf und man erhält ein Produkt, das nach dem Trocknen, Schneiden und Rösten eine luftig-lockere Konsistenz aufweist. Zu den bekanntesten Vertretern dieser Produktgattung zählen Snacks wie z. B. Erdnußlocken. Diese sind aus Maisgrieß hergestellt und mit Erdnußerzeugnissen aromatisiert.

6. Teigwaren

Teigwaren sind kochfertige Getreideerzeugnisse und werden aus Weizenmahlprodukten, Wasser, Salz und eventuell Frisch- bzw. Trockenei hergestellt. Eingesetzt werden können Mehle, Dunst oder Grieß aus Hart- aber auch aus Weichweizen.
Die Teigwaren-Verordnung unterscheidet Eier-Teigwaren und eifreie Teigwaren einerseits sowie Grieß- und Mehlteigwaren andererseits. Darüber hinaus werden Teigwaren besonderer Art definiert. Der Ausmahlungsgrad der verwendeten Mehle darf 70% nicht überschreiten. Bei eihaltigen Erzeugnissen ist ein Mindesteigehalt einzuhalten. Eierteigwaren weisen eine stärkere Gelbfärbung auf als eifreie Erzeugnisse und dürfen zum Schutz vor Täuschung nicht gefärbt oder mit Lecithin versetzt werden.

7. Stärkeerzeugnisse

Wegen des hohen Anteils an Stärke eignen sich fast alle Getreide gut zur Herstellung von Stärkemehlen [7]. Die Isolierung erfolgt bei Weizen durch das

Auswaschen aus den Mehlen und eine anschließende fraktionierte Zentrifugation. Bei Mais und bei Reis ist eine Quellung in warmem schwefeldioxidhaltigem Wasser bzw. in sehr verdünnter Natronlauge erforderlich.

Roggenstärke ist wegen des Anteils an quellfähigen Pentosanen nur schwer isolierbar.

Außer aus Getreide wird Stärke auch aus Kartoffeln, Maniok, Tapioka und Sago gewonnen. Es handelt sich praktisch um reine Stärken mit 83–87% Kohlenhydraten und 12–16% Wasser.

8. Malz

Beim Mälzen läßt man Getreide ankeimen und unterwirft es für bestimmte Zwecke einer Wärme- bzw. Hitzebehandlung. Dabei kommt es zur enzymatischen Verzuckerung der Stärke zu Maltose und Dextrinen sowie zu Eiweißveränderungen. Beides führt zur Bildung von Aromastoffen.

Malz wird in großen Mengen zum Bierbrauen, darüber hinaus aber auch für Produkte wie Malzbonbons oder Ersatzkaffeeerzeugnisse verwendet.

20.4 Analytische Verfahren

Die Probenahme [15–17] und die Analytik von Getreide wird in der Regel nach den Normen der Internationalen Gesellschaft für Getreidewissenschaft und -technologie (ICC) [16] durchgeführt. Zum Teil sind die Methoden in ISO-Normen umgesetzt [17–19] oder in der amtlichen Sammlung nach §35 LMBG enthalten.

20.4.1 Mikroskopische Unterscheidung

In Mehlen ist eine Identifizierung der verwendeten Getreidearten vor allem über die Form der nativen Stärkekörner und der anhängenden Gewebereste möglich [20]. Dabei ist die Betrachtung unter polarisiertem Licht hilfreich.

20.4.2 Allgemeine Analytik

Besatzanalyse

Durch Sieben und Auslese von Hand werden die Bestandteile eines Getreides aussortiert [8, 16], die nicht einwandfreies Grundgetreide sind. Man unterteilt in Kornbesatz (Bruchkorn, Schmachtgetreide, Fremdgetreide, Auswuchs, Schädlingsfraß, frostgeschädigte Körner und Körner mit Keimverfärbungen) und Schwarzbesatz (Unkrautsamen, Mutterkorn, verdorbene Körner, Brandbutten, Verunreinigungen und Spelzen). Darüber hinaus wird auf tierischen Befall geprüft, wobei man Insektenfragmente oder ganze Käfer auszählt.

Wasser

Die Wasserbestimmung [8, 16, 18] erfolgt durch eine zweistündige Trocknung bei 130 Grad. Ganze Körner müssen vorher geschrotet werden, ohne daß dabei ein nennenswerter Feuchtigkeitsverlust auftritt. Bei außergewöhnlichen Wassergehalten unter 7 oder über 17% ist eine Konditionierung erforderlich. Das Getreide muß in solchen Fällen einer feuchten Umgebungsluft ausgesetzt bzw. vorgetrocknet werden bis der Wassergehalt zwischen 7 und 17% liegt. Abweichend vom Standardverfahren wird Mais 4 Stunden lang getrocknet. Für Schnellbestimmungen sind spezielle Umlufttrockengeräte mit integrierter Waage gebräuchlich.

Protein

Eiweiß wird als Rohprotein nach dem Kjeldahlverfahren bestimmt. Der Kjeldahl-Faktor beträgt nach dem ICC-Verfahren [16] für Weizen, Roggen und deren Produkte 5,7, für die anderen Getreidearten aber 6,25. Der Wert wird üblicherweise auf die Trockensubstanz bezogen. In neueren Nährwerttabellen [14] wird im Gegensatz zur ICC-Methode für Getreide allgemein ein Kjeldahlfaktor von 5,8 angenommen.

Asche

Die Veraschung erfolgt bei 900 Grad [16]. Man nimmt dabei Verluste an flüchtigen Mineralstoffen zugunsten einer kurzen Analysendauer in Kauf. Der Wert wird auf die Trockensubstanz bezogen.

Ballaststoffe

Die Bestimmung der löslichen und unlöslichen Ballaststoffe nach der amtlichen Methode nach § 35 LMBG hat die früher übliche Bestimmung der Rohfaser weitgehend verdrängt.

NIR-Meßtechnik

Zur Schnellbestimmung von Gehalten an Wasser, Protein, Mineralstoffen, Stärke und Rohfaser, aber auch von Qualitätsparametern wie Wasseraufnahmevermögen, Kornhärte, Sedimentationswert und Rapid-Mix-Test werden Geräte verwendet, die die Probe mit Licht aus dem nahen Infrarot-Bereich bestrahlen. Die nicht absorbierte und stattdessen reflektierte Strahlung liefert ein Spektrum, das Rückschlüsse auf bestimmte Inhaltsstoffe des Probenmaterials zuläßt. Die Genauigkeit der Ergenisse entspricht derzeit noch nicht den herkömmlichen Standardverfahren. Zum Teil werden nur grob orientierende Werte erhalten.

Mycotoxine

Besondere Regelungen für Höchstgehalte an Mycotoxinen gibt es derzeit nur in der Aflatoxin-Verordnung [6]. Ein einheitliches Analysenverfahren existiert gleichfalls nur für Aflatoxine (amtliche Methode nach § 35 LMBG). Darüber hinaus werden aber in der Praxis auch Untersuchungen auf weitere Mycotoxine (Zearalenon, Ochratoxin A, Deoxynivalenol (DON), Deoxyscirpenol (DAS), H 2-Toxin, HT 2-Toxin u. a.) durchgeführt. Die Methodik ist dabei nicht vereinheitlicht. Anwendung finden sowohl dünnschichtchromatographische als auch hochdruckflüssigkeitschromatographische und gaschromatographische Methoden.

Pflanzenschutzmittelrückstände, Schwermetalle [26]

Neben den Regelungen der Pflanzenschutzmittelhöchstmengen-Verordnung existiert für den Warenverkehr innerhalb der EG eine Richtlinie des Rates zur Festlegung von Höchstgehalten an Pflanzenschutzmitteln auf und in Getreide [21]. Hier werden 18 Pflanzenschutzmittel genannt, deren Höchstwerte den Werten der PHmV entsprechen. Für die Untersuchung werden die allgemein in der Rückstandsanalytik gebräuchlichen Verfahren angewendet.

Die ZEBS-Richtwerte [22] nennen für Blei, Cadmium und Quecksilber die in der Tabelle 17 zu Kap. 5.3 genannten Höchstwerte.

20.4.3 Spezielle Analytik

Feuchtkleber

Der für die Teigeigenschaften von Weizenmehl bedeutende Gehalt an plastisch-elastischem Kleber wird durch maschinelles Auswaschen von 10 g eines angeteigten Mehles mit einer gepufferten Kochsalzlösung isoliert. Die Quantifizierung erfolgt durch Wägung des durch Zentrifugation von anhaftender Feuchtigkeit befreiten Rückstandes. Die Qualität des Klebers kann durch seine Konsistenz beschrieben werden. Aus dem Mehl ermittelte Feuchtklebergehalte unter 20% werden als niedrig, zwischen 20% und 27% als mittel und über 27% als hoch betrachtet.

Fallzahl

Die Alpha-Amylase hat durch die stärkespaltende Wirkung einen Einfluß auf die Backeigenschaften eines Mehles. Ihre Aktivität kann in speziellen Rührviskosimetern bestimmt [16] und in Form der Fallzahl nach Hagberg angegeben werden. Sie wird bei Roggen und bei Weizen ermittelt und gibt Hinweise auf Auswuchsschädigungen, die zu schlechten Volumenausbeuten bei Teigen führen.

Sedimentationstest

Eine orientierende Bestimmung der Backqualität erfolgt bei Weizen durch die Bestimmung des Sedimentationstestwertes nach Zeleny [16]. Man mißt unter definierten Bedingungen das Sedimentationsvolumen einer Suspension des Mehles in einer Milchsäurelösung. Dabei spielt die Quellfähigkeit des Klebers eine entscheidende Rolle.

Bewertung der Teigeigenschaften

Mit speziellen Knetgeräten kann die Wasseraufnahmefähigkeit und die Dehnbarkeit von Weizenmehlen bestimmt werden.

Backversuch

In einem Spezialkneter wird aus Weizenmehl ein Teig zubereitet und anschließend verbacken. Das Brot kann am nächsten Tag nach Volumen, Form, Krustenfarbe und Krumenbeschaffenheit beurteilt werden [10].
Beim Rapid-Mix-Test wird die Volumenausbeute der Teige beurteilt.

20.5 Literatur

1. Getreidegesetz (LMR)
2. Siebzehnte Durchführungsverordnung zum Getreidegesetz (LMR)
3. Siebte Durchführungsverordnung zum Getreidegesetz (LMR)
4. Verordnung über chemisch behandelte Getreideerzeugnisse, unter Verwendung von Getreidemahlerzeugnissen hergestellte Lebensmittel und Teigmassen aller Art
5. Teigwarenverordnung (LMR)
6. Aflatoxin-Verordnung: Lebensmittelrecht, Textsammlung, C. H. Beck'sche Verlagsgesellschaft, München
7. Richtlinie für Stärke und bestimmte Stärkeerzeugnisse, Zipfel, Lebensmittelrecht, Loseblattkommentar der gesamten lebensmittel- und weinrechtlichen Vorschriften, oder Schriftenreihe des Bundes für Lebensmittelrecht und Lebensmittelkunde, Heft 84
8. EWG-VO 1908/84 (1984) Über die Festlegung der Bezugsmethoden zur Bestimmung der Qualität der Getreidearten: ABl. Nr. L 178/22
9. EWG-VO 2281/86 zur Änderung der EWG-VO 1908/84 (1984): ABl. Nr. L 200/7
10. EWG-VO 2731/75 über die Standardqualitäten für Weichweizen, Roggen, Gerste, Mais und Hartweizen (1975): ABl. Nr. L 281/22 und EWG-VO 1156/77 zur Ergänzung der EWG-VO 2731/75 (1977): ABl. Nr. L 136/11
11. Seibel W (1988) Roggen, Behrs-Verlag, Hamburg
12. Pommeranz (1988) Wheat – Chemistry and Technology, American Association of Cereal Chemists – Monograph Series, St. Paul, Minnesota, USA
13. Webster FH (1986) Oats – Chemistry and Technology, American Association of Cereal Chemists – Monograph Series, St. Paul, Minnesota, USA
14. SFK (1989)
15. ISO 950 Cereals – Sampling as grain
16. Internationale Gesellschaft für Getreidechemie (ICC): ICC Standards, Standardverfahren, Verlag Moritz Schäfer, Detmold
17. ISO 2170 Cereals and pulses – Sampling of milled products
18. ISO 712 Cereals and cereal products – Determination of moisture content
19. ISO 7302 Cereals – Determination of fat content
20. Gassner
21. Richtlinie des Rates vom 24. Juli 1986 über die Festlegung von Höchstwerten an Rückständen von Schädlingsbekämpfungsmitteln in und auf Getreide: AB. Nr. L 221/37
22. Richtwerte für Schadstoffe in Lebensmitteln. Bundesgesundhbl. (1990) 33:224
23. Rohrlich, Brückner (1966) Das Getreide. Teil I: Das Getreide und seine Verarbeitung. Teil II: Das Getreide und seine Untersuchung, Verlag Paul Parey, Berlin
24. Schäfer, Flechsig (1985) Das Getreide, eine Waren- und Sortenkunde, Strothe Verlag, Frankfurt/Main
25. Thomas (1964) Die Nähr- und Ballaststoffe der Getreidemehle in ihrer Bedeutung für die Brotnahrung, Wissenschaftliche Verlagsgesellschaft, Stuttgart
26. Deutsche Forschungsgemeinschaft (1981): Rückstände in Getreide und Getreideprodukten, Boldt Verlag, Boppard
27. Seibel W (1990) Bio-Lebensmittel aus Getreide, Behrs-Verlag, Hamburg

21 Brot und Feine Backwaren

W. Seibel, Detmold

21.1 Lebensmittelwarengruppen

Die wichtigsten Lebensmittelwarengruppen sind Brot einschließlich Kleingebäck (Brötchen) sowie Feine Backwaren aus Teigen und aus Massen.
Behandelt werden noch diätetische Backwaren und Convenienceprodukte.

21.2 Beurteilungsgrundlagen

Es gibt im Bereich der Backwaren keine gesetzlich festgelegten Begriffsbestimmungen. Man muß sich daher allgemeiner Verkehrsauffassungen bedienen,
wie sie von verschiedenen Gremien erarbeitet und publiziert wurden [1–4]. An
diesen Begriffsbestimmungen haben sehr entscheidend Fachausschüsse der
Deutschen Landwirtschafts-Gesellschaft (DLG) und des Bundes für Lebensmittelrecht mitgewirkt. Heute wird der Oberbegriff ,,Backwaren" in die
Begriffe ,,Brot, einschließlich Kleingebäck" und ,,Feine Backwaren einschließlich Dauerbackwaren" unterteilt. Diese Begriffseinteilung finden wir auch in
zahlreichen gesetzlichen Vorschriften, z. B. der LMKV [5]. Selbstverständlich
gilt für den Bereich der Backwaren auch das LMBG [6], und hier insbesondere
die §§1 (Lebensmittel), 2 (Zusatzstoffe), 17 (Verbote zum Schutz vor Täu-
schungen) und 18 (Verbot der gesundheitsbezogenen Werbung).

21.2.1 Kennzeichnung und Zusatzstoffe

Die LMKV [5] gilt auch für den gesamten Bereich der verpackten Backwaren.
Neben der Verkehrsbezeichnung ist das Mindesthaltbarkeitsdatum das wichtigste Kriterium der Kennzeichnungsverordnung. Man versteht hierunter das
Datum, bis zu dem die Backwaren unter angemessenen Aufbewahrungsbedingungen ihre spezifischen Eigenschaften behalten.
Der Bereich der Zusatzstoffe bei Backwaren ist in der ZZulV geregelt [7].
Die Anwendung von Konservierungsstoffen ist in der Anlage 3 geregelt. Hier
gibt es Vorschriften für Brot und Feine Backwaren mit einem Feuchtigkeitsgehalt von mehr als 22 % und auch für halbfeuchte Fertigteige. Die Verwendung
von Propionsäure bei Backwaren ist nicht mehr gestattet.

21.2.2 Leitsätze und Richtlinien

Bei den quasi-rechtlichen Bestimmungen müssen zunächst die Leitsätze für Dauerbackwaren [4] erwähnt werden, die Bestandteil des Deutschen Lebensmittelbuches (§ 33 LMBG) sind [6] (s. auch Kap. 11.1.2).

Wegen der fehlenden gesetzlichen Vorschriften ist eine Reihe von Richtlinien erarbeitet worden, so der DLG-Backwarenkatalog [1] und die BLL-Richtlinien für Brot und für Feine Backwaren [2, 3]. Im DLG-Backwarenkatalog findet man sämtliche Begriffsbestimmungen für Brot, Kleingebäck und Feine

Tabelle 1. Mindestmengen einiger wertbestimmender Zutaten (kg bzw. l/100 kg Getreideerzeugnisse)

Zutat	Brot	Feine Backwaren
Butter	5 kg	10 kg
Milch	50 l	40 bzw. 20 l
Eier	–	18 kg
Rosinen	15 kg	30 kg
Ölsamen	8 kg	8 kg

Backwaren, unter Beachtung der jeweiligen gesetzlichen Vorschriften. Die Begriffsbestimmungen werden ständig überarbeitet und – sofern notwendig – ergänzt. In den BLL-Richtlinien für Brot und Feine Backwaren findet man gleichartige Begriffsbestimmungen; nur in wenigen Ausnahmefällen gibt es Abweichungen. Zur Zeit werden Leitsätze für Brot (Erscheinungsdatum: unbekannt) und Leitsätze für Feine Backwaren (Erscheinungsdatum: voraussichtlich Frühjahr 1991) für das Deutsche Lebensmittelbuch vorbereitet.

21.2.3 Wertbestimmende Zutaten

Wenn in der Verkehrsbezeichnung bei Backwaren auf bestimmte Zutaten hingewiesen wird (z. B. Butterstuten), sind bei der Herstellung bestimmte Mindestmengen einzusetzen. In den bereits erwähnten Richtlinien (DLG-Backwarenkatalog, BLL-Richtlinien für Brot und Feine Backwaren, Leitsätze für Dauerbackwaren) sind solche Mindestmengen genannt [1–4]. Teilweise unterscheiden sie sich für Brot und Feine Backwaren. In Tabelle 1 sind einige Mindestmengen für wertbestimmende Zutaten erwähnt worden. So müssen z. B. bei einem Milchbrot 50 Liter Milch/100 kg Mahlerzeugnisse verwendet werden, bei einem Milchstuten dagegen nur 40 Liter und bei einem Milchkeks nur 20 Liter. Abweichend von der Regelung für Butter müssen z. B. bei einem Butterstollen mindestens 40 kg Butter auf 100 kg Getreideerzeugnisse verwendet werden. Stollen enthalten mindestens 60 Teile Trockenfrüchte (z. B. Rosinen, Korinthen) auf 100 Teile Getreidemahlerzeugnisse. Diabetikerstollen sollten keine Trockenfrüchte enthalten.

21.3 Warenkunde

Brot und Feine Backwaren sind ein wichtiger Bestandteil in der täglichen Ernährung. So werden z. B. zur Zeit 80 kg Brot/Kopf/Jahr verzehrt. Der Anteil Brot deckt
- 21 % des Energiebedarfs,
- 33 % des Ballaststoffbedarfs,
- 30 % des Eiweißbedarfs.

21.3.1 Brot

Brot einschließlich Kleingebäck wird ganz oder teilweise aus Getreide und/oder Getreideerzeugnissen in gemahlener und/oder geschroteter und/oder gequetschter Form durch Bereiten eines Teiges, Auswägen, Formen, Lockern und Backen (einschließlich Fritieren, Heißextrudieren usw.) hergestellt. Zur Herstellung von Brot und Kleingebäck können außerdem Trinkwasser, Lockerungsmittel, Speisesalz sowie des weiteren Fettstoffe (Lipide), Zuckerarten, Milch und/oder Milchprodukte, Leguminosenerzeugnisse, Kartoffelerzeugnisse, Gewürze, Rosinen/Sultaninen, Ölsamen, Getreidekeime, Speisekleien, Restbrot und Stärken aus den Getreidearten, auch in Form von Backmitteln, verwendet werden [1].
Der Gehalt an Fettstoffen und/oder Zuckerarten beträgt weniger als 10 Teile auf 90 Teile Getreideerzeugnisse mit einem mittleren Feuchtigkeitsgehalt von 15 %. Die in der Milch oder den Milchprodukten enthaltenen und/oder dem Brot anhaftenden Fettstoffe und/oder Zuckerarten werden mitgerechnet. Dieser Grenzwert entspricht einer Zusatzhöhe von ca. 11 %, berechnet auf die Getreideerzeugnisse.
In Tabelle 2 wurde die Gruppeneinteilung der Brote zusammengestellt. Innerhalb jeder Gruppe gibt es mindestens ein Mehlbrot, Mehlbrot mit Schrotanteilen, Schrotbrot und Vollkornbrot. Bei den Weizenbroten sind vor allem die Toastbrote bekannt.

Tabelle 2. Einteilung der Brote

Weizenbrote	mind. 90 % Weizen
Weizenmischbrote	50–89 % Weizen
Roggenmischbrote	50–89 % Roggen
Roggenbrote	mind. 90 % Roggen

Tabelle 3. Einteilung der Spezialbrote

mit besonderen Getreidearten (z. B. Dreikornbrot)
mit besonderen Zutaten pflanzlichen Ursprungs (z. B. Weizenkeimbrot)
mit besonderen Zutaten tierischen Ursprungs (z. B. Milchbrot)
mit besonderen Teigführungen (z. B. Sauerteigbrot)
mit besonderen Backverfahren (z. B. Holzofenbrot)

In Tabelle 3 wird die Einteilung der Spezialbrote wiedergegeben. In der Bundesrepublik Deutschland gibt es eine Vielzahl dieser Spezialbrote. So werden z. B. bei den Spezialbroten mit besonderen Zutaten pflanzlichen Ursprungs inzwischen fast 20 verschiedene Ölsamen eingesetzt.

21.3.2 Kleingebäck

Kleingebäck ist eine Backware entsprechend der Definition für Brot. Kleingebäck unterscheidet sich von Brot in der Regel nicht durch seine Bestandteile, sondern durch Größe, Form und Gewicht. Das Gewicht für Kleingebäck beträgt maximal 250 g [1].

Kleingebäck wird in der Hauptsache als Weißbackware angeboten, bei der mindestens 90 % der verwendeten Getreidemahlerzeugnisse aus Weizen stammen. Daneben gibt es auch viele Kleingebäcksorten, die aus Mischungen von Weizen- und Roggenerzeugnissen hergestellt werden. Seit einigen Jahren werden auch verstärkt Vollkorn-Kleingebäcke angeboten. Für die Verkehrsbezeichnungen gelten die gleichen Begriffsbestimmungen wie bei Brot (z. B. Vollkornbrötchen, Weizenmischbrötchen). Nur bei Roggenbrötchen besteht eine Ausnahme. Hier reicht zur Zeit noch ein Mindestanteil von 30 % Roggen aus [1, 2].

21.3.3 Feine Backwaren

Feine Backwaren werden durch Backen, Rösten, Trocknen, Heißextrusion oder andere technologische Verfahren aus hierzu geeigneten Rohstoffen hergestellt. Sie unterscheiden sich von Brot und Kleingebäck dadurch, daß ihr Gehalt an rezepturmäßig zugesetzten Fettstoffen und/oder Zuckerarten mindestens 10 Teile auf 90 Teile Getreideerzeugnisse und/oder Stärke beträgt. An Rezepturbestandteilen werden außer Getreideerzeugnissen Salz, Hefe, Backtriebmittel, Gewürze, Aromen und Backmittel, Stärke, Ölsamen, Trockenfrüchte, Fettstoffe, Zuckerarten, Milcherzeugnisse, Eier, Ölsamenfüllungen, Obstfüllungen usw. verwendet [1, 3, 4]. Die Einteilung der Feinen Backwaren geschieht nicht, wie bei Brot, aufgrund der verwendeten Getreiderohstoffe, sondern nach verfahrenstechnischen Prinzipien. In Tabelle 4 wird diese grundsätzliche Unterteilung in Feine Backwaren aus Teigen und Feine Backwaren aus Massen wiedergegeben.

21.3.4 Convenienceprodukte

Brot und Feine Backwaren werden zu einem gewissen Prozentsatz bereits aus Convenienceprodukten (so z. B. Fertigmehlen) hergestellt. Diese Fertigmehle enthalten z. B. sämtliche haltbaren Rezepturbestandteile in einer Mischung. Zu den nicht haltbaren Rezepturbestandteilen zählen u. a. Hefe, Butter und Sahne. Die Convenienceprodukte helfen mit, daß der Backbetrieb ein sehr umfangreiches Backwarensortiment mit guter Qualität anbieten kann, vor allem bei den Sorten, deren Umsatz relativ niedrig liegt.

Tabelle 4. Einteilung der Feinen Backwaren

Feinteige mit Hefe	Stuten, Stollen, Zwieback
Feinteige ohne Hefe	Kekse, Lebkuchen, Blätterteig
Massen mit Aufschlag	Baumkuchen, Biskuit, Sandkuchen
Massen ohne Aufschlag	Waffeln, Windbeutel

Seit einigen Jahren werden zusätzlich gefrostete Teiglinge angeboten. Auch dieses Angebot hilft den Backbetrieben, entsprechend den Verbraucherwünschen ein großes Sortiment sehr unterschiedlicher Backwaren herzustellen. Ein Schwerpunkt bei den gefrosteten Teiglingen sind zur Zeit Laugenbrezel und Croissants.

21.3.5 Nährstoffe, Nährwert und Brennwert

Die gesetzlichen Grundlagen für Nährwertangaben befinden sich in der NWKV [8] (s. auch Kap. 31.2.5). Bei der Berechnung der Kohlenhydrate werden die Gesamtballaststoffe in Abzug gebracht. In Tabelle 5 wird ein Überblick über die wichtigsten Nährstoffe und Brennwerte, in Abhängigkeit von den verschiedenen Sorten, gegeben [9]. Es ist deutlich, daß eine direkte Beziehung zwischen dem Feuchtigkeitsgehalt und Ballaststoffgehalt auf der einen Seite und dem Brennwert auf der anderen Seite besteht. Die höchsten Gesamtballaststoffgehalte haben die Vollkornbrote, den höchsten Brennwert das Knäckebrot aufgrund des niedrigen Feuchtigkeitsgehaltes.

Über die Nährstoffe und den Brennwert von Feinen Backwaren gibt es sehr widersprüchliche Informationen [10]. Im allgemeinen werden Feine Backwaren als energiereich bezeichnet. In Tabelle 6 wurden daher einige typische Feine Backwaren ausgesucht und mit ihren Nährstoffgehalten und dem Brennwert angegeben. Neben fettreichen Feinen Backwaren, die dann auch einen hohen

Tabelle 5. Nährstoffe und Brennwert von Brot (Angaben in g/100 g Brot)

	Feuchtigkeit	Fett	Protein (N · 5,8)	Kohlenhydrate	Ballaststoffe (AOAC)	Brennwert	
						kJ	kcal
Roggenknäckebrot	6,4	2,8	10,2	64,5	14,1	1376	324
Roggenschrot- und -vollkornbrot	43,8	1,2	6,3	39,9	7,9	831	196
Roggen(mehl)brot	42,2	0,9	4,7	43,0	6,1	845	199
Mischbrot	40,5	1,2	6,5	47,2	4,6	959	226
Weizen(mehl)brot	36,2	1,8	8,3	49,6	3,2	1053	248
Weizentoastbrot	35,0	3,9	8,0	47,8	2,9	1097	258
Weizenschrot- und -vollkornbrot	43,4	1,2	6,7	41,5	5,9	865	204
Weizenbrötchen	34,0	1,0	7,7	49,3	3,4	1007	237
Vollkornbrötchen	34,0	1,4	7,8	46,2	10,6	971	229

Brennwert haben, gibt es aber auch energiearme Feine Backwaren, wie z. B. Apfel- und Pflaumenkuchen.

Auf eine Brennwertreduktion bei Feinen Backwaren darf nur hingewiesen werden [8], wenn folgende Grenzwerte nicht überschritten werden:

	Brennwert der verzehrsfertigen Backware	
	kJ/100 g	kcal/100 g
Dauerbackware	1260	300
Obstkuchen	840	200

Eine Reduktion ist bei Dauerbackwaren wegen des niedrigen Feuchtigkeitsgehaltes nur schwer möglich.

Tabelle 6. Nährstoffe und Brennwert von Feinen Backwaren

	Feuchtigkeit	Fett	Protein (N · 5,8)	Kohlenhydrate	Ballaststoffe (AOAC)	Brennwert	
						kJ	kcal
Butter-Streuselkuchen	17,2	18,1	5,8	57,5	0,7	1766	417
Zwieback	4,2	10,4	10,6	67,6	5,2	1736	409
Dresdner Stollen	21,0	13,5	4,7	57,8	1,7	1576	372
Berliner Pfannkuchen	25,3	14,2	6,8	50,9	1,6	1520	359
Bienenstich	42,6	14,6	4,5	34,2	3,0	1213	286
Apfelkuchen	50,9	5,9	2,6	37,8	2,2	917	215
Pflaumenkuchen	61,6	3,3	3,1	26,4	4,9	627	148

Tabelle 7. Vitamine und Mineralstoffe von Brot (mittlerer Gehalt in 100 g)

	Mineralstoffe					Vitamine		
	Natrium mg	Kalium mg	Calcium mg	Phosphor mg	Eisen mg	B_1 µg	B_2 µg	Niacin mg
Knäckebrot	463	436	55	380	5,0	200	180	1,1
Roggenschrot- und -vollkornbrot	424	291	56	153	3,0	180	150	1,0
Roggen(mehl)brot	520	230	20	134	1,9	160	120	1,1
Roggenmischbrot	400	230	23	167	2,3	180	80	1,0
Weizenmischbrot	400	210	26	110	1,7	140	70	1,2
Weizen(mehl)brot	385	130	25	90	0,9	90	60	1,0
Weizentoastbrot	380	130	25	90	0,9	80	50	1,0
Weizenschrot- und -vollkornbrot	430	210	95	265	2,0	230	150	3,3
Weizenbrötchen	485	115	25	110	0,6	100	50	1,0

21.3.6 Vitamine und Mineralstoffe

Tabelle 7 enthält Angaben über Mineralstoffe und Vitamine bei den verschiedenen Brotsorten. Die wichtigsten Mineralstoffe sind Natrium und Kalium, die wichtigsten Vitamine B_1 und B_2.

21.3.7 Diätetische Backwaren

Bei der Herstellung dieser Backwaren müssen die Vorschriften der Diät-Verordnung [11] beachtet werden (s. auch Kap. 31.2.4). Diätetische Backwaren sind Lebensmittel, die bestimmt sind, einem besonderen Ernährungszweck zu dienen. Im einzelnen unterscheidet man:
- eiweißarme Backwaren (diese Gebäcke werden aus eiweißarmen Stärken und Bindemitteln hergestellt),
- glutenfreie (gliadinfreie) Backwaren (zu ihrer Herstellung dürfen keine Erzeugnisse aus Weizen, Roggen, Gerste und Hafer verwendet werden),
- Diabetiker-Backwaren (zur Herstellung dieser Produktgruppe darf kein Zucker in Form von Saccharose, Traubenzucker, Invertzucker, Malzzucker und Milchzucker verwendet werden. Es können Zuckeraustauschstoffe wie Fructose, Sorbit, Xylit, Maltit, Mannit und Isomalt eingesetzt werden),
- natriumarme Backwaren (bei natriumarmen Backwaren darf der Natriumgehalt die Menge von 120 mg Na/100 g Backware nicht überschreiten; bei streng natriumarmen Backwaren liegt der Grenzwert bei 40 mg Na/100 g Backware).

21.4 Analytische Verfahren

Die analytische Untersuchung der Backwaren hat in den letzten Jahren erfreulicherweise große Fortschritte gemacht. Aufgrund nationaler und internationaler Zusammenarbeit wurde auch eine Vielzahl von Standardmethoden veröffentlicht [12–14].

Standardmethoden AS 35

Im LMBG [6] wird in § 35 die Amtliche Sammlung von Untersuchungsverfahren erwähnt. Für diese Verfahren gelten einheitliche Standardisierungsvorschriften. In Tabelle 8 sind die wichtigsten standardisierten Untersuchungsverfahren nach § 35 LMBG zusammengestellt worden. Diese Standardisierungsaufgabe wird laufend fortgesetzt.
Sehr erfreulich ist, daß nunmehr eine Methode zur Bestimmung der Gesamtballaststoffe standardisiert wurde, mit der auch die unlöslichen und löslichen Ballaststoffe erfaßt werden können. Es handelt sich hierbei um die schweizerische Version der AOAC-Methode. Sie läßt sich in jedem Betriebslaboratorium durchführen.

Tabelle 8. Untersuchungsmethoden für Backwaren der Amtlichen Sammlung von Untersuchungsmethoden nach § 35 LMBG [12]

L 00.00-9 L 00.00-10	Konservierungsstoffe
L 00.00-18	Gesamtballaststoffe (löslich; unlöslich)
L 05.00-1	Organische Säuren (gaschromatographisch)
L 05.00-2	Organische Säuren (enzymatisch)
L 18.00-1	Buttersäurezahl
L 18.00-5	Gesamtfett
L 18.00-6	Stärke
L 18.00-10	Cholesterin

Tabelle 9. Einige Untersuchungsverfahren für Mahlprodukte und Backwaren [13, 14]

Feuchtigkeit	(ICC-Nr. 110)	Fett [13]
Asche	(ICC-Nr. 104)	Stärke [13]
Fallzahl	(ICC-Nr. 107)	Kochsalz [13]
Rohprotein	(ICC-Nr. 105)	Weizenbackversuch [13]
Feuchtkleber	(ICC-Nr. 106)	Roggenbackversuch [13]
Sedimentationswert	(ICC-Nr. 116)	Hefefeinteigbackversuch [13]

Weitere Standardmethoden

Auch die Arbeitsgemeinschaft Getreideforschung e.V. [13] und die Internationale Gesellschaft für Getreidechemie [14] haben sich zum Ziel gesetzt, Standardmethoden für die Untersuchung von Mahlerzeugnissen und Backwaren zu erarbeiten. Einen Auszug von ICC-Standards und Standardmethoden der Arbeitsgemeinschaft Getreideforschung enthält Tabelle 9. Die Arbeitsgemeinschaft Getreideforschung hat inzwischen auch eine Reihe von Backversuchen standardisiert.

21.5 Literatur

1. Seibel W, Brümmer JM, Menger A, Ludewig HG, Brack G (1985) Brot und Feine Backwaren. Eine Systematik der Backwaren in der Bundesrepublik Deutschland und in West-Berlin – Arbeiten der DLG, Band 1984, 2. Aufl. DLG-Verlag, Frankfurt/M.
2. Bund für Lebensmittelrecht (Hrsg.) (1984) Richtlinien für Brot. Heft 105 der Schriftenreihe des Bundes für Lebensmittelrecht und Lebensmittelkunde. Behr's Verlag, Hamburg
3. Bund für Lebensmittelrecht (Hrsg.) (1975) Richtlinien für Feine Backwaren. Heft 81 der Schriftenreihe des Bundes für Lebensmittelrecht und Lebensmittelkunde. Behr's Verlag, Hamburg
4. Leitsätze für Dauerbackwaren, DLB s. 33. Anhang
5. Verordnung über die Kennzeichnung von Lebensmitteln (Lebensmittel-Kennzeichnungsverordnung), LMKV s. 33 Anhang
6. Lebensmittel- und Bedarfsgegenständegesetz, LMBG s. 33 Anhang
7. Verordnung über die Zulassung von Zusatzstoffen zu Lebensmitteln (Zusatzstoff-Zulassungsverordnung), ZZulV s. 33 Anhang

8. Verordnung über Nährwertangaben bei Lebensmitteln (Nährwertkennzeichnungsverordnung)
9. Rabe E, Seibel W (1981) Nährwert von Brot und Spezialbroten. Getreide Mehl und Brot 35:129–135
10. Rabe E (1989) Nährwert Feiner Backwaren. Getreide Mehl und Brot 43:370–377
11. Verordnung über diätetische Lebensmittel (Diät-VO) vom 21.1.82 (BGBl. I S. 71) in der Fassung vom 13.6.90 (BGBl. I S. 1065)
12. AS 35 Bd. I. Lebensmittel; s. 33. Anhang
13. Arbeitsgemeinschaft Getreideforschung (Hrsg.) (1978) Standardmethoden für Getreide Mehl und Brot. Schäfer, Detmold
14. Internationale Gesellschaft für Getreidewissenschaft und -Technologie (Hrsg.) (1980) Standardmethoden der Internationalen Gesellschaft für Getreidewissenschaft und -Technologie (ICC). Schäfer, Detmold

22 Obst, Gemüse und deren Dauerwaren und Erzeugnisse

K. Herrmann, Hannover

22.1 Lebensmittelwarengruppen

In diesem Beitrag werden behandelt:
- frisches Obst (Kernobst, Steinobst. Beerenobst, Südfrüchte),
- Schalenobst,
- die wesentlichen roh oder gegart verzehrten Gemüsearten einschließlich der Hülsenfrüchte,
- Obst- und Gemüsedauerwaren wie Naßkonserven, tiefgefrorene und getrocknete Produkte und Sauergemüse,
- unter Verwendung von Obst hergestellte Erzeugnisse wie Fruchtsäfte, Fruchtnektare, Fruchtsirupe, Konfitüren, Gelees.

22.2 Beurteilungsgrundlagen

Die lebensmittelrechtlichen Anforderungen (s. LMR) an frisches Obst und Gemüse sind in einer beträchtlichen Zahl von EWG-Verordnungen zur Festsetzung von Qualitätsnormen enthalten. Hierbei sind in der Regel die Güteeigenschaften, Größensortierungen, Toleranzen sowie Verpackung und Aufmachung beschrieben. Allgemein werden die Klassen Extra, I und II unterschieden.

Auch sei auf die Pflanzenschutzmittel-Höchstmengen-Verordnung (PHmV) (→ Kap. 3.2.2) hingewiesen.

Richtwerte für Nitrat [1] (Angaben in mg NO_3^-/kg; bezogen auf Frischsubstanz)

Kopfsalat	3000
Feldsalat	2500
Spinat	2500
Rettich	3000
Radieschen	3000
Rote Rüben	3000

Wegen der Nitratgehalte sei auch auf die Tabelle 4 verwiesen.

Die Normen für verarbeitetes Obst und Gemüse [2] sind hauptsächlich in den Leitsätzen für Obstkonserven und den Leitsätzen für tiefgefrorenes Obst und Gemüse des Deutschen Lebensmittelbuches sowie den Qualitätsnormen und

Deklarationsvorschriften für Gemüsekonserven aufgeführt. Daneben gibt es Qualitätsnormen für getrocknetes Gemüse, einige weitere Obstkonserven, Salzdillgurken, Gurkenkonserven und Citronat und Orangeat sowie Richtlinien für einige weitere Gemüsekonserven wie Gemüse in Essig.

Die lebensmittelrechtlichen Anforderungen an Obsterzeugnissen enthalten die Fruchtsaft-Verordnung und die Verordnung über Fruchtnektar und Fruchtsirup, jeweils in der Neufassung vom 17. 2. 1982, und die Konfitüren-Verordnung vom 26. 10. 1982 (LMR). Auch sei auf die Leitsätze für Fruchtsäfte und wegen der Kennzeichnung auf die LMKV hingewiesen (s. auch Kap. 11.1.2 und 11.3.2).

22.3 Warenkunde

22.3.1 Frisches Obst und Gemüse

22.3.1.1 Allgemeine Angaben

Unter Obst versteht man eine Reihe saftig-fleischiger Früchte, die von mehrjährigen Pflanzen (Holz- und Staudengewächse) stammen und in rohem Zustand genossen werden können, während die saftigen Früchte einjähriger Pflanzen, z. B. Tomate, Gurke, Kürbis, zum Gemüse zählen. Weiterhin werden im Obstbau und -handel auch einige in rohem Zustand genießbare Samenkerne (Nüsse, Mandeln) als Schalenobst zum Obst gerechnet.

Dagegen versteht man unter Gemüse alle im frischen Zustand nicht lufttrockenen Pflanzenteile (Blätter, Knospen, Wurzeln, Wurzelstöcke, Knollen, Zwiebeln, Stengel, Sprosse, Blüten, Früchte, Samen), die roh, gegart oder konserviert zur menschlichen Ernährung direkt dienen, mit Ausnahme des Obstes und der nicht angebauten Pilze. Trockenreife Samen wie Erbsen, Bohnen, Linsen, aber auch von Soja und Erdnüssen, werden nicht zum Gemüse, sondern zu den sog. Hülsenfrüchten (s. Tabelle 1) gezählt, während getrocknete unreife Erbsen und Bohnen als Trockengemüse bezeichnet werden. Zum Teil werden auch die Kartoffeln zum Gemüse gerechnet. Die meisten Gemüsepflanzen sind im Anbau einjährig, einige wie Spargel, Rhabarber, Artischocken mehrjährig.

Wie von allen Kulturpflanzen gibt es von den einzelnen Obst- und Gemüsearten eine mehr oder weniger große Zahl an Sorten. Diese können sich nicht nur in Aussehen und Beschaffenheit unterscheiden, sondern auch Unterschiede in ihrer chemischen Zusammensetzung aufweisen. Hier sei auch der Hinweis erlaubt, daß in der deutschen Sprache bei den Kulturpflanzen die Begriffe „Arten" und „Sorten" etwas Grundverschiedenes darstellen. So sind z. B. Äpfel und Birnen Arten, „Golden Delicious", „Boskoop", „Gloster" und „Granny Smith" Sorten!

Der jährliche Pro-Kopf-Verbrauch in der Bundesrepublik liegt beim Obst bei über 100 kg und beim Gemüse bei etwa 65–70 kg.

Obst wird – von Wildfrüchten abgesehen – allgemein eingeteilt in Kernobst, Steinobst und Beerenobst. Weiterhin gibt es sog. Südfrüchte, worunter in der

Tabelle 1. Chemische Zusammensetzung von Hülsenfrüchten

Mittelwerte in 100 g eßbarem Anteil	Wasser g	Eiweiß g	Fett g	Verwertbare Kohlenhydrate g	Ballast-stoffe g	Mineral-stoffe g	Thiamin mg	Riboflavin mg	Niacin mg
Bohnen, weiß	11,6	21,3	1,6	47,8	17,0	4,0	0,46	0,16	2,1
Erbsen	11,0	22,9	1,4	–	–	2,7	0,76	0,27	2,8
Erdnüsse, geröstet	1,6	26,4	49,4	8,9	7,4	2,6	0,25	0,14	–
Kichererbsen	11,0	19,8	3,4	48,6	9,5	2,7	0,48	0,18	1,6
Limabohnen	11,5	20,6	1,4	–	–	3,7	0,41	0,17	2,0
Linsen	11,8	23,5	1,4	50,8	10,6	3,2	0,43	0,26	2,2
Sojasamen, reif	8,5	36,9	18,1	6,1	–	4,7	0,99	0,52	2,5

Die Zahlenwerte der Tabellen 1, 2, 4 und 5 sind den Werten von Souci/Fachmann/Kraut, ergänzt durch die Lebensmitteltabelle von Senser/Scherz, entnommen

Tabelle 2. Chemische Zusammensetzung des Obstes

Mittelwerte in 100 g eßbarem Anteil	Wasser	Verwertbare Kohlenhydrate	Glucose	Fructose	Saccharose
	g	g	g	g	g
Kern- und Steinobst					
Apfel	85,3	10,8	1,7	5,9	2,6
Aprikose	85,3	8,5	1,7	0,9	5,1
Birne	84,3	9,7	2,3	2,5	3,5
Süßkirsche	82,8	11,8	6,1	5,5	0,2
Sauerkirsche	84,8	8,7	zus. 8,4		0,3
Pfirsich	87,5	8,2	1,2	1,3	5,4
Pflaume	83,7	10,7	2,7	2,1	2,8
Quitte	83,1	8,3	–	–	0,6
Beerenobst					
Brombeere	84,7	6,8	3,2	3,1	0,5
Erdbeere	89,5	5,3	2,0	2,1	1,1
Heidelbeere	76,6	18,2	8,3	9,0	0,9
Himbeere	84,5	4,0	1,8	2,0	0,2
Johannisbeere, rot	84,7	5,7	2,3	2,7	0,7
Johannisbeere, schwarz	81,3	7,0	2,7	3,6	0,7
Preiselbeere	87,4	4,0	2,7	0,7	0,5
Sanddornbeere	82,6	5,2	–	–	0,3
Stachelbeere	87,3	9,0	4,4	4,1	0,5
Weintraube	81,1	15,0	7,3	7,3	0,4
Wesentliche Südfrüchte					
Ananas	85,3	12,3	2,1	2,4	7,8
Banane	73,9	20,4	3,8	3,8	10,8
Dattel, getrocknet	20,2	63,9	–	–	–
Feige, getrocknet	24,6	54,0	–	–	–
Grapefruit	89,0	7,4	2,3	2,3	2,8
Kiwi	83,8	8,0	4,0	2,7	1,3
Mandarine	86,7	10,1	1,7	1,3	7,1
Mango	82,0	12,5	0,9	2,6	9,0
Orange	85,7	8,3	2,3	2,5	3,5
Zitrone	90,2	3,2	1,4	1,4	0,4

Die Zahlenwerte der Tabellen 1, 2, 4 und 5 sind den Werken von Souci/Fachmann/Kraut, ergänzt durch die Lebensmitteltabelle von Senser/Scherz, entnommen

Regel Obstfrüchte der Subtropen und Tropen verstanden werden, die in unserem Klima nicht mit Erfolg angebaut werden können. Hinzu kommen die Nüsse, Mandeln, Pistazien und Maronen (Edelkastanien) als sog. Schalenobst. Die Einteilung der zahlreichen in der Welt verzehrten Gemüsearten ist schwierig. Bisweilen wird nach den einzelnen Pflanzenteilen unterschieden. Begriffe wie Wurzelgemüse, Frucht- und Samengemüse, Zwiebelgemüse, Kohlgemüse sind üblich. Auch wird gelegentlich nach den Pflanzenfamilien unterschieden.

Tabelle 2 (Fortsetzung)

Ballast-stoffe	Mineral-stoffe	Vitamin C	Äpfelsäure	Citronen-säure	Lagerfähigkeit bei sachgemäßer Kühllagerung in Wochen
g	g	mg	g	g	
2,3	0,3	12	0,55	0,02	a
3,1	0,7	9	1,0	0,40	3
2,8	0,3	5	0,17	0,14	a
1,9	0,5	15	0,94	0,01	b
1,0	0,5	12	1,8	–	5 Tage
–	0,5	10	0,33	0,24	max. 4
1,7	0,5	5	1,22	0,03	c
–	0,4	13	0,93	–	3
3,2	0,5	17	0,90	0,02	max. 3 Tage
2,0	0,5	65	0,14	0,87	5 Tage
4,9	0,3	20	0,85	0,52	–
4,7	0,5	25	0,04	1,72	max. 3 Tage
4,1	0,6	35	0,29	2,07	1–3
6,8	0,8	175	0,41	2,88	1–3
–	0,3	12	0,26	1,10	2–3
–	0,5	450	–	–	–
3,0	0,5	35	0,72	0,72	1–3
1,6	0,5	4	0,54	0,02	d
1,4	0,4	19	0,09	0,63	–
2,0	0,8	12	0,36	0,27	–
9,2	1,8	3	1,3	–	–
9,6	2,4	3	1,08	–	–
0,6	0,4	45	0,18	1,37	3
3,6	0,7	70	0,50	0,99	–
–	0,7	30	–	–	1
1,7	0,5	40	0,08	0,30	–
2,2	0,5	50	0,16	1,06	2–3
–	0,5	55	–	4,9	–

[a] je nach Sorte 1–6 Monate.
[b] Herzkirschen bis 1 Woche, Knorpelkirschen 2 Wochen.
[c] 1–2 Wochen, späte Pflaumen bis 5 Wochen.
[d] je nach Sorte 3 Wochen – mehrere Monate

22.3.1.2 Inhaltsstoffe, allgemein

Die *saftigen Obstfrüchte* enthalten in frischem Zustand 70–90%, meist 80–85% Wasser. Der Hauptanteil der Trockenmasse entfällt in der Regel auf Kohlenhydrate, besonders Zucker, s. Tabelle 2 und 3. Demgegenüber ist der Gehalt an Eiweiß, Peptiden und Aminosäuren (Roheiweiß) mit 0,2–1,0% und

Tabelle 3. Chemische Zusammensetzung von weiteren Südfrüchten

Mittelwerte in 100 g eßbarem Anteil	Wasser	Verwertbare Kohlenhydrate	Ballaststoffe	Mineralstoffe	Carotin	Vitamin C
	g	g	g	g	mg	mg
Acerola	89,2	5,0	4,9	0,5	0,17	1700
Avocado	68,0	1,9	3,3	1,4	0,07	13
Baumtomate	86,0	10,6	–	0,9	1,3	25
Brotfrucht	72,0	16,8	8,5	0,9	0,02	20
Cherimoya	74,1	13,4	9,9	0,8	–	14
Durian	61,5	–	–	1,1	–	40
Feige, frisch	80,2	13,0	–	0,7	0,05	3
Granatapfel	82,5	16,7	–	0,7	0,04	7
Guave	81,0	5,8	10,2	0,7	0,22	275
Jackfrucht	73,1	14,6	9,7	1,0	0,24	9
Japanische Mispel	87,0	11,7	–	0,5	0,8	4
Kakifrucht	81,0	16,0	1,4	0,7	1,5	16
Kaktusfeige	86,4	7,1	4,8	0,3	0,04	25
Kapstachelbeere	82,5	12,9	–	0,8	0,9	30
Karambole	91,2	3,5	3,2	0,4	0,09	35
Kumquat	83,9	14,5	–	0,6	0,21	40
Limette	91,0	1,9	4,0	0,2	0,01	45
Litchi	81,2	16,8	–	0,5	–	40
Longan	81,5	15,8	–	0,9	–	55
Mangostane	81,3	17,3	–	0,2	–	3
Naranjilla	88,5	9,7	–	0,6	0,13	65
Netzannone	72	21	–	1,0	0	22
Papaya	87,9	–	–	0,6	0,56	80
Passionsfrucht	75,8	13,4	1,5	0,9	–	24
Sapodille	77,7	14,6	5,8	0,5	0,04	12
Tamarinde	38,7	–	–	2,1	0,01	3

an Fetten und Wachsen (Rohfett) mit 0,1–0,5% der Frischsubstanz sehr gering. Bekannte Ausnahmen sind beim Fettgehalt Oliven (15–25%) und Avocados (5–30%).

Bei den *Gemüsearten* schwankt der Gehalt an Trockenmasse und damit an Wasser beträchtlich, s. Tabelle 4. Durchschnittlich sind es etwa 90% Wasser, wobei die Gehalte an Trockenmasse in den einzelnen Arten zwischen etwa 5% und fast 30% veriieren. Der Hauptanteil der Trockenmasse entfällt wie beim Obst auf verwertbare Kohlenhydrate (Zucker und/oder Stärke). Auch ist zum Teil der Eiweißgehalt beträchtlich und der Gehalt an Mineralstoffen meist höher als im Obst, s. Tabelle 4.

Schalenobst enthält dagegen in frischem baumreifen Zustande nur 20–45% und im handelsüblichen trockenen Zustand ca. 4–8% Wasser. Hauptbestandteil ist außer bei Maronen das Fett mit oft 55–65%. Auch ist der Eiweißgehalt mit meist 14–20% beträchtlich, s. Tabelle 5.

Die Zusammensetzung der Obstfrüchte wie auch des Gemüses unterliegt nicht nur innerhalb der verschiedenen Arten, sondern auch der gleichen Art beträchtlichen Schwankungen. Der Einfluß der Sorte auf die Verteilung der Inhaltsstoffe ist seit langem bekannt. So gibt es Inhaltsstoffe, deren Schwankungen relativ gering sind, soweit man einwandfreie, gesunde Ware zugrunde legt. Hier sind hauptsächlich die Kohlenhydrate zu nennen, die in höherer Konzentration vorkommen. Relativ gering sind die Schwankungen der Mineralstoffe und anscheinend auch mancher Aminosäuren, während z. B. die Vitamine möglicherweise in einem beträchtlichen Bereich schwanken. Ein sehr bekanntes Beispiel ist der durchschnittliche Vitamin-C-Gehalt der Apfelsorten, der mit 3 bis 30 mg/100 g Frischsubstanz angegeben wurde. In anderen Obstarten mögen die Unterschiede geringer sein; doch sollte man Unterschiede wie 1:2 bis 1:3 durchaus als die Regel ansehen. Weiterhin haben die Anbau- und Witterungsbedingungen einen beträchtlichen Einfluß. Andererseits gleichen sich die Unterschiede der Zusammensetzung bei der industriellen Verwertung zu einem beträchtlichen Teil wieder aus. – Auch bei anderen Minorbestandteilen ist häufig mit erheblichen Schwankungsbreiten zu rechnen, s. als Beispiel die Angaben in Tabelle 7.

22.3.1.3 Kohlenhydrate

Bei den *Kohlenhydraten* stellen Glucose und Fructose, häufig im Verhältnis 1:1, neben sehr unterschiedlichen Mengen an Saccharose den Zuckeranteil, s. Tabellen 2 und 4. Andere Zuckerarten treten meist nur in geringen Mengen (Spuren) auf bzw. sind als Bestandteile von Polysacchariden und von Glykosiden bekannt.

Stärke ist in einer Reihe von Gemüsearten Hauptbestandteil der verwertbaren Kohlenhydrate (Tabelle 4) und sie ist Bestandteil unreifer Früchte. Hier wird die Stärke indessen mit zunehmender Reife praktisch vollständig abgebaut. Geringfügige Stärkemengen werden häufiger, z.B. in unreif (baumreif) geernteten Äpfeln, Birnen und Bananen, angetroffen. In Asteraceen (Compositen) tritt an Stelle der Stärke als Reservekohlenhydrat das Inulin, das ein Polyfructosan darstellt und bei der Hydrolyse ausschließlich Fructose liefert.

An Ballaststoffen kommen in Obst und Gemüse regelmäßig Pektine und Hemicellulosen, zum Teil Cellulose vor.

Kern- und Steinobst enthalten zum Teil beträchtliche Mengen an Sorbit, einen Zuckeralkohol, der aus Glucose entsteht. So wurden z. B. für Sorbit angegeben: Äpfel 0,26–0,92 g/100 g Frischgewicht, Birnen 1,10–2,64 g, Süßkirschen 1,47–2,13 g, Sauerkirschen 1,31–2,98 g, Pflaumen 0,18–1,35 g, Pfirsiche 0,31 g, Aprikosen 0,82 g, während Beerenobst nur geringe Konzentrationen aufweist. In letzter Zeit sind Mannit und Xylit in Obst- und Gemüsearten nachgewiesen worden.

22.3.1.4 Organische Säuren

Der *Säuregehalt* der Obstarten (s. Tabelle 2), aber auch der Gemüsearten [3] (meist 200–300 mg/100 g Frischgewicht, etwas niedriger in Rettich, höher in Mangold, Möhre, Paprika, Rhabarber (> 1000 mg/100 g), Rosenkohl, Selle-

Tabelle 4. Chemische Zusammensetzung des Gemüses

Mittelwerte in 100 g eßbarem Anteil	Wasser	Eiweiß	Verwertbare Kohlenhydrate	Glucose	Fructose	Saccharose
	g	g	g	g	g	g
Wurzelgemüse						
Batate/ Süßkartoffel	69,2	1,6	21,0	0,95	0,30	2,8
Kartoffel	77,8	2,0	14,7	0,24	0,17	0,30
Kohlrübe	89,3	1,2	8,5	–	–	–
Möhre	88,2	1,0	4,9	1,6	1,5	1,8
Radieschen	94,4	1,1	2,2	1,3	0,73	0,11
Rettich	93,5	1,1	1,0	0,64	0,39	–
Rote Rübe	88,8	1,5	8,5	0,38	0,35	7,8
Schwarzwurzel	78,6	1,4	1,1	–	0,07	1,0
Sellerie	88,6	1,6	1,7	–	–	1,7
Frucht- und Samengemüse						
Aubergine	92,6	1,2	3,3	1,5	1,5	0,25
Bohne grün	90,3	2,4	5,9	0,99	1,34	0,43
Erbse grün	77,3	6,6	12,3	0,06	0,05	1,15
Gurke	96,8	0,6	1,9	0,88	1,0	0,05
Kürbis	91,3	1,1	3,1	0,95	0,90	0,54
Gemüsepaprika	91,0	1,2	2,8	1,4	1,3	0,12
Tomate	94,2	1,0	2,4	0,9	1,42	>0,01
Zucchini	92,2	1,6	2,2	0,94	1,05	0,16
Zuckermais	74,7	3,3	16,4	0,88	0,53	2,7
Sonstige Gemüse wie Blatt-, Salat-, Kohlgemüse usw.						
Artischocke	82,5	2,4	9,2	–	–	–
Bleichsellerie	92,2	1,2	1,1	0,3	0,3	0,5
Blumenkohl	91,6	2,5	2,7	1,16	1,05	0,23
Broccoli	89,7	3,3	1,7	0,74	0,56	0,39
Champignon	90,7	2,7	0,3	0,18	0,08	0,05
Chicorée	94,4	1,3	1,1	0,11	0,12	0,87
Chinakohl	95,4	1,2	0,7	–	–	–
Endivie	94,3	1,8	0,9	0,07	0,16	0,70
Feldsalat	93,4	1,8	0,7	0,47	0,20	–
Grünkohl	86,3	4,3	1,2	0,27	0,21	0,70
Kohlrabi	91,6	1,9	3,9	1,4	1,2	1,3
Kopfsalat	95,0	1,3	0,9	0,36	0,47	0,09
Mangold	92,2	2,1	–	–	–	–
Porree	89,0	2,2	3,4	1,2	1,5	0,7
Rhabarber	94,5	0,6	0,5	0,24	0,27	–
Rosenkohl	85,0	4,5	3,3	0,88	0,79	1,13
Rotkohl	91,8	1,5	3,2	1,2	1,7	0,29
Spargel	93,6	1,9	1,2	0,32	0,67	0,18
Spinat	91,6	2,5	0,6	0,13	0,12	0,21
Weißkohl	92,1	1,4	3,8	1,6	2,0	0,1
Wirsingkohl	90,0	3,0	4,0	–	–	–
Zwiebel	87,6	1,3	5,9	2,2	1,8	1,9

Die Zahlenwerte der Tabellen 1, 2, 4 und 5 sind den Werken von Souci/Fachmann/Kraut, ergänzt durch die Lebensmitteltabelle von Senser/Scherz, entnommen

Tabelle 4 (Fortsetzung)

Stärke	Ballast-stoffe	Mineral-stoffe	Nitrat	Carotin (>0,1 mg)	Vitamin C	Lagerfähigkeit bei sachgemäßer Kühllagerung in Wochen
g	g	g	mg	mg	mg	
16,9	7,8	1,1	–	0,3–4,6	30	–
14	2,5	1,0	13	–	10–40	bis 32
–	–	0,8	–	–	35	–
–	3,4	0,9	50	12	7	20–25
–	1,5	0,9	220	–	30	1
–	1,2	0,8	259	–	25	–
–	2,5	1,0	195	–	10	–
–	–	1,0	31	–	4	–
–	4,2	0,9	98	–	8	–
–	1,4	0,5	20	–	5	2
3,1	–	0,7	25	0,33	20	1
11	4,3	0,9	3	0,38	25	1
–	0,9	0,6	19	0,17	8	1,5
0,7	–	0,8	68	2	12	12
–	2,0	0,6	12	0,2–4,1	140	2
0,09	1,8	0,6	5	0,82	25	1
–	1,1	0,7	–	0,35	16	–
12,3	3,3	0,8	–	–	12	–
–	4,2	1,3	–	–	8	–
–	4,2	1,1	223	–	7	–
–	2,9	0,8	42	–	75	2–4
–	3,0	1,1	71	2	115	2–4
–	1,9	1,0	–	–	5	–
–	1,3	1,0	15	–	10	–
–	1,7	0,7	112	–	35	–
–	1,5	0,9	106	1,14	9	–
–	1,5	0,8	219	3,9	35	–
–	4,2	1,7	101	4,1	105	12
–	1,4	1,0	192	0,20	65	2
0,02	1,5	0,7	262	0,79	13	2
–	–	1,7	150	3,5	40	–
–	2,3	0,9	51	0–0,7	30	8–12
–	3,2	0,6	215	–	10	1–2
0,49	4,4	1,4	12	0,40	115	4–5
–	2,5	0,7	28	–	50	bis 25
–	1,5	0,6	66	–	20	2
0,09	1,8	1,5	166	4,2	50	1
0,03	2,5	0,6	107	–	45	bis 25
–	1,5	1,1	48	–	45	–
–	3,1	0,6	20	–	8	–

Tabelle 5. Chemische Zusammensetzung von Schalenobst

Mittelwerte in 100 g eßbarem Anteil	Wasser	Eiweiß	Fett	Linolsäure	Verwertbare Kohlenhydrate	Ballast-stoffe	Mineral-stoffe	Thiamin	Riboflavin	Niacin
	g	g	g	g	g	g	g	mg	mg	mg
Cashew-Kern	4,0	17,5	42,2	6,7	30,5	2,9	2,9	0,63	0,26	2
Edelkastanie (Marone)	50,1	2,9	1,9	–	41,2	–	1,2	0,20	0,21	0,87
Haselnuß	5,2	14,1	61,6	6,3	9,3	7,4	2,4	0,39	0,21	1,35
Kokosnuß	44,8	3,9	36,5	0,7	4,8	9,0	1,2	0,06	0,01	0,38
Mandel, süß	5,7	18,3	54,1	9,9	9,4	9,8	2,7	0,22	0,62	4
Paranuß	5,6	14,0	66,8	24,9	2,3	6,7	3,7	1	0,04	0,20
Pekannuß	3,2	9,3	72,0	16,9	–	1,6	–	0,86	0,13	2,00
Pistazie	5,9	20,8	51,6	6,5	12,5	6,5	2,7	0,69	0,20	1,45
Walnuß	4,4	14,4	62,5	34,1	12,1	4,6	2,0	0,34	0,12	1

Erdnuß s. Hülsenfrüchte.

Die Gehalte an β-Carotin und Ascorbinsäure sind unbedeutend mit Ausnahme von 25 mg Ascorbinsäure/100 g Edelkastanie.

Die Zahlenwerte der Tabellen 1, 2, 4 und 5 sind den Werken von Souci/Fachmann/Kraut, ergänzt durch die Lebensmitteltabelle von Senser/Scherz, entnommen

rie, Spinat, Tomate) besteht hauptsächlich aus Äpfelsäure und/oder Citronensäure. Nur Weintrauben enthalten überwiegend Weinsäure neben etwas geringeren Mengen an Äpfelsäure. Weinsäure tritt – wenn überhaupt – in anderen Kulturpflanzen meist nur in Spurenmengen auf.
Die hauptsächliche organische Säure der bei uns angebauten Gemüsearten ist die Äpfelsäure mit Ausnahme von Erbsen, Kartoffeln, Rosenkohl, Rote Rüben, Rosenkohl, Schwarzwurzeln, Spargel, Tomaten und Wirsing, in denen die Citronensäure die Hauptsäure darstellt. Weißkohl enthält im verzehrsüblichen Zustand etwa gleiche Anteile an Äpfel- und Citronensäure.
Während der Entwicklung und Reife kann es zu erheblichen Konzentrationsverschiebungen bei den Säuren kommen. So nimmt in den Früchten und Samen von Erbsen, Bohnen und Puffbohnen sowie Tomaten und Gemüsepaprika der zu Beginn beträchtliche Gehalt an Äpfelsäure laufend, zum Teil erheblich ab und steigt der Gehalt an Citronensäure meist sehr stark an [3].
Die meisten Obst- und Gemüsearten enthalten praktisch keine Oxalsäure. Höhere Gehalte (Durchschnittswerte) weisen Rhabarber mit 460, Spinat 440, Mangold 650, Rote Rüben 180 und Bohnen 45 mg/100 g Frischgewicht auf. Daneben kann eine größere Zahl anderer Säuren meist in geringer Menge, oft in Spurenmengen, in Obst und Gemüse auftreten wie Chinasäure, Bernsteinsäure, Fumarsäure, die weit verbreitet sind, sowie Malonsäure, Shikimisäure, Isocitronensäure. Gelegentlich können diese Säuren auch in höheren Konzentrationen, z. B. die Chinasäure, vorkommen.
Im Gegensatz zum Obst liegen im Gemüse mit Ausnahme der Tomaten und des Rhabarbers die Säuren in der Hauptsache an Kationen (vor allem Kalium) gebunden vor. Daher schmecken diese Gemüsearten nicht sauer.

22.3.1.5 Vitamine

Der Gehalt an *Vitaminen* und Provitaminen ist – abgesehen von Ascorbinsäure in einer Reihe von Obst- und Gemüsearten und von β-Carotin in wenigen Gemüsearten, s. Tabellen 2–4, – entgegen weit verbreiteter Ansicht der Bevölkerung in Obst und Gemüse ohne wesentlichen ernährungsphysiologischen Wert. Vom Obst enthalten nur Aprikosen (1,8 mg/100 g Frischgewicht), Sauerkirschen (0,3), Pfirsiche (0,44) und Mandarinen (0,34) neben einigen exotischen Früchten wie Mango (0,5–5,0), Papaya (0,5–1,0), Passionsfrüchten (0,3–0,9) und Kaki (1,3–1,6) höhere Werte an β-Carotin (benötigte tägl. Zufuhr etwa 5 mg). Vitamin A ist in Obst und Gemüse nicht enthalten. Bei dem hohen Jahresverbrauch an Obst und Gemüse in der Bundesrepublik deckt deren Gehalt an Thiamin, Riboflavin und Nicotinsäureamid durchschnittlich nur etwa 10% der von der DGE empfohlenen Zufuhr, s. Tabelle 6! Bei der Kartoffel indessen ist der durchschnittliche Thiamingehalt von 0,11 mg/100 g bei dem hohen Jahresverbrauch von Wert.

22.3.1.6 Aromastoffe

Zum ansprechenden Aroma der Obstfrüchte und frisch verzehrten Fruchtgemüsearten tragen neben Zuckern und Säuren flüchtige Verbindungen (*Aroma-*

Tabelle 6. Durchschnittliche Gehalte einiger ausgewählter Vitamine und Mineralstoffe in mg/100 g Frischgewicht

	Kern- und/Beerenobst Steinobst/	Wurzelgemüse	Fruchtgemüse	übriges Gemüse	Empfehlungen für die Nährstoffzufuhr der DGE pro Tag in mg für Erwachsene	
					m	w
Thiamin	0,02–0,05	0,03–0,11	0,02–0,06	0,03–0,10	1,4	1,2
Riboflavin	0,02–0,05	0,03–0,07	0,03–0,06	0,03–0,10	1,7	1,5
Nicotinsäureamid	0,1–0,5	0,25–1,0	0,2–0,6	0,2–1,0	18	15
Calcium	5–20/15–40	30–60	10–20	20–50	800	800
Magnesium	5–15/10–25	10–25	8–15	10–30	350	300
Eisen	0,3–1,0	0,5–1,5	0,4–0,8	0,5–1,5	12	18
Kalium (bezogen auf den Mineralstoffgehalt)	35–50%	30–35%	30–50%	30–45%	3–4 g	
Mineralstoffe (Asche)	0,3–0,7	0,8–1,0	0,5–0,9	0,6–1,5		

Höhere Werte in mg/100 g Frischgewicht z. B.:

Eisen: Blattgemüse zum Teil 2–4 mg;

Calcium (in Klammern Magnesium): Grünkohl 210, Kohlrabi 70 (45), Porree 85, Spinat 125 (60);

Thiamin: Grüne Erbsen 0,30, Puffbohnen 0,28, Rosenkohl 0,15;

Riboflavin: grüne Erbsen 0,16, Puffbohnen 0,17, Grünkohl 0,25, Rosenkohl 0,14, Spinat 0,23

stoffe) bei. Sie werden bei der Reife primär auf enzymatischem Wege aus Aromavorstufen gebildet, z. B. Alkohole und Aldehyde aus Aminosäuren und Fettsäuren, bzw. entstehen sekundär aus anderen Aromastoffen. Sie stellen im allgemeinen komplizierte Gemische mit Vertretern aus nahezu allen chemischen Stoffklassen dar. Entsprechendes gilt für die Aromastoffe gegarter Gemüsearten.

Die modernen Analysenverfahren der Gaschromatographie und Massenspektrometrie haben es ermöglicht, zum Teil Hunderte von Aroma-Einzelkomponenten in einer Obst- oder Gemüseart zu identifizieren. Dabei liegen die Aromastoffe in der Regel in äußerst geringer Konzentration vor. So beträgt die Größenordnung des Gemisches aller flüchtigen Aromastoffe oft etwa 1–10 mg/100 g, zum Teil noch weniger, wobei die einzelnen Aromastoffe im Konzentrationsbereich von 10^{-6} bis mehrere mg/100 g vorkommen.

Die Aromazusammensetzung hängt stark von Sorte, Klima, Lage, Reifegrad und den Bedingungen einer Lagerung ab. So gibt es z. B. bei Äpfeln Sorten, deren Aroma überwiegend aus Estern besteht, und Sorten, deren Aroma sich überwiegend aus Alkoholen zusammensetzt. Auch kann man zur Zeit nur für wenige Obstarten verläßlich angeben, welche der zahlreichen Aromastoffe für das Aroma der Art verantwortlich sind, was auch – soweit untersucht – für die Gemüsearten gilt.

Von den Alkoholen sind etwa die ersten 10 Glieder der homologen Reihe der n-Alkohole im Obst weit verbreitet. Außerdem wurden bisher relativ häufig sekundäre niedere Alkohole mit OH am C_2 (z. B. 2-Pentanol), niedere ungesättigte Alkohole (z. B. Hexenole) sowie 2-Methyl-1-propanol, 2- und 3-Methyl-1-butanol und Terpenalkohole wie Linalool, Gerianiol und α-Terpineol aufgefunden. An den in den einzelnen Obstfrüchten meist in großer Zahl vorliegenden und für das Aroma bedeutungsvollen Estern sind überwiegend Alkohole mit 1 bis 6 C-Atomen und Essig-, Butan-, Hexan-, Octan- und Decansäure neben einigen anderen Alkoholen und gesättigten wie ungesättigten Säuren beteiligt. Von den Aldehyden, die neben Estern oft aromaintensiv sind, und Ketonen sind ebenfalls die Anfangsglieder der homologen Reihe der n-Aldehyde, außerdem (Z)-3-Hexenal und (E)-2-Hexenal, und 2-Ketone mit 3 bis 10 C-Atomen verbreitet. Bei den stereoisomeren Aromastoffen ist (E) = trans und (Z) = cis. Weiterhin ist mit Lactonen sowie schwefelhaltigen Verbindungen wie Dimethylsulfid und Diethylsulfid zu rechnen, von denen letztere recht geruchs- und geschmacksintensiv sind.

In Gemüsearten kommen weitgehend ähnliche Aromastoffe vor. Typisch sind z. B. die sehr geruchsintensiven 2-Methoxy-3-alkylpyrazine (3-Isopropyl-, 3-Isobutyl-, 3-sec-Butyl-) in einer Reihe von Gemüsearten wie u. a. Erbsen, Gemüsepaprika, Möhren, Roten Rüben und Spinat, ferner Dimethylsulfid im Spargel und (E)-2, (Z)-6-Nonadienal in Gurken.

In Kohlarten, Kohlrüben, Radieschen und Rettichen, Meerrettich und Kressearten werden sog. Glucosinolate beim Zerkleinern der Pflanzteile und zu Beginn des Garprozesses auf enzymatischem Wege unter Abspaltung von Glucose und KHSO, in Isothiocyanate, Thiocyanate oder Nitrile aufgespalten.

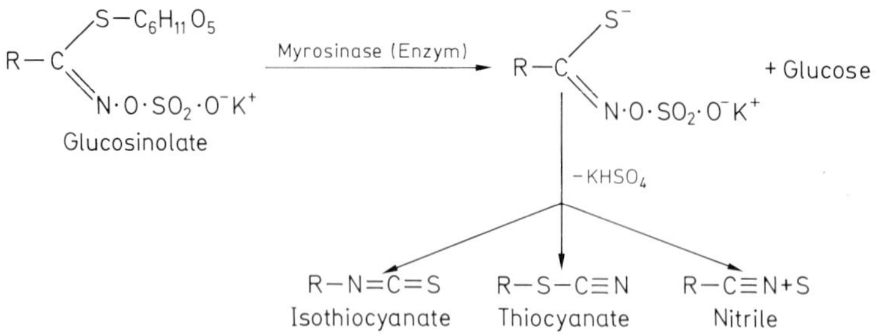

$$R-C\diagup^{S-C_6H_{11}O_5}_{N \cdot O \cdot SO_2 \cdot O^- K^+} \xrightarrow{\text{Myrosinase (Enzym)}} R-C\diagup^{S^-}_{N \cdot O \cdot SO_2 \cdot O^- K^+} \quad + \text{Glucose}$$

Glucosinolate

$-KHSO_4$

$R-N=C=S$	$R-S-C\equiv N$	$R-C\equiv N+S$
Isothiocyanate	Thiocyanate	Nitrile

Abb. 1

In Zwiebelgemüsearten entstehen aus schwefelhaltigen Vorstufen, z. B. Alkyl- und Alkenyl-cysteinsulfoxiden, beim Zerkleinern eine Reihe von Aromastoffen und als sekundäre Produkte beim Garen Mono-, Di- und Trisulfide sowie u. a. Thiole und Methylthiophene.

22.3.1.7 Pflanzenphenole

Wichtige Inhaltsstoffe von Obst und Gemüse stellen auch die *Pflanzenphenole* dar. Häufig enthält eine einzige Pflanzenart 10 und mehr verschiedene phenolische Inhaltsstoffe in meist sehr unterschiedlichen Konzentrationen. Gar nicht so selten wurden 20, 30 und mehr einzelne Stoffe in einer einzigen Spezies aufgefunden. Meist sind es flavonoide Stoffe oder Hydroxyzimtsäure-Verbindungen.

Bei letzteren sind die Ester der Kaffeesäure (3,4-Dihydroxyzimtsäure), p-Cumarsäure (4-Hydroxyzimtsäure) oder Ferulasäure (3-Methoxy-4-hydroxyzimtsäure) mit Chinasäure oder Glucose am häufigsten. Es kommen aber auch Ester mit Weinsäure (z. B. in Weintrauben) und anderen Hydroxysäuren wie Äpfelsäure vor, ebenfalls – wenn auch relativ selten und dann oft in geringerer Konzentration – Glucoside der Hydroxyzimtsäuren, z. B. in Tomaten, sowie Hydroxybenzoesäureglucoside meist in Spurenmengen. Als Beispiel der sehr unterschiedlichen Verteilung in den einzelnen Sorten sei auf Tabelle 7 verwiesen [4].

Zu den Flavonoiden zählen hauptsächlich die rot oder blau gefärbten Anthocyanine, z. B. in Kirschen, Pflaumen, Beerenobstarten, Rotkohl, Radieschen, Auberginen, die gelblich gefärbten Flavon- und Flavonolglykoside, die fast überall vorkommen und in den Blättern der Gemüsearten oft hohe Konzentrationen erreichen können, die meist farblosen Flavanone der Citrusfrüchte, z. B. der Bitterstoff Naringin der Grapefruit, und die z. B. in unseren heimischen Obstarten und im Getreide auftretenden Catechine und Proanthocyanidine, die zur Verfärbung von Schnitt- und Druckstellen und frisch gepreßten Obstsäften beitragen. Von vielen Flavonoiden sind unterschiedliche physiologische Wirkungen auf den Menschen beschrieben worden, deren Bedeutung in Lebensmitteln jedoch häufiger noch umstritten ist.

Tabelle 7. Gehalte des Kern- und Steinobstes an Estern der Hydroxyzimtsäuren mit Chinasäure sowie der Catechine in mg/kg Frischgewicht [2]

	Äpfel	Birnen	Süß-kirschen	Sauer-kirschen	Pflaumen	Pfirsiche	Aprikosen
5-O-Caffeoylchinasäure (Chlorogensäure)	150 (62–500)	150 (64–669)	23 (11–40)	83 (50–140)	73 (15–142)	186 (43–282)	79 (37–123)
3-O-Caffeoylchinasäure (Neochlorogensäure)	0	0	263 (73–628)	188 (82–536)	541 (88–771)	86 (33–142)	77 (26–132)
3-O-p-Cumaroylchinasäure	0	0	197 (81–450)	143 (40–226)	22 (4–40)	2 (0–4)	5 (2–9)
3-O-Feruloylchinasäure	0	0	4	1	13	1	7
Catechin	9 (Sp–27)	3 (0–10)	14 (3–23)	15 (0–41)	18 (5–44)	86 (50–129)	45 (26–57)
Epicatechin	46 (2–129)	26 (5–59)	35 (12–49)	97 (4–152)	8 (0–17)	7 (3–15)	139 (67–202)

22.3.1.8 Mineralstoffe

Ernährungsphysiologisch wichtig sind weiterhin *Mineralstoffe*, die bei der chemischen Untersuchung nach dem Verbrennen der organischen Substanz als Asche zurückbleiben. Hauptbestandteil ist hierbei in Obst und Gemüse das Kalium. Angaben zu Kalium sowie Calcium, Magnesium und Eisen, s. Tabelle 6. Der Eisengehalt von grünem Blattgemüse mit ca. 2–4 mg/100 g Frischgewicht ist zu 60–70% vom Organismus verwertbar. – An Natrium kommen in Obst und Gemüse praktisch nur Spurenmengen vor. – Im Gegensatz zu Obst und Fruchtgemüse sind in einigen Gemüsearten beträchtliche Gehalte an Nitrat vorhanden, was ernährungsphysiologisch wegen der Möglichkeit der Nitratreduktion im Organismus und der Bildung von Nitrosaminen ungünstig ist. Die Nitrosamin-Bildung kann durch antioxidativ wirkende Stoffe wie Ascorbinsäure und eine Reihe Pflanzenphenole (z.B. Catechin, Chlorogensäuren) gehemmt werden.
Die Einzelwerte für Nitrat schwanken bei der gleichen Gemüseart, abhängig von den Anbau- und Erntebedingungen, sehr erheblich. Tabelle 4 bringt nur Mittelwerte.

22.3.1.9 Weitere Inhaltsstoffe

Weiterhin sind als wichtige Inhaltsstoffe die je nach Konzentration gelb bis violett-rot gefärbten Carotinoide, z.B. der Möhren und des Gemüsepaprikas, die grünen Chlorophylle, Bitterstoffe (z.B. in Grapefruits und Oliven) sowie nicht zuletzt die zahlreichen Enzyme zu nennen. In allen grünen Geweben höherer Pflanzen kommen neben Chlorophyll a und b stets Carotinoide, zum Teil das provitamin A-wirksame β-Carotin in bemerkenswerter Konzentration vor, s. Tabelle 4, während die Farbe der Tomaten hauptsächlich auf provitamin A-unwirksamem Lycopin beruht.

22.3.2 Dauerwaren

Viele Obst- und Gemüsearten sind nur relativ kurze Zeit lagerfähig. Ihre Haltbarmachung erfolgt im wesentlichen durch 1. Naßkonservierung in Dose oder Glas, die nach wie vor die Hauptbedeutung besitzt, 2. Tiefgefrieren und 3. Trocknen.
Hinzu kommen kandierte Früchte, z.B. Belegfrüchte, Ingwer und Fruchtschalen wie Citronat (aus halbierten Schalen der Süßcitrone), Orangeat (aus Pomeranzenschalen) und kandierte Apfelsinen- und Zitronenschalen sowie eingesäuertes Gemüse.

22.3.2.1 Naßkonserven

Bei der *Naßkonservierung* sind Dosen oder Gläser mit Obst bzw. Gemüse so voll wie technisch möglich zu füllen. Obst wird in der Regel roh mit Zuckerlösung übergossen, wobei die Zuckerkonzentration im Enderzeugnis mit „leicht gezuckert" (meist 14%), „gezuckert" (meist 17 oder 18%) oder

„stark gezuckert" (meist 20 oder 22%) zu kennzeichnen ist (refraktrometrische Messung des abgelaufenen Saftes bei 20 °C nach vollständigem Konzentrationsausgleich). Ohne Zuckerzusatz werden sog. Dunstfrüchte hergestellt. Gemüse wird vor dem Einfüllen blanchiert, d. h. in siedendem Wasser (oder auch mit Dampf) kurze Zeit (einige Minuten) vorgebrüht. Das Blanchieren, das mit Vitaminverlusten verbunden ist, ist notwendig, damit das Gewebe erweicht und schrumpft und im Gewebe eingeschlossene Luft ausgetrieben wird.

Beim Tiefgefrieren und Trocknen von Gemüse ist das in gleicher oder ähnlicher Weise vorgenommene Blanchieren notwendig, um die Enzyme zu inaktivieren und so eine lange Haltbarkeit der Konserven zu gewährleisten.

Die Vitaminverluste im Gemüsegut beim Blanchieren und während der Naßkonservierung schwanken beträchtlich und sind bei der Ascorbinsäure mit etwa 40–50% am höchsten und auch beim Thiamin oft beträchtlich, während sie beim Riboflavin und Niacin geringer sind und beim β-Carotin meist unter 10% betragen. Bei der Naßkonservierung geht ein beträchtlicher Teil der wasserlöslichen Bestandteile in die Aufgußflüssigkeit.

Bei einwandfreier Rohware kann bei Naßkonserven des Obstes und Gemüses mit einer Lagerfähigkeit bei guter Qualitätserhaltung von etwa 2 Jahren gerechnet werden.

Ein Kriterium für einwandfreie Füllung der Behältnisse ist das sog. Abtropfgewicht. Hierzu wird der Inhalt auf ein flaches Sieb von 20 cm Durchmesser und 2,5 mm Maschenweite gleichmäßig verteilt, dieses leicht geneigt und nach 2 min Abtropfzeit gewogen. Das Abtropfgewicht beträgt für die meisten Obstarten mindestens 480–500 g für 850 ml Inhalt (1/1-Dose), für Erd- und Himbeeren jedoch nur 320 und Heidel- und Johannisbeeren 380 g. Für Gemüse liegen die Abtropfgewichte bei ca. 500 g.

22.3.2.2 Tiefgefrierwaren

Zum *Tiefgefrieren* eignen sich von den Gemüsearten allgemein die, welche in gegartem Zustand verzehrt werden. Gemüsearten, die üblicherweise roh verzehrt werden wie Blattsalate, Radieschen, Rettiche, Tomaten und Gurken sind wegen der beim Tiefgefrieren auftretenden erheblichen Gewebeveränderungen ungeeignet. Die Erhaltung der Inhaltsstoffe, besonders empfindlicher Vitamine, ist häufig besser als bei Naßkonservierung. Die Lagerfähigkeit bei guter Qualitätserhaltung beträgt in der Regel bei −18 °C ein Jahr und länger. Industriell werden vor allem Spinat, aber auch Bohnen, Erbsen, Grünkohl, Karotten, Kohlrabi, Rosenkohl, Rotkohl und Porree in beträchtlichen Mengen tiefgefroren, während beim Obst nur leicht zerfallende Früchte wie Himbeeren, Heidelbeeren und Erdbeeren industrielle Bedeutung haben.

22.3.2.3 Trockenobst

Bei der Herstellung von *Trockenobst* (Ananas, Äpfel, Aprikosen, Birnen, Pfirsiche, Quitten, Weinbeeren – außer Korinthen – und glasierte halbfeuchte

Trockenfrüchte) werden die Früchte zur Verhütung von Bräunung und Insektenbefall mit Schwefeldioxid behandelt, desgleichen, wenn auch mit geringen SO_2-Dosen, häufig helle Gemüsearten.

22.3.2.4 Sauergemüse

Zu dem *eingesäuerten Gemüse* (Sauergemüse) zählen einerseits die durch Milchsäuregärung gewonnenen Produkte wie Sauerkraut (aus geschnittenem Weißkohl unter Salzzusatz hergestellt) und Salzdillgurken und andererseits die in Essig eingelegten Gurken und anderen Gemüsearten wie Perl- und Silberzwiebeln, Paprika, Sellerie, Rote Bete, Bohnen, Maiskölbchen und Mixed Pickles. – Die gute Ascorbinsäure-Erhaltung, z. B. in Sauerkraut (10 – 25 mg/100 g Sauerkraut), ist zu erwähnen.

22.3.3 Erzeugnisse

Unter hauptsächlicher Verwendung von Obst werden hergestellt:
1. Fruchtsäfte (auch als konzentrierter und getrockneter Fruchtsaft) und Fruchtnektare; aus Gemüse Gemüsesäfte,
2. Konfitüren und ähnliche streichfähige Erzeugnisse,
3. Fruchtsirupe.

22.3.3.1 Fruchtsäfte, Fruchtnektare, Gemüsesäfte, Fruchtsirup

Unter *Fruchtsaft* wird der mittels mechanischer Verfahren, z. B. Pressen, gewonnene gärfähige, aber nicht gegorene, durch physikalische Verfahren und Behandlung ohne Konservierungsstoffe haltbar gemachte unverdünnte Saft von Obstfrüchten verstanden. Bei Citrusfrüchten stammt der Fruchtsaft aus dem Endokarp. Fruchtgemüsearten dürfen nicht verwendet werden. Fruchtsaft kann auch aus konzentriertem Fruchtsaft durch Zufügung der dem Saft bei der Konzentrierung entzogenen Menge an Wasser hergestellt werden. Zum unmittelbaren Genuß sind im wesentlichen Apfel-, Birnen-, Trauben-, Citrus- und Ananassäfte sowie Pfirsichsäfte geeignet.

Zur Korrektur eines natürlichen Mangels an Zucker dürfen 15 g Zuckerarten je Liter sowie zur Erzielung eines süßen Geschmacks bei Saft von Zitronen, Limetten, Bergamotten und Johannisbeeren 200 g, bei anderen Fruchtsäften 100 g Zuckerarten je Liter zugesetzt werden; bei Apfelsaft ist diese Zuckerung nicht zulässig.

Demgegenüber sind *Fruchtnektare* nicht gegorene, aber gärfähige, durch Zusatz von Wasser und Zucker zu Fruchtsaft oder Fruchtmark oder deren Konzentraten gewonnene Erzeugnisse. Fruchtnektare werden vor allem aus solchen Obstarten hergestellt, deren Säfte aufgrund ihres hohen natürlichen Säuregehaltes zum unmittelbaren Genuß nicht geeignet sind wie die meisten Beeren- und Steinobstsäfte. Diese Fruchtnektare können auch als Süßmoste bezeichnet werden. Der Gehalt an Fruchtsaft bzw. Fruchtmark ist durch die Verordnung über Fruchtnektar und Fruchtsirup vorgeschrieben und beträgt mindestens 25% wie im Schwarzen Johannisbeernektar und 50% wie in Nektaren aus Äpfeln, Birnen und Citrusfrüchten. Fruchtsäfte und Fruchtnektare können klar, trüb oder fruchtfleischhaltig sein.

Nicht zu verwechseln mit Fruchtsäften oder Fruchtnektaren sind die sog. Fruchtsaftgetränke. Hierunter werden Erfrischungsgetränke verstanden, die unter Verwendung von Fruchtsaft (Kernobst- oder Traubensaft mind. 30%, Citrussaft mind. 6%, andere Säfte mind. 10%) hergestellt worden sind.

Den Fruchtsäften in der Herstellung vergleichbar sind die *Gemüsesäfte* wie Tomatensaft, Möhrensaft.

Auch sind Tomatenmark als eingedicktes, fein passiertes, von Schalen und Samen befreites Mark reifer Tomaten, einfach, doppelt oder dreifach konzentriert (Trockenmasse mindestens 14 bzw. 28 bzw. 36%), sowie Tomatenketchup, eine Würzsoße aus Tomatenmark und Zucker, gewürzt mit Kochsalz, Essig, Gewürzen und anderen würzenden Zutaten, bekannte Handelsartikel.

Unter *Fruchtsirup* wird eine dickflüssige Zubereitung verstanden, die aus Fruchtsaft, aus konzentriertem Fruchtsaft oder aus Früchten unter Verwendung von Zucker mit oder ohne Aufkochen hergestellt wird. Er darf höchstens 68% Zucker enthalten und muß mindestens 65% lösliche Trockenmasse aufweisen.

22.3.3.2 Konfitüren, Gelees und ähnliche Erzeugnisse

Konfitüren und *Gelees* sind streichfähige Zubereitungen aus Zucker und Pülpe (bei Konfitüre extra), Pülpe oder Mark (bei Konfitüre einfach) und Saft oder wäßrigen Auszügen (bei Gelee) sowohl aus einer Fruchtart als auch aus mehreren Fruchtarten. Bei Konfitüre und Gelee extra dürfen bei mehreren Fruchtarten Äpfel, Birnen, nicht steinlösende Pflaumen, Melonen, Wassermelonen, Weintrauben, Kürbisse, Gurken und Tomaten nicht verwendet werden. Obstpülpe enthält neben Fruchtbestandteilen in breiig-stückiger Form auch kleine unzerteilte Früchte bzw. größere Fruchtstücke. Obstmark dagegen besteht aus mehr oder weniger fein passiertem Obst.

Unter *Marmelade* wird hingegen im Gegensatz zu früher nur noch eine streichfähige Zubereitung aus Zucker und Pülpe, Mark, Saft, wäßrigen Auszügen oder Schalen von Citrusfrüchten verstanden.

Obstkraut wird als streichfähige Zubereitung der durch Dämpfen oder Kochen, Abpressen und Eindampfen gewonnenen Auszüge unter Zusatz von Zucker hergestellt.

Zur Herstellung von 1000 g Erzeugnis müssen mindestens folgende Mengen verwendet werden:

Konfitüre und Gelee extra (in Klammern Konfitüre und Gelee einfach): Schwarze Johannisbeeren, Hagebutten, Quitten 350 (250), Ingwer 250 (150), Kaschuäpfel 230 (160), Passionsfrüchte 80 (60) und andere Früchte 450 (350) g Pülpe, Mark, Saft bzw. Auszug, Marmelade: 200 g Zitrusfrüchte, davon mindestens 75 g Endokarp, Maronenkrem: 380 g Maronenmark (Edelkastanienmark), Apfelkraut: 2700 g Äpfel und Birnen, davon mindestens 2100 g Äpfel (daneben höchstens 400 g Zucker), Birnenkraut: 4200 g Birnen und

Äpfel, davon mindestens 3500 g Birnen (daneben höchstens 300 g Zucker),
Gemischtes Kraut: mindestens 500 g Apfelkraut und höchstens 500 g Rüben-
kraut (mit mindestens 78% löslicher Trockenmasse), Pflaumenmus: 1400 g
Pflaumenpülpe oder -mark, davon dürfen höchstens 350 g aus getrockneten
Pflaumen hergestellt sein, daneben dürfen höchstens 300 g Zucker verwendet
werden.
Der Mindestgehalt an löslicher Trockenmasse muß bei Konfitüre, Gelee,
Marmelade und Maronenkrem 60, bei den Krautarten 65 und Pflaumenmus
50% betragen.

22.4 Analytische Verfahren

Zur Untersuchung auf die einzelnen Inhaltsstoffe von Obst und Gemüse
können bewährte klassische Verfahren und dafür geeignete Methoden der
Amtlichen Sammlung von Untersuchungsverfahren nach § 35 LMBG verwendet werden. Nicht zuletzt eignen sich moderne gaschromatographische,
hochleistungsflüssig-chromatographische, enzymatische und atomabsorp-
tionsspektroskopische Methoden. Hinweise auf die Bestimmung des Abtropfgewichtes und die refraktrometrische Zuckerbestimmung von Konserven s. S.
353 u. HLMC (Bd V/2).
Für Fruchtsäfte sei auf die Methoden zur Bestimmung der RSK-Werte
(Richtwerte und Schwankungsbreiten bestimmter Kennzahlen) verwiesen [5],
die Hinweise auf grobe und ungeschickt vorgenommene Verfälschungen geben
können, s. auch [6, 7]. Unerlaubte Zusätze anderer Säfte oder Auszüge können
über die HPLC von Flavonoiden nachgewiesen werden, die in dem zu
untersuchenden Saft üblicherweise nicht vorkommen und so Zusätze anzeigen [8].

22.5 Literatur

1. Richtwerte für Schadstoffe in Lebensmitteln. Bundesgesundhbl (1990) 33:224
2. Haupt HG (1979) Normen für verarbeitetes Obst und Gemüse. G Hempel, Braunschweig
3. Herrmann K (1989) Die Säuren der Gemüsearten. Ernährungs-Umschau 36:216–219
4. Herrmann K (1989) Occurrence and content of hydroxycinnamic and hydroxybenzoic acid
   compounds in foods. CRC Crit. Rev. Food Sci. Nutrit. 28:315–347
5. Verband der deutschen Fruchtsaftindustrie (1987) RSK-Werte. Die Gesamtdarstellung.
   Richtwerte und Schwankungsbreiten bestimmter Kennzahlen für Fruchtsäfte und Nektare
   einschließlich überarbeiteter Analysenmethoden. Verlag Flüssiges Obst, Schönborn
6. Analysenbuch der Internationalen Fruchtsaft-Union (IFU). Loseblatt-Sammlung.
   Schweiz Obstverband, CH 6300 Zug 2
7. Tanner H, Brunner HR (1987) Analytische Prüfung, in: Schobinger U (ed) Frucht- und
   Gemüsesäfte 2. Aufl. Ulmer, Stuttgart, pp 536–564
8. Galensa R (1988) Nachweis von Fruchtsaftverfälschungen durch die Bestimmung von
   Flavonoiden mittels HPLC. GIT Suppl 4/88, p. 18

Weiterführende Literatur:

Bünemann G, Hansen H (1973) Frucht- und Gemüselagerung. Ulmer, Stuttgart
Herrmann K (1969) Gemüse und Gemüsedauerwaren. Paul Parey, Berlin Hamburg (Grundlagen und Fortschritte der Lebensmitteluntersuchung, Band 11)

Herrmann K (1987) Exotische Lebensmittel, Inhaltsstoffe und Verwendung, 2. Aufl. Springer, Heidelberg New York London Paris Tokyo

Herrmann K (1987) Chemische Zusammensetzung von Obst und Fruchtsäften einschl. wichtiger Gemüsesäfte sowie deren ernährungsphysiologische Bedeutung, in: Schobinger U (ed) Frucht- und Gemüsesäfte 2. Aufl. Ulmer, Stuttgart, pp 39–88

Morton ID, MacLeod AJ (1990) Food Flavours, Part C. The Flavour of Fruits. Elsevier, Amsterdam Oxford New York Tokyo

Senser F, Scherz H (1987) Der kleine Souci/Fachmann/Kraut. Lebensmitteltabelle für die Praxis. Wiss. Verlagsges, Stuttgart

SFK (1986/1987)

23 Bier und Braustoffe

R. Uhlig, Augsburg

23.1 Lebensmittelwarengruppen

In diesem Kapitel werden Biersorten (z. B. Pils-, Märzen-, Weizen-, Alt-, Diätbiere) und die zur Bierherstellung notwendigen Rohstoffe (Brauwasser, Malz, Hopfen und Hefe) behandelt.

23.2 Beurteilungsgrundlagen

Bier entsteht durch alkoholische Gärung aus fermentiertem stärke- bzw. zuckerhaltigem Material, hauptsächlich aus Getreide.

Die Bierbraukunst wurde in Mitteleuropa vor allem von den Klöstern gepflegt und weiterentwickelt. Adel und Klöster besaßen das Braurecht aufgrund ihrer Privilegien, Bürgern wurde es verliehen. Von besonderer Bedeutung war der Erlaß des „Reinheitsgebotes" unter dem bayerischen Herzog Wilhelm IV. im Jahre 1516. Danach durfte bei Androhung von Strafe „*zu kainem Pier merer stückh dan allein Gersten/Hopffen un wasser genomen un gepraucht ...*" werden. Auch nach dem heute noch gültigen Recht (§ 9 Biersteuergesetz) darf in der BR Deutschland zur Bereitung von (untergärigem) Bier ausschließlich Gerstenmalz, Hopfen, Hefe und Wasser verwendet werden. Das „Reinheitsgebot" gilt somit als die älteste noch geltende lebensmittelrechtliche Verordnung und zugleich als Qualitätsgarant für den guten Ruf der deutschen Biere in aller Welt.

Im Biersteuergesetz ist außerdem die Verwendung von Klärmitteln bzw. Stabilisatoren für Würze und Bier geregelt. Danach dürfen nur solche Mittel verwendet werden die lediglich mechanisch oder absorbierend wirken und die bis auf unbedenkliche, technisch unvermeidbare Reste wieder entfernt werden (§ 9 Abs. 6).

Schließlich definiert das Biersteuergesetz (§ 3) vier Biergattungen nach ihrem *Stammwürzegehalt*, nämlich

Einfachbiere	2,0– 5,5 StW %
Schankbiere	7,0– 8,0 StW %
Vollbiere	11,0–14,0 StW %
Starkbiere	16,0 StW % und mehr.

Der Stammwürzegehalt eines Bieres ist der Gehalt der ungegorenen Anstellwürze an gelösten Stoffen (Extrakt) in Gewichtsprozenten. Eine nachträgliche

Verminderung des Alkoholgehaltes bleibt dabei unberücksichtigt. Einfachbiere und Schankbiere müssen als solche deutlich sichtbar gekennzeichnet sein. Auf den Behältnissen muß der Name und der Ort der Brauerei, in der das Bier hergestellt worden ist, angegeben sein. Im übrigen gelten die allgemeinen Kennzeichnungsvorschriften der LMKV sowie ggf. der NWKV und der DiätV auch für Bier in Fertigpackungen (s. Kap. 11.3 und 31.2). Seit 1989 ist danach die Angabe des Mindesthaltbarkeitsdatums und des Alkoholgehaltes in Volumenprozenten erforderlich.

Ansonsten ist man bei der lebensmittelrechtlichen Beurteilung von Bier und Braustoffen auf die allgemeine Verkehrsauffassung bzw. die Rechtsprechung angewiesen, weil spezielle produktbezogene Verordnungen, Leitsätze oder Herstellerrichtlinien auf diesem Sektor bislang praktisch fehlen.

Während der Drucklegung dieses Buches ist eine Bierverordnung erlassen worden, die u. a. das EuGH-Urteil zum Reinheitsgebot umsetzt und die Verkehrsvoraussetzungen für ausländische Biere regelt. Außerdem sind die unteren Biergattungen nunmehr wie folgt definiert:

Bier mit niedrigem Stammwürzegehalt	weniger als 7 StW%,
Schankbier	7 bis <11 StW%.

Die Gattung „Einfachbier" und die bisher nicht verkehrsfähigen „Lückenbiere" (§ 10 Biersteuergesetz) sind weggefallen.

23.3 Warenkunde

23.3.1 Wirtschaftliche Bedeutung

Die gewerbliche und industrielle Herstellung von Bier stellt in vielen Ländern der Welt einen bedeutenden Wirtschaftsfaktor dar. Die Strukturierung der Braustätten ist von Land zu Land sehr unterschiedlich. Während es in der BR Deutschland z. Zt. noch etwa 1200 Brauereien gibt (davon allein in Bayern

Tabelle 1. Bierproduktion und Bierkonsum pro Jahr (1984)

Land	Produktion (Mio. hl)	Konsum (l/Kopf)
USA	229,0	97
BR Deutschland	94,9	148
UdSSR	65,4	24
Großbritannien	60,1	106
Japan	46,0	40
Mexico	25,6	33
CSFR	23,8	144
Canada	22,2	92
Frankreich	20,3	37
Australien	18,7	120
Niederlande	17,1	121
Belgien	14,3	145
Dänemark	8,7	170

Quelle: Kunze, Technologie Brauer u. Mälzer (1989)

ca. 900), ist die Konzentration z. B. in den USA, in Japan oder Australien bereits sehr weit fortgeschritten.

Tabelle 1 informiert über die Jahresproduktionszahlen der wichtigsten bierproduzierenden Länder der Erde.

Aus dieser Tabelle ist zugleich ersichtlich, daß die größten Biertrinker, gemessen am jährlichen Pro-Kopf-Verbrauch, nicht unbedingt in den Ländern mit dem größten Bierausstoß leben. Trotz des beachtlichen Bierkonsums der Deutschen rangiert das Bier unter den Getränken hinter dem Kaffee (BRD: 174 l) erst an zweiter Stelle, gefolgt von der Milch (76,5 l), den alkoholfreien Erfrischungsgetränken (75 l), Mineralwässern (65 l), Fruchtsäften (31,5 l), Tee (26,5 l) und Wein (20 l).

23.3.2 Rohstoffe

Entsprechend dem „Reinheitsgebot" benötigt der Brauer zur Herstellung von Bier im Grunde nur vier Rohstoffe:

      Wasser (= Lösungsmittel)
      Malz   (= Extraktträger, vergärbares Substrat)
      Hopfen (= Bitterstoffe, Aromaträger)
      Hefe   (= Mikroorganismenkultur, Gärungsenzyme).

Brauwasser

Das Wasser macht nicht nur mengenmäßig den größten Anteil am Bier aus; seine Beschaffenheit, insbesondere seine Härte, seine Alkalität und somit das Kalk-Kohlensäure-Gleichgewicht sowie sein Gehalt an bestimmten unerwünschten Stoffen (z. B. Eisen, Nitrat, Chlor) haben nachhaltigen Einfluß auch auf den Biertyp und die Bierqualität. So waren die Eigenschaften des Brauwassers an bestimmten Standorten früher maßgeblich mitverantwortlich für den besonderen Charakter der dort gebrauten Biere und deren guten Ruf (z. B. Pilsener, Kulmbacher Biere). Dank der vielfältig zur Verfügung stehenden Möglichkeiten der Trinkwasseraufbereitung (z. B. Entcarbonisierung mit gesättigtem Kalkwasser, Zusatz von Gips oder Calciumchlorid, Ionenaustausch, Osmose, Enteisenung durch Belüftung, Denitrifikation, Entkeimung) läßt sich das Brauwasser heute an jedem beliebigen Ort und für jeden gewünschten Biertyp „maßgeschneidert" aufbereiten. Allerdings muß auch solches Brauwasser den Anforderungen an Trinkwasser entsprechen (s. Kap. 32).

Malz

Der wichtigste Rohstoff, sozusagen die „Seele" des Bieres ist das Malz. Es wird aus speziellen, braugeeigneten Gersten- bzw. Weizensorten hergestellt. Am besten eignet sich dafür die zweizeilige Sommergerste mit hohem Stärke- (60–65%), aber relativ niedrigem Eiweißgehalt (normal 9,0–11,5% i. d. Trockensubst.). Die mehrzeiligen Wintergersten lassen sich brautechnisch nicht so gut verarbeiten und sollten besser dem Futtergetreide zugerechnet werden. Die Keimfähigkeit der Braugerste ist ihre wesentlichste Eigenschaft. Sie darf nicht unter 96% liegen. Nicht keimende Körner („Ausbleiber") bleiben auch beim Mälzungsvorgang Rohfrucht. Erntegeschädigte, zu feucht gelagerte und infolgedessen erheblich verschimmelte Partien sind nicht zur Verarbeitung geeignet; sie können z. B. zu Gushing-Problemen (= „Wildwerden", spontanes Überschäumen des fertigen Bieres in der Flasche) führen. Selbstverständlich sind auch tierische Vorratsschädlinge (Kornkäfer, Kornmotten, Milben, Nagetiere) qualitätsschädigend und müssen rechtzeitig und regelmäßig bekämpft werden.

Malz ist künstlich zum Keimen gebrachtes Getreide. Das Endprodukt der Keimung heißt „Grünmalz". Hierbei wird die enzymatische Umwandlung von Stärke in Maltose eingeleitet. Der Hauptzweck des Mälzens ist somit eigentlich die natürliche Gewinnung von amylolytischen, cytolytischen und proteolytischen Enzymen. Künstliche Zusätze von Keimungsaktivatoren (z. B. Gibberellinsäure in Mengen von 0,01–0,25 mg/kg Gerste) dienen der Verbesserung schwerlöslicher Gersten bzw. einer Verkürzung der Keimzeit.

Durch das anschließende Trocknen und Darren wird aus dem „Grünmalz" das „Darrmalz". Je nach Art des gewünschten Biertyps (hell, mittelfarbig, dunkel) werden unterschiedliche Darrtemperaturen angewandt. Helles Malz wird bei mind. 80 °C abgedarrt, dunkles Malz bei 100–105 °C. Dabei bilden sich nicht nur die für die dunkle Farbe verantwortlichen Maillardprodukte, sondern auch die für das angenehme Röst- und Dunkelmalzaroma typischen sog. Melanoidine. Zur Herstellung von Farbmalz, das vorzugsweise bei dunklen Bieren in Mengen von 1–2% zur Farbvertiefung eingesetzt wird, wendet man noch höhere Darrtemperaturen (200–220 °C) an. Weitere Spezialmalze sind z. B. Caramelmalz, Brühmalz und Sauermalz.

Während das Wasser, der Hopfen und die Hefe nicht ersetzbar sind, lassen sich anstelle von Malz (Gersten-, Weizenmalz) auch andere kohlenhydratreiche, zu vergärbaren Mono- und Disacchariden aufschließbare, jedoch nicht vermälzte Getreidearten (Rohgerste, Mais, Reis, Hirse) oder bereits weitgehend aufgeschlossene, raffinierte Produkte (Zucker, Maissirup, Invertzuckersirup) anteilig ersatzweise als Extraktträger einsetzen. Der Brauer bezeichnet diese Ersatzstoffe pauschal als „*Rohfrucht*", im angelsächsischen Sprachbereich als „substitutes" bzw. „adjuncts". Es ist allerdings nicht möglich, z. B. aus Zucker allein ein herkömmliches Bier herzustellen; der überwiegende Teil der Extraktträger muß aus braugeeignetem und vermälztem Getreide bestehen, nicht zuletzt wegen der für den Aufschluß und für die Hefeernährung nötigen Enzyme bzw. Nährstoffe.

Die teilweise Substituierung von Malz durch „Rohfrucht" bzw. „adjuncts" ist in den einzelnen Ländern unterschiedlich geregelt und kann, soweit überhaupt zulässig, zwischen 10 und 50% betragen. Der Einsatz von Rohfrucht erfordert stets auch den Zusatz von weiteren, in der Regel mikrobiellen *Enzymen* (z. B. Amylasen, Hemicellulasen aus Schimmelpilz- oder Bakterienkulturen), weil der natürliche Enzymgehalt des anteilig verwendeten Braumalzes nicht ausreicht, um die hochmolekularen Inhaltsstoffe der Getreiderohstoffe in dem erforderlichen Umfang aufzuschließen und in vergärbare bzw. durch die Hefezelle verwertbare Substrate umzuwandeln. *β*-Glucanase-Zusätze bewirken eine Senkung der Viskosität und damit eine bessere Filtrierbarkeit der Würze.

Hopfen

Für den uns heute vertrauten Biergeschmack ist der *Hopfen* ein unverzichtbarer Geschmacksträger. Er verleiht dem Bier die feine, herbe Bittere und auch die sog. „Hopfenblume" (Hopfenaroma, Hopfenölbestandteile), soweit sich diese nicht beim Sudprozeß bereits verflüchtigt haben. Selbst in brautechnischer Hinsicht ist der Hopfenzusatz zur Bierwürze von Vorteil: er fordert infolge seines Gerbstoffgehaltes die Klärung durch Eiweißausfällung, verbessert die Schaumhaltigkeit des Bieres und hat mikrobizide, konservierende Eigenschaften.

Den Brauer interessieren von der zweihäusigen Hopfenpflanze (botan. *Humulus lupulus*) nur die Dolden (Zapfen) der weiblichen Blütenstände. Auf der Innenseite ihrer Vor- und Deckblätter sitzen grüngelbe, becherförmige Lupulin-Drüsen. Diese enthalten ein klebriges, intensiv aromatisch riechendes Sekret mit den begehrten Hopfenbitterstoffen (Humulone = α-Säuren, Lupulone = β-Säuren), Hopfenölen und Hopfengerbstoffen. Je nachdem welche Komponenten überwiegen, unterscheidet man zwischen Aromahopfen, Bitterstoffhopfen und sonstigem Hopfen.

1986 wurden auf einer Anbaufläche von 87000 ha weltweit 125000 t Hopfen geerntet, davon der größte Teil in den USA (35%) und in der BR Deutschland (25–30%), hier wiederum hauptsächlich in den geschlossenen Anbaugebieten Hallertau, Tettnang, Hersbruck, Jura und Spalt. Bedeutende Hopfenanbaugebiete befinden sich auch in der CSFR (Saaz), UdSSR, Jugoslawien, Polen und Großbritannien.

Hopfengärten sind Monokulturen, folglich sind sie anfällig gegen tierische Schädlinge (Rote Spinnmilbe, Hopfenblattlaus, Erdflohkäfer) und pilzliche Pflanzenkrankheiten (echter und falscher Mehltau = Peronospora, Hopfenrußtau). Sie werden deshalb in beachtlichem Maße mit chemischen Pflanzenschutzmitteln behandelt. Glücklicherweise werden diese Spritzmittelrückstände teils mit den Hopfentrebern, teils beim Kochen der Bierwürze, teils mit dem Trub nahezu vollständig wieder ausgeschieden, so daß man im fertigen Bier kaum noch Reste davon nachweisen kann.

Der frisch geerntete Hopfen muß zur Werterhaltung möglichst schnell getrocknet werden. Dies geschieht auf eigenen Hopfendarren unter Anwendung künstlicher Wärme (30–50 °C), häufig auch unter Verbrennen von Schwefel. Der so aufbereitete Hopfen hat einen Wassergehalt von max. 10% und – soweit er geschwefelt wurde – SO_2-Gehalte zwischen 2000 und 12000 (!) mg/kg. Der Doldenhopfen wird entweder in gepreßter Form in sog. Ballots zu 100 oder 150 kg gehandelt oder zu länger lagerfähigen Hopfenpräparaten (Hopfenpulver, angereicherte Hopfenpulver, Pellets, Hopfenextrakt) veredelt. Die Extraktion der brautechnisch wichtigen Bitter- und Aromastoffe erfolgte früher mit Methylenchlorid, heute jedoch praktisch nur noch mit überkritischem Kohlendioxid oder Ethanol. Hopfen ist außerordentlich oxidationsempfindlich und muß trocken, kühl und möglichst unter Inertgas oder in

Vakuumpackungen gelagert werden. Sein „Brauwert" wird – abgesehen von den sensorisch signifikanten Aromaeigenschaften – hauptsächlich durch seinen Bitterwert, d. h. durch seinen Gehalt an α-Säuren (Humulonen) bestimmt. Diesen bestimmt man analytisch entweder konduktometrisch oder mittels HPLC.

Hefe

Als in Bayern 1516 das „Reinheitsgebot" erlassen wurde, war noch nicht bekannt, daß bestimmte Mikroorganismen, nämlich die Hefen Verursacher der alkoholischen Gärung und damit Voraussetzung für die Bierbereitung sind. Aus diesem Grunde fehlt dieser vierte Rohstoff in der eingangs im Originaltext des „Reinheitsgebotes" zitierten Aufzählung. Die Entdeckung der Gärungsmikroorganismen blieb erst L. Pasteur (1822–1895) vorbehalten. Der Brauer unterscheidet zwischen

> obergärigen Hefen (Saccharomyces cerevisiae) und
> untergärigen Hefen (Saccharomyces carlsbergensis).

Die obergärigen Hefen bilden zusammenhängende Sproßverbände (Trauben) und werden aufgrund dessen während der Gärung mit den CO_2-Gasbläschen nach oben in die „Kräusen"-Decke getragen. Ihr Stoffwechseloptimum liegt (eine weitere „Eselsbrücke") im oberen Temperaturbereich bei 28 °C. Tatsächlich hält man die Gärtemperatur aber bei etwa 18–22 °C, um drohende Infektionen zu vermeiden. Eine weitere Besonderheit ist, daß die obergärigen Hefen das Trisaccharid Raffinose nur zu einem Drittel vergären können (Fehlen des Enzyms Melibiase). Damit lassen sie sich auch biochemisch einwandfrei von den untergärigen Hefen unterscheiden.
Die untergärigen Hefen dagegen bilden keine Sproßverbände, sondern zerfallen alsbald nach der Abtrennung der Tochterzelle in lauter Einzelzellen, so daß die CO_2-Bläschen ungehindert nach oben steigen können, während die Hefen sich allmählich am Boden des Gärgefäßes, also unten absetzen. Auch die Gärung verläuft im unteren Temperaturbereich bei 5–10 °C am besten. Dafür dauert sie entsprechend länger (6–10 Tage je nach Biertyp und Gärführung). Die Raffinose wird von den untergärigen Hefen vollständig vergoren.
Die biochemische Ausstattung der einzelnen Heferassen ist genetisch festgelegt. Es ist also nicht möglich, etwa eine untergärige Hefe durch Einstellung von äußeren Gärbedingungen, die der obergärigen Hefe entsprechen, in eine solche umzuwandeln.
Eine wesentliche Voraussetzung, typengerechte und biologisch einwandfreie Biere herzustellen, ist die *Reinzucht* der Hefekultur, z. B. durch Anlegen einer „Tröpfchenkultur" aus einer einzigen Hefezelle. Viele Brauereien beziehen ihre Kultur jedoch von einer Hefebank und setzen jeweils nach spätestens 8–10 „Führungen" (= Widergewinnung der Hefe aus dem Gärgefäß und Wiedereinsatz) wieder eine frische Reinzuchthefe ein. Die sachgemäße Aufbewahrung der Hefe erfolgt im Hefekeller in besonderen, mikrobiologisch einwandfreien, abgedeckten Hefewannen unter guter Kühlung (0–2 °C). Infizierte Hefe kann mit ca. 1 %iger Schwefel- oder Phosphorsäure „gewaschen" werden. Die Säure

muß jedoch durch gründliches Nachspülen mit keimfreiem Trinkwasser bis auf technisch unvermeidbare Reste wieder entfernt werden.

23.3.3 Bierbereitung

Vor dem Brauen wird das Malz gereinigt und geschrotet, anschließend mit Wasser eingemaischt und im *Maische*-Bottich nach einem genau festgelegten Temperatur- und Zeitprogramm solange gehalten, bis die Inhaltsstoffe des Getreidekorns so weit wie gewünscht aufgeschlossen bzw. verzuckert sind. Danach folgt die Abtrennung der unlöslichen Feststoffe („*Treber*") im Läuterbottich und nach Klärung der flüssigen „*Würze*" deren Überführung in die Sudpfanne. Dort wird die Bierwürze mit Hopfen versetzt und solange gekocht (1 ½ – 2 Std), bis die dem gewünschten Biertyp entsprechende Stammwürze erreicht und die Hauptmenge an koagulierbaren Stickstoff- und Gerbstoffkomplexen ausgeschieden ist. Gleichzeitig werden die beim Maischprozeß aktivierten Enzyme desaktiviert sowie die α-Säuren (Humulone) des Hopfens größtenteils in die entsprechenden Iso-Verbindungen (Iso-α-Säuren bzw. Isohumulone) übergeführt (isomerisiert).

Nach dem Abscheiden des Heißtrubs wird die Würze abgekühlt und ist nun bereit für den Gärprozeß („*Anstellwürze*"). Zu diesem Zweck wird sie in den Gärkeller gepumpt und dort mit der Hefekultur geimpft. An die Hauptgärung im Gärkeller („*Jungbier*") schließt sich die Nachgärung im Lagerkeller an, die bei untergärigen Bieren 10 Wochen und länger dauern kann. Obergärige Weizenbiere (Weißbiere) werden meist mit frischer Hefe und einem nochmaligen Zusatz an vergärbarem Extrakt („Speise") auf Flaschen gefüllt und machen dort nochmals eine „*Flaschengärung*" durch; dadurch enthalten sie besonders viel Kohlensäure und sind besonders spritzig und rezent.

Nach der Ausreifung und Filtration wird das Bier unter CO_2-Druck und möglichst unter Vermeidung von Luftzutritt (Bier ist sehr sauerstoffempfindlich!) auf Fässer, Kegs, Container, Flaschen oder Dosen abgefüllt. Der Anteil an Flaschen- und Dosenbier beträgt etwa 70–75%. Biere für den Export oder mit weit gestreuter Distribution werden zur Verbesserung der Haltbarkeit vor der Abfüllung kurzzeiterhitzt oder im Gebinde pasteurisiert.

23.3.4 Biersorten

Die Unterscheidung der Biere nach ihrem *Stammwürzegehalt* (StW%) hat nicht nur fiskalische, sondern auch lebensmittelrechtliche Bedeutung. Der StW-Gehalt entspricht der „Stärke" eines Bieres (was allerdings nichts mit dessen Alkoholgehalt zu tun hat) und ist somit auch ein wesentliches Qualitätskriterium sowie nicht zuletzt ein Kostenfaktor.

Unabhängig davon lassen sich die Biertypen auch noch nach anderen Gesichtspunkten definieren, z. B. nach dem angewandten Gärverfahren (unter- oder obergärig), nach der Farbe (hell, mittelfarbig, dunkel) oder nach bestimmten geschmacklichen bzw. technologisch und rohstoffbedingten

Merkmalen. Nachstehend einige Beispiele von Biertypen, die auf dem deutschen Markt allgemeine Verbreitung erlangt haben:

Pilsbiere (Pilsener) sind helle, untergärige Vollbiere, bei denen der Hopfencharakter (Hopfenbittere, Hopfenblume) besonders stark betont ist. Die urursprüngliche Herkunftsbezeichnung (Bier aus Pilsen) hat sich also zur Gattungsbezeichnung gewandelt. Nur das „Pilsener Urquell" wird tatsächlich noch in Pilsen/CSFR gebraut. Süddeutsche Pilsbiere haben Bitterwerte (BU) um oder über 30 BU, norddeutsche Pilsbiere sind mit ca. 40 BU und mehr meist noch herber und bitterer.

Märzenbiere sind meist mittelfarbig (bernsteinfarben), schmecken betont malzaromatisch bis leicht karamelig und haben einen StW-Gehalt von mindestens 13,0 %, wie übrigens auch die Festbiere, die zu besonderen Anlässen gebraut und z. B. auf Volksfesten offen ausgeschenkt werden. Zu letzteren zählen auch die Münchener Oktoberfestbiere, die sogar mind. 13,5 % StW aufweisen müssen.

Auch die sog. *Export*-Biere (selbst wenn sie nicht für den Export bestimmt sind) haben einen höheren StW-Gehalt von mind. 12,5 %. Hierher gehören auch die relativ hochvergorenen Biere vom *Dortmunder* Typ.

Besonders stark eingebraut sind die *Starkbiere*, auch als „*Bock*" (mind. 16,0 % StW) bzw. als „*Doppelbock*" oder „...*ator*" (mind. 18,0 % StW) bezeichnet. Sie sind sowohl als dunkle wie auch als helle Biere im Verkehr und werden oft regional nur zu bestimmten Jahreszeiten ausgeschenkt. Eine besondere Spezialität ist der „*Eisbock*" (25–28 % StW), der nach der Vergärung durch Ausfrieren von Wasser besonders konzentriert wird.

Immer größere Marktanteile erobern sich die sog. „*Leichtbiere*" (engl. „*light*"), die dem Trend nach kalorien- und alkoholärmeren Bieren entgegenkommen und meist als Schankbiere eingebraut sowie z. T. außerdem noch alkoholreduziert sind. Auf einen verminderten Nährstoffgehalt darf nur hingewiesen werden, wenn gegenüber vergleichbaren Produkten eine Verminderung um mindestens 40 % eingetreten ist. Biere mit max. 0,5 % Alkohol gelten als „*alkoholfrei*", solche mit max. 1,5 % Alkohol als „*alkoholarm*".

Extrem hochvergoren und deshalb besonders kohlenhydratarm sind die speziell für Diabetiker geeigneten *Diätbiere*. Sie haben zwar etwa den gleichen Alkoholgehalt (ca. 5 % Vol) wie vergleichbare Biere für den normalen Verzehr, enthalten aber höchstens 0,75 % belastende Kohlenhydrate.

Zu den typischen obergärigen Bieren zählen die süddeutschen *Weizenbiere* („Weißbiere"), die teils mitsamt dem Hefetrub („naturtrüb"), teils blank filtriert („Kristall-Weizen") hell oder mittelfarbig, vermehrt auch als „Dunkel" angeboten werden. Mindestens 50 % der Malzschüttung muß hier Weizenmalz sein. Sie sind nur schwach gehopft, aber sehr spritzig und manchmal leicht säuerlich (milchsauer).

Demgegenüber sind die am Niederrhein beheimateten *Altbiere* meist ausgesprochen hopfenbitter (28–40 BU) und dunkel (tief kupferbraun), und Weizenmalz wird hier nur in geringem Umfang mitverwendet, ähnlich wie beim ebenfalls obergärigen *Kölsch*, das zwar auch relativ hopfenbetont, aber von heller, goldener Farbe ist.

„*Berliner Weiße*" wird aus Gersten- und Weizenmalz in Schankbierqualität (7,5% StW) in Mischgärung mit Hefe und Milchsäurebakterien gebraut und ist pur so milchsauer, daß es meist „mit Schuß" (Waldmeister- oder Himbeersirup) getrunken wird.

Zu erwähnen sind noch die *Malzbiere* bzw. die *Malztrunke*, durchwegs sehr dunkle, malzig und süß schmeckende Getränke aus Dunkelmalz und Zucker (ca. 1:1), zugefärbt mit Farbmalz und/oder Farbebier und höchstens schwach vergoren, so daß sie praktisch „alkoholfrei" und damit auch für Kinder geeignet sind. Wegen des Zuckerzusatzes dürfen sie in Bayern und Baden-Württemberg nicht als „... bier" bezeichnet werden.

Farbebier ist ein regelrecht nach dem „Reinheitsgebot" hergestelltes, vergorenes Bier aus Gerstenmalz (davon etwa zur Hälfte Farbmalz), Hopfen, Hefe und Wasser, das wegen seiner intensiv dunklen, fast schwarzen Farbe vom Brauer zum nachträglichen Zu- oder Umfärben von Würze und Bier verwendet wird. Aus hellem Bier auf diese Weise umgefärbte „dunkle" Biere sind nachgemacht und nur bei ausreichender Kenntlichmachung verkehrsfähig.

23.4 Analytische Verfahren

Die Untersuchung von Bier kann ganz verschiedene Zielsetzungen haben, je nachdem ob die *Qualitätskontrolle* (z.B. Einhaltung des vorgeschriebenen Stammwürzegehaltes, Erkennung von etwaigen Herstellungsfehlern, infektions- oder lagerungsbedingte Wertminderung, Haltbarkeitsprüfung), der Nachweis der verwendeten Roh- und Zusatzstoffe (z.B. Einhaltung des „*Reinheitsgebotes*") oder die Überprüfung auf etwaige *Rückstände* von Schadstoffen, Reinigungs- oder Desinfektionsmitteln bzw. technischen Hilfsstoffen im Vordergrund steht. Die folgende Tabelle gibt einen Überblick über wichtige Parameter der Bieranalyse.

Qualitätskontrolle	„Reinheitsgebot"	Rückstände
Sensorik	Rohfrucht	Nitrosamine
Mikrobiologie	Antioxidantien	Pestizide
Alkohol	Konservierungsstoffe	Schwermetalle
Extrakt	Stabilisatoren	Desinfektions- u.
Stammwürze	Schaumverbesserer	Reinigungsmittel
Vergärungsgrad	Entschäumer	Verunreinigungen
Gärungsnebenprodukte	Färbemittel	Schwefeldioxid
Bitterwert	Säureregulatoren	Nitrat
Mindesthaltbarkeit	bierfremde Enzyme	techn. Hilfsstoffe

Für die sensorische Prüfung der Biere – etwa im Zusammenhang mit dem Mindesthaltbarkeitsdatum oder zur Erkennung und Beurteilung herstellungsbedingter Bierfehler – sind die amtlichen AS35-Methoden verbindlich, insbesondere die Methode Nr. L00.90-5 (Bewertende Prüfung mit Skale, identisch mit DIN 10952 Teil 2/1983). Diese entspricht im wesentlichen dem 5-Punkte-Schema der DLG. Jedes Prüfmerkmal wird einzeln bewertet. Weniger als 3 Punkte (= deutliche oder starke Fehler) führen zur Abwertung bzw. zur Beanstandung.

Die Ermittlung des *Stammwürzegehaltes* erfolgt im fertigen Bier ebenfalls nach den amtlichen AS35-Methoden (Destillations- bzw. Refraktometer-Methode) durch Rückrechnung aus dem vorhandenen Alkohol- und dem unvergorenen Extrakt-Gehalt nach der für ober- und untergärige Biere einheitlichen Balling-Formel. Bei differierenden Ergebnissen oder in Rechtsbehelfverfahren ist die Destillations-Methode maßgebend. Im Falle einer nachträglichen Alkoholverminderung ist die Balling-Formel nicht anwendbar. Es kann dann nur über bestimmte konzentrationsabhängige, aber nicht vergärbare Malzinhaltsstoffe (Kalium, Phosphat, Stickstoff, Prolin) – ähnlich den RSK-Werten in der Fruchtsaftanalytik – näherungsweise auf den ursprünglichen Stammwürzegehalt zurückgerechnet werden (Methode Weber).

Auch der Nachweis einer „*Rohfrucht*"-Verwendung ist auf diesem Wege versucht worden (Staritz, Schur et. al.), allerdings mit nur mäßigem Erfolg. Die relativ sicherste Methode ist immer noch der immunologische Nachweis (z.B. durch Geldiffusion nach Ouchterlony, Gegenstromelektrophorese, Immunelektrophorese nach Grabar-Williams, neuerdings auch ELISA) arteigener Protein-Fraktionen mittels spezifischer Antisera (vgl. AS35-Methoden Nr. L36.00-1, 36.00-7). Für Mais wurde eine HPLC-Methode entwickelt (Fenz). Zur sonstigen Analytik der Bierinhaltsstoffe und Qualitätskontrolle der Rohstoffe, Hilfsstoffe und Zwischenprodukte der Bierbereitung wird auf die in Deutschland bzw. international üblichen Methodensammlungen und die Spezialliteratur verwiesen.

23.5 Literatur

Beurteilungsgrundlagen

LMR
Biersteuergesetz i.F.d. Neufassung v. 15.04.86 (BGBl. I. 527)
Durchführungsbestimmungen zum Biersteuergesetz i.d.F. v. 28.11.80 (BGBl. I. 2196)
Bierverordnung v. 02.07.90 (BGBl. I. 1332)
Zipfel W, Künstler L (1957) Die Bierbezeichnung in Recht und Wirtschaft. Heymanns, Berlin
EuGH, Urteil v. 12.03.87 („Reinheitsgebot") – Rs 178/84 ZLR 3/87:326–359
Klinke U (1987) Bier in der Bundesrepublik. ZLR 3/87:289–317
Thalacker R (1989) Vorschläge für eine Bierverordnung. Brauwelt 129:442–445
Mayer JK (1990) Das Reinheitsgebot für Bier. Brauwelt 130:562–566

Warenkunde

Narziß L (1986) Abriß der Bierbrauerei. Enke, Stuttgart
Jackson M (1977) Das große Buch vom Bier. Hallwag, Bern Stuttgart

Heyse K-U (1989) Handbuch der Brauerei-Praxis. Carl, Nürnberg
Heyse K-U (1990) Brauwelt-Brevier 1990. Carl, Nürnberg
Kunze W (1989) Technologie Brauer und Mälzer. VEB Fachbuchverlag, Leipzig
Pollock JRA (1979/1981) Brewing Science (Vol 1 and 2). Academic Press London New York
    Toronto Sydney San Francisco
Narziß L (1976) Die Technologie der Malzbereitung. Enke, Stuttgart
Knorr F, Kremkow C (1972) Chemie und Technologie des Hopfens. Carl, Nürnberg
Kohlmann H, Kastner A (1975) Der Hopfen. Hopfen-Verlag Wolnzach
Hackel-Stehr K (1987) Das Brauwesen in Bayern ... Entstehung und Entwicklung des
    Reinheitsgebotes Inaug.-Dissertation TU Berlin
Engan S (1990) Fehlaromen im Bier. Brauwelt 130:581–588

Analytische Verfahren

Analytica-EBC (1987) Internationale Methoden der European Brewery Convention. Braue-
    rei- und Getränke-Rundschau, Zürich
Drawert F (1987) Brautechnische Analysenmethoden Bd I–IV MEBAK-Verlag, Freising-
    Weihenstephan
Koch J, Dürr P (1987) Getränkebeurteilung. Ulmer, Stuttgart
Krüger E, Bielig HJ (1976) Betriebs- und Qualitätskontrolle in Brauerei und alkoholfreier
    Getränkeindustrie. Parey, Berlin Hamburg
Krüger E, Allmann R (1987) Vergleichsdaten zur Betriebs- und Qualitätskontrolle. ALFA-
    LAVAL, Hamburg
Linskens HF, Jackson JF (1988) Beer Analysis. Springer, Berlin Heidelberg N.Y. London
    Paris Tokyo
Nielebock C, Basarová G (1989) Analysenmethoden für die Brau- und Malzindustrie VEB
    Fachbuchverlag, Leipzig
Fenz R, Galensa R (1990) HPLC-Nachweis von Mais als Malzersatzstoff in Bier DLR
    86:107–111
Schur F, Anderegg P, Pfenninger H (1977) Serologischer Nachweis einer Mitverwendung von
    Mais und Reis bei der Bierherstellung. Mitt Gebiete Lebensm Hyg 68:538–545
Staritz H (1977) Ein Beitrag zur Überprüfung des Reinheitsgebotes Dtsch Lebensm Rdsch
    73:187–189
Weber O (1984) Annähernde Berechnung des Stammwürzegehaltes alkoholreduzierter
    Diätbiere. Brauwissenschaft 37:173–175

24 Wein

K. Wagner, Würzburg

24.1 Lebensmittelwarengruppe

In diesem Kapitel werden die verschiedenen Weinarten (Weiß-, Rot-, Rosé-
Wein) sowie die wichtigsten aus Wein hergestellten Erzeugnisse behandelt
(Perlwein, Schaumwein, Likörwein, weinhaltige Getränke, Mischgetränke,
Brennwein, entalkoholisierter Wein).

24.2 Beurteilungsgrundlagen

Der Rat der europäischen Gemeinschaft hat für Wein und bestimmte
Erzeugnisse aus Wein eine gemeinsame Marktorganisation geschaffen.
Diese umfaßt u. a. Regeln für die Erzeugung von Wein, für önologische
Verfahren und Behandlungen, für das Inverkehrbringen sowie für die Bezeich-
nung und Aufmachung von Weinen und bestimmter aus Wein hergestellter
Erzeugnisse.
Die Verordnungen der Weinmarktorganisation gelten nach Artikel 189 des
EWG-Vertrages unmittelbar in jedem Mitgliedsstaat (s. Kap. 11).
Nationales Recht, das den gleichen Gegenstand regelt, wird mit ihrem
Inkrafttreten unanwendbar.
Für Qualitätsweine bestimmter Anbaugebiete sind einige gemeinschaftliche
Regeln für die Erzeugung vorgegeben, den einzelnen Mitgliedsstaaten verbleibt
aber noch hinreichende Handlungsfreiheit für nationale Regelungen.
Um den herkömmlichen Produktionsbedingungen gerecht zu werden, hat die
Bundesrepublik Kompetenzen zum Erlassen von Verordnungen an die Bun-
desländer übertragen. Dies betrifft z.B. Festsetzen der natürlichen Mindest-
mostgewichte für Qualitäts- und Prädikatsweine, Aufstellen der Rebsortenver-
zeichnisse, Festlegen der Hektarerträge und der Anbaumethoden, das Alkohol: Restzuckerverhältnis für Qualitätsweine und für Weine mit den Prädi-
katen Kabinett und Spätlese.
Diese Qualitätskriterien werden durch Landes-Verordnungen geregelt.
Gegenüber anderen lebensmittelrechtlichen Vorschriften sind lediglich im
sachlichen Anwendungsbereich, vorbehaltlich des § 58 Abs. 1 des Weingesetzes, das Lebensmittel- und Bedarfsgegenständegesetz und die zu seiner
Ergänzung oder Ausführung dienenden Rechtsvorschriften nur zur Ergänzung
der für Traubensaft und Weinessig getroffenen Regelungen anwendbar.

Für die Weinüberwachung gelten die §§ 40, 41 Abs. 1, 2 und 5 sowie § 42 des LMBG entsprechend.

24.2.1 Rechtsvorschriften international

In dem nachstehenden Verzeichnis der EWG-Verordnungen, die im Amtsblat der Europäischen Gemeinschaft veröffentlicht werden, sind nur die wichtigsten aufgenommen. Hierbei ist zu berücksichtigen, daß diese laufend ergänzt bzw. geändert werden (Stand 01. 08. 1990)

Verordnung Nr. 822/87 des Rates über die gemeinsame Marktorganisation für Wein einschließlich der Änderungs-VO Nr. 2253/88 und Nr. 4250/88.

Verordnung Nr. 823/87 des Rates zur Festlegung besonderer Vorschriften für Qualitätswein bestimmter Anbaugebiete einschließlich der Änderungs-VO Nr. 2042/89.

Verordnung Nr. 358/79 des Rates über in der Gemeinschaft hergestellte Schaumweine einschließlich der Änderungs-VO Nr. 2044/89.

Verordnung Nr. 4252/88 des Rates über die Herstellung und Vermarktung von in der Gemeinschaft erzeugten Likörweinen.

Verordnung Nr. 2048/89 des Rates mit Grundregeln über die Kontrollen im Weinsektor.

Verordnung Nr. 2392/89 des Rates zur Aufstellung allgemeiner Regeln für die Bezeichnung und Aufmachung der Weine und der Traubenmoste.

Verordnung Nr. 997/81 der Kommission über Durchführungsbestimmungen für die Bezeichnung und Aufmachung der Weine und der Traubenmoste.

Verordnung Nr. 3309/85 des Rates zur Festlegung der Grundregeln für die Bezeichnung und Aufmachung von Schaumwein und Schaumwein mit zugesetzter Kohlensäure einschließlich der Änderungs-VO Nr. 2045/89.

Verordnung Nr. 2202/89 der Kommission zur Definition von Verschnitt, Weinbereitung, Abfüller und Abfüllung.

Verordnung Nr. 3800/81 der Kommission zur Aufstellung der Klassifizierung der Rebsorten.

Verordnung Nr. 986/89 der Kommission über die Begleitpapiere für den Transport von Weinbauerzeugnissen und die im Weinsektor zu führenden Ein- und Ausgangsbücher einschließlich der Änderungs-VO Nr. 2246/90.

24.2.2 Rechtsvorschriften national

Weingesetz vom 27. 8. 1982, zuletzt geändert durch das Gesetz vom 30. 8. 1990.

Weinverordnung in der Fassung vom 24. 8. 1990.

Schaumwein-Branntwein-Verordnung.

Weinüberwachungs-Verordnung.

Fertigpackungs-Verordnung in der Fassung vom 08.10.1985.

Verordnungen der Landesregierungen auf Grund von Ermächtigungen des Weingesetzes.

Sie enthalten Vorschriften, die u.a. den Restzuckergehalt, den natürlichen Mindestalkoholgehalt, die Durchführung der amtlichen Qualitätsweinprüfung regeln, sowie ein Verzeichnis mit den für die Herstellung von Qualitätswein b.A. empfohlenen oder zugelassenen Rebsorten.

24.2.3 Begriffsbestimmungen

Wein ist das Erzeugnis, das ausschließlich durch vollständige oder teilweise alkoholische Gärung, der frischen, auch eingemaischten Weintrauben oder des Traubenmostes gewonnen wird (Definition im Anhang I der V(EWG) Nr. 822/87.

Neben den Einflüssen von Boden, geographischer Herkunft, Klima und Kellerbehandlung wird die Vielfalt der Weine vor allem durch die verschiedenen Rebsorten bestimmt.

24.3 Warenkunde

Die folgende Übersicht zeigt die Verteilung der wichtigsten Rebsorten sowie die bestockten Flächen im Bundesgebiet:

I. Weiße Rebsorten	1987 (ha)	1987 %	1986 %
1. Müller-Thurgau	24 204	24,3	24,7
2. Riesling, weißer	20 418	20,6	20,3
3. Silvaner, grüner	7 750	7,8	8,0
4. Kerner	7 268	7,3	7,2
5. Scheurebe	4 248	4,3	4,4
6. Bacchus	3 572	3,6	3,6
7. Ruländer	2 898	2,9	3,0
Weiße Rebsorten, gesamt:	85 591	86,2	86,7
II. Rote Rebsorten			
1. Burgunder, bl. Spätb.	4 779	4,8	4,6
2. Portugieser, blauer	3 186	3,2	3,1
3. Trolliner, blauer	2 082	2,1	2,1
4. Müllerrebe (Schwarzriesling)	1 604	1,6	1,6
Rote Rebsorten, gesamt:	13 657	13,8	13,2
Gesamtrebfläche:	99 335 (1986: 99 303 ha)		

Quelle: Statistisches Bundesamt, Wiesbaden
        Stand 20. Februar 1989

Der Wein wird im Vollzug der EWG-Weinmarktordnung in folgende Wein-
gruppen bzw. Güteklassen eingeteilt (in Klammern die entsprechenden
französischen und italienischen Bezeichnungen).
a) Tafelwein (Vin de table, Vino da tavola),
b) Qualitätswein bestimmter Anbaugebiete (b. A.)
   (Appellation controlée, Denominazione di origine controllata),
c) Qualitätswein mit Prädikat,
   Kabinett, Spätlese, Auslese, Beerenauslese, Trockenbeerenauslese, Eiswein.

Als Bezeichnungen für Weinarten dürfen bei inländischem Wein folgende
Angaben verwendet werden (vgl. §7 Weinverordnung):

Weißwein	für einen ausschließlich aus Weißweintrauben hergestellten Wein.
Rotwein	für einen ausschließlich aus Rotweintrauben hergestellten Wein.
Roséwein	für einen ausschließlich aus hellgekeltertem Most von Rotweintrauben hergestellten Wein.
Rotling	für einen Wein von blaß- bis hellroter Farbe, der durch Verschneiden von Weißweintrauben, auch gemaischt mit Rotweintrauben, auch gemaischt hergestellt ist.
Weißherbst	*bei Qualitätswein b. A.* statt der Bezeichnung Roséwein erlaubt, wenn der Wein aus Weintrauben gewonnen ist, die von einer einzigen Rebsorte stammen und in den bestimmten Anbaugebieten:

– Ahr,	– Rheinhessen,
– Baden,	– Rheinpfalz,
– Franken,	– Württemberg.
– Rheingau,	

geerntet worden sind.

Schillerwein	für einen Qualitätswein b. A. statt der Bezeichnung „Rotling" zulässig, wenn die zur Herstellung verwendeten Erzeugnisse ausschließlich in dem best. Anbaugebiet Württemberg geerntet worden sind.
Badisch-Rotgold	darf statt „Rotling" mit dem Zusatz Grauburgunder und Spätburgunder gebraucht werden, wenn die zur Herstellung verwendeten Erzeugnisse *ausschließlich* im bestimmten Anbaugebiet Baden geerntet worden sind.

Die wichtigsten Erzeugnisse aus Wein, ihre Herstellung und bestimmte
Mindestanforderungen sind in der Tabelle auf Seite 375 zusammengefaßt.

24.3.1 Chemische Zusammensetzung

Wein setzt sich aus einer Vielzahl von chemischen Verbindungen zusammen,
die folgenden Stoffgruppen zugeordnet werden können: [1–12]

Alkohole	ein- und mehrwertige: Ethanol, Methanol, Glycerin, 2,3-Butanol, Zuckeralkohole: Mannit, Inosit;

Perlwein	Zweite Gärung oder Zusatz von Kohlensäure (Perlwein mit zugesetzter Kohlensäure) 1–2,5 bar Kohlensäureüberdruck
Schaumwein	Durch erste oder zweite Gärung aus Wein oder Most gewonnen. Kohlensäureüberdruck bei 20 °C mind. 3 bar (Schaumwein, Schaumwein mit zugesetzter Kohlensäure, Qualitätsschaumwein (Sekt), Qualitätsschaumwein b. A.).
Likörwein	Aus Wein oder Traubenmost unter Zusatz von Weindestillat, konzentriertem Traubenmost hergestellt. Vorhandener Alkoholgehalt: 15–22%vol Gesamtalkoholgehalt: mindestens 17,5%vol (Samos, Madeira, Portwein, Sherry)
Weinhaltige Getränke	Unter Verwendung von Wein, Likörwein, Schaumwein hergestellt. Weinanteil mehr als 50%, vorhandener Alkohol höchstens 20%vol. (Kalte Ente, Schorle, Glühwein aus Rot- oder Weißwein), Bowle, Punsch.
Misch-getränke	Durch Vermischen von Wein, Perlwein oder Perlwein mit zugesetzter Kohlensäure mit alkoholfreien Getränken hergestellte Getränke (Weinanteil 15 bis maximal 50%) z. B. die sog. „süße Schorle".
Brennwein	Mit Weindestillat auf 18–24%vol aufgestärkter Wein, Verarbeitungswein zur Herstellung von Weindestillat und damit zu Branntwein aus Wein.
Entalkoholisierter Wein	Erzeugnis, das ausschließlich aus Wein unter schonender Entgeistung im Vakuumverfahren oder im Gegenstrom-Destillationsverfahren hergestellt wurde und weniger als 0,5%vol Alkohol enthält.

Kohlenhydrate	Mono- und Oligosaccharide; Glucose, Fructose, Arabinose, Raffinose, β-1,3-Glucan;
Säuren	u. a. Wein-, Äpfel-, Milch-, Citronen-, Bernstein-, Essig-, Gluconsäure;
Mineralstoffe	Kalium, Natrium, Calcium, Magnesium, Phosphat, Chlorid, Sulfat, Nitrat, Spurenelemente;
Stickstoff-verbindungen	u. a. Aminosäuren, Amine, Eiweißstoffe;
Polyphenole	Phenolcarbonsäuren, Flavone, Anthocyane, Catechin;
Aromastoffe	u. a. höhere Alkohole, Aldehyde, Ketone, Ester.

Die Zusammensetzung eines Weines bzw. der Gehalt bestimmter Inhaltsstoffe wird durch folgende Faktoren beeinflußt:
Rebsorte, geographische Herkunft, Lage und Bodenformation der Rebfläche, Jahrgang, (Witterungsverlauf), Ertragsmenge, Reifegrad der Trauben, Kellerbehandlung (z. B. Entsäuerung, Gärführung, Verwendung von Reinzuchthefen, Spontangärung, biologischer Säureabbau).
Die im Wein vorkommenden biogenen Amine sind Stoffwechselprodukte von Mikroorganismen (u. a. bestimmte Milchsäurebakterien).
Sie entstehen beim biologischen Säureabbau durch Decarboxylierung der entsprechenden Aminosäuren, sie sind aber teilweise auch schon im Traubenmost nachweisbar [10]. Die Amingehalte im Wein sind sehr unterschiedlich. Die Histamin- und Putrescinwerte liegen im Durchschnitt in Rotwein höher als in Weißwein [11, 12].
Nach neueren Literaturangaben können sich die Amingehalte von Weinen je nach Herkunft in folgenden Bereichen (in mg/Liter) bewegen:

	Rotwein	Weißwein
Histamin	0,1–37	(0,1–1)
Putrescin	2–38	0,8–4
Tyramin	0,1–36	0–2
Cadaverin	0–7	0–0,2
Phenylethylamin	0,1–10	0–7

Höhere Histamingehalte weisen auf einen fehlerhaften biologischen Säureabbau hin, eine Zunahme wurde auch beim Verderben des Weines festgestellt [10]. Weine mit einem Histamingehalt ab 5 mg/l sollen vermehrt Beschwerden verursachen [11].

Analysenwerte von Weinen am Beispiel fränkischer Erzeugnisse (s. Tabelle 1): Mit steigendem Reifegrad der Trauben erfolgt neben einer Erhöhung des Zuckergehaltes auch eine Zunahme von Nichtzuckerstoffen in der Beere.

So zeigen Auslesen, Beeren- und Trockenbeerenauslesen im Vergleich zu normalreifen Weinen eine deutliche Anreicherung bestimmter Mineralstoffe (Magnesium, Kalium, Phosphat).

Die hohen Glyceringehalte dieser Erzeugnisse setzen sich aus Gärungs- und Mostglycerin zusammen, das in den edelfaulen Beeren durch Botrytis cinerea gebildet wird. In solchen Weinen ist auch der Gluconsäuregehalt deutlich erhöht [13] (s. Tabelle 2).

Die in den Weinen des Jahrgangs 1975 ermittelten Kennzahlen sind auch auf vergleichbare Erzeugnisse anderer Jahrgänge übertragbar.

Tabelle 1. Analysenwerte von Qualitäts-, Kabinett- und Spätleseweinen am Beispiel fränkischer Erzeugnisse

Qualitätsstufe Rebsorte Jahrgang	Alkohol	Gesamt-alkohol	Gesamt-extrakt	red. Zucker	Gly-cerin	2,3-Butan-diol	Gesamte SO$_2$
	g/l	g/l	g/l	g/l	g/l	g/l	mg/l
Qualitätsweine							
1986 Müller-Thurgau	86,5	86,8	21,6	1,7	8,0	0,62	91
1986 Silvaner	89,2	89,3	23,3	1,2	8,0	1,17	72
1986 Bacchus	87,2	87,6	23,7	1,9	6,7	0,64	83
1981 Domina (Rotwein)	83,8	85,0	30,7	3,6	6,4	0,46	84
Kabinettweine							
1986 Müller-Thurgau	85,8	86,9	27,4	3,4	10,3	0,81	156
1986 Bacchus	77,2	82,1	32,3	11,5	7,3	0,77	151
1986 Silvaner	82,5	82,9	26,3	1,9	7,4	0,65	115
Spätlesen							
1976 Müller-Thurgau	91,9	94,2	25,8	5,8	7,7	0,70	195
1981 Kerner	98,1	98,3	24,0	1,5	6,6	0,56	114
1979 Silvaner	87,8	95,7	42,1	17,8	8,2	0,83	185

In Tabelle 3 sind beispielhaft die Gehalte an höheren Alkoholen in in- und ausländischen Weiß- und Rotweinen aufgeführt.

Nachstehend wird auf die Bildung sowie die natürlichen Gehalte von Methanol im Wein näher eingegangen.

Methanol entsteht im Verlauf der Gärung durch Abspaltung der Methoxy-Gruppen von Pektinstoffen, die sich in den Schalen, vor allem aber in den Rappen der Weintrauben befinden. Dies hat zur Folge, daß sich der Methanolgehalt durch längere Standzeiten des Lesegutes im vermaischten Zustand vor allem aber durch Vergären auf der Maische erhöht. Rotweine haben daher in der Regel höhere Methanolgehalte als Weißweine.

In fränkischen Weiß- und Rotweinen wurden folgende Methanolwerte ermittelt (mg/100 ml r. A.) [3].

	Probenzahl	Mittelwert	Streubereich
Weißweine (Qualitätsweine b. A. und Kabinettweine)	98	39	16–97
Weißweine (Spätlesen und Auslesen)	40	34	21–71
Rotweine (Qualitätsweine b. A. und Kabinettweine)	20	100	57–214

Tabelle 1 (Fortsetzung)

Kalium	Magne-sium	P_2O_5	Gesamt-säure	Wein-säure	Äpfel-säure	Milch-säure	Citronen-säure	Flüchtige Säure	Prolin
mg/l	mg/l	mg/l	g/l	g/l	g/l	g/l	g/l	g/l	mg/l
795	70	182	6,6	1,9	3,6	0,4	0,23	0,4	536
820	73	145	6,0	2,1	2,6	1,3	0,29	0,4	516
867	61	176	7,9	2,0	4,6	0,3	0,22	0,3	485
1500	87	213	6,7	1,2	4,4	0,9	0,25	0,5	–
1020	114	185	6,7	1,5	4,2	0,4	0,26	0,4	572
1038	70	190	6,0	1,5	3,2	1,3	0,20	0,4	452
1025	99	172	6,2	1,8	3,6	0,7	0,27	0,4	686
1120	76	199	4,0	1,5	0,9	1,7	0,15	0,6	1210
950	74	199	7,7	1,9	4,2	0,5	0,30	0,2	634
1100	110	341	6,3	1,5	4,2	0,5	0,23	0,5	–

Tabelle 2. Analysenwerte von Auslesen, Beeren- und Trockenbeerenauslesen am Beispiel fränkischer Erzeugnisse des Jahrgangs 1975

Qualitätsstufe Rebsorte	Alkohol	Gesamt-alkohol	Gly-cerin	2,3-Butan-diol	Gesamt SO_2	Asche	Kalium	Magne-sium	P_2O_5	Gesamt-säure	Glucon-säure	Bern-stein-säure	Prolin
	g/l	g/l	g/l	g/l	mg/l	g/l	mg/l	mg/l	mg/l	g/l	g/l	g/l	mg/l
Auslesen													
Kerner	100,9	115,7	10,5	0,94	194	2,98	1300	109	298	6,7	1,9	0,54	643
Riesling	94,7	110,9	16,6	0,67	256	4,73	2300	130	135	8,1	1,8	–	450
Ruländer	98,1	118,3	20,0	0,97	279	4,50	2015	137	334	7,7	1,3	0,52	580
Beerenauslesen													
Müller-Thurgau	100,9	140,4	18,1	1,10	242	4,73	2320	144	440	8,2	3,6	0,70	497
Bacchus	91,2	131,1	18,5	1,28	319	7,28	3370	135	770	7,3	1,1	0,67	450
Ortega	109,9	131,9	21,4	1,09	264	6,42	2795	184	838	10,5	3,7	0,53	654
Riesling	110,7	146,4	20,8	1,24	200	4,52	2055	168	256	9,4	2,8	0,63	435
Trockenbeerenauslesen													
Silvaner	94,7	175,6	24,3	1,60	268	5,69	2880	184	497	9,8	3,8	0,73	289
Müller-Thurgau	49,5	199,5	25,0	1,05	280	6,06	3000	211	446	10,7	2,2	0,52	310
Bacchus	48,9	212,4	25,0	1,15	298	7,12	3400	217	544	11,8	2,2	0,51	320

Tabelle 3. Gehalte an höheren Alkoholen in inländischen und ausländischen Weinen (mg/100 ml r. A.)

	1	2	3	4	5	6	7	8	9	10
Methanol	40,3	45,2	30,2	42,2	34,2	63,4	100,1	98,3	124,5	122,0
n-Propanol	39,4	17,6	46,6	20,1	29,1	22,9	21,8	20,1	28,4	29,2
Butanol-2	–	–	–	–	–	0,4	–	–	–	–
Isobutanol	54,7	34,2	84,3	89,4	46,4	56,5	62,2	38,8	43,0	49,4
Butanol-1	–	–	0,6	0,7	–	0,9	0,6	–	1,9	–
2-Methylbutanol-1	22,6	43,6	26,1	48,7	24,5	37,4	42,9	41,7	39,3	31,7
3-Methylbutanol-1	112,0	208,3	127,7	195,1	137,7	175,2	140,0	163,3	155,3	126,7
Hexanol	1,0	2,3	1,0	0,9	1,2	1,1	1,3	1,0	2,8	1,3
2-Phenylethanol	35,2	69,6	29,3	34,0	19,5	38,5	33,4	70,0	43,5	49,9

Nr. 1–3 inländische Weißweine; Nr. 4–6 ausländische Weißweine; Nr. 7 inländischer Rotwein; Nr. 8–10 ausländische Rotweine

Das deutsche Weinrecht legt keine entsprechenden Grenzwerte fest. Auch in der gemeinsamen Marktorganisation für Wein V(EWG) Nr. 822/87 wird die Verkehrsfähigkeit von Weiß- und Rotweinen bezüglich des Methanolgehaltes nicht durch Höchstwerte geregelt.

Nach den italienischen weinrechtlichen Bestimmungen liegt der Grenzwert für Methanol in Weißweinen bei 0,20 ml/100 ml reinen Alkohol (r. A.), im Rotwein bei 0,30 ml/100 ml r. A. Dies entspricht einem Gehalt von 150 mg/100 ml r. A. bei Weißwein bzw. von 237 mg/100 ml r. A. bei Rotwein. Die Abhängigkeit des Nitratgehaltes von Jahrgang bzw. Rebsorte zeigt Tabelle 4. Nitratgehalte (N_2O_5 mg/l) in fränkischen Mosten der Jahrgänge 1984 bis 1988 [14].

Tabelle 4. Nitratgehalte (N_2O_5 mg/l) in fränkischen Mosten der Jahrgänge 1984–1988

Jahr-gang	Müller-Thurgau			Silvaner			Bacchus			Kerner		
	$\bar{x}$	s	n	$\bar{x}$	s	n	$\bar{x}$	s	n	$\bar{x}$	s	n
1984	4,4	±2,1	64	7,0	±2,6	23	4,9	±2,1	56	8,7	±5,7	21
1985	5,2	±2,2	113	6,8	±4,1	52	5,7	±2,4	58	6,5	±2,9	34
1986	4,0	±1,4	95	8,6	±5,6	24	4,1	±1,5	43	7,2	±5,1	26
1987	3,2	±1,7	152	4,7	±3,2	73	3,1	±1,5	78	4,9	±4,8	48
1988	3,7	±2,4	127	6,5	±4,4	73	3,9	±1,5	80	6,9	±4,4	30

Jahr-gang	Scheurebe			Riesling			Spätburgunder			Portugieser		
	$\bar{x}$	s	n	$\bar{x}$	s	n	$\bar{x}$	s	n	$\bar{x}$	s	n
1984	9,1	±5,6	11	9,4	±4,5	5	–	–	–	–	–	–
1985	9,2	±3,8	20	10,5	±4,0	13	10,4	± 8,9	7	10,4	±6,4	10
1986	9,6	±4,4	9	13,2	±5,1	6	13,0	±10,5	3	6,8	±4,3	3
1987	6,0	±3,9	25	5,3	±1,7	7	7,5	± 5,1	8	6,0	±4,0	13
1988	6,1	±5,1	20	5,6	±1,8	12	7,4	± 4,0	10	8,5	±6,0	10

Tabelle 5

Höchstgehalte nach Weinverordnung	mg/l		Normalgehalte im Wein		
				von	bis mg/l
Arsen	0,1			0,003 –	0,02
Aluminium	8			0,5 –	2
Blei	0,3			0,001 –	0,1
Cadmium	0,01			0,001 –	0,005
Kupfer	5			ca. 0,5 (meist weniger)	
Bor ber. als Borsäure	35			11 –	28
Brom	0,5			0,01 –	0,07
Fluor	0,5			0,05 –	0,5
Zink	5			0,5 –	3,5
Zinn	1			0,01 –	0,7
		Mangan	0,25 –		5
		Chrom	0,002 –		0,014
		Nickel	0,0006 –		0,001

Die Normalgehalte bestimmter Spurenelemente in Weinen des Handels und die nach Anlage 3 zu § 2 Abs. 4 WeinVO in der Fassung vom 29. 7. 1986 zulässigen Höchstgehalte sind in Tabelle 5 zusammengefaßt [6].

24.3.2 Diätetische Produkte

Ein diätetisches Produkt im weiteren Sinn ist Wein, der wegen seiner Beschaffenheit zum Verzehr für Diabetiker geeignet ist (vgl. § 17 Abs. 1 WeinG). Er erfüllt dann diese Voraussetzungen, wenn er
1. in einem Liter
   a) höchstens 4 Gramm unvergorenen Zucker, als Invertzucker berechnet,
   b) höchstens 40 mg/l freie und 150 mg/l gesamte schweflige Säure enthält
2. höchstens 12%vol vorhandenen Alkohol aufweist.

Die Bezeichnung: „Für Diabetiker geeignet" ist durch den Hinweis „nur nach Befragen des Arztes" zu ergänzen. Weiterhin ist zusätzlich der Gehalt am unvergorenen Zucker, als Invertzucker berechnet, in Gramm je Liter, der Brennwert des Alkohols und der physiologische Gesamtbrennwert, jeweils auf einen Liter berechnet, anzugeben.

24.4 Analytische Verfahren

24.4.1 Sensorische Analyse

Sie ermöglicht das Erfassen und Bewerten der sensorischen Qualität durch Feststellen von Farbe, Klarheit, Geruch und Geschmack eines Weines sowie das Erkennen der zahlreichen qualitätsbestimmenden bzw. auch der qualitätsmindernden Eigenschaften des jeweiligen Erzeugnisses (s. auch Kap. 7).

Nach den Ausführungen in § 11 Abs. 2 Nr. WeinG wird einem Qualitätswein b. A., sofern die analytischen Voraussetzungen gegeben und bestimmte weitere Vorschriften erfüllt sind, eine Prüfnummer zugeteilt, wenn der Wein im Aussehen, Geruch und Geschmack frei von Fehlern und für die angegebene Herkunft und bei Angabe einer Rebsorte für diese Rebsorte typisch ist.

Für Qualitätsweine mit Prädikat wird in § 12 WeinG u. a. zusätzlich gefordert, daß der Wein die für das Prädikat typischen Bewertungsmerkmale aufweist.

24.4.2 Chemische und physikalische Analysenmethoden

In Artikel 74 der V (EWG) Nr. 822/87 wird bestimmt, daß für die Untersuchung von Weinen, auch hinsichtlich der Prüfung von nicht zugelassenen önologischen Verfahren, gemeinsame Analysenmethoden anzuwenden sind. Diese in Referenz- bzw. Gebräuchliche Methoden unterteilten Vorschriften sind für 42 Parameter in der V (EWG) Nr. 2676/90 zusammengefaßt.

Sofern keine gemeinschaftlichen Analysenverfahren vorgesehen sind, werden die im betreffenden Mitgliedsstaat üblicherweise angewandten Methoden eingesetzt.

Für die Bundesrepublik Deutschland kommen hierfür die in der amtlichen Verwaltungsvorschrift in den Fassungen vom 26.04.1960 bzw. vom 16.09.1969 aufgeführten Methoden, Untersuchungsvorschriften des Internationalen Amtes für Rebe und Wein (O.I.V.) sowie andere Verfahren in Betracht [15–16].

In der Praxis beschränkt sich die chemisch-physikalische Analyse eines Weines im allgemeinen auf die sog. kleine Handelsanalyse, die auch den in § 5 Abs. 1 WeinVO vorgeschriebenen Kennzahlen entspricht.

Sie umfaßt im wesentlichen folgende Parameter:
Relative Dichte 20°/20°, vorhandener Alkoholgehalt, Zucker, Gesamtalkoholgehalt, Gesamtextrakt, zuckerfreier Extrakt, Restextrakt (Kurzformel) nach REBELEIN, Gesamtsäure, freie und gesamte schweflige Säure, Alkohol: Restzuckerverhältnis.

Vor allem der in der Weinüberwachung tätige Sachverständige muß zur sachgerechten Prüfung von nicht zugelassenen önologischen Verfahren, zum Nachweis von Manipulation bzw. zur Beurteilung von mikrobiell bedingten Veränderungen eines Weines zusätzlich weitere Kennzahlen ermitteln.

Hierzu zählen u. a.:
Glucose, Fructose, Saccharose, flüchtige Säure, Wein-, Milch-, Äpfel-, Citronen-, Glucon-, Ascorbinsäure, Asche, Aschenalkalität, Kalium, Natrium, Calcium, Magnesium, Phosphat, Sulfat, Chlorid, Nitrat, Glycerin, 2,3-Butandiol, Acetaldehyd, Prolin, Catechin, Cyanid [17–24].

Weiterhin werden Prüfungen auf Konservierungsstoffe (Sorbin-, Salicyl-, Benzoesäure, Halogenessigsäuren und deren Ester, Natriumazid, Süßstoffe (z. B. Dulcin, Saccharin, Cyclamat) sowie auf Farbstoffe vorgenommen [25–26].

Der Nachweis eines unerlaubten Zusatzes von Synthesealkohol z. B. bei der Herstellung von Likörweinen erfolgt über die Bestimmung des C^{14}-Isotops im Alkoholanteil [27].

Die enzymatische Analyse nutzt die Spezifität von Enzymen auf bestimmte Isomeren (z. B. D- und L-Malat; D- und L-Lactat) zum Erkennen eines unzulässigen Zusatzes von racemischer Äpfelsäure oder des Verderbs eines Weines beim Vorliegen eines erhöhten D-Lactatgehaltes.

In die Untersuchungen werden auch die Gas- und Hochdruckflüssigkeits-chromatographie einbezogen.

Aus dem alkoholischen Destillat oder durch Direkteinspritzungen werden im Wein durch die GC vor allem folgende flüchtige Inhaltsstoffe ermittelt.

Methanol, n-Propanol, n-Butanol, Butanol-2, 2-Methylpropanol-1, 2-Methyl-butanol-1, 3-Methylbutanol-1, Hexanol, Ethylacetat, Isoamylacetat, die Ethyl-ester der Milchsäure, Capron-, Capryl-, Caprin- und Laurinsäure, Bernstein-säurediethylester und 2-Phenylethanol.

Mit Hilfe der GC können auch Ethylenglykol, Diethylenglykol, die Isomeren des 2,3-Butandiols sowie Styrol erfaßt werden [28].

Die HPLC hat sich vor allem für die Bestimmung von Zuckern, Aminen, Konservierungsmitteln und auch Styrol bewährt [29].

Für Serienanalysen werden in vielen chemischen Untersuchungsämtern Auto-maten eingesetzt, mit denen u.a. Glycerin, Alkohol, Nitrat, Phosphat, Citronen- und Äpfelsäure auf enzymatischem Weg oder nach chemischer Umsetzung colorimetrisch ermittelt werden.

Eine besondere Bedeutung für die Weinanalytik gewinnt die NMR-Spektro-skopie.

Mit Hilfe der 13 C-NMR-Spektroskopie können im Wein eine Vielzahl von Inhaltsstoffen (Zucker, Säuren, Alkohole, Aminosäuren) ohne vorherige Auftrennung in kurzer Zeit quantitativ bestimmt werden [30].

24.5 Literatur

1. Würdig G, Woller R (1989) Chemie des Weines. Ulmer, Stuttgart
2. Rapp A (1988) in Modern Methods of Plant Analysis New Series Volume 6 Wine Analysis. Springer, Berlin Heidelberg New York London Paris Tokyo
3. Mahlmeister K, Wagner K (1986) Rebe und Wein 39:462
4. Sponholz WR, Dittrich HH (1985) Vitis 24:97
5. Radler F (1975) Deutsche Lebensmittelrundschau 1:20
6. Eschnauer H (1974) Spurelemente im Wein und anderen Getränken. Verlag Chemie Weinheim/Bergstraße
7. Bergner KG, Haller HE (1969) Mitt Klosterneuburg 19:264
8. Rebelein H (1965) Deutsche Lebensmittelrundschau 61:239
9. Postel W, Drawert F, Adam L (1972) Chem Mikrobiol Technol Lebensm 1:224
10. Desser H, Bandion F, Kläring W (1981) Mitt Klosterneuburg 31:231
11. Mayer K, Pause G (1987) Schweiz Zeitschrift für Obst- und Weinbau 123:303
12. Pfeiffer R, Greulich H-G, Erbersdobler H (1986) Lebensmittelchem Gerichtl Chem 40:105
13. Wagner K, Kreutzer P (1977) Die Weinwirtschaft 10:272
14. Wagner K, Kreutzer P, Mahlmeister K (1989) Die Wein-Wissenschaft 5:165

15. Allgemeine Verwaltungsvorschrift für die Untersuchung von Wein und ähnlichen alkoholischen Erzeugnissen sowie von Fruchtsäften. Bundesanzeiger Nr 86 vom 05. 05. 1960 und Nr 171 vom 16. 09. 1969
16. Franck R, Junge Ch (1983) Weinanalytik. Heymann, Köln Berlin Bonn München
17. Boehringer Mannheim (1989) Methoden der biochemischen Analytik und Lebensmittelanalytik
18. Rebelein H (1965) Deutsche Lebensmittelrundschau 61:182
19. Rebelein H (1967) Deutsche Lebensmittelrundschau 63:235
20. Rebelein H (1970) Deutsche Lebensmittelrundschau 66:6
21. Rebelein H (1973) Chem Mikrobiol Techn 2:97; 2:112
22. Wallrauch S (1976) Flüssiges Obst 43:430
23. Wallrauch S (1978) Ind Obst- und Gemüseverwertung 63:488
24. Würdig G, Müller Th (1989) Die Weinwissenschaft 43:29
25. Christoph N, Kreutzer P, Hildenbrand K (1985) Weinwirtschaft Technik 121:272
26. Battaglia R, Mitiska J (1986) Z Lebensmittel, Unters Forsch 182:501
27. Rauschenbach P, Simon H (1975) Z Lebensmittel, Unters Forsch 157:143
28. Rapp A, Engel B, Ullemeyer H (1986) Z Lebensmittel, Unters Forsch 182:498
29. Lehtonen P (1986) Z Lebensmittel, Unters Forsch 183:177
30. Rapp A, Markowetz A (1989) Lebensmittelchem Gerichtl Chem 43:73

25 Spirituosen

N. Christoph, Würzburg

25.1 Lebensmittelwarengruppen

Die Produktgruppe der Spirituosen erscheint auf den ersten Blick in ihrer
Vielfalt der Erzeugnisse, Sorten, Bezeichnungen und der Herkunft als zunächst
sehr umfangreich und unübersichtlich. Alle zur Gruppe der Spirituosen
zählenden Erzeugnisse lassen sich jedoch einem der Oberbegriffe *Brände
(Branntweine)*, *Liköre* oder *alkoholische Mischgetränke* zuordnen.

25.2 Beurteilungsgrundlagen

Spirituosen sind zum menschlichen Genuß bestimmte Getränke mit besonderen organoleptischen Eigenschaften, in denen aus vergorenen zuckerhaltigen
Stoffen oder in Zucker verwandelten Stoffen, der durch Brennverfahren
gewonnene Alkohol (Äthylalkohol) als wertbestimmender Anteil, d. h. mit
mindestens 15%vol (Ausnahme Eierlikör: 14%vol) enthalten ist [1, 2].
Die speziellen lebensmittelrechtlichen Anforderungen und allgemeinen Verkehrsauffassungen bei den einzelnen Spirituosen wurden aufgrund der Vielfalt
der Sorten und der Unterschiede traditioneller Herstellungsverfahren und
Rezepturen in den Mitgliedstaaten der EG bislang sehr unterschiedlich
geregelt. In der Bundesrepublik Deutschland sind seit 1928 die Begriffsbestimmungen für Spirituosen [1] maßgebend für den Handelsbrauch und die
Verbrauchererwartung; sie stellten jedoch niemals eine bindende Rechtsnorm
dar, so daß zunächst das LMBG, das Branntweinmonopol-Gesetz und das
Weingesetz mit den jeweiligen, entsprechenden Verordnungen sowie auch
Verordnungen und Gerichtsurteile der EG zu berücksichtigen sind. Ab 1990
sind in allen EG-Mitgliedstaaten die europäischen Begriffsbestimmungen für
Spirituosen als EG-Verordnung [2] in Kraft getreten; hier werden u. a.
traditionelle Spirituosen beschrieben aber auch neue Produktgruppen definiert
sowie traditionelle Spirituosen neu definiert, wie z. B. der Begriff „Branntwein". Eine Reihe traditioneller Spirituosen mit geographischer Herkunftsbezeichnung sind im Anhang dieser EG-Verordnung aufgeführt und unterliegen
somit auch regionalen bzw. nationalen Bestimmungen. Da in der EG-
Verordnung noch zahlreiche Bestimmungen ergänzt und Detailfragen geklärt
werden müssen, sind bei der lebensmittelrechtlichen Beurteilung von Spirituosen in den nächsten Jahren immer die aktuellen Änderungen der nationalen als

Tabelle 1. In der Bundesrepublik bzw. der EG gültigen bzw. teilweise* gültigen Beurteilungs-grundlagen für Spirituosen – Stand 01.05.1990

Bundesrepublik Deutschland

LMBG	allgemeine Rechtsnormen zum Schutze des Ver-brauchers
LMKV	Kennzeichnung von Spirituosen
FPV	Nennfüllmengen
ZZuLV	Verwendung und Kennzeichnung von Zusatzstof-fen, insbesondere Farbstoffen
AromenV	Verwendung und Kennzeichnung von Aromastof-fen,
	Regelungen von unzulässigen und beschränkt zugelassenen Aromastoffen
Begriffsbestimmungen für Spirituosen 1971*	Verkehrsbezeichnungen, Zusammensetzung, Herstellung, Alkoholgehalte, Qualitätsanforderun-gen, Kennzeichnung
Branntweinmonopol-Gesetz	Herstellung, Mindestalkoholgehalte
Verordnung über den Mindest-alkoholgehalt von Trink-branntwein	Alkoholgehalt und Extraktgehalt von Likören
Weingesetz	Branntweine aus Wein, Weindestillat, Weinbrand und Brennwein
Schaumwein-BranntweinV	Herstellung, Qualitätsprüfung von Weinbrand

EG-Vorschriften

Verordnung (EWG) Nr. 1576/89 des Rates vom 20.05.1989 mit Verordnung (EWG) Nr. 1014/90 vom 24.04.1990	allgemeine Begriffsbestimmungen, Kennzeichnung, Zusatzstoffregelungen, Mindestalkoholgehalte, Alkohol landwirtschaftl. Ursprungs, 177 geographi-sche Herkunftsangaben
Aromen-Richtlinie 88/388/EWG	Einsatz und Kennzeichnung natürlicher, naturiden-tischer und künstlicher Aromastoffe
Richtlinie über Zusatzstoffe 89/107/EWG, 21.12.1988	
Kennzeichnungsrichtlinie 79/112/EWG vom 18.12.1978 geänd. durch 86/197/EWG	Etikettierung und Aufmachung

---

auch europäischen Bestimmungen zu berücksichtigen. Die Tabelle 1 zeigt den aktuellen Stand der in der Bundesrepublik Deutschland gültigen Beurteilungs-grundlagen und wesentlichen Beurteilungsinhalte für Spirituosen.

Bei der lebensmittelrechtlichen Beurteilung von Spirituosen liegen die Schwer-punkte auf der Erkennung von Verfälschungen (z.B. Verschnitte, unzulässige Aromatisierungen), Wertminderungen (s. auch 25.4) sowie irreführenden Kennzeichnungen. Auch toxikologisch nicht unbedenkliche Inhaltsstoffe sind bei der Beurteilung von Spirituosen zu berücksichtigen. Die Tabelle 2 zeigt einige bei Spirituosen relevante Inhaltsstoffe mit den z.Zt. gültigen Höchst-mengen.

Tabelle 2. Toxikologisch relevante Inhaltsstoffe bei Spirituosen und ihre Höchstmengen

Stoff	Höchstmenge	lebensmittelrecht- liche Grundlage	Vorkommen
Beta-Asaron	1 mg/l	AromenV	Kräuter-, Bitterspirituosen
Chinin	300 mg/l	AromenV	Kräuter-, Bitterspirituosen
Cumarin	10 mg/l (38 %vol) [1]	AromenV	Kräuter-, Bitterspirituosen
Quassin	50 mg/l	AromenV	Kräuter-, Bitterspirituosen
Thujon	5 mg/l 10 mg/l (25 %vol)	AromenV	Kräuter-, Bitterspirituosen
Methanol	1000 mg/100 ml r. A. 1500 mg/100 ml r. A. [3]	EG-V 1576/89 EG-V 1014/90	Obst-, Tresterbrände
Cyanid	10 mg/100 ml r. A.	EG-V 1576/89	Steinobstbrände
Ethylcarbamat	(0,4 mg/l) [2]		Obstbrände

[1] Mindestalkoholgehalt der Spirituose bei diesem Höchstwert.
[2] Z. Zt. existiert nur dieser Richtwert des BGA bzw. ALÜ.
[3] Gültig für Obsttrester- und Birnenbrände sowie Obstbrände von Brennereien mit max. 500 hl r. A. Jahresproduktion

25.3 Warenkunde

25.3.1 Übersicht

Das wesentliche Merkmal von Spirituosen ist der durch alkoholische Gärung von Hefen aus zuckerhaltigen Stoffen und anschließende Destillation gewonnene Äthylalkohol, wobei die sensorischen Unterschiede der einzelnen Spirituosen durch die jeweiligen Ausgangsprodukte der Gärung, Herstellungs- und Destillationsverfahren, spezielle Zutaten oder den Alkoholgehalt bedingt sind. Tabelle 3 (s. S. 388, 389) zeigt eine Übersicht der wichtigsten auf dem deutschen und europäischen Markt vertretenen Spirituosen, die jeweiligen Rohstoffe des Alkohols sowie einige qualitätsbestimmende Eigenschaften. Auf die weiterführende Literatur [1 – 7] wird verwiesen.

25.3.2 Getreide-, Wein und Obstbrände

Die extraktfreien bzw. extraktarmen Brände und Branntweine weisen Mindestalkoholgehalte von 32–40 %vol auf. Neben dem durch die Gärung und Destillation gewonnenen Äthylalkohol enthalten sie typische flüchtige Gärungsnebenprodukte (Begleitstoffe, oft auch als „Fuselöl" bezeichnet) von Hefen und anderen Mikroorganismen sowie auch typische, aus den Rohstoffen stammende primäre und sekundäre Aromastoffe. Über die qualitative und quantitative Verteilung dieser Komponenten ist eine Differenzierung der Art bzw. der Sorte der Rohstoffe aber auch technologischer Besonderheiten (Destillation, Gärungsverlauf) möglich.

Tabelle 3. Übersicht der wichtigsten Spirituosengruppen und Spirituosen, ihrer Rohstoffe und einiger Qualitätsmerkmale

Spirituosengruppe Spirituosen	Rohstoffe des Alkohols Qualitätsmerkmale
A. Brände, Destillate	
Rum	Rohrzucker; typisches, rumartiges Aroma
Arrak	Reis, Zuckerrohrmelasse, typisches Aroma
Whisky	Gerstendarrmalz, Getreide (Korn), Mais,
z. B. Malt Whisky, Grain	Roggen, mindestens 2 Jahre Holzfaßlagerung,
Whisky, Irischer Whiskey	typisches Aroma
Bourbon Whiskey	
Getreidebrände	Weizen, Gerste, Hafer, Roggen, Buchweizen;
z. B. Korn, Kornbrand	Herstellung im Maischeverfahren
Weinspirituosen	
Branntwein	Wein, Weindestillat, Zucker, Zuckercouleur,
	Typagen
Deutscher Weinbrand	Qualitätsbranntwein, mindestens 6 Monate
	Eichenholzfaß-Lagerung,
	Weine bestimmter Herkunft
Cognac, Armagnac (franz.)	spezielle Destillationstechniken
Brandy (ital.)	entsprechende Reife
Grappa, Marc, Trester	Weintrester, z. B. spezielle Destillationstechnik,
	Faßlagerung
Weinhefebrand	Weinhefe
Obstspirituosen	
Obstbrände, z. B. Kirsch-	frische, gemischte oder sortenreine Früchte;
wasser, Obstler, Williams-	Destillation aus Maische, typisches Frucht-
Christ-Birne, Slivovitz,	aroma
Calvados	
Obstgeist, z. B. Himbeer-	nicht vergorene Früchte, Neutralalkohol;
geist, Brombeergeist	typisches Fruchtaroma
Obstspirituose	Früchte, Aromastoffe, Aromaextrakte,
	Neutralalkohol
Obsttresterbrand	Obsttrester
Wurzel-, Knollenbrände	
Enzian, Bärwurz,	Destillation aus vergorener Maische oder
Topinambur	aus Mazerat
Wodka	Korndestillat, Kartoffeldestillat, Aromastoffe zur
	Geschmacksverbesserung
Wacholderbrände	
Steinhäger, Gin, Genever	Wacholderbeeren, Wacholderlutter, Korn-
	destillat, würzende Stoffe
Anis-, Fenchelbrände	
Pastis, Pernod, Raki	Extrakte, Destillate von Anis, Fenchel,
Ouzo	Neutralalkohol
Aquavit	Neutralalkohol, Kümmelextrakte oder Destillate
Bitterspirituosen	Neutralalkohol, Bitterstoffe, Drogen
Äthylalkohol landwirt-	
schaftlichen Ursprungs	
Neutralalkohol, Sprit	Getreide, Kartoffel, Obst, Wein, hochrektifiziert, mit
	speziellen Reinheitsanforderungen

Tabelle 3 (Fortsetzung)

Spirituosengruppe Spirituosen	Rohstoffe des Alkohols Qualitätsmerkmale
B. Liköre	
Liköre, allgemein	Neutralalkohol, mind. 100 g Zucker/l, verschiedene Lebensmittelgrundstoffe oder Brände
„-Creme"	Liköre mit mind. 250 g Zucker/l
Fruchtsaftliköre aus bestimmten Früchten	Neutralalkohol, Fruchtsäfte, natürliche Aromen, Zucker, Brände, Destillate
Fruchtaromaliköre	Neutralalkohol, Fruchtsaft, natürliche und naturidentische Aromen, Farbstoffe
Eierlikör, Liköre mit Ei	Eigelb, Eiweiß, Zucker, Honig, Neutralalkohol, 140 g bzw. 70 g Eigelb/l
Emulsionsliköre	Milch, Sahne, Schokolade, Kakao
Spezialliköre	Tee, Kaffee, Vanille, Honig, Aromen, Farbstoffe
Kräuter-, Gewürz- und Bitterliköre	Kräuterextrakte, Drogen, Gewürze, Aromen, Farbstoffe
C. Spirituosenhaltige Mischgetränke, Punschextrakte	
Cocktails	Spirituosen, Früchte, bzw. Säfte, alkoholfreie Erfrischungsgetränke, Wein, Aromen, versch. Zusatzstoffe
Punschextrakte	Neutralalkohol, Zucker, Rum, Arrak, Wein, Gewürze, Aromen, Fruchtsaft

Tabelle 4. Variationsbreite der Konzentrationen (mg/100 ml r. A.) einiger flüchtiger Komponenten in Whiskys [8–12] und Weinbränden [13–15]. n.n. = nicht nachweisbar (< 0,01 mg/100 ml r. A.)

Komponente	Scotch Malt Whisky	American Bourbon Whisky	deutscher Weinbrand	französischer Weinbrand
Acetaldehyd	4–16	3–15	8–37	7–24
1,1-Diäthoxyäthan	4–15	3–10	+–18	0,5–5
Methanol	8–20	10–30	40–110	40–70
Propanol	20–50	20–60	20–50	30–60
Allylalkohol	<0,1–0,3	<0,1	n.n.–1	n.n.–0
Butanol-1	0,5–1	0,5–1	1–1	<0,1–1,5
Butanol-2	n.n.	n.n.	n.n.–5	<0,1–3
Isobutanol	80–120	40–100	45–90	70–110
Isoamylalkohole	160–260	250–450	140–250	190–250
Hexanol	<0,1–0,5	<0,1	0,5–3	1–2
2-Phenyläthanol	4–8	1–8	0,2–2,5	1–5
Äthylacetat	20–50	30–100	10–80	30–80
Äthylcapronat	<0,1–0,5	<0,1–0,5	<0,1–1	1–5
Äthylcaprylat	1–4	1–3	0,5–5	1–7
Äthylcaprinat	4–12	1–5	0,5–8	1–7
Äthyllaurat	3–8	1–4	0,3–4	0,5–4
Äthyllactat	0,5–10	1–10	2–32	10–30

Die Tabellen 4 und 5 zeigen die Konzentrationsbereiche einiger wichtiger Inhaltsstoffe in verschiedenen Bränden, wobei zu Vergleichszwecken die Angaben immer auf mg pro 100 ml reinen Alkohol (r. A.) bezogen sind. Die angegebenen Zahlen stellen Richtwerte von Erzeugnissen durchschnittlicher Qualität dar, wobei einzelne Komponenten bedingt durch technologische Besonderheiten eine noch größere Variationsbreite aufweisen können.

Brände aus mehligen Stoffen wie z. B. Whisky, Wacholder, Wodka, Enzian oder Arrak sowie Branntweine (aus Wein) sind durch relativ niedrige Methanol- und Butanol-1-Gehalte gekennzeichnet. Deutscher Korn und schottischer Grain-Whisky (Maiswhisky) sind üblicherweise hochrektifizierte Destillate mit sehr niedrigen Gehalten an Gärungsnebenprodukten, während schottischer Malt-Whisky oder amerikanischer Bourbon-Whiskey relativ hohe Gehalte an Isoamylalkoholen und Isobutanol aufweisen. Eine Mischung von Malt- und Grain-Whisky wird als „Blended Scotch Whisky" bezeichnet wobei der Anteil an Malt-Whisky, d. h. der Gehalt an Gärungsnebenprodukten als Qualitätskriterium herangezogen werden kann [10].

Deutscher Weinbrand und französische Weinbrände (Cognac, Armagnac) unterscheiden sich in den Gehalten einzelner Inhaltsstoffe, wobei jedoch die

Tabelle 5. Variationsbreite der Konzentrationen (mg/100 ml r. A.) einiger flüchtiger Komponenten in Bränden (Destillaten) von Zwetschgen [16], Kirschen [17], Williams-Christ-Birnen [18–20] sowie Calvados. n. n. = nicht nachweisbar (< 0,01 mg/100 ml r. A.)

Komponente	Zwetschgen-brand	Kirschbrand	Williams-Christ-Birnenbrand	Calvados
Methanol	700–1100	400–600	600–1200	80–180
Propanol	50–250	100–500	70–250	25–16
Allylalkohol	n. n.–2	n. n.–10	n. n.–5	n. n.–10
Butanol-1	5–30	1–3	15–25	9–30
Butanol-2	n. n.–50	n. n.–50	n. n.–30	10–200
Isobutanol	30–100	30–90	30–100	40–70
Isoamylalkohol	100–250	80–200	80–150	200–300
Hexanol	0,5–5	0,5–5	3–12	7–20
Benzylalkohol	0,5–10	0,5–12	<0,1	n. n.
2-Phenyläthanol	1–5	1–5	0,5–2	3–11
Benzaldehyd	0,5–12	0,5–12	<0,1	n. n.–0,4
Äthylacetat	20–200	50–300	20–200	80–30
Äthylcapronat	0,1–0,8	0,1–1	0,1–1	0,4–1
Äthylcaprylat	0,5–5	0,5–5	0,5–3	0,8–3
Äthylcaprylat	0,5–5	0,5–5	0,5–3	0,8–3
Äthylcaprinat	1–6	1–6	1–5	1–5
Äthyllactat	10–150	30–200	10–100	10–40
Äthyldecadienoat				
trans-cis	n. n.	n. n.	3–25	n. n.
trans-trans	n. n.	n. n.	1–8	n. n.
Methyldecadienoat				
trans-cis	n. n.	n. n.	0,5–2	n. n.
trans-trans	n. n.	n. n.	<0,1–0,5	n. n.

Variationsbreite so groß sein kann, daß eine Unterscheidung der Herkunft und Qualität nur durch Berücksichtigung zahlreicher Parameter einschließlich der sensorischen Eigenschaften möglich ist.

Obstbrände (mindestens 37,5 bzw. 40 % vol Alkohol) und Obstspirituosen (mindestens 25 % vol) enthalten typische Gärungsbegleitstoffe und/oder Aromastoffe der verwendeten bzw. namensgebenden Früchte. Obstbrände, destilliert aus vergorenen Fruchtmaischen weisen relativ hohe Methanolgehalte aus dem enzymatischen Pektinabbau auf, während z. B. Calvados, destilliert aus vergorenem Apfelmost, durch einen niedrigeren Methanolgehalt gekennzeichnet ist. Sowohl über Methanol als auch andere flüchtige Komponenten ist daher z. B. eine Bestimmung der Sortenreinheit der vergorenen Ausgangsmaterialien möglich, z. B. über den Butanol-1-Gehalt bei Kirschwasser oder die Decadiensäureäthylester bei Williams-Christ-Birnenbränden; generell sollten möglichst zahlreiche Inhaltsstoffe, insbesondere auch Aromastoffe [22] zur Sortencharakterisierung der Rohstoffe eines alkoholischen Destillates herangezogen werden. Obstgeiste werden aus zuckerarmen Früchten, vor allem Beeren hergestellt, wobei sie infolge der Herstellung durch Destillation nach Mazeration der Früchte mit Neutralalkohol vor allem die Aromastoffe der verwendeten Früchte enthalten [23].

25.3.3 Liköre, Mischgetränke, Cocktails

Bei diesen Spirituosen sind neben dem wertbestimmenden Alkohol (mindestens 14 bzw. 15 % vol) und dem Zucker (mindestens 100 bzw. 400 g/l) vor allem andere Lebensmittel und Grundstoffe wie z. B. Fruchtsaft, Kräuter, Gewürze, Kakao, Eier, Sahne, Schokolade sowie Aromen und Grundstoffe wertbestimmend. Im Einzelnen wird auf deren jeweilige vorgeschriebene Herstellungsverfahren, Qualitätsnormen und auf die traditionellen Rezepturen der Likörherstellung [3, 5, 6, 24] verwiesen.

25.4 Analytische Verfahren

Die Analytik von Spirituosen ist sehr umfangreich und umfaßt vor allem bei Likören neben der Untersuchung des alkoholischen Anteils (Alkoholgehalt, Gärungsbegleitstoffe) zahlreiche, auch bei anderen Lebensmitteln durchzuführende Untersuchungen, u. a. Bestimmungen wie Fruchtsaftanteil, Eigehalt, Honiganteil, Fettgehalt, Zusatzstoffe und Aromastoffe.

Die Tabelle 6 zeigt die bei Spirituosen zu bestimmenden wichtigsten allgemeinen als auch speziellen Analysenparameter mit den entsprechenden Analysenverfahren und den erforderlichen Meßsystemen. Vor allem bei Spirituosen sind für eine aussagekräftige Beurteilung von Qualität, Authentizität und der lebensmittelrechtlich einwandfreien Beschaffenheit sensorische, chemische als auch hochempfindliche physikalisch-chemische Analysenmethoden gleichermaßen von Bedeutung. So bestehen z. B. Korrelationen zwischen typischen, sensorisch erkennbaren Branntweinfehlern (7, 16, 17, 29), bedingt durch

Tabelle 6. Analysenmethoden für Spirituosen

Analysenparameter Analyse	Analysenprinzip Meßmethode	Literatur
A. Sensorische Analysen		
Sensorischer Befund allgemein	Prüfung von Aussehen, Geruch und Geschmack	25, 26
Weinigkeit, typische Aromastoffe	Fraktionierte Destillation nach Micko	26
Ausgiebigkeit	Prüfung sensorisch, nach Wüstenfeld	26
B. Allgemeine chemisch-physikalische Analysen		
Dichte	pyknometrisch, Biegeschwinger	26–30
Alkoholgehalt (%vol)	pyknometrisch, nach Destillation	26–30
	chemisch, nach Rebelein	31
Extrakt	gravimetrisch, nach Abdampfen	26–30
	pyknometrisch, im Destillationsrückstand	26–30
Zucker	titrimetrisch, nach Luff-Schoorl oder nach Rebelein enzymatisch	30
pH-Wert/Gesamtsäure	elektrochemisch, mit Elektrode	26–30
flüchtige Säure	acidimetrisch, nach Wasserdampfdestillation	26–30
C. Spezielle Untersuchungen des alkoholischen Anteils		
Überprüfung der Reinheit von Neutralalkohol	verschiedene photometrische und gaschromatographische Parameter	23
Gärungsbegleitstoffe, bis ca. 0,05 mg/100 ml r. A.	GC, GC-MS, Direktinjektion eines alkoholischen Destillates, interne und externe Standardmethoden	21, 29, 32
Aromastoffe, Differenzierung natürlich-naturidentisch, Sortenreinheit	GC, GC-MS, multidimensionale GC mit chiralen Phasen mit oder ohne Anreicherung, z. B. fl/fl-Extraktion	32–35
Thujon, Asaron, Cumarin, Quassin	DC, GC, HPLC nach selektiver Abtrennung	29, 36
Ethylcarbamat	GC, MS, NP-Detektor, nach Anreicherung oder Direktinjektion	37, 38
Acrolein	GC, Schnelltest mit $HgCl_2$ und Hexylresorcin	29, 30
Acetaldehyd, frei, gebunden	photometrisch, mit Nitroprussid-Na, Piperidin	29, 30
Cyanid, frei, gebunden	Schnelltest oder photometrisch mit ChloraminT, Pyridin, Barbitursäure	30, 39
[14]C-Gehalt zur Unterscheidung von Gärungs- und Synthesealkohol	Bestimmung durch Flüssigszintillationszählung	27
Deuteriumgehalt des Alkohols zur Herkunftsbestimmung	Bestimmung des Deuteriumgehaltes durch kernresonanzmagnetische Messung	40

Tabelle 6 (Fortsetzung)

Analysenparameter Analyse	Analysenprinzip Meßmethode	Literatur
D. Spezielle Untersuchungen bei Likören		
Bestimmung des Fruchtsaftgehaltes	Ermittlung charakteristischer Inhaltsstoffe (Mineralstoffe, Fruchtsäuren, Aminosäuren)	26, 27, 30, 41
Bestimmung des Eigehaltes	Cholesterinbestimmung, GC, enzymatisch	27, 29, 42
Kräuterliköre	Thujon, Asaron, ätherische Öle	29, 36
Milch-Sahneliköre	Fettbestimmung	s. Kap. 1.10 und MSS

nachteilige technologische oder mikrobiologische Einflüsse und erhöhten Gehalten bestimmter Gärungsbegleitstoffe wie zum Beispiel Äthylacetat, Acrolein, Butanol-2 oder Propanol-1 in einem Destillat. Diese Komponenten wie auch die zur Sortendifferenzierung in den Tabellen 4 und 5 aufgeführten Gärungsnebenprodukte oder Aromastoffe können in alkoholischen Destillaten mit einer Nachweisempfindlichkeit von 0,1 mg/100 ml r.A. ohne Anreicherung gaschromatographisch [21, 32] erfaßt werden. Für die Bestandsaufnahme von Spurenkomponenten (z.B. toxisch relevante Inhaltsstoffe, Aromastoffe) sind jedoch zusätzlich spezielle gaschromatographische und massenspektrometrische Untersuchungen nach geeigneter Anreicherung unentbehrlich.

25.5 Literatur

1. Begriffsbestimmungen für Spirituosen (1971) B. Behr's Verlag GmbH, Hamburg
2. Verordnung (EWG) Nr. 1576/89 des Rates vom 29.05.1989, Amtsblatt der EG Nr. L 160/1 – vom 12.06.1989 und Nr. C 1/14 v. 4.1.1990 sowie Verordnung (EWG) Nr. 1014/90 vom 24.4.1990, Amtsblatt der EG Nr. L 105/9 v. 25.4.1990
3. Spirituosen-Jahrbuch, Versuchs- und Lehranstalt für Spiritusfabrikation und Fermentationstechnologie Berlin (Hrsg) Westkreuz-Druckerei 1000 Berlin 49, erscheint jährlich
4. Pieper HJ (1977) Handbuch der Getränketechnologie, Technologie der Obstbrennerei. E. Ulmer Verlag Stuttgart
5. Wüstenfeld H, Haeseler G (1964) Trinkbranntweine und Liköre. Paul Parey, Berlin
6. HLMC
7. Tanner H, Brunner HR (1982) Obstbrennerei heute. Verlag Heller Chemie- und Verwaltungs-GmbH Schwäbisch Hall
8. Reinhard C (1977) DLR 73:124
9. Postel W, Adam L (1982) Alkohol-Industrie 95:339
10. Postel W, Adam L (1977) Branntweinwirtschaft 117:229
11. Postel W, Adam L (1978) Branntweinwirtschaft 118:404
12. Postel W, Adam L (1979) Branntweinwirtschaft 119:172
13. Postel W, Adam L (1980) Branntweinwirtschaft 120:154
14. Postel W, Adam L (1987) Branntweinwirtschaft 127:366
15. Postel W, Adam L (1988) Branntweinwirtschaft 128:82
16. Hildenbrand K (1982) Branntweinwirtschaft 122:2
17. Frank WD (1983) Branntweinwirtschaft 123:278

18. Woidich H, Pfannhauser W, Eberhardt R (1978) Mitt. Klosterneuburg 28:112
19. Nosko S (1974) DLR 70:442
20. Christoph N (1989) unveröffentlicht
21. Postel W, Adam L, Jäger K H (1983) Branntweinwirtschaft 123:414
22. Bindler F, Laugel P (1985) DLR 81:350
23. Renner R, Hartmann U (1985) Lebensmittelchem Gerichtl Chem 39:30
24. Frank W (1984) Branntweinwirtschaft 124:172
25. Weber A (1980) Kleinbrennerei 32:25
26. Allgemeine Verwaltungsvorschrift für die Untersuchung von Wein und ähnlichen
    alkoholischen Erzeugnissen sowie von Fruchtsäften; Bundesanzeiger Nr. 86 vom
    05.05.1960 und Nr. 117 vom 16.09.1969
27. BGA: AS 35
28. Bundesmonopolverwaltung für Branntwein (Hrsg) Chemisch-Technische Bestimmun-
    gen. Bundesdruckerei Neu-Isenburg
29. SLMB für Spirituosen
30. Tanner H, Brunner HR (1979) Getränke-Analytik. Verlag Heller Chemie und Verwal-
    tungs GmbH, Schwäbisch Hall
31. Rebelein H (1973) Chem Mikrobiol Technol Lebensm 2:112
32. Postel W, Adam L (1985) in: Berger R, Nitz S, Schreier P (eds) Topics in flavour research.
    Eichhorn-Verlag Marzling-Hangenham, S 79
33. Nykänen L, Suomalainen H (eds) (1983) Aroma of beer, wine and distilled alcoholic
    beverages. D. Reidel Publishing Comp Dordrecht, Holland u Akademie Verlag, Berlin
34. Maarse H, Belz R (eds) (1978) Isolation, separation and identification of volatile
    compounds in aroma research. D. Reidel Publishing Comp Dordrecht, Holland and
    Akademie Verlag, Berlin
35. Bernreuther A, Christoph N, Schreier P (1989) J Chromatogr in press
36. Lander V, Wörner M, Kirchenmayer C, Wintoch H, Schreier P (1990) ZUL in press
37. Mildau G, Preuß A, Frank W, Heering W (1987) DLR 83:69
38. Adam L, Postel W (1987) Branntweinwirtschaft 127:66
39. Christoph N, Schmitt A, Hildenbrand K (1987) Alkohol-Industrie 100:404
40. Kalinowski HO (1988) Chemie in unserer Zeit 22:162
41. Verband der deutschen Fruchtsaftindustrie e. V. Bonn (1987) RSK-Werte Die Gesamt-
    darstellung. Verlag Flüssiges Obst 5429 Schönborn
42. Schulte E (1988) Lebensmittelchem Gerichtl Chem 42:1

26 Gewürze

B. Hohmann, Hamburg und R. Oberdieck, Kulmbach

26.1 Lebensmittelwarengruppen

In diesem Kapitel werden Gewürze mit volkstümlichen und botanischen Namen (Gewürzzubereitungen, Gewürzmischungen und Einzelgewürze) behandelt.

26.2 Beurteilungsgrundlagen

Im Verkehr mit Gewürzen gelten die allgemeinen lebensmittelrechtlichen Bestimmungen (s. Kap. 11). Zusätzlich wird auf die „Leitsätze für Gewürze und andere würzende Mittel" [1] hingewiesen.

Zum Begriff Gewürze

Gewürze sind aromatisierende Zutaten zu Lebensmitteln. Sie sind pflanzlichen Ursprungs. Bereits in geringen Mengen rufen sie spezifische Aromawirkungen hervor und tragen zur Aromagebung und -aufwertung von Lebensmitteln bei.

Für die Gewürze (vgl. Tabelle 1) findet sich im DEUTSCHEN LEBENS-MITTELBUCH [1] folgende Begriffsbestimmung:

„Gewürze sind Teile (Wurzeln, Wurzelstöcke, Zwiebeln, Rinden, Blätter, Kräuter, Blüten, Früchte, Samen oder Teile davon) einer bestimmten Pflanzenart, nicht mehr als technisch notwendig bearbeitet, die wegen ihres natürlichen Gehaltes an Geschmacks- und Geruchsstoffen als würzende oder geschmacksgebende Zutaten zum Verzehr geeignet und bestimmt sind. Pilze werden als Gewürze angesehen, soweit sie nur wegen ihrer würzenden Eigenschaften verwendet werden.

Gewürze enthalten nicht mehr als einen unvermeidlichen Gehalt an in 10prozentiger Salzsäure unlöslichen Aschebestandteilen sowie nicht mehr als einen technisch unvermeidbaren Anteil an Besatz und sonstigen Verunreinigungen."

Im übrigen unterliegen Gewürze und ihre Produkte den allgemeinen Bestimmungen des LMBG und der LMKV mit einer Sonderregelung für die Kennzeichnung der Gewürze als Zutat, sowie der PHmV und einer zusätzlichen Regelung für die Angabe einer Gewürzzutat in der Kakao-VO.

Tabelle 1. Leitsätze für Gewürze, Gewürzextrakte und Gewürzzubereitungen

Begriffe	Merkmale	Verkehrsbezeichnung
Gewürze	Teile von Pflanzen, nicht mehr als technisch notwendig bearbeitet	nach ihrer Art und nicht nach ihrem Verwendungszweck
Gewürzmischung	Mischung von Gewürzen	nach ihrer Art (z. B. Rosenpaprika) oder nach ihrem konkreten Verwendungszweck (z. B. Gulaschgewürz, Honigkuchengewürz)
Gewürzzubereitung/Gewürzpräparate	Gewürzzubereitungen/Gewürzpräparate sind Mischungen von einem Gewürz oder mehreren Gewürzen mit anderen geschmackgebenden und/oder geschmackbeeinflussenden Zutaten, mit oder ohne technologisch wirksamen Stoffen; sie können bis zu 5% Kochsalz ohne Kenntlichmachung enthalten. Gewürzzubereitungen/Gewürzpräparate enthalten mindestens 60% Gewürze	nach ihrem konkreten Verwendungszweck unter Verwendung des Wortes „Gewürzzubereitung"; z. B. Brathähnchen-Gewürzzubereitung zur Abgabe an Weiterverarbeiter bestimmt sind, z. B. Gewürzpräparat für Fleischwurst Ein Gehalt von mehr als 5% Kochsalz wird unter Angabe des prozentualen Anteils im gleichen Sichtfeld mit der Verkehrsbezeichnung ausreichend kenntlich gemacht
Präparate mit würzenden Stoffen	Mischungen von technologisch wirksamen Stoffen mit Gewürz(en), Gewürzzubereitungen oder Gewürzextrakten	nach dem konkreten Verwendungszweck, z. B. Präparat zur Reifung und Würzung von Rohwurst, Rohwurststreifemittel mit Gewürzen für Salami
Suppengewürz	Mischung von Gewürzen, insbesondere Würz- und Suppenkräutern und würzenden Gemüsen	„Suppengewürz" (die Bezeichnung „Suppengrün" paßt nicht in jedem Falle)

Tabelle 1 (Fortsetzung)

Begriffe	Merkmale	Verkehrsbezeichnung
Gewürzsalze	Mischungen von mehr als 40% Kochsalz mit Gewürz(en), Gewürzzubereitungen oder aminosäurehaltigen Würzen Gewürzanteil: mindest. 15% (Sonderregelung bei Knoblauch)	nach ihrer Art, z. B. „Selleriesalz" unter Voranstellung des Namens des Gewürzes oder nach ihrem konkreten Verwendungszweck
Curry	Zubereitung eigener Art aus Curcuma und anderen Gewürzen (u. a. Pfeffer, Paprika, Chillis, Ingwer, Coriander, Kardamom, Nelken, Piment) sowie Hülsenfruchtmehle, Stärke, Dextrose und Kochsalz Gewürzanteil: ≧ 85% Hülsenfruchtmehl: ≦ 10% Kochsalz: ≦ 5%	„Curry", „Curry-Pulver" oder „Curry-Powder"
Gewürzaromazubereitung/Gewürzaromapräparat	Gewürzaromazubereitung/-Präparat bei der (dem) die Gewürze ganz oder teilweise durch Gewürzaromen, die nur natürliche Aromastoffe enthalten, ersetzt sind	Gewürzaromazubereitung/-Präparat in Verbindung mit dem Verwendungszweck
Gewürzaromasalz	Gewürzsalz, bei dem die Gewürze ganz oder teilweise durch Gewürzaromen, die nur natürliche Aromastoffe enthalten, ersetzt sind	„Gewürzaromasalz" in Verbindung mit dem Verwendungszweck

Bei den Gewürzen (pflanzlicher Herkunft) kann man noch die sog. „Küchen-kräuter" (auch „Gewürzkräuter") absetzen gegen die „getrockneten Ge-würze" (auch „echte Gewürze" oder „eigentliche Gewürze"). Küchenkräuter werden nach Möglichkeit frisch verwendet, können aber auch getrocknet zur Anwendung kommen. Schließlich sei zu erwähnen, daß viele Gewürze – wegen ihrer spezifischen Wirkung auf Magen, Darm u.a. – in anderer Do-sierung auch als Heilpflanzen Verwendung finden. Sie stellen dann Arznei-mittel dar (s. Kap. 12).

26.3 Warenkunde

26.3.1 Herkunftsländer und Anbau der Gewürze

Die Verwendung von Gewürzen ist sehr alt; nachweislich haben bereits etwa 3000 v. Chr. die Chinesen Gewürze benutzt. Auch in vielen anderen Ländern der Erde sind Gewürze seit langem bekannt. Infolge der langen, beschwer-lichen und gefahrvollen Handelswege waren Gewürze in früheren Jahrhun-derten sehr teuer.

Die sog. „echten Gewürze" sind meist tropischen oder subtropischen Ur-sprungs; genannt seien Länder wie Ceylon (Sri Lanka), Indonesien, Indien, China, Madagaskar, Westindische Inseln, Mittelmeer-Raum u.a., in denen heute Gewürze meist auch angebaut werden; auch in anderen Gebieten, wie den USA (z.B. Californien), werden Gewürze von erstklassiger Qualität ge-wonnen. Ebenso werden in den gemäßigten Breiten Gewürze kultiviert, z.B. Mitteleuropa [3, 10, 11].

26.3.2 Gewinnung und Bearbeitung von Gewürzen

Die Erntemethoden sind in den einzelnen Ländern höchst unterschiedlich. Sie reichen von einfach bis hochtechnisch, vom Ernten der Pflanzen mittels Sichel bis hin zum Mähdrescher.

Trocknen: In Ländern, wo genügend Sonnen-Energie zur Verfügung steht, wird diese weitgehend genutzt. Dabei ist darauf zu achten, daß nicht direkt in praller Sonne getrocknet und gelagert wird, um Verluste an ätherischem Öl möglichst zu vermeiden. Auch ist bei Trocknen auf dem Erdboden darauf zu achten, daß Tiere (Vieh u.a.) ferngehalten werden und kein Sand in die Ware gerät.

Zerkleinern: Gewürze sollten im Importland, unter Kühlung (CO_2, N_2), ver-mahlen werden. Hierfür stehen heute technisch ausgereifte Maschinen zur Verfügung.

Im Ursprungsland wird man sich im allgemeinen auf das grobe Zerkleinern und auf das Rebeln von Kräutern beschränken. Unter letzterem wird das Abtrennen der Blätter von den Stengeln verstanden, was früher durch Abstreifen per Hand durchgeführt wurde, heute durch eine „mechanische Rebelung" mit anschließendem Absieben geschieht.

Bearbeitung: In den Importländern (Europa u. a.) findet eine weitere Aufbereitung statt, wie nochmaliges Sieben und Sichten, Zerkleinern, Vermahlen und schließlich das Verpacken und die Lagerhaltung. In einigen Ländern wird zur Konservierung eine Behandlung mit ionisierenden Strahlen vorgenommen; in der BRD ist dies nicht gestattet.

26.3.3 Die gängigen Gewürze pflanzlicher Herkunft

Im Folgenden seien die wichtigsten und gängigen Gewürze pflanzlicher Herkunft mit ihrer Nomenklatur, ihren Anbaugebieten [9], ihren wichtigsten Inhaltsstoffen u. a. tabellarisch aufgeführt; s. Tabelle 2. Bezüglich weiterführender Literatur s. [3–13].
Nur erwähnt sei, daß bestimmte Gewürze (z. B. Curcuma, Safran) auch als natürlicher Farbstoff Verwendung finden.

26.4 Analytische Verfahren

26.4.1 Mikroskopische Untersuchung

Gewürze, meist als getrocknete und vermahlene Pflanzenteile, können mikroskopisch analysiert werden. Dabei gilt es, ein oder mehrere charakteristische, im anatomischen Bau der Pflanze begründete Merkmale mikroskopisch zu erkennen und zuzuordnen. Solche, an authentischem ganzen Pflanzenmaterial ermittelten Merkmale sind zumeist in Hand- und Lehrbüchern dargestellt [5, 8, 9, 13].
Für die mikroskopische Analyse ist es deshalb erforderlich, daß sich der Mikroskopiker mit diesen Merkmalen vertraut macht und hinreichend Erfahrungen im Mikroskopieren sammelt. Ein mikroskopisches Labor sollte außer mit einer guten optischen Ausrüstung auch mit den nötigen Nachschlagewerken sowie mit einer möglichst umfangreichen Vergleichssammlung an Einzelkomponenten (sowohl ganze Ware, wie zerkleinerte und gepulverte) ausgerüstet sein.
Besonders der mikroskopische Vergleich des zu analysierenden Materials mit authentischem Vergleichsmaterial wird, neben dem Gebrauch der entsprechenden Literatur, dem Mikroskopiker stets eine wertvolle Hilfe im Erkennen und Attestieren von Gewürzen, Gewürzkomponenten und Gewürzmischungen sein. Das qualitative Erkennen, besonders auch geringerer Anteile, stellt in der Hand des versierten Mikroskopikers eine verläßliche Methode dar.
Die quantitative Bestimmung mittels Mikroskopie bleibt jedoch stets eine subjektive Schätzung. Die exakte Erfassung eines Anteils, womöglich auf „Stellen nach dem Komma genau", ist mikroskopisch nicht möglich. Bei einer guten Schätzung werden sich die ermittelten Werte erfahrungsgemäß in der 5 %-Grenze bewegen; auch gröbere Schätzungen sind möglich. Bedenkt man

Tabelle 2. Tabellarische Übersicht über die gängigen Gewürze pflanzlicher Herkunft

Volkstümliche Namen	Botanischer Name	Familie	verwendeter Pflanzenteil	hauptsächliche Verbreitung	hauptsächliche Inhaltsstoffe	Bemerkungen
Ajowan Ajowan-Früchte Ägyptischer Ammei, Ajowainin	Trachyspermum ammi (L.) Sprag. (=Carum copticum (L.) Benth.; = Psychotris ajowan DC.)	Apiaceae (Umbelliferae)	Frucht	S, T östl. Mittelmeer bis Indien, Nordafrika	äther. Öl Gamma-Terpinen. Thymol u. a. fettes Öl	m
Anis Brotsamen, Anais	Pimpinella anisum L.	Apiaceae (Umbelliferae)	Frucht	G, S (T) Mittelmeer, Deutschland (Thüringen), UdSSR, Mittel- u. Süd-Amerika, Ägypten, Indien	äther. Öl mit Anethol, Methylchavicol, Anisaldehyd u. a.; fettes Öl	m
Basilikum Basilienkraut, Königskraut, Braunsilge, engl.: basil	Ocimum basilicum L.	Lamiaceae (Labiatae)	Kraut	G, S, T Indonesien, Marokko, Ägypten, Mittel- u. Süd-Europa, südl. UdSSR	äther. Öl mit Methylchavicol, Linalool, Eugenol u. a.; Gerbstoffe	
Beifuß wilder Wermut, Gänsekraut	Artemisia vulgaris L.	Asteraceae (Compositae)	Kraut	G, S Europa, Mittelmeer, Sibirien, Indien, Amerika	äther. Öl mit Cineol, Thujon, Pinen u.a.; Bitterstoff	

Bockshornklee fenugreek, gelber Bockhorn-samen, Kuhhornklee	Trigonella foenum-graecum L.	Fabaceae (Leguminosae)	Samen	S Indien, Libanon, Ägypten, S-Frankreich, Argentinien	Schleimstoffe; fettes Öl; Trigonellin, Saponine; Bitterstoff; äther. Öl mit Dihydrobenzofuran, Dihydroactinolid u.a. Sesquiterpenoide	m
Bohnenkraut Sommerbohnenkraut, Pfefferkraut, Kölle, Saturei, engl.: savory	Satureja hortensis L.	Lamiaceae (Labiatae)	Kraut	G, S Mitteleuropa, Mittelmeer, Südafrika, Indien, USA	äther. Öl mit Carvacrol, Thymol, Gamma-Terpinen; Labiatensäure	(siehe auch Winterbohnen-kraut)
Boretsch (Borretsch) Gurkenkraut, Borgel	Borago officinalis L.	Boraginaceae	Kraut	G, S Mittelmeer, Nord-Europa, USA	Schleimpoly-saccharide; Gerbstoffe; Saponine u.a.; Spuren äther. Öl	
Cayenne Pfeffer Chillies, span. Pfeffer, roter Pfeffer	Capsicum frutescens L.	Solanaceae	Frucht	T Asien, Amerika, Afrika	Capsaicin u.a. Scharfstoffe; Carotinoide; äther. Öl (Spuren); fettes Öl (im Samen)	m

m wird auch medizinisch verwendet,   G Gemäßigte Breiten,   S Subtropen,   T Tropen

Tabelle 2 (Fortsetzung)

Volkstümliche Namen	Botanischer Name	Familie	verwendeter Pflanzenteil	hauptsächliche Verbreitung	hauptsächliche Inhaltsstoffe	Bemerkungen
Citrus-Schalen z. B. Citronen- oder Orangenschalen	Citrus spp.	Rutaceae	Schale der Frucht	Mittelmeer, subtrop. Gebiete (weltweit)	äther. Öl (mit Limonen, Citral u. v. a., je nach Art)	Die Frucht-schale der „Ze-drat-Citrone" (Citrus medica L.) liefert, mit Zuckerlösung kandiert, das sog. Zitronat („sukkade")
Curry leaf	Murraya koenigii (L.) Spreng.	Rutaceae	Blatt	S, T SO-Asien (haupts. Indien)	äther. Öl mit Pinen, Sabinen, Caryo-phyllen, Cadinen, Cadinol u. a.	
Dill Gurkenkräutel, Kappernkraut, Dillkraut	Anethum graveolens L.	Apiaceae (Umbelliferae)	Kraut Frucht	G, S, T Mittelmeer, Süd-Afrika, Europa, Indien, Amerika	äther. Öl mit Carvon, Limonen, Phellandren u. a.	m
Dost wilder Majoran, gemeiner Dost, brauner Dost	Origanum vulgare L.	Lamiaceae (Labiatae)	Kraut	G, S Mittelmeer, Kleinasien, Ost-Asien, Nord-Amerika	äther. Öl mit Pinen, Limonen, Linalool, Terpinen-4-ol u. a.; Gerbstoff; Labiatensäure	
Dost, kretischer Spanischer Hopfen	Majorana onites (L.) Benth. (= Origanum onites L.)	Lamiaceae (Labiatae)	Kraut	S Mittelmeer	äther. Öl mit Carcacrol, Linalool, Thymol u. a.	

					m	
Estragon Bertram, Drachenkraut engl.: tarragon	Artemisia dracunculus L.	Asteraceae (Compositae)	Kraut	G, S Nord-Amerika, Europa, UdSSR, Indien	äther. Öl mit Methylchavicol*), Ocimen u.a.; Cumarine; Wachs; Sterine u.a.	*) Russ. Estragon enthält nur Spuren Methylchavicol dafür Sabinen, Methyleugenol, u. Elemicin
Fenchel Finchel, Gewürzfenchel, engl.: fennel	Foeniculum vulgare Mill.	Apiaceae (Umbelliferae)	Frucht	G, S, T Europa, Südl. UdSSR, Ost-Asien, Amerika, Nord-Afrika	äther. Öl Anethol, Fenchon, Methylchavicol u.a; fettes Öl; Zuckerstoffe	m
Galgant Siam-Ingwer, Galbanwurzel	Alpinia officinarum Hance	Zingiberaceae	Rhizom	T Ost-Asien	äther. Öl mit Cineol, Pinen, Eugenol u.a.; scharfes Harz; Gerbstoffe; „Galgantrot"; Bitterstoff; Stärke u.a.	m
Gewürznelke Nelken, Nägel, Nägelein, Nägelchen, engl.: cloves	Syzygium aromaticum (L.) Merr. et Perr. (= Eugenia caryophyllata Thunb.; =Caryphyllus aromaticus L.)	Myrtaceae	Blüten-knospen	T Indonesien, Madagaskar, Malaysia, Brasilien, Sri Lanka	viel äther. Öl mit Eugenol, Aceteugenol, Caryophyllen u.a.	m

m wird auch medizinisch verwendet,   G Gemäßigte Breiten,   S Subtropen.   T Tropen

Tabelle 2 (Fortsetzung)

Volkstümliche Namen	Botanischer Name	Familie	verwendeter Pflanzenteil	hauptsächliche Verbreitung	hauptsächliche Inhaltsstoffe	Bemerkungen
Ingwer, Ingber, Imber, engl.: ginger	Zingiber officinale Rosc.	Zingiberaceae	Rhizom	S, T; Indien, Jamaika, West-Afrika, China u.a.	äther. Öl mit Zingiberen, Bisabolen, Curcumen u.a.; Sesquiterpenoide; Scharfstoffe (Gingerole, Shoqaole, Paradole, Zingeron u.a.); Stärke; Zuckerstoffe; Fett	m
Kalmus, Deutsches Ingwer, Magenwurzel	Acorus calamus L.	Araceae	Rhizom	S, G; Asien, Europa, Nord-Amerika	äther. Öl mit Asaronen u.a.; Bitterstoffe; Stärke	m
Kapern, Kappern, engl.: capers	Capparis spinosa L.	Capparidaceae	Blütenknospen	S; Mittelmeer, Nordafrika	Rutin; Senfölglucoside, Myrosinase	als Gewürzzubereitung gehandelt: in Salzlake oder Salzessig eingelegt
Kardamom, Kardamomen, Kardamomsaat	Elettaria cardamomum (L.) W. u. M.	Zingiberaceae	Samen	T; Süd-Indien, Sri Lanka, Tansania, Madagaskar, Guatemala	äther. Öl mit Terpineol, Terpinylacetat Cineol u.a.; Stärke	m; gehandelt werden oft die ganzen Früchte

Name	Art	Familie	Verwendeter Teil	Vorkommen	Inhaltsstoffe	
Kerbel Suppenkraut, engl.: chervil	Anthriscus cerefolium (L.) Hoffm. (=Cherifolium cerefolium (L.) Schinz. et Thell.)	Apiaceae (Umbelliferae)	Kraut	G, S Europa, Nord-Afrika, Ostasien, Amerika	wenig äther. Öl mit Methylchavicol als Hpt.-Komponente; Flavonglycosid (Apiin)	
Knoblauch engl.: garlic	Allium sativum L.	Liliaceae (Alliaceae)	Zwiebel	G, S, T Südeuropa, Nord-Afrika, Süd-Ost-Asien	schwefelhaltig Aminos.-Derivate (Alliine); äther. Öl mit Di-, Tri- u. Polysulfiden	m Allicin u.a. werden nach Verletzung enzymat. (Alliinase) freigesetzt
Koriander Schwindelkorn	Coriandrum sativum L.	Apiaceae (Umbelliferae)	Frucht	G, S, T Nord-Afrika, Europa, UdSSR, Ostasien, Amerika	äther. Öl mit Linalool, Gamma-Terpinen, Campher u.a.; fettes Öl	m
Kümmel engl.: caraway	Carum carvi L.	Apiaceae (Umbelliferae)	Frucht	G, S Europa, Nord-Afrika, USA	äther. Öl mit Carvon, Limonen u.a.; fettes Öl; Zuckerstoffe	m
Kumin Kreuzkümmel, römischer Kümmel, Cumin	Cuminum cyminum L.	Apiaceae (Umbelliferae)	Frucht	S, T Europa, Mittelmeer, Indien, USA, Kleinasien, Mittelamerika	äther. Öl mit Cuminaldehyd, Pinen, Gamma-Terpinen, p-Mentha-1.3-dien-7-ol; Cuminalkohol u.a.; fettes Öl; Harz	m

m wird auch medizinisch verwendet,   G Gemäßigte Breiten,   S Subtropen,   T Tropen

Tabelle 2 (Fortsetzung)

Volkstümliche Namen	Botanischer Name	Familie	verwendeter Pflanzenteil	hauptsächliche Verbreitung	hauptsächliche Inhaltsstoffe	Bemerkungen
Kurkuma Gelbwurzel, Safranwurzel, indischer Safran (!), gelber Ingwer, engl.: turmeric	Curcuma longa L. (=C. domestica Val.)	Zingiberaceae	Rhizom	T Indien, Süd-Ost-Asien, Sri Lanka, China	äther. Öl mit Zingiberen, Turmerone u. a.; Farbstoffe (Curcumine u. a.)	Rhizome von „temoe lawak" (C. zanthorrhiza Roxb.) werden medizinisch verwendet
Liebstöckel Maggikraut, großer Eppich	Levisticum officinale Koch	Apiaceae (Umbelliferae)	Blatt, Wurzel	G, S Europa, USA	äther. Öl mit Phtaliden, Phellandren, Terpinylacetat	m
Lorbeer engl.: laurel, sweet bay	Laurus nobilis L.	Lauraceae	Blatt, Frucht	S, T Mittelmeer, UdSSR, USA	äther. Öl mit 1.8-Cineol, Alpha-Terpinylacetat u. a.; Gerb- u. Bitterstoffe; Früchte außerdem: fettes Öl	
Macis Muskatblüte	Myristica fragrans Houtt.	Myristicaceae	Arillus (Samenmantel)	T Indonesien, Sri Lanka, Indien, Grenada	äther. Öl mit Pinen, Sabinen, Terpinen-4-ol, Elemicin, Myristicin; fettes Öl; Amylodextrin	

Name	Wissenschaftl. Name	Familie	Pflanzenteil	Klima / Verbreitung	Inhaltsstoffe	m
Majoran Meiran, Wurstkraut, engl.: sweet majoran	Origanum majorana L. (= Majorana hortensis Moench)	Lamiaceae (Labiateae)	Kraut	G, S Mittelmeer, Mittel- u. Süd-Europa, Nord-Afrika, Mittel- u. Nord-Amerika	äther. Öl mit Terpineol, Sabinenhydrat, -Acetat u.a. Gerb- u. Bitterstoffe	m
Malagettapfeffer Madagaskar Kardamom, engl.: melegueta pepper	Aframomum melegueta (Rosc.) Schum.	Zingiberaceae	Same	T West-Afrika	Scharfstoffe (Paradol); äther. Öl	
Meerrettich Kren, Marak, Pfefferwurzel, Koren, engl.: horse-radish	Armoracia rusticana Gärtn., Mey. et Scherb.	Brassicaceae (Cruciferae)	Wurzel	G, S, T heute weltweit	Senföle: Phenyläthyl-senföl u. Allylsenföl	die Senföle werden mittels Enzym (Myrosinase) aus den Glucosinulaten (Sinigrin u. Glucon-asturtiin) beim Zerkleinern der frischen Wurzel freigesetzt
Melisse Zitronenmelisse, Bienenkraut, balm	Melissa officinalis L.	Lamiaceae (Labiateae)	Kraut	G, S Mittelmeer, heute weltweit	äther. Öl mit Citronellal, Citral, Caryophyllen u.a.	m
Mexican oregano verbena, lippia	Lippia spp.	Verbenaceae	Kraut	S USA (Californien)	äther. Öl mit Carvacrol, Thymol u.a.	

m wird auch medizinisch verwendet,   G Gemäßigte Breiten,   S Subtropen,   T Tropen

Tabelle 2 (Fortsetzung)

Volkstümliche Namen	Botanischer Name	Familie	verwendeter Pflanzenteil	hauptsächliche Verbreitung	hauptsächliche Inhaltsstoffe	Bemerkungen
Mohrenpfeffer Kalebassenmuskat, Negerpfeffer, Kani	Xylopia aethiopica (Dun.) Rich. (= Monodora myristica (Gaert.) Dun.) u. andere Xylopia-Arten	Annonaceae	Frucht	T Afrika	äther. Öl mit Pinen, 1.8-Cineol u.a.	
Muskat Muskatnuß. engl.: nutmeg	Myristica fragans Houtt.	Myristicaceae	geschälter Same	T Indonesien, Sri Lanka, Indien, Grenada	äther. Öl mit Pinen, Sabinen, Terpinen-4-ol, Elemicin, Myristicin u.a.; fettes Öl; Stärke	das im äther. Öl enth. Myristicin wirkt in größeren Mengen toxisch (Bildung von Halluzinogenen)
Paprika (Gewürz) Gewürz-Paprika, Spanischer Pfeffer, Beißbeere, Türkischer Pfeffer	Capsicum annuum L.	Solanaceae	Frucht	in allen wärmeren Ländern	Capsaicin u.a. Scharfstoffe (je nach Sorte, Edelsüß u. Delikatess sind prakt. Capsaicinoid-frei); äther. Öl; Carotinoide; fettes Öl (im Samen)	außerordentlich formenreiche Art: neben sehr scharfen Früchten auch mildere; daneben auch *unscharfer*, Gemüse-Paprika m

Name	Botanische Bezeichnung	Familie	verwendeter Teil	Verbreitung	Inhaltsstoffe	Bemerkungen
Petersilie engl.: parsley	Petroselinum crispum (Mill) Hill. (= P. hortense auct. = P. sativum Hoffm.)	Apiaceae (Umbelliferae)	Blatt, Wurzel, Frucht	G, S, T Europa, USA, Asien	äther. Öl mit Phellandren, 1.3.8-p-Menthatrien, Myristicin*), Apiol u.a.	*) Myristicin vergl. Muskat. Die ähnliche „Hundspetersilie" (Aethusa cynapium L.) ist toxisch
Pfeffer, schwarzer weißer grüner engl.: pepper	Piper nigrum L.	Piperaceae	Frucht	T Indien, Indonesien, Brasilien, Sri Lanka, VR China, Malaysia, Thailand	äther. Öl mit Pinen, Limonen, Caryophyllen, Phellandren, u.a.; Scharfstoffgemisch; (Piperin); Stärke; fettes Öl	m Schwarzer Pfeffer: unreif geerntet (ganze Frucht) Grüner Pfeffer: unreife Frucht eingelegt oder gefriergetrocknet; Weißer Pfeffer: reif geerntet (geschälte Frucht)
Pilze, getrocknete	Die getrockneten Fruchtkörper mancher Edelpilze (z.B. Steinpilze) besitzen ein würziges Aroma und eignen sich als „Trockenpilze" oder „Trockenpilzpulver" zum Würzen. (z.B. zur Herstellung von Saucen)					in gut verschlossenen Gefäßen aufbewahren!

m wird auch medizinisch verwendet,   G Gemäßigte Breiten,   S Subtropen,   T Tropen

Tabelle 2 (Fortsetzung)

Volkstümliche Namen	Botanischer Name	Familie	verwendeter Pflanzenteil	hauptsächliche Verbreitung	hauptsächliche Inhaltsstoffe	Bemerkungen
Piment Nelkenpfeffer, Neugewürz, Allgewürz, engl.: allspice	Pimenta dioca (L.) Merr.	Myrtaceae	Frucht	T Jamaika, Mexiko, Guatemala, Honduras Brasilien	äther. Öl mit Eugenol, Eugenolmethyl-äther, Cineol, Phellandren, Caryophyllen u. a.; Gerbstoffe; Zucker	m
Rosmarin engl.: rosemary	Rosmarinus officinalis L.	Lamiaceae (Labiatae)	Kraut (Blatt)	Mittelmeer, Schwarzmeer, USA, Mexiko	äther. Öl mit Pinen, 1.8-Cineol, Campher u. a.; Flavone; Labiaten-säure; antioxidatives Prinzip (Oxytriterpen-säuren, Phenol, Diterpenoide)	m
Safran Crocus, engl.: saffron	Crocus sativus L.	Iridaceae	Narben-schenkel	S Spanien, Griechenland, Pakistan, Indien	äther. Öl mit Safranal (u. a. Terpenaldehyde); Bitterstoff (Picrocrocin); Farbstoffe (Crocin u. a. Crocetin-Farbstoff-derivate; geringe Mengen Carotinoid-Farbstoffe)	teures Gewürz, daher gern ver-fälscht m

Name	Wissenschaftl. Name	Familie	Pflanzenteil	Verbreitung	Inhaltsstoffe	Bemerkung
Salbei, Garten-Salbei, engl.: sage	Salvia officinalis L.	Lamiaceae (Labiatae)	Blatt	G, S Mittel- u. Süd-Europa, Kleinasien, USA	äther. Öl mit Cineol, Borneol, Campher, Thujone u.a., antiox. Prinzip wie Rosmarin	m
Schnittlauch, Graslauch, Binsenlauch, engl.: chives	Allium schoenoprasum L.	Liliaceae (Alliaceae)	Blatt	G, S, T Asien, Europa, USA	äther. Öl mit Di- u. Trisulfiden u.a. S-Verbindungen; S-haltige Amino-säure-Derivate	enzymat. Spaltg. siehe Knoblauch
Schwarzkümmel Nigella, black cumin	Nigella sativa L.	Ranunculaceae	Same	S Mitteleuropa, Kleinasien, Indien	äther. Öl mit Thymochinon u.a.; Saponin; fettes Öl	
Sellerie, Eppich, engl.: celery	Apium graveolens L.	Apiaceae (Umbelliferae)	Kraut, Frucht	G, S Europa, West-Asien, Indien, Nord- u. Süd-Afrika, Amerika	Organ. Säuren u.a.; äther. Öl mit Limonen, Myrcen, Phtalide; (Blatt: wenig äther. Öl)	
Senf, Schwarzer Braunsenf	Brassica nigra (L.) Koch; im Handel auch andere schwarz-samige Senfarten	Brassicaceae (Cruciferae)	Samen	Europa, Amerika, Asien, heute weltweit	Glucosid (Sinigrin), Enzym (Myro-sinase); Sinapin u.a.; fettes Öl	Beim Zerklei-nern der Samen wird enzyma-tisch Allylsenf-öl freigesetzt

m wird auch medizinisch verwendet,   G Gemäßigte Breiten,   S Subtropen,   T Tropen

Tabelle 2 (Fortsetzung)

Volkstümliche Namen	Botanischer Name	Familie	verwendeter Pflanzenteil	hauptsächliche Verbreitung	hauptsächliche Inhaltsstoffe	Bemerkungen
Senf, Weißer Gelbsenf	Sinapis alba L.	Brassicaceae (Crucifereae)	Samen	Europa, heute weltweit	Glucosid (Sinalbin), Enzym (Myrosinase); Schleimstoff; fettes Öl mit Erucasäure u.a.; Sinapin	m Beim Zerkleinern der Samen wird enzymatisch Allylsenföl frei
Staudenmajoran, Falscher Oregano, Origanum	Origanum heracleoticum L. (=O. hirtum Vog.)	Lamiaceae (Labiatae)	Kraut	S Mittelmeer	äther. Öl mit Carvacrol, Thymol u.a.	
Sternanis, Badian, chinesischer Anis, engl.: star anise	Illicium verum Hook. f.	Illiciaceae	Frucht	SW-China	äther. Öl mit trans-Anethol, Methylchavicol, Anisaldehyd u.a.; Fett; Gerbstoffe	m Shikimmi-Früchte: die Früchte der nahe verwandten Art Illicium religiosum S. u. Z. sind toxisch! tox. Stoff: Anisatin (=Shikimmitoxin), kein Anethol enthalten

Thymian Gartenthymian, thyme	Thymus vulgaris L.	Lamiaceae (Labiatae)	Kraut	G, S Europa, Mittelmeer, Nordamerika	äther. Öl mit Thymol, Carvacrol, p-Cymol, Gamma-Terpinen u.a.	m anstelle des Th. vulgaris kann auch Th. zygis L. (span. Thymian) verwendet werden
Trüffel Perigord-Trüffel	Tuber melanosporum Vitt.	Tuberaceae	Frucht-körper	S-Frankreich, N-Italien, (z.T. in Eichenwäldern „gezüchtet")	nat. Aromastoffe wie aliphat. Alkohole u. Aldehyde, 2-Butanon, Dimethylsulfid, Testosteron	Außer der Perigord-Trüffel sind weitere unterirdische Fruchtkörper von Pilzen als „Trüffeln" im Handel:
					T. brumale Vitt. (Winter-Trüffel); T. aestivum Vitt. (Sommer-Trüffel); Terfecia leonis Tul. (Afrikan. Tr.); Choriomyces meandriformis Vitt. (weißer Trüffel)	
Vanille Vanilleschote	Vanilla planifolia Andr.	Orchideaceae	Frucht (fermentiert)	T Mexiko, Madagaskar, Réunion (Bourbon), Tahiti, Indonesien	Vanillin; Vanillylalkohol; p-Hydroxybenz-aldehyd; Zimtsäureester	m

m wird auch medizinisch verwendet,   G Gemäßigte Breiten,   S Subtropen,   T Tropen

Tabelle 2 (Fortsetzung)

Volkstümliche Namen	Botanischer Name	Familie	verwendeter Pflanzenteil	hauptsächliche Verbreitung	hauptsächliche Inhaltsstoffe	Bemerkungen
Wacholderbeeren Machandel, Krammets, Genievre, Johandelbeere	Juniperus communis L.	Cupressaceae	Beeren-zapfen	G, S Europa, Asien, Amerika, Nordafrika	äther. Öl mit Sabinen, Pinen, Myrcen, Terpinen-4-ol u.a.; Zucker; Gerbstoffe; Flavonglycoside; Harz	m andere Juniperus-Arten z.T. ähnlich verwendet, z.T. als Verfälschungen (Beeren-zapfen meist größer) Junip. sabina L.: Beerenzapfen sind tox.!
Wermut Absinth, Magenkraut	Artemisia absinthium L.	Asteraceae (Compositae)	Kraut	G, S Europa, Asien	äther. Öl mit Sabinen, Thujon, Sabinol, Sabinyl-acetat, Azulene u.a.: Bitterstoffe (Absinthin, Artabsin, Anabsin u.a.): Lactone; Flavone; Harze; Gerbsäuren	m
Winterbohnenkraut Pfefferkraut, engl.: winter savory	Satureja montana L.	Lamiaceae (Labiatae)	Kraut	G, S Mitelmeer, Mitteleuropa, Indien	äther. Öl mit Gamma-Terpinen, p-Cymol, Carvacrol u.a.: Labiatensäure	

Ysop, Eissop, engl.: hyssop	Hyssopus officinalis L.	Lamiaceae (Labiatae)	Blatt	G, S Mitteleuropa, Südeuropa, Kleinasien	äther. Öl mit Pinen, Isopinocamphon, Pinocamphon, Campher u.a.; Bitterstoff (Diosmin)	
Zimt, Ceylon-Zeylonzimt, Caneel, echter Zimt, engl.: cinnamon	Cinnamomum zeylanicum Bl.	Lauraceae	Rinde	T Sri Lanka, Süd-Indien, Seychellen, Madagaskar	äther. Öl mit Zimtaldehyd, Eugenol, Phellandren, Linalool u.a.	die äußeren Rindenteile werden nach der Gewinnung der Rinde abgeschabt: „geschälte Rinde" m
Zimt, chinesischer chinesischer Zimt, Kassia-Zimt	Cinnamomum aromaticum Nees (=C. cassia Bl.)	Lauraceae	Rinde	T S-China SO-Asien	äther. Öl mit Zimtaldehyd u.a. (kein Eugenol)	Geschmack intensiver als Ceylonzimt
Zimt, Padang-Burma-Zimt, Java-Zimt	Cinnamom burmannii Bl.	Lauraceae	Rinde	T Indonesien, Sumatra	äther. Öl mit Zimtaldehyd u.a. (kein Eugenol)	äußere Rindenteile bei besseren Qualitäten abgeschabt
Zitronengras Sereh	Cymbopogon citratus (DC.) Stapf	Poaceae (Gramineae)	Blatt	Indien, Sri Lanka, Java, Westindien, Brasilien, West-Afrika	äther. Öl mit Citral, Myrcen u.a.	ferner werden weitere Cymbopogonarten verwendet: Cymbopogon nardus (L.) Rendle (Citronellgras); C. flexuosus (Nees) Wats. (Lemongras)

Tabelle 2 (Fortsetzung)

Volkstümliche Namen	Botanischer Name	Familie	verwendeter Pflanzenteil	hauptsächliche Verbreitung	hauptsächliche Inhaltsstoffe	Bemerkungen
Zittwer Zittwerwurzel	Curcuma zedoaria Rosc.	Zingiberaceae	Rhizom	T Ost-Asien	äther. Öl mit Cineol, Borneol, Sesquiterpenoide, Campher u.a.; Stärke, Harze u.a.	m
Zwiebel Küchenzwiebel, onion	Allium cepa L.	Liliaceae (Alliaceae)	Zwiebel	Mittelmeer, Europa, USA	schwefelhaltige Aminos.-Derivate (Alliine) u.a.; äther. Öl mit Mono-, Di- und Trisulfiden; Zucker	enzymat. Spaltung s. Knoblauch. Neben A. cepa weitere A.-Arten: z.B. A. ascalonicum L. (Schalotte)

m wird auch medizinisch verwendet,   G Gemäßigte Breiten,   S Subtropen,   T Tropen

aber, daß auf chemischem Wege eine quantitative Erfassung von Gewürzkomponenten oft gar nicht (oder nur unter Anwendung kostspieliger Methoden) möglich ist, so gewinnt die mikroskopische Mengenschätzung erheblich an Wert.

Zur Präparation der Substanzen, zu mikroskopischen Untersuchungsmethoden sowie zur mikroskopischen Erfassung typischer anatomischer Merkmale vergleiche man die einschlägige Literatur.

26.4.2 Chemische Untersuchung

Chemische Untersuchungen an Gewürzen werden in der Hauptsache zur Prüfung auf Identität von Einzelgewürzen, deren Reinheit sowie die Erfassung wertbestimmender Inhaltsstoffe angewendet. Eine chemische Bestimmung der Komponenten einer Gewürzmischung stößt – im Gegensatz zur mikroskopischen Analyse – im allgemeinen auf Schwierigkeiten.

Zur Wertbestimmung von Einzelgewürzen wird das Spektrum der Inhaltsstoffe (ätherisches Öl, deren Komponenten, sowie Scharfstoffe etc.) erfaßt. Es wird heute Instrumentalanalytisch (chromatographische und spektroskopische Verfahren) gearbeitet. Zur Feststellung der Reinheit dienen Komponenten wie Asche, Sand, Rohfaser, Feuchtigkeit etc.

Eine Untersuchung auf Pestizide bzw. Pestizid-Rückstände sowie Aflatoxine muß nach den gesetzlichen Bestimmungen vorgenommen werden.

Zur apparativen Ausstattung und über chemische Untersuchungsmethoden s. z. B. [8], [13], sowie allgem. Laborhandbücher.

26.4.3 Mikrobiologische Untersuchungen

Wie bei vielen pflanzlichen Produkten ist auch bei Gewürzen eine Prüfung auf Kontamination mit Mikroorganismen (Schimmel, Bakterienbefall etc.) erforderlich. Außerdem wird nicht selten eine Untersuchung auf tierische Verunreinigungen („filth-test") angebracht sein. In diesem Zusammenhang sei auf die z. T. immer noch primitiven Ernte-, Verarbeitungs- und Lagerbedingungen in manchen Anbauländern hingewiesen, die solche Kontamination bedingen.

Von der Kommission Lebensmittel-Mikrobiologie und Hygiene [2] sind folgende Richt- und Warnwerte für Gewürze herausgebracht worden:

	Richtwert	Warnwert
Salmonellen	–	nicht nachweisbar in 25 g
Staphylococcus aureus	$1,0 \times 10^2$/g	$1,0 \times 10^3$/g
Bacillus cereus	$1,0 \times 10^4$/g	$1,0 \times 10^5$/g
Escherichia coli	$1,0 \times 10^4$/g	–
sulfitreduzierende Clostridien	$1,0 \times 10^4$/g	$1,0 \times 10^5$/g
Schimmelpilze	$1,0 \times 10^5$/g	$1,0 \times 10^6$/g

Allgemeines zu mikrobiologischen Methoden s. Kap. 6.

26.5 Literatur

1. DLB, veröff. Bundesanzeiger 39 (140 a) v. 1. 8. 1987
2. Veröffentlichung der Arbeitsgruppe mikrobiologische Richt- und Warnwerte der Kommission Lebensmittel-Mikrobiologie und Hygiene der Deutschen Gesellschaft für Hygiene und Mikrobiologie (1988) Dtsch Lebensm Rundsch 84:127
3. Ebert K (1982) Arznei- und Gewürzpflanzen. Wissenschaftliche Verlagsgesellschaft, Stuttgart
4. Franke W (1985) Nutzpflanzenkunde. Thieme Verlag, Stuttgart
5. Gassner G, Hohmann B, Deutschmann F (1989) Mikroskopische Untersuchung pflanzlicher Lebensmittel. Gustav Fischer Verlag, Stuttgart
6. Gildemeister E, Hoffmann F (1956/1961) Die ätherischen Öle. Akademie Verlag, Berlin
7. Hegnauer R (1962/1989) Chemotaxonomie der Pflanzen. Birkhäuser Verlag, Basel
8. Melchior H, Kastner H (1974) Gewürze (Grundlagen und Fortschritte der Lebensmitteluntersuchung). Paul Parey Verlag, Hamburg
9. Moeller J, Griebel C (1928) Mikroskopie der Nahrungs- und Genußmittel aus dem Pflanzenreiche. Springer-Verlag, Berlin
10. Purseglove JW, Brown EG, Green CL, Robins SRJ (1981) Spices. Longman London
11. Rehm S, Espig G (1985) Die Kulturpflanzen der Tropen und Subtropen. Verlag Eugen Ulmer, Stuttgart
12. Rosengarten F (1969) The Book of Spices. Livingston Publ Co, Pennsylvania
13. Staesche K (1970) Kapitel Gewürze, in: Handbuch der Lebensmittelchemie, Bd VI (p 426–600). Springer Verlag, Berlin
14. Stobart T (1972) Lexikon der Gewürze. Hörnemann Verlag, Bonn

27 Süßwaren und Honig

R. Matissek und H. G. Burkhardt, Köln

27.1 Lebensmittelwarengruppen

In diesem Beitrag werden behandelt:
– Zuckerwaren,
– Schokoladen und Schokoladenerzeugnisse,
– Honig.

27.2 Zuckerwaren

27.2.1 Beurteilungsgrundlagen

Einführung

Für Zuckerwaren existiert keine spezielle Rechtsvorschrift. Zur Auslegung der allgemeinen Begriffe des §17 LMBG ist die allgemeine Verkehrsauffassung unter Berücksichtigung wissenschaftlich anerkannter Begriffe zu beachten. Zur Beurteilung werden die „Leitsätze für Ölsamen und daraus hergestellte Massen und Süßwaren" [1], die „Begriffsbestimmungen und Verkehrsregeln für Zuckerwaren und verwandte Erzeugnisse" [2] und die „Richtlinie für Invertzuckercreme" [3] herangezogen. Zuckerwaren unterliegen den Kennzeichnungsvorschriften der LMKV, sofern sie in Fertigpackungen im Sinne des §14 Abs.1 Eichgesetz an den Verbraucher abgegeben werden. Die für Zuckerwaren zugelassenen Zusatzstoffe sind in der ZZulV geregelt. In Verbindung mit [1], [2] und [3] sind u.a. noch folgende Verordnungen relevant: Aromen-VO (u.a. z.B. Regelung des Ammoniumchloridgehalts in Lakritzwaren), Kakao-VO, Milcherzeugnis-VO, Zuckerarten-VO, Honig-VO. Eine ausführliche und weitergehende Besprechung der aufgeführten Verordnungen, Leitsätze und Begriffsbestimmungen sowie der genannten Richtlinie findet sich bei Zipfel [4].

Leitsätze für Ölsamen und daraus hergestellte Massen und Süßwaren [1]

In diesen Leitsätzen sind die Beurteilungsmerkmale für folgende Lebensmittel aufgestellt:
– bearbeitete Ölsamen,
– Rohmassen aus bearbeiteten Ölsamen,

- Süßwaren aus angewirkten Rohmassen,
- Nugatmassen,
- Süßwaren aus angewirkten Nugatmassen,
- Nugatcreme.

Begriffsbestimmungen und Verkehrsregeln für Zuckerwaren und verwandte Erzeugnisse [2]

Hierin wird a) eine allgemeine Definition der Zuckerwaren gegeben, b) die Abgrenzungen der Zuckerwaren zu Dauerbackwaren, Kakaoerzeugnissen und Arzneimitteln beschrieben, c) die Bestandteile von Zuckerwaren definiert und insbesondere die Mindestanforderungen bezüglich geschmackgebender und/oder wertbestimmender Bestandteile und Zutaten und die Begriffsbestimmungen für die einzelnen Zuckerwaren festgelegt.

27.2.2 Warenkunde

Übersicht

Die nachfolgende Einteilung der Zuckerwaren richtet sich nach [2] Abschn. D, mit Ausnahme der am Ende der Übersicht aufgeführten Invertzuckercreme.

Hart- und Weichkaramellen (Bonbons)

Hartkaramellen: z. B. Drops, Rocks, Seidenkissen etc; Weichkaramellen: z. B. Toffees, Kaubonbons etc.
Die Unterscheidung erfolgt in erster Linie aufgrund der Konsistenz. Weichkaramellen sind von kaubarer Konsistenz, erzielt durch ein im Vergleich zu Hartkaramellen (Restwasser ca. 1–4%) geringeres Auskochen des Wassers bei der Herstellung auf ca. 6–10% und durch höhere Zusätze von Glucosesirup, aber auch von Bestandteilen wie z. B. Milch, Fetten, Gelatine etc. Beide Sorten gibt es jeweils gefüllt, ungefüllt oder überzogen. Da jede technologisch mögliche Form in nahezu jeder gewünschten Geschmacksrichtung hergestellt werden kann, gibt es eine große Vielfalt von Bonbonsorten.

Fondanterzeugnisse

Aus Fondantmasse geformte Erzeugnisse, auch kandiert, glasiert, gefüllt, ganz oder teilweise (z. B. mit Schokolade) überzogen: z. B. Fondantkonfekt, Pfefferminzplätzchen, Morsellen, Kokosflocken etc. Fondantmasse ist eine plastische, fein kristalline Zubereitung aus Saccharose mit Glucosesirup und/oder Invertzucker. Verwendung und Zusatz anderer Zuckerarten und/oder Zuckeralkohole werden kenntlich gemacht. Üblich ist auch der Zusatz von geruch- und geschmackgebenden, die Beschaffenheit beeinflussenden Stoffen sowie von Farbstoffen.

Gelee-Erzeugnisse, Gummibonbons und Fruchtpasten

- Gelee-Erzeugnisse:
  Erzeugnisse mit charakteristischer Gelierung (in der Regel durch Agar oder Pektin) und weicher Konsistenz: z. B. Geleefrüchte, Geleeringe etc.
- Gummibonbons und Fruchtgummis:
  Mehr oder minder zäh elastische Erzeugnisse, deren charakteristische halbfeste Konsistenz durch die Mitverwendung von z. B. Agar, Gelatine, Gummi arabicum, Spezialstärken erzielt wird: z. B. Gummibärchen, Weingummi etc.
- Fruchtpasten:
  Erzeugnisse mit plastisch weicher bis pastöser Konsistenz. Enthalten im Gegensatz zu Geleefrüchten Fruchtbestandteile in wertbestimmender Menge.

Schaumzuckerwaren

Leichte, lockere Erzeugnisse, hergestellt unter Mitverwendung schaumbildender Stoffe (z. B. Eialbumin, modifizierte Caseinate, Sojaproteine, Gelatine etc.); häufig mit Waffelunterlagen versehen und/oder mit Schokoladenarten oder Zuckerglasur überzogen: z. B. Negerküsse, Marshmallows, Hamburger Speck etc.

Lakritzwaren

Dunkelbraune bis tiefschwarze Erzeugnisse mit je nach Rezeptur weich elastischer bis hart spröder Konsistenz, die unter Mitverwendung von z. B. Mehl, Stärke, Gelatine und/oder anderen die Beschaffenheit beeinflussenden Stoffen (auch Quellstoffe) sowie als charakteristischem Bestandteil mit mind. 5% Süßholzsaft in der handelsüblichen Trockenform hergestellt werden. Lakritzwaren sind z. B. Lakritzbonbons, -konfekt, -schnecken, -stangen etc.

Dragees

Dragees sind Erzeugnisse, die aus einer im Dragierverfahren hergestellten Decke aus Zuckerarten, Schokoladenarten oder anderen Glasuren, die einen flüssigen, weichen oder festen Kern umhüllen, bestehen. Folgende Drageearten werden unterschieden: Nonpareille (Streukügelchen), Liebesperlen, Streusel (harte Zuckerstreusel; weiche Konsumstreusel, meist mit Kakaobestandteilen), Schokoladedragees, gebrannte Mandeln und ähnliche Erzeugnisse, Sansibar Nüsse. Nach der Härte der Drageedecke wird ferner zwischen Hartdragees mit ca. 2–4% und Weichdragees mit ca. 7–10% Restwasser in der Drageedecke unterschieden.

Komprimate

Zuckerwaren, die im Tablettierverfahren kalt zu bonbon- oder tablettenförmigen Stücken ausgeformt werden.

Marzipan-, Persipan- und Nugaterzeugnisse

– Marzipan:

  Marzipan ist eine Mischung aus Marzipanrohmasse (= aus geschälten Mandeln hergestellte Masse mit max. 35% zugesetztem Zucker und mind. 28% Mandelöl, jeweils bezogen auf den zulässigen max. Feuchtigkeitsgehalt von 17%) und höchstens der gleichen Gewichtsmenge Zucker. Der Zucker kann teilweise durch Glucosesirup und/oder Sorbit ersetzt werden. Die Verwendung von hochwertigen geschmackgebenden Zusätzen, wie z. B. Spirituosen, Trockenfrüchten, Fruchtzubereitungen, Butter, Kaffee etc. sind üblich und werden kenntlich gemacht. Edelmarzipan enthält mind. 70 Teile Rohmasse und max. 30 Teile zugesetzten Zucker.

– Persipan:

  Persipan ist eine Mischung aus Persipanrohmasse (= aus geschälten, ggf. entbitterten bitteren Mandeln, Aprikosen- oder Pfirsichkernen hergestellte Masse mit max. 35% zugesetztem Zucker und 0,5% Stärke als Indikator, beides bezogen auf einen max. Feuchtigkeitsgehalt von 20%) und höchstens der 1,5-fachen Gewichtsmenge Zucker. Der Zucker kann teilweise durch Glucosesirup und/oder Sorbit ersetzt werden.

– Nugat:

  Nugat ist eine Mischung aus einer Nugatmasse (Nußnugatmasse: max. 50% Zucker, mind. 30% Fett, max. 2% Feuchtigkeit; Mandelnugatmasse: max. 50% Zucker, mind. 28% Fett, max. 2% Feuchtigkeit; oder Mandelnußnugatmasse: max. 50% Zucker, mind. 28% Fett, max. 2% Feuchtigkeit) und höchstens der halben Gewichtsmenge Zucker. Ein Teil des Zuckers kann durch Sahne- oder Milchpulver ersetzt werden. Sahnenugat enthält mind. 5,5% Milchfett aus Sahnepulver oder Sahne, Milchnugat mind. 3,2% Milchfett und 9,3% fettfreie Milchtrockenmasse.

– Nugatcreme (Nugatkrem):

  Nugatcreme enthält als wertgebenden Bestandteil mind. 10% Haselnußkerne oder Mandeln. Der Zuckeranteil beträgt max. 67% und der Feuchtigkeitsgehalt max. 2%. An Fetten werden nur Speisefette und -öle pflanzlicher Herkunft (z. B. Sojaöl) eingesetzt.

Trüffel

Erzeugnisse aus Trüffelmassen (= schokoladenartige Zubereitungen von besonderer Güte) in bissengroßen Ausformungen.

Eiskonfekt

Nicht figürliche, massive, kühlschmeckende Erzeugnisse, deren charakteristisch kühlender Effekt beim Verzehr durch die Verwendung von überwiegend ungehärtetem Kokosfett und/oder anderen Fetten mit hoher Schmelzwärme erzielt wird und der durch den Zusatz von z. B. Glucose oder Menthol noch gesteigert werden kann.

Krokant

Erzeugnisse aus mind. 20 % grob bis fein zerkleinerten Mandeln, Haselnüssen und/oder Walnußkernen und karamelisierten Zuckerarten und/oder Zuckeralkoholen. Die Verwendung von geschmack- und geruchgebenden Zutaten, wie z.B. Sahnepulver, Honig etc. ist üblich. Nach Konsistenz und Struktur werden Hart-, Weich- und Blätterkrokant unterschieden.

Weißer Nugat und verwandte Erzeugnisse

Weißer Nugat, (auch türkischer, orientalischer, holländischer, französischer Nugat oder Nugat Montélimar genannt) ist ein helles, leicht aufgeschlagenes Erzeugnis zäher Konsistenz, hergestellt unter Mitverwendung von Gelatine, aufgeschlagenem Eiweiß, meist mit kandierten Früchten, Mandeln, Nüssen oder Pistazien versetzt.

Kandierte Früchte und andere kandierte Pflanzenteile

Kandierte Früchte (Kanditen, Dickzuckerfrüchte) sind Erzeugnisse, die aus Früchten, Fruchtteilen, Blüten und anderen Pflanzenteilen durch Anreicherung mit Zuckerarten und/oder Zuckeralkoholen hergestellt werden. Kandierte Fruchtschalen (Zitronat, Orangeat) bleiben ausgenommen.

Sonstige Zuckerwaren

Zu den Zuckerwaren zählen ferner:
– Brausepulver zum Essen und brausepulverhaltige Zuckerwaren,
– Limonadenpulver und -tabletten, Brausepulver und -tabletten,
– Trockenfondant,
– Marzipancreme,
– Makronenmassen (Makronenmasse, Nußmakronenmasse, Persipanmakronenmasse),
– Trüffelmassen,
– Knickebeinfüllungen (= alkoholhaltige Füllungen, die je zur Hälfte gemischt oder unvermischt aus eierlikörhaltiger und rötlicher, fruchtsaftlikörhaltiger Krem bestehen),
– Glasur-, Füllungs- und Konfektmassen,
– Praliné-Krem.

Invertzuckercreme [3]

Invertzuckercreme (früher „Kunsthonig") ist ein aus überwiegend invertierter Saccharose mit oder ohne Verwendung von Glucosesirup und anderen Stärkeverzuckerungserzeugnissen, mit oder ohne Honig hergestelltes, aromatisiertes, auch gefärbtes Erzeugnis, das von seiner Herstellung her organische Nicht-Zuckerstoffe und anorganische Stoffe enthalten kann.
Invertzuckercreme ist je nach Art ihrer Herstellung und/oder Lagerung eine zähflüssige bis feste Masse und kristallisiert häufig bei längerem Lagern.

Invertzuckercreme entspricht in der Zusammensetzung den folgenden Anforderungen:

– Invertzucker	mind.	50,0% i. Tr.,
– Saccharose	max.	38,5% i. Tr.,
– Stärkeverzuckerungserzeugnisse	max.	38,5% i. Tr.,
– Asche	max.	0,5% i. Tr.,
– Wasser	max.	22,0% i. Fertigerzeugnis,
– pH-Wert	nicht unter	2,5 (bei Verdünnung auf das doppelte Gewicht).

Zur Herstellung von Invertzuckercreme werden verwendet:
- farbgebende Stoffe,
- organische Genußsäuren, vorwiegend Milchsäure, Weinsäure und Zitronensäure,
- andere geschmackgebende Stoffe.

Wird Invertzuckercreme unter Verwendung eines Zusatzes von Honig hergestellt, so wird auf diesen Zusatz nur hingewiesen, wenn der Anteil an Honig im fertigen Erzeugnis mind. 10% beträgt. Der Hinweis erfolgt nur in unmittelbarem Zusammenhang mit der Produktbezeichnung durch Angabe des Honiganteiles in von Hundertteilen.

Zusammensetzungen/Mindestanforderungen

Die Zusammensetzungen der oben aufgeführten Zuckerwaren können mit Ausnahme der Marzipan-, Persipan- und Nugaterzeugnisse, deren Zusammensetzungen nach den in [1] festgelegten Anforderungen relativ eng gefaßt sind, in sehr weiten Bereichen schwanken. Die Zusammensetzungen von Zuckerwaren werden nur insoweit geregelt, als sich Anforderungen gemäß [2] Abschn. C bzw. D ergeben. Die wichtigsten dieser Mindestanforderungen sind in Tabelle 1 zusammengestellt.
Tabelle 2 enthält Orientierungswerte für die Zusammensetzungen von Marzipan- und Persipanrohmassen sowie daraus hergestellten Fertigerzeugnissen.

Besondere Bestandteile/Inhaltsstoffe

Glycyrrhizinsäure

Glycyrrhizinsäure, ein β,β'-Glucuronidoglucuronid der Glycyrrhetinsäure, ist der wichtigste Inhaltsstoff der Wurzeln von Süßholz (Glycyrrhiza glabra), aus denen der für Lakritzwaren wertgebende Bestandteil Süßholzextrakt (in Form von Blocklakritz oder Lakritzpulver) gewonnen wird. Glycyrrhizinsäure schmeckt lakritzartig und süß.

Amygdalin/Blausäure/Benzaldehyd

Blausäure kommt in Aprikosen-, Pfirsichkernen und bitteren Mandeln (Rohstoffe für Persipan) gebunden in Form von Amygdalin (β-Gentiobiosid des L-Mandelsäurenitrils) vor. Bei der enzymatischen Aufspaltung des Amyg-

Tabelle 1. Geschmackgebende und/oder wertbestimmende Bestandteile und Zutaten bei Zuckerwaren (gemäß [2])

Hinweis in der Bezeichnung[a] auf	Anforderungen	
	Anteil in %	Bestandteile in der Zuckerware
Magermilch/Magermilchjoghurt	mind. 5	fettfreie Milch- bzw. Joghurttrockenmasse
Milch/Vollmilch/Joghurt	mind. 2,5	Milchfett u. die diesem Milchfettanteil entsprechende Menge fettfreier Milchtrockenmasse
Sahne/Rahm/Sahnejoghurt	mind. 4	Milchfett u. die diesem Milchfettanteil entsprechende Menge fettfreier Milchtrockenmasse in Sahne oder Sahnedauerware
Butter	mind. 4	Milchfett
Honig	mind. 5	Honig
Malz	{ mind. 5 / mind. 4	Malz oder / Malextrakttrockenmasse
Lakritz	mind. 5	Süßholzsaft in der handelsüblichen Trockenform
Mandel, Pistazie, Haselnuß, Walnuß, Erdnuß etc.	mind. 5	der namensgebenden Sorte
Kokosnuß/Kokos	{ mind. 5 / mind. 25	Kokosraspeln, jedoch / Kokosraspeln bei Fondantartikeln, wie z. B. Kokosflocken, Kokoswürfeln
Kakao, Schokolade Schoko. u. ä.[b]	{ mind. 5 / mind. 4	Kakaobestandteile, jedoch / fettfreie Kakaotrockenmasse
Cola	{ mind. 0,15 / max. 0,25	jedoch / Coffein aus Colanuß oder Auszügen daraus
Traubenzucker (Dextrose, D-Glucose)	{ mind. 40 / mind. 20	D-Glucose bei Traubenzucker-Zuckerwaren, jedoch nur bei Angaben wie: „mit Traubenzucker" oder „traubenzuckerhaltig"
Karamel, Kaffee, Mokka, Brause		keine mengenmäßigen Mindestanforderungen. Erforderlich ist „geschmacklich deutlich wahrnehmbare" Menge der betreffenden Zutat.
Weine und Spirituosen, Früchte	—	Details s. [2].
Vitamine	—	Dosierung erfolgt so, daß die Vitaminmengen in diesen Zuckerwaren in einem physiologisch vertretbaren Verhältnis zu der durchschnittlich verzehrten Tagesmenge liegen.

[a] Bei Doppelbezeichnungen (z. B. „Honig-Malz", „Butter-Karamel" etc.) ist die Einhaltung der beiden jeweiligen Mindestanforderungen in einem Artikel notwendig.

[b] Bei Hinweis auf Schokolade-Überzug oder -Füllung werden ausschließlich Schokoladearten nach der Kakao-VO verwendet

Tabelle 2. Zusammensetzungen (%) von Marzipan- und Persipanrohmassen und angewirktem Marzipan und Persipan[a] (modifiziert nach [5])

		Marzipan-rohmasse	Marzipan 1:1	Persipan-rohmasse	Persipan 1:1,5
Wasser	∅	14–16	7–8	17–19	7–8
	max.	17,0	8,5	20,0	8,0
Mineralstoffe		1,4–1,6	0,7–0,8	1,4–1,6	0,6
Fett aus Ölsamen	∅	29–33	14–16	23–30	9–12
	mind.	28,0	14,0	~22	~8
Mandelkerntrockenmasse	∅	50–55	25–27	–	–
	mind.	48	24	–	–
Aprikosenkerntrockenmasse	∅	–	–	50–55	20–22
	mind.	–	–	48	19
Zugesetzter Zucker (Saccharose + Invertzuckersirup)	max.	35,0	67,5	35,0	74,0
Zugesetzter Glucosesirup	max.	–	3,5	–	3,5
Zugesetzter Sorbit	max.	–	5,0	–	5,0
Zugesetzter Gesamtzucker (Saccharose + Invertzucker, umgerechnet auf Saccharose + Glucosesirup[b] + Sorbit)	max.	–	67,5	–	74,0
Zugesetzte Kartoffelstärke (Indikator)		–	–	0,5	0,2

∅ durchschnittliche Gehalte.
[a] bezogen auf maximal zulässige Anwirkverhältnisse Ölsamen:Zucker bzw. Rohmasse:Zucker (s. [1]).
[b] incl. sirupeigenem Wasseranteil.

Die angegebenen Mindestgehalte sowie die maximalen Zuckergehalte beziehen sich jeweils auf ein Erzeugnis mit dem aufgeführten max. Wassergehalt.

dalins, das in den o.g. Samenkernen zu ca. 2–4% enthalten ist, entstehen 2 Mol Glucose, 1 Mol Benzaldehyd und 1 Mol Blausäure. Die Hauptmengen an Cyanid und Benzaldehyd werden in den einzelnen Stufen der Persipanherstellung weitestgehend entfernt. Die Cyanid-Restmengen liegen in der Regel in Persipanrohmasse unter 50 mg/kg bzw. in Marzipan unter 10 mg/kg.

Ammoniumchlorid
Ammoniumchlorid wird in Mengen bis zu 2% einigen speziellen Lakritzartikeln (z. B. Salmiakpastillen) zugesetzt, um einen typisch scharfen Geschmack zu erzielen.

Invertase
Enzympräparat (Hauptkomponente ist eine β-Fructosidase), das Marzipan, Fondant und Pralinenfüllungen zugesetzt werden kann, um im Produkt langsam einen bestimmten Anteil an Saccharose in Invertzucker zu spalten. Hierdurch werden oder bleiben die entsprechenden Erzeugnisse weich und geschmeidig.

Besondere Angebotsformen

– Zuckerwaren auf Gummi arabicum-Basis (kalorienreduzierte Produkte)
– Zuckerwaren auf Basis von Zuckeraustauschstoffen, wie Sorbit, Xylit und Isomalt (zahnschonende Produkte; kalorienreduzierte Produkte)
– Für Diabetiker geeignete Süßwaren auf Basis von Fructose und/oder Zuckeraustauschstoffen, z. B. Diabetikermarzipan, -nugat, mit Fruchtzucker kandierte Früchte etc.

27.2.3 Analytische Verfahren

Zucker/Zuckeralkohole/Polysaccharide
Zur Ermittlung der Gesamtzusammensetzungen sowie der Kontrolle der Einhaltung von Mindestanforderungen ist die quantitative Analyse der eingesetzten Zucker und Zuckeraustauschstoffe von Interesse. Glucose, Fructose, Lactose, Saccharose, Maltose, Sorbit, Xylit, Raffinose sowie Stärke/Stärkesirup können jeweils einzeln enzymatisch bestimmt werden [5, 6].
Saccharose läßt sich in der Regel auch gut polarimetrisch (Doppelpolarisation vor und nach Inversion) bestimmen [7], 7b-D/1960.
Für Zuckerwaren, die komplexe und unbekannte Mischungen verschiedener Zuckerarten, Sirupe und/oder Zuckeraustauschstoffe enthalten, empfehlen sich HPLC- und GC-Verfahren [5]. Auswahl geeigneter Säulen und Trennbedingungen richten sich nach der Zusammensetzung der zu analysierenden Probe. Für die gaschromatographische Zuckeranalyse ist eine vorherige Derivatisierung (z. B. Silylierung) der Zucker erforderlich. Zucker mit DP > 3 [1], (z. B. alle Stärkesirupkomponenten ab Maltotetrose) werden aufgrund der

---

[1] DP = Abkürzung für Durchschnitts-Polymerisationsgrad von Polymeren (engl.: Degree of Polymerization).

geringen Flüchtigkeit auch nach Silylierung gaschromatographisch nicht mehr erfaßt.

Gesamtfett

Bestimmung nach Säureaufschluß (Weibull-Stoldt-Verfahren) [5, 7]. Für Milch- und Rahmzuckerwaren sowie Kaubonbons ist oftmals ein Koagulationsaufschluß [8] dem üblichen Säureaufschluß vorzuziehen. Nach diesen Verfahren isolierte Fette können zu weiterführenden Untersuchungen, wie z. B. der gaschromatographischen Ermittlung der Fettsäuremethylester-Verteilung zur Identifizierung des/der eingesetzten Fettes/Fettmischung oder zur gaschromatographischen Buttersäuremethylester-Bestimmung zur Ermittlung des Milchfettanteils eingesetzt werden [5, 9].

Gesamtstickstoff

Bestimmung nach Kjeldahl [5, 7].

Wasser/Trockenmasse

Trockenschrank- und Vakuumtrockenschrankmethode

Die Probe wird mit Seesand verrieben und bei 103 °C – bzw. bei 70 °C unter vermindertem Druck – bis zur Gewichtskonstanz getrocknet [5]. Flüchtige Aroma- und Geschmacksstoffe werden zumindest teilweise, Alkoholanteile, wie sie z. B. Marzipan häufig zu Konservierungszwecken zugesetzt werden, vollständig miterfaßt. Die Trocknung bei 103 °C ist für hochfructosehaltige Produkte ungeeignet.

Karl-Fischer-Methode

Nahezu für alle Zuckerwaren anwendbares Verfahren zur Ermittlung des exakten *Wasser*gehaltes. Probenvorbereitung und Durchführung der Titration müssen den Eigenschaften (Matrix, Konsistenz) der Probe jeweils angepaßt werden [5, 10, 11].

Synthetische Farbstoffe

Der qualitative Nachweis von synthetischen Farbstoffen erfolgt dünnschichtchromatographisch [12].

Konservierungsstoffe

Die Bestimmung erfolgt mittels HPLC nach [13], L 00.00-9 und L 00.00-10.

Tocopherole

Die Bestimmung erfolgt mittels HPLC [13], L 13.03/04-1 und ist für die Unterscheidung zwischen Persipan und Marzipan aufgrund unterschiedlicher Verhältnisse von α- zu γ-Tocopherol von Bedeutung.

Genußsäuren (Äpfelsäure, Zitronensäure, Milchsäure)

Die Bestimmung der drei Genußsäuren ist enzymatisch [6, 14] oder mittels Photometrie [14] bzw. HPLC möglich.

Glycyrrhizinsäure

Die Bestimmung erfolgt in der Regel mittels HPLC [15]. Glycyrrhizinsäure ist ein charakteristischer Inhaltsstoff von Süßholzextrakt. Eine Rückrechnung aus dem analytisch ermittelten Glycyrrhizinsäuregehalt auf den eingesetzten Anteil an Süßholzextrakt ist in der Regel nicht möglich, da die Glycyrrhizinsäuregehalte der handelsüblichen Süßholzextrakte, auch in Pulverform, in sehr weiten Bereichen schwanken können und z. T. auch teil- oder vollentglycyrrhizinierte Produkte eingesetzt werden.

Ammoniumchlorid

Enzymatisch [6] oder titrimetrisch [16] nach vorheriger destillativer Abtrennung des Ammoniaks.

Blausäure (HCN)

Die Bestimmung der Blausäure erfolgt titrimetrisch oder photometrisch nach vorheriger destillativer Abtrennung [17].

27.3 Schokoladen und Schokoladenerzeugnisse

27.3.1 Beurteilungsgrundlagen

Einführung

Zur lebensmittelrechtlichen Beurteilung dieser Lebensmittelwarengruppen ist in erster Linie die Kakao-VO [1] heranzuziehen. Eine ausführliche und weiterreichende Besprechung sowie Kommentierung findet sich in „Recht der Deutschen Süßwarenwirtschaft" [2] und „Zipfel" [3]. Für die Füllungen von Pralinen und gefüllten Schokoladen sind die im Kap. 27.1 „Zuckerwaren" aufgeführten Leitsätze und Richtlinien zu beachten.

Kakao-Verordnung

Die Kakao-VO enthält in § 1 in Verbindung mit der Anlage die Bezeichnungen und Begriffsbestimmungen für Kakao und die einzelnen Kakaoerzeugnisse. Neben den aufgeführten Schokoladensorten fallen darunter noch folgende Rohstoffe und Halbfertigerzeugnisse: Kakaobohnen, Kakaokerne, Kakaogrus, Kakaomasse, Kakaopreßkuchen, fettarme oder magere/stark entölte

Kakaopreßkuchen, Expellerkakaopreßkuchen, Kakaopulver („Kakao"), die
Kakaopulverarten: fettarmes, gezuckertes sowie fettarmes gezuckertes, die
Haushaltskakaopulverarten: gezuckertes sowie und fettarmes gezuckertes,
ferner die verschiedenen Kakaobutterarten (Kakaopreßbutter/Kakaobutter,
Expellerkakaobutter, raffinierte Kakaobutter) und Kakaofett.

Die Kakao-VO enthält eine abschließende Regelung der erlaubten Zusätze an
Zusatzstoffen. Die Regelungen der ZZulV sind nur für „andere Lebensmittel"
im Sinne des § 9, für Verzierungen im Sinne des § 10 der Kakao-VO sowie für
solche Füllungen und Überzüge von Bedeutung, die selbst nicht der Kakao-
VO unterliegen.

Die Aromatisierung der aufgeführten Schokoladen und Schokoladenerzeugnisse ist in § 6 Kakao-VO abschließend geregelt.

Die LMKV findet auf die in diesem Kapitel besprochenen Erzeugnisse keine
Anwendung. Die Kennzeichnungsregelung des § 12 Kakao-VO ist abschließend.

Die Diät-VO geht der Kakao-VO vor, soweit die Diät-VO abweichende Regelungen enthält. Werden Kakao und Kakaoerzeugnisse als diätetische Lebensmittel in den Verkehr gebracht, so gelten hierfür vorrangig die Vorschriften der
Diät-VO (s. Kap. 31.2.4).

27.3.2 Warenkunde

Übersicht

Die Einteilung der Schokoladen und Schokoladenerzeugnisse in die aufgeführten Warengruppen orientiert sich an den Bezeichnungen und Begriffsbestimmungen der Anlage zur Kakao-VO [1].

Schokolade, Haushaltsschokolade, Schokoladenüberzugsmasse/Kuvertüre

Diese Erzeugnisse werden aus Kakaokernen, Kakaomasse, Kakaopulver, fett-
armem oder magerem Kakaopulver und Saccharose mit oder ohne Zusatz von
Kakaobutter hergestellt, jedoch mit unterschiedlichen Mindestanforderungen
bezüglich der einzelnen Kakaobestandteile. Alle drei Produkte können ferner
– geregelt durch die §§ 5, 6, 9 und 10 der Kakao-VO – Zusätze an Lecithin,
natürlichen und künstlichen Essenzen sowie Gewürzen und sonstigen Ge-
ruchs- und Geschmacksstoffen, Ethylvanillin sowie Zusätze von anderen
Lebensmitteln und Oberflächenverzierungen enthalten. Die Berechnung der
vorgeschriebenen Mindestkakaobestandteile erfolgt jeweils nach Abzug der
aufgeführten möglichen Zusätze. Die Bezeichnungen „halbbitter/zartbitter"
und „bitter" sind Geschmacksbezeichnungen und erfordern einen Mindest-
kakaoanteil von 50 % bzw. 60 % in der Schokolade. Dies gilt jedoch nicht für
Bitter-Sahneschokolade [2].

Milchschokolade, Haushaltsmilchschokolade, Milchschokoladenüberzugsmasse

Erzeugnisse, zu deren Herstellung neben den bei Schokolade aufgeführten
Kakaoerzeugnissen und Saccharose noch Milch, Sahne, Trockenmilcherzeug-

nisse aus diesen Erzeugnissen oder Kondensmilcherzeugnisse mit oder ohne Zusatz von Milchfett oder Butter eingesetzt werden. Sie unterscheiden sich bezüglich ihrer Mindestanforderungen an die erforderlichen Anteile an Gesamtkakao- und fettfreie Kakaotrockenmasse, Gesamtmilchtrockenmasse sowie Milch- und Gesamtfett. Bezüglich möglicher weiterer Zusätze sowie der Berechnung der festgesetzten Mindestgehalte gilt das gleiche wie bei Schokolade. Vollmilchschokolade ist eine Milchschokolade mit Qualitätshinweis im Sinne von § 13 Kakao-VO mit erhöhten Mindestanforderungen bezüglich einzelner Bestandteile (s. Tabelle 4).

Schokoladestreusel oder -flocken, Milchschokoladestreusel oder -flocken

Schokolade bzw. Milchschokolade in Form von Streuseln oder Flocken, jedoch mit geringfügig niedriger angesetzten Mindestanforderungen. Zusätze anderer Lebensmittel nach § 9 Kakao-VO sind hier nicht zulässig. Eine Dragierung der Produkte mit Zucker ist üblich.

Gianduja (oder eine von „Gianduja" abgeleitete Bezeichnung) -Haselnuß-schokolade, -Haselnußmilchschokolade

Erzeugnisse, die aus Schokolade bzw. aus Milchschokolade hergestellt werden und mind. 20% bis max. 40% bzw. mind. 15% bis max. 40% feingemahlene Haselnüsse enthalten. Die Mindestanforderungen bezüglich Kakao- und Milchbestandteilen weichen teilweise von den Anforderungen an Schokolade bzw. Milchschokolade ab. Ein Zusatz anderer Lebensmittel nach § 9 Kakao-VO ist nicht vorgesehen. Besondere Anforderungen bestehen bezüglich der zusätzlichen Verwendung weiterer Nüsse in ganzer oder stückiger Form. Ferner ist die Einsatzmöglichkeit von Milchbestandteilen in Haselnußschokolade begrenzt.

Weiße Schokolade

Erzeugnis, das aus Kakaobutter, Saccharose und Milch, Sahne, Trockenmilcherzeugnissen aus diesen Erzeugnissen oder Kondensmilcherzeugnissen mit oder ohne Zusatz von Milchfett oder Butter hergestellt wird und frei von Farbstoffen ist.
Mindestanforderungen bestehen für Kakaobutter, Gesamtmilchtrockenmasse und Milchfett. Weiße Schokolade darf keine fettfreie Kakaotrockenmasse enthalten. Bezüglich weiterer Zusätze gilt die gleiche Regelung wie bei Schokolade.

Gefüllte Schokolade

Unbeschadet der Bestimmungen für das als Füllung verwendete Erzeugnis handelt es sich bei gefüllter Schokolade um ein Erzeugnis, dessen Außenschicht aus Schokolade besteht und mind. 25%, bezogen auf das Gesamtgewicht des Erzeugnisses, ausmacht. Der Schokoladeanteil kann mit Ausnahme von Sahneschokolade bzw. -überzugsmasse aus jeder Schokoladenart bestehen. Für die Füllungen besteht grundsätzlich Rezepturfreiheit. In der Regel handelt es sich bei den Füllungen um Zuckerwaren.

Sahneschokolade, Sahneschokoladeüberzugsmasse

Erzeugnisse aus Kakaomasse, Saccharose und Sahne oder Sahnepulver mit oder ohne Zusatz von Kakaobutter, Milchfett, Vollmilch, Vollmilchpulver oder Kondensmilcherzeugnissen.

Mindestanforderungen bestehen bezüglich der Gehalte an Gesamtkakao-, Gesamtmilchtrockenmasse und Milchfett. Die Zulässigkeit weiterer Zusätze sowie die Berechnung der Mindestanforderungen sind wie bei Schokolade geregelt.

Magermilchschokolade (Schokolade mit Zusatz von entrahmter Milch)

Erzeugnis aus Kakaomasse, Saccharose und Magermilch oder Magermilchpulver mit oder ohne Zusatz von Kakaobutter.

Mindestanforderungen bestehen für die Anteile an Gesamtkakaotrockenmasse und fettfreier Milchtrockenmasse. Die Zulässigkeit weiterer Zusätze sowie die Berechnung der Mindestanforderungen sind wie bei Schokolade geregelt.

Pralinen

Pralinen sind Erzeugnisse in Bissengröße, die bestehen können aus: a) gefüllter Schokolade oder b) aufeinandergelegten Schichten aus Schokoladearten und Schichten aus anderen Lebensmitteln, soweit die Schichten der Schokoladeerzeugnisse zumindest teilweise klar sichtbar sind und mind. 25%, bezogen auf das Gesamtgewicht des Erzeugnisses, ausmachen oder c) einem Gemisch aus Schokoladearten und anderen Lebensmitteln mit Ausnahme von Mehl, Stärke und anderen Fetten als Kakaobutter und Milchfett, soweit die Schokoladenerzeugnisse mind. 25%, bezogen auf das Gesamtgewicht des Erzeugnisses, ausmachen. Bezüglich der zulässigen Schokoladearten nach b) und c) s. Anlage 1.28 zur Kakao-VO [1, 2].

Zusammensetzungen/Mindestanforderungen

Eine orientierende Übersicht über die durchschnittlichen Zusammensetzungen einiger milchfreier und milchhaltiger Schokoladensorten am Beispiel von „Halbbitter"- und „Bitter"-Schokolade sowie „Sahne"-, „Vollmilch"- und „weißer Schokolade" gibt Tabelle 3.

Tabelle 4 zeigt zusammengefaßt die wesentlichsten Mindestanforderungen, die sich aus der Kakao-VO für die wichtigsten Schokoladen der Anlage ergeben.

Besondere Inhaltsstoffe/Bestandteile

Theobromin/Coffein

Das Alkaloid Theobromin (3,7-Dimethylxanthin) ist für die anregende Wirkung des Kakaos bedeutungsvoll. In fermentierten, luftgetrockneten Kakaokernen liegt der Gehalt im Mittel bei 1,2% ([5], S. 316). Der Theobromingehalt in der fettfreien Kakaotrockenmasse beträgt nach Hadorn [6] etwa 1,7–3,3%; Fincke [7] gibt einen Bereich von 1,8–3,4% an. Neben Theobro-

Tabelle 3. Beispiele für Rezepturen und die sich daraus ergebenden durchschnittlichen Zusammensetzungen (%) einiger wichtiger Schokoladenarten (modifiziert nach [5])

	Milchfreie Schokoladen		Milchhaltige Schokoladen		
	Schokolade „halbbitter"	Schokolade „bitter"	Sahneschokolade	Vollmilchschokolade	Weiße Schokolade
Rezeptur					
Kakaomasse	45	60	20	15	–
Kakaobutter	5	–	13	18	26
Saccharose	50	40	41	47	45
Vollmilchtrockenmasse	–	–	6	20	23
Lactose u/o	–	–	–	–	–
Molkenpulver	–	–	–	–	5
Sahnetrockenmasse (42 % Fett)	–	–	20	–	–
Lecithin	0,4	0,4	0,4	0,4	0,4
Zusammensetzung					
Wasser	0,9	1,2	1,5	1,2	1,0
Kakaobutter	30	33	24	26	26
Milchfett	–	–	10	5,4	6,0
Saccharose	50	40	41	47	45
Lactose	–	–	8,5	7,9	14
Eiweiß (Milch u. Kakaoeiweiß)	5,3	7,1	8,2	7,0	6,3
Stärke (kakaoeigene)	2,8	3,7	1,1	0,9	–
Ballaststoffe[a]	9	11	4	3	–
Theobromin + Coffein	0,7	0,8	0,3	0,2	< 0,01
Mineralstoffe	1,2	1,6	1,8	1,5	1,6
Phosphatide	0,4	0,4	0,4	0,4	0,4

[a] ber. aus dem durchschnittlichen Gesamtballaststoffgehalt von Kakaokernen.
u/o = und/oder

Tabelle 4. Zusammenstellung (%) wichtiger Anforderungen der Kakao-VO an einzelne Schokoladearten (modifiziert und gekürzt nach [2])

Bestandteile	Schokolade ohne Qualitätshinweis	Schokolade mit Qualitätshinweis	Kuvertüre ohne zusätzl. Bez.	Dunkle Kuvertüre	Milchschokolade ohne Qualitätshinweis	Milchschokolade mit Qualitätshinweis	Milchschokolade-Überzugsmasse	Weiße Schokolade	Sahne-schokolade	Gianduja-Haselnuß Schokolade	Gianduja-Haselnuß Milchschokolade	Schokoladestreusel/-flocken	Milchschokoladestreusel/-flocken
Bestandteile													
Gesamtkakao-TM	≥ 35	≥ 43	≥ 35		≥ 25	≥ 30	≥ 25		≥ 25	≥ 19,2	≥ 15	≥ 32	≥ 20
Fettfreie Kakao-TM	≥ 14		≥ 2,5	≥ 16	≥ 2,5	≥ 2,5	≥ 2,5			≥ 4,8	≥ 1,5	≥ 12	≥ 2,5
Kakaobutter	≥ 18	≥ 26	≥ 31	≥ 31					≥ 10				
Kakao-TM										≥ 20	≥ 15		
Feingemahlene Haselnüsse										≤ 40	≤ 40		
Gesamtmilch-TM					≥ 14	≥ 18	≥ 14	≥ 14			≥ 6,0		≥ 12
Fettfreie Milch-TM									≥ 8,5				
Gesamtfett					≥ 25	≥ 25	≥ 31						
Milchfett					≥ 3,5	≥ 4,5	≥ 3,5	≥ 3,5	≥ 5,5		≥ 2,1		≥ 3
Saccharose					≤ 55	≤ 50	≤ 55	≤ 55	≤ 60		≤ 47		≤ 66
Zusatz von Lecithin u/o Ammoniumsalzen von Phosphatidsäuren	Zulässig in einer solchen Menge, daß die Gesamtphosphatidgehalte der Erzeugnisse folgende Werte nicht überschreiten						≤ 0,5						≤ 1,0
Zusatz von Aromastoffen							zulässig						
Austausch von Saccharose durch andere Zuckerarten							zulässig						
Zusatz andere Lebensmittel	zulässig unter Berücksichtigung von §9 Kakao-VO									eingeschränkt [a]		nicht zulässig	
Anmerkung zur Berechnungsweise der Bestandteile	Die angegebenen Mindestwerte (Gewichts-%) werden berechnet nach Abzug etwaiger Zusätze an Lecithin Aromastoffen, anderen Lebensmitteln (§9) und Verzierungen der Oberfläche durch andere Lebensmittel (§10).									[a]		Mindestwerte beziehen sich auf Gesamterzeugnis	

TM = Trockenmasse.   Bez. = Bezeichnung.   u/o = und/oder.   [a] s. Anlage 1.19 und 1.24 zur Kakao-VO [2]

min kommt in Kakao auch das Alkaloid Coffein (1,3,7-Trimethylxanthin) – allerdings in wesentlich geringerer Menge (mittlerer Gehalt in luftgetrockneten Kakaokernen etwa 0,2%) – vor ([5], S. 316). Bezogen auf die fettfreie Kakaokerntrockenmasse beträgt der Coffeingehalt nach Hadorn [6] etwa 0,1–1,4%; Fincke [7] nennt einen Bereich von 0–1,0%. Das Verhältnis Theobromin:Coffein kann bei den verschiedenen Kakaosorten innerhalb weiter Grenzen schwanken. Auch die Summen der beiden Methylxanthine zeigen deutliche geographische Unterschiede (vgl. [7]). Über durchschnittliche summarische Theobromin- und Coffeingehalte einiger Schokoladenarten vgl. Tabelle 3.

Phenolische Verbindungen

Phenolische Verbindungen sind sowohl für die Farbe als auch den Geschmack der Kakaobohne und die daraus hergestellten Kakaoerzeugnisse (Ausnahme: Kakaobutter) von Bedeutung ([5], S. 296ff.). Es können drei Gruppen von Phenolen unterschieden werden:
- Catechine (ca. 37%),
  (−)-Epicatechin, (+)-Catechin, (+)-Gallocatechin, (−)-Epigallocatechin;
- Anthocyane (ca. 4%),
  z. B. Cyanidin-3-α-L-arabinosid, Cyanidin-3-β-D-galactosid);
- Leukoanthocyane (ca. 58%),
  z. B. monomere Flavan-3,4-diole [8].

Geruchs- und Geschmacksstoffe

Im Röstkakao sind derzeit mehr als 400 flüchtige Stoffe bekannt, die mehr oder weniger für das Gesamtaroma bedeutungsvoll sind. Aromavorläufer sind die Reaktionsprodukte insbesondere von Aminosäuren und Zuckern aus der anaeroben Fermentation (Maillard-Reaktion, Strecker-Reaktion sowie Folgereaktionen) [8].
Die wichtigsten Aromastoffe von Kakao gehören zu den Aldehyden, heterocyclischen Verbindungen, Säuren und Terpenen. Beispiele: 5-Methyl-2-phenyl-hex-2-enal: „schokoladenartige" Aromanote; 2-Acetylpyridin: „Röstnote" [8].

Emulgatoren

Zur Verbesserung des Fließverhaltens (Herabsetzung der Viskosität) werden bei der Herstellung von Schokoladen in der Regel Emulgatoren zugesetzt. Zugelassen sind nur Lecithine (E 322), also pflanzliche Phosphatide, z.B. in Form von Sojalecithin sowie die Ammoniumsalze von Phosphatidsäuren (E 442) (sog. „Emulgator YN"). Der Gesamtphosphatidgehalt in Erzeugnissen wird durch § 5 der Kakao-VO geregelt.

Besondere Angebotsformen

Massive Schokoladen

Tafeln, Täfelchen, Riegel, Reliefs (= massive Schokoladenfiguren, wie z. B. Katzenzungen, Taler, Kringel, Phantasieformen); mit oder ohne stückige Zusätze (z. B. Haselnüsse, Rosinen, Crisp, Puffreis etc.).

Gefüllte Schokoladen

Schokolade mit gießbaren flüssigen (z. B. alkoholischen) bzw. pastösen (z. B. fetthaltigen, fondantartigen) oder festen Füllungen; auch in Riegelform.

Hohlfiguren

Baumbehang, Weihnachtsmänner, Osterhasen, Eier, Zigarren etc.; auch gefüllt.

Borkenschokolade

Zu borkenähnlichen Gebilden zusammengeschobener welliger Schokoladenfilm; erhalten durch Abstreifen einer verhältnismäßig fettarmen, vorkristallisierten Schokoladenmasse bestimmter Viskosität (vgl. [5], S. 39).

Schaum-, Luftporen-, (,,Aero"-) Schokolade

Schokolade mit schaumartiger Struktur, die durch Einarbeiten und Feinverteilung kleiner Luftblasen erhalten wird (vgl. [5], S. 39).

Wärmefeste bzw. hitzeresistente Schokolade, ,,Tropenschokolade"

Schokolade mit verändertem Schmelzverhalten durch Änderung der Gefügeart: Gefügeaufbau durch Verkettung der Nichtfettstoffe, vor allem durch Verklebung der Zuckerteilchen (vgl. [5], S. 252).

Diabetikerschokolade

Schokoladen, deren Saccharosegehalt voll durch Fructose oder durch einen bzw. mehrere der anderen in §8a Diät-VO aufgeführten Zuckeraustauschstoffe ersetzt ist. In allen übrigen Anforderungen entsprechen sie der Kakao-VO.

27.3.3 Analytische Verfahren

Probenvorbereitung

Zur Vorbereitung von Schokoladen und Schokoladewaren zur chemischen Untersuchung s. [9], L 44.00-2.

Wasser, Trockenmasse

Bestimmung des Trocknungsverlustes durch Erhitzen im Trockenschrank (Seesandmethode): [9], L 44.00-3 (Referenzmethode für massive Schokolade) bzw. [10], 3-D/1952. Die Bestimmung des Wassergehaltes ist ggf. auch nach der Karl-Fischer-Methode möglich: [10], 105-1988 (zu dieser speziellen Methode s. z. B. auch [11], S. 4 ff.).

Glührückstand (Asche)

Bestimmung des Glührückstandes nach trockener Veraschung im Muffelofen bei 600 °C: [10], 4a-D/1973.

Fett, Fettsäureverteilung, Triglyceridzusammensetzung, Buttersäure, Sterine

Bestimmung des Gesamtfettgehaltes nach Säureaufschluß und anschließender Extraktion mit Petroleumbenzin in der Soxhlet-Apparatur: [9], L 44.00-4 (Referenzmethode für Schokolade) bzw. [10], 8a-D/1972 (für Kakaoprodukte). Die Fettsäureverteilung wird nach Methylierung des isolierten Fettanteils mittels GC ermittelt. Herstellung der Fettsäuremethylester: [10], 17a-D/1973; GC-Analyse: [10], 17b-D/1973. Zur Ermittlung der Triglyceridzusammensetzung, die zum Nachweis der wichtigsten Kakaobutteraustauschfette herangezogen werden kann, dient die Hochtemperatur-GC. Verwiesen sei hier auf die grundlegenden Arbeiten von Fincke [12], Padley und Timms [13], Fincke und Padley [14] und Young [15]; eine Übersicht findet sich bei [7]. Zur Triglycerid-Analyse kann auch die HPLC eingesetzt werden [16–18]. Zur Berechnung des Milchfettgehaltes in milchfetthaltigen Erzeugnissen dient die Ermittlung des Buttersäuregehaltes im Fettanteil; gaschromatographische Bestimmung als Methylester: DGF-Methode [19] bzw. nach Hadorn und Zürcher [20]. Die Bestimmung des Gesamtsteringehaltes wird wie folgt vorgenommen: DC-Trennung des Unverseifbaren und gravimetrische Bestimmung nach Eluieren der Sterinzone vom Trägermaterial: [10], 14-D/1970. Die Ermittlung der Sterinzusammensetzung erfolgt nach entsprechender Isolierung üblicherweise mittels GC (vgl. [21]).

Zucker/Zuckeralkohole/Polysaccharide

Nachweis und Identifizierung von Zuckern in Schokolade mittels DC: [9], L 44.00-5 (Referenzmethode). Die Bestimmung von Saccharose erfolgt polarimetrisch (Doppelpolarisation vor und nach Inversion): [10], 7b-D/1960; ggf. enzymatisch. Zur Bestimmung von Lactose in Schokolade existiert ein enzymatisches Referenzverfahren: [9], L 44.00-6. Zur Bestimmung von Glucose, Fructose, Sorbit bzw. Stärke werden üblicherweise enzymatische Verfahren eingesetzt. Auch GC- bzw. HPLC-Methoden sind möglich.

Eiweiß, Milcheiweiß

Bestimmung des Gesamtstickstoffgehaltes (Eiweiß) nach der Kjeldahl-Methode: [10], 6a-D/1972; Bestimmung von Milcheiweiß nach Abtrennung des Caseins (und nachfolgender Kjeldahl-Methode) (nach AOAC [22]):

[10], 6b-D/1963. Der immunologische Nachweis von Proteinen (insbesondere von Soja, Erdnuß, Haselnuß, Mandeln) in Schokoladen (Kakaoerzeugnissen) wird nach der doppelten Geldiffusion nach Ouchterlony vorgenommen: [9], L 44.00-1 (Referenzmethode).

Theobromin, Coffein

Summarische Bestimmung der Methylxanthine Theobromin und Coffein nach Extraktion mittels UV-Photometrie: [10], 107/B/D-1980. Zur Differenzierung von Theobromin und Coffein ist die HPLC die Methode der Wahl: [23], 980.14 (zu allgemeineren Fragen vgl. hierzu auch [11], S. 197). Die Bestimmung der Methylxanthine wird zur Abschätzung eines Gehaltes an fettfreier Kakaotrockenmasse in Kakaoerzeugnissen herangezogen (vgl. hierzu [7]). Ein Vergleich der Bestimmung von Theobromin und Coffein in Kakao und Kakaoerzeugnissen mittels UV- bzw. HPLC-Methode findet sich bei [24].

27.4 Honig

Honig ist ein flüssiges, dickflüssiges oder kristallines Lebensmittel, das von Bienen erzeugt wird, indem sie Blütennektar, andere Sekrete von lebenden Pflanzenteilen oder auf lebenden Pflanzen befindliche Sekrete von Insekten aufnehmen, durch körpereigene Sekrete bereichern und verändern, in Waben speichern und dort reifen lassen [1].

27.4.1 Beurteilungsgrundlagen

Honig ist ein Lebensmittel und unterliegt daher uneingeschränkt den Bestimmungen des LMBG und der Honig-VO [1]. Die Honig-VO enthält die Begriffsbestimmungen und Beschaffenheitsanforderungen sowie Bezeichnungsvorschriften für Honig. Honig kann kein diätetisches Lebensmittel sein. Gemäß § 27 Diät-VO bleibt die Honig-VO von der Diät-VO unberührt. Dem Honig dürfen auch dann keine Stoffe zugesetzt werden, wenn dies diätetischen Zwecken dienen soll. Die LMKV findet auf Honig keine Anwendung. Zusatzstoffe dürfen Honig nicht zugesetzt werden.
Eine ausführliche und weiterreichende Besprechung der Honig-VO findet sich bei [2].
Zur weiteren Beurteilung sind die „Leitsätze für Honig" [3], in denen Merkmale für bestimmte qualitätshervorhebende Angaben beschrieben sind, heranzuziehen.

27.4.2 Warenkunde

Übersicht

Die einzelnen Honigarten werden gemäß Honig-VO [1] unterschieden nach den Ausgangsstoffen in:

Blütenhonig

Überwiegend aus Blütennektar stammender Honig z. B. Linden-, Klee-, Raps-, Obstblüten-, Lavendelhonig usw.

Honigtauhonig

Honig, der überwiegend aus anderen Sekreten lebender Pflanzen oder aus auf lebenden Pflanzen befindlichen Sekreten von Insekten stammt; z. B. Tannen-, Fichtenhonig.

Nach der Art der Gewinnung oder Zusammensetzung werden gemäß Honig-VO [1] unterschieden:

Wabenhonig oder Scheibenhonig

Honig, der sich noch in den verdeckelten, brutfreien Zellen der von Bienen selbst frisch gebauten, ganzen oder geteilten Waben befindet.

Honig mit Wabenteilen

Honig, der ein oder mehrere Stücke Wabenhonig enthält.

Tropfhonig

Durch Austropfen der entdeckelten, brutfreien Waben gewonnener Honig.

Schleuderhonig

Durch Schleudern der entdeckelten, brutfreien Waben gewonnener Honig.

Preßhonig

Durch Pressen der brutfreien Waben ohne oder mit geringer Erwärmung gewonnener Honig.

Nach dem Verwendungszweck wird ferner noch unterschieden zwischen:

Speisehonig

Vollwertiger, zum unmittelbaren Genuß bestimmter Honig.

Backhonig oder Industriehonig

Genießbarer, aber nicht vollwertiger Honig, der zur Weiterverarbeitung bestimmt ist.

Zusammensetzung

Tabelle 5 gibt die Schwankungsbreiten der wichtigsten Honigbestandteile an. Die Analysenwerte stammen von Honigen aus den USA. Für die lebensmittelrechtliche Beurteilung der Beschaffenheit von Honigen sind die Grenzwerte nach Analge 2 zu § 2 der Honig-VO zu beachten. Daneben enthalten alle Honigarten noch eine sehr komplexe Mischung verschiedener anderer Kohlenhydrate sowie Enzyme, Aminosäuren, organische Säuren, Mineralstoffe, Aromastoffe, Pigmente, Wachse, Pollenkörner usw.

Tabelle 5. Zusammensetzung von Honig (%) [4]

Bestandteil	Mittelwert	Schwankungsbreite[a]
Wasser	17,2	13,4 −22,9
Fructose	38,2	27,3 −44,3
Glucose	31,3	22,0 −40,8
Saccharose	1,3	0,3 − 7,6
Maltose	7,3	2,7 −16,0
Höhere Zucker	1,5	0,1 − 8,5
Sonstige	3,1	0 −13,2
Stickstoff	0,04	0 − 0,13
Mineralstoffe	0,17	0,02− 1,03
Freie Säure[b]	22	6,8 −47,2
Lactone[b]	7,1	0 −18,8
Gesamtsäure[b]	29,1	8,7 −59,5
pH-Wert	3,9	3,4 − 6,1
Diastase-Zahl	20,8	2,1 −61,2

[a] Die Analysenwerte stammen von Honigen aus den USA. Die Beschaffenheitsanforderungen der Honig-VO sind zu beachten (s. 27.4.1).
[b] mVal/kg

Besondere Bestandteile/Inhaltsstoffe

Enzyme

Die wichtigsten Enzyme im Honig sind α-Glucosidasen (Invertase, Saccharase), α- und β-Amylasen (Diastase), Glucoseoxidase, Katalase und saure Phosphatase. Die Saccharase- und Diastase-Aktivitäten haben, zusammen mit dem Hydroxymethylfurfuralgehalt, Bedeutung für die Abschätzung der thermischen Belastung, die ein Honig erfahren hat, erlangt [4].

Aminosäuren

Honig enthält, abhängig von Sorte und Herkunft, ca. 30–200 mg/100 g freie Aminosäuren, wovon der überwiegende Anteil (50–85%) auf Prolin entfällt.

Säuren

Als Hauptsäure tritt im Honig Gluconsäure, gebildet durch das Enzym Glucoseoxidase, die im Gleichgewicht mit Gluconolacton vorliegt, auf.

27.4.3 Analytische Verfahren

Für die Beurteilung von Honig sind die Bestimmungen folgender Bestandteile und Kennzahlen von Bedeutung: Gehalt an reduzierenden Zuckern berechnet als Invertzucker, scheinbarer Gehalt an Saccharose, Gehalt an Wasser, Gehalt an wasserunlöslichen Stoffen, Gehalt an Mineralstoffen (Asche), Gehalt an freien Säuren, Gehalt an Hydroxymethylfurfural (HMF), die Diastasezahl und die Saccharasezahl. Analysenvorschriften hierzu finden sich in [5–8]. Die Bestimmung der verschiedenen Zucker einschließlich der Trennung von

Melizitose und Erlose sowie der Erfassung höherer Oligosaccharide erfolgt bevorzugt gaschromatographisch [9].

Die mikroskopische Untersuchung der Honige läßt Aussagen über die Ausgangsstoffe und ihre Herkunft zu. Sie verlangt jedoch gründliche Kenntnisse und Erfahrungen auf diesem Spezialgebiet. Hier ist auf die besondere Fachliteratur zu verweisen (z. B. Gassner, Hohmann und Deutschmann; bibliographische Angaben s. 27.5).

27.5 Literatur

Literatur: Zuckerwaren (zu 27.2)

Zitierte Literatur

1. Leitsätze für Ölsamen und daraus hergestellte Massen und Süßwaren in der Fassung vom 9. 6. 1987 (BAnz Nr 140 a) (Fundstelle: z. B. Zipfel, Bd III, C 355 e und DLB)
2. Begriffsbestimmungen und Verkehrsregeln für Zuckerwaren und verwandte Erzeugnisse (1982). Bund für Lebensmittelrecht und -kunde (BLL) (Hrsg) (Fundstelle: z. B. Zipfel, Bd III, C 355 c)
3. Richtlinie für Invertzuckercreme (veröffentlicht in Schriftenreihe BLL, Heft 91) (Fundstelle: z. B. Zipfel, Bd III, C 352)
4. Zipfel, Bd II bis V
5. Hoffmann H, Mauch W, Untze W (1985) Zucker und Zuckerwaren. Verlag Paul Parey, Berlin Hamburg
6. Methoden der biochemischen Analytik und Lebensmittelanalytik (1989). Boehringer Mannheim GmbH (Hrsg)
7. IOCCC
8. Stoldt W (1939) Z Unters Lebensm 77:142
9. DGF
10. Scholz E (1984) Karl-Fischer-Titration. Springer-Verlag, Berlin Heidelberg New York Tokyo
11. Hydranal®-Praktikum – Wasserreagenzien nach Eugen Scholz für die Karl-Fischer-Titration (1987). Riedel-de Haen AG, Seelze (Hrsg)
12. Lehmann G, Eich H (Hrsg) (1980) Anleitung zur Abtrennung und Identifizierung von Farbstoffen in gefärbten Lebensmitteln. Farbstoff-Kommission der Deutschen Forschungsgemeinschaft (DGF), Mitteilung XIX
13. AS 35
14. MSS, S 175 ff
15. Vora PS (1982) J Assoc Offic Anal Chemists 65:572
16. HLMC, Bd 2/II, S 168 ff
17. Hannssen E, Sturm W (1967) Z Lebensm Unters Forsch 134:69

Weiterführende Spezialliteratur (Auswahl)

Vgl. hierzu „Literatur: Schokoladen und Schokoladenerzeugnisse" (s. unten)

Literatur: Schokoladen und Schokoladenerzeugnisse (zu 27.3)

Zitierte Literatur

1. Verordnung über Kakao und Kakaoerzeugnisse (Kakao-Verordnung) vom 30. 6. 1975 (BGBl I, S 1760) in der Fassung vom 6. 11. 1984 (BGBl I, S 1329)
2. Bundesverband der Deutschen Süßwarenindustrie (Hrsg) Recht der Süßwarenwirtschaft, Bd 1 Kommentar. Behr's Verlag, Hamburg (Stand: 13. 10. 1988)
3. Zipfel, Bd III, C 370

4. SFK, S 974, 975
5. Fincke A, Lange H, Kleinert J (Hrsg) (1965) Fincke H – Handbuch der Kakaoerzeugnisse. Springer-Verlag, Berlin Heidelberg New York
6. Hadorn H (1964) Mitt Lebensm Unters Hyg 55:217
7. Fincke A (1989) Lebensmittelchem Gerichtl Chem 43:49
8. BG, S 782 ff
9. AS 35
10. IOCCC
11. MSS
12. Fincke A (1980) Deut Lebensm Rdsch 76:162, 187, 304; (1982) Deut Lebensm Rdsch 78:389
13. Padley FB, Timms RE (1980) J Am Oil Chem Soc 57:286
14. Fincke A, Padley FB (1981) Fette Seifen Anstrichm 83:461
15. Young CC (1984) J Am Oil Chem Soc 61:576
16. Schulte E (1981) Fette Seifen Anstrichm 83:289
17. Geeraert E, De Schepper D (1983) J HRC & CC 6:123
18. Podlaha O, Toregard B, Puschl B (1984) Lebensm-Wiss und Technol 17:77
19. Veröffentlicht (1990) Fat Sci Technol 92:61
20. Hadorn H, Zürcher K (1970) Deut Lebensm Rdsch 66:70
21. Homberg E, Bielefeld B (1987) Fat Sci Technol 89:255
22. AOAC (1960) 9. Ed, 12.038, S 155
23. AOAC (1990) 15. Ed, 980.14, S 776
24. Jürgens U, von Grundherr K, Blosczyk G (1980) Lebensmittelchem Gerichtl Chem 34:109

Weiterführende Spezialliteratur (Auswahl)

Bücher:

Beckett ST (Ed) (1988) Industrial Chocolate Manufacture and Use. Blacki & Son Ltd, London

Beckett ST (Ed) (1990) Moderne Schokoladentechnologie. Behr's Verlag, Hamburg

Birch GG, Lindley MG (1987) Low-calorie Products. Elsevier Applied Science, London New York

Cook LR (revised by E Meursing) (1984) Chocolate Production and Use. Harcourt Brace Jovanovitch, New York

Fincke A, Lange H, Kleinert J (Hrsg) (1965) Fincke H – Handbuch der Kakaoerzeugnisse. Springer-Verlag, Berlin Heidelberg New York

Hoffmann H, Mauch W, Untze W (1985) Zucker und Zuckerwaren. Verlag Paul Parey, Berlin Hamburg

Lees R, Jackson EB (1985) Sugar Confectionery and Chocolate Manufacture. Thomson Litho Ltd, East Kilbride, Scotland

Meiners A, Kreiten K, Joike H (1983) Silesia Confiserie Manual No 3, Bd 1 + 2. Silesia-Essenzfabrik G Hanke KG, Abt Fachbücherei, D-4040 Neuss 21 (Norf)

Minifie BW (1980) Chocolate, Cocoa and Confectionery AVI Publishing Company, Inc. Westport/Connecticut

Schwartz ME (1974) Confections and Candy Technology. Noyes Data Corporation, London

Wood GAR, Lass RA (1987) Cocoa. Longman House, Harlow

Periodika:

Zucker- und Süßwarenwirtschaft. Verlag Eduard F Beckmann KG, D-3160 Lehrte, Haus Heideck, Postfach 11 20

Süßwaren, Technik und Wirtschaft. Rhenania-Fachverlag GmbH, Possmoorweg 5, D-2000 Hamburg 60

Kakao + Zucker, Magazin für Süßwaren. Zeitschriftenverlag RBDV, Postfach 11 35, D-4000 Düsseldorf 1

MC – The Manufacturing Confectioner. The MC Publishing Company, 175 Rock Road, Glen Rock, NJ 07452 USA

Confectionery Productions. Specialised Publications Limited, 5 Grove Road, Surbitan, Surrey KT 6 4 BT, UK

Café, Cacao, Thé. IRCC, 42 rue Scheffer, F-75116 Paris

Literatur: Honig (zu 27.4)

Zitierte Literatur

1. Honigverordnung vom 13.12.1976 (BGBl I, S 3391) in der Fassung vom 22.12.1981 (BGBl I, S 1625, 1684)
2. Zipfel, BD III, C 350 und C 350 a
3. Leitsätze für Honig in der Fassung vom 31.3.1977 (BAnz Nr 67) (Fundstelle: z.B. Zipfel, Bd III, C 350 a und DLB)
4. BG, S 705 ff
5. SLMB, Bd 2/1, Kap 23
6. HLMC, Bd V/1, S 491 ff
7. AOAC (1990) 15. Ed, 920.180, S 1025
8. Hadorn H, Zürcher K (1966) Deut Lebensm Rdsch 62:195
9. Deifel A (1985) Deut Lebensm Rdsch 81:185

Weiterführende Spezialliteratur (Auswahl)

Deifel A (1989) Die Chemie des Honigs. Chemie in unserer Zeit 23:25

Gassner G, Hohmann B, Deutschmann F (1989) Mikroskopische Untersuchung pflanzlicher Lebensmittel. Gustav Fischer Verlag, Stuttgart New York

Heitkamp K, Busch-Stockfisch M (1986) Pro und Kontra Honig – Sind Aussagen zur Wirkung des Honigs „wissenschaftlich hinreichend gesichert"? Z Lebensm Unters Forsch 182:279

Vorwohl G (1975) Grundzüge der Honiguntersuchung und -beurteilung. In: Handbuch der Bienenkunde, Bd 6 (Der Honig). Eugen Ulmer Verlag, Stuttgart

White JW (1978) Honey. Adv Food Res 24:287

Zander E, Maurizio A (1974) Der Honig. Verlag Eugen Ulmer, Stuttgart

28 Genußmittel

H. G. Maier und U. H. Engelhardt, Braunschweig

28.1 Lebensmittelwarengruppen

In diesem Kapitel werden folgende Produkte behandelt:
Kaffee und Kaffeeprodukte wie Rohkaffee (= grüner Kaffee), Röstkaffee
(= Kaffee), Kaffee-Extrakt, Zichorie, Kaffee-Ersatz (= Kaffeesurrogat),
Kaffeezusatz und deren Extrakte.
Tee und Teeprodukte wie grüner Tee, Oolong Tee, schwarzer Tee, Tee-
Extrakt, aromatisierter Tee/Tee-Extrakt, entcoffeinierte Produkte, teeähnliche
Erzeugnisse sowie Zubereitungen von Lebensmitteln mit Tee-Extrakten.

28.2 Kaffee und Kaffeeprodukte

28.2.1 Beurteilungsgrundlagen

Einführung

In erster Linie ist die Verordnung über Kaffee, Zichorie, Kaffee-Ersatz und
Kaffee-Zusätze (Kaffee-VO) heranzuziehen. Eine ausführliche und weitergehende Besprechung findet sich bei [1]. Vorschriften über die Kennzeichnung
finden sich in der Kaffee-VO und in der LMKV.
Insbesondere bei der Beurteilung von importiertem Rohkaffee, Röstkaffee und
Kaffee-Extrakt sind international gültige Lieferbedingungen, die in DIN- und
ISO-Normen sowie bei [2], Band 6, nachgelesen werden können, mit zu
berücksichtigen. Richtlinien für die Beurteilung und Analyse, mit Grenzwer-
ten, bringt auch [3], Kap. 35.

Kaffeeverordnung

Sie gibt Definitionen (Bezeichnungen und Begriffsbestimmungen) der Aus-
gangsstoffe, aus denen Getränke hergestellt werden (bezüglich der Getränke
vgl. [1]). Die wichtigsten Vorschriften sind folgende:
An Zusatzstoffen sind zugelassen
- Bienenwachs, Carnaubawachs und Schellack bei Rohkaffee, Zichorie,
  Kaffee-Ersatz und Kaffeezusätzen (Kenntlichmachung, wenn nach dem
  Rösten zugesetzt).
- Natrium- und Kaliumcarbonat bei Zichorie, Kaffee-Ersatz und Kaffeezu-
  sätzen,

– geringe Mengen von Speiseölen und -fetten, Zuckerarten und Melasse bei Zichorie sowie (zusätzlich Kochsalz und Pflanzenauszüge) bei Kaffee-Ersatz und Kaffeezusätzen,
– Zuckerarten, auch karamelisiert, bei flüssigem Kaffee- und Zichorien-Extrakt (Kenntlichmachung).

Die zulässigen Wassergehalte bzw. Trockenmassen sind im einzelnen angegeben. Weitere Vorschriften werden unter „besondere Angebotsformen" erwähnt.

ISO-Standards

Interessant sind vor allem: Vokabular (ISO/DIS 3509 von 1984), Leitfaden für Lagerung und Transport von Rohkaffee (ISO/DIS 8455 von 1986), Technische Lieferbedingungen von Rohkaffee (ISO/DIS 9116 von 1989).

28.2.2 Warenkunde

28.2.2.1 Chemische Zusammensetzung von Rohkaffee, Röstkaffee, Kaffee-Extrakt, Zichorie, Malzkaffee

Zur groben Information sind die Grenzwerte für die Hauptbestandteile nachfolgend zusammengestellt (in g/100 g, außer Wasser i. Tr.).

	Roh-kaffee	Röst-kaffee	Kaffee-Extrakt	Zichorie	Malz-kaffee
Wasser	5–13	2– 5	2– 5	5–13	2–12
Mineralstoffe	3– 5	3– 6	8–15	3– 8	1– 4
Kohlenhydrate	37–59	24–43	26–43	74–84	45–84
„Proteine"	8–16	5–15	1–15	4– 9	8–15
Rohfett	7–18	7–20	0– 2	1– 5	2– 3
Organ. Säuren	5–15	2– 9	10–16	1– 4	1– 2

Die „Proteine" liegen in den Röstprodukten größtenteils stark verändert, z. T. als Aminosäure- und Peptidreste in den Maillard-Produkten vor.

28.2.2.2 Besondere Bestandteile

Carbonsäure-5-hydroxytryptamide. Sie finden sich in geringen Mengen (500–2500 mg/kg) im Kaffeewachs. Ihre Eignung zum Nachweis einer Behandlung des Kaffees ist umstritten.

Chlorogensäuren. Man faßt unter diesem Namen alle Caffeoyl-, Feruloyl- und Cumaroylchinasäuren zusammen. Zusammen machen sie im Rohkaffee ungefähr 6,5 g/100 g (Arabica) bzw. 8 g/100 g (Robusta) aus, in der Darrzichorie 0,2 g/100 g. Es überwiegt die 5-Caffeoylchinasäure (früher als 3-Caffeoylchinasäure bezeichnet). Beim Rösten wird der größte Teil (30–70%) zerstört.

Coffein. Die Gehalte liegen im Arabica-Rohkaffee meist zwischen 0,9 und 1,4 g/100 g i. Tr., in Extremfällen zwischen 0,6 und 1,9 g/100 g, bei Robusta-Kaffee zwischen 1,5 und 2,6 g/100 g (1,2–4,0 g/100 g), im Röstkaffee wenig höher. Zichorie und Kaffee-Ersatz enthalten kein Coffein, auch einige seltene Coffea-Arten nicht.

Farbstoffe. Bei den Röstprodukten sind dies Maillard-Produkte [2, 4].

Geruchsstoffe. Im Röstkaffee finden sich je nach Berücksichtigung 700 bis über 800 flüchtige Stoffe, die mehr oder weniger zum Gesamtaroma beitragen und zahlreichen Stoffklassen angehören. Es überwiegen Maillard-Produkte. Ähnliches gilt für die übrigen Röstprodukte, doch ist hier weniger bekannt.

Geschmacksstoffe. Der bittere Geschmack der Röstprodukte ist überwiegend auf Maillard-Produkte zurückzuführen, der saure auf einen Teil der über 50 Säuren.

28.2.2.3 Besondere Angebotsformen

Rohkaffee. Es handelt sich um Samen von Pflanzen der Gattung Coffea. Die wichtigsten Kaffeearten sind C. arabica (Arabica-Kaffee, rund 70% der Welterzeugung) und C. canephora var. robusta (Robusta-Kaffee, rund 30% der Welterzeugung). Im Handel werden sie benannt nach der Kaffeeart und dem Erzeugerland oder Verschiffungshafen, z.B. Togo Robusta, Santos Arabica.

Kaffeemischungen. Als solche kommt Röstkaffee normalerweise in den Handel. In der Bundesrepublik bestehen sie fast ausschließlich aus verschiedenen Arabica-Handelssorten.

Maragogype. Besonders große Kaffeebohnen, qualitativ nicht besser als andere.

Perlbohnen. Kaffee aus einsamig entwickelten Kaffeefrüchten. Sie sollen sich gleichmäßiger rösten lassen.

Entcoffeinierter Kaffee. Rohkaffee oder Röstkaffee, der höchstens 1 g Coffein in 1 kg Kaffeetrockenmasse enthalten darf, Kaffee-Extrakt höchstens 3 g/kg.

Schonkaffee. Der Begriff ist nicht eindeutig definiert. Man versteht darunter Kaffee, der durch Behandlung (z.B. Dämpfen des Rohkaffees) besser bekömmlich gemacht wurde, aber auch entcoffeinierten Kaffee oder Kaffee aus milden, gut bekömmlichen Kaffeesorten.

Kandierter Kaffee. Röstkaffee, der mit Zuckerarten überzogen ist.

Mokka. Während früher lt. Kaffee-VO (bis 1963) Mokka als „arabischer" Kaffee definiert war, wird heute hiermit ein Kaffeegetränk mit besonders kräftiger Geschmacksnote bezeichnet.

Unverlesener Kaffee, Ausschußkaffee, Triage. Kaffee, der mehr als 2 g/kg kaffeefremde Bestandteile enthält.

Bruchkaffee. Kaffee aus zerbrochenen Kaffeebohnen.

Kaffee-Ersatz einheitlicher Herkunft. Er darf nach dieser Herkunft, z. B. als „Malzkaffee", „Feigenkaffee" bezeichnet werden.

Kaffee-Ersatz-Mischungen. Sie enthalten meist Malz-, Roggenkaffee, Zichorie, Gerstenkaffee, gelegentlich Weizen- und Feigenkaffee. Näheres bei [2], Vol. 5.

Kaffeegetränk. Unterschiedlich sind vor allem die Aufgußstärken. Hierzu vgl. [1].

Kaffee-Extrakt (löslicher Kaffee-Extrakt, löslicher Kaffee, Instantkaffee). Dies ist ein festes Erzeugnis in Form von Pulver, Körnern, Flocken, Tabletten oder anderer fester Form, das mindestens 950 g Kaffee-Extrakttrockenmasse in einem kg enthält. Die Kaffee-VO definiert auch Kaffee-Extrakt in Pastenform und flüssigen Kaffee-Extrakt. Diese Erzeugnisse werden durch Ausziehen von Röstkaffee unter ausschließlicher Verwendung von Wasser als Extraktionsmittel gewonnen und durch den Entzug von Wasser konzentriert. Sie müssen außer den Aromastoffen des Kaffees auch seine sonstigen löslichen Bestandteile enthalten. Sie dürfen dem Kaffee entstammende Öle sowie Spuren anderer unlöslicher Bestandteile des Kaffees und Spuren unlöslicher Bestandteile anderer Herkunft enthalten.

Zichorie ist ein körniges oder pulverförmiges Erzeugnis aus gereinigten gerösteten Wurzeln von Cichorium intybus L. Zichorienextrakt ist ähnlich definiert wie Kaffee-Extrakt.

Kaffee-Ersatz ist ein Erzeugnis aus gereinigten gerösteten Pflanzenteilen (außer Kaffee und Zichorie), das nach Ausziehen mit Wasser ein kaffeeähnliches Getränk ergibt.

Kaffeezusätze sind gereinigte Pflanzenteile, Zuckerarten oder Mischungen dieser Stoffe in geröstetem Zustand, die als Zusatz zu Kaffee, Zichorie oder Kaffee-Ersatz verwendet werden.

Kaffee-Ersatzextrakt (= Kaffeesurrogatextrakt) und Kaffeezusatzextrakt werden entsprechend hergestellt wie Kaffee-Extrakt.

28.2.3 Analytische Verfahren

Asche. Außer der Bestimmung der normalen Asche ist die Bestimmung der Sulfatasche gebräuchlich [4].

Chlorogensäuren. Referenzmethode für Röstkaffee: [5] L 46.00-2, für alle Kaffee-Produkte DIN-Normen 10 767/1–3 (photometrische Erfassung aller Verbindungen einschließlich einiger hochmolekularer). Exakter ist die HPLC. Eine DIN-Norm ist in Vorbereitung.

Coffein. Referenzmethode: [5] L 46.00-1 (Photometrie nach Abtrennung). Gebräuchliche Methode: HPLC. Eine DIN-Norm ist in Vorbereitung.

pH-Wert, Säuregrad. Referenzmethode für Röstkaffee: [5] L 46.02-3 (pH-Elektrode, Titration), für Kaffee-Extrakt: DIN 10 776, Teil 2.

Unlöslicher Anteil von Kaffee-Extrakt. DIN 10 768 von 1989 (Filtrieren durch Spezialfilterscheibe, Wiegen des zurückbleibenden Anteils).

Wasser, Feuchtigkeit, Trockenmasse. Man nimmt an, daß mit der Karl-Fischer-Titration der Wassergehalt ziemlich genau erfaßt wird. Darauf beruhen die Referenzmethoden für Röstkaffee [5] L 46.02-1 (nach Extraktion mit Methanol), für Kaffee-Extrakt [5] L 46.03-5 und für Rohkaffee (DIN 10766 von 1977, nach Destillation mit Dioxan). Die Trockenmasse wird über die Feuchtigkeit oft durch Erhitzen im Trockenschrank (ISO/DIS 1446 in gemahlenem Rohkaffee bzw. ISO/DIS 6673 von 1986 für ganzen Rohkaffee, [3] 35 B/04 für Röstkaffee) oder Vakuumtrockenschrank ([5] L 46.03-2 (EG) für Kaffee-Extrakt) ermittelt.

Wasserlöslicher Extrakt. Referenzmethoden: [5] L 46.02-2 für Röstkaffee, DIN 10775/2 für Rohkaffee.
Alle in [5] gesammelten Referenzmethoden liegen auch als DIN-Normen vor.

28.3 Tee und Teeprodukte

28.3.1 Beurteilungsgrundlagen

Da es keine Teeverordnung gibt, sind die Leitsätze des Deutschen Lebensmittelbuches [6] sowie DIN- und ISO-Normen zur Beurteilung heranzuziehen, sowie die allgemeinen Grundsätze des Lebensmittel- und Bedarfsgegenständegesetzes §§ 11 und 17. Hinsichtlich der allgemeingültigen Verordnungen wird auf Kap. 11 verwiesen.
Die Leitsätze geben Begriffsbestimmungen für eine Reihe von Produkten, eine Liste üblicher Zutaten sowie Beschaffenheitsmerkmale an. Einige wichtige Angaben: Bei Tee sind Zusatzstoffe, auch allgemein zugelassene, nicht üblich. Bei aromatisierten Tees werden Pflanzenteile bis zu 5 g/100 g Tee, natürliche/naturidentische Aromen, Fruchtsäfte bis 15 g/100 g Tee sowie Trinkbranntweine eingesetzt. Bei der Herstellung von Tee-Extrakten werden zur Verbesserung der Kaltwasserlöslichkeit KOH bzw. NaOH (bis 10 g/100 g) sowie Stoffe zur Neutralisation (Genußsäuren) eingesetzt.
Zitronenteegetränke müssen im fertigen Getränk mindestens 0,12 g/100 ml Tee-Extrakt enthalten.
Als Beschaffenheitsmerkmale werden die Freiheit von Schimmel für alle erfaßten Produkte angegeben. Der Wassergehalt soll 7 % (Tee) bzw. 9 % (aromat. Tee) nicht überschreiten, der Extraktgehalt soll mindestens 32 % (russische und türkische Tees 26 %), der Coffeingehalt minimal 1,5 %, die Gesamtasche 4–8 %, die salzsäureunlösliche Asche < 1 %, die wasserlösliche Asche > 45 % und der Rohfasergehalt < 16,5 % betragen.

Für Tee-Extrakt sind maximale Wassergehalte von 6% und maximale Aschegehalte von 20% in der Diskussion (ISO/DIS 6079.2 von 1989), wobei in der Praxis auch 25–30% noch als sachgerecht angesehen werden können.

28.3.2 Warenkunde

28.3.2.1 Definitionen

- Grüner Tee: aus Blättern, Knospen und Stielen des Teestrauches (Camellia sinensis L. O. Kuntze) hergestelltes unfermentiertes Erzeugnis.
- Oolong Tee: Halbfermentierter Tee, d. h. halbe Fermentationszeit.
- Schwarzer Tee: wird durch Welken (Trocknen), Rollen, Fermentieren, ggf. Zerkleinern hergestellt. Besonderes Verfahren CTC (curling tearing crushing) ergibt nur broken-Tees (s. u.).
- Tee-Extrakt: wäßrige Tee-Auszüge, denen Wasser entzogen worden ist.
- Aromatisierter Tee/Tee-Extrakt: Tee mit Zusatz von Aromastoffen, z. B. Fruchtsäfte, Pflanzen- oder Pflanzenteile, Aromen.
- Entcoffeinierte Produkte: Tee mit bis zu 0,4% Coffein i. Tr.; Tee-Extrakt bis 1,2% Coffein i. Tr.
- Teeähnliche Erzeugnisse: Produkte, die wie Tee verwendet werden, aber nicht vom Teestrauch stammen, z. B. Fenchel, Kamille, Hagebutten.
- Zubereitungen von Lebensmitteln mit Tee-Extrakten (z. B. Zitronentee-getränk).

Chemische Zusammensetzung von grünem und schwarzem Tee (nach 7, verändert)

	Frische Triebe (% d. Tr.)	Schwarzer Tee (% d. Tr.)	Teeaufguß (% d. extrahierbaren Bestandteile)
Flavanole	17–30	1–3	3–8
Flavonole u. -glykoside	3–4	2–3	6–8
Phenolsäuren/Depside	5	4	11
Theaflavine	n. n.	1–2	3–6
Bisflavanole/dialys.			
Thearubigine	n. n.	2–4	6–10
Andere Thearubigine	n. n.	1–2	3–6
Polysaccharide	14	14	3–4
Protein	15	15	0,5–1
Coffein	1,5–5,5	1,5–5,5	8–11
Aminosäuren/Peptide	4	5	14
Zucker	4	4	11
Organische Säuren	0,5	0,5	1,5
Mineralstoffe	5	5	10
Aromastoffe	0,01	0,02	0,05

n. n. nicht nachweisbar

28.3.2.2 Besondere Bestandteile

Polyphenole: Frische Teetriebe enthalten eine Reihe von Flavanolen (Catechinen). Mengenmäßig dominieren Epigallocatechingallat (9–13% d. Tr.), Epicatechingallat und Epigallocatechin (je 3–6%) sowie Epicatechin (1–3%), und andere (Catechin, Gallocatechin, 1–2%, nach anderen Angaben auch höhere Werte). Flavonolglykoside (Quercetin-, Kämpferol- und Myricetinglykoside) sind zu etwa 3–4% vorhanden. Diese Komponenten sollen für die besonderen Wirkungen und den Geschmack des grünen Tees verantwortlich sein.

Bei der Herstellung von schwarzem Tee entstehen aus den Flavanolen die Theaflavine und die Thearubigine. Beide Gruppen tragen zur Farbe des Aufgusses bei und sind bisher nur im schwarzen Tee beschrieben. Die Gehalte der Theaflavine liegen bei 1–2%. Thearubigine sind eine chemisch heterogene Gruppe von Pigmenten, die unterschiedliche Molekulargewichte aufweisen.

Depside: Caffeoyl- und Cumaroylchinasäuren vorhanden, ebenso Theogallin (3-Galloylchinasäure). Letztere kommt nur im Tee vor.

Coffein: 1,5–5,5%, meist zwischen 2 und 4%.

Theanin: (5-N-Ethyl-Glutamin) macht die Hauptmenge der freien Aminosäuren des Tees aus.

Aromastoffe: Es gibt keine „aroma impact compound". Bislang sind etwa 500 verschiedene flüchtige Komponenten im Tee beschrieben [8].

Mineralstoffe: Etwa 50% der Asche bestehen aus Kalium. Weiterhin sind die Fluoridgehalte vergleichsweise hoch (100–600 mg/kg i.Tr.).

Pestizidrückstände: Die Pestizidrückstände im Tee lagen fast immer unter der Höchstmenge (vgl. z.B. [9]), einzelne Überschreitungen in der gleichen Größenordnung wie bei anderen pflanzlichen Produkten.

28.3.2.3 Bezeichnungen

Die Bezeichnung von Tee geschieht u.a. nach Ursprungsland/Anbaugebiet. Geographische Hinweise dürfen nur gegeben werden, wenn der Tee ausschließlich aus dem angegebenen Gebiet stammt. Beträgt in einer Mischung der Anteil eines bestimmten Anbaugebietes mehr als 50% und bestimmt dieser den Charakter der Mischung, so ist ein geographischer Hinweis unter der Bezeichnung -mischung gestattet.

Wichtige Anbauländer und -gebiete:

Indien: Darjeeling (Hochlage, Himalayagebiet), Assam (Nordindien), Dooars, Nilgiri (Südindien).

Sri Lanka: Uva, Dimbula (beides Hochlagen), Nuwara Eliya

Indonesien: Java, Sumatra

Kenia: Kericho, Nandi

China: Yünnan, Szechuan, Anhui (Keemun).

Weitere Anbaugebiete sind die UdSSR, Türkei, verschiedene südamerikanische und afrikanische Länder.

Bei Tee ist eine Abhängigkeit der Qualität (sensorisch ermittelt) vom Pflückdatum gegeben. Besondere Tees sind die zarten „first flush" Darjeelings, die Anfang März geerntet werden. Kräftiger sind hier die „second flushs" (Mai–Mitte Juni). Südindische Tees sind qualitativ im Januar am besten. Indonesien liefert relativ gleichmäßige Qualitäten über das ganze Jahr. In Sri Lanka gibt es für Uva die besten Tees im Juni–September, für Dimbula November (Februar)–März.

Ein weiteres Kennzeichnungselement ist die Blattgradierung. Tees kommen als Blatt- oder als Broken-Tees in den Handel. Folgende Begriffe werden häufig verwendet. Sie sind jedoch sehr länderspezifisch im Gebrauch. Eine internationale Vergleichbarkeit ist derzeit nicht gegeben. Neuerdings wird seitens der ISO an einem System zur Charakterisierung durch Siebanalyse gearbeitet.

Blatt-Tees: geordnet nach Teilchengröße (abnehmend)

Flowery Orange Pekoe (FOP). Golden Flowery Orange Pekoe (GFOP) beinhaltet einen Hinweis auf die „tips"; ebenso Tippy Golden Flowery Orange Pekoe (TGFOP). Dünnes, drahtiges Blatt mit Blattspitzen („tips"), die als hellbraune (silber/golden) Partikel erscheinen. Hoher Anteil an „tips" ist ein Zeichen für die Verwendung junger Teeblätter, stellt aber kein besonderes Qualitätsmerkmal dar.

Orange Pekoe: langes Blatt. Laut ALS [10] sollen nur die beiden jüngsten Blätter verwendet werden; der Handel hält diese Stellungnahme für unrichtig.

Pekoe: gedrehtes, gröberes Blatt als Orange Pekoe; in Sri Lanka eine Bezeichnung für einen groben Broken-Tee.

Broken-Tees:

Flowery Broken Orange Pekoes (FBOP) auch als GFBOP und TGFBOP (vgl. Blatt-Tees).

Broken Orange Pekoe (BOP) enthält weniger tips als FBOP. Daneben gibt es auch ein BOP 1. In Indien ist dieser BOP 1 eine andere Bezeichnung für FBOP, in Sri Lanka eine Bezeichnung für einen Halb-Blatt-Tee (zwischen OP und BOP).

Broken Pekoe (BP) ist, wenn er nach klassischer Technologie hergestellt ist, ein Tee mit vielen Blattrippen, was einen dünnen Aufguß bedingt. Wird der BP durch das CTC-Verfahren hergestellt, ergibt er einen kräftigen Aufguß.

Fannings (Pekoe Fannings): kleine Blattpartikel ohne Stengel und Stiele. Aufgrund der geringen Partikelgröße sind Fannings gut extrahierbar. Sie werden hauptsächlich im Teebeutel-Bereich eingesetzt.

Dust ist die Bezeichnung für die feinste Absiebung. Auch Dust wird hauptsächlich im Teebeutelbereich verwendet.

Es gibt eine Reihe weiterer Begriffe, die gelegentlich benutzt werden.

Besondere Angebotsformen: Tee in Teebeuteln.
Ziegeltee, d. h. gepreßter Dust.

28.3.3 Analytische Verfahren

Trockenmasse: Durch 6-stündiges Trocknen bei 103 °C [5] L 47.00-1.

Probenvorbereitung: Zerkleinern, Sieben und Homogenisieren [5] L 47.00-2.

Asche: Neben der Gesamtasche ist die Bestimmung der salzsäureunlöslichen Asche spezifiziert [5] L 47.00-3 und -5.

Wasser-Extrakt: [5] L 47.00-4.

Coffeingehalt: die Referenzmethode ist z. Zt. ein modifiziertes Levine-Verfahren [5] L 47.00-6. (Säulenchromatographie/Photometrie). Nicht anwendbar bei entcoffeiniertem Tee. Übliche Methode: RP-HPLC nach Aufschluß mit MgO (wird z. Zt. als Referenzmethode ausgearbeitet), Ethanolamin und/oder Festphasenextraktion an RP-18 o. ä.

Herstellung eines Aufgusses zur sensorischen Prüfung von Tee: Aufguß (2 g/150 ml) mit Wasser geringer Härte in Spezialtassen [5] L 47.00-7 bereiten.

DIN/ISO-Normen werden diskutiert für die Bestimmung des Coffeins mittels HPLC, sowie für die Rohfaserbestimmung. Die Festlegung von Normen zur Theaflavinbestimmung ist nicht mehr aktuell, da die ISO ihre Aktivitäten diesbezüglich eingestellt hat.

Zur mikroskopischen Untersuchung von Tee vgl. [11, 12].

Das Schweizerische Lebensmittelbuch [3] enthält Vorschriften zur Bestimmung des Wassers (Trockenschrankmethode), des wäßrigen Extraktes (pyknometrisch), der Gerbstoffe (Kupferfällung, iodometrische Bestimmung), von Coffein (photometrisch nach Säulenchromatographie), Asche, von Begasungsmitteln sowie zur mikroskopischen Analyse.

Alle in [5] angegebenen Methoden liegen auch als DIN-Normen vor, die entsprechenden Nummern finden sich dort.

28.4 Literatur

1. Zipfel
2. Clarke RJ, Macrae R (1985–1988) Coffee. Vol 1–6. Elsevier, London New York
3. SLMB
4. Maier HG (1981) Kaffee. Parey, Berlin Hamburg
5. AS 35
6. DLB Leitsätze für Tee, teeähnliche Erzeugnisse, deren Extrakte und Zubereitungen.
7. Millin DJ (1987) in Herschendoerfer SM (ed) Quality Control in the Food Industry. Academic Press
8. Schreier P (1988) in Linskens HF, Jackson JF (eds) Analysis of nonalcoholic beverages. Springer, Berlin S 296–320
9. Rappl A (1986) Lebensmittelchem Gerichtl Chem 40:45
10. ALS (1988) Bundesgesundheitsblatt 31 (10):397
11. Wurziger J (1970) in Schormüller J (ed) Handbuch der Lebensmittelchemie Bd VI:139–175. Springer, Berlin
12. Gassner, S 242–246

29 Aromen

W. Silberzahn, Holzminden

29.1 Lebensmittelwarengruppen

Natürliche, naturidentische, künstliche Aromen oder deren Mischungen. Eine genauere Bezeichnung des Aromas (z. B. Himbeerfruchtsaftkonzentrat oder Nelkenblütenöl) ist ebenfalls möglich.

29.2 Beurteilungsgrundlagen

29.2.1 Rechtliche Grundlagen

Die Definition von Aromastoffen, die Kennzeichnungsvorschriften und die Regelungen für Zusatzstoffe sind Inhalt der Aromen VO [7]. Besonderheiten der Aromen VO sind die Kennzeichnungsvorschriften (Aromen fallen nicht unter die LMKV) und die Zusatzstoffregelung (künstliche Aromastoffe sind Zusatzstoffe). Die ZZulV gilt nur eingeschränkt für Aromen (§ 5, Antioxidantienzusatz), zugelassene Lösungsmittel und Trägerstoffe sind in der Anlage 2 zu § 3 Aromen VO aufgeführt.

Die EG-Richtlinie vom 22. 6. 1988 zur „Angleichung der Rechtsvorschriften der Mitgliedsstaaten über Aromen zur Verwendung in Lebensmitteln und über Ausgangsstoffe für ihre Herstellung" sieht statt der bisher drei Kategorien insgesamt 6 Kategorien von Aromen vor (Tabelle 1). Die Umsetzung in nationales Recht sollte bis zum 22. 12. 90 erfolgen. Ab dem 22. 6. 90 muß das Inverkehrbringen und die Verwendung von Aromen, die dieser Richtlinie entsprechen, zugelassen werden. Ab dem 22. 6. 91 müssen alle Aromen dieser Richtlinie entsprechen.

29.2.2 Begriffsbestimmungen (s. Tabelle 1)

Physikalische Herstellungsverfahren sind Destillationen, Extraktionen mit Lösungsmitteln oder thermische Behandlungen. Als fermentative Herstellungsverfahren werden biotechnologische Prozesse bezeichnet, in denen unter Einsatz von Enzymen, Mikroorganismen oder Pflanzenextrakten aus Fetten, Proteinen oder Zuckern natürliche Aromen gewonnen werden. Beispiele sind Käsearomen oder auch die Anreicherung von einzelnen Aromastoffen. Der Einsatz von natürlichen Aromastoffen ist in der Regel unbeschränkt. Einige

Tabelle 1. Einteilung der Aromentypen

Aromenverordnung	EG-Richtlinie
Aromen sind Zubereitungen von Aromastoffen	Aromen sind Aromastoffe, Aromaextrakte Reaktionsaromen, Raucharomen oder ihre Mischungen
Aromastoffe	*Aromastoffe:* definierte chemische Stoffe mit Aromaeigenschaften, die wie folgt gewonnen werden:
1. „natürlich", wenn sie aus natürlichen Aromastoffen ausschließlich durch physikalische oder fermentative Verfahren gewonnen wurden	a) durch physikalische Verfahren oder enzymatische bzw. mikrobiologische Verfahren
2. „naturidentisch", wenn sie natürlichen Aromastoffen chemisch gleich sind	b) durch chemische Synthese oder durch Isolierung mit chemischen Verfahren, wobei seine chemische Beschaffenheit natürlich vorkommt
3. „künstlich", wenn sie weder unter Nr. 1 noch unter Nr. 2 fallen	c) durch chemische Synthese, wobei seine chemische Beschaffenheit nicht natürlich vorkommt
	Aromaextrakte: Erzeugnisse die nicht unter a) fallen, aber ebenfalls durch physikalische, enzymatische oder mikrobiologische Verfahren gewonnen werden
	Reaktionsaromen: Erzeugnisse, die durch Erhitzen von Ausgangserzeugnissen gewonnen werden
	Raucharomen: Zubereitungen aus Rauch

toxikologisch bedenkliche Substanzen (z. B. Thujon, Hauptbestandteil der etherischen Öle einiger Sorten von Wermut, Salbei, Cedernblättern und Beifuß) sind verboten. Die thujonhaltigen Pflanzen sind in ihrem Verwendungszweck begrenzt (Anlage 1 zu § 2 Aromen VO).

Die naturidentischen Aromastoffe sind in der Struktur den natürlichen Verbindungen gleich. Ausgangsprodukte für die Synthese sind Chemikalien oder preiswerte Naturprodukte, z. B. die Synthese von Vanillin aus Lignin, Guajakol oder Eugenol. Auch die durch Isolierung mit chemischen Methoden gewonnenen Naturstoffe fallen unter die Einstufung als naturidentische Aromastoffe.

Künstliche Aromastoffe sind nicht in der Natur nachgewiesen worden (z. B. Ethylvanillin). Sie zählen zu den Zusatzstoffen und sind in einer Positivliste mit Einschränkungen (Höchstmenge, Lebensmittel) zugelassen (Anlage 2 + 3 zu § 3 Aromen VO).

29.3 Warenkunde

29.3.1 Aromastoffe in Lebensmitteln

Die Aromastoffe haben eine große Bedeutung bei der geruchlichen und geschmacklichen Wahrnehmung eines Lebensmittels. Lebensmittel enthalten eine hohe Anzahl an Aromastoffen (Banane ca. 220 [1]) in geringen Konzentrationen (s. Tabelle 2 und Kap. 22.3.1). In diesem Konzentrationsbereich

Tabelle 2. Aromastoffgehalte

Lebensmittel	Gehalte in ppm
Banane	12–18
Brot	6–10
Erdbeere	2–8
Fleisch	30–40
Haselnuß	6–13
Himbeere	2–5
Kakao	ca. 100
Kaffee	ca. 2000
Passionsfrucht	30–40
Tomate	3–5

werden auch Aromastoffmischungen eingesetzt (mittlerer Dosierungsbereich mg/to bis mg/kg [2]). Häufig verwendete Lösungsmittel für Aromen sind Ethanol/Wassermischungen, Propandiol, Benzylalkohol, Triacetin oder Speiseöle. Als Trägerstoffe werden überwiegend Zucker, Stärken oder Gumen eingesetzt (z. B. für sprühgetrocknete Aromen).

Die Aromastoffe werden von der Art der Bildung in zwei Gruppen eingeteilt: Primäre bzw. orginäre Aromastoffe, die im Zellverband vorhanden sind und sekundäre bzw. technologische oder technologiebedingte Aromastoffe, die im Moment der Zerstörung des Zellverbandes (z. B. Lipoxygenase-Reaktionen) oder durch technologische Eingriffe wie z. B. Erhitzen entstehen (Maillard-Reaktionen, Reaktionsaromen).

Ein Teil der Lebensmittel enthält Aromastoffe, die das charakteristische Aroma dieses Produktes besonders prägen. Diese Verbindungen werden als Schlüsselsubstanzen oder auch Character Impact Compounds bezeichnet (s. Tabelle 3. Vielfach sind die Geschmackstoffe gleichzeitig auch typische Geruchsstoffe, wie ein Vergleich mit Tabelle 4 zu Kap. 7 zeigt). Die Konzentration der Schlüsselsubstanzen kann im unteren ppb-Bereich liegen, um noch eine eindeutige Typisierung des Lebensmittels zu bewirken. Ausschlaggebend ist der geringe Schwellenwert dieser Verbindungen (Tabelle 4). Fehlnoten in Lebensmitteln werden häufig durch Verbindungen mit sehr geringem Schwellenwert erzeugt (z. B. verursacht 2,4,6-Trichloranisol den Korkgeschmack im Wein [3]). Hier genügen dann ebenfalls Spuren, um das Aroma negativ zu beeinflussen.

Tabelle 3. Charakteristische Geschmacksstoffe

Ananas	Furaneol
Ananas	Allylcapronat
Anis	Anethol
Apfel	2E-Hexenal
Birne (Williams)	2E-4Z-Ethyldecadienoat
Birne	Hexylacetat
Bittermandel	Benzaldehyd
Buccoblätter	8-Mercaptomenthanon
Butter	Diacetyl
Dill	Dillether
Erbse	2-Methoxy-3-isobutylpyrazin
Eukalyptus	1,8-Cineol
Estragon	Estragol
Fleisch	2-Methyl-3-thiolfuran
Grapefruit	Nootkaton
Gurke	2E-6Z-Nonadienal
Haselnuß	Filberton
Himbeere	Himbeerketon
Himbeere	α-Ionon
Kartoffel Chips	Methional
Knoblauch	Diallyldisulfid
Kokosnuß	δ-Octalacton
Krauseminz	l-Carvon
Kümmel	d-Carvon
Mandarine	Methyl-N-methylanthranilat
Nelke	Eugenol
Passionsfrucht	3-Methylthiohexanol
Pfefferminz	l-Menthol
Pfirsich	τ-Decalacton
Pilze	1-Octen-3-ol
Rote Beete	Geosmin
Sellerie	Isobutylidendihydrophthalid
Spargel	Dimethylsulfid
Thymian	Thymol
Vanille	Vanillin
Zimt	Zimtaldehyd
Zitrone	Citral

Tabelle 4. Geschmacksschwellenwerte in Wasser

	ppm
Ethanol	52
Eugenol	30
Benzaldehyd	1,5
Menthol	0,9
Vanillin	0,7
Thymol	0,02
Dimethylsulfid	0,003
Methional	0,0002
α-Ionon	0,0004
Filberton	0,00005

Tabelle 5. Einsatz der Aromen in Lebensmittelgruppen

Nichtalkoholische Getränke	ca. 38%
Süßwaren	ca. 14%
Savoury-Produkte (inkl. Snacks)[a]	ca. 14%
Backwaren	ca. 7%
Milchprodukte	ca. 6%
Dessertspeisen	ca. 5%
Speiseeis	ca. 4%
Alkoholische Getränke	ca. 4%
Sonstige	ca. 8%

[a] Savoury = salzige Produktlinie wie Gemüse, Gewürze, Fleisch.
Lit.: Emberger R (1988) Die Kleinbrennerei 105

Tabelle 6. Aufteilung der Aromatypen

Citrus	ca. 20%
Mint	ca. 15%
Rotfrüchte	ca. 11%
Vanille	ca. 10,5%
Fleisch	ca. 10,5%
Würzrichtungen	ca. 8,5%
Schokolade	ca. 8,5%
Käse	ca. 5,5%
Nuß	ca. 2,5%
Sonstige	ca. 8%

Lit.: Emberger R (1988) Die Kleinbrennerei 105

In der Bundesrepublik werden ca. 15–20% der Lebensmittel aromatisiert. Ca. 60% der eingesetzten Aromen sind natürlich und ca. 40% der Aromen sind naturidentisch. Ein Hauptbereich der Aromatisierung von Lebensmitteln sind die nichtalkoholischen Getränke (Tabelle 5), bei denen vor allem Citrusprodukte eingesetzt werden (Tabelle 6).
Der Einsatz von natürlichen Aromastoffen ist in Europa weltweit am höchsten (Abb. 1). In bestimmten Bereichen sind Naturprodukte mengenmäßig stark begrenzt und entsprechend teuer. Bei diesen Aromatypen werden hauptsächlich naturidentische Aromen eingesetzt. Ein Haupteinsatzprodukt in der Aromaindustrie ist Vanillin (Abb. 2). Das in der Erntemenge enthaltene Vanillin (ca. 1,2%) entspricht 1/40 des für Aromatisierungszwecke synthetisierten Vanillins.

29.3.2 Gewinnung von Aromastoffen

Die Gewinnung von natürlichen Aromastoffen kann auf verschiedenen Wegen erfolgen (Tabelle 7). Zu den klassischen Methoden zählen die Fermentation, die Destillation, die Extraktion mit Lösungsmitteln (s. auch Tabelle 2 zu Kap. 5.1.1) oder verschiedene Konzentrierungsarten [4, 5]. Steigende Anwendung

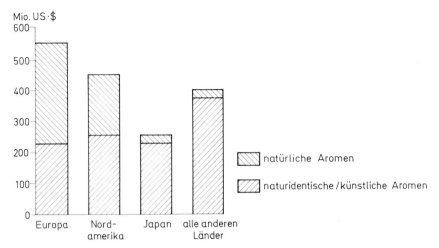

Abb. 1. Weltweiter Umsatz natürlicher und naturidentischer/künstlicher Aromen. (Nach Matheis G (1989) Lebensmittel- und Biotechnologie 121)

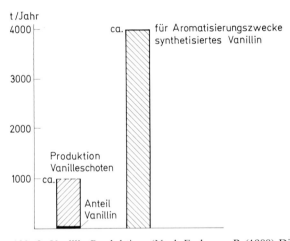

Abb. 2. Vanillin-Produktion. (Nach Emberger R (1988) Die Kleinbrennerei 105)

finden fermentative bzw. mikrobielle Methoden zur Gewinnung von einzelnen Aromastoffen.

29.4 Analytische Verfahren

Die Unterscheidung von natürlichen und naturidentischen Aromen ist zu einem Schwerpunkt der Aromauntersuchung geworden. Das steigende Ernährungsbewußtsein der Verbraucher hat zu einer deutlich gestiegenen Nachfrage

Tabelle 7. Gewinnung von natürlichen Aromen

	Gewinnung	Beispiele
Etherische Öle	Wasserdampfdestillation, Pressen, Raspeln	Blütenknospen – Nelkenöl Hölzer – Sandelholzöl Fruchtschalen – Citrusöle
Destillate	Destillation (zum Teil unter Zugabe von Ethanol oder Ethanol-Wasser-Gemischen) von Fruchtsäften oder fermentierten Früchten	Himbeergeist Weinbrand
Extrakte		
Absolues	Verdünnung von Concretes mit Alkohol; Abtrennen der Wachse und Fette durch Filtration oder Zentrifugieren; Abdestillieren des Alkohols im Vakuum	Jasmin Absolue
Concretes	Extraktion von Pflanzen mit organischen Lösungsmitteln; Entfernung des Lösungsmittels durch Destillation	Jasmin Concrete
Isolate	Destillation, Extraktion mit Lösungsmitteln (Alkohol, überkritisches CO_2, Kohlenwasserstoffe), Chromatographie an Kieselgel	Einheitliche Aromastoffe aus etherischen Ölen: Linalool, Eugenol, Citral, Eukalyptus, Menthol; terpenfreie oder terpenarme Citrusöle
Oleoresine	Extrakte von Pflanzenteilen (hauptsächlich Gewürze) mit Lösungsmitteln; das etherische Öl wird teilweise mitextrahiert	Oleoresin Pfeffer
Resinoide	Extraktion von Pflanzen, Harzen, Balsamen mit Lösungsmitteln	Resinoid Vanille
Tinkturen	konzentrierte alkoholische Drogenauszüge	
Konzentrate	Wasserentfernung mittels Destillation, Sprüh- oder Gefriertrocknung	Fruchtkonzentrate Fruchtpulver
Mikrobielle Aromen	Fermentative Bildung von Aromastoffen auf speziellen Nährmedien	Käsearomen
Enzymatische Aromen	Einwirkung von Enzymen auf Fette, Eiweiße oder spezielle Vorstufen	Käsearomen Veresterung von Säuren
Reaktionsaromen	Enzymatische Anreicherung von Vorstufen, Aromabildung durch Erhitzen	Flescharomen

nach natürlichen Aromen geführt. Durch die werbewirksame Auslobung dieser Produkte werden umfangreiche Untersuchungen in der Industrie (Untersuchung von Kaufprodukten auf Verfälschungen) und in den Untersuchungsämtern (Schutz vor Irreführungen bzw. wertgeminderten Lebensmitteln) erforderlich.

Die Möglichkeiten zur Unterscheidung von Verfälschungen sind in Tabelle 8 aufgeführt. Mit den Methoden der qualitativen und quantitativen Analyse lassen sich weitreichende Aussage über ein Aroma treffen. Die Bildung von Verhältniszahlen ist eine Hauptmethode zur Unterscheidung von natürlichen und naturidentischen Aromastoffen. Tabelle 9 zeigt die Schwankungsbreiten der Verhältnisse von Phenolen bzw. Phenolsäuren der Vanille zueinander.

Die rasante Entwicklung auf dem Gebiet der Enantiomerentrennung führt zu neuen einfachen Methoden für die Untersuchung chiraler Verbindungen. Wichtige chirale Verbindungen bei den Aromastoffen sind Terpene, Terpenalkohole, Lactone und auch Schlüsselverbindungen wie α-Ionon und Filberton. In Naturprodukten liegt das Enantiomerenverhältnis häufig auf der Seite eines Enantiomeren (Tabelle 10). Synthetische Produkte liegen in der Regel als Racemat vor oder müssen zur Racemattrennung oder enantioselektiven Synthese sehr aufwendige Prozesse durchlaufen.

Tabelle 8. Nachweis von Verfälschungen

Qualitative Analyse	Nachweis von künstlichen Aromastoffen; Untersuchung auf sortenreines Aroma; Nachweis von nicht zugelassenen Aromastoffen
Bildung von Verhältniszahlen	
– Quantitative Analyse	Bildung von Verhältnissen der Inhaltsstoffe zueinander; Quantitative Bestimmung von beschränkt zugelassenen Aromastoffen
– Enantiomerentrennungen	Bestimmung des Enantiomerenverhältnisses
– Isotopenanalyse	Bestimmung der Verhältnisse $^{13}C : ^{12}C$ $^{14}C : ^{12}C$ $^{2}H : ^{1}H$

Tabelle 9. Vanille-Verhältniszahlen

Vanillin/4-Hydroxybenzaldehyd	10– 20
Vanillin/4-Hydroxybezoesäure	53–110
Vanillin/Vanillinsäure	15– 29
4-Hydroxybenzoesäure/4-Hydroxybenzaldehyd	0,15–0,35
Vanillinsäure/4-Hydroxybenzoesäure	0,53–1,00

Lit.: International Organisation of the Flavor Industry (I.O.F.I.), Information Letter No 775

Tabelle 10. Enantiomerenverhältnisse τ-Decalton
(Literaturwerte ohne Schwankungsbreiten)

	S : R
Aprikose	7 93
Erdbeere	– 100
Mango	28 72
Nektarine	13 87
Passionsfrucht	7 93
Pfirsich	11 89
Biotechnologisch gewonnen	– 100
Synthese	ca. 50 50

Grundlage der Isotopenanalyse bei Aromastoffanalytik sind die konstanten Verhältnisse von $^{13}C/^{12}C$ ca. $1,1 \times 10^{-2}$, $^{14}C/^{12}C$ ca. 10^{-12} und $^{1}H/^{2}H$ ca. $1,5 \times 10^{-4}$ in der Atmosphäre. Die Produktion und der Zerfall der Isotope in der Atmosphäre befindet sich über CO_2 und H_2O in allen lebenden Pflanzen in einem gewissen Gleichgewicht. Stirbt die Pflanze ab, so nimmt sie nicht mehr an diesem Austausch teil. Aus Mineralöl synthetisierte Produkte weisen daher eine ^{14}C-Radioaktivität nahe Null auf.

Die natürliche Häufigkeit des ^{13}C-Isotopes ist in biologischen Materialien geringen Abweichungen von der mittleren natürlichen Häufigkeit unterworfen. Zurückgeführt werden diese Abweichungen bei Pflanzen auf einen Isotopeneffekt bei der Photosynthese ($^{13}CO_2$ reagiert geringfügig langsamer als $^{12}CO_2$). Organisch gebundener Kohlenstoff weist somit ein Defizit an ^{13}C gegenüber dem CO_2 aus der Luft auf. Dieses ^{13}C-Defizit ist abhängig von der Art der Photosynthese (Abb. 3). Mit der Bestimmung des $^{13}C/^{12}C$-Verhältnisses kann z. B. natürliches Vanillin (CAM-Pflanze) von synthetischem Vanillin aus Naturprodukten wie Lignin oder Eugenol (C_3-Pflanze) unterschieden werden (Tabelle 11) [4].

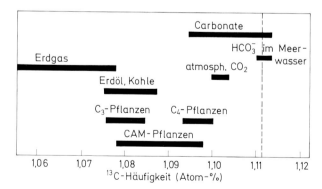

Abb. 3. ^{13}C-Häufigkeit (Nach Winkler FJ (1980) Z. Lebensm Unters Forsch 171:86)

Tabelle 11. δ-^{13}C-Werte von Vanillin

Ursprung	δ-^{13}C in ‰
Vanille	$-17 \dots -21$
Holzlignin	$-27 \dots -29$
Partialsynthese aus Eugenol, Guajakol	$-29 \dots -36$

Tabelle 12. Gegenüberstellung der Extraktionsmethoden

	Vorteile	Nachteile
Headspace	im Dampfraum nur flüchtige Verbindungen, keine störende Matrix	schwerflüchtige Verbindungen werden nicht erfaßt (Vakuum-Headspace: bessere Extraktion schwerflüchtiger Verbindungen)
Flüssig-Flüssig Extraktionen	gute Wiederfindungsraten für alle Aromastoffgruppen	Fette und unpolare Begleitstoffe werden mitextrahiert
Simultane Destillation Extraktion	gute Extraktion für die meisten Aromastoffgruppen	Bildung von Artefakten aus thermolabilen Vorstufen, Hydrolyse von Glykosiden, wenig wasserdampfflüchtige Verbindungen werden kaum extrahiert (z. B. Vanillin)

Tabelle 13. Analytische Methoden

Anreicherung	Headspace-Techniken (dynamische-, Gleichgewichts-, Vakuum-) Extraktionen mit Lösungsmitteln Destillationen Wasserdampfdestillationen; SDE (= Simultane-Destillation-Extraktion)
Vortrennung	Säulenchromatographie (LC, HPLC) Präparative Gaschromatographie (PGC)
Trennung	Kapillar-Gaschromatographie (HRGC) HPLC
Identifizierung	Retentionszeit MS, IR, UV, NMR
Identifizierungshilfen	Spezifische Detektoren Sniff-Technik

Die Aromastoffzusammensetzung eines Produktes kann in den seltensten Fällen direkt untersucht werden. Der Analyse müssen ein oder mehrere Extraktionsschritte vorangehen (Tabelle 12). Für die Trennung von Aromastoffen wird überwiegend die Kapillargaschromatographie eingesetzt. Bei der Analyse von schwerflüchtigen Verbindungen, wie z. B. Phenolsäuren ist die HPLC-Methode vorzuziehen. Ein weiterer Vorteil der HPLC ist der geringere Aufwand bei der Probenvorbereitung.

Die Identifizierung der Verbindungen erfolgt mit den Standard-Methoden, die über Schaltungstechniken parallel oder hintereinander betrieben werden können (Tabelle 13). Die Sniff-Technik (Verzweigung des Gasstromes vor dem Detektorsystem zu einem Riechausgang) wird vor allem in der Aromaforschung zur Identifizierung von geruchlich interessanten Verbindungen oder auch Off-Flavour-Noten eingesetzt (dazu auch Kap. 7).

29.5 Literatur

1. Maarse H, Visscher CA (1989) Volatile Compounds in Food Qualitative and Quantitative Data. TNO-CIVO Food Analysis Institut
2. Emberger R (1988) Branntweinwirtschaft 262–267
3. Ney KH (1988) Lebensmittelaromen. Behr's Verlag
4. Rothe M (1988) Handbook of Aroma Research. Akademie-Verlag Berlin
5. Ziegler E (1982) Die natürlichen und künstlichen Aromen. Dr. Alfred Hüthig Verlag Heidelberg
6. Winkler FJ, Schmidt H-L (1980) Z. Lebensm Unters Forsch 171:85–94
7. Aromenverordnung vom 22.12.81 (BGBl. I S 1625, 1676) in der Fassung vom 10.7.84 (BGBl. I S 897)

30 Feinkosterzeugnisse

H. Stemmer, Wuppertal

30.1 Lebensmittelwarengruppen

Da die hier zu behandelnden Erzeugnisse keine eigene Lebensmittelwarengruppe bilden, sondern nahezu in jeder Warengruppe zu finden sind, wird im Rahmen dieses Kapitels lediglich beispielhaft aus folgenden Warengruppen berichtet:
– Wurstwaren
– Fisch und Fischerzeugnisse
– Krusten-, Schalen-, Weichtiere u. sonst. Tiere und Erzeugnisse daraus
– Suppen und Soßen (nicht behandelt werden süße Suppen und süße Soßen)
– Mayonnaise, emulgierte Soßen, kalte Fertigsoßen,
– Feinkostsalate
– Würzmittel (Würzsoßen, Würzpasten, Speisewürze).

Veränderte Verzehrsgewohnheiten und Lebensumstände können eine Einstufung als Feinkosterzeugnis in Frage stellen.

30.2 Beurteilungsgrundlagen

30.2.1 Begriffsbestimmung

Der Begriff Feinkost ist in der Lebensmittelgesetzgebung nicht definiert. Der Arbeitskreis lebensmittelchemischer Sachverständiger – kurz ALS genannt – hat sich dazu im Jahre 1976 folgendermaßen geäußert:
„Unter dem Begriff ‚Feinkost' ist feine Kost, die für den verfeinerten Geschmack und den gehobenen Bedarf bestimmt ist, zu verstehen. Sie wird vom Verbraucher wegen der besonderen Art und der Geschmacksqualität als „Delikatesse" und „Leckerbissen" bevorzugt" [1]. Diese Stellungnahme des ALS ist in der 49. Sitzung aufgehoben worden.
Feinkosterzeugnisse sollten durch Auswahl und Kombination der Rohstoffe in Bezug auf Geschmack, äußere Beschaffenheit, Seltenheit, besondere Wertschätzung unter Berücksichtigung nationaler Gepflogenheiten sowie durch ansprechende Verpackung ausgezeichnet sein.
Es ergibt sich daraus, daß Lebensmittel, die unter dem Begriff Feinkosterzeugnis in den Verkehr gebracht werden, in der Zusammensetzung und der Güte von vergleichbaren Lebensmitteln, denen der Hinweis auf Feinkosterzeugnis fehlt,

unterscheidbar sein müssen. Eine bessere Aufmachung alleine genügt nicht, auch wenn dies als selbstverständlich vom Käufer erwartet wird.

30.2.2 Gesetzliche Grundlagen [2]

Es gibt für Feinkosterzeugnisse keine besonderen lebensmittelrechtlichen Bestimmungen. Im Rahmen der Lebensmittelüberwachung werden die allgemeinen Rechtsvorschriften zur Beurteilung herangezogen.
Die Erzeugnisse unterliegen den Bestimmungen des Lebensmittel- und Bedarfsgegenständegesetzes (LMBG) und hier haben die Bestimmungen des §17 Abs. 1 Nr. 2b und Nr. 5 ganz besondere Bedeutung. Sie sollen den Verbraucher vor von der Verkehrsauffassung abweichender Beschaffenheit und vor irreführenden Angaben über die Zusammensetzung und Qualität schützen. Die aufgrund der Ermächtigungsgrundlagen des LMBG erlassenen Rechtsverordnungen sind ebenso anzuwenden.
Bei Abgabe der Erzeugnisse in Fertigpackungen gemäß §14 Abs. 1 Eichgesetz müssen die Vorschriften des Eichgesetzes, der Verordnung über Fertigpackungen und die Verordnung über die Kennzeichnung von Lebensmitteln (LMKV) erfüllt sein. In Bezug auf Zulassung und Kenntlichmachung von Zusatzstoffen ist die Verordnung über die Zulassung von Zusatzstoffen zu Lebensmitteln (ZZulV) anzuwenden (s. Kap. 11.3.2).
Als Produktverordnungen sind hier die Fleischverordnung und die Verordnung über Fleischbrühwürfel und ähnliche Erzeugnisse[1] zu nennen.

30.2.3 Leitsätze und Richtlinien

Zur Auslegung der im §17 LMBG postulierten allgemeinen Verkehrsauffassung können die Leitsätze des Deutschen Lebensmittelbuches [4] herangezogen werden (s. Kap. 11.1.2):
- Leitsätze für Fleisch und Fleischerzeugnisse,
- Leitsätze für Fische, Krusten-, Schalen- und Weichtiere und Erzeugnisse daraus.

Des weiteren existieren „Leitsätze" und Richtlinien folgender Wirtschaftsverbände: Bundesverband der Deutschen Feinkostindustrie, Verband der Suppenindustrie e.V., Bundesverband der Deutschen Fleischwarenindustrie:
- Neue Leitsätze für Mayonnaisen, Salate und verwandte Erzeugnisse (1968) [8]
- Leitsätze der Feinkostsalate (1972) [9]
- Richtlinie zur Beurteilung von Suppen und Soßen [10]
- Richtlinie für Fleischerzeugnisse (3. April 1967) [11][2]
- Richtlinie zur Beurteilung von Tomatenketchup (1980) [12].
Sie beschreiben das Mindestmaß dessen, was der Verbraucher erwarten darf.

---

[1] Mit Wirkung vom 13. Juni 1990 außer Kraft (BGBl I, S 1067).
[2] Inzwischen hinsichtlich Roh- und Brühwürste überholt durch die Leitsätze für Fleisch- und Fleischerzeugnisse.

30.2.4 Bezeichnungen gemäß LMKV

Da in der überwiegenden Zahl der Fälle die nach § 4 LMKV in Rechtsvorschriften festgelegte Bezeichnung fehlt, ist die Verkehrsbezeichnung eines Lebensmittels die nach allgemeiner Verkehrsauffassung übliche Bezeichnung (s. auch Kap. 11.3.2). Hierzu gehören die in den Leitsätzen definierten Bezeichnungen oder eine Beschreibung des Lebensmittels. An die Beschreibung werden folgende Anforderungen gestellt: es müssen die wertbestimmenden oder geschmacksgebenden Bestandteile (z. B. Bohnen-, Kraut-, Karottensalat) sowie die Merkmale, durch die sich das Lebensmittel von verwechselbaren Erzeugnissen unterscheidet, angegeben werden.

Wird eine für die Merkmale des Lebensmittels wichtige Zutat besonders hervorgehoben, so ist nach § 8 LMKV eine Mindest- bzw. Höchstmenge der verwendeten Zutat anzugeben (z. B. Fleischsalat mit hohem Fleischanteil).

Für die Benutzung *hervorhebender Hinweise* werden in den Leitsätzen für Fleisch und Fleischerzeugnisse und in den Leitsätzen für Feinkostsalate besondere Anforderungen gestellt. Hervorhebende Bezeichnungen sind z. B. „Delikateß-", „Feinkost-", „Gold-", „prima", „extra", „spezial", „fein", „feinst", „ff", „Ia" o. ä. Die Bezeichnungen sind nur zulässig für überdurchschnittliche Beschaffenheit, nicht jedoch für unerhebliche Erhöhung des Nähr- und Genußwertes gegenüber den übrigen im Verkehr befindlichen Waren. So sollte z. B. nach einem Urteil des OLG Koblenz [25] Wildschwein-Edelgulasch besonders wertvolles Fleisch enthalten, deren Fettgehalt unter 10 % liegt.

Die Verwendung des Begriffes „*Hausfrauenart*" in der Verkehrsbezeichnung beinhaltet nach berechtigter Verbrauchererwartung eine Herstellung ohne Konservierungsmittel [13].

Phantasiebezeichnungen sind nicht allgemein gebräuchliche oder nicht allgemein verständliche Bezeichnungen (z. B. isoliert gebrauchte geographische Angaben), die über den Charakter des Erzeugnisses keine Auskunft erteilen. Durch eine zusätzliche Angabe wie übliche Verkehrsbezeichnung oder Beschreibung des Erzeugnisses muß die Art des Lebensmittels erkennbar sein und von anderen verwechselbaren Erzeugnissen unterschieden werden können. Vielfach haben sich diese Phantasiebezeichnungen schon für Erzeugnisse einer bestimmten Zusammensetzung und Geschmacksrichtung eingebürgert.

30.3 Warenkunde

30.3.1 Allgemeine Einteilung

In Verbindung mit Feinkost werden Lebensmittel verschiedener Art angeboten:

Fisch-, Fleisch- und sonstige Salate als Haupterzeugnisse der Feinkostwarenherstellung,

Suppen, Würzen, Soßen, Fisch-, Krusten-, Schalentier-, Fleisch- und Wursterzeugnisse, Pasteten,

sowie besondere Spezialitäten in- und ausländischer Herkunft.

Der Begriff Feinkost ist somit nicht auf bestimmte Lebensmittelgruppen beschränkt (s. o.).

30.3.2 Erzeugnisse aus Fleisch

Für Fleischerzeugnisse sind hervorhebende Hinweise (s. o.) auch eine besonders hervorhebende Aufmachung (z. B. goldfarbene Hülle) oder Bezeichnungen wie „Pastete", „Roulade" und „Galantine".
Galantine ist ein kaltes Fleischgericht von Spitzenqualität hergestellt aus Scheiben oder Stücken feinen Fleisches verbunden durch eine feinzerkleinerte Wurstmasse (ähnlich den Wurstpasteten).
Fleischerzeugnisse von Spitzenqualität unterscheiden sich, abgesehen vom hohen Genußwert, durch die besondere Auswahl des Ausgangsmaterials insbesondere in höheren Anteilen an Skelettmuskulatur.
Bei der Verwendung von „*fein*" oder „*feinst*" wird qualitativ eine besonders gute Zusammensetzung dieser Erzeugnisse vorausgesetzt (Fleisch-VO § 6 Abs. 1).
Fein ist unabhängig vom Zerkleinerungsgrad. In den Leitsätzen für Fleisch und Fleischerzeugnisse werden für die verschiedenen Produkte Anforderungen hinsichtlich Ausgangsmaterial, besondere Merkmale und Analysenwerte (bindegewebseiweißfreies Fleischeiweiß BEFFE, bindegewebseiweißfreies Fleischeiweiß im Fleischeiweiß BEFFE in FE) gestellt (s. Tabelle 1). In der Tabelle sind als Vergleich die Analysenwerte der Erzeugnisse ohne hervorhebende Hinweise in Klammern aufgeführt.

Tabelle 1. Beurteilungsmerkmale der Roh- und Brühwürste mit hervorhebenden Hinweisen

	Vorgeschriebener BEFFE	% Mindestanteil an BEFFE in FE	
		Vol.% hist.	chem.
Rohwürste			
Cervelatwurst fein, Ia	12 (11,5)	75 (70)	85 (80)
Mettwurst Ia (grobkörnig)	11 (8,5)	75 (65)	85 (75)
Mettwurst Ia (feinzerkleinert)	10 (7,5)	75 (60)	85 (75)
Salami fein, Ia	14 (12)	75 (70)	85 (80)
Brühwürste			
Bierwurst Ia	9,5 (8)	70 (70)	80 (80)
Delikateßwürstchen	9 (8)	75 (70)	82 (75)
Filetpastete	9	75	82
Filetpastete mit grober Einlage	8,5	75	82
Mosaik-, Schachbrettpastete	8,5	75	82
Schinkenpastete	13	80	88
Wildschweinpastete	9	75	82
Zungenpastete, -roulade	8	70	80

30.3.3 Erzeugnisse aus Fisch, Krusten-, Schalen-, Weichtiere

Die Höhe des Fischanteils richtet sich nach dem Charakter des Erzeugnisses bzw. dem Verzehrswert der Zutaten. In der Tabelle 2 werden praxisübliche Richtwerte für wertbestimmende bzw. wertmindernde Bestandteile aufgelistet. (Ergeben sich die Anteile aus den Leitsätzen, so ist hinter diesem ein L vermerkt). Die Fischauswaage bei Marinaden sollte eine Toleranzgrenze von 10% bezogen auf die Deklaration nicht unterschreiten [20]. Bei Gelee-Produkten sind Fischmindergewichte kein Problem. Lediglich bei Krabben in Gelee kommt es zu einem Wasserausgleich als unvermeidbare Veränderung, die sich durch eine zweckmäßige Vorbehandlung auf max. 15% beschränken läßt. Eine Überschreitung des Gesamtgewichtes bei erhöhtem Geleeanteil kann bis 10% toleriert werden.

Nach einem Urteil des OLG Koblenz [22] muß bei „*Zarten Heringsfilet in pikanter Sahnesoße*" im Endprodukt der Milchfettanteil in der Sahnesoße mind. 2% betragen, sonst handelt es sich um eine irreführende Bezeichnung im Sinne § 17 Abs. 1 Nr. 5b LMBG. „Sahne-Heringsfilet" müssen entsprechend der besonderen Betonung des Begriffes „Sahne" in der Soße überwiegen, d. h. zumindest 50% Sahne mit 10% Fett enthalten. „Heringsfilets in Sahnesoße" enthalten entsprechend den Leitsätzen für Fisch und Fischerzeugnisse in der Soße mindestens 20% einer 10%igen Sahne [23, 24].

Eine große Schwierigkeit bei der Beurteilung von Fischfeinkost insbesondere von *Heringserzeugnissen* ist die Angabe des Anteils an Heringsfleisch, die nach Maßgabe des § 9 Abs. 1 LMKV zur Zeit der Abpackung oder Abfüllung angegeben werden muß. Nach einem Urteil des KG Berlin werden unter Fischfleisch nicht Fischsubstanzen verstanden, wie z. B. ausgetretenes Fischgewebswasser oder Fett oder abgeriebene Fasern [17].

Tabelle 2. Anteile wertbestimmender bzw. wertmindernder Bestandteile in Fischerzeugnissen

Bezeichnung	wertbestimmender bzw. wertmindernder Bestandteil	Anteil in % min. max. (Richtwerte)		Anmerkung
Soßen, Cremes				
Cremes	Fett	20 L[a]		
Tomatensoßen, -cremes	Tomatenmark	20 L		mit einem Gehalt von 36% kochsalz-freier Trocken-substanz
Sahnesoßen, -cremes	Sahne	20 L		berechnet auf 10% Milchfett
Buttersoßen, -cremes	Butterfett	5 L		
Weinsoßen, -cremes	Wein	20 L		
sonstige	Mayonnaise mayonnaiseähnliche Erzeugnisse		50 L	Anforderungen entspr. den Leitsätzen für Mayonnaise

[a] Quelle: Leitsätze für Fische, Krusten-, Schalen- und Weichtiere und Erzeugnisse daraus

Tabelle 2 (Fortsetzung)

Bezeichnung	wertbestimmender bzw. wertmindernder Bestandteil	Anteil in % min. max. (Richtwerte)		Anmerkung
Erzeugnisse aus gesalzenen Fischen				
Lachs, Seelachs in Öl	Fisch	80 (85)		Zeit der Füllung, 5% Toleranz
als Schnitzel	Fisch	75		Wassergehalt in Öl max. 1% der Fischeinwaage
Räucher-/Bratfischwaren				
Rollmops	Pflanzliche Beigabe		20 L	bezogen auf das Rollmopsgewicht
Marinaden	Fischgewicht	50 (65)		in Aufgüsse, Soßen, Mayonnaisen
	stückige Beilage	35		
Heringsstip	Heringsfleisch	50 L		gesäuert, gesalzen, filetiert, mundgerecht zerteilt
	Zwiebeln		10 L	
Kochfischwaren				
… in Gelee od. Aspik	gekochter Fisch	50 L		
		30 L		unverpackte Kochfischwaren in Gelee in Halbkugelportionsform
Fischsülze	gekochter Fisch	60 L		
Fischerzeugnisse in Gelee	Fischzubereitung	50 L		von Gelee umschlossen
Fischdauerkonserven				
in Soßen, Cremes	Fischanteil	60 (65)		Einwaage
		50 L		Fertigware
in Öl	Fischanteil	70 L		Fertigware
im eig. Saft, Aufguß	Fischanteil	75 (80)		Einwaage
		65 L		Fertigware
-bällchen, -frikadellen	Fischanteil	50 L		
Vorgerichte	Fischanteil	35 (40)		Einwaage
		30		Fertigware, Einwaage L
Gekochte Krebstiererzeugnisse				
… in Mayonnaise, mayonnaiseähnlichen Erzeugnisse oder in Soßen	Krebstierfleisch	50 L		Einwaage
… Salat	Krebstierfleisch	40 L		Einwaage
… in Gelee	Krebstierfleisch	35 L		zum Zeitpunkt der Füllung
… cocktail	Krebstierfleisch	25		

Gerade beim Hering, in der BRD der wichtigste Industriefisch, sind je nach Jahreszeit und Reifezustand große Schwankungen in Wasser- und Fettgehalt zu beobachten (Fett 3–25%). So kommt es durch unterschiedliche Qualitäten des Ausgangsmaterials, sonstige Bestandteile des Erzeugnisses und durch Herstellung (Zerkleinerungsverfahren, Reibungsverluste, Lagerungsdauer) zu starken Differenzen zwischen Ein- und Auswaage Hering (s. auch unter 30.3.6). Nach einer Untersuchung zur Feststellung der Verkehrsauffassung von *Krebstiercocktail* (wie Hummer . . ./Krabben . . .) wurden sehr starke Schwankungen beim Krebstierfleischanteil festgestellt. Es wird ein Mindestanteil an Krebstierfleisch von 25% gefordert [19].

30.3.4 Brühen, Suppen und Soßen

Fleischbrühwürfel im Sinne der inzwischen aufgehobenen Fleischbrühwürfel-VO (s. Kap. 30.2.2) sind Erzeugnisse, die aus Fleisch, Fleischextrakt und/oder eingedickter Fleischbrühe, auch unter Mitverwendung von Kochsalz, tierischen und pflanzlichen Fetten, Würzen, Gemüse-, Kräuterauszügen und Gewürzen hergestellt sind und mindestens 0,45% Gesamtkreatinin (entsprechen 72 mg/l) enthalten, das aus dem verwendeten Fleisch oder Fleischextrakt stammt. In der VO wurden folgende weitere Anforderungen an die Produkte gestellt: Mindestgehalte an löslichen Stickstoffverbindungen (3% entspr. 480 mg/l), maximale Kochsalzgehalte (65% entspr. 10,4 g/l), bestimmte Zusatzverbote; bei *Hühnerbrühwürfel* muß ⅓ des Extraktes und ⅓ des Fettes vom Huhn stammen; *Hefebrühwürfel* enthalten 10% Hefeextrakt.

Brühwürfel werden als nachgemachte Fleischbrühwürfel angesehen. Sie bestehen aus eingedickten Würzen, Gemüseauszügen, Kräuterauszügen und Gewürzen unter Mitverwendung von Kochsalz, tierischen und pflanzlichen Fetten.

Suppen im Sinne der Richtlinie sind dünnflüssige, sämige oder dünnbreiige Zubereitungen, die als Mahlzeiten verzehrt werden. Nach Konsistenz bzw. Zusammensetzung erfolgt die Einteilung in klare und gebundene Suppen. Des weiteren gibt es Spezialsuppen (wie Ochsenfleisch-, Hummersuppe) und nationale Besonderheiten (wie Bouillabaise, Minestrone). Nach der Angebotsform unterscheidet man Instant-, kochfertige, tafelfertige, tiefgefrorene Suppen und Suppenkonzentrate.
Als Bezeichnung im Sinne LMKV wird z. B. angesehen: Italienische Gemüsesuppe Minestrone (hergestellt aus in feine Streifen geschnittenem Gemüse, häufig mit Bohnen oder Teigwaren). Neben den üblichen Gulaschsuppen, die auf Grundlage von Rindfleisch hergestellt werden, gibt es Spezialitäten, deren Eigenart und Bezeichnung nur durch die Mitverwendung anderer Fleischarten und Rohstoffe gerechtfertigt ist. Hierzu gehören Szegediner Gulaschsuppe unter Mitverwendung von Sauerkraut und Schweinefleisch oder Wiener Gulaschsuppe unter Mitverwendung von Kartoffeln.

Soßen sind den Suppen sehr ähnliche Zubereitungen. Es gehören hierzu aber nicht die zum Würzen bestimmten Soßen. Im Sinne der Richtlinie sind Soßen flüssige Lebensmittelzubereitungen in mehr oder minder viskoser Form. Sie werden nicht für sich allein, sondern nur zusammen mit anderen Speisen verzehrt. Sie können die unterschiedlichste Zusammensetzung aufweisen. Auch hier unterscheidet man wie bei den Suppen nach folgenden Angebotsformen: instant, kochfertig, tafelfertig, auch tiefgefroren.

Als Bezeichnungen im Sinne LMKV für Soßen werden z. B. angesehen: Burgunder Soße (braune, gebundene Soße mit französischem Rotwein) oder Holländische Soße.

Durch Zugabe, Vermischen, Unterziehen und Vermengen von besonderen Zutaten werden aus Grundsoßen die als Ableitungen bezeichneten Soßen bereitet. So entsteht z. B. aus einer braunen Grundsoße (Fond brun oder Demi glace) in Verbindung mit Schalotten und Champignons eine Jägersoße, aus einer weißen Grundsoße (Sauce Bechamel) durch Zugabe von Rahm eine Creme- oder Rahmsoße. Sauce Hollandaise oder die Sauce Bearnaise werden den Buttersoßen als Grundsoßen zugeordnet. Aus einer *Sauce Hollandaise* wird durch Unterziehen von Sahne eine Sc. Chantilly. Die Begriffe Holländische Soße und Sauce Hollandaise sind synonyme Bezeichnungen. Die wesentlichen und prägenden Bestandteile des Erzeugnisses sind Eigelb und Butter. Der Ersatz des notwendigen Butterfettanteils durch pflanzliche Fette wird durch die Bezeichnung „Holländische Soße einfach" nicht abgedeckt [27]. Letztere Bezeichnung rechtfertigt auch nicht den Einsatz von Bindemitteln [28]. Die Bezeichnung „*Sauce à la Hollandaise mit pflanzlichen Fetten*" stellt nach einem Urteil des VG Neustadt für eine Sauce ohne Butter keine Irreführung und Täuschung des Verbrauchers dar. Auch in einem industriell hergestellten Erzeugnis erwartet die Verkehrsauffassung den prägenden Bestandteil Butter, jedoch macht der Zusatz „mit pflanzlichen Fetten" eine Wertminderung

Tabelle 3. Besondere Beurteilungsmerkmale für Suppen und Soßen

Bezeichnung/Aufmachung mit Hinweis auf	Bestandteil	Dim.	Gehalt Suppe	Soße
Rindfleisch/Fleisch/-extrakt/brühe	Kreatinin	mg/l	70	200
Einlage	Rind-/ Geflügelfleisch	g/l	20	20
„mehr", „viel"	Rind-/ Geflügelfleisch (jeweils bezogen auf Frischgewicht)	g/l	80	80
Speck, Bauchspeck, Schinken	Fleischerzeugnis	g/l	4	4
„mehr", „viel"	Fleischerzeugnis	g/l	16	16
Rahm	Milchfett (aus Rahm, Sahne)	g/l	10	
Rahm, Sahne	Milchfett (aus Rahm, Sahne)	g/l		30
Butter	Butterfett	g/l		30

ausreichend kenntlich bei Verwendung von Margarine anstelle von Butter [29].

Für Suppen und Soßen werden in den Richtlinien zur Beurteilung von Suppen und Soßen Mindestgehalte an den wertbestimmenden Inhaltsstoffen bzw. Bestandteilen Kreatinin, Fleisch/Fleischerzeugnis und Milchfett/Butter festgelegt (s. Tabelle 3).

Des weiteren werden noch folgende Suppen bzw. Soßen in den Richtlinien beschrieben: Gulaschsuppe, Pußtasuppe, Hühnersuppe, Jägersuppe bzw. -soße, Klößchensuppe (mit Mindestgehalten an Fleisch/Leber/Mark/Schinken/Speck je nach Bezeichnung [30]), Mockturtlesuppe, Ochsenschwanzsuppe, Schaschliksuppe, Schildkrötensuppe.

Kochsalz wird in der geschmacklich erforderlichen Menge, höchstens jedoch 15 g/l verzehrfertige Zubereitung zugesetzt. Bei der Verwendung hervorhebender Hinweise wie „Delikateß", „De Luxe", „Extra", „Gourmet", „Meister-"/ „Sonder-"/„Spitzenklasse" ist der Gesamtkreatiningehalt bei Suppen auf 90 mg/l erhöht (einfache Qualität: 70 mg/l).

Ein Zusatz von Glutamat ist nach ZZulV mit Höchstmengen von 10 g/kg (verzehrfertige Suppe) bzw. 20 g/kg (verzehrfertige Soße) möglich.

30.3.5 Mayonnaise und emulgierte Soßen

Mayonnaise besteht gemäß Leitsätzen des Bundesverbandes der Deutschen Feinkostindustrie aus Hühnereigelb und Speiseöl. Außerdem kann sie Kochsalz, Zuckerarten, Gewürze, andere Würzstoffe, Essig, Genußsäuren sowie Hühnereiklar enthalten. Sie enthält Eigelb in einer Mindestmenge von 7,5% des Fettgehaltes, jedoch keine Verdickungsmittel. Der Fettgehalt beträgt mindestens 80%.

Salatmayonnaise besteht aus Speiseöl pflanzlicher Herkunft und aus Hühnereigelb. Außerdem kann sie Hühnereiklar, Milch-, und Pflanzeneiweiß oder Vermengungen dieser Stoffe, Kochsalz, Zuckerarten, Gewürze, andere Würzstoffe, Essig, Genußsäuren, Verdickungsmittel enthalten. Der Mindestfettgehalt beträgt 50%.

Remoulade ist eine mit Kräutern versetzte Mayonnaise mit einem Fettgehalt von mindestens 50%.

Salatdressing ist eine mayonnaiseartige Salatsoße mit einem Fettgehalt unter 50%. Es dient hauptsächlich der Zubereitung von Gemüsesalaten [32].

Salatsoße (Salatcremes) sind emulgierte Soßen aus Speiseöl pflanzlicher Herkunft evtl. mit Eiweiß und einem Fettgehalt von 25%.

Tunke ist eine synonyme Bezeichnung für Soße. Die Konservierung dieser Erzeugnisse ist nach ZZulV möglich (s. Kap. 30.3.6), aber es ist fraglich, ob sich solch ein Zusatz mit dem Begriff Feinkost verträgt.

30.3.6 Salate

Feinkostsalate sind verzehrfertige Zubereitungen von Fleisch- und Fischteilen, von Ei, ferner Gemüse, Pilz- und Obstzubereitungen, einschließlich Kartoffelsalat, die mit Mayonnaise oder Salatmayonnaise oder einer anderen würzenden Soße oder mit Öl und Essig und würzenden Zutaten angemacht sind. Die Herstellung und Zusammensetzung der Feinkostsalate ist verschiedenartig, so daß auch bei einigen gleichnamigen Erzeugnissen Abweichungen der Zutaten vorhanden sein können. In den Leitsätzen sind für bestimmte Produkte Mindestanforderungen an die Zusammensetzung gestellt (s. Tabelle 4). Die Prozentsätze beziehen sich jeweils auf den Zeitpunkt der Herstellung.

Nach zahlreichen Mischungs-, Lagerungs- und Auswaageversuchen zur Bestimmung des Heringsanteils in Heringssalaten wurde festgestellt, daß mit mittleren Verlusten von 20% gerechnet werden muß [34–41].

Salate auf Gemüse-, Pilz- oder Obstgrundlage werden aus mindestens 40% festen Bestandteilen hergestellt. Der Gehalt einzelner Bestandteile beträgt mindestens 20%, falls diese besonders erwähnt werden.

Tabelle 4. Zusammensetzung von Salaten

Salate aus Fleisch warmblütiger Tiere

	Bestandteile	Gehalte
Fleischsalat	Fleischgrundlage (Fleischbrät)	mind. 25%
	(Salat-)Mayonnaise	mind. 40%
	Gurken (als einziges Gemüse) und würzende	
	Zutaten	höchst. 25%
Ital. Salat	wie Fleischsalat	s. o.
	Gurken können durch andere Gemüsearten/	
	andere Zutaten ersetzt werden	
Rindfleischsalat	Rindfleisch, gekocht, gegart, behandelt u.	
	geschnitten	mind. 20%
	(Salat-)Mayonnaise, emulgierte, würzende	
	Soße od. Speiseöl/Essig, evtl. auch	
	Lebensmittel/würzende Zutaten	
Ochsenmaulsalat	Rindermaul (gepökelt), gekocht und in	
	Streifen/Scheiben geschnitten	mind. 50%
	Speiseöl/Essig	
	evtl. Zwiebeln und andere würzende Zutaten	
Geflügelsalat	Geflügelfleisch, gekocht, gegart, behandelt	
	u. geschnitten	mind. 25%
	(Salat-)Mayonnaise, emulgierte, würzende	
	Soße od. Speiseöl/Essig, evtl. auch andere	[55]
	Lebensmittel/würzende Zutaten	
Wildsalat	Wildfleisch, gekocht, gegart, behandelt u.	
	geschnitten	mind. 20%
	evtl. auch Fleisch (Kasseler, Schinkenfleisch)	
	(Salat-)Mayonnaise, emulgierte, würzende Soße	
	od. Speiseöl/Essig, evtl. auch würzende Zutaten	

Tabelle 4 (Fortsetzung)

Salate aus dem Fleisch von Fischen, Krebs- oder Weichtieren

	Bestandteile	Gehalte
Fischsalat	Fleisch von See-/Süßwasserfischen, gekocht, mariniert, gegart	mind. 20%
	(Salat-)Mayonnaise, emulgierte, würzende Soße od. Speiseöl/Essig auch Lebensmittel (Gemüse, Obst), würzende Zutaten	
Heringssalat	Hering, geschnitten, entgrätet, gesalzen, mariniert	mind. 20%
	(Salat-)Mayonnaise	mind. 25%
	Speiseöl/Essig Gurken, rote, weiße Beete, Kartoffeln, Tomaten, Paprikaschoten, Zwiebeln, Sellerie, Äpfel, Nüsse, Kapern, würzende Zutaten	
Matjessalat	Matjesfilet, enthäutet, geschnitten, matjes-artig gesalzene Heringsfilets	mind. 50%
	Speiseöl/Essig Gurken, Zwiebeln, Sellerie, Tomaten, Paprika, Obst, andere würzende Zutaten	
Krabbensalat	Fleisch von Garnelen, entschält, gekocht, tiefgefroren	mind. 40%
	(Salat-)Mayonnaise, emulgierte, würzende Soße oder Speiseöl/Essig andere Lebensmittel (Gemüse, Obst)	
. . . Salat	Fleisch von Krebs-/Weichtieren	mind. 20%
	(Salat-)Mayonnaise, emulgierte, würzende Soße od. Speiseöl/Essig andere Lebensmittel (Gemüse, Obst)	

Wird bei Fleischsalat, Geflügelsalat und bei Heringssalat auf eine besondere Qualität hingewiesen (Bezeichnung wie „Delikateß-", „feiner" oder gleichsinnige hervorhebende Bezeichnung) so sind höhere Anteile an wertbestimmenden Zutaten enthalten (die Klammerwerte beziehen sich auf Produkte der einfachen Qualität):

Delikateß-Fleischsalat: mind. 33,3% Fleischsalatgrundlage (25%),
                                        mind. 40% (Salat-)Mayonnaise (40%),
                                        höchst. 16,3% Gurken u. würzende Zutaten.
Delikateß-Heringssalat: mind. 25% Heringe (20%),
                                          mind. 30% (Salat-)Mayonnaise (25%).
Geflügelsalat, fein: mind. 30% Geflügelfleischanteil (25%) [55].

Bei Verwendung von Salatmayonnaise enthält diese mind. 65% Fett.
Die Verwendung von *Formfleischerzeugnissen* und die Mitverwendung von anderen Geflügelarten (als Hühner, Hähnchen, Poularde) in Geflügelsalat muß ausreichend kenntlich gemacht werden [42–44].

Für die Zusammensetzung von *Waldorfsalat* hat der Feinkostverband seinen
Mitgliedern folgende Rezeptur als Empfehlung übermittelt:

Salatmayonnaise	max. 25% (Richtwert 20%),
Haselnüsse	mind. 8% (Richtwert 10%),
Ananas und Mandarinen	max. 10%,
Apfel und Sellerie	ad. 100 zu gleichen Teilen [45–47].

Frischkostsalate erfreuen sich immer größerer Beliebtheit insbesondere als
Salatfertigpackungen. Aufwendiges Putzen, Waschen, Zerkleinern entfällt. Es
handelt sich hierbei um äußerst empfindliche Lebensmittel, die ungekühlt nicht
länger als einen Tag haltbar sind. Je nach Lagertemperatur kann es durch
nitratreduzierende Mikroorganismen zu toxikologisch bedenklichen Nitrit-
konzentrationen bis 250 mg/kg kommen (als Vergleich: zulässige Höchstmenge in Pökelwaren 100 mg/kg, in Trinkwasser 0,1 mg/l) [49–50]. Von einer
Arbeitsgruppe der Deutschen Gesellschaft für Hygiene und Mikrobiologie
werden folgende mikrobiologische Richt- und Warnwerte angegeben: aerobe
mesophile Koloniezahl: $5 \cdot 10^7$/g, Escherichia Coli: 10^3/g (Richtwerte),
Salmonellen/Shigellen in 25 g nicht nachweisbar (Warnwert) [51] (s. auch
Kap. 6.5). Eine Konservierung von Feinkostsalaten ist entsprechend der
ZZulV gemäß § 3 in Verb. mit Anlage 3a u. b für Fleischsalat (auch
Italienischer Salat), Salate auf Gemüsebasis und Kartoffelsalat als auch für die
Produkte Mayonnaise, mayonnaiseartige Erzeugnisse, Gewürz- und Salat-
soßen in den dort angegebenen Mengen zugelassen. Aufgrund zunehmender
Sensibilisierung des Verbrauchers für frische, unbehandelte Lebensmittel wer-
den immer mehr Salate ohne Zusatz von Konservierungsstoffen hergestellt
(s. o.). Voraussetzung für 6–20 Tage haltbare Salate (produktabhängig) ist
eine klinische Hygiene bei der Herstellung. Der Hinweis „ohne Zusatz von
Konservierungsstoffe" bedeutet, daß Konservierungsstoffe nicht zugesetzt
wurden. Analytisch können diese trotzdem nachweisbar sein, da einige dieser
Stoffe von Natur aus in Lebensmitteln vorkommen können (z. B. Benzoesäure
in gereiften Milchprodukten, Propionsäure in Emmentaler usw.).
Die Färbung von Feinkostsalaten ist unüblich.

30.3.7 Würzmittel (Würzsoßen, Würzpasten, Speisewürze)

Würzen sind flüssige und pastenförmige Zubereitungen, die durch Abbau (z. B.
Säurehydrolyse) eiweißreicher Stoffe pflanzlicher und tierischer Herkunft
hergestellt werden.
Bei nicht ausreichender Entfettung des Grundmaterials für die Herstellung von
Brühwürze kann Dichlorpropanol entstehen, welches carcinogen wirken kann
und in Würzen und in einigen daraus hergestellten Soßen nachgewiesen wurde.
Durch eine verbesserte Technologie wird erreicht, daß die Konzentrationen an
Dichlorpropanol unter einen vom BGA empfohlenen Richtwert von
0,05 mg/kg gesenkt wird.

Als *Sojasoße* bezeichnete Hydrolysate müssen den Anforderungen der Brühwürfel-VO entsprechen. Wenn sie jedoch durch Schimmelpilzgärung herge-

stellt wurden, unterliegen Sojasoßen als Erzeugnisse eigener Art nicht der Brühwürfel-VO. (Unterscheidungsmerkmal zwischen echter Sojasoße und Hydrolysat: Alkoholgehalt nachweisbar und Fehlen der Lävulinsäure bei echter Sojasoße) [26].

Worcestersoße (auch Worcestershire-Soße) ist eine ursprünglich in der westenglischen Grafschaft Worcestershire bzw. deren Hauptstadt Worcester hergestellte und benannte Gewürzsoße aus Sojabohnen, Essig, Zwiebeln, Limonen, Tamarindensaft und Gewürzen. Sie dient zum Würzen von Pasteten, Fleisch, Fisch, Suppen, Gemüse, Soßen usw.

Tomatenketchup ist eine Würzsoße im allgemeinen aus Tomatenmark, Zwiebeln, Zucker, Salz, Essig, Gewürzen, gelegentlich auch Pilzen, Anchovis, Senf, Wein usw. Es gibt verschiedene Geschmacksrichtungen wie Curry-, Tomaten-, Knoblauchketchup. Nach der Richtlinie zur Beurteilung von Tomatenketchup ist die Tomatentrockenmasse des Endproduktes nicht geringer als 7%. Zum Schutze des Verbrauchers wird die Festlegung von Mindestanforderungen an die Qualität von Tomatenmark gefordert. Sensorisch und optisch einwandfreies Tomatenmark weist einen Alkoholgehalt von unter 0,1 g/kg, einen Gehalt von organischen Säuren von unter 3 g/kg und ein Citronensäure/Gesamtsäure-Verhältnis von über 0,9 auf [31].

30.4 Analytische Verfahren

30.4.1 Allgemeines

Unter Beachtung der bestehenden Regelungen der „Guten Laborpraxis" (GLP) (s. Kap. 10) ist der Sachverständige grundsätzlich frei in der Wahl der Untersuchungsmethode. Zur Vereinheitlichung der Untersuchungspraxis sind den Forderungen des §35 LMBG entsprechend eine Vielzahl von amtlichen Methoden veröffentlicht worden. Angeregt durch den Auftrag des Gesetzgebers an das BGA, eine amtliche Sammlung von Analysenverfahren zu erstellen, haben auch Industrieverbände wie z. B. der Verband der Feinkostindustrie eine Methodensammlung für die in ihrem Bereich produzierten Erzeugnisse zusammengestellt [52]. Sie wurden vom BGA geprüft und inzwischen in die amtliche Methodensammlung nach §35 aufgenommen (Untersuchung von Mayonnaise und emulgierte Soßen, Fleischbrät, Tomatenmark/-ketchup).
Untersuchungsmethoden für die Suppenindustrie sind herausgegeben und bearbeitet von der Technischen Kommission der Association Internationale De l'Industrie des Bouillons et Potages (AIIBP) [53]. Die Methoden werden dem neuesten Stand der Wissenschaft angepaßt. Enthalten sind: allg. Ausführungen zur Probenziehung, Untersuchungsmethoden zur Prüfung von Fleischextrakt, Brüh- und Fleischbrüherzeugnisse, Würzen, Suppen, qualitativer Nachweis von Antioxydantien, Analytik von Rohwaren sowie mikrobiologische Untersuchungen an Suppen und deren Ausgangsstoffen.

30.4.2 Sensorische Prüfung

Besonders bei den Feinkosterzeugnissen ist die organoleptische Prüfung des Erzeugnisses die sicherste Methode zur Beurteilung der Qualität und der Genußtauglichkeit. Zur allgemeinen Methodik soll hier nur auf ein Schema der Deutschen Landwirtschafts-Gesellschaft (DLG) verwiesen werden [6, 54].

30.4.3 Präparativ-Gravimetrische Untersuchungen

Problematisch ist hier die Analysenmethodik. Je nach Untersuchungsmaterial muß unterschiedlich vorgegangen werden. Die Verfahren bedürfen einer Standardisierung und Überprüfung der Aussagekraft durch Ringversuche. Für fisch- und fleischhaltige Salate wird am häufigsten die Auswaschmethode herangezogen: – wiegen der verschlossenen Packung (brutto) – Inhalt auf ein Drahtsieb mit 2 mm Maschenbreite geben – Sieb mit Inhalt in ein Gefäß mit lauwarmen Wasser (maximale Wassertemperatur: 30 °C) tauchen und mehrmals schwenken, bis sich die Soße von den festen Bestandteilen gelöst hat oder unter fließendes Leitungswasser halten – Sieb aus dem Wasser nehmen und 5–10 Minuten lang zum Abtropfen über ein leeres Gefäß hängen – den verbleibenden Siebinhalt auf ein Saugpapierhandtuch stülpen und unverzüglich mit einer Pinzette nach den Bestandteilen trennen). Bei Erzeugnissen in Aufgüssen wird das Produkt durch ein feinmaschiges Sieb gegeben. Bei Erzeugnissen in Soßen wird durch vorsichtiges Abstreifen die Soße entfernt. Der Gelee bei Gelee-Erzeugnissen wird im Trockenschrank bei 50 °C verflüssigt [5, 6].
Bei Feinkostsalaten wird eine Behandlung mit Propanol vorgeschlagen [18]. Der Heringsanteil läßt sich auch über den Stickstoffgehalt bestimmen [38].
Bei der Ermittlung der Anteile stückiger Einlagen in zusammengesetzten Lebensmitteln in Kleingebinden sollte die Probenmenge grundsätzlich mehr als 500 g betragen. Besser noch 2 · 500 g aus zwei unterschiedlichen Chargen. Für die Beurteilung ist das Mittelwertprinzip anzuwenden. Die technologisch bedingte Ungleichverteilung ist zu berücksichtigen. Bei der Feststellung von Mindergewichten trotz dieser umfangreichen Untersuchung und nach Belehrung des Herstellers ist eine Betriebskontrolle mit Überprüfung der Rezeptur angezeigt.

30.4.4 Spezielle Physikalisch-Chemische Untersuchungen

Für große Serien und für orientierende Lebensmittel- und Betriebskontrollen dient als Schnellmethode zur Wasserbestimmung die Infrarot-Methode mittels Ultra-X-Gerät. Bei Soßen eignet es sich gleichzeitig zur Ermittlung des Fettgehaltes.
Bei der Bestimmung des Eigelbgehaltes nach der grav. Chinolin-Molybdat-Methode empfiehlt sich ein Zusatz von Amylase oder Borsäure zur Verhinderung von Verlusten.

Weiter soll hier auf die Bestimmung der Hauptinhaltsstoffe wie Wasser, Eiweiß, Fett, Kohlenhydrate, der Zusatzstoffe (Konservierungsmittel, Antioxidantien, …), der Parameter zur Bestimmung des Frischegrades nicht eingegangen werden. Es wird auf die entsprechenden Kapitel verwiesen.

30.5 Literatur

1. ALS (1976) Stellungnahme zu „Feinkost". BGesundhBl 19:175
2. LMR
3. Zipfel
4. DLB
5. Ludorff W, Meyer V (1973) Fische und Fischerzeugnisse. Paul Parey Verlag, Berlin
6. HLMC Bd III/2
7. AS 35
8. Stegen H (1968) Neue Leitsätze für Mayonnaise und Salate. Feinkostwirtsch 5:147
9. Stegen H (1972) Leitsätze für Feinkostsalate. Feinkostwirtsch 9:4
10. Schriftenreihe des BLL e.V., Heft 93 Richtlinien zur Beurteilung von Suppen und Soßen
11. Schriftenreihe des BLL e.V., Heft 56 Richtlinien für Fleischerzeugnisse
12. Richtlinien zur Beurteilung von Tomatenketchup (1980) Dtsch Lebensm-Rundsch 76:142
13. „Heringe nach Hausfrauenart" (1984) LRE 15:301
14. Hering R (1978) Lexikon der Küche. Fachbuchverlag Dr. Pfanneberg & Co., Gießen
15. Dr. Oetker (1989) Lexikon Lebensmittel und Ernährung. Ceres-Verlag, Bielefeld
16. Dr. Oetker (1967) Warenkunde Lexikon. Ceres-Verlag, Bielefeld
17. „Fisch-Fleisch" (1982) ZLR 9:253
18. Wurziger J (1972) Feinkosterzeugnisse aus der Sicht der Lebensmittelüberwachung. Feinkostwirtsch 9:201
19. Flemmig R (1985) Krabbencocktail u.ä. Krebstiererzeugnisse. Fleischwirtsch 65:1
20. Bertling L (1960) Über Mindergewichte und Gewürzbeigaben bei Marinaden. Mitteilungsbl der GDCh-Fachgr Lebensmittelchem u gerichtl Chem 14:91
21. Bertling L (1969) Krabben in Gelee. Feinkostwirtsch 6:250
22. „Zarte Heringsfilets in pikanter Sahnesoße", LRE 22:81
23. „Sahne-Heringsfilet" (1989) ZLR 16:750
24. Ohlrogge J (1986) Zur Kennzeichnung von „Sahne-Heringsfilets". Archiv f Lebensmittelhyg 37:129
25. „Wildschwein-Edelgulasch". LRE 17:287
26. ALS (1988) Stellungnahme zur „Beurteilung von Sojasoßen". BGesundhBl 31:392
27. „Holländische Soße einfach" (1986) ZLR 13:476
28. Bertling L (1988) Holländische Soße, Sauce Hollandaise. AID-Verbraucherdienst 33:74
29. „Sauce à la Hollandaise mit pflanzlichen Fetten" (1989) LRE 23:148
30. Bertling L (1980) Zur Beurteilung von Suppen und Soßen. Fleischwirtsch 60:2164
31. Hanewinkel-Meshkini H, Hackmann W (1989) Beitrag zur Beurteilung von Tomatenmark. Dtsch Lebensm Rundsch 85:351
32. Benk E (1987) Zur Zusammensetzung und Beurteilung von Dressings. Gordian 87:12
33. Stegen H (1970) Über Feinkostsalate. Feinkostwirtsch 7:7
34. Bartels H, Loh P (1968) Zur Höhe des Anteils an Heringsfleisch im Heringssalat. Fleischwirtsch 48:1451
35. Bertling L (1961) Zur Bestimmung des Heringsanteils in Heringssalat. Mitteilungsbl GDCH Fachgr Lebensmittelchem u gerichtl Chem 15:172
36. Bertling L (1966) Untersuchung zur Bestimmung des Heringsanteils im Heringssalat. Feinkostwirtsch 3:75 bzw 337
37. Braunsdorf K, Dux A (1963) Über die Bestimmung von Heringsanteil im Heringssalat. Nahrung 7:430

38. Rothkegel H (1961) Zur Bestimmung des Heringsanteils in Heringssalat. Mittbl GDCh-Fachgr Lebensmittelchem u gerichtl Chem 15:1
39. Wünsche D (1954) Zur Bestimmung des Heringsanteils in Heringssalat. Inform Fischwirtsch 2:28
40. Wünsche D (1959) Der Heringsanteil im Heringssalat. Inform Fischwirtsch 6:29
41. Wünsche D (1963) Über die Homogenität industriell hergestellter Heringssalate. Inform Fischwirtsch 10:151
42. „Kennzeichnung Geformtes Putenstückenfleisch bei Geflügelsalat" (1982) LRE 14:151
43. Bericht ALS 43. Sitzung am 15./16.05.84 in Berlin
44. Bertling L (1983) Zusammensetzung von Geflügelsalat. Fleischwirtsch 63:1505
45. Mitteilung des Feinkostverbandes Nr. 4 vom 14.04.86
46. Bertling L (1985) Waldorf-Salat. Die Fleischerei 7:523
47. Streit H (1987) Waldorfsalat, klassische Rezepturvariationen und deren Kenntlichmachung. Der Lebensmittelkontrolleur 2:12
48. Bertling L (1969) Untersuchung an Krabbensalat. Feinkostwirtsch 6:74
49. Eckert Ch, Collet P (1988) Biologisch bedingte Nitritbildung in Mikro-Salat-Fertigpackungen. Arch f Lebensmittelhyg 39:109
50. Hildebrandt G, et al (1989) Hygienischer Status von Rohkostsalaten verschiedener Angebotsformen. Arch f Lebensmittelhyg 40:49
51. Stellungnahme der DGHM-Arbeitsgruppe (1990) Bundesgesundheitbl 33:6
52. Analysenmethoden für die Feinkostindustrie (Stand Febr. 1980) Bundesverband der Deutschen Feinkostindustrie e.V. Bonn
53. Untersuchungsmethoden für die Suppenindustrie (Stand Nov. 1980) Technische, Kommission der Association internationale de l'industrie des Bouillons et Potages (AIIBP), Verband der Schweizerischen Suppenfabrikanten, Bern
54. DLG Qualitätsprüfung 1988 (1989) Fleischwirtsch 69:720
55. Mitteilung des Feinkostverbandes vom 29.11.90

31 Spezielle Lebensmittel

W. Nonnweiler, Stuttgart

31.1 Lebensmittelwarengruppen

Diätetische Lebensmittel, Kochsalzersatz, Zuckeraustauschstoffe, Süßstoffe, Diabetikerlebensmittel, natriumarme Diät, natriumreduzierte Lebensmittel, Säuglingsnahrung, Schlankheitskost, bilanzierte Diäten, jodiertes Speisesalz, Nahrungsergänzungsmittel, Nährstoffkonzentrate, Sportlernahrung, vitaminierte Lebensmittel, nährwertverminderte und -arme Lebensmittel.

31.2 Beurteilungsgrundlagen

31.2.1 Allgemeines

Für die in diesem Abschnitt aufgeführten Lebensmittel gelten zahlreiche, verschiedenartige VO und Richtlinien, außerdem werden einige für einen besonderen Ernährungszweck angebotene Lebensmittel auch in anderen Kapiteln des TB erwähnt (19, 21, 24 und 32).

Diabetikerwein ist in §17 WeinV, Diabetikerschaumwein in §9 Schaum-BranntweinV geregelt.

Zu Diätmargarine und Diätöl existieren Richtlinien des Bundesverbandes der Diätetischen Lebensmittelindustrie [1] (s. aber auch Kap. 19.2.5).

Richtlinien über adaptierte und teiladaptierte Säuglingsmilchnahrungen der Ernährungskommission der Deutschen Gesellschaft für Kinderheilkunde 1979 [2] sind bei Babymilcherzeugnissen zu berücksichtigen.

Bei diätetischen Lebensmitteln sind generell die LMKV (s. Kap. 11.3.2) und jeweils die produktspezifischen lebensmittelrechtlichen Bestimmungen zu beachten.

31.2.2 EG-Richtlinien

Die Richtlinie vom 24. 9. 1990 über die Nährwertkennzeichnung von Lebensmitteln (90/496/EWG) wurde am 6. 10. 1990 veröffentlicht.

Die Richtlinie vom 3. 5. 1989 [3] zur Angleichung der Rechtsvorschriften der Mitgliedstaaten über Lebensmittel, die für eine besondere Ernährung bestimmt sind, wird z. Zt. umgesetzt. Nach Artikel 4 dieser Richtlinie sind Einzelrichtlinien für folgende Produkte vorgesehen:

- Säuglingsfertignahrung,
- Lebensmittel mit niedrigem oder reduziertem Brennwert zur Gewichtsüberwachung,
- Bilanzierte Diäten,
- Natriumarme Lebensmittel einschließlich Diätsalze,
- Glutenfreie Lebensmittel,
- Lebensmittel für intensive Muskelanstrengungen, vor allem für Sportler,
- Lebensmittel für Diabetiker.

Der Vorschlag für eine Richtlinie (EWG) des Rates zur Angleichung der Rechtsvorschriften der Mitgliedsstaaten über Säuglingsfertignahrung und Folgemilch (Stand: 20.10.1986) liegt im Entwurf vor.

31.2.3 ALS-Stellungnahmen

Stellungnahmen des ALS [4] liegen vor zu:
- Vitamine in Lebensmitteln,
- Berechnung des physiologischen Brennwertes bei Diabetikerschaumwein,
- Speisekleie – ein diätetisches Lebensmittel?
- Sportlernahrung – ein diätetisches Lebensmittel?
- Selenhaltiges Nahrungsergänzungsmittel,
  diese Stellungnahme wurde ergänzt auf 52. ALS-Sitzung (9.11.88) durch den Satz:
  Dies trifft formal nicht zu für „Selenhefe", die gezielt auf Substraten mit naturbedingt hohen Selengehalten gezüchtet wurde.
- Beurteilung von Lecithinpräparaten,
- Verkehrsbezeichnung „Diätetisches Erfrischungsgetränk".

31.2.4 Diätverordnung

31.2.4.1 Allgemeines

Die Definition eines diätetischen Lebensmittels ist in §1 der Diät-V festgelegt. Vor allem dienen diätetische Lebensmittel dazu, die Zufuhr bestimmter Nährstoffe zu steigern oder zu verringern. Sie müssen sich von anderen Lebensmitteln vergleichbarer Art durch ihre Zusammensetzung oder ihre Eigenschaften maßgeblich unterscheiden.
Nicht identisch mit den diätetischen Lebensmitteln sind die sogenannten Reform-Lebensmittel. Während die diätetischen Lebensmittel besonderen Ernährungszwecken dienen sollen, genügt für Reform-Lebensmittel, daß sie allgemein zur Gesundheitsvorsorge bestimmt sind. Es handelt sich um naturnahe evtl. biologisch verbesserte Lebensmittel. Während eine diätetische Wirkung in der Regel auf dem Zusatz oder Austausch bestimmter Stoffe beruht, streben die Reformwaren eine Steigerung von natürlichen und die Verringerung von bedenklichen Faktoren aller Art an.
Angaben wie „biologisch-dynamisch", „organisch-biologisch" weisen auf spezielle Anbaumethoden hin [5]. (Verwendung von Pflanzenschutzmitteln

praktisch verboten, weitgehende Nutzung natürlicher Selbstregulationsmechanismen z. B. durch vielseitige Fruchtfolge.)

Im Rahmen der EG ist beabsichtigt, die alternativen Anbauverfahren im einzelnen zu beschreiben und deren Einhaltung zu kontrollieren. Es soll auf die Anbauweise abgehoben werden, ohne daß diese Angaben totale Rückstandsfreiheit bedeuten müssen, weil mit einer Kontamination über die Umwelt und Altlasten immer zu rechnen ist.

Organisch-biologisch erzeugte Lebensmittel sowie Reformlebensmittel können auch diätetische Lebensmittel sein, wenn sie der Diät-VO entsprechen.

Bei diätetischen Lebensmitteln sind bis auf die in § 3 Abs. 2 der Diät-V aufgeführten Ausnahmen krankheitsbezogene Werbeaussagen unzulässig. Erlaubt sind Aussagen wie z. B.:

„Zur besonderen Ernährung bei Diabetes im Rahmen eines Diätplanes" bei diätetischen Lebensmitteln für Diabetiker,

„Diätetisches Lebensmittel, geeignet zur Behandlung von Phenylketonurie" für eine bilanzierte Diät bei angeborenen Störungen des Aminosäurestoffwechsels.

31.2.4.2 Kennzeichnungsvorschriften

Bei allen diätetischen Lebensmitteln sind die besonderen ernährungsbezogenen Eigenschaften oder vorbehaltlich des § 3 der besondere Ernährungszweck anzugeben, außerdem die Besonderheiten in der qualitativen und quantitativen Zusammensetzung oder der besondere Herstellungsprozeß, durch die das Erzeugnis seine besonderen ernährungsbezogenen Eigenschaften erhält.

Beispiel: Diätmargarine, linolsäurereich (Linolsäuregehalt: 50 % im Fett), für eine linolsäurereiche Ernährungsweise.

Anzugeben sind ferner die Gehalte an verwertbaren Kohlenhydraten, Fetten und Eiweißstoffen, sowie der physiologische Brennwert in Kilojoule und Kilokalorien (§ 19 Abs. 1 DiätV). § 2 der DiätV enthält eine Schutzvorschrift für das Wort „Diät" und andere Angaben, die auf ein diätetisches Lebensmittel hindeuten. Diese sind für Lebensmittel des allgemeinen Verzehrs nicht zulässig.

31.2.4.3 Besondere Zusatzstoffe

Anlage 1 zu § 6 DiätV enthält zu technologischen Zwecken zugelassene Zusatzstoffe. Hier sind die besonderen Einschränkungen für Konservierungsstoffe und Farbstoffe hervorzuheben. Von den Konservierungsstoffen darf nur Sorbinsäure für einige wenige diätetische Lebensmittel verwendet werden, z. B. bis zu 0,8 g/1 kg für brennwertverminderte Konfitüren und bis zu 2 g/1 kg für Schnittbrot und brennwertvermindertes Brot. – Beim Inverkehrbringen diätetischer Lebensmittel beträgt die höchstzulässige Restmenge an Schwefeldioxid 10 mg/1 kg.

Ferner dürfen die durch § 2 der Zusatzstoff-ZulassungsV zugelassenen Stoffe verwendet werden, ausgenommen sind diätetische Lebensmittel für Säuglinge, für die Anlage 1 Liste B Sonderregelungen enthält.

Anlage 2 zu § 7 Diät-VO enthält zu ernährungsphysiologischen und diätetischen Zwecken zugelassene Zusatzstoffe. Hier nehmen die für bilanzierte Diäten zugelassenen Zusatzstoffe wie Spurenelemente, Mineralstoffverbindungen und Aminosäuren einen breiten Raum ein.

Abgesehen davon werden acht Eisenverbindungen für diätetische Lebensmittel zugelassen, worauf besonders hingewiesen wird. Sie dürfen bei Lebensmitteln des allgemeinen Verzehrs nicht zugesetzt werden. Schließlich enthält die Anlage 6 Mindest- und Höchstmengen von Mineralstoffen, Spurenelementen und Vitaminen für bilanzierte Diäten. Anlage 3 zu § 9 der DiätV enthält für diätetische Lebensmittel als Kochsalzersatz zugelassene Zusatzstoffe.

31.2.4.4 Regelungen für spezielle, diätetische Lebensmittel

1. Fiktive diätetische Lebensmittel

Der Definition des § 1 der DiätV entsprechen die sogenannten „fiktiven" diätetischen Lebensmittel nicht, sie sind ihnen aber gleichgestellt worden. Dazu gehören Kochsalzersatz, Zuckeraustauschstoffe und Süßstoffe.

Kochsalzersatz

Für Kochsalzersatz sind hauptsächlich Kalium-, Calcium- und Magnesiumsalze der Salzsäure und verschiedener organischer Säuren zugelassen worden. Eine Einschränkung gibt es für die Magnesiumsalze, der Anteil an Magnesiumkationen darf nicht mehr als 20 % des Gesamtgehaltes an Kalium- und Calciumionen betragen. Glutaminsäure, Kaliumguanylat und Kaliuminosinat können als Geschmacksverstärker eingesetzt werden. In der Regel überwiegt bei den Erzeugnissen des Handels mengenmäßig Kaliumchlorid, der Kaliumgehalt kann in Kochsalzersatz bis zu 40 % betragen. Bei kaliumhaltigen Kochsalzersatz ist der Gehalt an Kalium mengenmäßig zu deklarieren und zusätzlich ist der Warnhinweis anzubringen: „Bei Störungen des Kaliumhaushaltes, insbesondere bei Niereninsuffizienz nur nach ärztlicher Beratung verwenden" (§ 23 Abs. 3 DiätV).

Zuckeraustauschstoffe

Als Zuckeraustauschstoffe gelten Fruktose, Sorbit, Mannit und Xylit. Die Zuckeraustauschstoffe können bei hypoglykämischen Diabetikern die Unterzuckerung beseitigen, wirken aber bei Patienten mit mäßig erhöhten Blutzuckerwerten nicht unmittelbar blutzuckererhöhend. Prinzipiell können sie insulinunabhängig metabolisiert werden. Sie sind auf die Broteinheiten anzurechnen (1 BE entspricht 12 g verwertbaren Kohlenhydraten sowie Zuckeraustauschstoffen), wie § 20 Abs. 2 der DiätV zu entnehmen ist.

Fruchtzucker ist in vielen Nahrungsmitteln – vor allem in Obsterzeugnissen – enthalten und gilt als gut verträglicher Zuckeraustauschstoff. Die anderen Zuckeraustauschstoffe sind den Zusatzstoffen gleichgestellt worden. Es sind

α-D-Glucopyranosido-1,6-Mannit   α-D-Glucopyranosido-1,6-Glucit

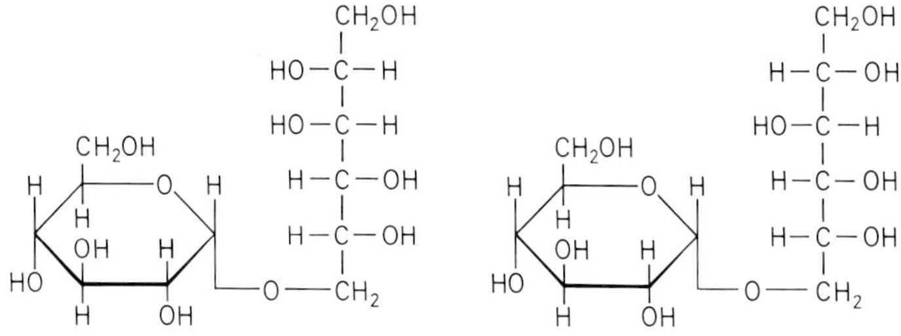

Abb. 1. Palatinit

langsam resorbierbare Zuckeralkohole, die osmotisch bedingte Durchfälle hervorrufen können. Packungen mit Zuckeraustauschstoffen und diätetische Lebensmittel mit Gehalten an diesen Zuckeraustauschstoffen von mehr als 10% müssen den Warnhinweis tragen: „Kann bei übermäßigem Verzehr abführend wirken." (§§ 20 Abs. 4 und 23 Abs. 1 DiätV und § 8 Abs. 1 Nr. 6 ZZulV).

Durch die Änderung der ZZulV vom 13.6.1990 ist die Zahl der zugelassenen Süßstoffe und Zuckeraustauschstoffe erweitert worden. Nunmehr können die Zuckeraustauschstoffe Isomalt (Palatinit) und Maltitsirup in begrenztem Umfang für Lebensmittel des allgemeinen Verzehrs verwendet werden. Palatinit stellt eine äquimolekulare Mischung der Isomeren α-D-Glucopyranosido-1,6-Mannit (GPM) und α-D-Glucopyranosido-1,6-Glucit (GPG) dar.

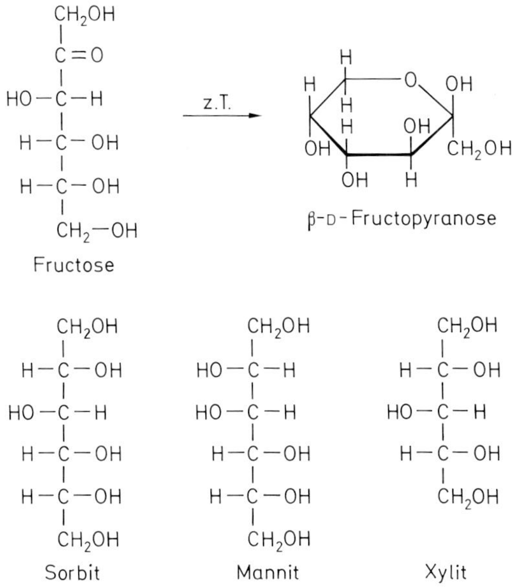

Fructose   z.T. →   β-D-Fructopyranose

Sorbit   Mannit   Xylit   **Abb. 2.** Zuckeraustauschstoffe

Maltitsirup wird in Anlage 2 Liste 9 der ZVerkV wie folgt beschrieben: Hydrierter Maltosesirup, Dimere und Oligomere der D-Glucose, deren endständige Glucosemoleküle zu Sorbit hydriert wurden.

Süßstoffe

Zugelassen waren bisher die Süßstoffe Saccharin und Cyclamat (§ 8 DiätV). Als „neue" Süßstoffe waren Aspartam und Acesulfam über Ausnahmegenehmigungen nach § 37 LMBG verkehrsfähig, sie sind nunmehr durch die Änderung der ZZulV zusammen mit Saccharin und Cyclamat für bestimmte Lebensmittel des allgemeinen Verzehrs zugelassen worden, vor allem für brennwertverminderte Erzeugnisse.

Aspartam ist zum Kochen und Backen nicht geeignet, weil es bei längerer und höherer Erhitzung an Süßkraft verliert. Die Süßkraft der einzelnen Süßstoffe ist verschieden, als Faustregel gilt:

Aspartam und Acesulfam K sind 200-fach, Saccharin 500-fach und Cyclamat 30 bis 50-fach süßer als normaler Haushaltszucker. Dieser Nachteil von Cyclamat, der eine höhere Dosierung erfordert, wird in der Kombination Saccharin/Cyclamat im Verhältnis 1:10, die häufig Verwendung findet, aufgehoben. Ausschlaggebend für die Süßkraft sind auch Lebensmittelinhaltsstoffe und Säuregrad. Die Süßstoffe müssen auf den Fertigpackungen namentlich deklariert sein, weiterhin ist eine der Süßkraft des Inhalts der Packung bzw. der Tablette entsprechende Menge Zucker in g oder kg anzugeben gemäß § 23 Abs. 2 DiätV, sowie § 8 Abs. 1 Nr. 8 der ZZulV (Süßwert von Zucker s. Kap. 1.6.1).

2. Diätetische Lebensmittel für Diabetiker

Der Gehalt an Fett oder Alkohol darf bei Diabetikerlebensmitteln gegenüber vergleichbaren Lebensmitteln des allgemeinen Verzehrs nicht höher sein. Alkohol spielt vor allem bei Diätbier eine Rolle. Diätpils darf nicht mehr Alkohol enthalten als handelsübliches Pilsener, d. h. nicht mehr als etwa 5,3 Vol.-%. Diabetikerbier ist arm an Kohlenhydraten (vorgeschriebener Höchstgehalt 0,75 g pro 100 ml). Dies ist nur durch starke Vergärung zu

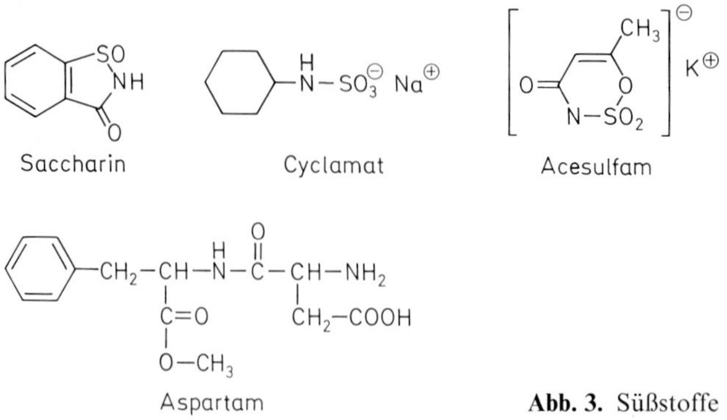

Saccharin   Cyclamat   Acesulfam

Aspartam

Abb. 3. Süßstoffe [6]

erzielen, was zu erhöhten Alkoholgehalten bei Diabetikerbieren führt und von medizinischer Seite unerwünscht ist. Deshalb muß so viel Alkohol wieder entzogen werden, daß Normalwerte erreicht werden. Ferner dürfen Lebensmitteln für Diabetiker die sogenannten „belastenden" Kohlenhydrate nicht zugesetzt werden, stattdessen die Zuckeraustauschstoffe oder die Süßstoffe. Die belastenden Kohlenhydrate sind in § 12 Abs. 1 Nr. 2 der DiätV genannt. Als Diabetikerbrot darf nur ein kalorienvermindertes Brot (höchstens 200 kcal/100 g) angeboten werden. Mahlzeiten für Diabetiker müssen den Anforderungen des § 14a der DiätV entsprechen (s. unter 5.).

3. Diätetische Lebensmittel für Natriumempfindliche

Sie dürfen in genußfertigem Zustand nicht mehr als 120 mg Natrium/100 g enthalten. Liegt der Natriumgehalt unter 40 mg/100 g, darf die Angabe „streng natriumarm" verwendet werden. Bei Getränken darf der Natriumgehalt 2 mg pro 100 ml des verzehrsfertigen Lebensmittels nicht überschreiten. Getränke können nicht als „streng natriumarm" gekennzeichnet werden, da bei diesen bereits die Bezeichnung „natriumarm" einen wesentlich niedrigeren Natriumgehalt voraussetzt, s. dazu Anlage 4 zu § 9 Abs. 3 der Mineral- und TafelwasserV.
Eine wichtige Neuregelung bringt die NährwertkennzV (s. dort) für „natriumverminderte" Lebensmittel. Es handelt sich um eine neue Gruppe, die nicht mit natriumarmen Lebensmitteln verwechselt werden darf.

4. Diätetische Lebensmittel für Säuglinge und Kleinkinder

Die Vorschriften des § 14 der Diät-VO gelten auch für Lebensmittel des allgemeinen Verzehrs, wenn sie mit einem Hinweis auf die Eignung für Säuglinge und Kleinkinder in den Verkehr gebracht werden (§ 2 Abs. 2 DiätV). Säuglinge und Kleinkinder sind auf die Aufnahme besonderer Nahrung angewiesen, da ihr Stoffwechsel und ihr Verdauungsapparat noch nicht voll ausgebildet sind. Das ideale Nahrungsmittel für Säuglinge während der ersten

Tabelle 1

	in 100 ml
Energie	62 – 72 kcal
	280 –301 kJ
Protein	1,2– 1,9 g
Fett	3,3– 3,8 g
Asche	0,4 g
Kohlenhydrate	
adaptiert	nur Lactose
teiladaptiert	verschiedene K. H. zulässig
Zusammensetzung des Fettkörpers	
ungesättigte: gesättigte Fettsäuren	etwa 50:50
Linolsäure	3–6% der Kalorien
Laurinsäure	nicht mehr als 8% der Fettsäuren

Lebensmonate stellt die Muttermilch dar. Diese enthält im Durchschnitt gleiche Fettwerte, weniger Eiweiß und mehr Kohlenhydrate als Kuhmilch. Industriell hergestellte Säuglingsmilch soll der Muttermilch möglichst angeglichen werden. Die auf dem Markt angebotenen adaptierten und teiladaptierten Milchnahrungen sind einheitlich auf die Richtlinie der Ernährungskommission der Deutschen Gesellschaft für Kinderheilkunde ausgerichtet [2], s. Tabelle 1.

Eine EG-Richtlinie zur Angleichung der Rechtsvorschriften der Mitgliedsstaaten über Säuglingsfertignahrung und Folgemilch ist in Vorbereitung. Im Sinne dieser Richtlinie sind

a) „Säuglingsfertignahrung" Lebensmittel, die für Säuglinge während der ersten vier bis sechs Lebensmonate bestimmt sind und für sich allein den Ernährungserfordernissen dieser Personengruppe entsprechen,

b) „Folgemilch" Lebensmittel, die für Säuglinge über vier Monate bestimmt sind und den Milchanteil einer zunehmend abwechslungsreichen Ernährung dieser Personengruppe darstellen.

Beide Nahrungen müssen die Zusammensetzungsmerkmale aufweisen, die in den Anhängen I und II der Richtlinie aufgeführt sind.

Für Säuglingsfertignahrung gilt folgendes:

Energie	250–315 kJ (60–75 kcal) pro 100 ml
Proteine	0,56 g–0,7 g/100 kJ (2,25 g–3,0 g/100 kcal)
(N × 6,38)	
Lipide	0,8 g–1,5 g/100 kJ (3,3 g–6,5 g/100 kcal)
Kohlenhydrate	1,7 g–3,4 g/100 kJ (7,0 g–14 g/100 kcal)

Über die nähere stoffliche Beschaffenheit der Lipide und Kohlenhydrate gibt die Richtlinie Aufschluß sowie über die Gehalte an Mineralsalzen und Vitaminen.

Für den älteren Säugling und das Kleinkind reicht eine Milchnahrung nicht mehr aus, sie benötigen zusätzlich Breikost und die sogenannte Gläschenkost. Es handelt sich um fein zerkleinerte Gemüsezubereitungen mit und ohne Fleischzusatz oder um Obstzubereitungen. Die von den Herstellfirmen ab 8. Monat empfohlenen Fertigmahlzeiten (Juniorkost) sind in der Konsistenz auf das bessere Kauvermögen abgestimmt.

Besondere Anforderungen an Lebensmittel, die für Säuglinge und Kleinkinder bestimmt sind:

> Sie dürfen, soweit andere lebensmittelrechtliche Vorschriften keine strengere Regelung treffen, an Pflanzenschutz-, Schädlingsbekämpfungs- und Vorratsschutzmitteln jeweils nicht mehr als 0,01 mg pro kg enthalten; neue Aflatoxin-Grenzwerte ab Mai 1991; ihr Gehalt an Nitrat darf 250 mg/kg, bezogen auf das verzehrsfertige Erzeugnis, nicht überschreiten.

Durch die heute übliche Düngung haben viele der im Handel befindlichen Gemüsesorten des allgemeinen Verzehrs einen für den Säugling zu hohen

Nitratgehalt. Der Genuß von nitratreichem Gemüse (Spinat, Karotten) kann besonders bei Säuglingen unter acht Monaten die Krankheit Methämoglobinämie (Blausucht) hervorrufen. Die von der diätetischen Lebensmittelindustrie für Säuglinge hergestellten Gemüsezubereitungen sind heute in bezug auf ihren Nitratgehalt als sicher zu bezeichnen, da der vorgeschriebene Nitratgrenzwert eingehalten wird.

5. *Diätetische Lebensmittel, die als Mahlzeit oder als Tagesration für Übergewichtige bestimmt sind*

Generell ist die Schlankheitswerbung für ein Lebensmittel verboten (s. § 7 Abs. 1 der NährwertkennzV). Die einzige Ausnahme von dieser Regel stellen Lebensmittel dar, die im Sinne des § 14a der DiätV hergestellt wurden und zur vollständigen und alleinigen Verwendung als Tagesration bestimmt sind. Zwar dürfen auch Einzelmahlzeiten für Übergewichtige hergestellt werden, aber hierfür sind Angaben, die darauf hindeuten, daß das Lebensmittel schlankmachende oder gewichtsverringernde Eigenschaften hat, unzulässig.

Das Grundgerüst für eine *Tageskost nach § 14a der Diät-VO* lautet (Mindestgehalte):

Biologisch hochwertiges Eiweiß	50	g
Essentielle Fettsäuren, berechnet als Linolsäure	7	g
Verwertbare Kohlenhydrate	90	g
Calcium	800	mg
Eisen	18	mg
Vitamin A	0,9	mg
Vitamin B_1	1,6	mg
Vitamin B_2	2	mg
Vitamin B_6	1,8	mg
Vitamin C	75	mg
Vitamin E	12	mg
Vitamin D	2,5	μg

Physiologischer Brennwert nicht über 5025 kJ (1200 kcal)

Durch die entsprechende Zusammensetzungsvorschrift wird eine ausreichende Versorgung mit essentiellen Nährstoffen sichergestellt. Es kann jedoch kein idealer Ersatz einer abwechslungsreichen Tageskost sein. Als Dauernahrung sind diese Produkte nicht geeignet, vorgeschrieben ist der Warnhinweis: „Bei Langzeitverwendung ärztliche Beratung empfohlen" [7].

6. *Bilanzierte Diäten*

Als bilanzierte Diäten nach § 14b DiätV werden verstanden:
– Bilanzierte Diät zur ausschließlichen Ernährung,
– Ergänzende bilanzierte Diät,
– Bilanzierte Diät zur Behandlung von angeborenen Störungen des Aminosäurestoffwechsels,
– Ergänzende bilanzierte Diät zur Behandlung von angeborenen Störungen des Aminosäurestoffwechsels.

Die Gruppe der bilanzierten Diäten umfaßt je nach Zusammensetzung und Verwendungszweck sehr unterschiedliche Erzeugnisse. Als bedarfsdeckende Nahrung werden bilanzierte Diäten z.B. bei Behinderung der Nahrungsaufnahme (z.B. Schluckstörungen, nach Operationen im Schädel- und Halsbereich), bei Behinderungen der Nahrungspassage im oberen Gastrointestinaltrakt u.a.m. eingesetzt.

Die bedarfsdeckende Ernährung bei angeborenen Stoffwechselstörungen (Phenylketonurie) oder bei Niereninsuffizienz erfordert bilanzierte Diäten in besonderer Zusammensetzung (z.B. phenylalaninfrei). Bilanzierte Diäten dienen überwiegend der klinischen Ernährung und werden oral oder per Sonde verabreicht. Für diese bilanzierten Diäten sind bestimmte Zusatzstoffe (Mineralstoffe, Spurenelemente und Aminosäuren) zugelassen worden.

§ 21 DiätV enthält umfassende Kennzeichnungsbestimmungen für bilanzierte Diäten, u.a. müssen sie den Warnhinweis tragen: „nur unter medizinischer Kontrolle verwenden".

Wichtig ist die Vorschrift des § 11 DiätV: Wer bilanzierte Diäten herstellen will, bedarf der Genehmigung. Voraussetzung für die Erteilung der Genehmigung ist die erforderliche Sachkunde und Zuverlässigkeit und eine entsprechende Betriebseinrichtung.

31.2.5 Nährwert-Kennzeichnungsverordnung (NWKV)

Der NWKV liegt ein fakultatives Kennzeichnungssystem zugrunde, nach welchem verbindliche Kennzeichnungsregelungen nur bestehen, wenn bestimmte Nährwertangaben gemacht werden. Dabei lösen brennwertbezogene Angaben umfassendere Kennzeichnungsverpflichtungen aus als nährstoffbezogene Hinweise.

a) *Brennwertbezogene Angaben* beziehen sich auf den Energiegehalt eines Lebensmittels, ausgedrückt in Kilojoule und Kilokalorien. Sie haben die mengenmäßige Deklaration der Gehalte an verwertbaren Kohlenhydraten, Fetten und Eiweißstoffen zur Folge (§ 2 NWKV). Der Angabe bedarf es nicht bei einem Gehalt von weniger als je einem Hundertteil.

b) *Nährstoffbezogene Angaben* beziehen sich auf den Gehalt eines Lebensmittels an Eiweiß, Fett, Kohlenhydraten, Alkohol, Mineralstoffen einschließlich Spurenelementen. § 3 NWKV erfaßt Angaben, die auf einen geringen, verminderten, hohen oder erhöhten Nährstoffgehalt hindeuten (z.B. fettarm, viel Eiweiß, hoher Magnesiumgehalt). Der Nährstoff, auf den sich diese Angaben beziehen, ist mengenmäßig zu deklarieren.

Besondere Regelungen wurden für Hinweise getroffen, die sich auf den Natrium- oder Kochsalzgehalt beziehen oder darauf, daß Kochsalz oder andere Natriumverbindungen nicht zugesetzt wurden. Der Natriumgehalt ist in diesen Fällen in mg pro 100 g Lebensmittel zu deklarieren. Sind anstelle von Kochsalz Kaliumverbindungen zugesetzt worden, ist der Kaliumgehalt ebenfalls mengenmäßig in mg pro 100 g anzugeben.

Wichtig ist § 7, der eine Regelung über natriumarme und natiumverminderte Lebensmittel enthält.

Lebensmittel des allgemeinen Verzehrs dürfen mit Hinweisen auf niedrige Natrium- oder Kochsalzgehalte nur angeboten werden, wenn sie im genußfertigen Zustand nicht mehr als 120 mg Natrium pro 100 g enthalten, bei Getränken darf der Natriumgehalt nicht mehr als 2 mg Natrium pro 100 ml betragen.

Die natriumreduzierten Lebensmittel sind in einer geschlossenen Liste von Lebensmitteln mit Natriumhöchstwerten aufgeführt [8]. Es sind Lebensmittel, die in besonderem Maße zur Natriumzufuhr beitragen. Rohwürste und Rohschinken sind nicht genannt, denn bei diesen Erzeugnissen sind die Natriumgehalte auch nach Reduktion noch zu hoch.

Natriumreduzierte Lebensmittel (Anlage 2 zu § 7 Abs. 2 Nr. 3b NWKV)

Lebensmittel	Natriumgehalt des verzehrfertigen Lebensmittels höchstens mg in 100 g
Brot, Kleingebäck und sonstige Backwaren	250
Fertiggerichte und fertige Teilgerichte	250
Suppen, Brühen und Soßen	250
Erzeugnisse aus Fischen, Krusten-, Schalen- und Weichtieren	250
Kartoffeltrockenerzeugnisse	300
Kochwürste	400
Käse und Erzeugnisse aus Käse	450
Brühwürste und Kochpökelwaren	500

Ferner enthält der § 7 NWKV Regelungen über Angaben, die
a) auf einen geringen Brennwert
b) auf einen verminderten Brennwert
c) auf einen verminderten Nährstoffgehalt
hindeuten.

Nach § 7 NWKV sind außerdem Werbehinweise auf schlankmachende, schlankheitsfördernde oder gewichtsverringernde Eigenschaften bei Lebensmittel verboten. Ausgenommen sind Lebensmittel, die in ihrer Zusammensetzung dem § 14a der DiätV entsprechen und zur Verwendung als Tageskost bestimmt sind.

Brennwertverminderte Mahlzeiten müssen den Anforderungen des § 14a DiätV entsprechen.

31.2.6 VO über vitaminierte Lebensmittel

Vitaminisierte Lebensmittel sind als Lebensmittel zu verstehen, deren Vitamingehalt auf einem Zusatz von natürlichen oder synthetischen Vitaminen oder von besonders vitaminreichen Stoffen oder auch auf der Anwendung von chemischen, physikalischen oder biologischen Verfahren zur Erzeugung von Vitaminen beruht.

Sie dürfen mit einem Hinweis auf ihren Vitamingehalt gewerbsmäßig nur in Fertigpackungen in den Verkehr gebracht werden. Die zugesetzten Vitamine sind mengenmäßig zu deklarieren (§2 Abs. 2 Vitamin V).

Die sachliche Voraussetzung eines Hinweises auf den Vitamingehalt beurteilt sich nach allgemeinen lebensmittelrechtlichen Gesichtspunkten. Die Vitamin-VO enthält keine speziellen Bestimmungen darüber, welcher Mindestgehalt an Vitaminen für einen Hinweis auf die Vitaminisierung eines Lebensmittels vorausgesetzt ist [9].

Zu dieser Frage sind ALS-Stellungnahmen veröffentlich worden [10].

Zusatzstoffe: Einige Verbindungen der Vitamine mit Mineralstoffen bzw. Vitaminverbindungen, die nicht natürlicher Herkunft sind, sind den Zusatzstoffen gleichgestellt und nach §1a VitaminV zugelassen worden.

In §1b werden bestimmte Verbindungen der Vitamine A und D für einige wenige Lebensmittel unter Mengenbeschränkung zugelassen. Vitaminisierte Lebensmittel können als diätetische Lebensmittel und als Lebensmittel des allgemeinen Verzehrs in den Verkehr gebracht werden. Der Vitaminzusatz allein bewirkt nicht die Einstufung als diätetisches Lebensmittel.

31.2.7 VO zur Änderung der Vorschriften über jodiertes Speisesalz

Durch diese Verordnung vom 19.6.1989 (BGBl. I S. 1123) unterliegt jodiertes Speisesalz nicht mehr der Diätverordnung.

Danach darf jodiertes Speisesalz jetzt auch bei der gewerblichen bzw. industriellen Herstellung von Lebensmitteln des allgemeinen Verzehrs verwendet werden. Die Jodgehalte – in Form von Jodat – pro 1 kg jodierten Speisesalz müssen mindestens 15 mg betragen und dürfen 25 mg nicht überschreiten.

Der Bundesgesundheitsrat empfahl bereits 1978 den Jodgehalt in jodiertem Speisesalz so anzuheben, daß mit 5 g jodiertem Speisesalz täglich 100 µg Jod zusätzlich aufgenommen werden können. Dafür wurden Jodverbindungen empfohlen, die eine hohe Stabilität bei Lagerhaltung gewährleisten (Natriumjodat und Kaliumjodat). Jod ist für die Funktion der Schilddrüse und damit für die Aufrechterhaltung der menschlichen Gesundheit unentbehrlich. Erwachsene sollten täglich 180 bis 200 µg aufnehmen, derzeit beträgt die Jodaufnahme mit Ausnahme von Personen, die regelmäßig Seefische verzehren, aber nur bis zu 80 µg pro Tag.

31.3 Warenkunde

31.3.1 Allgemeines

Viele warenkundliche Aspekte ergeben sich bei den diätetischen Lebensmitteln aus den Anforderungen an die Zusammensetzung aufgrund der o. g. Regelungen. Darüber hinaus werden die warenkundlichen Informationen in den produktspezifischen Kapiteln dieses Taschenbuches gegeben.

31.3.2 Lebensmittel für Säuglinge und Kleinkinder

Im Verkehr befinden sich:
Milchnahrungen
– Frühgeborenen-Nahrung
– Adaptierte und teiladaptierte Milchnahrung
– Folgemilchnahrung (ab 5. Monat)
Getreidenahrungen
– Milchhaltige und milchfreie Breinahrungen (ab 4. Monat)
– Kleinkinderkost in Gläsern (beginnend im 4. Monat)
– Juniorkost ab 8. Monat
Gemüse- und Obstsäfte für Säuglinge
Kindertees.

31.3.3 Glutenfreie Erzeugnisse

Für diese Erzeugnisse gibt es z. Zt. noch keine Sonderregelungen. Sie dienen zur diätetischen Behandlung von Zöliakie oder Sprue. Bei dieser Krankheit liegt eine Unverträglichkeit für das Getreideprotein Glutenin vor, das zusammen mit Gliadin das Klebereiweiß bildet. Man empfiehlt deshalb bei Zöliakie allgemein eine kleberfreie Ernährung. Erlaubt sind grundsätzlich Mais, Reis, Hirse, Soja, Buchweizen, Sesam und alle Produkte, die nur Getreidestärke enthalten; auch Kartoffeln, Fleisch, Fisch, alle Obst- und Gemüsesorten. Dagegen sind Brot und Backwaren mit Weizen, Roggen, Gerste und Hafer verboten (s. auch Kap. 21). Im Handel befinden sich glutenfreie Teigwaren, Brotmehlmischungen, Feinbackwaren u. a. m. Viele Lebensmittel für Säuglinge werden glutenfrei hergestellt.

31.3.4 Sportlernahrungsmittel

Sportnahrung gilt allgemein – mit Ausnahme von Erzeugnissen bei Mangelernährung nach bestimmten sportlichen Hochleistungen – nicht als diätetisches Lebensmittel. Allerdings ist nach der EG-Diät-Rahmenrichtlinie eine Einzelrichtlinie „Lebensmittel für intensive Muskelanstrengungen, vor allem für Sportler" vorgesehen.
Als Sportlernahrung werden u. a. angeboten:

1. Proteinpräparate

Diese Produkte sind im wesentlichen Milcheiweißpräparate mit einem Eiweißgehalt von 80 % bis 90 % und bestehen aus Molkenprotein, Kasein oder aus einer Mischung dieser beiden Proteine. Sie haben ihre Bedeutung vor allem im Kraftsport und für Bodybuilder.
Bedarfsempfehlungen – wie sie zur Zeit noch gehandhabt werden – für die Tageszufuhr an Eiweiß je Kilogramm Körpergewicht [11]:
– Erwachsene   0,8–1,0 g
– Ausdauersportler   1,2–1,5 g
– Kraftsportler   1,5–2,0 g

Zufuhrmengen bis zu 1,5 g Protein je kg Körpergewicht können über die gemischte Ernährung bereitgestellt werden. Darüber hinaus empfohlene Mengen an Eiweiß lassen sich durch die Proteinkonzentrate ergänzen, denen zuweilen aus geschmacklichen Gründen künstliche Süßstoffe zugesetzt werden. Gemäß § 8 DiätV sind Süßstoffe als Zusatz zu diätetischen Lebensmitteln zur Ernährung bei Umständen, die einen Austausch von Zucker erfordern, zugelassen. Diese Erfordernis ist bei den Proteinpräparaten nicht gegeben [12]. Als leichter resorbierbar gelten die Proteinhydrolysate, die neben Dipeptiden freie Aminosäuren enthalten. Die Aminosäurezusammensetzung kann jedoch nicht besser sein als das zu seiner Herstellung verwendete Eiweiß. Diese Hydrolysate kommen häufig in Tablettenform in den Handel und enthalten in der empfohlenen Tagesdosis etwa 5–20 g hydrolysiertes Molkeneiweiß. Diese Menge wird in der Regel nicht ausreichen ein erhöhtes Muskelwachstum herbeizuführen, wofür die Mittel angepriesen werden.

2. Aufbaupräparate

Pulvernahrungen enthalten neben 20–30% Eiweiß etwa 60% leicht resorbierbare Kohlenhydrate und Vitamin- bzw. Mineralsalzzusätze. Sie sind als „Energie"-Drink mit Wasser oder Fruchtsaft angerührt verzehrsfähig. Des weiteren werden als Energie/Eiweiß/Fitneß-Riegel bezeichnete Produkte zur Förderung der Leistungskraft angeboten mit unterschiedlichen Gehalten an Eiweiß, Kohlenhydraten, Vitaminen bzw. Mineralstoffen.

Beispiele (Grundgerüst):

	Aufbaudrink, verzehrsfertig in 250 ml	Eiweißriegel in 40 g
Eiweiß	20 g	10 g
Kohlenhydrate	28 g	21 g
Fett	5 g	4 g
Brennwert	1006 kJ (237 kcal)	680 kJ (160 kcal)

3. Sportlergetränke

Ein vielseitiges Angebot und verschiedenartigste Bezeichnungen für diese Getränke erschweren den Überblick, zumal z. Zt. noch keine Beurteilungsgrundlagen existieren. Bei den isotonischen Getränken soll die Summe der gelösten Teilchen gleich hoch sein wie in den Körperflüssigkeiten. Zu unterscheiden ist zwischen den „Iso"-Getränken, die sich in ihrer Zusammensetzung gleichen und den Mineraldrinks, die höhere Mineralstoffgehalte aufweisen. Beide Getränkearten enthalten auch Vitaminzusätze.

Bei sportlicher Betätigung erfolgt mehr oder weniger starke Schweißproduktion. Schweißverlust bei hohen Temperaturen während langdauernder, intensiver körperlicher Belastung kann neben dem vorrangigen Ausgleich von Wasserverlusten auch eine Zufuhr von Elektrolyten erfordern. Manche

Beispiele:

	„Iso"-Getränk in mg/1 l	Mineral-Drink in mg/1 l
Natrium	540	260
Kalium	120	1485
Calcium	80	165
Magnesium	44	85
Phosphor	300	459
Kohlenhydrate	72 g	93 g

Autoren empfehlen jedoch aufgrund der relativen Mineralstoffanreicherung im Körper infolge von Schweißverlust hypotonische Lösungen und lehnen isotonische Getränke ab [13].

31.3.5 Nahrungsergänzungsmittel

Der Begriff „Nahrungsergänzungsmittel" ist lebensmittelrechtlich nicht definiert. In § 25 Nr. 6 der Apothekenbetriebsordnung ist zwar von „Stoffen und Zubereitungen zur Nahrungsergänzung" die Rede, ohne daß jedoch diese Produkte in dieser Verordnung definiert werden. Nahrungsergänzungsmittel müssen keine diätetischen Lebensmittel sein (i. S. § 1 DiätV), sondern können als Lebensmittel des allgemeinen Verzehrs in den Verkehr gebracht werden. Sofern es sich bei den zu ergänzenden Nahrungsbestandteilen um Zusatzstoffe nach § 2 LMBG handelt, sind sie zur Nahrungsergänzung nur erlaubt, wenn sie allgemein zugelassen sind. Freie Aminosäuren, die Vitamine A und D und Spurenelemente können in der Regel zur Nahrungsergänzung nicht eingesetzt werden. Eine Nahrungsergänzung für den Allgemeinverzehr ist möglich mit wasserlöslichen Vitaminen (Vitamin C und 8 B-Vitamine); Vitamin E, K und Provitamin A; mit Ballaststoffen sowie den Nährstoffen Eiweiß, Fett und Kohlenhydraten. Angeboten werden Nahrungsergänzungsmittel häufig in Tablettenform mit Zusatz eines einzigen Vitamins (Vitamin E oder C) oder als Multivitaminpräparate; außerdem mit Zusatz von Mineralstoffen oder als Kombinationspräparate, die Vitamine und Mineralstoffe enthalten. Ferner befinden sich im Handel ballaststoffhaltige Nahrungsergänzungsmittel und Hefeerzeugnisse.

Über die Ballaststoffe und die empfohlene Tagesverzehrsmenge gibt Kap. 13 Aufschluß.

Hefetabletten werden nur dann zu einer sinnvollen Nahrungsergänzung, wenn B-Vitamine zugesetzt sind, da in eine Tablette nur maximal 0,5 g Hefe passen. Der hohe Nucleinsäureanteil von Hefen und Mikroalgen bildet jedoch einen limitierenden Faktor für ihre Verwendung als Lebensmittel [14, 15].

31.3.6 Nährstoffkonzentrate

Dieser Begriff ist lebensmittelrechtlich nicht definiert. Die Proteinpräparate für Sportler (31.3.4.1) werden in der Regel als Eiweißkonzentrate bezeichnet. Darüber hinaus wird dieser Begriff auf einzelne Nährstoffe wie Kohlenhydrate und Fette nicht angewendet. Weder Zucker noch Butter gelangen als Kohlenhydrat- bzw. Fettkonzentrat in den Verkehr. Ein Nährstoffkonzentrat sollte verschiedene, vor allem essentielle Nährstoffe in ernährungsphysiologisch sinnvollen Zufuhrmengen gemäß der DGE-Empfehlungen enthalten.

31.4 Analytische Verfahren

Hingewiesen wird in diesem Zusammenhang auf die analytischen Verfahren der warenkundlichen Kapitel und auf (REF) bzw. (MSS). AS 35 gibt allgemeine Hinweise zur Untersuchung diätetischer Lebensmittel wieder (49.00/00): Die Bestimmung von Hauptbestandteilen und wertbestimmenden Inhaltsstoffen in diätetischen bzw. der NWKV unterliegenden Lebensmitteln wird nach den für die jeweiligen Lebensmittel bzw. Lebensmittelgruppen veröffentlichten Methoden der Amtl. Sammlung durchgeführt, soweit nicht in Kapitel L 49.00 spezielle Untersuchungsmethoden veröffentlicht worden sind.

Amtliche Bestimmungsmethoden für diätetische Lebensmittel

Enzymatische Methoden:

48.01/3	Saccharose, Glucose und Fructose in teiladaptierter Säuglingsnahrung auf Milchbasis
48.01/4	Lactose in teiladaptierter Säuglingsnahrung
48.01/5	Stärke in teiladaptierter Säuglingsnahrung
48.02.07/1	Glucose und Fructose in Kinderzwieback und Zwiebackmehl
48.02.07/2	Maltose in Kinderzwieback und Zwiebackmehl
48.02.07/3	Stärke in Kinderzwieback und Zwiebackmehl
48.02.07/4	Lactose in Kinderzwieback und -mehl
48.03.05/1	Nitrat in Gemüsebrei für Säuglinge und Kleinkinder
49.01.05/2	Belastende Kohlenhydrate in Diätbier

Andere Methoden:

49.00/3	Vitamin A in diätetischen Lebensmitteln (HPLC-Methode)
49.07/1	Aminosäuren in Aminosäurengemischen (Bestimmung mittels Aminosäurenanalysator)
49.00/2	Gesamteisen in diätetischen Lebensmitteln (photometrische Bestimmung mit 1,10-Phenantrolin)
49.05.02/1	Immunologischer Nachweis von Proteinen in glutenfreien Backwaren (s. amtl. Methode L 18.00-2)
49.07/2	Aminosäurengehalt in diätetischen Lebensmitteln auf der Basis von Proteinhydrolysaten (Aminosäurenanalysator)

49.07/3	Tryptophangehalt in diätetischen Lebensmitteln auf der Basis von Proteinhydrolysaten (HPLC-Methode/Aminosäurenanalysator)
L 00.00/18	Gesamtballaststoffe in Lebensmitteln (gravimetrische Methode)
57.22.99/1	Natriumcyclamatgehalt in Süßstofftabletten (titrimetrisches Verfahren)
57.22.99/2	Saccharingehalt in Süßstofftabletten (photometrische Methode)
57.22.99/3	Acesulfam-K-Gehalt in acesulfam-K-haltigen Süßstofftabletten (photometrische Methode)

Bestimmung von Cyclamat
(AOAC-Methode (1980) Nr. 20.163 / gravimetrisches Verfahren)

Saccharin und Aspartam
(T. A. Tyler, J. Assoc. Off., Anal. Chem. (1984), 67:745 / HPLC-Methode)

Jodid in Kochsalz (SLMB 37B/07) modif.

Auf folgende Methoden in MSS wird hingewiesen:

2.3.3.2	Trennung und Identifizierung von Fettsäuren (GC)
4.2.2	Bestimmung des Stärkegehaltes (polarimetrisch)
5.6.–5.6.3	Bestimmung von Mineralstoffen (Na, K, Ca, Mg, Fe)
5.6.4.1– 5.6.4.4	Chloridbestimmungen
6.1.3–6.1.4	Bestimmung von Konservierungsstoffen (photometrisch und HPLC)
6.2.3	Bestimmung von Saccharin mittels Ionenpaar-HPLC
6.2.4	Bestimmung von Acesulfam-K mittels Ionenpaar-HPLC

31.5 Literatur

1. Zipfel, Richtlinien des Bundesverbandes der Diätetischen Lebensmittelindustrie zu Diätmargarine (Stand 27. 8. 1981) und zu Diät-Öl (Stand 12. 4. 1978), Randz. 29 und 30a zu C 20 §1 DiätV
2. Droese, Sehnde, Kersting (1984) „Probleme der Säuglings- und Kinderernährung heute". Ernährungs-Umschau 31:3
3. Richtlinie des Rates über Lebensmittel, die für eine besondere Ernährung bestimmt sind (89/398/EWG) vom 3. 5. 1989 (ABl. Nr. L 186/27 vom 30. 6. 89)
4. ALS-Stellungnahmen zu diätetischen Lebensmitteln (1988) Bundesgesundhbl 31:394
5. Urteil Verwaltungsgericht München vom 22. 7. 87 (M 9 K 85.432)
6. Herbst V (1988) „Zuckeraustauschstoffe und Süßstoffe". PTA heute (= Beilage zur Deutschen Apotheker Zeitung 2:259–261
7. Nonnweiler W (1986) „Diätetische Lebensmittel". Deutsche Apotheker Zeitung 126:2737–2740
8. Drews H (1988) „Natriumreduzierte und natriumarme Lebensmittel". Ernährungs-Umschau 35:419–422
9. Zipfel, Randz 15 zu C 25 Vorb VitaminVO
10. ALS-Stellungnahme zu „Vitamine in Lebensmitteln" (1988) Bundesgesundhbl 31:393

11. Hamm M (1988) „Sporternährung praxisnah". Deutsche Apotheker Zeitung 128:684
12. ALS-Stellungnahme „Sportlernahrung – ein diätetisches Lebensmittel?" (1988) Bundes-
    gesundhbl 31:394
13. Moch K-J (1988) „Sport und Ernährung". Ernährungs-Umschau 35, Beilage B41–B44
14. Montag A (1989) Zur Kenntnis des Purinbasengehaltes in Lebensmitteln. Akt Ernähr
    14:243–247
15. Lassek E, Montag A (1988) Nucleinsäurengehalte in Lebensmitteln aus Hefen und
    Mikroalgen 84:69–72

Weiterführende Literatur

Kasper H (1987) „Ernährungsmedizin und Diätetik". 6. Aufl Urban & Schwarzenberg
    Verlag, München
Wolfram, Schlierf (1988) „Ernährung und Gesundheit". Wissenschaftliche Verlagsgesell-
    schaft mbH, Stuttgart
Zeitschrift: Ernährungs-Umschau, Umschau Verlag, Frankfurt
Geiß K-R, Hamm M (1990) Handbuch Sportler-Ernährung. Behr's Verlag, Hamburg

32 Wasser

K. O. Schnabel, Hamburg

32.1 Lebensmittelwarengruppen

Trinkwasser
Quell- und Tafelwasser
Mineralwasser

32.2 Beurteilungsgrundlagen

32.2.1 Rechtliche Abgrenzungen

Sämtliches Wasser für den menschlichen Gebrauch unterliegt in hygienischer Hinsicht dem Bundesseuchengesetz in der zuletzt geänderten Fassung vom 18.12.1979 [1].

Trinkwasser unterliegt der ,,Verordnung über Trinkwasser und über Wasser für Lebensmittelbetriebe (TrinkwV) vom 5. Dezember 1990" [2].

Mineral- und Tafelwasser unterliegen der ,,Verordnung über natürliches Mineralwasser, Quellwasser und Tafelwasser (Mineral- und Tafelwasser-Verordnung) vom 1. August 1984" [3]. Hier ist auch die Zulassung der Zusatzstoffe für Tafelwasser geregelt.

Heilwasser unterliegt dem Arzneimittelgesetz [4] und wird hier nicht behandelt.

Behördliche Zuständigkeiten

Für Grundwasser sind in den Bundesländern überwiegend die Umweltbehörden zuständig.

Für Trinkwasser überwiegend die Gesundheitsbehörden.

Für Mineral-, Tafel- und Quellwasser, entsprechend dem Lebensmittelrecht, die Ordnungsbehörden.

Verantwortlichkeiten

Trinkwasser:
Die Verantwortlichkeit der Wasserversorgungsunternehmen endet an der Grundstücksgrenze. Somit ist der Hausbesitzer für das Warm- und Kaltwasser in der Hausinstallation verantwortlich.

Quell- und Tafelwasser, Mineralwasser:
Die Verantwortlichkeit ist im LMBG geregelt.

32.2.2 Grenz- bzw. Richtwerte

Parameter	Dimen	TrinkwV	natür- liches Mineral- wasser	Quell- und Tafel- wasser	EG- Richtlinie 80/778/EWG
Gesamtkoloniezahl bei 20 °C	1/ml	< 100	< 100	< 100	
Gesamtkoloniezahl bei 22 °C	1/ml				< 100
Gesamtkoloniezahl bei 36 °C	1/ml	< 100			
Gesamtkoloniezahl bei 37 °C	1/ml		< 20	< 20	< 10
coliforme Keime	1/100 ml	n. n.			n. n.
coliforme Keime	1/250 ml		n. n.	n. n.	
E. coli	1/100 ml	n. n.			n. n.
E. coli	1/250 ml		n. n.	n. n.	
Fäkalstreptokokken	1/250 ml		n. n.	n. n.	
Fäkalstreptokokken	1/100 ml	n. n.			n. n.
Pseudomonas aeruginosa	1/250 ml		n. n.	n. n.	
sulfitreduzierende sporenbildende Anaerobier	1/50 ml		n. n.	n. n.	
sporenbildende Anaerobier	1/20 ml	n. n.			n. n.
Arsen	As	mg/l	< 0,04	< 0,05	<0,04	< 0,05
Antimon	Sb	mg/l	< 0,01	< 0,01		< 0,01
Barium	Ba	mg/l	< 1	< 1		
Blei	Pb	mg/l	< 0,04	< 0,05	< 0,04	< 0,05
Borat	BO_3^{3-}	mg/l	< 5	<30		
Cadmium	Cd	mg/l	< 0,005	< 0,005	< 0,005	< 0,005
Chrom gesamt	Cr	mg/l	< 0,05	< 0,05	< 0,05	< 0,05
Cyanide	CN^-	mg/l	< 0,05		< 0,05	< 0,05
Fluorid	F^-	mg/l	< 1,5		< 1,5	< 1,5
Nickel	Ni	mg/l	< 0,05	< 0,05		< 0,05
Nitrat	NO_3^-	mg/l	<50		<50	<50
Nitrit	NO_2^-	mg/l	< 0,1		< 0,1	< 0,1
Quecksilber	Hg	mg/l	< 0,001	< 0,001	< 0,001	< 0,001
Selen gesamt	Se	mg/l	< 0,01	< 0,01	< 0,008	< 0,01
Polycyclische aromatische Kohlenwasserstoffe – Fluoranthen – Benzo-(b)-Fluoranthen – Benzo-(k)-Fluoranthen – Benzo-(a)-Pyren – Benzo-(ghi)-Perylen – Indeno-(1,2,3-cd)-Pyren	C	mg/l	< 0,0002		< 0,0002	< 0,0002
Organische Chlorverbindungen Trihalomethane		mg/l	< 0,01		< 0,025	
Summe an – 1,1,1-Trichlorethan – Trichloethylen – Tetrachlorethylen – Dichlormethan		mg/l	< 0,025		< 0,025	
Tetrachlorkohlenstoff		mg/l	< 0,003		< 0,003	

Grenz- und Richtwerte (Fortsetzung)

Parameter		Dimen	TrinkwV	natür-liches Mineral-wasser	Quell- und Tafel-wasser	EG-Richtlinie 80/778/EWG
Chemische Stoffe zur Pflanzenbehandlung und Schädlingsbekämpfung einschließlich toxischer Hauptabbauprodukte		mg/l	Einzel-substanz < 0,0001 Summe < 0,0005			Einzel-substanz < 0,0001 Summe < 0,0005
Polychlorierte, polybromierte Biphenyle und Terphenyle		mg/l	Einzel-substanz < 0,0001 Summe < 0,0005			Einzel-substanz < 0,0001 Summe < 0,0005
Absorptionskoeffizient (436 nm)		1/m	< 0,5			
Färbung		mg/l Pt				< 20
Geruchsschwellenwert			< 2 bei 12 °C < 3 bei 25 °C			< 2 bei 12 °C < 3 bei 25 °C
Temperatur		°C	< 25			< 25
pH-Wert			6,5–9,5			
Leitfähigkeit bei 25 °C		µs/cm	< 2000			
Oxidierbarkeit	O_2	mg/l	< 5			< 5
Aluminium	Al	mg/l	< 0,2			< 0,2
Ammonium	NH_4^+	mg/l	< 0,5			< 0,5
Eisen	Fe	mg/l	< 0,2			< 0,2
Kalium	K	mg/l	< 12			< 12
Magnesium	Mg	mg/l	< 50			< 50
Mangan	Mn	mg/l	< 0,05			< 0,05
Natrium	Na	mg/l	< 150			< 150
Silber	Ag	mg/l	< 0,01			< 0,01
Sulfat	SO_4^{2-}	mg/l	< 240		< 240	< 250
Oberflächenaktive Stoffe						
anionisch		mg/l	< 0,2			< 0,2
nicht ionisch		mg/l	< 0,2			

Hierbei ist noch zu beachten, daß die Gesamtkoloniezahl bei 20 °C in desinfiziertem Trinkwasser nach Abschluß der Aufbereitung 20 nicht übersteigen soll.

Die obigen Grenz- oder Richtwerte sind teils gesundheitspolitisch teils umweltpolitisch begründet. Ein weiterer Teil der Richtwerte hat seine Begründung in der Wechselwirkung zwischen Wasser und Rohrleitungs- bzw. Behältermaterial.

Der Parameterumfang der TrinkwV stellt die wörtlich noch nicht vollständige Übernahme der EG-Richtlinie (80/778/EWG) [5] in nationales Recht dar. Da die Kommission der Europäischen Gemeinschaften die Bundesrepublik auf vollständige Umsetzung der EG-Richtlinie verklagt hat, wurde die Novellierung der TrinkwV durchgeführt, obwohl an einer neuen EG-Richtlinie bereits gearbeitet wird

32.3 Warenkunde

Trinkwasser ist das wichtigste Lebensmittel. Es kann nicht ersetzt werden [6].
Diese zentrale Aussage der DIN 2000 ist heute ebenso gültig wie 1973 als diese
Norm letztmalig aufgestellt wurde.
Eine Abschätzung der Wasservorkommen als Rohstoff für dieses Lebensmittel
sowie eine Einschätzung der Verfügbarkeit zeigen die nachfolgenden Tabellen.

32.3.1 Wasservorkommen der Welt [7]:

	Angaben in 10^{12} m^3
Atmosphäre	
Wasserdampf als Wasser	13
Hydrosphäre	
Ozeane	1 350 400
Landflächen	
Flüsse	1,7
Süßwasserseen	125
Grundwasser	7 000
Eiskappen in Polarzonen und Gletscher	26 000
Salzhaltige Seen und Binnenmeere	105
Bodenfeuchte	150
Wasser in der Biomasse	50
Summe	33 431,7

Die Verteilung zwischen Hydrosphäre und Landflächen ist somit 97,6:2,4,
wobei für die Trinkwassergewinnung aus Süßwasser (Grundwasser, Flüsse,
Süßwasserseen) somit lediglich ca. 0,5% des Wasservorrates der Erde zur
Verfügung stehen.

Umsatzzeit für die verschiedenen Wasservorkommen [7]:

Wasservorkommen	Umsatzzeit
Ozeane	50 bis 3000 Jahre
Flüsse	10 bis 60 Tage
Seen	10 Jahre
Gletscher und Polareis	12 000 bis 15 000 Jahre
Bodenfeuchte	2 bis 50 Wochen
Wasser in der Biomasse	wenige Wochen
Atmosphäre	9 Tage
Grundwasser	10 bis 300 Jahre

Wasserdargebot in Deutschland [8]:

	Angaben in 10^6 m^3
Niederschlag	837 mm = 207 600
Verdunstung	519 mm = 128 700
Abfluß über Grundwasser	63 000
Abfluß über Oberflächengewässer	14 600
Abfluß ins Meer oder ausländische Aquifere	1 300
Abfluß insgesamt	78 900
Zufluß durch Oberliegerstaaten	80 000
Verfügbares Wasserdargebot somit	160 000

Von diesem Dargebot wurden im Jahre 1987 durch die öffentliche Wasserversorgung folgende Mengen in Anspruch genommen (Angaben in 10^6 m^3) [9]:

Wasserförderung 4139 100%						
unterird. Wasser 3017 73%	Oberflächenwasser 1122 27%					
Quell-wasser	echtes Grund-wasser	ange-reichertes Grund-wasser	Ufer-filtrat	Fluß-wasser	Tal-sperren-wasser	See-wasser
371 9,0%	2646 64%	387 9,4%	275 6,5%	16 0,4%	299 7,2%	145 3,5%

Wasser aus Meerwasser wird in der öffentlichen Wasserversorgung nur in geringem Maße gewonnen (u.a. auf Helgoland).

Der durchschnittliche tägliche Verbrauch an Trinkwasser von 140 Litern pro Person setzt sich wie folgt zusammen:

25%	für Baden, Duschen
25%	Wäschewaschen
25%	Toilettenspülung
10%	Körperpflege außer Baden, Duschen
5%	Wohnungsreinigung
5%	Geschirrspülen
5%	Essen und Trinken

Der Wasser-Gebrauch der Industrie einschl. Kühlwasser ist etwa doppelt so hoch wie der der öffentlichen Wasserversorgung.

32.3.2 Inhaltstoffe

Die hauptsächlichen in Wasser gelösten Mineralstoffe Calcium und Magnesium nimmt das Grundwasser durch die Wechselwirkungen bei der Bodenpassage auf. Diese Mineralstoffe stellen vorwiegend die Härtebildner dar.

Laut Definition entspricht 1 Grad deutscher Härte (°dH) 10 mg CaO, entsprechend 0,178 mmol/l Erdalkaliionen. Für die Härteangabe wird der Magnesiumgehalt auf Calcium umgerechnet.

Die Härte wird bei den Wasserversorgungsunternehmen wie folgt unterteilt:

0–4 °dH	sehr weich	12–18 °dH	ziemlich hart
4–8 °dH	weich	18–30 °dH	hart
8–12 °dH	mittelhart	>30 °dH	sehr hart

Das Waschmittelgesetz vom 20. 08. 1975 [10] hingegen teilt die Härte in folgende Bereiche ein:

Härtebereich 1	< 1,3 mmol/l Gesamthärte	entspricht < 7,3 °dH
Härtebereich 2	1,3–2,5 mmol/l Gesamthärte	entspricht < 14,0 °dH
Härtebereich 3	2,5–3,8 mmol/l Gesamthärte	entspricht < 21,3 °dH
Härtebereich 4	> 3,8 mmol/l Gesamthärte	entspricht > 21,3 °dH

Entsprechend den Anionen Carbonat und Hydrogencarbonat sowie Sulfat, Chlorid, Nitrat und Phosphat wird von Carbonat oder Nichtkarbonat-Härte gesprochen.

Die Alkalimetalle Natrium und Kalium sind üblicherweise im Trinkwasser nur in geringen Mengen (<20 mg/l) [11] vorhanden. Bei vermehrtem Auftreten ist eine Verunreinigung anzunehmen, sofern der Gehalt nicht geogen zu begründen ist.

32.3.3 Aufbereitung zu Trinkwasser

Grund- und Quellwässer bedürfen, sofern überhaupt notwendig, in den meisten Fällen lediglich einer Oxidation mit Luft oder Sauerstoff, damit das als 2-wertig vorliegende Eisen 3-wertig ausfällt. Bei der nachfolgenden Filtration über Kies wird das ebenfalls vorhandene Mangan mikrobiologisch oxidiert und danach abfiltriert. Eventuell vorhandenes Methan wird vorher mit Luft ausgetrieben. Aggressive Wässer werden durch Belüftung und Filtration über alkalische Materialien ($CaCO_3$; MgO) oder durch Zugabe von Natronlauge entsäuert und somit ins Kalk-Kohlensäuregleichgewicht gebracht. Hierbei ist zu beachten, daß die Zusatzstoffe durch die Trinkwasserverordnung zugelassen sind.

Oberflächenwasser

Da das Oberflächenwasser durch anthropogene Einwirkungen ständig gefährdet ist, muß die Aufbereitung, entsprechend dem DVGW-Arbeitsblatt W 151 [13], den schlechtesten Rohwasserqualitäten angepaßt sein (Fällung, Flokkung, Absorption, Ionenaustausch). Die Desinfektion erfolgt durch Chlor, Ozon, UV-Strahlen oder eine Bodenpassage. Bei Verwendung von Chlor oder

Ozon wird eine Filtration über Aktiv-Kohle nachgeschaltet um die gebildeten Haloforme bzw. noch vorhandenes Ozon zu minimieren. Da nach der TrinkwV bei Chlorung ein Gehalt an Restchlor vorgeschrieben ist, muß nochmals gechlort werden.

Für die mikrobiologische Wirksamkeit der Bodenpassage ist es nötig, daß das Wasser mindestens 50 Tage im Untergrund verbleibt. Stabile chemische Verbindungen werden jedoch keinesfalls in diesen 50 Tagen abgebaut. Sie müssen vorher entfernt werden.

Meerwasser

Der in Meerwasser vorhandene Gehalt an Natrium- und Magnesiumchlorid wird üblicherweise über eine Revers-Osmose-Anlage reduziert. Da die Membran der Anlage mikrobiell anfällig ist, ist das Rohwasser zu chloren. Auch hier müssen die gebildeten Haloforme, hauptsächlich Tribrommethan (gebildet aus dem gelösten Bromid), über eine nachgeschaltete Stufe vermindert werden. Ein weiteres Verfahren der Gewinnung von Trinkwasser aus Meerwasser ist die Destillation und der anschließende Verschnitt mit Meerwasser.

Organische und anorganische Verunreinigungen

Nach DIN 2000 haben sich die Güteanforderungen an Trinkwasser an den Eigenschaften eines aus genügender Tiefe und aus ausreichend filtrierenden Schichten gewonnenen Grundwassers von einwandfreier Beschaffenheit zu orientieren, das dem natürlichen Wasserkreislauf entnommen und in keiner Weise beeinträchtigt wurde.

Dies ist heute schwierig, da die anthropogenen Beeinträchtigungen immer größer werden.

Mülldeponien, Landwirtschaft, Industrie und Verkehr werden als mögliche Verursacher von ins Grundwasser gelangendem Sulfat, von Schwermetallen, von Nitrat, von Pestiziden und von chlorierten Kohlenwasserstoffen angesehen. Aus diesem Grunde muß durch entsprechende Gesetze und Verordnungen der Übergang dieser Stoffe ins Grundwasser verhindert werden.

Kann die Versorgung der Bevölkerung mit einwandfreiem Trinkwasser ohne entsprechende Aufbereitung nicht gesichert werden, so wird die Elimination der organischen Verunreinigungen meist mit Aktiv-Kohle durchgeführt.

32.4 Analytische Verfahren

Die Analysenmethoden für die mikrobiologischen Untersuchungen sind in den entsprechenden Verordnungen oder in der „Amtlichen Sammlung nach § 35" festgelegt und somit verbindlich. Sie sind jedoch unterschiedlich bei Trinkwasser und Trinkwasser in Fertigpackungen (Quell- und Tafelwasser).

Analysenmethoden für die chemischen Untersuchungen sind in den DEV [13] veröffentlicht. Sie sind Referenzmethoden, von denen jedoch abgewichen werden kann, wenn sichergestellt ist, daß das andere Analysenverfahren zum gleichen Ergebnis führt.

Da Wasser nach der Probenahme entsprechend konserviert werden muß, wird eine Probenahme mit bis zu 20 speziellen Probegefäßen durchgeführt.

Quellwasser

Quellwasser ist Trinkwasser aus echtem Grundwasser in Fertigpackungen. Die Keimzahl darf bei der Aufbereitung nicht verändert werden, ebenso dürfen die die Eigenschaften des Quellwassers bestimmenden Bestandteile nicht entzogen werden. Die Grenzwerte für bestimmte Parameter sind in der VO (s. obige Tabelle) festgelegt.

Tafelwasser

Tafelwasser ist Quellwasser dem zugelassene Zusatzstoffe zugefügt wurden. Die Aufbereitung muß dieser des Quellwassers entsprechen.

Mineralwasser

Es hat seinen Ursprung in einem geschützten unterirdischen Wasservorkommen und muß amtlich anerkannt sein. Das Wasser muß die in der obigen Tabelle aufgeführten Grenzwerte unterschreiten und die Aufbereitung darf nur unwesentliche, seine Eigenschaften nicht bestimmende, Bestandteile abtrennen. Der Keimgehalt darf durch die Aufbereitung nicht verändert werden. Die Kennzeichnung mit bestimmten Inhaltsstoffen ist in der VO ebenfalls geregelt. Z. B. darf bei einem Natriumgehalt von < 20 mg/l ein Mineralwasser als „geeignet für natriumarme Ernährung" bezeichnet werden.

32.5 Literatur

1. Bundes-Seuchengesetz (Gesetz zur Verhütung und Bekämpfung übertragbarer Krankheiten beim Menschen vom 18.12.1979 ⟨BGBl. I S. 2262⟩ in der Fassung vom 27.6.1985 ⟨BGBl. I S. 1254⟩)
2. Trinkwasserverordnung (Verordnung über Trinkwasser und über Wasser für Lebensmittelberiebe vom 5.12.1990 ⟨BGBl. I S. 2613⟩)
3. Mineral- und Tafelwasser-Verordnung (Verordnung über natürliches Mineralwasser, Quellwasser und Tafelwasser vom 1.8.1984 ⟨BGBl. I S. 1036⟩)
4. AMG
5. EG-Richtlinie 80/778/EWG (Richtlinie des Rates vom 15. Juli 1980 über die Qualität von Wasser für den menschlichen Gebrauch ⟨ABl. Nr. L 229 vom 30.8.1980, S. 11⟩)
6. DIN 2000 (1973) Zentrale Trinkwasserversorgung, Leitsätze für Anforderungen an Trinkwasser, Planung, Bau und Betrieb der Anlagen. Beuth, Berlin
7. Baumann H, Schendel U, Mann G (1974) Wasserwirtschaft in Stichworten. S 13. Hirt, Stuttgart
8. Quentin K-E (1988) Trinkwasser, Untersuchung und Beurteilung von Trink- und Schwimmbadwasser. S 3. Springer, Berlin
9. Stadtfeld R (1989) Die Entwicklung der öffentlichen Wasserversorgung 1970–1987 gwf-Wasser/Abwasser 130:33–40

10. Wasch- und Reinigungsmittelgesetz (Gesetz über die Umweltverträglichkeit von Wasch- und Reinigungsmitteln vom 20.8.1975 ⟨BGBl. I S. 2255⟩ in der Fassung vom 19.12.1986 ⟨BGBl. I S. 2615⟩)
11. Höll K (1986) Wasser, Untersuchung, Beurteilung, Aufbereitung, Chemie, Bakteriologie, Virologie, Biologie. de Gruyter, Berlin
12. DVGW-Arbeitsblatt W 151 (Eignung von Oberflächenwasser als Rohstoff für die Trinkwasserversorgung) Eschborn: Deutscher Verein des Gas- und Wasserfaches
13. DEV Deutsche Einheitsverfahren zur Wasser-, Abwasser- und Schlamm-Untersuchung. Beuth, Berlin

33 Anhang: Abkürzungen und Kurzzeichen

Es werden gebräuchliche Abkürzungen von Organisationen, Arbeitskreisen, Standardliteratur und rechtlichen Bestimmungen erläutert.

33.1 Allgemeine Abkürzungen und Kurzzeichen

ABl.
: Amtsblatt der Europäischen Gemeinschaften (bestehend aus den Teilen L ⟨Rechtsvorschriften⟩ und C ⟨Mitteilungen und Bekanntmachungen⟩). Verlag: Amt für amtliche Veröffentlichungen der EG, L-2985 Luxemburg. Vertrieb Deutschland: Bundesanzeiger Postfach 10 80 06, 5000 Köln 1

AfLMÜ
: Ausschuß für Lebensmittelüberwachung der Arbeitsgemeinschaft der leitenden Veterinärbeamten der Länder

ALS
: Arbeitskreis lebensmittelchemischer Sachverständiger der Länder und des Bundesgesundheitsamtes

ALTS
: Arbeitskreis lebensmittelhygienischer tierärztlicher Sachverständiger

ALÜ
: Ausschuß Lebensmittelhygiene und Lebensmittelüberwachung der Arbeitsgemeinschaft der leitenden Medizinalbeamten der Länder

AOAC
: Association of Official Analytical Chemists, Inc.: Official Methods of Analysis. Arlington, Virginia/USA

AS 35
: Bundesgesundheitsamt (Hrsg.): Amtliche Sammlung von Untersuchungsverfahren nach § 35 LMBG, Beuth Verlag, Berlin, Köln. Beuth Verlag GmbH, Burggrafenstr. 6, 1000 Berlin 30

ATB
: Analytiker Taschenbuch (Bd. 1–8, 1980–1989) Springer Verlag, Berlin, Heidelberg, New York, Tokyo

Baltes
: Baltes, W. (1989): Lebensmittelchemie, Springer Verlag, Berlin, Heidelberg, New York, Tokyo

BG
: Belitz, H.-D., Grosch, W. (1987), Lehrbuch der Lebensmittelchemie, Springer Verlag, Berlin, Heidelberg, New York, Tokyo

BGA
: Bundesgesundheitsamt, Berlin

BGBl. I.
: Bundesgesetzblatt, Teil I, Herausgeber: der Bundesminister der Justiz, Bundesanzeiger Verlagsges.mbH, Bonn

BLL
: Bund für Lebensmittelrecht und Lebensmittelkunde e.V., Bonn

BMJFFG
: Bundesminister für Jugend, Familie, Frauen und Gesundheit

CE	EG-Zeichen für die Übereinstimmung mit den Gemeinschaftsvorschriften
CEN	Europäisches Komitee für Normung. Comitè Europèen de Normalisation, CEN-rue Brèderode, 2 (Bte 5), B-1000 Bruxelles – Belgium
DGE	Deutsche Gesellschaft für Ernährung e.V., Frankfurt
DGF	Deutsche Gesellschaft für Fettwissenschaft, Münster (1989): Deutsche Einheitsmethoden zur Untersuchung von Fetten, Fettprodukten, Tensiden und verwandten Stoffen. Wissenschaftliche Verlagsgesellschaft, Stuttgart
DGHM	Deutsche Gesellschaft für Hygiene und Mikrobiologie
DIN	Deutsches Institut für Normung e.V., 1000 Berlin 30. Vertrieb der Normen durch den Beuth Verlag GmbH, Postfach 1145, 1000 Berlin 30
DLB	Deutsches Lebensmittelbuch, Leitsätze (Stand 28.3.89) Bundesanzeiger Verlagsges. mbH, Köln
DLG	Deutsche Landwirtschafts-Gesellschaft, Frankfurt
EB 88	Ernährungsbericht 1988. Deutsche Gesellschaft für Ernährung e.V. Frankfurt
EG	Europäische Gemeinschaft
EN	Europäische Norm
ENV	Europäische Vornorm
EPA	Environmental Protection Agency (Amerikanische Umweltbehörde)
FAO	Food and Agriculture Organization (UNO)
FDA	Food and Drug Administration (USA)
Gassner	Gassner, G., Hohmann, B., Deutschmann, F., Mikroskopische Untersuchung pflanzlicher Lebensmittel. Gustav Fischer Verlag, Stuttgart (1989)
GDCh	Gesellschaft Deutscher Chemiker, Frankfurt a. M. (Für Lebensmittelchemiker zuständig ist eine Fachgruppe in der GDCh, die „Lebensmittelchemische Gesellschaft")
GMBl.	Gemeinsames Ministerialblatt, Herausgeber: Der Bundesminister des Innern, Carl Heymanns Verlag KG, Berlin/Bonn
HACCP	Hazard Analysis and Critical Control Point
HLMC	Schormüller, J., (Hrsg.): Handbuch der Lebensmittelchemie, Bände I–IX, Springer Verlag, Berlin, Heidelberg, New York, Tokyo (1965–1970)
IOCCC	International Office of Cocoa, Chocolate and Sugar Confectionary: Analytical Methods. Ed. by Technical/Analytical Committee IOCCC, Brussels/Belgium

ISO	Internationale Organisation für Normung. International Organization for Standardization. Bezug des „ISO Cataloque" durch den Beuth Verlag, Berlin
LMR	Lebensmittelrecht, Textsammlung. C.H. Beck'sche Verlagsbuchhandlung München
LRE	Sammlung lebensmittelrechtlicher Entscheidungen, Herausgeber H. Benz, Carl Heymanns Verlag KG, Berlin
MSS	Matissek, R., Schnepel, F-M., Steiner, G. (1989), Lebensmittelanalytik. Springer Verlag, Berlin, Heidelberg, New York, Tokyo
REF	Rauscher, K., Engst, R., Freimuth, U., (1986) Untersuchung von Lebensmitteln, 2. Auflage, VEB Fachbuchverlag Leipzig
SFK	Souci, S.W., Fachmann, W., Kraut, H., Die Zusammensetzung der Lebensmittel. Wissenschaftliche Verlagsgesellschaft mbH, Stuttgart, 3. Auflage 1986, 4. Auflage 1989
SLMB	Schweizerisches Lebensmittelbuch, 5. Auflage, Methoden für die Untersuchung und Beurteilung von Lebensmitteln und Gebrauchsgegenständen. Erster Band (1964) Allgemeiner Teil, Zweiter Band (Losetextsammlung) Spezieller Teil, Eidg. Drucksachen- und Materialzentrale Bern
V/VO	Verordnung
WHO	World Health Organisation
ZEBS	Zentrale Erfassungs- und Bewertungsstelle für Umweltchemikalien des BGA
Zipfel	Lebensmittelrecht, Loseblattkommentar der gesamten lebensmittel- und weinrechtlichen Vorschriften, Zipfel, Rathke, C.H. Beck'sche Verlagsbuchhandlung München
ZLR	Zeitschrift für das gesamte Lebensmittelrecht, Herausgeber Benz u.a., Deutscher Fachverlag GmbH, Frankfurt am Main

33.2 Abkürzungen und Kurzzeichen rechtlicher Bestimmungen

AMG	Arzneimittelgesetz (Gesetz über den Verkehr mit Arzneimitteln vom 24.8.76 ⟨BGBl. I S. 2445⟩ in der Fassung vom 20.7.88 ⟨BGBl. I S. 1050⟩)
LHmV	Lösungsmittel-Höchstmengenverordnung (Verordnung über Höchstmengen an bestimmten Lösungsmitteln in Lebensmitteln) vom 25.7.89, BGBl. I S. 1568
LMBG	Lebensmittel- und Bedarfsgegenständegesetz (Gesetz über den Verkehr mit Lebensmitteln, Tabakerzeugnissen, kosmetischen Mittel und sonstigen Bedarfsgegenstände vom 15.8.74 ⟨BGBl. I S. 1964⟩, in der Fassung vom 22.1.91 ⟨BGBl. I S. 121⟩)

LMKV	Lebensmittel-Kennzeichnungsverordnung (Verordnung zur Neuordnung lebensmittelrechtlicher Kennzeichnungsvorschriften vom 22. 12. 81 ⟨BGBl. I S. 1625⟩, in der Fassung vom 9. 12. 88 ⟨BGBl. I S. 2231⟩)
MargMFV	Margarine- und Mischfettverordnung (Verordnung über Margarine- und Mischfetterzeugnisse vom 31. 8. 90 ⟨BGBl. I S. 1989⟩)
NWKV	Nährwert-Kennzeichnungsverordnung (Verordnung über die Nährwertangaben bei Lebensmitteln vom 9. 12. 77 ⟨BGBl. I S. 2569⟩ in der Fassung vom 13. 6. 90 ⟨BGBl. I S. 1066⟩)
PHmV	Pflanzenschutzmittel-Höchstmengenverordnung (Verordnung über Höchstmengen an Pflanzenschutz- und sonstigen Mitteln sowie anderen Schädlingsbekämpfungsmitteln in oder auf Lebensmitteln und Tabakerzeugnissen) in der Neufassung vom 16. 10. 89 ⟨BGBl. I S. 1862⟩ mit Berichtigung vom 6. 8. 1990 ⟨BGBl. I S. 1514⟩)
SHmV	Schadstoff-Höchstmengenverordnung (Verordnung über Höchstmengen an Schadstoffen in Lebensmitteln vom 23. 3. 88 ⟨BGBl. I S. 422⟩)
StrVG	Strahlenschutzvorsorgegesetz (Gesetz zum vorsorgenden Schutz der Bevölkerung gegen Strahlenbelastung vom 19. 12. 86 ⟨BGBl. I S. 2610⟩)
ZVerkV	Zusatzstoff-Verkehrsverordnung (Verordnung über das Inverkehrbringen von Zusatzstoffen und einzelnen wie Zusatzstoffe verwendeten Stoffen vom 10. 7. 84 ⟨BGBl. I S. 897⟩ in der Fassung vom 13. 6. 90 ⟨BGBl. I S. 1062⟩)
ZZulV	Zusatzstoff-Zulassungsverordnung (Verordnung über die Zulassung von Zusatzstoffen in Lebensmitteln, vom 22. 12. 81 ⟨BGBl. I S. 1633⟩ in der Fassung vom 31. 8. 90 ⟨BGBl. I S. 1990⟩)

Sachverzeichnis